B395e   Becker, João Luiz.
        Estatística básica : transformando dados em informação /
João Luiz Becker. – Porto Alegre : Bookman, 2015.
      xiii, 488 p. : il. ; 25 cm.

      ISBN 978-85-8260-312-3

      1. Estatística. I. Título.

                                                    CDU 311.1

Catalogação na publicação: Poliana Sanchez de Araujo – CRB 10/2094

João Luiz Becker

MÉTODOS DE PESQUISA

ESTATÍSTICA
BÁSICA

TRANSFORMANDO DADOS
EM INFORMAÇÃO

2015

© 2015, Bookman Companhia Editora Ltda.

Gerente editorial: *Arysinha Jacques Affonso*

Colaboraram nesta edição:

Editora: *Denise Weber Nowaczyk*

Capa: *Paola Manica*

Imagem da capa: ©Sergey Nivens/Bigstock.com

Preparação de originais: *Bianca Basile Parracho*

Editoração: *Techbooks*

Reservados todos os direitos de publicação, em língua portuguesa, à
BOOKMAN EDITORA LTDA., uma empresa do GRUPO A EDUCAÇÃO S.A.
Av. Jerônimo de Ornelas, 670 – Santana
90040-340 – Porto Alegre – RS
Fone: (51) 3027-7000   Fax: (51) 3027-7070

É proibida a duplicação ou reprodução deste volume, no todo ou em parte, sob quaisquer formas ou por quaisquer meios (eletrônico, mecânico, gravação, fotocópia, distribuição na Web e outros), sem permissão expressa da Editora.

Unidade São Paulo
Av. Embaixador Macedo Soares, 10.735 – Pavilhão 5 – Cond. Espace Center
Vila Anastácio – 05095-035 – São Paulo – SP
Fone: (11) 3665-1100   Fax: (11) 3667-1333

SAC 0800 703-3444 – www.grupoa.com.br

IMPRESSO NO BRASIL
PRINTED IN BRAZIL

O autor

João Luiz Becker é Bacharel em Ciências Econômicas e em Matemática pela Universidade Federal do Rio Grande do Sul, Mestre em Matemática Aplicada (Estatística) pelo Instituto de Matemática Pura e Aplicada e PhD em Management Science pela University of California at Los Angeles. É professor titular do Departamento de Ciências Administrativas da Escola de Administração da UFRGS e coordenador do Grupo de Estudos em Sistemas de Informação e de Apoio à Decisão do Programa de Pós Graduação em Administração, atuando principalmente no Laboratório de Decisão e Modelagem.

Apresentação

Foi com muita honra que aceitei o convite para prefaciar esta obra. Tendo sido incentivadora de que esses ensinamentos fossem compilados e disponibilizados a um público mais amplo, é uma satisfação enorme ver essa ideia materializada. Este livro é o resultado de uma vida dedicada à arte de ensinar.

João Luiz Becker exerce a docência há mais de quarenta anos. Nesse período, disseminou seu conhecimento para milhares de alunos e formou centenas de especialistas, mestres e doutores. Sempre paciente, explicando quantas vezes fosse necessário, mantém em sala de aula a dedicação e o mesmo entusiasmo, como se todas suas turmas fossem a primeira. E é isso que faz com que seja admirado por seus alunos e por seus colegas.

Este livro é direcionado a todos os estudantes que desejem analisar quantitativamente os dados de suas monografias, dissertações e teses. Aqui, a Estatística Básica é explicada de forma mais aprazível do que nos livros clássicos. Os que tiveram a chance de ter sido alunos do autor certamente irão reconhecer seu estilo peculiar. Os que não foram terão a oportunidade de apreciar os ensinamentos de um dos maiores especialistas nacionais em análise de dados quantitativos.

Obrigada, Mestre, por todas as horas dedicadas a deixar essa "herança" para ex e futuros alunos. Ao desmistificar a tão temida Estatística, espera-se que esta obra incentive e promova a qualidade dos trabalhos acadêmicos que dela se utilizarem.

Denise Lindstrom Bandeira
Professora da Escola de Administração da UFRGS

Sumário

CAPÍTULO 1 Conceitos preliminares — 1

Introdução 1
    O que é estatística? 4
    Papel dos microcomputadores 6
Variabilidade e sua mensuração 7
    Variabilidade não métrica 8
    Variabilidade métrica 11
    Conclusão 20
Instrumentos de mensuração 21
    Instrumentos medem efeitos percebidos 22
    Fidedignidade dos instrumentos 24
    Validade dos instrumentos 34
Dados e Informação 35
Amostras e populações 38
Matriz de dados 44
Exercícios 45

CAPÍTULO 2 Descrição de dados: análise monovariada — 47

Dados nominais (ou categóricos) 47
    Gráficos de pizza e de barras 47
    Medidas descritivas 54
Dados métricos 54
    Histogramas 54
    Medidas descritivas 58
Dados ordinais 70
    Histogramas e gráficos de barras 70
    Medidas descritivas 70
    Gráficos-caixa (para dados métricos) 72
Observações destoantes (*outliers*) 73
Exercícios 76

CAPÍTULO 3 Descrição de dados: análise bivariada — 78

Duas variáveis categóricas 78
    Tabela de contingência 78
    Matriz de correspondência 80
Uma variável categórica e uma variável métrica 84

Duas variáveis métricas 87
    Diagrama de dispersão..87
    Covariância 93
    Coeficiente de correlação 98
    Regressão linear simples 100
    Séries temporais...112
Duas variáveis ordinais.. 113
    Coeficiente de correlação de Spearman 113
    Coeficiente de correlação de Kendall 119
    Regressão monotônica...121
Uma variável categórica e uma variável ordinal..................... 126
Uma variável ordinal e uma variável métrica 127
Exercícios 127

CAPÍTULO 4   Incerteza e sua mensuração   129

Certeza e incerteza 129
    Modelagem determinista 133
    Eventos certos, impossíveis e aleatórios.......................133
    Modelagem estocástica (não determinista)......................134
    Pioneiros..135
    Modelagem informacional (não determinista) 144
Álgebra de eventos 145
    Relações entre eventos (ordem parcial e equivalência) 146
    Operações entre eventos......................................147
    Eventos complementares 148
    Exclusão mútua...149
    Decomposição de eventos 149
    Eventos elementares 149
    Grupo completo de eventos 150
    Algumas propriedades...150
Formalização da teoria 151
    Campo de eventos 152
    σ-álgebra de eventos 152
    Axiomas..152
    Alguns teoremas..153
    Probabilidade condicional....................................155
    Independência entre eventos 157
Exercícios 161

CAPÍTULO 5   Variáveis aleatórias   164

Propriedades das FDA... 168
Leis de distribuição 169
Variáveis discretas.. 169
Variáveis contínuas.. 172
Distribuições condicionais... 175

Distribuições multidimensionais 175
    Redução de ordem 176
    Propriedades das FDA multidimensionais............................179
    fdp multidimensionais...179
    Propriedades das fdp multidimensionais 180
    Independência entre variáveis aleatórias 182
    Normais multivariadas..184
Valor esperado..184
    Valor esperado condicional.......................................188
    Propriedades do valor esperado 188
Variância.. 190
Padronização de variáveis 195
Covariância... 196
Coeficiente de correlação linear 202
Momentos 205
    Momentos em torno da origem....................................205
    Momentos centrais...206
    Momentos absolutos..206
    Propriedades dos momentos 207
Mediana 209
Quantil de ordem p... 211
Moda... 212
Coeficiente de assimetria... 212
Curtose... 216
Exercícios 220

CAPÍTULO 6   Distribuições notáveis   227

Distribuições discretas 227
    Distribuição de Bernoulli..227
    Distribuição Binomial...229
    Distribuição Geométrica..231
    Distribuição Binomial Negativa 234
    Distribuição de Poisson...236
    Distribuição Hipergeométrica......................................238
    Distribuição Uniforme discreta 240
Distribuições contínuas 242
    Distribuição Normal..242
    Distribuição Uniforme contínua....................................244
    Distribuição Triangular...246
    Distribuição Beta 248
    Distribuição Beta generalizada.....................................250
    Distribuição Exponencial..251
    Distribuição de Erlang 254
    Distribuição de Weibull 255
    Distribuição Gama 257
    Distribuição Qui-quadrado 259

Distribuição Qui 261
Distribuição F 263
Distribuição t de Student 265
Distribuição Lognormal 266
Distribuição de Cauchy 268
Distribuição de Laplace 270
Distribuição Logística 272
Distribuição Loglogística 273
Distribuições Logcauchy e Loglaplace 275
Distribuição de Rayleigh 278
Distribuição de Maxwell 280
Distribuição de Pareto 282
Distribuição de Gompertz 285
Outras distribuições 287
Exercícios 288

CAPÍTULO 7 Inferência estatística: análise monovariada — 290

Brincando com a informação perfeita 290
Variabilidade das estatísticas amostrais 294
    Efeito do tamanho da amostra 298
    Distribuição amostral 300
Amostragem de variável distribuída Normalmente –
inferência sobre μ 302
    Intervalo de confiança para μ (σ conhecido) 306
    Teste de hipótese sobre μ (σ conhecido) 307
Processos de inferência estatística 311
    Estimadores e estimativas 312
    Intervalos de confiança 315
    Testes de hipóteses 316
    Relação entre intervalos de confiança e testes de hipóteses 326
Amostragem de variável distribuída Normalmente –
outras inferências 327
    Intervalo de confiança para μ (σ desconhecido) 327
    Teste de hipótese sobre μ (σ desconhecido) 330
    Intervalo de confiança para σ (μ desconhecido) 331
    Teste de hipótese sobre σ (μ desconhecido) 333
    Intervalo de confiança para σ (μ conhecido) 334
    Teste de hipótese sobre σ (μ conhecido) 335
Amostragem de variável distribuída Normalmente – resumo 336
Amostragem de variável não Normal – inferências sobre $E(X)$ 337
    Teorema do limite central 337
    Aplicações à estatística inferencial 340
    Intervalo de confiança para $E(X)$ ($V(X)$ conhecido) 341
    Teste de hipótese para $E(X)$ ($V(X)$ conhecido) 341
    Intervalo de confiança para $E(X)$ ($V(X)$ desconhecido) 344
    Teste de hipótese sobre $E(X)$ ($V(X)$ desconhecido) 347
    Intervalo de confiança para proporções (populações infinitas) 347

Amostragem de variável não Normal – outras inferências 350
    Intervalo de confiança para $V(X)$ 353
    Teste de hipótese sobre $V(X)$ 356
    Testes não paramétricos 357
    Testando a aderência a distribuições teóricas 358
Exercícios 371

CAPÍTULO 8 Inferência estatística: análise bivariada — 373

Duas variáveis categóricas – teste qui-quadrado 373
    Atenção para pequenas amostras 376
    Tabelas 2×2 – correção de Yates 376
    Tabelas 2×2 – correção de Pearson 377
    Tabelas 2×2 – teste exato de Fisher 377
Uma variável categórica e uma variável métrica 380
    Testando diferenças entre dois grupos 380
    Testando diferenças entre k grupos independentes ($k > 2$) 390
Uma variável categórica e uma variável ordinal 398
    Testando diferenças entre dois grupos – amostras independentes –
    teste U de Mann-Whitney 398
    Valores críticos do teste U 403
    Testando diferenças entre dois grupos – amostras relacionadas –
    teste dos sinais 411
    Testando diferenças entre k grupos independentes ($k > 2$) –
    teste de Kruskal-Wallis 413
Duas variáveis métricas 417
    Análise de regressão linear – suposições teóricas 418
    Estimativas dos parâmetros α e β 419
    Distribuição amostral dos estimadores de mínimos quadrados a e b ... 419
    Estimativa do parâmetro σ 421
    Intervalos de confiança para os parâmetros α e β 423
    Testando o modelo de regressão linear 423
    Intervalos de confiança para $E(Y|X)$ 430
    Intervalos de confiança para Y dado X 433
    Análise de resíduos 435
Duas variáveis ordinais 454
Uma variável ordinal e uma variável métrica 457
Quadro resumo 457
Exercícios 458

Créditos das imagens — 459

Referências — 463

Índice — 479

Capítulo 1
Conceitos preliminares

INTRODUÇÃO

Então você quer estudar estatística... Talvez não queira, mas precise... Antes de prosseguir, pare um pouco e escreva o que lhe vem à mente quando a palavra estatística aparece pela frente. Nunca ouviu falar? Duvido.

...

...

...

Alguns se lembram de números, de médias, de dados, de probabilidades, de informações, de previsões, de projeções, de contas (argh!), de cálculos intermináveis, de amostras, de populações... De fato, a estatística tem a ver com todas essas coisas, tendo surgido quando o ser humano começou a contar, a contabilizar, provavelmente logo após ter inventado a linguagem, mas **antes** de ter inventado a escrita.

Surpreso? Sim, há registros arqueológicos de que o ser humano inventou os números antes de inventar a escrita. Como Ifrah (1997) aponta, os instrumentos de contagem mais antigos que os arqueólogos já desenterraram são vários ossos de animais encontrados na Europa Ocidental com séries de marcas feitas com algum instrumento cortante. As peças datam de 20 mil a 35 mil anos atrás.

> Nossos ancestrais longínquos, aos quais esses bastões ósseos serviram, eram talvez temíveis caçadores. Cada vez que matavam um animal faziam riscos num osso. E esses diferentes ossos podiam ser empregados para cada tipo de animal: um para ursos, outro para bisões, outro ainda para lobos etc. Tinham assim inventado os primeiros rudimentos da contabilidade, já que traçaram em realidade algarismos no sistema de notação numérica mais simples que existe (Ifrah, 1997, p. xviii).

Por outro lado, a escrita foi inventada há apenas 5 mil anos pelos sumérios na Mesopotâmia (Daniels, 1996).

Pode-se, assim, entender os números de forma um pouco mais simpática, mais natural, pois surgem de uma necessidade básica e de uma percepção acurada das coisas que nos cercam. Pode-se afirmar que a ideia de contagem é universal, pois está presente em todas as culturas. Em algumas com maior evolução, em outras com mais precariedade, mas faz parte de todas. Em sistemas mais rudimentares, como o dos índios botocudos no Brasil, há palavras apenas para um, dois e muitos. Três é representado com a justaposição de um e dois, e quatro é representado com a justaposição de dois e dois (Tylor, 1871 *apud* Ifrah, 1997, p. 11). O mesmo foi registrado em outras culturas, como a Aranda, ou dos nativos das Ilhas Murray, ou ainda dos nativos das Ilhas do Estreito de Torres, na Austrália (Ifrah, 1997). Uma exceção marcante é a cultura do índios Pirahã, do Amazonas, que parece não ter palavras para números específicos, usando apenas palavras relativas como poucos e muitos. O achado reforça a ideia de que os números representam uma invenção cultural em vez de algo inato na cognição humana (Rymer, 2012).

Os números, como os conhecemos hoje, são produto de elevada abstração, inventados para resolver problemas de ordem prática. Pode-se dizer que não são inatos, não nascem com as pessoas, temos que aprendê-los, em um processo, às vezes árduo, de aculturação.

Crianças, por exemplo, aprendem a linguagem oral naturalmente, com rapidez, em dois ou três anos, apenas interagindo com seus familiares e outras pessoas em um círculo relativamente pequeno, apesar da estrutura complexa das linguagens, com seus substantivos, verbos, adjetivos, pronomes, preposições, etc., e diferentes funções sintáticas exercidas pelas palavras dependendo de sua posição relativa nas frases. Existe alguma capacidade biológica nos seres humanos que os permite (e não aos demais animais) aprender qualquer linguagem humana sem qualquer instrução explícita (Hauser; Chomsky; Fitch, 2005). É claro que estamos falando aqui de crianças em tenra idade, não de adultos. É como se a linguagem crescesse com os bebês, como crescem seus tecidos, seus músculos e seus ossos. Insira um recém-nascido em uma família coreana e ele aprenderá coreano. Já em uma família brasileira, ele aprenderá português (do Brasil, não de Portugal!). Pinker (1999) apresenta o interessante argumento de que o cérebro humano do nascituro vem com o aparato pronto para "receber" a linguagem, o lugar dos verbos, dos substantivos, dos adjetivos e da composição de suas partes (ou seja, a própria gramática) já alocados, apenas faltando o preenchimento desses espaços pelo reconhecimento, através do aparelho auditivo do recém-nascido (e, um pouco mais tarde, do fonador) dos termos utilizados na cultura em que a criança é mantida.

Com a contagem e a aritmética a coisa é completamente diferente, e, apesar da relativa pequena complexidade de sua estrutura comparada à da linguagem, as crianças têm mais dificuldade para compreender seus fundamentos, iniciando sua compreensão somente a partir dos cinco ou seis anos. Entre os povos mais primitivos, números são percebidos e registrados qualitativamente, como percebemos odores, cores, ruídos, isto é, limitados ao que nossos sentidos podem discernir. Quando "contamos qualitativamente" ficamos restritos ao que nosso campo visual pode vislumbrar em uma simples "olhada". Tente perceber quantas pessoas há em sua classe sem usar o artifício da contagem. Se houver duas, três ou mesmo quatro, percebe-se de imediato, qualitativamente. Para além de quatro, percebe-se que são "muitos" colegas. Tente perceber (não vale contar, apenas percebendo qualitativamente!) quantos andares há no edifício à sua frente. Para um edifício baixo (até quatro andares), não há problemas, mas um edifício maior é apenas "alto". Experimente com as fotos da **Figura 1** a seguir.

Ifrah (1997) argumenta que o conceito de paridade precede o conceito de número. Quando os botocudos referiam-se a um e dois e o utilizavam como três, ou dois e dois como quatro, não estavam se referindo de fato aos números três e quatro, mas aos pares "um e dois" e "dois e dois", que são qualitativamente distintos de um e de dois. Há indícios universais do limite de quatro para a percepção visual de quantidade (Ifrah, 1997). Os antigos romanos davam nomes próprios aos seus primeiros quatro filhos, a partir daí chamando-os de *Quintus*, *Sextus*, *Septimus*,

FIGURA 1   Le Pavillon, Le Residhome e La Tour Mangin, em Grenoble-FR.
Fonte: Arquivo do autor.

Octavius, etc. Apenas os quatro primeiros meses do primitivo calendário romano tinham nomes, Martius, Aprilis, Maius, Iunius, os demais nomeados Quintilis (mais tarde trocado para Julius, em homenagem ao imperador Júlio Cesar), Sextilis (mais tarde trocado para Augustus, em homenagem ao imperador Augusto), September, October, November e December. Mas o mais contundente resquício talvez seja o das marcações informais de contagem, como nas mesas de bares (quantos chopes foram mesmo servidos?) ou nas apurações manuais de votações. Usam-se símbolos "I" para representar um, "II" para representar dois, "III" para representar três, "IIII" para representar quatro, "IIII" para representar cinco, "IIII I" para representar seis, "IIII II" para representar sete, e assim por diante. O número vinte e três é representado por "IIII IIII IIII IIII III". Quase todas as culturas ditas civilizadas usam ou entendem esse tipo de sinalização, contornando a inevitável limitação de que, a partir de quatro barras (IIII), é impossível para qualquer ser humano ler intuitivamente uma sequência de cinco (IIIII) barras ou mais.

Ou seja, a "linguagem" da matemática deve ser aprendida por um processo formal, necessitando instruções explícitas, ao contrário do aprendizado da linguagem natural. Uma decorrência auspiciosa dessa constatação é de que a linguagem da quantificação é mais universal do que a linguagem natural (quantas línguas diferentes há?[1]), de modo que uma criança coreana e uma brasileira aprenderão essencialmente os mesmos conteúdos essencialmente da mesma maneira, com apenas algumas variações em seus algoritmos, podendo comunicar-se matematicamente sem grandes problemas.

Talvez como decorrência dessa característica "não humana", mais universal, da matemática, várias culturas ao longo dos tempos tenderam a considerá-la como um processo de comunicação com divindades. Sua estrutura é marcadamente simples, e ainda assim extraordinariamente rica, parecendo muitas vezes de uma perfeição, de fato, sobrenatural. Na antiga civilização grega, por exemplo, números eram considerados divinos por Pitágoras (570 AC-495 AC)[2], criador da seita dos

---

[1] Segundo Anderson (2010), há quase 7 mil línguas faladas no mundo, embora o número esteja decrescendo rapidamente.

[2] Pitágoras é mais conhecido pelo teorema de Pitágoras: em um triângulo retângulo, o quadrado da hipotenusa é igual à soma dos quadrados de seus catetos.

pitagóricos, que floresceu na cidade de Croton, antiga colônia grega no sul da Itália, com toda a sorte de simbologia em torno dos números e da geometria. Para os pitagóricos, a natureza e a realidade eram reveladas através da matemática e princípios numéricos, e a geometria e os números eram inseparáveis. À época, o universo dos números restringia-se aos inteiros e frações de inteiros. Acreditavam os pitagóricos, por exemplo, que todos os comprimentos eram comensuráveis, isto é, haveria alguma unidade, ainda que pequena, capaz de medir em números inteiros quaisquer dois comprimentos. Quando um de seus discípulos, Hipassus, desenvolveu um argumento, uma prova matemática irrefutável, de fato, de que a hipotenusa e o cateto do triângulo retângulo cujo lado é igual à unidade não são comensuráveis, ou seja, que $\sqrt{2}$ não é uma razão de inteiros, foi jogado ao mar, condenado à morte, quiçá por blasfêmia.[3] Ele abriu o caminho para a descoberta dos números irracionais, números que não podem ser representados como razões entre inteiros. Até hoje, chamamos de irracional algo sem sentido lógico, que foge à razão, que foge à compreensão. E a sentença é demolidora, um argumento irracional não deve ser levado a sério, está condenado (e, às vezes, o próprio argumentador!).

Ainda hoje há neopitagóricos soltos por aí, e às vezes damos mais importância às revelações numéricas do que ao conteúdo em si, fugindo de responsabilidades. É comum ouvirmos expressões do tipo:

– Sinto muito, o sistema determinou tal débito em sua conta, eu não posso fazer nada...

como se o sistema não fosse construído por seres humanos. Não nos comportemos como neopitagóricos!

O que é estatística?

Gottfried Aschenwall
(1719-1772)

Como se percebe, o processo de registro numérico surge da necessidade básica de controle, de gerar estatísticas, como diríamos hoje, dando ao ser humano informações relevantes para seu dia a dia. A etimologia da palavra estatística é a mesma da de estado. O dicionário etimológico online[4] menciona que a palavra entra no vocabulário inglês em 1770, com o significado de ciência que trata de dados sobre as condições de um estado ou comunidade, originando-se do alemão *statistik*, palavra popularizada e talvez cunhada em 1748 pelo cientista político alemão Gottfried Aschenwall, do latim moderno *statisticum* (assuntos do estado), do italiano *statista* (estadista) e do latim *status* (estado).

O significado mais amplo, de ramo da ciência que trata da coleção e classificação de dados numéricos, é de 1829. O dicionário Michaelis (Weiszflog, 2007) registra que a palavra entra

---

[3] Histórias como essa devem ser sempre analisadas criticamente. Alguns dizem que Hipassus foi jogado ao mar por ter revelado segredos de construções geométricas desenvolvidas no seio da seita, o que era estritamente proibido.

[4] Harper (c2001-2004).

no vocabulário português através do francês, *statistique*, que, segundo o Centre National de Ressources Textuelles et Lexicales[5], provém do alemão, *statistik*, forjado pelo economista alemão Gottfried Aschenwall[6], que a derivou do italiano, *statista*. Para Aschenwall, a estatística representa o conjunto de conhecimentos que um homem de estado deve possuir (Centre National de Ressources Textuelles et Lexicales, c2012).

Agora, pense em algumas situações de utilização da estatística... É quase impossível hoje em dia, para qualquer ramo do conhecimento, desconsiderar as ferramentas estatísticas. De fato, desde que o ser humano inventou os números, cada vez mais somos deles dependentes, especialmente com o avanço da ciência. Alguns problemas ilustrativos são: prévias eleitorais, pesquisa de mercado, auditoria, previsões econômicas, previsões de vendas, controle de qualidade, avaliação de desempenho, pesquisa científica, ... Precisamos das ferramentas da estatística para a tomada de decisão empresarial, para acessarmos qualquer literatura técnica e profissional (provavelmente, é por isso que você está estudando estatística) e para embasarmos a pesquisa científica.

A estatística é, muitas vezes, colocada como ramo da matemática, ocupando-se da análise e da interpretação de dados quantificáveis. Como veremos ao longo de todo este livro, a análise e a interpretação **nunca** serão definitivas, o que leva a inúmeras anedotas e piadas a respeito (lembra de alguma?...). Afinal, como ramo da matemática, como pode algum resultado não ser definitivo? A matemática não é uma ciência exata?[7][8][9]

Outras classificações, baseadas na evolução das ferramentas e do próprio conhecimento, dividem a estatística em descritiva e matemática, ou inferencial. A estatística descritiva englobaria, assim, um conjunto de métodos e técnicas utilizáveis para avaliar as características exteriores de uma série de dados. Corresponde à parte mais antiga da estatística, mais elementar, pode-se dizer. Engloba técnicas de representação e sintetização de dados, como gráficos e tabelas, assim como várias medidas (descritivas!) relacionadas a um determinado conjunto de dados.

Já a estatística matemática, ou inferencial, corresponde aos avanços efetuados a partir da utilização da teoria de probabilidades no estudo das relações existentes entre populações e amostras delas retiradas. Engloba, assim, um conjunto de teoremas, modos de raciocínios e métodos utilizados no tratamento e análise de dados quantitativos.

Outras classificações não são tanto classificações, mas adjetivações, dependendo do campo de aplicação. Assim, vimos surgir disciplinas como a psicofísica (por

---

[5] Centre National de Ressources Textuelles et Lexicales (c2012).

[6] Agora aprendemos que ele é economista! Repare que essas classificações são modernas, sempre realizadas *a posteriori*.

[7] Aqui vai uma: pergunte a um matemático quanto é dois mais dois e ele responderá sem titubear: 4; pergunte a um engenheiro quanto é dois mais dois e ele responderá com algum titubeio: é 4, mas, às vezes, pode dar 3,9, outras vezes pode dar 4,1; pergunte a um advogado quanto é dois mais dois e ele responderá: quanto o senhor quer que dê?

[8] Aqui vai outra: uma pessoa com os pés no gelo, a 0°C, e a cabeça em um forno a 80°C está em um ambiente com temperatura média de 40 °C, o que é perfeitamente suportável por qualquer mortal. Mas o idiota morreu em poucos minutos.

[9] Aqui vai mais uma (e chega!), um tanto quanto machista, atribuída ao economista Aaron Levenstein, com uma tradução à brasileira: a estatística é como o biquíni, mostra tudo, mas esconde o essencial.

volta de 1860), a mecânica estatística (por volta de 1870), a demografia (por volta de 1885), a psicometria (por volta de 1890), a bioestatística (por volta de 1900), a econometria (por volta de 1910), a lexicoestatística (por volta de 1950), a geoestatística (por volta de 1960), a socioestatística (por volta de 1980), e, um tanto quanto restrita ao Brasil, a contabilometria (por volta de 1980) (Iudícibus, 1982; Silva; Chacon; Santos, 2005), a etnoestatística (por volta de 1990) e talvez várias outras.

Papel dos microcomputadores

O advento do computador digital, e especialmente do microcomputador, ou computador pessoal, revolucionou o modo de fazer, entender e usar a estatística, de forma a não ser mais possível imaginá-la dissociada de um bom aparato computacional com seus hardwares e softwares. Para usuários da estatística, sejam eles alunos, professores ou outros profissionais da área, é fundamental ter à disposição pelo menos um computador pessoal com sua planilha de cálculo. Um bom pacote estatístico especializado também é interessante, embora não fundamental a todos. A necessidade de um pacote especializado dependerá do grau de utilização da estatística por parte do usuário.

A popularização dos computadores pessoais e suas planilhas provocou um fenômeno interessante, pois liberou os usuários da estatística de cálculos tediosos. Assim, muitos neófitos tomam coragem para se aventurar na arte da análise de dados, já que nem é mais necessário saber as fórmulas. É interessante notar, entretanto, que a facilidade computacional de hoje aumenta a responsabilidade do usuário, pois as rotinas embutidas nas planilhas e nos pacotes estatísticos raramente oferecem críticas quanto aos pressupostos teóricos necessários para dar sentido ou validade aos cálculos realizados. Apertar botões a esmo quase nunca é uma boa estratégia.[10]

A par disso, a familiaridade com as planilhas traz ao aprendiz uma percepção importante a respeito da efetiva utilização das ferramentas da estatística. Raramente trabalha-se com uma única variável isolada, como os antigos livros introdutórios nos faziam entender. Em vez disso, trabalha-se com uma matriz de dados, com várias variáveis investigadas para um mesmo sujeito e com vários sujeitos investigados. Dados sobre um mesmo sujeito são, normalmente, colocados em linha na matriz de dados, com uma coluna para cada variável. Dados de cada variável são, em geral, colocados em coluna na matriz de dados, com uma linha para cada sujeito. Uma planilha de cálculo, como o popular Microsoft Excel©, nada mais é do que uma enorme matriz, organizada em linhas e colunas. Uma matriz de dados é uma abstração, enquanto uma planilha de dados é algo concreto, que qualquer usuário hoje reconhece.

Um exemplo ajudará a esclarecer os conceitos. Considere a matriz de dados (apresentada na **Figura 2**), organizada a partir de uma enquete com funcionários de um grande banco brasileiro (Pereira; Becker; Lunardi, 2007).

---

[10] Corre-se o risco de produzir, por exemplo, a seguinte estatística: o estado civil de diversos indivíduos foi coletado e armazenado em uma planilha, codificando-se 1 para solteiro, 2 para casado, 3 para viúvo, 4 para desquitado, e assim por diante; contatou-se que a média da variável estado civil nesta amostra é de 1,73, o que, convenhamos, não faz o menor sentido.

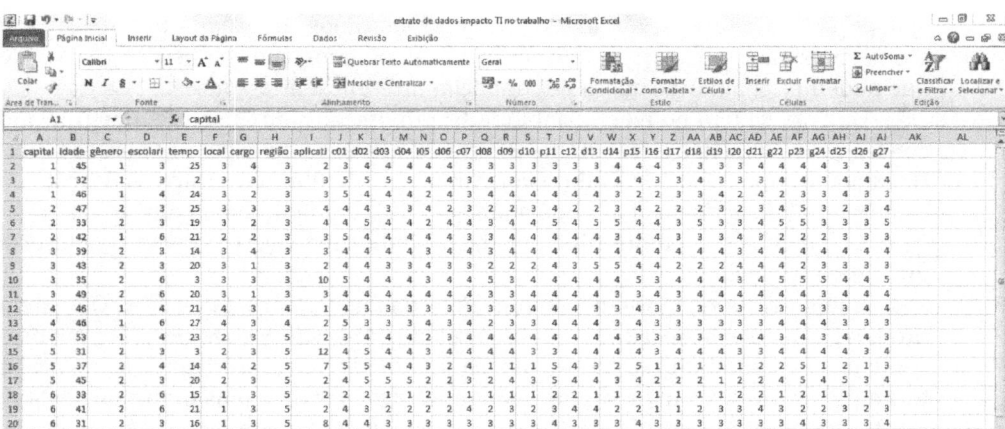

FIGURA 2 Extrato de dados sobre impacto da TI no trabalho.
Fonte: Arquivo do autor.

Foram entrevistados 411 funcionários de várias capitais brasileiras (apenas parte dos dados é apresentada na **Figura 2**). Repare que há uma primeira parte da matriz, suas primeiras nove colunas, de A a I, contendo dados relativos à situação de cada entrevistado, a cidade em que trabalha (capital), sua idade (idade), seu sexo (gênero), sua escolaridade (escolari), seu tempo de serviço (tempo), seu local de trabalho dentro do banco (local), seu cargo no banco (cargo), a região onde trabalha (região) e o aplicativo de tecnologia da informação (TI) escolhido como referência para suas respostas ao questionário (aplicati). Uma segunda parte da matriz, das colunas J a AJ, contém as respostas de cada entrevistado aos 27 itens do questionário (codificados como c01 a g27). O questionário utilizou escalas Likert, com itens sendo avaliados variando de 1 (pouquíssimo) a 5 (muitíssimo), para medir a percepção de intensidade do impacto da TI em diversas dimensões relacionadas ao processo de trabalho e ao processo decisório individuais. A matriz completa tem, assim, 411 linhas e 36 colunas.

Essa é a chave para entender o conceito de análise multivariada de dados. Dados multivariados são observações realizadas e registradas de múltiplas e distintas variáveis para um conjunto de indivíduos ou objetos. Dados dessa espécie surgem em praticamente todos os campos do conhecimento científico. Conforme salienta Gatty (1966, p. 158),

> Para os propósitos da pesquisa em marketing ou qualquer outro campo aplicado, a maioria de nossas técnicas é, ou deveria ser, multivariada. Chega-se à conclusão que se um problema de marketing não é tratado como um problema multivariado está sendo tratado superficialmente.

VARIABILIDADE E SUA MENSURAÇÃO

O conceito fundamental por detrás de qualquer investigação científica é o conceito de variabilidade. Estamos interessados em detectar variabilidades e em buscar explicações para tais variabilidades, ou seja, buscamos conexões, quiçá de causa e efeito (mas não necessariamente) entre os fenômenos que se observa variar. É o que podemos chamar de busca de conhecimento, em sentido puro.

De fato, se não houver variabilidade, em um sentido absoluto, nem mesmo conseguimos detectar o fenômeno. É como se ele fosse invisível aos nossos olhos. Há algum tempo fui surpreendido com uma cena do filme britânico "A floresta de esmeraldas", dirigido por John Boorman em 1985, ambientado na Amazônia brasileira, que mencionava determinada tribo de índios invisíveis.[11] Pense o que seria um índio invisível...

Imediatamente, me vem à mente cenas da famosa série televisiva "O homem invisível", sucesso da década de 1960, estrelado por David McCallum.[12] Em um processo experimental ultrassecreto, um agente do serviço secreto americano acaba tornando-se invisível. Invisível e transparente, deve ser dito, pois tudo o que dele se vê são suas roupas. Quando necessário, usa uma máscara como rosto. As cenas são interessantes, vê-lo despindo-se e tornando-se "invisível". Pode-se bem imaginar as vantagens obtidas na Guerra Fria com a descoberta. A série é inspirada no livro homônimo de ficção científica de Herbert George Wells, publicado em 1897 (Wells, 1897), que também inspirou filmes de longa-metragem, o primeiro deles realizado em 1933, dirigido por James Whale.

Pois bem, nosso índio invisível nada tem a ver com essa imagem, mas com algo muito mais sutil. Trata-se de puro mimetismo, tão comum na natureza. A cena do filme ambientado na Amazônia brasileira mostra uma floresta, da qual só se veem luzes e sombras e sua majestosa vegetação. Em um instante, entretanto, diversos perfis de homens tomam forma, ao se moverem em meio à floresta. Essa é a invisibilidade em sua forma mais pura, distinta da transparência.

Voilá, eis a metáfora perfeita.

Algo é invisível até que se torne visível. Assim é o conhecimento: desconhecemos algo até que ele se torne conhecido.

Se a busca de conhecimento passa necessariamente pelo reconhecimento de variabilidades, é imperativo representá-las de modo adequado, utilizando o que passou a se chamar escalas de mensuração (Stevens, 1946).

Variabilidade não métrica

Escala nominal (ou categórica) dicotômica

Pode-se dizer, de forma simplista, que variável é o que varia. Mas como percebemos que algo varia? A variação mais elementar que podemos perceber é a variação qualitativa, e a mais elementar das variações elementares é a variação dicotômica, isto é, um ou outro, claro ou escuro, bom ou mau, macho ou fêmea, sim ou não, céu ou inferno, antes ou depois, 1 ou 0... Como o Velho Testamento menciona, no início

---

[11] Um trailer do filme pode ser visto em The New York Times (c2014).

[12] A chamada da série pode ser vista no Youtube (DVDs Super Raro, 2008).

tudo eram trevas, ... e fez-se a luz. Pois, se não há variação, não há nada. Nossos poetas captam com muita propriedade essa singularidade:

> O que seria da rosa vermelha se todas as rosas fossem vermelhas?

Diz-se então que uma variável é mensurada em uma escala qualitativa (não métrica) dicotômica. Repare que o verbo "mensurar" e o substantivo "escala" aqui utilizados são, efetivamente, forças de expressão, pois não estamos medindo nada em um sentido quantitativo. Estamos apenas classificando as observações. A variável "gênero" na matriz de dados da **Figura 2** é desse tipo.

É comum usarmos números para expressar uma "mensuração" dicotômica, embora eles não representem quantificações de fato. São apenas codificações arbitrárias: assim como usamos 1 e 2 para representar os dois sexos, poderíamos ter usado 0 e 1, ou 10 e 20, ou qualquer outro par de números. Haverá, pois, necessidade de deixar claro o que representam esses códigos. No exemplo da **Figura 2**, utilizamos 1 para representar o sexo feminino e 2 para o masculino.

Escala nominal (categórica) com mais de duas categorias

Há situações em que a distinção dicotômica não consegue capturar toda a variabilidade existente no fenômeno sob observação, como no caso de expressar o estado civil de pessoas, o clube de futebol preferido ou a região de produção de vinhos. Necessitamos de mais riqueza em nossa classificação. Mas ainda estamos falando de uma simples classificação, qualitativa. Apenas o número de categorias é maior, sendo o fenômeno um pouco mais complexo de perceber (não tanto, apenas um pouco). Diz-se, então, que uma variável é mensurada em uma escala qualitativa (não métrica) com mais do que duas categorias. Uma vez mais é bom lembrar que o verbo "mensurar" e o substantivo "escala" aqui utilizados são forças de expressão, pois não estamos medindo nada em um sentido quantitativo. Estamos ainda apenas classificando as observações. A variável "capital" na matriz de dados da **Figura 2** é desse tipo. Ela se refere à cidade em que o entrevistado trabalha.

Também usamos números para representar as categorias, como ilustrado na **Figura 2**. Mas lembre-se: esses números não representam quantificações de fato, são apenas codificações arbitrárias. No exemplo ilustrado, números de 1 a 10 foram utilizados para codificar as dez capitais dos estados representadas na amostra estudada. A chave de codificação utilizada é apresentada no **Quadro 1**.

QUADRO 1 Códigos das capitais dos estados representados na amostra

Estado	RS	SC	PR	SP	MS	DF	MG	RJ	PA	BA
Código	1	2	3	4	5	6	7	8	9	10

Fonte: Pereira (2003).

O mais importante é manter a consistência interna da escala nominal usada (comparações consistentes entre todos os pares de objetos), correspondendo às classes de equivalência em uma relação de equivalência. Uma relação de equivalência é fundamentalmente reflexiva, transitiva e simétrica, isto é, postula-se que:

A é equivalente a A;

se A é equivalente a B e B é equivalente a C, então A é equivalente a C; e

se A é equivalente a B então B é equivalente a A.

Assim, as categorias da variável "capital", cuja chave de codificação é apresentada no **Quadro 1**, representam as classes de equivalência da relação "trabalhar na capital do mesmo Estado que".

Escala ordinal

Um pouco mais sutil, e um tantinho mais sofisticada, é a captura da variabilidade conjuntamente com alguma ordem, como a da variável "escolari" da matriz de dados apresentada na **Figura 2**. A variável se refere ao nível de escolaridade do respondente. Aqui também usamos números de 1 a 6 para capturar a variação, conforme o **Quadro 2**:

QUADRO 2 Códigos utilizados para o nível de escolaridade dos respondentes

Nível de escolaridade	Primário incompleto	Primário	Médio	Superior	Pós-graduação incompleto	Pós-graduação
Código	1	2	3	4	5	6

Fonte: Pereira (2003).

As categorias utilizadas continuam bastante arbitrárias. Poderíamos ter usado, por exemplo, outras categorias, como analfabeto, médio incompleto, superior incompleto, mestrado, doutorado, etc. Diferentemente, entretanto, do esquema de codificação da variável "capital", antes exposto, os números agora escolhidos não são tão arbitrários, pois há uma ordem implícita nas categorias escolhidas para representar o nível de escolaridade dos respondentes, e esta última deve necessariamente ser capturada pelos números escolhidos. Seria, por exemplo, um disparate codificar o nível de escolaridade primário como 3 e o nível de escolaridade médio como 2, pois o nível de escolaridade médio "vale mais" do que o nível primário. Diz-se, nesse caso, que uma variável é mensurada em uma escala qualitativa (não métrica) ordinal. Uma vez mais é bom lembrar que o verbo "mensurar" e o substantivo "escala" aqui utilizados são forças de expressão, pois não estamos medindo nada em um sentido quantitativo. Estamos ainda apenas ordenando as observações.

Deve ser ressaltado que a tal ordem "implícita" na classificação é, na verdade, algo também arbitrário, pois sempre que ordenamos alguma coisa, estamos fazendo algum juízo de valor, nesse caso, o valor da educação formal. É bem conhecida a anedota do milionário analfabeto dizendo que se ele tivesse estudado não teria tido tempo para ganhar dinheiro. Quando escolhemos números para representar alguma ordem, estamos reforçando esses julgamentos de valor (o que vale mais, o menor ou o maior?). Por outro lado, sob o ponto de vista lógico, a escolha do sentido da escala não é de importância fundamental, pois a ordem de 1 a 6 é a mesma ordem de 6 a 1 (estamos apenas invertendo as pontas, invertendo o sentido), nem tampouco a escolha dos valores iniciais e finais, pois a ordem de 1 a 6 é também capturada na ordem de 5 a 10, por exemplo. O mais importante é manter a consistência interna da escala ordinal usada, ou a direção da ordem (comparações consistentes entre todos os pares de objetos). Afinal, uma relação de ordem completa é fundamentalmente reflexiva, transitiva, antissimétrica e fortemente conexa, isto é, postula-se que:

A é maior ou igual a A;

se A é maior ou igual a B e B é maior ou igual a C, então A é maior ou igual a C;

se A é maior ou igual a B e B é maior ou igual a A, então A e C são iguais; e

ou A é maior ou igual a B ou B é maior ou igual a A.

O mesmo vale se trocarmos o sentido, ou a palavra, "maior" por "menor" nas sentenças acima.

Voltando ao exemplo ilustrado na **Figura 2**: repare que a codificação utilizada para a variável "capital", de 1 a 10, não representa uma ordem relevante entre as capitais, pois elas não estão sendo comparadas. Já a variável "cargo" deve conter alguma ordem, pois os cargos em uma organização muitas vezes refletem relações de hierarquia. Usaram-se números de 1 a 4 para essa variável, conforme o **Quadro 3**:

QUADRO 3 Códigos utilizados para o cargo ocupado pelos respondentes

Cargo	Administração	Gerência média	Assessoria/técnico	Execução
Código	1	2	3	4

Fonte: Pereira (2003).

Repare que, nesse caso, ao maior cargo corresponde o menor número. Como já salientado, a direção da ordem não é relevante, mas sim a consistência interna da escala.

Anders Celsius (1701-1744)

Variabilidade métrica

Escala intervalar

Passemos agora a um nível um pouco mais alto de abstração. Usaremos o clássico exemplo das escalas para mensurar temperaturas. Reflita um pouco sobre o modo como normalmente medimos temperaturas no Brasil. A escala é chamada de escala Celsius, em homenagem ao seu criador, o astrônomo sueco Anders Celsius.

Mas voltemos a tempos mais primitivos. Por certo que variações na temperatura existem desde que o mundo é mundo, de modo que não se pode confundir o fenômeno (temperatura) com sua mensuração (escala Celsius).[13] Agora pensemos em como tais variações devem ter sido primeiro percebidas pelos seres humanos...

Sim, certamente de forma qualitativa! Primeiro talvez como uma dicotomia. Faz frio ou faz calor? Palavras foram inventadas para representar tais sensações. Depois, mais refinadamente, como uma ordem: mais frio, menos frio, mais calor, muito calor, etc. Ou seja, quando nossos sentidos são nossos únicos guias, podemos categorizar e ordenar os fenômenos, mas esse é basicamente o limite. Entretanto, nossa capacidade intelectual, senso de observação, perspicácia e muita obstinação nos levam adiante, estendendo nossos limites. Como muito bem apontado por Woodwards (1902, p. 961), todas as ciências são primeiro qualitativas, passando do estágio de percepção de qualidades não relacionadas ao estágio mais ordenado de percepção de qualidades relacionadas e, então, ao estágio de correlações quantitativas a partir de teorizações.

Celsius, em suas experimentações, percebeu que o ponto de fusão do gelo não é essencialmente afetado pela pressão atmosférica, determinando também como a ebulição da água varia em função de variações na pressão atmosférica. Propôs então um instrumento com dois pontos de calibração: a temperatura de ebulição da água à pressão barométrica média ao nível médio do mar (o padrão hoje conhecido como uma atmosfera) e o ponto de fusão do gelo. Utilizando um fino cilindro de vidro e provavelmente mercúrio em seu interior, Celsius construiu uma "régua" onde se poderia "ler" as temperaturas dos corpos, basicamente em decorrência do elevado coeficiente de dilatação do mercúrio contrastando com o reduzido coeficiente de dilatação do vidro. Dividindo o "segmento" entre os dois pontos de calibração de sua "régua" em 100 partes iguais, chegou à unidade grau centígrado, ou, como é hoje denominada, grau Celsius. Originalmente, Celsius rotulou o ponto de ebulição da água como valor zero em sua escala, e o ponto de fusão do gelo como 100. Pouco depois de sua morte, Carl Linnaeus, o pai da taxonomia e da biologia, inverteu a ordem da escala, colocando o zero correspondendo ao ponto de fusão do gelo e 100 como o ponto de ebulição da água.

Carl Linnaeus (1707-1778)

A história toda merece algumas reflexões. Em primeiro lugar, reflita sobre a acumulação de conhecimentos necessários para chegar a tal escala: reconhecimento dos estados da matéria (como eram conhecidos na época), reconhecimento da transmissão de calor entre os corpos, reconhecimento da dependência da temperatura à pressão atmosférica (o barômetro havia sido inventado cerca de 100 anos antes) e reconhecimento do processo de dilatação dos corpos, ou seja, reconhecimento de que o volume dos corpos varia com a temperatura, mas varia desigualmente para diferentes corpos. Em segundo lugar, reflita sobre as arbitrariedades: a escolha da água como elemento básico para a calibração do instrumento (por que não outro material?), a escolha dos pontos de calibração (por que a fusão do gelo

---

[13] Assim como não se pode confundir uma variação qualitativa percebida com sua representação: "*male* ou *female*" e "masculino ou feminino" são apenas duas representações distintas para a mesma variabilidade, correspondendo às mesmas classes de equivalência da relação "ser do mesmo sexo que".

e a ebulição da água?), a escolha dos valores correspondentes aos pontos de calibração (por que não 32 e 212?) e a escolha da escala centesimal (por que não outra unidade?). Mas há outras, mais sutis e implícitas. Primeira, a da proporcionalidade da dilatação dos corpos: a escala toda é presumida com diferenças proporcionais, isto é, espaços iguais na escala correspondem a diferenças iguais na temperatura.[14] Ou seja, diferenças entre temperaturas correspondentes a leituras de, digamos, 20°C e 21°C são iguais a diferenças entre temperaturas correspondentes a leituras de, digamos, 30°C e 31°C. Segunda, o zero da escala não corresponde à ausência de temperatura, ou seja, o zero da escala não representa zero de temperatura, pois há situações em que a temperatura é menor do que zero.

A implicação quantitativa da última observação não é nada trivial: a escala não é absoluta, isto é, valores proporcionais na escala (leituras) **não** correspondem a temperaturas (fenômeno real) proporcionais. Por exemplo, se tivéssemos três corpos, A, B e C, com temperaturas de 10°C, 20°C e 30°C, respectivamente, não se pode afirmar que a temperatura de B é o dobro da temperatura de A, ou que a temperatura de C é uma vez e meia a temperatura de B. Pode-se apenas afirmar que a diferença de temperaturas entre B e A é a mesma que entre C e B.

Por exemplo, poder-se-ia muito bem escolher o número 32 como ponto de fusão do gelo e 212 como ponto de ebulição da água para calibrar a escala, que é exatamente o que outra escala ainda hoje usada, especialmente nos Estados Unidos (a escala Fahrenheit), assume, embora seus pontos de referência tenham sido desenvolvidos de modo completamente distinto, pelo físico alemão Daniel Gabriel Fahrenheit (1686-1736) em 1724. Nesse caso, a temperatura correspondente à leitura de zero na escala seria completamente diferente da temperatura de fusão do gelo. Da mesma forma, os três corpos exemplificados teriam temperaturas de 50°F, 68°F e 86°F, respectivamente. Do mesmo modo, não poderíamos dizer que a temperatura de B é 1,36 vezes maior do que a temperatura de A,[15] tampouco que a temperatura de C é 1,26 vezes maior do que a temperatura de C,[16] pois a escala Fahrenheit também não é absoluta, ou seja, 0°F não representa ausência de temperatura.

Estas são as razões para se rotular tais escalas de mensuração de intervalares: (1) o **zero** da escala é **arbitrário** e (2) a **intervalos** iguais na escala correspondem **diferenças** iguais no fenômeno mensurado.

Apesar dessas limitações, entretanto, o instrumento e a escala correspondente é suficiente para detectar diferenças de temperaturas entre os fenômenos observados, que é o principal objetivo. Mas deve-se ressaltar que os números produzidos não são "naturais", ou mesmo sobrenaturais, revelados pelos deuses, como às vezes alguns neófitos acreditam. Eles estão mais para "artificiais", porque são frutos de artifícios e engenhosos esquemas, e foram construídos pelo ser humano, com suposições simplificadoras da realidade e com um forte viés utilitário. Obviamente, na medida em que o conhecimento evolui, novos materiais são conhecidos e desenvolvidos, novos instrumentos são construídos e a própria escala

---

[14] A suposição de proporcionalidade é a mais simples das suposições de relacionamento entre duas grandezas, incorporadas em algoritmos simples e antigos, como a conhecida "regra de três".

[15] $\frac{68}{50} = 1{,}36$.

[16] $\frac{86}{68} = 1{,}26$.

Rensis Likert (1903-1981)

também evolui, de modo que as definições básicas da escala consideradas hoje são um pouco distintas daquelas sugeridas por Celsius em seu tempo, mas guardam basicamente as mesmas características.

As variáveis representadas nas colunas J a AJ (codificados como c01 a g27) na matriz de dados da **Figura 2** correspondem a itens que, quando combinados apropriadamente, em escalas somativas, produzem escalas desse tipo. A escala é chamada de escala Likert, em homenagem ao seu criador, o sociólogo americano Rensis Likert.

Em sua tese de doutorado em psicologia na Universidade de Colúmbia, Likert propôs uma nova maneira de mensurar atitudes, simples e confiável, que eventualmente tornou-se o método mais comum em pesquisas que utilizam questionários (Likert, 1932; Likert; Roslow; Murphy, 1934). Os indivíduos submetidos à instrumentação especificam seu grau de concordância ou discordância com cada uma de uma série de sentenças, ou afirmações, possibilitando, assim, que o pesquisador capture a intensidade de seus sentimentos, ou atitudes, a respeito da temática tratada. Os indivíduos se expressam em escalas simétricas de intensidade, ancorados por expressões verbais variando de grande discordância a grande concordância, passando por pontos intermediários, rotulados por expressões como alguma discordância, neutralidade e alguma concordância. Atribuem-se números inteiros de 1 a 5 (ou de –2 a +2) a esses níveis de concordância que, quando totalizados, produzem o escore da escala. A apresentação das escalas pode variar quanto ao número de pontos de resposta, sendo as escalas de cinco pontos as mais comuns, mas há variações de sete pontos, de nove pontos, de quatro pontos, etc. Escalas de quatro pontos possuem uma distinção, pois não há ponto de neutralidade, já que o número de pontos é par.

A utilização das escalas Likert é, muitas vezes, questionada por alguns pesquisadores que a consideram uma escala ordinal, não compatível com as análises quantitativas normalmente utilizadas, quase sempre técnicas paramétricas apropriadas quando as variáveis possuem níveis de mensuração pelo menos intervalar (Jamieson, 2004; Urbanchek; McCabe, 1996). Alguns sugerem o uso de técnicas não paramétricas, menos poderosas e não tão populares (Göb; McCollin; Ramalhoto, 2007). O assunto ainda é motivo de grande debate na literatura, havendo também alguma confusão terminológica: às vezes, usam-se os escores individuais atribuídos a cada item da escala, claramente ordinais, enquanto Likert originalmente referiu-se a escores representados pela soma dos escores de todos os itens do questionário, ou parte dele, que podem ser tratados como intervalares (Carifio; Perla, 2008). Assim, é necessário distinguir com clareza escores de itens, tomados individualmente, de escores da escala de Likert, resultante da soma de escores de itens. De outra parte, diversos estudos têm apontado a robustez dos métodos estatísticos paramétricos ao relaxamento de hipóteses de cardinalidade de escalas, produzindo resultados satisfatórios, de modo que a discussão tende a arrefecer (Havlicek; Peterson, 1976; Norman, 2010).

A **Figura 3** apresenta um extrato do questionário utilizado na pesquisa sobre impacto da TI no trabalho individual (Pereira, 2003).

Para responder as questões do questionário pense no **aplicativo** que você tenha maior familiaridade e, no caso de ele estar citado nas opções abaixo, marque com um "X". Dado que o **aplicativo** escolhido não esteja citado, marque a opção **"Outro aplicativo"** e coloque o nome do mesmo no espaço disponível.

※ MARQUE APENAS UM APLICATIVO ※

( ) PESSOAL   ( ) CORREIO   ( ) CLIENTES   ( ) RETAG   ( ) CARTÃO   ( ) ARH
( ) CÂMBIO   ( ) ORC   ( ) ARI   ( ) COBRANÇA   ( ) TCX   ( ) ADMIN
( ) Outro aplicativo: _____

C) Escala de intensidade:

Pensando no **aplicativo** escolhido, atribua uma medida de intensidade para cada uma das questões relacionadas. Para tal avaliação utilize a escala de 1 a 5, sendo 1 o grau mínimo e 5 o grau máximo.

Escala a ser utilizada
1 = Pouquíssimo
2 = Pouco
3 = Nem pouco, nem muito
4 = Muito
5 = Muitíssimo

D) Questões:

Em que medida...	1	2	3	4	5
1. Este aplicativo melhora o serviço ao cliente.					
2. Este aplicativo me ajuda a descrever alternativas para a decisão.					
3. Este aplicativo ajuda a ponderar as alternativas de decisão.					
4. Este aplicativo ajuda na análise das alternativas de decisão.					
5. Este aplicativo me ajuda a ter novas ideias.					

FIGURA 3   Extrato do questionário utilizado na pesquisa sobre impacto da TI no trabalho.
Fonte: Pereira (2003).

Os itens foram utilizados de forma agrupada para fazer emergir os escores nas variáveis do estudo. Por exemplo, a variável impacto da TI na satisfação do cliente foi definida operacionalmente como a soma dos escores dos itens c01, c07 e c12.

Escala de razão

Avançando um pouco mais em nosso entendimento sobre o processo de quantificação, constata-se a existência de escalas de mensuração que, além de oferecerem quantificações para diferenças (intervalos), oferecem também quantificações para razões entre mensurações, e são chamadas de escalas de razão. Seu desenvolvimento confunde-se com a criação dos números: primeiro os inteiros, ou naturais, depois o zero, depois os fracionários, depois os relativos, depois os irracionais, reais, transcendentais, imaginários, etc. Como já salientado, números são, essencialmente, criações humanas para resolver problemas de ordem prática, para entender o mundo, para desenvolver a ciência.

As escalas de razão mais primitivas são representadas pelo processo de contagem. Contamos quantas cabras há no rebanho, contamos quantas pessoas há em nossa tribo, contamos quantos animais foram abatidos, etc. Inicialmente, estabelecendo relações de equivalência entre objetos concretos, digamos, a cada cabra, uma pedra no bolso, como uma criança aprende a noção de quantidade. Há objetivos claros: o controle dos estoques. Ao final do dia, ao guiar as cabras para o curral, a cada cabra que entra, retira-se uma pedra do bolso. Uma vez que todas as cabras tenham entrado no curral, a existência de alguma pedra no bolso é um indício de que alguma delas se perdeu pelas pastagens, e, dado o seu valor, talvez valha a pena voltar e resgatá-la. A etimologia da palavra cálculo, do latim, *calculu*, pedra, é um traço ainda existente dessa fase menos abstrata da matemática. As primeiras "calculadoras" nada mais eram do que dispositivos marcados no solo, com repartições em que se colocavam pedras representando quantidades (Ifrah, 1997). Segundo o dicionário Michaelis (Weiszflog, 2007), a palavra ábaco vem do latim, *abacu*. O dicionário etimológico online[17] menciona que a palavra *abacus* entra no vocabulário inglês no final do século XIV, com o significado de mesa de areia para desenhar, calcular, etc, vindo do grego, *abax*, mesa de contar, que vem do hebraico, *abaq*, pó.

Repare que essa "escala" concreta permite identificar não apenas ordens entre magnitudes, como em "uma pilha com 4 pedras tem menos pedras do que uma pilha com 10 pedras", mas também diferenças (intervalos) entre magnitudes, como em "a diferença entre uma pilha com 6 pedras e outra com 4 pedras é a mesma que entre uma pilha com 10 pedras e outra com 8 pedras", assim como proporções (razões) entre magnitudes, como em "uma pilha com 6 pedras tem duas vezes mais pedras do que uma pilha com 3 pedras", embora essas abstrações mais elevadas ainda não houvessem surgido na mente de nosso primitivo pastor. E, mais importante, a noção de zero absoluto está implícita, mesmo que ainda não descoberta.

Há um salto notável a partir da concretude da "contagem" de pedras à concretude da elaboração de entalhes em ossos ou de nós em cordas, como os *kipu* dos antigos incas, e outros aparatos. Passamos a registrar as contas, sofisticamos os controles. É interessante refletir sobre os sistemas medievais de controle fiscal (do rei!), que basicamente faziam uso da concretude de contas feitas em público, na mesa do exator, com ábacos, e registradas com marcas transversais em pedaços de madeira de mais ou menos 20cm de comprimento. Depois, esses pedaços eram partidos longitudinalmente, de modo a deixar uma "cópia" da transação com o exator e outra com o súdito (Jones, 2008) (veja a **Figura 4**).

Ramsey (1925, p. 25 *apud* Jones, 2008, p. 462) menciona que, no início da Idade Média, tais dispositivos deveriam ser tão familiares quanto são os cheques hoje. O sistema foi abolido oficialmente na Inglaterra apenas em 1834 (Poole, 1912 *apud* Jones, 2008, p. 462).

Quando abstraímos a noção quantitativa de sua contraparte concreta,[18] tal qual uma criança faz quando aprende a quantificar, chegamos à ideia de números e de sua representação, os numerais, como os conhecemos hoje.[19] Repare que essa invenção também tem um sentido claramente prático, de simplificação e facilitação da comunicação. Diversos sistemas de numeração foram concebidos, e o sistema

---

[17] Harper (c2001-2014).

[18] O que há em comum entre cinco pedras, cinco cabras, cinco pessoas, cinco cadeiras, etc.? A quantidade cinco!

[19] É importante perceber a diferença entre número e numeral. Número é a ideia abstrata de quantidade, numeral é sua representação. Assim, cinco, "five", 5, V (numerais romanos), 101 (dígitos binários) são distintas representações do mesmo número.

FIGURA 4 *Tally sticks*.
Fonte: The National Archives (c2012).

decimal hoje é de uso universal. Afinal, temos 10 dedos, ou dígitos, nas mãos. Mas há registros arqueológicos de sistemas de base 60, originário provavelmente da Suméria e passado à Babilônia (Ifrah, 1997), desenvolvido a partir de necessidades astronômicas, com resquícios expressos nas medidas angulares (circunferência com 360°, ou 6 × 60°) e suas subdivisões (1° = 60', 1' = 60"), assim como na contagem de tempo (1h = 60min, 1min = 60s). Também há registros arqueológicos de sistemas de base 20, com resquícios encontrados em algumas línguas, como o francês, com suas palavras *quatre-vingts* para representar 80 e *soixante-seize* para representar 76, por exemplo, assim como sistemas de base 12, com resquícios em palavras como dúzia e meia-dúzia, e ainda outros. E há sistemas mais modernos, mais artificiais, desenvolvidos após o pleno desenvolvimento da matemática, como o sistema binário (base 2) e o hexadecimal (base 16), essenciais ao desenvolvimento da moderna computação.

Portanto, sempre que uma variável seja mensurada por um processo de contagem, pode-se afirmar que sua escala é de razão. Seu zero é verdadeiramente zero, no sentido de ausência da característica mensurada, múltiplos na escala representam quantidades efetivamente multiplicadas, havendo preservação da razão entre medições, além da preservação das características das escalas mais inferiores, ou seja, intervalos iguais na escala representam diferenças iguais de grandezas, e a ordem entre as grandezas é capturada em suas mensurações.

A variável "idade" na matriz de dados da **Figura 2** é desse tipo. A escala registra a contagem de tempo, em anos, dos participantes da enquete. Repare que, nesse caso, os números usados expressam, de fato, uma quantificação, não são escolhidos tão arbitrariamente como no caso das mensurações categóricas ou nas mensurações ordinais. Aqui, zero é zero efetivamente, não há idade menor do que zero. Uma pessoa com 25 anos tem idade diferente (qualitativamente) de uma pessoa com 48 anos, uma pessoa com 27 anos tem menos idade do que uma pessoa com 56 anos (preserva-se a ordem entre as idades), a diferença de idade entre uma pessoa com 25 anos e outra de 30 anos é igual à diferença de idade entre uma de 42 anos e uma de 47 anos (intervalos iguais na escala correspondem a diferenças iguais nas grandezas), e, sobretudo, uma pessoa com 48 anos tem o dobro da idade de uma de 24 anos (preserva-se a razão entre mensurações).

Outras escalas de mensuração tipicamente de razão são originárias de comparações com alguma unidade determinada como padrão. Toma-se uma unidade arbitrária por padrão, como o metro, por exemplo, e comparamos comprimentos de outros objetos ou distâncias entre objetos com aquele padrão.[20] Mais abstratamente, por construção, portanto arbitrariamente, dividimos a unidade de referência em subunidades, como o decímetro, o centímetro, o milímetro, e nomeamos seus múltiplos, como o decâmetro, o hectômetro, o quilômetro, etc. O mesmo processo é usado para mensurar volumes, pesos (peso considerado aqui vulgarmente, como sinônimo de massa), tempo, e toda a sorte de grandeza necessária, conforme evoluímos em nosso conhecimento. Assim, medimos força, corrente elétrica, pressão atmosférica, intensidade da luz, etc.[21] Aqui, fazemos uso de abstrações matemáticas mais elevadas, pois imaginamos subdivisões infinitesimais, se necessárias. Repare que a divisão infinitesimal não é natural, como o processo de contagem, necessitando de números não tão naturais, como os irracionais.[22] De outra parte, reflita sobre as arbitrariedades e artificialidades, sempre presentes, embutidas nos processos. O metro não foi a primeira unidade de comprimento a ser criada. Ela foi desenvolvida como um "sistema métrico" decimal por cientistas com um olho na facilidade de cálculos, em contraposição às diversas unidades existentes, quase sempre de origem antropomórfica, como o pé (de quem? Do rei!), a polegada (polegar de quem? Do rei!), a braça (braço de quem? Do rei!), a jarda (passo de quem? Do rei!), etc. O sistema métrico decimal é bastante recente, e foi objeto de discussão na Constituinte de 1790 na França, sistema que "[...] a revolução francesa ofereceu a todos os tempos e a todos os povos para sua maior vantagem" (Ifrah, 1997, p. 82). A história é recheada de relações de poder...

Por outro lado, é também importante refletir sobre as modificações e ajustes necessários conforme evoluem o conhecimento e a política. As primeiras definições do metro, por exemplo, aludiam ao comprimento do pêndulo de um segundo, ideia abandonada depois que se percebeu que o comprimento do pêndulo varia

---

[20] É interessante refletir que neste estágio já conhecemos todos os números reais, racionais e irracionais, de modo que não ficamos embretados como os antigos gregos ficaram (Pitágoras, entre eles) com o conceito de comensurabilidade. A noção de infinitésimos já se faz presente.

[21] O sistema internacional de unidades (SI) estabelece sete unidades de base, comprimento (m – metro), massa (kg – quilograma), tempo (s – segundo), intensidade de corrente elétrica (A – ampère), temperatura termodinâmica (K – kelvin), quantidade de matéria (mol – mol) e intensidade luminosa (cd – candela), todas definidas através de escalas de razão, absolutas. As unidades derivadas são unidades que podem ser expressas a partir das unidades de base, como superfície, volume, velocidade, aceleração, densidade de corrente, massa específica, ângulo plano, frequência, força, pressão, etc. (Inmetro, 2007).

[22] Números irracionais são números que não podem ser representados como frações inteiras.

de um lugar a outro (pouco, mas varia) em função da força da gravidade terrestre. A definição contida na Lei do 18 Germinal, ano III (7 de abril de 1795), que o institucionalizou, menciona o metro como uma fração do meridiano terrestre (Matthews, 2001). Em vez de uma medida antropométrica, uma medida geométrica, independentemente das pessoas, como convém à revolução. O meridiano usado é o de Paris, naturalmente. Hoje, o metro é definido como o comprimento da trajetória da luz no vácuo durante um intervalo de tempo de 1/299.792.458 segundos, conforme a resolução da 17ª Conferência Internacional de Pesos e Medidas de 1983. O segundo, por sua vez, é definido como a duração de 9.192.631.770 períodos da radiação correspondente à transição entre os dois níveis hiperfinos do estado fundamental do átomo de Césio 133, de acordo com a resolução da 13ª Conferência Internacional de Pesos e Medidas de 1983 (Inmetro, 2007).

William Thomson – Lord Kelvin
(1824-1907)

A definição da escala de temperatura, já destacada, também sofreu os seus aperfeiçoamentos, mormente em função do melhor entendimento que passamos a ter do próprio conceito de temperatura, a partir do desenvolvimento da termodinâmica. Assim, a ciência hoje utiliza a unidade kelvin de temperatura termodinâmica, criando uma escala absoluta, e, portanto, de razão, em que há uma temperatura termodinâmica com medida zero, caracterizando a completa ausência de temperatura termodinâmica. O nome da medida faz justiça ao físico escocês William Thomson, aliás, Lord Kelvin que, insatisfeito com as definições operacionais de temperatura à sua época, postulou a existência de uma temperatura termodinâmica igual a zero, em um sentido absoluto.

O kelvin, unidade de temperatura termodinâmica, é a fração 1/273,16 da temperatura termodinâmica no ponto tríplice da água (Inmetro, 2007, p. 23). A unidade de temperatura Celsius passou a ser então definida em função da unidade kelvin, definindo-se grau Celsius como idêntico à unidade kelvin. Intervalos ou diferenças de temperaturas podem ser expressos, assim, tanto em kelvin como em °C. O valor numérico de uma temperatura em graus Celsius é dado pela diferença entre o valor da temperatura termodinâmica, expressa em kelvin, e 273,15. Vê-se, pois, por que não se pode dizer que 30°C representa o dobro de calor do que 15°C, pois 30°C é equivalente a 303,15 K, enquanto 15°C é equivalente a 288,15 K, e $\frac{303,15}{288,15} = 1,05206 \neq 2$. De fato, portanto, 30°C representa pouco mais de 5% de acréscimo de calor em relação a 15°C.

Outras escalas

Há ainda outros tipos de escalas, como as logarítmicas, utilizadas para "domar" grandes magnitudes, na medida em que temos dificuldade em tratar com grandes números.[23] Elas têm sido desenvolvidas especialmente para medir magnitudes cósmicas, intensidades de luz de estrelas e outros fenômenos em que os números sejam "astronômicos". Uma das mais conhecidas é a escala Richter,

---

[23] Tente ler este aqui, por exemplo: 345.286.502.960.821. Seu logaritmo natural é 33,475.

Charles Francis Richter (1900-1985)

para medir magnitudes de terremotos, desenvolvida pelo físico e sismologista americano Charles Francis Richter (1900-1985) em colaboração com o sismologista alemão Beno Gutenberg (1889-1960) em 1935.

A escala é construída com logaritmos de base 10, de modo que a cada inteiro adicionado à escala corresponde um aumento de 10 vezes na amplitude do movimento do solo registrada em um sismógrafo.

A função logarítmica, inversa da função exponencial, é uma função matemática interessante, muito utilizada para transformar conjuntos de dados de modo que se tornem melhor tratáveis estatisticamente, como é o caso de séries econômicas, séries de preços, etc. Assim, é bastante utilizada em econometria. A função transforma multiplicações em adições, daí sua conveniência. A propriedade básica aludida pode ser escrita como:

$$\ln(a \times b) = \ln(a) + \ln(b), \tag{1}$$

para a e b positivos. A **Figura 5** a seguir apresenta um gráfico da função logarítmica.

Conclusão

Em resumo, a variabilidade pode ser capturada de distintas maneiras. Usam-se escalas não métricas – nominal ou ordinal – e escalas métricas – intervalar ou de razão – para expressar as variabilidades.

Há um claro sentido hierárquico entre as escalas. Uma escala de razão também preserva intervalos ou diferenças entre medidas, e, portanto, é também uma escala intervalar. Uma escala intervalar também preserva a ordem entre medidas, e, portanto, é também uma escala ordinal. E uma escala ordinal também distingue categorias, e, portanto, é também uma escala nominal.

A escala mais elementar é a escala nominal dicotômica, com apenas duas categorias. Escalas nominais com três categorias sempre podem ser reduzidas a escalas

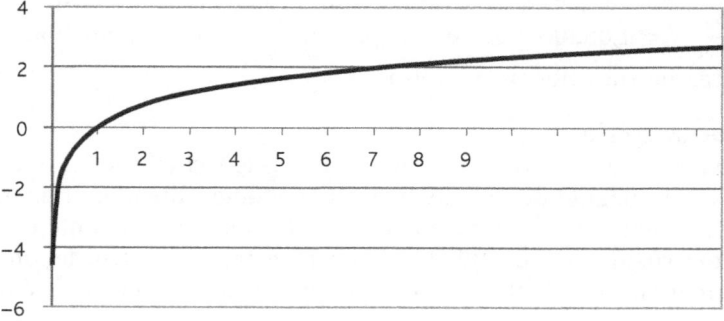

FIGURA 5 Função logaritmo natural.
Fonte: Elaborada pelo autor.

nominais dicotômicas, agrupando-se duas delas ou desprezando-se uma delas. Ao proceder dessa forma, obviamente, estaremos desprezando alguma informação, de forma arbitrária. O contrário não pode ser realizado, pois uma representação em duas categorias necessitaria informação adicional para ser transformada em uma representação em três categorias. O mesmo raciocínio se aplica para qualquer escala nominal: sempre poderemos reduzir o número de categorias, se isso for julgado conveniente. Entretanto, a redução implica em perda ou desprezo de alguma informação. E não poderemos aumentar o número de categorias se não tivermos mais informação à disposição.

Da mesma forma, uma escala ordinal sempre poderá ser tratada como uma escala nominal, desprezando-se a informação sobre a ordem existente entre as categorias. Mas o contrário não poderá ser realizado, a não ser que se agregue mais informação à base de dados. Assim, no limite, pode-se reduzir uma escala ordinal a uma escala elementar de apenas duas categorias, categorizando um grupo como "maior do que determinada posição" e o outro como "menor do que determinada posição", com perda de informação, obviamente. Mas pode ser conveniente em alguma situação.

Uma escala intervalar ou uma escala de razão também poderá ser reduzida a uma escala ordinal, formando-se grupos de medições por intervalos ordenados, desprezando-se obviamente a informação de equivalência entre diferenças iguais entre medidas. Assim, por exemplo, poderemos agrupar dados com temperaturas menores do que 5°C, entre 5°C e 10°C, entre 10°C e 20°C, e mais do que 20°C. Teríamos então uma escala ordinal com quatro posições.

Mais adiante, veremos que a escolha da escala pode afetar o leque de opções de tratamento dos dados disponível ao usuário, de modo que devemos atentar para a sutil distinção conceitual entre o fenômeno sob estudo e a escala utilizada para expressar suas variabilidades. De fato, variabilidades acerca de um mesmo fenômeno podem ser capturadas de distintas maneiras, em distintas escalas. Por exemplo, poderemos capturar a informação sobre a escolarização formal de um grupo de indivíduos ao determinar quanto tempo (em anos, por exemplo) eles estiveram formalmente matriculados em alguma escola. Poderemos, entretanto, capturar a informação ao verificar o nível de escolaridade descrita por graus acadêmicos formais, como fundamental, médio, superior, etc. Na primeira situação, estaremos usando uma escala de razão (contagem de tempo, há zero absoluto), na segunda, estaremos usando uma escala ordinal (há categorias bem marcadas, com uma ordem implícita entre elas). A forma de captura das variabilidades, entretanto, condicionará a técnica quantitativa que poderá ser usada para analisar os dados coletados.

INSTRUMENTOS DE MENSURAÇÃO

Outro aspecto a ser considerado quando se inicia um processo de análise de dados é o reconhecimento de que as variabilidades dos fenômenos são percebidas através de seus efeitos, indiretamente, nunca diretamente. A conexão que fazemos entre efeitos (percepção) e causas (fenômeno) é puramente intelectual, fruto do conhecimento acumulado. De fato, representam o próprio conhecimento. Essas ideias estão ilustradas na **Figura 6**.

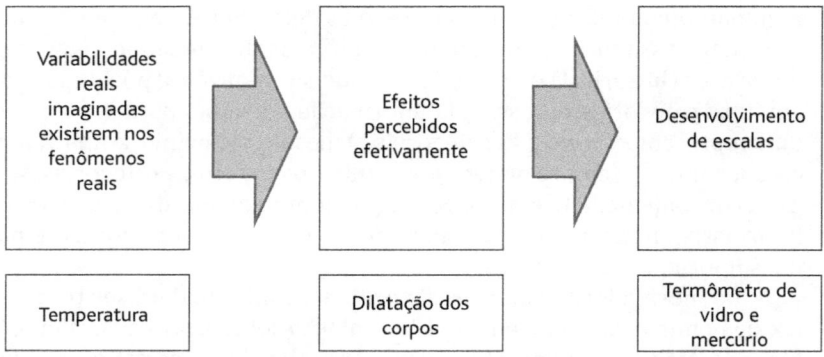

FIGURA 6 Processo de instrumentação.
Fonte: Elaborada pelo autor.

Assim, por exemplo, nos damos conta de algo que chamamos de passagem do tempo pela observação de seus efeitos: algumas coisas que nos cercam nascem, crescem e morrem, e criamos palavras para caracterizar essas situações. Há ciclos de dias e noites, e criamos palavras para um e outro, há ciclos lunares, e criamos palavras para descrevê-los, há diferentes estações no ano (idem, idem), etc. Não é o tempo que percebemos, e sim as consequências a ele associadas, tempo é uma abstração. Usando nossa capacidade intelectual, criamos conexões entre os fatos e, eventualmente, desenvolvemos maneiras sistemáticas de acompanhá-los, utilitariamente. Desenvolvemos, assim, processos de contagem e registro do tempo criando calendários, fizemos marcações de sombras no solo ou em outras referências fixas para marcar o tempo, criando artefatos que vieram a se chamar de relógios de sol, os primeiros instrumentos de mensuração desenvolvidos pelo ser humano. Registros arqueológicos informam que o ser humano utiliza calendários há pelo menos 6.000 anos. Os relógios de sol mais antigos já descobertos datam de 5.500 anos atrás. Provavelmente, os desenvolvemos muito antes, mas isso é de difícil comprovação.[24]

Instrumentos medem efeitos percebidos

Qualquer processo de mensuração funciona desta forma: criamos instrumentos que medem efeitos do fenômeno que observamos variar.

Um termômetro de uso doméstico apresenta as medidas de temperatura indiretamente, por conta dos efeitos da temperatura do ambiente sobre os corpos, mais precisamente sobre o mercúrio e o vidro utilizados na sua construção. Não é a temperatura que lemos no instrumento, mas sim os efeitos da temperatura na dilatação dos corpos.

O maior, mais caro e mais sofisticado instrumento de mensuração até hoje construído é o acelerador de partículas do Centro Europeu de Pesquisa Nuclear (CERN), em Genebra. Feito para recriar as condições existentes logo após o *big bang*, nos primórdios do universo, ele opera exatamente desta forma: o acelerador

---

[24] Wikipedia (2014a).

produz a colisão de duas partículas subatômicas (hadrons) em altíssima velocidade e, portanto, com altíssima energia, visando estudar outras partículas criadas em decorrência do choque, fazendo uso de sofisticados detectores de partículas, que registram seus "rastros", ou seja, as consequências de suas passagens pelos detectores. Os dados são então analisados por cientistas do mundo todo, em um processo articulado de colaboração.[25]

O mesmo se dá quando buscamos mensurar o impacto da tecnologia da informação sobre o trabalho individual e sobre o processo decisório individual (Pereira; Becker; Lunardi, 2007), com a instrumentação ilustrada na **Figura 3**. O fenômeno estudado diz respeito às diferentes dimensões do impacto da tecnologia no trabalho e suas relações entre si. Mas medimos tão somente as consequências desses impactos, como são percebidos pelos indivíduos participantes da enquete.

Nas ciências humanas e sociais aplicadas, a precisão dos instrumentos não é absoluta, evidentemente. O mesmo pode ser dito sobre a instrumentação das ciências naturais, referidas muitas vezes como ciências "duras",[26] mas a precisão de seus instrumentos é muito maior do que a dos instrumentos utilizados pelas ciências sociais aplicadas. Em particular, em pesquisas envolvendo seres humanos, a mensuração é sempre indireta, inferida pelas aparências, por comportamentos observados, com enormes subjetividades, quase sempre em um processo de estímulo-resposta, dentro da tradição da psicofísica e da psicometria. Oferece-se um estímulo, uma pergunta, uma solicitação, uma provocação ao sujeito investigado e obtém-se uma resposta a esse estímulo, filtrada, claro, pela cognição do indivíduo. Assim, por exemplo, não é incomum que as respostas obtidas apresentem certo viés do politicamente correto. Apresente um texto a um analfabeto, e ele fingirá lê-lo, pois o analfabeto não aprecia muito revelar a sua situação. Apresente perguntas sobre temas tabus (preconceitos, por exemplo), e as respostas quase sempre serão mascaradas. Tourangeau e Smith (1996), estudando a temática da homossexualidade, relatam ter conseguido melhores respostas a questionários em processos mediados por computadores do que em processos com entrevistadores. Os autores atribuem tais diferenças à maior sensação de privacidade promovida pelo processo mediado pelos computadores.

Deve ser ressaltado que não há consenso entre os pesquisadores a respeito da efetiva validade das técnicas de mensuração dominantes na psicometria. O próprio conceito de mensuração é questionado, pois as variáveis de interesse, como traços de personalidade, atitudes, crenças e conhecimento, por exemplo, não podem ser observadas diretamente. Se as próprias definições das variáveis são difíceis, muitas vezes ambíguas, serão elas mensuráveis de fato? Balançando entre definições estritas – uma variável é mensurável se satisfizer a nove axiomas, três de ordem e seis de aditividade (Hölder, 1901 *apud* Barret, 2003) – e amplas, mensuração é a designação de números a objetos ou eventos de acordo

---

[25] CERN (c2014).
[26] Observe a referência feita pela Conferência geral de Pesos e Medidas à evolução esperada dos processos de mensuração: "As definições oficiais de todas as unidades de base do SI foram aprovadas pela Conferência Geral. A primeira dessas definições foi aprovada em 1889, e a mais recente em 1983. Essas definições são modificadas periodicamente a fim de acompanhar a evolução das técnicas de medição e para permitir uma realização mais exata das unidades de base" (Inmetro, 2007, p. 21).

com regras (Stevens, 1946). A área desenvolveu diversas abordagens de mensuração, incluindo (1) a teoria clássica de testes (desde os anos 30, segundo De Klerk, 2008; Hambleton; Jones, 1993; Lord; Novick, 1968; Novick, 1966), que supõe a existência de valores verdadeiros e valores medidos pelos testes, a diferença sendo atribuída a erros de instrumentação; (2) a teoria da resposta ao item, desenvolvida pelo estatístico americano Frederic M. Lord em 1952 no contexto de avaliação educacional (Araújo; Andrade; Bortolotti, 2009; Pasquali, 2003), usada principalmente em testagens como os testes americanos SAT, GRE, GMAT, e o Teste da Anpad, no Brasil; (3) a análise fatorial, com suas variáveis latentes e observadas; (4) o escalonamento multidimensional, em que dissimilaridades são transformadas em distâncias; e, mais recentemente, (5) a modelagem de equações estruturais (Hair et al., 2009), que busca a identificação simultânea de uma rede de relações entre variáveis endógenas e exógenas. Muitas delas impulsionaram a estatística, desenvolvendo novas técnicas, particularmente de análise multivariada.

Ao longo do século XX, observa-se um movimento nas ciências humanas e sociais aplicadas que se poderia chamar de busca de legitimidade científica. Na ânsia de obter reconhecimento como ciência, as sociedades profissionais e seus membros passaram a buscar e desenvolver formas de mensuração dos fenômenos de seu interesse, evidenciando um claro efeito mimético.

Fidedignidade dos instrumentos

A constatação de que nenhum instrumento é perfeito, em sentido absoluto, pois é construído pelo ser humano com materiais e dispositivos que se desgastam, leva à importante questão da fidedignidade de um instrumento de medida, ou seja, a questão de quão bem sua medida se aproxima do valor real correspondente ao fenômeno que estamos interessados em medir. Já no começo do século XIX, os astrônomos reconheciam erros em suas instrumentações e o matemático alemão Johann Carl Friedrich Gauss derivou a famosa curva que leva seu nome (curva de Gauss) para a distribuição Normal[27] tentando mostrar que a média de várias medições de alguma quantidade desconhecida é o valor mais provável daquela quantidade (Traub, 1997).

Johann Carl Friedrich Gauss
(1777-1855)

A distribuição Normal era conhecida como a distribuição normal de erros, dada sua aplicação à nascente teoria de erros de mensuração. Dadas suas inúmeras outras aplicações, a adjetivação "de erros" foi mais tarde retirada, e a distribuição passou a ser conhecida como distribuição Normal.

Pense, por exemplo, no instrumento de medição de pesos, nossas tradicionais balanças. São assim chamadas porque são baseadas essencialmente em um dispo-

---

[27] Veremos mais tarde como caracterizar a distribuição Normal mais formalmente. Por enquanto, admita apenas que ela representa variabilidades simétricas em torno de um valor central, mais concentradas relativamente no seu entorno.

sitivo de balanceamento, ou equilíbrio, entre duas massas: uma, a massa do objeto cujo peso se deseja verificar; e outra, a dos fiéis da balança, conjunto de peças com pesos conhecidos que usamos para equilibrar uma alavanca e então "ler" o peso desejado. Todas as balanças funcionam dessa maneira, mesmo as mais modernas, eletrônicas, digitais. O que muda é a sofisticação do sistema de relacionamento entre os fiéis, as formas e materiais das alavancas, e as formas de verificação do equilíbrio. Uma balança será mais fidedigna se produzir leituras mais próximas dos valores reais.

E aí começam nossos problemas: como verificar se a medida está próxima se não temos o valor real para comparar? O que é próximo? O que é aceitável como erro?

Mas há outras questões mais sutis, como a existência ou não de vieses de leitura. É bem conhecido o truque de alguns feirantes inescrupulosos que, ao pesar alguma mercadoria na frente do freguês, colocam despercebidamente um contrapeso no braço da balança para gerar leituras um pouco mais elevadas.

Mas se estamos falando de erros de mensuração, admitindo-os por absoluta incapacidade de contorná-los, nossa idealização ética, e mesmo estética, é de que haverá erros para cima e para baixo, para mais e para menos, em relação ao valor real, que deveriam compensar-se ao longo de sucessivas medidas, como Gauss postulou. Assim, erros como o do feirante inescrupuloso não serão caracterizados como erros, do ponto de vista da ciência, mas como vieses. São casos de polícia!

Repare que estamos impondo um sistema normativo na tentativa de preservar a idealização ética. Constatamos que a perfeição é inatingível, abrimos mão de persegui-la a qualquer custo e nos contentamos com a praticidade e utilidade de regramentos sobre o que é aceitável e o que é inaceitável em uma dada situação. Por exemplo, para transações correntes no comércio varejista de gêneros alimentícios haverá, no Brasil, determinadas regras a cargo do Inmetro e dos sistemas estaduais de fiscalização. Para outros ramos comerciais, como o de medicamentos, em que as massas dos ingredientes são muito menores e as consequências dos erros muito maiores para a coletividade, haverá regras mais estritas. A qualidade (e o preço, estamos aqui sendo utilitários) dos instrumentos de mensuração varia, pois, de acordo com o tipo de aplicação. O farmacêutico usará balanças de precisão para determinar a quantidade de ingredientes a misturar. O nutricionista usará balanças mais comuns para acompanhar o peso de seus clientes.

Teoria de erros
A teoria clássica de erros de mensuração assume que a medida observada é igual ao valor real adicionado de um erro de mensuração, como na equação

$$O = V + \epsilon, \tag{2}$$

onde O representa o valor observado, medido, V representa o valor verdadeiro, e ϵ representa o erro de mensuração. Para um determinado fenômeno sob mensuração, o verdadeiro valor, a quantidade V, é uma constante, assumida existir, independentemente de nossa percepção, invisível aos nossos olhos, abstrata, portanto, pois fruto de nossa abstração. O erro de mensuração, ϵ, é uma característica intrínseca do instrumento de medida, fora de controle do observador, assumida idealizadamente como uma variável aleatória independente do valor verdadeiro. Variável, pois varia ao longo das diversas utilizações do instrumento. Aleatória, pois sua variação não tem causa aparente.[28] A suposição de independência do valor verdadeiro é mais sutil, e pode não ser razoável se a amplitude de medições for muito grande. Pense, por exemplo, em um termômetro de uso doméstico, destinado a medir a febre de pessoas. Se tentarmos verificar a temperatura do interior do freezer, por exemplo, o termômetro apresentará erros muito maiores do que normalmente apresenta quando mede temperaturas entre 30 e 45°C. Se tentarmos verificar a temperatura no interior do forno quando ele está ligado, provavelmente o termômetro quebrará. Assim, a suposição deveria ser qualificada para: os erros são assumidos independentes dos valores verdadeiros, dentro da amplitude de utilização do instrumento.

A variabilidade e a aleatoriedade de ϵ é transmitida a O por meio da operação de adição representada na Equação 2, que passa, assim, a ser entendida como uma variável, e não como uma constante. Assim, reconhecemos que se medirmos a mesma coisa duas vezes, poderemos muito bem encontrar duas diferentes medidas, duas diferentes leituras em nosso instrumento, embora postulemos que o verdadeiro valor não tenha se alterado.[29]

Em geral, assume-se também que a variável de erro, ϵ, distribui-se normalmente, com média zero e variância[30] $\sigma_\epsilon^2 > 0$, ou seja,

$$\epsilon \sim N(0, \sigma_\epsilon). \qquad (3)$$

A suposição de que a média de ϵ seja zero corresponde à suposição idealizada de ausência de viés. Assim, erra-se para mais (erros positivos) ou para menos (erros negativos), mas os erros tendem a se compensar, de modo que sua média é zero. A suposição de que a distribuição de ϵ seja Normal corresponde à caracterização de erros atribuíveis a múltiplas pequenas causas desconhecidas, ou desprezadas, independentes entre si. Por exemplo, algum material utilizado na balança pode ter-se dilatado um pouquinho, o fiel da balança pode ter-se deslocado de lugar um pouquinho, alguma engrenagem pode ter-se desgastado um pouquinho, o ponteiro de leitura pode ter enferrujado um pouquinho, etc. A variância σ_ϵ^2 oferece uma medida da qualidade do instrumento. Instrumentos mais precários terão variâncias de erros maiores (maior variabilidade), instrumentos mais precisos terão variâncias de erros menores (menor variabilidade). Mas nenhum instrumento terá variância igual a zero, que corresponderia à ausência de erros ou à perfeição do instrumento. A variância poderá até ser próxima de zero, desprezível para certas aplicações, mas nunca de fato igual a zero.

---

[28] Veremos mais tarde como caracterizar variáveis aleatórias mais formalmente. Por enquanto, admita apenas que uma variação aleatória é uma variação cujas causas são desconhecidas ou desprezadas, atribuíveis, portanto, ao acaso, à sorte (ou ao azar).

[29] Experimente pesar diversos objetos diversas vezes em sua balança de uso doméstico, anotando as leituras para ver como a coisa funciona. Melhor ainda se fizer variar o leitor, ou seja, o indivíduo que interpreta a escala, embora o advento das balanças digitais tenha melhorado muito esta fonte de erro.

[30] Veremos mais tarde como caracterizar a variância de uma distribuição de probabilidades mais formalmente. Por enquanto, admita apenas que a variância mede o grau de variabilidade de uma variável aleatória, variâncias maiores significando variabilidades mais amplas.

Observe que a suposição de normalidade de ϵ se transmite à variável O através da Equação 2, na medida em que V é assumida constante. Assim, a variável O distribui-se normalmente com média V e variância σ_ϵ^2, ou seja,

$$O \sim N(V, \sigma_\epsilon). \tag{4}$$

A **Figura 7** a seguir apresenta uma simulação realizada com um instrumento fictício, a título de ilustração.

Simularam-se 100 medições independentes (apenas as dez primeiras são mostradas na **Figura 7**) de uma grandeza de valor real igual a 87,4, com variância de erros igual a 0,5. Observe que os erros flutuam entre positivos e negativos, ao acaso, com valores ora maiores, ora menores, em valor absoluto, transmitindo ao valor observado sua variabilidade. Assim, os valores observados oscilam em torno do valor real. A **Figura 8** a seguir apresenta um histograma[31] dos valores observados segundo a simulação apresentada na **Figura 7**.

Pode-se perceber claramente as flutuações em torno do valor real simulado de 87,4. Pequenas variações, correspondentes a pequenos erros, são mais frequentes, embora erros mais elevados também ocorram. Na simulação realizada, o menor valor observado foi 85,8, e o maior, 89,2. A média dos valores observados é, sem surpresa, 87,4.

Repare que a ilustração apresentada nas **Figuras 7** e **8** é apenas uma explicação com finalidades didáticas. Raramente temos possibilidade (e interesse, e recursos) de mensurar várias vezes a mesma grandeza (o mesmo indivíduo).

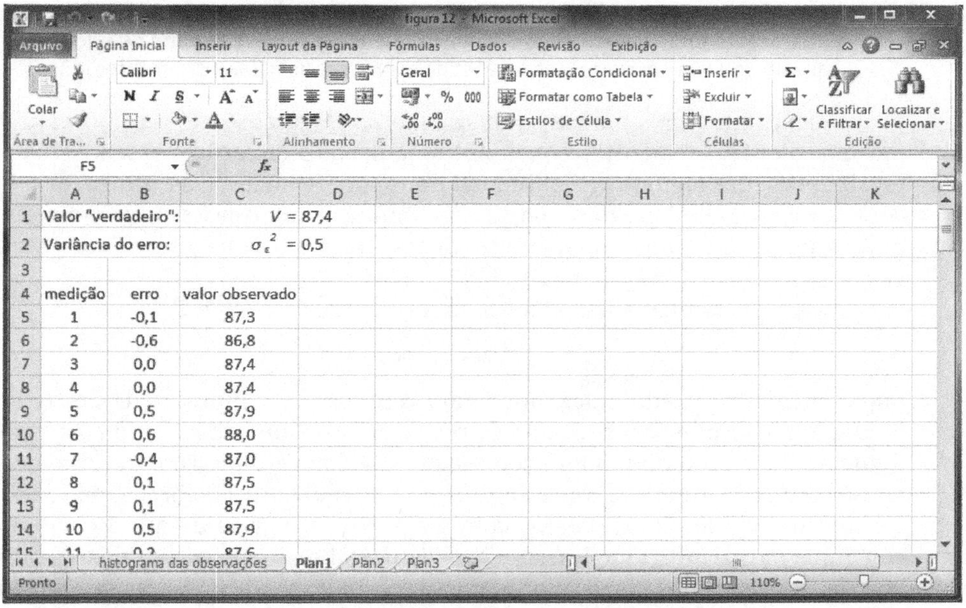

FIGURA 7 Ilustração (por simulação) de variabilidades em mensurações sucessivas.
Fonte: Elaborada pelo autor.

---

[31] Veremos mais tarde como caracterizar um histograma mais formalmente.

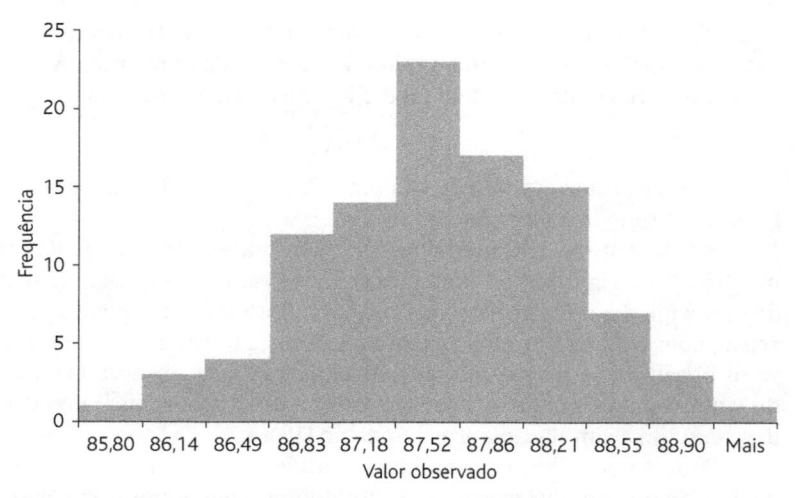

FIGURA 8 Histograma dos valores observados (por simulação) em mensurações sucessivas.
Fonte: Elaborada pelo autor.

E a Equação 2 apresenta apenas uma parte da teoria, pois observaremos variabilidades entre os sujeitos (o que realmente interessa) a partir de mensurações realizadas com nossos instrumentos imprecisos, contaminados por erros. Assim, a pergunta fundamental é:

> Detectada alguma variabilidade entre as mensurações realizadas sobre diversos sujeitos, quanto desta variabilidade é atribuível a efetivas diferenças entre os sujeitos, e quanto desta variabilidade é decorrente da imprecisão de nossa instrumentação?

Pois, como vimos em nossa ilustração nas **Figuras 7** e **8**, mesmo para um mesmo valor "real", mantido constante ao longo da simulação, nossa instrumentação apresenta alguma variabilidade ao longo de sucessivas utilizações. Por certo essa variabilidade **não** pode ser atribuída às diferenças entre indivíduos, pois simulamos apenas a mensuração de um único indivíduo, mensurado várias vezes.

A equação fundamental pode então ser escrita, para $i = 1, 2, ..., n$:

$$O_i = V_i + \epsilon_i, \qquad (5)$$

onde lançamos mão do indexador i para representar a pluralidade dos n indivíduos mensurados. Na equação, O_i representa o valor observado correspondente ao i-ésimo indivíduo, V_i representa o valor verdadeiro correspondente ao i-ésimo indivíduo, e ϵ_i representa o erro de mensuração correspondente ao i-ésimo indivíduo. Continuamos com a suposição teórica de que V_i seja uma constante para o indivíduo i, assumida existir, embora invisível aos nossos olhos. Mas agora admitimos que o valor V_i possa ser diferente de V_j, para $i \neq j$. É razoável assumir que o erro de mensuração, ϵ_i, característica intrínseca do instrumento de medida, não dependa dos indivíduos, ou seja, assumiremos, adicionalmente, que para $i = 1, 2, ..., n$:

$$\epsilon_i = \epsilon, \qquad (6)$$

De modo que a Equação 5 pode ser simplificada para:

$$O_i = V_i + \epsilon. \qquad (7)$$

A Equação 7 relaciona três variáveis na população de interesse, as observações, os valores verdadeiros das grandezas e os erros de mensuração. Da Equação 7, tira-se:

$$E(O) = E(V), \qquad (8)$$

pois $E(\epsilon) = 0$. Na equação, $E(\cdot)$ representa o operador Esperança, ou Valor Esperado.[32] A Equação 8 tem uma importante interpretação prática: apesar dos erros de instrumentação, a média das duas variáveis, uma empiricamente determinada e a outra abstratamente concebida, são iguais.

A Equação 7 permite responder à questão fundamental proposta anteriormente. Como ϵ é independente de V_i, tem-se:

$$\sigma_O^2 = \sigma_V^2 + \sigma_\epsilon^2, \qquad (9)$$

onde σ_O^2 representa a variância observada, σ_V^2 representa a variância dos valores verdadeiros, e σ_ϵ^2, como já especificado antes, representa a variância dos erros. Percebe-se, assim, que em nossa teorização as variabilidades das medidas verdadeiras e dos erros se somam, compondo a variabilidade das observações realizadas. Dividindo-se ambos os termos da Equação 9 por σ_O^2, tem-se:

$$1 = \frac{\sigma_V^2}{\sigma_O^2} + \frac{\sigma_\epsilon^2}{\sigma_O^2}. \qquad (10)$$

A Equação 10 permite definir formalmente uma medida de fidedignidade do instrumento: a razão entre a variância dos valores verdadeiros, σ_V^2, e a variância das observações realizadas, σ_O^2. Ou seja,

$$\text{Fidedignidade} = \frac{\sigma_V^2}{\sigma_O^2}. \qquad (11)$$

Usando a Equação 9 na Equação 11, chega-se a outra expressão equivalente para a fidedignidade, qual seja:

$$\text{Fidedignidade} = \frac{\sigma_V^2}{\sigma_V^2 + \sigma_\epsilon^2}. \qquad (12)$$

A fidedignidade de um instrumento em geral é expressa em percentagem, pois as duas parcelas do lado direito da equação 10 são positivas e sua soma é igual a um. Assim, falamos, por exemplo, em fidedignidade igual a 76% (0,76), ou 92% (0,92), etc. Uma fidedignidade de 92% expressaria que 92% da variância medida pelo instrumento é efetivamente atribuível a, ou explicada por, no jargão estatístico, variações existentes entre os valores verdadeiros dos indivíduos, sendo 8% daquela variância atribuível a imperfeições do instrumento de medida.

---

[32] Veremos mais tarde como caracterizar o valor esperado de uma variável aleatória mais formalmente. Por enquanto, admita apenas que ele representa a média da variável.

Pode ser demonstrado ainda que a raiz quadrada da fidedignidade, ou seja, $\frac{\sigma_V}{\sigma_O}$, é igual ao coeficiente de correlação linear[33] entre os escores observados e os valores reais dos indivíduos pesquisados. Usa-se o símbolo ρ_{OV} para representar a correlação entre as variáveis O e V, de modo que usaremos o símbolo ρ_{OV}^2 para representar a fidedignidade do instrumento.

Repare que a Equação 11, que define a fidedignidade do instrumento, é uma mera formalização, pois sua expressão não pode ser computada diretamente, na medida em que não conhecemos o valor de σ_V^2, pois não conhecemos os valores "verdadeiros" das grandezas individuais que estão sendo mensuradas. Se soubéssemos, não estaríamos gastando nossa energia construindo instrumentos para sua mensuração, não? Na prática, a fidedignidade do instrumento deverá ser estimada, o que discutimos a seguir.

Estimativas de fidedignidade

Uma das ideias mais imediatas para estimar a fidedignidade de um instrumento é realizar dupla mensuração independente em todos os n indivíduos. Assumindo que os verdadeiros valores V_i são capturados igualmente nas duas aplicações do instrumento (estabilidade das grandezas mensuradas), apenas contaminadas por erros decorrentes de cada aplicação, pode ser demonstrado que o coeficiente de correlação linear entre os dois conjuntos de escores observados, digamos, O_1 e O_2, é igual à fidedignidade do instrumento. Assim, tem-se que

$$\text{Fidedignidade} = \rho_{O_1 O_2}. \tag{13}$$

A **Figura 9** ilustra o conceito com uma simulação por duplas mensurações independentes em 100 indivíduos (apenas as onze primeiras observações são mostradas) com valores verdadeiros variando com uma variância $\sigma_V^2 = 20$, e um instrumento apresentando variância de erros $\sigma_\epsilon^2 = 3$. A fidedignidade do instrumento é então $\rho_{OV}^2 = \frac{20}{20+3} = 0{,}87$. Repare que a correlação linear entre os dois conjuntos de observações é também igual a 0,87.

Esse é, portanto, um procedimento simples e de rápida aplicação, que permite estimar a fidedignidade de qualquer instrumento, em princípio. Dizemos estimar porque na prática utiliza-se uma amostra de indivíduos para realizar a dupla mensuração, utilizando-se as duas séries de escores observados para calcular a correlação linear. Os escores observados duplamente capturam implicitamente os verdadeiros valores, que permanecem escondidos de nossos olhos. Mas a técnica muitas vezes não é viável em ciências humanas e sociais, pois os indivíduos podem reter de memória as respostas dadas na primeira aplicação do instrumento, tendendo a repeti-las na segunda, de modo que a suposição de independência entre as aplicações não é razoável. Dessa forma, as correlações entre os escores obtidos entre as duas mensurações são infladas, e a estimativa da fidedignidade é enviesada. Por outro lado, e especialmente em contextos educacionais, a primeira aplicação do instrumento pode ter gerado algum aprendizado nos indivíduos,

---

[33] Veremos mais tarde como caracterizar o coeficiente de correlação linear entre duas variáveis mais formalmente. Por enquanto, admita apenas que a correlação linear mede a intensidade da relação (linear) entre as duas variáveis.

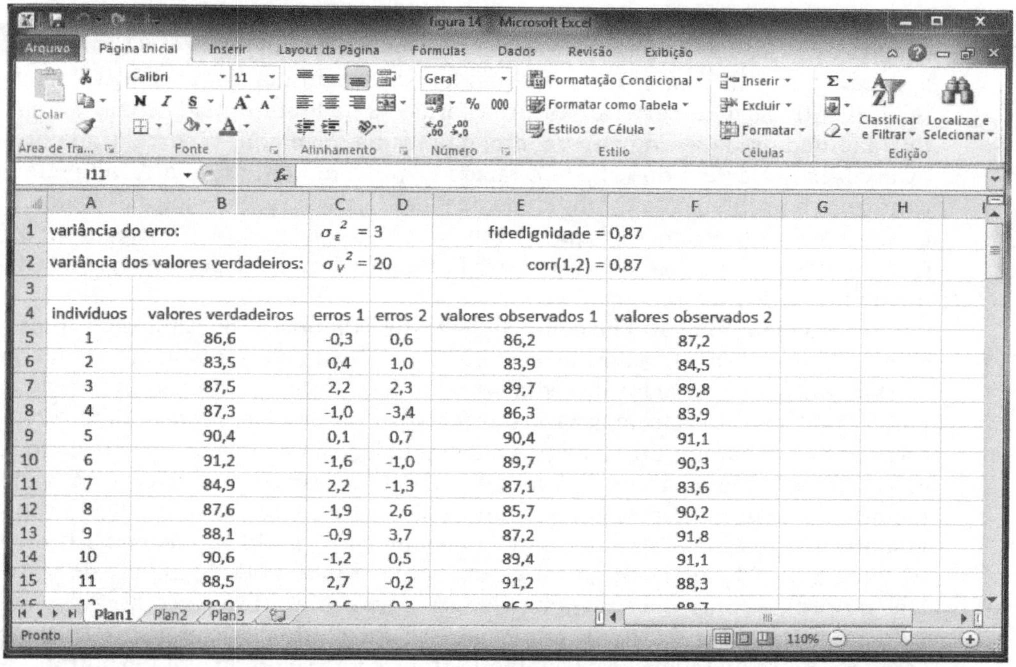

	A	B	C	D	E	F	G	H
1	variância do erro:		$\sigma_e^2 = 3$		fidedignidade = 0,87			
2	variância dos valores verdadeiros:		$\sigma_v^2 = 20$		corr(1,2) = 0,87			
3								
4	indivíduos	valores verdadeiros	erros 1	erros 2	valores observados 1	valores observados 2		
5	1	86,6	-0,3	0,6	86,2	87,2		
6	2	83,5	0,4	1,0	83,9	84,5		
7	3	87,5	2,2	2,3	89,7	89,8		
8	4	87,3	-1,0	-3,4	86,3	83,9		
9	5	90,4	0,1	0,7	90,4	91,1		
10	6	91,2	-1,6	-1,0	89,7	90,3		
11	7	84,9	2,2	-1,3	87,1	83,6		
12	8	87,6	-1,9	2,6	85,7	90,2		
13	9	88,1	-0,9	3,7	87,2	91,8		
14	10	90,6	-1,2	0,5	89,4	91,1		
15	11	88,5	2,7	-0,2	91,2	88,3		

FIGURA 9 Ilustração (por simulação) de estimativa de fidedignidade por dupla mensuração.
Fonte: Elaborada pelo autor.

que tenderão assim a modificar suas respostas na segunda aplicação, reduzindo a correlação entre os dois conjuntos de escores, também enviesando a estimativa de fidedignidade.

A psicometria, no contexto de testes educacionais, chama o procedimento de teste-reteste. Para contornar o problema da retenção das respostas dadas na primeira aplicação do instrumento (teste), pode-se postergar a segunda aplicação (reteste) e o procedimento é chamado de análise de fidedignidade longitudinal (Thorne, 2011). A correlação entre as séries toma o nome de coeficiente de estabilidade do instrumento. Mas o artifício impõe outras reservas, pois se o fenômeno que se está mensurando é muito variável no tempo, poderão ocorrer flutuações nas medidas "verdadeiras" dos indivíduos, e a suposição de estabilidade das grandezas mensuradas não é razoável. Para situações de relativa, ou presumida, estabilidade, o procedimento é útil, como no estudo sobre o ensino de ética e o comportamento de adolescentes enquanto consumidores realizado por El-Bassiouny, Taher e Abou-Aish (2011). O procedimento impõe, por outro lado, alguns ônus de ordem prática. Na medida em que os mesmos sujeitos devem ser testados e retestados em tempos distintos, é bastante comum haver perdas consideráveis de dados por desistências dos sujeitos pesquisados ao longo do processo. El-Bassiouny, Taher e Abou-Aish (2011), por exemplo, reportam ter utilizado 13 sujeitos para realizar a primeira testagem do instrumento, dos quais apenas 7 completaram a retestagem, três semanas depois. Se já é difícil conseguir sujeitos para uma testagem, imagine para duas em sequência.

Uma das ideias desenvolvidas para contornar essas dificuldades de ordem prática consiste na elaboração e aplicação simultânea de duas formas equivalentes do teste, chamados de testes paralelos. Assegurada a equivalência, a correlação entre as duas séries de escores paralelos pode ser tomada como estimativa da fidedignidade do instrumento, da mesma forma que a correlação entre os escores do teste e do reteste o fazem. O procedimento tem a vantagem de contornar o problema da estabilidade da medida, mas traz consigo a dificuldade conceitual de equivalência. O que são duas formas equivalentes do mesmo teste? Como assegurar que são equivalentes? Por conta disso, o procedimento é raramente utilizado atualmente.

Outra ideia, aplicável no contexto de testes compostos por múltiplos itens e semelhante em espírito à dos testes paralelos, é dividir o teste ao meio, tomando cada metade como uma forma reduzida do teste e as duas metades como formas paralelas. Afinal, duas formas paralelas testadas simultaneamente podem ser interpretadas como um único teste, cujas metades são as formas desenvolvidas originalmente como paralelas. A correlação entre as séries de subscores de cada metade do teste, com um pequeno ajuste para compensar as diferenças em tamanho entre o teste inteiro e suas metades, como a fórmula de Spearman-Brown (Cronbach, 1951), pode então ser usada para estimar a fidedignidade do teste. Mas há prós e contras, como sempre: que metades do teste escolher? Em um teste com, digamos, 20 itens, poderiam ser escolhidos os primeiros 10 itens como primeira metade e os próximos 10 itens como segunda metade. Entretanto, poderiam ser levantadas dúvidas sobre a equivalência entre as duas metades, pois as respostas referentes à primeira metade (primeiros 10 itens) teriam sido capturadas quando os sujeitos estavam mais descansados do que quando responderam à segunda metade do teste, assumindo que os sujeitos respondem as questões na ordem apresentada, o que é razoável em muitos contextos. Uma alternativa seria escolher os itens ímpares como primeira metade e os pares constituindo a segunda, procedimento muito mais comum. Ou escolher 10 itens aleatoriamente, por sorteio, para compor a primeira metade, o que leva à indagação: quantas maneiras de dividir o teste em metades há? De fato, dado um teste com 20 itens, há nada menos do que 92.378 formas de dividir o teste em metades, cada uma contendo 10 dos 20 itens originais.[34] E cada uma dessas formas produzirá uma estimativa diferente da fidedignidade do instrumento. Qual delas escolher?

A ideia de dividir um teste composto por diversos itens em duas metades equivalentes embute, implicitamente, os conceitos de unidimensionalidade da grandeza mensurada e de equivalência entre os diversos itens do teste, que levam

---

[34] A conta é simples: é a metade do número de combinações de 20 itens tomados 10 a 10. Em geral, o número de combinações de m itens tomados n a n, com $m \geq n$, é simbolizado por C_m^n ou por $\binom{m}{n}$, e seu valor é dado por $\frac{m!}{n!(m-n)!}$, onde ! representa o operador fatorial. O operador fatorial é definido por: $m! = 1 \times 2 \times 3 \times \cdots \times (m-1) \times m$, para $m > 0$. O fatorial de zero é definido como 1, ou seja, $0! = 1$. Assim, $C_{20}^{10} = \frac{20!}{10!10!} = \frac{11 \times 12 \times \cdots \times 19 \times 20}{1 \times 2 \times \cdots \times 9 \times 10} = 184.756$, e o número de divisões do teste em metades é 92.178. Repare que a divisão do teste se dá escolhendo uma metade, digamos, A, e seu complemento, digamos, $\bar{A}$. Como o complemento da metade $\bar{A}$ é A, a fórmula C_{20}^{10} contabiliza duplamente as metades possíveis.

ao conceito de consistência interna. Em contextos educacionais, por exemplo, um teste será composto por diversas questões, e as respostas dadas pelos sujeitos serão classificadas como corretas ou incorretas, dicotomizadamente, portanto. Em 1937, o educador americano Frederic G. Kuder e o psicólogo Marion Webster Richardson (1896-1965), também americano, desenvolveram suas famosas fórmulas 20 e 21, estimando a fidedignidade de um teste educacional dicotômico a partir de informações sobre cada um de seus itens (Kuder; Richardson, 1937).

As fórmulas de Kuder-Richardson foram mais tarde generalizadas pelo psicólogo educacional americano Lee Joseph Cronbach para instrumentos com itens não dicotômicos, como as escalas Likert, dando origem ao famoso coeficiente alfa de Cronbach (Cronbach, 1951).

Frederic G. Kuder (1903-2000)

O coeficiente é definido por:

$$\alpha = \frac{n}{n-1}\left(1 - \frac{\sum_{i=1}^{n}\sigma_i^2}{\sigma_T^2}\right), \quad (14)$$

onde n representa o número de itens do instrumento, σ_i^2 representa a variância de seu i-ésimo item, e σ_T^2 representa a variância do escore total do instrumento. O escore total do instrumento é definido como a soma dos escores de todos os seus itens. Cronbach (1951) mostra que o coeficiente α é igual à média de **todos** os coeficientes de fidedignidade calculados pelo processo de divisão em metades, para todas as múltiplas divisões possíveis.

Lee Joseph Cronbach (1916-2001)

A fórmula é baseada no conceito de consistência interna entre os diversos itens do instrumento, sendo de fácil aplicação, não exigindo testes e retestes, ou divisões em metades, daí sua popularidade. As fidedignidades das variáveis utilizadas no estudo sobre o impacto da TI no trabalho e no processo decisório individuais cujos dados são ilustrados na **Figura 2** foram estimadas usando-se o coeficiente alfa de Cronbach, com valores situados entre 0,74 e 0,85 (Pereira; Becker; Lunardi, 2007).

A **Figura 10** ilustra o conceito com uma simulação utilizando um instrumento fictício.

Simulou-se uma escala Likert de cinco pontos com cinco itens, mensurada em 100 indivíduos (apenas as dez primeiras observações são mostradas na **Figura 10**), com valores verdadeiros variando com uma variância $\sigma_V^2 = 45,73$, e um instrumento apresentando variância de erros $\sigma_\epsilon^2 = 1,25$. A fidedignidade do instrumento é então $\rho_{OV}^2 = \frac{45,73}{45,73+1,25} = 0,97$. Repare que o coeficiente alfa é igual a 0,96, representando uma boa estimativa para a fidedignidade do instrumento.

	A	B	C	D	E	F	G	H	I	J	K	L	M	N	O
1	variância dos erros nos itens:			σ_{eI}^2 = 0,25		fidedignidade =	0,97								
2	variância dos erros total:			σ_{eT}^2 = 1,25		alfa=	0,96								
3	variância dos valores verdadeiros:			σ_V^2 = 45,73											
4															
5		valores verdadeiros								valores observados					
6	indivíduos	item	Total	erros1	erros2	erros3	erros4	erros5	item1	item2	item3	item4	item5	Total	
7	1	3	15	-0,1	0,2	-0,3	-0,3	0,8	3	3	3	3	4	16	
8	2	1	5	0,1	0,3	1,2	-0,5	-0,3	1	1	2	1	1	6	
9	3	3	15	0,6	0,7	-0,1	0,3	0,4	4	4	3	3	3	17	
10	4	3	15	-0,3	-1,0	0,4	0,0	0,5	3	2	3	3	3	14	
11	5	4	20	0,0	0,2	-0,9	-0,2	0,1	4	4	3	4	4	19	
12	6	5	25	-0,4	-0,3	-0,1	-0,5	0,3	5	5	5	4	5	24	
13	7	2	10	0,6	-0,4	0,7	0,4	-0,8	3	2	3	2	1	11	
14	8	3	15	-0,6	0,7	0,0	-0,4	-0,2	2	4	3	3	3	15	
15	9	3	15	-0,3	1,1	0,1	-0,3	0,2	3	4	3	3	3	16	
16	10	4	20	-0,3	0,1	-0,4	-0,1	-0,8	4	4	4	4	3	19	

FIGURA 10 Ilustração (por simulação) de estimativa de fidedignidade pelo coeficiente alfa de Cronbach.
Fonte: Elaborada pelo autor.

Validade dos instrumentos

Outra importante questão acerca de instrumentos de mensuração diz respeito à sua validade. A validade de um instrumento não pode ser confundida com sua fidedignidade. Fidedignidade vincula-se à ideia de precisão das medidas observadas pelo instrumento, sendo mais operacional; validade é um conceito mais geral, epistemológico, filosófico, relacionado ao conteúdo intrínseco da informação provida pelo instrumento de medição. A medida tomada é verdadeiramente relacionada ao fenômeno que estamos interessados? Mede, de fato, o que estamos interessados em medir?

Por exemplo, durante certo tempo, os conceitos de área e perímetro foram confundidos entre si, sendo comum a avaliação de uma área ser realizada através de seu perímetro. Assim, o valor de uma ilha para seu potencial conquistador era medido pelo seu perímetro. O conquistador navegava ao redor da ilha, estimando o comprimento da jornada, ou seja, estimava seu perímetro. Se o valor é grande, aborda-se a ilha, se não, passa-se adiante. Ifrah (1997) relata que, na antiguidade, a produção de grãos em campos era muitas vezes estimada, para efeitos fiscais, medindo-se o comprimento e a largura dos campos, somando-se as medidas, em vez de multiplicá-las.[35] Ainda hoje, em certas comunidades, percebem-se resquícios dessa dificuldade operacional. Knijnik (2008 *apud* Oliveira; Knijnik, 2011) menciona que um dos jogos

---

[35] Uma pessoa com um pouco mais de conhecimento (e astúcia, talvez) produziria seus grãos em campos quadrados, pois, para um perímetro fixo, o quadrado é o retângulo de maior área.

de linguagem envolvendo o "medir a terra" praticados por camponeses do Movimento Sem Terra era determinado pelo "tempo de trator usado para carpir". Esses são exemplos de utilização de esquemas ou instrumentos não válidos para medir áreas, pois o perímetro ou o tempo não representam áreas. Trata-se de confusão conceitual, de (des)conhecimento sobre o fenômeno, e não simplesmente de precisão da medida.

Mas a fidedignidade do instrumento restringe sua validade, por certo. Tome-se o exemplo de uma fita métrica demasiadamente elástica, a ponto de a leitura do comprimento medido variar conforme a força empregada ao estender a fita. Trata-se de um instrumento, em princípio, válido (baseado na propriedade de justaposição de comprimentos iguais), mas excessivamente inacurado. A ninguém ocorreria considerar válido um comprimento medido por tal fita métrica.

Conclui-se, pois, que a validade de um instrumento depende do conhecimento que se tem acumulado sobre o fenômeno sob mensuração, ou, mais precisamente, como já salientado, sobre as relações entre os efeitos do fenômeno de interesse. Quando percebemos os efeitos da temperatura na dilatação dos corpos e teorizamos a respeito, "sacamos" como construir um instrumento válido para medir a temperatura. Enquanto essas relações não são dominadas, qualquer tentativa de instrumentação produzirá um instrumento inválido.

Aqui, uma reflexão mais ampla se impõe. A validade do instrumento decorre, então, da aceitação do conhecimento como tal. Como o conhecimento não é absoluto, mas evolutivo, um instrumento válido hoje pode não ser mais considerado válido amanhã. Isso é particularmente relevante para as ciências humanas e sociais, não experimentais, em que o conhecimento evolui muito mais por indução, isto é, por reflexão, proposição e aceitação de ideias.

A tentativa de estruturar o conceito de validade dos instrumentos faz emergir na literatura especializada diversas adjetivações, como validade de constructo, validade de face, validade de conteúdo, validade convergente, validade discriminante, validade nomológica, etc. (Hoppen; Lapointe; Moreau, 1996). O aprofundamento de tais questões foge ao escopo deste livro. Em geral, as técnicas estatísticas desenvolvidas são neutras a esse respeito, partindo do princípio de que as mensurações realizadas são efetivamente válidas para descrever o fenômeno analisado. Mas o leitor deve atentar para o problema, pois nenhuma análise estatística, por mais avançada e sofisticada que seja, produzirá informações relevantes se as medidas tomadas como ponto de partida não são válidas.

DADOS E INFORMAÇÃO

Já foi mencionado que a estatística se ocupa da análise e da interpretação de dados quantificáveis. Antes de prosseguirmos, é interessante uma reflexão a respeito do significado da palavra "dado". O dicionário Michaelis (Weiszflog, 2007) menciona que dado é o ponto de partida em que se assenta uma discussão, ou, como alternativa, o princípio ou base para se entrar no conhecimento de algum assunto. Dados, no plural, é registrado como o conjunto de material (= informações) disponível para análise. Muitas vezes, tomamos dado e informação como sinônimos, mas é útil entender dado como matéria-prima da informação, a informação sendo algum dado, ou conjunto de dados, interpretado, contextualizado.

A distinção é semântica, não operacional, dependendo apenas do nível de abstração que tratamos os conceitos. Dado estaria no nível mais primário, informação em um nível secundário, e conhecimento em um nível mais elevado ainda. Um dado, *per se*, não carrega significado. O significado é alcançado quando o dado é interpretado, contextualizado, ganhando sentido, transformando-se em informação. E são as pessoas, ou seus computadores, que coletam e reconhecem padrões nos dados, dando-lhes significado, construindo a informação necessária para evoluir o conhecimento.

Por outro lado, a informação *per se* não carrega valor algum. O valor é alcançado quando a informação é utilizada para apoiar nossas decisões ou para mudar nossa forma de ver o mundo, que é como chamamos o aprendizado. E são as pessoas, ou os computadores das pessoas, que tomam decisões e que aprendem. Novamente, chama-se a atenção que a distinção é semântica, não operacional. Na prática, dados são processados, portanto, transformados em informações, e apoiarão nossas decisões, tudo acontecendo ao mesmo tempo e de modo quase automático, pois o processo descrito representa o próprio processo de inteligência, que nos caracteriza como espécie.

Um motorista ouve o som de uma sirene no trânsito (dado primário), interpreta que deve haver uma ambulância pedindo passagem (dado contextualizado, processado, informação, portanto) e decide sair de sua faixa de rolamento, procurando encostar à direita, para dar passagem ao veículo de emergência (decisão consistente com o conjunto de normas e princípios éticos vigentes). A informação só ganha valor quando efetivamente produz a decisão na mente de nosso civilizado motorista.

Indo um pouco mais longe ainda, também a decisão, *per se*, não tem o poder de transformar a realidade. A transformação da realidade somente ocorre quando a decisão é efetivamente implementada. E são as pessoas, ou os computadores, que implementam as decisões. Voltando ao exemplo do nosso motorista, sua decisão não significa necessariamente que a ambulância terá sua passagem assegurada, pois há outros motoristas na via, de modo que a implementação da decisão precisará ser "negociada" e coordenada com os demais motoristas.

O ponto central dessa discussão é o reconhecimento das subjetividades embutidas nos processos descritos em cada uma dessas etapas. A transformação de dados em informação é fruto de um processo cognitivo, a utilização de informações para apoiar as decisões é fruto de um processo decisório e a implementação de decisões é fruto de um processo gerencial. Todos os processos são eminentemente subjetivos, dependentes de nossas condições iniciais, nosso conhecimento prévio, por exemplo, nossos modelos mentais pré-existentes, valores e crenças, atitudes, ideologia, habilidades e competências, dentro de um contexto social mais amplo, que bem podemos chamar de caldo cultural, afinal, nossas crenças e nossos valores não são inatos, são transmitidos através da cultura, através do meio social em que nascemos e fomos educados.

A **Figura 11** representa um esquema para auxiliar nossa compreensão sobre como as coisas funcionam, não representando, de fato, o modo como se dá a operacionalização desses processos em nossas mentes. Os processos não ocorrem tão linearmente ou tão sequenciados como representado. Repare que há setas de *feedback* em todos os processos, tentando representar exatamente essa característica.

Cultura

```
Conhecimento          Valores              Liderança
Modelos mentais       Crenças              Habilidades
                      Atitudes             Competências
   Aprendizagem       Ideologias
```

Dados →[Processo Cognitivo]→ Informação →[Processo Decisório]→ Decisão →[Processo Gerencial]→ Ação

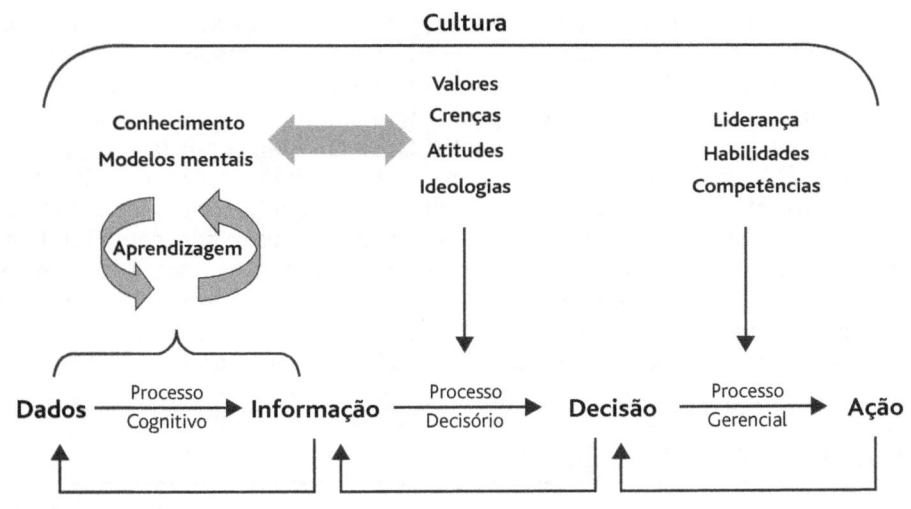

FIGURA 11 Dados, informação, decisão.
Fonte: Elaborada pelo autor.

Nossa mente vai e volta, girando em torno desses processos, quantas vezes quisermos ou for necessário.

A estatística é útil no primeiro dos processos descritos na **Figura 11**. Mas saliente-se novamente: a transformação de dados em informação não se dá de modo automático, ela é condicionada à nossa cognição, sendo, portanto, subjetiva. Não é a estatística que produz a informação, são as pessoas usando a estatística que a produzem. Duas pessoas à frente dos mesmos dados podem muito bem chegar a informações distintas. Sim, pois a interpretação dependerá do que cada uma conhece previamente acerca do contexto em que os dados foram coletados, por exemplo. Claro que elas podem interagir, se comunicar, compartilhar suas experiências prévias e suas interpretações, de modo que a informação produzida pelas duas pode muito bem convergir para alguma forma de unanimidade, em um processo que poderíamos qualificar de intersubjetividade.

O mesmo pode ser dito dos dois outros processos ilustrados na figura. Duas pessoas com as mesmas informações podem muito bem tomar decisões distintas, e não há nada de errado com isso! Trata-se de reconhecer que distintas pessoas possuem distintas atitudes (perante o risco, por exemplo), de modo que suas decisões podem ser divergentes. Uma aceita o desafio, vai em frente e empreende; outra é mais conservadora e não aceita o risco embutido no empreendimento. Não são as informações disponíveis que são distintas, são os condicionantes socioculturais que são distintos. De vez em quando, somos surpreendidos com algumas decisões de outrem. Há pessoas que não viajam de avião, por exemplo, e não podemos julgar o ato em si como irracional somente porque nós não tomamos a decisão dessa maneira. Sabe-se lá que agruras a pessoa passa dentro de um avião? O que podemos fazer é analisar suas motivações, suas crenças, suas atitudes, de modo a tentar demovê-la da decisão tomada. Há pessoas que não permitem a realização de transfusões de sangue, por exemplo. E o que fazemos?...

Da mesma forma, duas pessoas podem implementar a mesma decisão de maneiras distintas, pois elas podem ter habilidades e competências distintas. Não é a decisão que é distinta, são suas habilidades e competências gerenciais que explicam diferenças na forma de implementação.

O reconhecimento das subjetividades embutidas nos processos não significa, entretanto, que qualquer interpretação, qualquer decisão, qualquer ação seja aceitável. Subjetividade, como oposto à objetividade, não significa um vale-tudo. Sempre haverá um senso de consistência a ser preservado, como fundamento da racionalidade humana, e os processos de aprendizagem e de construção do conhecimento são, sobretudo, processos sociais, culturais. Assim, há normas que se sobrepõem ao vale-tudo, e a estatística, com seu conjunto de técnicas, faz exatamente isso no processo de transformação de dados em informação.

AMOSTRAS E POPULAÇÕES

Quando discutimos o que é estatística, mencionamos que a estatística matemática, ou inferencial, se ocupa do estudo das relações existentes entre populações e amostras delas retiradas. O que significam amostras e populações? O termo população, do latim *populatione*, tem o mesmo radical de *populu*, povo, e revela assim as origens da estatística, que, em seus primórdios, se ocupava de compilar dados a respeito de populações, ou seja, a totalidade de pessoas que formam uma coletividade, uma vila, um povoado, uma cidade, um país, etc. Com o tempo, o termo passou a ser empregado em um sentido mais amplo, para qualquer coletivo de interesse, sejam animais, espécies de plantas ou outros objetos. Mas guarda o sentido de todo, da totalidade dos objetos de interesse.

Se falamos em todo, necessariamente falamos em suas partes, dialeticamente. Todo e parte são palavras indissociáveis: não há todo sem suas partes, não há parte sem o seu todo. As partes, em estatística, são chamadas de amostras. Amostra é, assim, qualquer parte do todo, qualquer subconjunto da população de interesse. O dicionário Michaelis (Weiszflog, 2007) define amostra como o ato de mostrar, mas também dá o sentido de indício, sinal, pequena parte ou porção de alguma coisa que se dá para ver ou provar. Uma amostra grátis, por exemplo, representa uma oportunidade de experimentar um novo produto, nesse caso, gratuitamente. Em estatística inferencial, o significado relevante será o de indício, no sentido informacional, na medida em que o que observamos em uma amostra (parte) talvez se generalize para a população (todo).

Por exemplo, se uma amostragem de clientes de uma loja comercial revela que 75% deles são do sexo masculino, somos induzidos a generalizar a estatística, como se ela fosse válida para todos os clientes, e passamos a tomar decisões conforme essa percepção. Assim, a decoração da loja, por exemplo, poderá refletir essa percepção e talvez se evite o uso de tons pastéis, mais femininos.[36]

---

[36] Evidentemente, a decisão não é tomada de forma tão linear como nosso texto pode dar a entender, sendo filtrada por outras informações e julgamentos, como, por exemplo, a estratégia de marketing do proprietário. E, sobretudo, não se pode fugir facilmente de nossos preconceitos ou, mais genericamente, de nossos modelos mentais. Quem disse que tons pastéis são mais femininos?

A estatística se preocupará com a generalização em si, isto é, questionará em que medida a estatística "75% de clientes do sexo masculino" encontrada na amostra, verificada concretamente, é válida para representar o estado da população de interesse, abstratamente, não verificada concretamente. A preocupação fundamental é, então, a de validar a generalização.

E aqui começam nossos problemas. Em primeiro lugar, qual é a população de interesse? Clientes da loja, por certo, mas, ... o que são "clientes"? Alguém que frequenta a loja com regularidade? Comprando? Só frequentando, mas nunca comprando? Alguém que poderá comprar, mas nunca entrou na loja de fato? Alguém que estamos interessados em atrair? Algum visitante ocasional da cidade, que busca alguma lembrança? Em muitas situações, a população de interesse não é definível concretamente, não há listagens concretas utilizáveis, temos apenas palavras para descrevê-la, e palavras muitas vezes com vários sentidos, como o termo cliente do exemplo. É evidente que a proporção de clientes do sexo masculino na população de clientes não é exatamente 75%, no sentido mais estrito, com todas as decimais, mesmo se pudéssemos verificá-la, mas seria interessante se pudéssemos concluir que é próxima de 75%. Esta é, afinal, a nossa intuição, e podemos tomar boas decisões mesmo que o número não seja exatamente 75%, desde que lhe seja próximo.

Mas, repare, apenas transferimos o problema: o que é próximo? Ou seja, qual o limite aceitável para proximidade, de modo que nossa decisão ainda possa ser considerada boa? Se a proporção "verdadeira" for muito diferente de 75%, nossas decisões podem ser totalmente equivocadas.

Chegamos, assim, ao âmago do problema da estatística inferencial: medir a qualidade da inferência. Como em qualquer processo de mensuração, nos deparamos com o problema de verificar proximidades entre uma medida concreta, a proporção amostral, e um valor desconhecido, a proporção populacional. Em processos comuns de mensuração, desenvolve-se uma teoria de erros de mensuração. Aplicada à relação entre amostras e populações, prefere-se o termo erros de amostragem. Veremos, no Capítulo 7, as teorias de amostragem, evidenciando os pressupostos teóricos que asseguram uma flutuação das estatísticas amostrais em torno dos correspondentes parâmetros populacionais, por exemplo.

Em segundo lugar, quão representativa da população é nossa amostra? Repare na palavra representativa. Se não temos o todo, a população de interesse, nossa intuição nos guia para que generalizemos a partir de uma representação confiável do todo. Assim, nossa amostra grátis deve ser elaborada exatamente da mesma forma que o produto que ela representa, senão não haveria validade na amostragem enquanto experimentação das qualidades do produto.[37] Essa é uma questão mais metodológica do que estatística, pois se avalia a representatividade da amostra qualitativamente, checando e validando os procedimentos de amostragem. Por exemplo, é bastante comum a estratégia de aleatorização, removendo o poder do analista em determinar quais elementos serão escolhidos para fazer parte da amostra. Deixa-se, assim, a escolha da parte que representará o todo ao acaso, eliminando possí-

---

[37] Folhetos promocionais, por exemplo, apresentam os produtos exaltando suas qualidades, às vezes exagerando um pouco, o que dá origem à conhecida piada: quero minha picanha exatamente como a da fotografia.

veis vieses de escolha. Pense, por exemplo, em um teste clínico realizado em um laboratório para verificar a eficácia de determinada droga contra problemas de colesterol. Nossos elementos de amostragem são 2 dúzias de ratos, especialmente criados para tais testes. Em metade deles usaremos a droga, a outra metade sendo usada para controle. As duas metades são escolhidas ao acaso, aleatorizando-se o processo de escolha. Oferece-se uma determinada dieta a todos, a mesma dieta, bem entendido, deixando-se passar algum tempo. Ao final do processo mede-se determinada característica de interesse, por exemplo, o nível de colesterol no sangue de cada cobaia. Se houver diferença significativa[38] entre as médias da medida de interesse dos dois grupos, pode-se atribuir a diferença à droga utilizada.

Repare o que se entende por representatividade da amostra. Muito provavelmente, o laboratório está interessado no desenvolvimento de uma droga para ser usada por seres humanos, mas o teste é feito em cobaias, não em seres humanos.[39] Quão representativa é nossa amostra? Qual a população de interesse? Há, de fato, uma presunção de representatividade, baseada fundamentalmente em nosso conhecimento a respeito das coisas relevantes que podem influenciar os novos achados. A droga é eficaz ou não? Afinal, roedores e seres humanos são mamíferos, com metabolismos suficientemente semelhantes para assegurar, salvo melhor juízo, nossas inferências. Porém, a definição específica dos indivíduos que participarão do grupo experimental ou do grupo de controle não deve ser deixada ao experimentador, pois poderia haver uma escolha, ainda que não dolosa, dos ratos mais saudáveis para fazer parte do grupo de controle. Se tal fosse o caso, a diferença eventualmente detectada entre as médias não poderia ser atribuída diretamente à droga, anulando a validade do experimento. A aleatoriedade tende a igualar as condições iniciais do experimento.

Imagine agora que o laboratório tenha interesse em desenvolver uma droga para uso veterinário, não por seres humanos – por animais de estimação, como cães, por exemplo. A experiência poderia ser retratada em sua fase II, realizada com cães em vez de ratos, que seriam mais representativos da população de interesse. Nossos elementos de amostragem seriam agora duas dúzias de cães em vez de duas dúzias de ratos, também especialmente criados para tais testes. Do mesmo modo, aleatoriza-se o processo de escolha das duas metades, definindo-se os grupos, experimental e de controle. Controla-se a dieta oferecida a todos, igualmente deixando-se passar algum tempo. Ao final do processo mede-se o nível de colesterol no sangue de cada cão. Se houver diferença significativa entre as médias dos dois grupos, pode-se atribuir a diferença à droga utilizada.

Quão representativa é agora a nossa amostra? Qual é a população de interesse? Há, ainda, uma presunção de representatividade, mais sutil, é verdade. Não

---

[38] Veremos mais tarde como caracterizar a significância de um teste estatístico mais formalmente. Por enquanto, admita apenas que uma diferença significativa é uma evidência suficiente para caracterizar grupos efetivamente distintos.

[39] Não se quer dar a entender que novas drogas para uso em seres humanos são autorizadas apenas com testes em cobaias. De fato, o processo de autorização de novos tratamentos e novas drogas é lento e cuidadoso, com testes variando em grau de detalhamento e profundidade, com protocolos rígidos, culminando com testes com voluntários humanos (o termo cobaia humana é politicamente incorreto). Testes iniciais, entretanto, são realizados quase sempre com cobaias, como em Rodrigues e colaboradores (2012).

precisamos mais do argumento de semelhança de metabolismo entre ratos e seres humanos, pois as cobaias são da mesma espécie da população de interesse: todos são cães. Mas os cães amostrados devem ser considerados representativos da população canina em geral, para dar validade ao experimento. De que raça eram os cães? São cães de grande ou pequeno porte? Peludos ou de pelo ralo? De caça ou de pastoreio? Resguardada essa presunção de representatividade, mais uma vez a definição específica dos indivíduos que participarão do grupo experimental ou do grupo de controle não é deixada ao experimentador, pois poderia haver uma escolha, ainda que não dolosa, dos cães mais saudáveis, ou mais espertos, mais alegres, maiores, mais bonitos, etc., para fazer parte do grupo de controle. Se tal fosse o caso, a diferença eventualmente detectada entre as médias não poderia ser atribuída diretamente à droga, anulando a validade do experimento. A aleatoriedade tende a igualar as condições iniciais do experimento.

Voltemos agora ao exemplo da amostra de clientes de nossa loja comercial. Quão representativa da população de interesse é nossa amostra? A presunção de representatividade será sempre baseada, fundamentalmente, em nosso conhecimento a respeito das coisas relevantes que podem influenciar o que estamos interessados em descobrir, nesse caso, a distribuição dos clientes segundo seu sexo. Repare que não é possível adotar a estratégia de aleatorização nesse caso, pois não há uma lista de todos os clientes (lembre-se da reflexão sobre o que são clientes). Mas pode-se controlar a escolha dos clientes que farão parte da amostra, selecionando-os de acordo com algum protocolo, ou regra, definido antecipadamente. Por exemplo, clientes que aparecem na loja de manhã, de tarde, ou à noite, nos diversos dias da semana, ou ainda clientes das diversas lojas, se houver várias lojas, primeiros clientes a efetuar uma compra em cada hora do expediente, etc. A existência de um protocolo de seleção nos dá uma sensação de ausência de viés, na medida em que se retira o controle da escolha do analista, pois poderia haver uma escolha, ainda que não dolosa, das pessoas mais bem vestidas, mais bonitas, de maior poder aquisitivo, por exemplo. Ademais, o protocolo pode ser analisado detidamente, podendo-se antecipar possíveis fontes de vieses. Detectada alguma fonte de viés, o protocolo poderá ser modificado para acomodar a situação, eliminando-se ou pelo menos atenuando o viés.

Mas nossas agruras não terminam aí. Em ciências humanas e sociais aplicadas, quase sempre estamos interessados em populações e amostras formadas por pessoas. São clientes, consumidores, eleitores, alunos, profissionais, cidadãos em geral, funcionários, empregados, etc. Como já salientado, os processos de mensuração envolvidos seguem o modelo de estímulo-resposta, filtrado pela cognição do indivíduo estimulado. E a "resposta", evidentemente, pode ser a "não resposta", isto é, a recusa em participar da investigação. Tem-se então outra fonte de viés, o viés da não resposta, que desmantela qualquer protocolo de amostragem bem estruturado. Pense, por exemplo, em pesquisas de satisfação de clientes com um determinado produto ou serviço. Normalmente, essas pesquisas são feitas enviando-se um questionário por algum meio de comunicação – correio, telefone, mais tradicionais, e, mais recentemente, correio eletrônico, por exemplo. Quem responde a esse questionário? Quem não responde a esse questionário? Qual é a população representada pela amostra dos respondentes? Jocosamente, os respondentes ou estão deslumbrados com o produto, talvez o consumindo pela primeira vez, quiçá ascendendo socialmente, como no caso da primeira viagem de avião, ou estão incomodados com alguma coisa que os fazem usar a pesquisa para descarregar suas agruras. Em qualquer caso, a amostra tomada não representa a totalidade dos consumidores do produto ou serviço! A literatura de marketing, por exemplo, há muito tempo lida com o assunto, desenvolvendo métodos de controle de não resposta. Essencialmente, busca-se um complemento amostral aleatorizado dos não respondentes, alterando-se a mídia e os estímulos para participar da pesquisa. Comparam-se, então, as respostas dadas pelos respondentes iniciais da pesquisa com as respostas dadas pela segunda amostragem, de não respondentes na primeira etapa, a perguntas-chave, de maior interesse. Se não houver diferença significativa entre as respostas, tem-se um bom indício de ausência de viés de não resposta. Scornavacca Jr., Becker e Barnes (2004) usam a técnica com sucesso. Mas se houver diferença significativa entre as respostas estamos em maus lençóis, pois encontramos indícios de que os respondentes são marcadamente distintos dos não respondentes. Será necessário, pois, redefinir a representatividade da amostra colhida, redefinindo-se a população correspondente.

Repare a dependência da pesquisa às contingências. Como já salientado, os termos população e amostra são termos indissociáveis, dialeticamente definidos. E aí reside a chave para a compreensão e a aplicação bem-sucedida dos métodos estatísticos. É essencial manter a consistência na relação entre população de referência e amostra que a represente. Muitas vezes, raciocinamos do geral para o particular, de cima para baixo, isto é, define-se a população de interesse (abstrata) dela retirando-se uma amostra representativa (concreta). Mas, muitas vezes, nos vemos na situação contrária: tem-se uma amostra à disposição (concreta) e saímos à cata de uma população (abstrata) por ela representada. A consistência entre elas, avaliada qualitativamente, é que é fundamental.

Essa é a razão pela qual se insiste na apresentação detalhada do procedimento de amostragem em qualquer pesquisa que envolva amostragem. Não é a amostra em si, ou seus números, que trarão indícios de sua representatividade, mas sim, o processo utilizado para sua definição e, sobretudo, a coerência entre a amostra tomada e a população representada. A crítica será sempre essencialmente metodológica, qualitativa.

E quem faz a crítica? Em geral, os pares, a comunidade de pesquisadores, a comunidade científica ou profissional envolvida. Como já salientado, o conhecimento é, na sua essência, um produto cultural, socialmente validado. As subjetividades inerentes à avaliação qualitativa são atenuadas pelo movimento em direção à intersubjetividade, buscando-se consenso entre pares.

O corolário imediato dessa constatação é que teremos procedimentos de amostragens válidos até prova em contrário. Ou seja, admitindo que ninguém errava de propósito (não há dolo), um procedimento pode passar pela crítica, ser utilizado, gerar consequências, e nem por isso ser adequado. Há vários exemplos na literatura científica e profissional salientando erros ocorridos no passado. Evidentemente, ganham notoriedade os maiores erros ou os erros mais importantes, que passam a fazer parte dos livros-texto, mostrando o que não é adequado em determinadas circunstâncias. Lamentavelmente, entretanto, em especial para os iniciantes, não há uma regra geral sobre o que é adequado em todas as circunstâncias.

Depois dessa longa conversa, o leitor deve estar se perguntando: afinal, se a obtenção de amostras representativas é tão complicada, por que então usar amostras? Por que não usar a população toda, desde o início? Assim evitaríamos todas as nossas agruras metodológicas. A resposta é simples e deve ser entendida no contexto ilustrado na **Figura 11**. A transformação de dados em informação, objeto da estatística, visa fundamentalmente subsidiar processos decisórios que, por sua vez, subsidiarão ações por parte dos agentes, dentro de um contexto eminentemente cultural, social e econômico. Há sempre um custo associado à informação, e seu valor corresponde exatamente à sua contribuição para a melhoria da qualidade das decisões tomadas. Se o custo marginal da informação ultrapassar seu valor marginal, não vale a pena obtê-la, será antieconômico. Aí está a chave para compreender o papel da amostragem na obtenção da informação. É mais barato analisar a amostra do que a população, e a amostra pode oferecer informação de valor.

Pense no exemplo do laboratório investigando a tal droga contra o colesterol. Duas dúzias de cobaias oferecem informação suficiente para o prosseguimento da investigação, subsidiando as decisões futuras do laboratório. Se a droga não funcionar no grupo experimental, é melhor trocá-la por outra. Se funcionar, pode-se refiná-la para obter melhores resultados. Não há necessidade de realizar o processo com 2 milhões de ratos em vez de duas dúzias de ratos! A informação colhida usando-se 2 milhões de ratos teria o mesmo valor e custaria muito mais. Por outro lado, há processos em que simplesmente não há sentido lógico em verificar todos os elementos da população, como no caso de testes de qualidade destrutivos, em que o objeto testado é destruído. Há também casos em que a população não está inteiramente acessível, inviabilizando uma investigação completa, como no caso da recusa de respostas, já discutida. Algumas vezes sequer é definível concretamente, como no caso dos clientes da loja comercial. Há outros casos em que investigar cada elemento demanda um tempo enorme, inviabilizando o estudo em termos populacionais. Quando se terminasse a investigação, os últimos elementos não seriam mais comparáveis com os primeiros, tamanho o tempo decorrido. São todas razões eminentemente econômicas.

Enfim, nos movemos neste mundo balanceando custos e benefícios de nossas ações. É a economia que move o mundo...

Pode-se concluir que quase sempre estaremos tratando de estatísticas amostrais, ou seja, calculadas em amostras concretas, embora nosso interesse informacional seja o de generalização. A possibilidade de generalização dependerá da qualidade metodológica utilizada, não tendo nada a ver, em princípio, com a estatística, em sentido estrito. A quase totalidade dos artigos científicos que utilizam métodos estatísticos limita-se, pois, a descrever detalhadamente os procedimentos amostrais, sem preocupação em descrever a população de interesse, deixando essa percepção para o leitor, ou seja, o consumidor da pesquisa. Pense no exemplo do laboratório investigando a tal droga contra o colesterol (de novo!). Um artigo científico correspondente limitar-se-ia a descrever como os ratos foram separados em dois grupos, aleatorizadamente, trazendo validade para a comparação entre as médias finais dos índices de colesterol no sangue dos ratos de cada um dos grupos, como em Lim e colaboradores (2011, p. 3082-3083), que limitam-se a mencionar que usaram três replicações experimentais com 20 animais cada (Fig. 1) e 10 replicações experimentais com 30 animais cada (Fig. 2). Não há preocupação em descrever a população de interesse, pois o interesse maior reside na comparação. Basta, assim, que os dois grupos sejam razoavelmente homogêneos, o que é induzido pelo procedimento de aleatorização. O mesmo poderia ser dito de uma pesquisa de satisfação com consumidores, em que há, notoriamente, uma grande parcela de não respostas. Não há como aceitar a generalização dos resultados para todo o grupo de consumidores, mas há utilidade se pensarmos em uma comparação longitudinal com outra pesquisa semelhante realizada algum tempo depois (ou antes). O interesse, então, seria o de comparar se alguma medida gerencial realizada, por exemplo, um treinamento dos atendentes, produziu o efeito desejado, comparando-se índices de insatisfação antes e depois de tal intervenção. Apesar de o pesquisador não ter controle sobre os não respondentes, a comparação entre os dois grupos é perfeitamente válida e aceitável.

MATRIZ DE DADOS

Nesta seção, estabelecem-se os elementos utilizados universalmente para descrever um conjunto de dados e sua notação: a notação matricial.

Como já exemplificado e ilustrado pela **Figura 2**, raramente se trabalha com uma única variável isolada, mas com um conjunto de variáveis coletadas para um mesmo indivíduo. Representam-se tais conjuntos de dados e indivíduos por matrizes de dados. Para a matemática, e consequentemente para a estatística, uma matriz nada mais é do que uma coleção de objetos dispostos em linhas e colunas, bidimensionalmente, portanto. Os objetos podem ser de qualquer espécie, definidos abstratamente, embora em geral utilizemos números provenientes de mensurações ou codificações das variáveis de interesse.

Dada a dupla dimensão da matriz (linhas e colunas), serão necessários dois índices para posicionar qualquer de seus elementos, normalmente representados por i e j. Matrizes são em geral representadas por letras maiúsculas e seus elementos por letras minúsculas. Assim, representamos a matriz X e seus elementos x_{ij}, como em

$$X = \begin{bmatrix} x_{11} & x_{12} & \cdots & x_{1p} \\ x_{21} & x_{22} & \cdots & x_{2p} \\ \vdots & \vdots & \ddots & \vdots \\ x_{n1} & x_{n2} & \cdots & x_{np} \end{bmatrix}. \quad (15)$$

A matriz X tem n linhas e p colunas, e um elemento genérico, x_{ij}, está posicionado em sua i-ésima linha e j-ésima coluna. O primeiro índice refere-se à linha e o segundo à coluna.

Nas representações de dados estatísticos geralmente usam-se as linhas para posicionar os indivíduos e as colunas para posicionar as variáveis. Assim, a matriz X representa uma amostra de n indivíduos, investigados acerca de p variáveis, e o elemento x_{ij} corresponde à medida obtida pelo i-ésimo indivíduo na j-ésima variável de interesse. No total, há $n \times p$ medidas.

Qualquer matriz pode ser decomposta em partes, que são submatrizes, de fato. Matrizes com uma única coluna são chamadas vetores. Pode-se, por exemplo, representar a matriz X como uma justaposição de p vetores (matrizes coluna), X_1, $X_2, ..., X_p$, cada uma delas representando uma das p variáveis de interesse. Assim,

$$X = [X_1 \quad X_2 \quad \cdots \quad X_p], \text{ onde } X_j = \begin{bmatrix} x_{1j} \\ x_{2j} \\ \vdots \\ x_{nj} \end{bmatrix}. \tag{16}$$

X_j representa os dados correspondentes à j-ésima variável de interesse de todos os n indivíduos na amostra.

Matrizes com uma única linha são chamadas de matrizes linha e também apresentam interesse. Pode-se, por exemplo, representar a matriz X como uma justaposição de n matrizes linha, $P_1, P_2, ..., P_n$, cada uma delas representando um dos indivíduos na amostra. Assim,

$$X = \begin{bmatrix} P_1 \\ P_2 \\ \vdots \\ P_n \end{bmatrix}, \text{ onde } P_i = [x_{i1} \quad x_{i2} \quad \cdots \quad x_{ip}]. \tag{17}$$

P_i representa os dados correspondentes ao i-ésimo indivíduo de todas as p variáveis de interesse. Representa, assim, o perfil de dados do i-ésimo indivíduo investigado.

EXERCÍCIOS

1. Quais são as principais divisões da estatística?
2. Descreva de modo sucinto a base de dados de alguma pesquisa em que você está ou esteve recentemente envolvido.
    2.1. Quais são os propósitos da investigação?
    2.2. Quantos indivíduos foram pesquisados?
    2.3. Como melhor descrevê-los?
    2.4. Quantas variáveis foram pesquisadas?
    2.5. Descreva-as brevemente.
3. Descreva alguma situação vivenciada em que argumentos não tão lógicos tenham sido utilizados. Uma quantificação poderia ter ajudado a esclarecer a falta de lógica da argumentação?
4. Descreva alguma situação vivenciada em que argumentos quantitativos tenham sido erroneamente utilizados. Como escapar de exageros na argumentação quantitativa?
5. Defina os termos amostra e população.
6. Quais são as principais razões da amostragem?
7. Para ser útil, que característica deve ter uma amostra?
8. Classifique os seguintes conjuntos de dados (quanto ao nível de mensuração):
    8.1. número semanal de acidentes em uma dada empresa;
    8.2. tamanhos de camisa em um mostruário;
    8.3. tensão de rompimento de fibras de lã (em quilos);
    8.4. número diário de empregados ausentes;

8.5. percentagem de tanques de combustível com vazamentos através de seus pontos de solda;

8.6. estado civil de funcionários de uma empresa.

9. Escolha um banco de dados qualquer e classifique os dados nele constantes quanto aos níveis de mensuração.

9.1. Há dados coletados com nível de mensuração nominal? Quais? Quantas categorias possíveis? Quais categorias?

9.2. Há dados coletados com nível de mensuração ordinal? Quais? Quantas categorias possíveis? Quais categorias?

9.3. Há dados coletados com nível de mensuração intervalar? Quais? São utilizadas escalas discretas ou contínuas?

9.4. Há dados coletados com nível de mensuração de razão? Quais? São utilizadas escalas discretas ou contínuas?

10. Como o conceito de fidedignidade de um instrumento se distingue do conceito de validade de um instrumento? São conceitos completamente independentes?

11. Considere um instrumento de medida com o qual você esteja familiarizado. Tendo como pano de fundo a representação esboçada na Figura 6, analise o correspondente processo de instrumentação.

12. Adaptado de Mendenhall (1990).
Uma companhia fabricante de *fast-food* quer saber quanto o público (16 anos ou mais) gastará em lanches rápidos na primeira semana de um mês.

12.1. Descreva a população de interesse para a companhia.

12.2. Explique como a empresa poderia obter a informação desejada.

13. Adaptado de Mendenhall (1990).
Em um estudo mercadológico realizado em Porto Alegre, entrevistaram-se 200 clientes de um supermercado para determinar se eles preferiam escutar música ambiente enquanto realizavam suas compras.

13.1. Descreva a população e a amostra associada a tal pesquisa.

13.2. Seria possível entrevistar toda a população se quiséssemos? Explique.

13.3. A percentagem de clientes da amostra que preferem música de fundo ao comprar será igual à percentagem de clientes da população com a mesma preferência? Explique.

14. O que é uma amostra representativa da população? Como saber se uma amostra é representativa da população?

15. Em uma crônica publicada no Caderno Donna ZH, a cronista inicia mencionando:

> Passei alguns dias em Curitiba a trabalho e, nas rápidas andanças pelas redondezas do hotel, observei pequenas coisas. Curitiba é muito mais limpa que Porto Alegre. Mas muito mais limpa mesmo, até porque cultiva a fama de ser uma cidade ecológica. Curitiba também é mais barata que Porto Alegre. A comida, o transporte, o básico e o nem tanto, existe diferença para menos em quase tudo (Tajes, 2012, p. 26).

Comente sobre a representatividade da amostra utilizada para embasar as conclusões da cronista. Como você conduziria um estudo mais rigoroso para sustentar (ou não?) as conclusões da cronista?

Capítulo 2
Descrição de dados: análise monovariada

Neste capítulo, apresentamos os conceitos relacionados à estatística descritiva. Conforme já salientado no Capítulo 1, a estatística descritiva engloba um conjunto de métodos e técnicas utilizáveis para avaliar as características exteriores de uma série de dados. Engloba técnicas de representação e sintetização de dados, como gráficos e tabelas, assim como várias medidas (descritivas) relacionadas a um determinado conjunto de dados. Iniciamos, neste capítulo, a discussão sobre os principais e mais populares métodos e técnicas usados para descrever e analisar uma única variável. No Capítulo 3, passaremos às técnicas usadas para descrever a relação entre duas variáveis.

DADOS NOMINAIS (OU CATEGÓRICOS)

Se nossa variável de interesse apresentar apenas variabilidade capturada por uma escala não métrica nominal (ou categórica), normalmente resumimos o conjunto de dados através de gráficos simples, tipo pizza ou em barras. As medidas descritivas resumem-se a proporções e à determinação da moda.

Gráficos de pizza e de barras

Nos gráficos simples, tipo pizza ou em barras, as diversas categorias são representadas por fatias proporcionais às suas frequências de ocorrência no conjunto de dados. De fato, esta é a máxima quantificação possível para tais dados: contar quantas vezes determinada categoria ocorre no conjunto de dados, ou seja, determinar a frequência de ocorrência, utilizando então essas contagens para comparar as diversas categorias entre si. Captura-se, assim, rapidamente, a essência dos dados: qual é a categoria mais frequente (mais importante?), qual é a menos frequente, etc. Veja o **Exemplo 1** a seguir.

Exemplo 1

Uma das perguntas formuladas de forma fechada em uma enquete com 411 indivíduos referia-se ao seu sexo, masculino ou feminino. As respostas, já codificadas (1: feminino; 2: masculino; 9: sem resposta) são apresentadas no **Quadro 1**:

QUADRO 1   Sexo (1: feminino; 2: masculino; 9: sem resposta) de 411 indivíduos

```
1, 2, 2, 1, 1, 1, 2, 2, 2, 2, 2, 1, 1, 1, 2, 2, 2, 2, 2, 2, 2, 2, 2, 2, 2, 2, 1, 1, 1, 2, 2, 1, 2, 2, 2, 2, 1, 2,
2, 1, 1, 1, 2, 2, 1, 2, 1, 1, 1, 2, 2, 2, 2, 2, 2, 2, 1, 2, 2, 1, 2, 2, 1, 2, 2, 1, 2, 2, 1, 1, 2, 2, 2, 1,
1, 2, 2, 2, 2, 2, 1, 1, 2, 2, 2, 1, 2, 2, 2, 2, 1, 2, 2, 1, 2, 1, 2, 1, 1, 2, 2, 1, 2, 2, 1, 2, 2, 2, 2, 2,
2, 1, 2, 1, 1, 1, 2, 2, 2, 2, 2, 2, 2, 2, 2, 1, 2, 1, 2, 1, 1, 2, 2, 2, 2, 2, 1, 2, 2, 2, 2, 1, 2, 2,
1, 2, 1, 2, 1, 2, 2, 2, 1, 1, 2, 2, 1, 2, 1, 1, 1, 1, 1, 1, 2, 1, 1, 2, 2, 2, 2, 2, 1, 2, 1, 1, 1, 1, 1, 1,
2, 2, 9, 1, 1, 2, 2, 2, 2, 2, 2, 2, 2, 2, 1, 2, 1, 2, 1, 2, 1, 2, 2, 2, 2, 2, 1, 1, 2, 2, 2, 2, 1, 1,
1, 2, 2, 2, 2, 1, 1, 1, 2, 1, 1, 1, 1, 2, 9, 1, 1, 1, 1, 2, 1, 1, 2, 1, 2, 1, 1, 1, 2, 2, 1, 2, 2, 1, 2, 2,
2, 1, 1, 1, 2, 2, 2, 2, 2, 1, 1, 1, 1, 1, 2, 1, 2, 1, 2, 2, 2, 1, 2, 2, 1, 1, 2, 2, 2, 2, 2, 1, 2, 1, 1, 2,
1, 2, 1, 1, 2, 2, 2, 2, 9, 2, 1, 2, 1, 2, 2, 1, 2, 1, 1, 1, 2, 2, 2, 2, 1, 1, 1, 2, 2, 1, 2, 2, 2, 1, 2, 2,
2, 1, 1, 1, 2, 1, 2, 2, 2, 2, 2, 2, 2, 2, 2, 2, 1, 9, 2, 1, 1, 2, 1, 1, 2, 1, 2, 2, 1, 2, 1, 2, 1, 2, 1,
2, 2, 1, 2, 2, 2, 1, 2, 2, 2, 1, 1, 1, 1, 2, 1, 2, 1, 1, 2, 2, 1, 2, 2, 1, 2, 2, 2, 1, 2, 2, 2, 2, 1, 2, 2,
2, 1, 2, 2, 2, 1, 2, 2, 1, 1, 2, 2, 2, 2, 1
```

Fonte: Arquivo do autor.

Contam-se quantas vezes cada código aparece no conjunto de dados, ou seja, determina-se sua frequência de ocorrência, obtendo-se o seguinte resultado:

TABELA 1   Distribuição de frequências da variável sexo

Sexo	Frequência	%	% de respostas válidas
1 feminino	159	38,7	39,1
2 masculino	248	60,3	60,9
Subtotal	407	99,0	100,0
9 sem resposta	4	1,0	–
Total	411	100,0	–

Fonte: Arquivo do autor.

O código 9 é um código de não resposta, de modo que é mais comum apresentar a distribuição de frequências apenas com as respostas válidas, como na **Tabela 2**:

TABELA 2   Distribuição de frequências da variável sexo – somente respostas válidas

Sexo	Frequência	%
1 feminino	159	39,1
2 masculino	248	60,9
Total	407	100,0

Fonte: Arquivo do autor.

A distribuição também pode ser apresentada em forma gráfica, como na **Figura 1**:

Distribuição dos respondentes segundo o sexo (n=407)

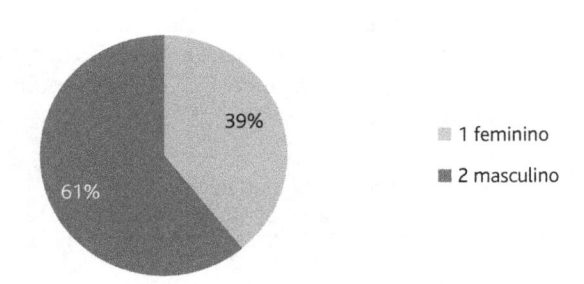

FIGURA 1 Distribuição de frequências da variável sexo – gráfico em pizza.
Fonte: Arquivo do autor.

Ou ainda como na **Figura 2**:

Distribuição dos respondentes segundo o sexo (n=407)

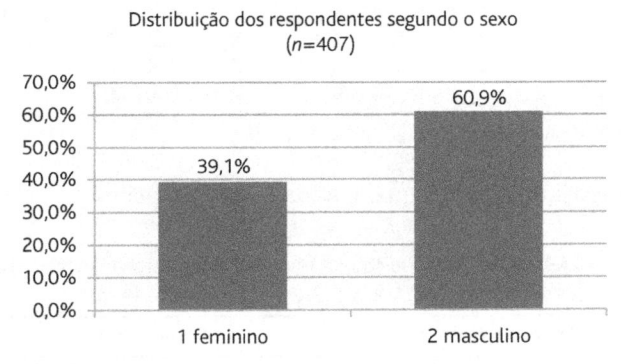

FIGURA 2 Distribuição de frequências da variável sexo – gráfico em barras.
Fonte: Arquivo do autor.

Repare como a forma gráfica destaca com mais rapidez a informação, fazendo justiça ao conhecido adágio popular "mais vale uma imagem do que mil palavras". Mas os gráficos podem esconder informações relevantes, ou mesmo distorcê-las, se não houver cuidado. Note, por exemplo, que o tamanho da amostra ($n = 407$) foi colocado no título do gráfico. Gráficos de percentagens, em geral, pecam por esse detalhe. A informação percentual se vê desvalorizada se não for acompanhada do tamanho da amostra. Afinal, 39% de 407 respondentes tem um significado bastante diferente de 39% de 10 respondentes, não? O detalhe mais sutil a merecer nossa atenção, entretanto, é o da preservação da proporcionalidade entre os blocos (setores do círculo ou altura das barras) e entre as frequências nas diversas categorias. Afinal, é por essa característica gráfica que nossos olhos (e mentes) são impactados, de modo que as proporções devem ser mantidas rigorosamente. O mesmo procedimento é adotado para variáveis categóricas não dicotômicas, como no **Exemplo 2** a seguir.

Exemplo 2

Uma das perguntas formuladas de forma fechada em uma enquete com 411 indivíduos referia-se ao seu local de trabalho. As respostas, já codificadas (1: direção geral; 2: superintendências; 3: agências; 4: órgãos regionais; 9: sem resposta) são apresentadas no **Quadro 2**:

QUADRO 2 Local de trabalho de 411 indivíduos
(1: direção geral; 2: superintendências; 3: agências; 4: órgãos regionais; 9: sem resposta)

4, 3, 3, 3, 3, 3, 4, 3, 3, 3, 4, 3, 3, 3, 3, 3, 3, 3, 3, 3, 3, 3, 3, 3, 3, 3, 3, 3, 3, 4, 3, 3, 3, 3,
3, 3, 3, 3, 3, 3, 3, 3, 3, 3, 1, 4, 4, 3, 3, 3, 3, 3, 3, 3, 3, 3, 9, 4, 3, 3, 2, 3, 3, 3, 2, 3, 3, 3, 3,
3, 3, 3, 4, 3, 3, 3, 3, 3, 3, 3, 4, 3, 3, 3, 3, 3, 3, 1, 3, 3, 3, 3, 3, 4, 3, 2, 3, 3, 3, 3, 3, 3, 3,
3, 2, 2, 3, 2, 3, 3, 3, 3, 3, 3, 3, 3, 3, 3, 3, 3, 3, 3, 3, 3, 3, 3, 3, 4, 4, 4, 4, 4, 3, 4, 4, 4, 4,
4, 4, 4, 4, 4, 4, 4, 3, 3, 3, 3, 3, 3, 4, 4, 4, 4, 4, 4, 4, 4, 1, 3, 3, 3, 3, 3, 3, 3, 2, 2, 1,
1, 1, 4, 1, 4, 1, 4, 1, 1, 1, 1, 1, 1, 1, 4, 2, 3, 2, 2, 4, 4, 2, 2, 2, 4, 2, 2, 2, 2, 2, 1, 1, 1, 1, 1,
3, 4, 2, 2, 4, 1, 2, 1, 4, 4, 4, 4, 1, 2, 4, 3, 3, 3, 3, 3, 3, 3, 3, 3, 3, 4, 4, 2, 2, 2, 2, 2, 2,
2, 2, 2, 2, 2, 2, 2, 2, 2, 2, 2, 3, 3, 4, 4, 4, 3, 3, 3, 3, 3, 3, 3, 3, 3, 3, 3, 3, 3, 1, 1, 4, 4, 1,
1, 3, 4, 4, 3, 4, 3, 4, 4, 3, 3, 1, 3, 4, 3, 3, 3, 4, 3, 1, 3, 1, 3, 1, 4, 3, 1, 4, 4, 4, 4, 3, 3, 3, 2,
2, 2, 2, 2, 2, 1, 1, 1, 1, 1, 1, 1, 2, 1, 3, 3, 3, 3, 3, 3, 3, 3, 3, 3, 3, 3, 3, 3, 3, 3, 3, 3, 3,
3, 3, 3, 3, 3, 3, 3, 3, 4, 4, 4, 3, 3, 3, 3, 3, 2, 2, 3, 3, 4, 3, 3, 4, 3, 4, 3, 4, 1, 3, 3, 4, 4, 3, 4, 4,
3, 4, 4, 2, 2, 4, 4, 4, 3, 4, 2, 3, 2, 3, 3

Fonte: Arquivo do autor.

A distribuição de frequências das respostas válidas é apresentada na **Tabela 3**:

TABELA 3 Distribuição de frequências da variável local de trabalho – somente respostas válidas

Local de trabalho	Frequência	%
1 direção geral	41	10,0
2 superintendências	57	13,9
3 agências	226	55,1
4 órgãos regionais	86	21,0
Total	410	100,0

Fonte: Arquivo do autor.

Os correspondentes gráficos em pizza e em barras são apresentados na **Figura 3** e na **Figura 4** a seguir.

Distribuição dos respondentes segundo o local de trabalho (*n*=410)

- 10% 1 direção geral
- 14% 2 superintend.
- 55% 3 agências
- 21% 4 órgãos regionais

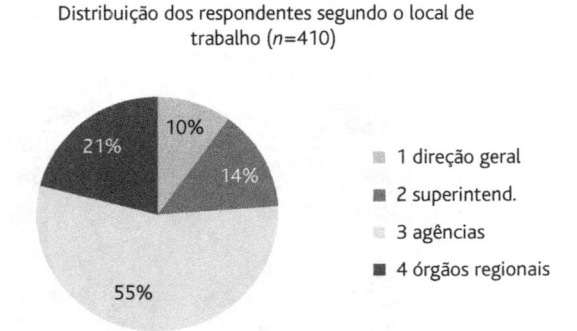

FIGURA 3 Distribuição de frequências da variável local de trabalho – gráfico em pizza.
Fonte: Arquivo do autor.

Distribuição dos respondentes segundo o local de trabalho (n=410)

Local	%
1 direção geral	10,0%
2 superintend.	13,9%
3 agências	55,1%
4 órgãos regionais	21,0%

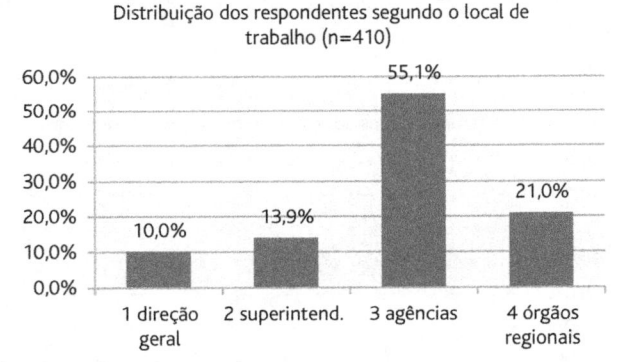

FIGURA 4 Distribuição de frequências da variável local de trabalho – gráfico em barras.
Fonte: Arquivo do autor.

Deve-se perceber, entretanto, que a capacidade informacional das tabelas e dos gráficos dependerá da quantidade de categorias representadas, como ilustrado pelo **Exemplo 3** a seguir.

Exemplo 3

Dados de agosto de 2011 revelam a cidade de residência de 55.798 pacientes do Sistema Único de Saúde no Rio Grande do Sul que vieram a falecer enquanto estavam internados. A distribuição de frequência da variável cidade de residência, representada sob a forma de gráficos em pizza e em barras, é apresentada, respectivamente, na **Figura 5** e na **Figura 6**.

Distribuição dos óbitos segundo a cidade de residência (n=55.798)

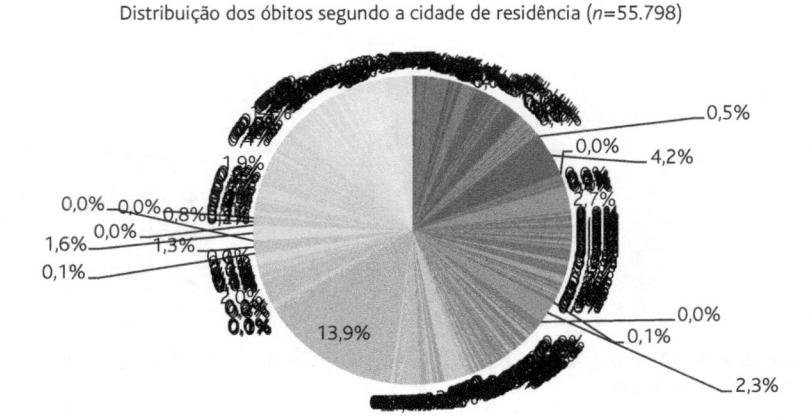

FIGURA 5 Morbidade hospitalar em agosto/2011 no RS no SUS segundo a cidade de residência – gráfico em pizza.
Fonte: Brasil (c2008b).

Distribuição dos óbitos segundo a cidade de residência (n=55.798)

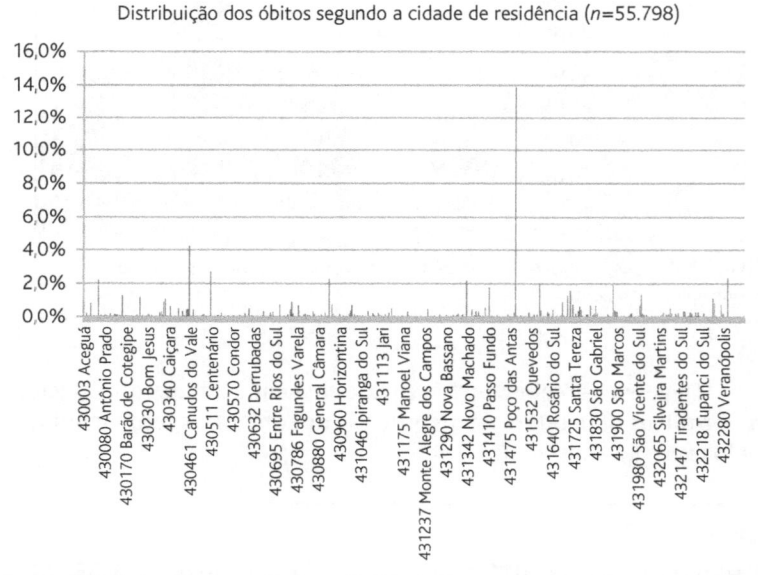

FIGURA 6 Morbidade hospitalar em agosto/2011 no RS no SUS segundo a cidade de residência – gráfico em barras.
Fonte: Brasil (c2008b).

Note que a informação trazida à tona pelos gráficos do exemplo não se compara à informação transmitida pelos mesmos tipos de gráficos nos exemplos 1 e 2. Qual é o problema, se os gráficos são semelhantes? A resposta é quase óbvia: a quantidade de categorias da variável supera a capacidade de compactação dos gráficos. Os gráficos foram produzidos pelo pacote Microsoft Excel© e nem mesmo a lista de códigos pode ser representada no gráfico em pizza, pois, afinal, existem 496 municípios no Rio Grande do Sul. Mal dá para inferir que a cidade mais representada deve ser Porto Alegre, por ser mais populosa. Em situações como essa, é usual agrupar as categorias menos representadas, dando destaque às mais importantes, usando o princípio de Pareto. A **Figura 7** e a **Figura 8** apresentam os resultados após o agrupamento das cidades com menos do que 1% de frequência.

Distribuição dos óbitos segundo a cidade de residência (n=55.798)

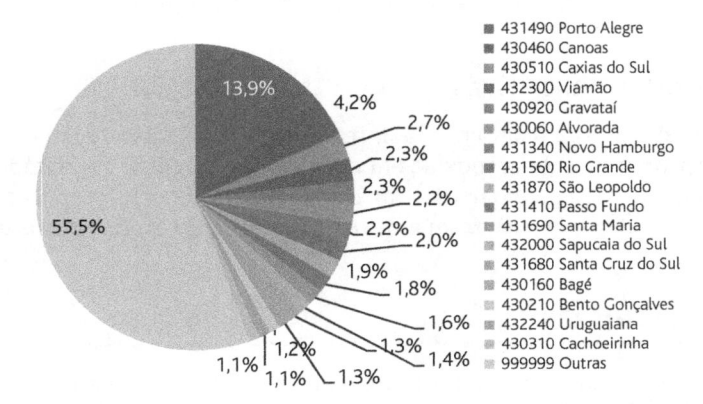

- 431490 Porto Alegre
- 430460 Canoas
- 430510 Caxias do Sul
- 432300 Viamão
- 430920 Gravataí
- 430060 Alvorada
- 431340 Novo Hamburgo
- 431560 Rio Grande
- 431870 São Leopoldo
- 431410 Passo Fundo
- 431690 Santa Maria
- 432000 Sapucaia do Sul
- 431680 Santa Cruz do Sul
- 430160 Bagé
- 430210 Bento Gonçalves
- 432240 Uruguaiana
- 430310 Cachoeirinha
- 999999 Outras

FIGURA 7 Morbidade hospitalar em agosto/2011 no RS no SUS segundo a cidade de residência (cidades menos representadas foram agrupadas) – gráfico em pizza.
Fonte: Brasil (c2008b).

Distribuição dos óbitos segundo a cidade de residência (n=55.798)

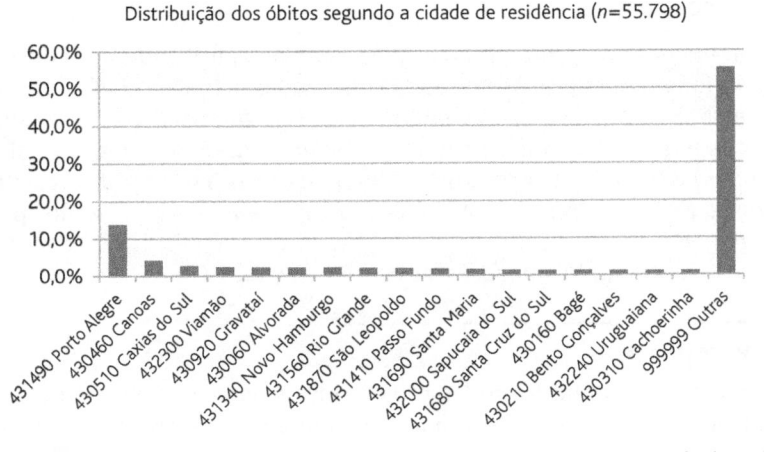

FIGURA 8 Morbidade hospitalar em agosto/2011 no RS no SUS segundo a cidade de residência (cidades menos representadas foram agrupadas) – gráfico em barras.
Fonte: Brasil (c2008b).

Os gráficos agora parecem menos confusos, provendo alguma informação útil ao analista. Note, entretanto, a arbitrariedade da escolha do critério de agrupamento das cidades menos representativas. Outro agrupamento interessante nesse caso específico seria, por exemplo, o agrupamento por regiões do Estado. Diminuir-se-ia igualmente dessa forma o número de categorias representadas, origem da confusão apresentada nos gráficos do Exemplo 3, preservando um pouco mais a informação originalmente capturada. No que diz respeito ao agrupamento das categorias, em situações como a ilustrada, não há regra genérica a ser seguida a não ser o bom senso do analista. Busca-se preservar a informação, agrupando-se categorias julgadas semelhantes. Note a palavra "julgadas", propositadamente utilizada na sentença anterior, salientando a subjetividade inerente ao processo. Quem julga?

Medidas descritivas

Há pouca margem para produzir medidas descritivas para dados categóricos, a não ser proporções de respostas em cada categoria, como salientado nos gráficos em forma de pizza e de barras. Uma estatística de certa relevância é a moda, definida como a categoria mais frequente, usada para descrever os perfis dos respondentes.

DADOS MÉTRICOS

Se nossa variável de interesse apresentar variabilidade capturada por escalas mais sofisticadas, métricas (intervalares ou de razão), há várias maneiras de resumir o conjunto de dados, gráficas e não gráficas. Iniciamos nossa discussão apresentando o gráfico chamado de histograma.

Histogramas

Um histograma é similar ao gráfico em barras utilizado para descrever variáveis nominais, em que se usam categorias criadas artificialmente para segmentar a variável. As categorias são de fato intervalos regulares de variação ajustados aos dados e fixados ao arbítrio do analista. Na medida em que boa parte das variáveis são medidas em escalas contínuas, normalmente as barras são apresentadas justapostas, um tanto quanto diferente dos gráficos em barra utilizados para as variáveis categóricas.

Um exemplo ajuda a esclarecer os conceitos.

Exemplo 4

Uma das perguntas formuladas de forma fechada em uma enquete com 411 indivíduos referia-se à sua idade, em anos completos. As respostas são apresentadas no **Quadro 3** a seguir.

Capítulo 2 ♦ Descrição de dados: análise monovariada 55

QUADRO 3 Idade (anos completos) de 411 indivíduos

42, 44, 44, 45, 32, 46, 34, 46, 33, 23, 43, 26, 39, 25, 44, 27, 34, 22, 30, 40, 32, 43, 22, 50, 36, 26, 43, 35, 52, 38, 21, 40, 43, 48, 32, 21, 35, 45, 45, 47, 46, 33, 23, 43, 22, 44, 50, 45, 48, 44, 46, 34, 28, 31, 24, 40, 38, 28, 42, 43, 30, 47, 33, 42, 38, 47, 44, 45, 25, 32, 37, 32, 23, 36, 42, 33, 43, 40, 28, 42, 24, 24, 22, 34, 35, 30, 47, 30, 36, 41, 46, 45, 40, 46, 48, 51, 40, 45, 51, 35, 42, 48, 44, 31, 22, 40, 28, 41, 49, 31, 36, 41, 44, 39, 45, 40, 41, 39, 43, 35, 49, 46, 23, 36, 27, 39, 38, 22, 38, 34, 40, 39, 31, 29, 40, 46, 35, 37, 31, 42, 48, 25, 44, 39, 44, 41, 47, 46, 41, 36, 34, 44, 46, 42, 47, 22, 46, 30, 46, 40, 32, 46, 46, 44, 41, 37, 41, 44, 43, 24, 26, 25, 24, 27, 26, 39, 41, 32, 44, 41, 35, 24, 45, 47, 41, 48, 34, 39, 33, 41, 41, 41, 36, 30, 49, 27, 29, 41, 42, 28, 34, 30, 53, 31, 37, 45, 29, 36, 36, 42, 39, 33, 41, 31, 35, 43, 26, 40, 32, 43, 45, 39, 25, 30, 43, 45, 39, 39, 24, 41, 26, 22, 45, 39, 35, 43, 48, 41, 46, 46, 46, 47, 47, 39, 43, 31, 42, 42, 35, 36, 45, 43, 49, 39, 36, 38, 35, 35, 49, 33, 47, 46, 38, 42, 46, 22, 36, 45, 42, 43, 30, 49, 43, 24, 32, 43, 51, 44, 52, 36, 37, 34, 49, 39, 50, 33, 43, 45, 48, 36, 44, 31, 46, 42, 34, 46, 42, 46, 39, 48, 39, 40, 41, 47, 36, 46, 49, 51, 43, 32, 38, 45, 35, 42, 44, 37, 46, 46, 32, 48, 44, 45, 29, 31, 43, 24, 42, 42, 43, 45, 35, 40, 34, 42, 48, 39, 45, 37, 41, 31, 47, 31, 21, 49, 21, 23, 34, 21, 47, 47, 45, 25, 42, 40, 48, 39, 29, 30, 26, 43, 43, 29, 46, 26, 35, 45, 37, 24, 28, 24, 27, 21, 42, 24, 27, 46, 30, 46, 38, 53, 36, 49, 51, 42, 36, 50, 37, 35, 48, 43, 38, 35, 38, 48, 40, 30, 40, 39, 30, 38, 43, 53, 48, 35, 33, 43, 31, 52, 29, 41, 40

Fonte: Arquivo do autor.

Repare na grande variabilidade das medições, capturada pela escala utilizada. Para melhor visualizar os dados em um gráfico de frequências, primeiro categoriza-se a variável, formando intervalos regulares na escala utilizada. Como a menor medida encontrada é 21 e a maior é 53, deve-se iniciar a sequência de intervalos regulares antes do valor 21, terminando-a depois do valor 53, para que todos os dados do conjunto sejam representados. Não há regras fixas para determinar quantos intervalos utilizar, mas muitos livros introdutórios mencionam a regra da raiz quadrada de n, isto é, define-se o número de intervalos a partir do valor $\sqrt{n}$, onde n representa o número de dados a classificar (tamanho da amostra).[1] Em nosso exemplo, têm-se 411 casos, e poderemos representar o conjunto de dados apropriadamente com cerca de 20 intervalos, pois $\sqrt{411} = 20{,}27$. Para cobrir a amplitude dos dados, de 21 a 53, como já salientado, com cerca de 20 intervalos, cada intervalo deverá ter comprimento em torno de 2 anos, pois $\frac{53-21}{20} = 1{,}6$. Assim, iniciando a série de intervalos com o valor mínimo, 21, nossos intervalos seriam: de 21 a 23, de 23 a 25, de 25 a 27, e assim por diante, até de 51 a 53. Têm-se 16 intervalos de tamanho 2 cobrindo toda a amplitude dos dados. Podemos iniciar a contagem assim que resolvermos o que fazer com as medidas iguais aos extremos dos intervalos. Por exemplo, onde incluir uma medida igual a 23, no primeiro intervalo ou no segundo? Utilizam-se muitas vezes algumas convenções do tipo: intervalos fechados à esquerda e abertos à direita, definindo-se que medidas iguais a 21 fazem parte do intervalo 21 a 23 (seu limite inferior), enquanto medidas iguais a 23 (seu limite superior) não fazem parte desse intervalo. Evidente-

---

[1] Esta é a regra embutida em pacotes populares, como o Microsoft Excel©.

TABELA 4 Distribuição de frequências da variável idade

Idade (anos completos)	Frequência	%
20,5 – 22,5	15	3,6
22,5 – 24,5	17	4,1
24,5 – 26,5	14	3,4
26,5 – 28,5	12	2,9
28,5 – 30,5	20	4,9
30,5 – 32,5	24	5,8
32,5 – 34,5	21	5,1
34,5 – 36,5	35	8,5
36,5 – 38,5	21	5,1
38,5 – 40,5	39	9,5
40,5 – 42,5	44	10,7
42,5 – 44,5	45	10,9
44,5 – 46,5	50	12,2
46,6 – 48,5	29	7,1
48,5 – 50,5	14	3,4
50,5 – 52,5	8	1,9
52,5 – 54,5	3	0,7
Total	411	100,0

Fonte: Arquivo do autor.

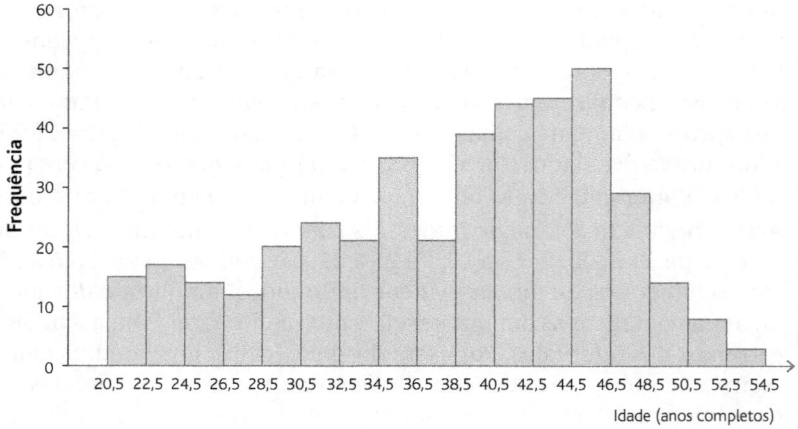

FIGURA 9 Histograma da variável idade (anos completos).
Fonte: Arquivo do autor.

mente, a regra, por questão de consistência, deverá ser aplicada a todos os intervalos da série. Alguns livros mais detalhistas sugerem o uso de limites inferiores e superiores para os intervalos definidos em meia-unidades, com comprimentos definidos na mesma unidade dos dados coletados. Assim, nossos intervalos deveriam começar meia-unidade antes do menor valor, ou seja, iniciar com o valor 20,5, progredindo regularmente com o tamanho já definido. Nossos intervalos de classificação seriam descritos então como: de 20,5 a 22,5, de 22,5 a 24,5, de 24,5 a 26,5, e assim por diante, até de 52,5 a 54,5. Têm-se 17 intervalos de tamanho 2 cobrindo toda a amplitude dos dados, com a vantagem de não haver dúvidas quanto à classificação de qualquer medida, pois nenhuma medida será igual aos valores usados como extremos de qualquer intervalo, pois eles foram definidos em meia-unidades e os dados estão compilados em unidades inteiras. De qualquer forma, como poderemos ver facilmente, tais ajustes ou arbitrariedades em geral não afetam a captura da informação essencial que o histograma oferece. A **Tabela 4** apresenta uma distribuição de frequências dos dados coletados e o histograma correspondente está representado na **Figura 9**.

Repare nas arbitrariedades das escolhas realizadas. O que aconteceria se utilizássemos intervalos regulares de tamanho 3 em vez de tamanho 2? Cobriríamos a mesma amplitude de dados, de 21 a 53, agora com 11 intervalos, de 20,5 a 23,5, de 23,5 a 26,5, e assim por diante, até de 50,5 a 53,5. A **Tabela 5** a seguir apresenta a correspondente distribuição de frequências e a **Figura 10**, o histograma correspondente.

O impacto visual dos dois histogramas é bastante semelhante, os dois conduzindo essencialmente a mesma informação à nossa mente: a distribuição das idades entre os indivíduos da amostra é um tanto assimétrica, mais pesada à direita, com uma cauda mais acentuada à esquerda, isto é, relativamente com mais indivíduos mais velhos do que mais novos. Evidentemente, o histograma da **Figura 9**

TABELA 5 Outra distribuição de frequências da variável idade

Idade (anos completos)	Frequência	%
20,5 – 23,5	20	4,9
23,5 – 26,5	26	6,3
26,5 – 29,5	19	4,6
29,5 – 32,5	37	9,0
32,5 – 35,5	39	9,5
35,5 – 38,5	38	9,2
38,5 – 41,5	60	14,6
41,5 – 44,5	68	16,5
44,5 – 47,5	64	15,6
47,5 – 50,5	29	7,1
50,5 – 53,5	11	2,7
Total	411	100,0

Fonte: Arquivo do autor.

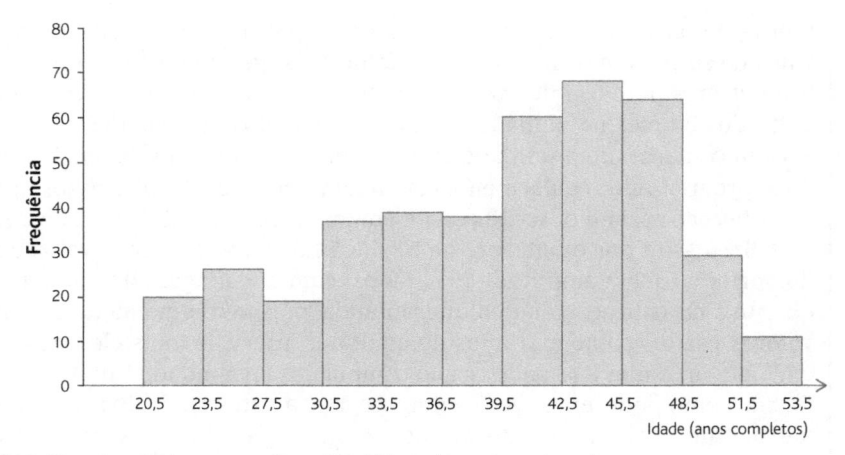

FIGURA 10 Outro histograma da variável idade (anos completos).
Fonte: Arquivo do autor.

captura mais irregularidades na distribuição, na medida em que é mais refinado, seus intervalos têm comprimentos menores. Conclui-se, pois, que a arbitrariedade das escolhas realizadas não é assim tão crítica, desde que, é claro, as escolhas tenham sido baseadas no bom senso. Repare na **Figura 11** a seguir, que apresenta o histograma com 9 intervalos de tamanho 4.

A informação é essencialmente a mesma...

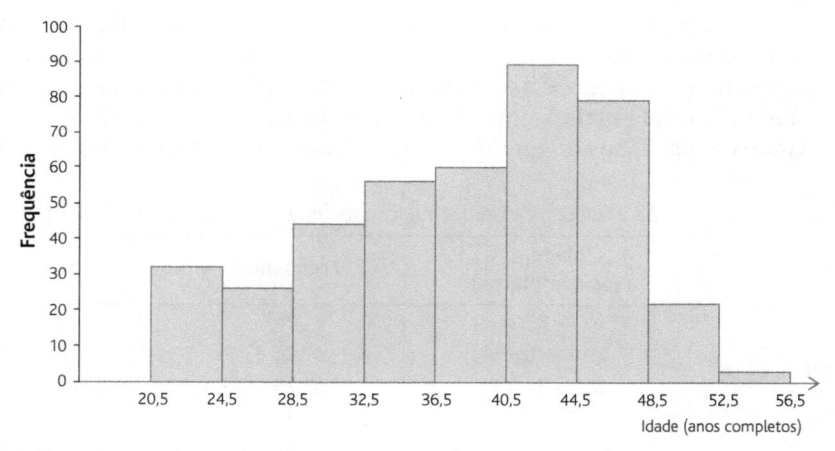

FIGURA 11 Mais um histograma da variável idade (anos completos).
Fonte: Arquivo do autor.

Medidas descritivas

Para contornar o potencial problema da arbitrariedade das escolhas definidoras dos gráficos utilizados para descrever um conjunto de dados, diversas medidas objetivas são utilizadas. Buscam-se essencialmente medidas que caracterizem resumidamente os dados, como sua centralidade, sua dispersão, sua assimetria, etc.

Nas definições seguintes, referimo-nos a uma determinada variável, simbolizada genericamente por X, com valores medidos em um amostra de tamanho n, cujos valores são simbolizados genericamente por x_i, com o índice i variando de 1 a n, claro, organizados em um vetor coluna, como em

$$X = \begin{bmatrix} x_1 \\ x_2 \\ \vdots \\ x_n \end{bmatrix},$$

como se nossa matriz de dados tivesse apenas uma única coluna (uma única variável de interesse).

Antes de prosseguirmos, entretanto, convém generalizar o conceito de moda, já apresentado para dados categóricos.

Moda

Para dados categóricos, moda foi definida como a categoria mais frequente. No contexto de dados métricos, não há muito sentido em definir moda dessa maneira, pois não há categorias, em sentido estrito. Mas para construir histogramas foi necessário definir categorias, ou intervalos de classificação, que podem então ser usadas para definir a moda de um conjunto de dados métricos, produzindo alguma informação útil. Adaptando a definição, portanto, moda é definida como o intervalo mais frequente. Assim, para os dados processados como na **Figura 9**, a moda seria o intervalo entre 44,5 e 46,5 anos.

Alguns autores definem moda como o ponto intermediário do intervalo mais frequente, o que daria, nesse caso, 45,5 anos, mas essa é uma sofisticação desnecessária, que conduz a ideia de que 45,5 anos é a medida mais frequente, o que é flagrantemente falso, conduzindo também uma falsa ideia de objetividade da estatística.

Repare que se trocarmos nossas arbitrariedades usadas para construir os histogramas, o intervalo modal mudará, mudando também seu ponto intermediário. Assim, o intervalo modal para os dados processados como na **Figura 10** é o intervalo entre 42,5 e 45,5. E para os dados processados como na **Figura 11** é o intervalo entre 40,5 e 44,5. Mas os dados são os mesmos, o processamento é que foi realizado diferentemente. A medida não é tão objetiva assim...

Média aritmética simples

A média de um conjunto de dados é definida pela divisão da soma dos valores de todas as observações pelo número de observações. Utiliza-se o símbolo $\bar{X}$ para representá-la. Mais formalmente, tem-se:

$$\bar{X} = \frac{\sum_{i=1}^{n} x_i}{n}. \tag{1}$$

Se X representa o vetor coluna com os dados apresentados no **Quadro 3**, tem-se que $\bar{X} = 38,3$ anos.

A média de um conjunto de dados representa um valor de referência para o conjunto de dados, sua centralidade, em torno do qual as observações estão dispersas. Cada observação contribui para a determinação do valor da média, como se depreende da Equação 1. Observações maiores farão a média aumentar, observações menores farão a média diminuir.

Se somarmos uma constante a todos os dados de nosso conjunto de observações, obtém-se outro conjunto de dados (outra variável, outro vetor de dados) em que, para cada caso na amostra, os valores são definidos como o valor inicial adicionado de uma constante. Ou seja, define-se $v_i = x_i + k$, para $i = 1, \ldots, n$, onde k representa uma constante. Em outras palavras, para cada indivíduo na amostra, soma-se o valor correspondente à variável de interesse pela constante k. Em termos matriciais, teremos, então:

$$V = \begin{bmatrix} v_1 \\ v_2 \\ \vdots \\ v_n \end{bmatrix} = \begin{bmatrix} x_1 + k \\ x_2 + k \\ \vdots \\ x_n + k \end{bmatrix} = \begin{bmatrix} x_1 \\ x_2 \\ \vdots \\ x_n \end{bmatrix} + \begin{bmatrix} k \\ k \\ \vdots \\ k \end{bmatrix} = X + k\mathbf{1}_n. \qquad (2)$$

Na Equação 2 fizemos uso da notação matricial $\mathbf{1}_n = \begin{bmatrix} 1 \\ 1 \\ \vdots \\ 1 \end{bmatrix}$, representando o vetor coluna com n valores iguais a 1. Note também o uso da operação multiplicação de uma matriz por uma constante na expressão $k\mathbf{1}_n$, assim como a operação de soma de matrizes. O que acontece com a média da variável V? Vejamos:

$$\bar{V} = \frac{\sum_{i=1}^n v_i}{n} = \frac{\sum_{i=1}^n (x_i + k)}{n} = \frac{\sum_{i=1}^n x_i + \sum_{i=1}^n k}{n} = \frac{\sum_{i=1}^n x_i + nk}{n} = \frac{\sum_{i=1}^n x_i}{n} + \frac{nk}{n} = \bar{X} + k. \qquad (3)$$

Percebe-se, então, que se somarmos uma constante a um conjunto de dados, sua média será também adicionada daquela constante. Diz-se, nesse caso, que os dados sofreram uma translação: para a direita, se a constante adicionada é positiva, ou para a esquerda, se a constante é negativa. A média, referência do conjunto de dados, sofre a mesma translação.

Pode-se também definir outra variável multiplicando-se, para cada caso na amostra, os valores da variável por uma constante, ou seja, definindo-se $w_i = kx_i$, para $i = 1, \ldots, n$, onde k representa uma constante. Em outras palavras, para cada indivíduo na amostra, multiplica-se o valor correspondente à variável de interesse pela constante k. Em termos matriciais, teremos, então:

$$W = \begin{bmatrix} w_1 \\ w_2 \\ \vdots \\ w_n \end{bmatrix} = \begin{bmatrix} kx_1 \\ kx_2 \\ \vdots \\ kx_n \end{bmatrix} = k \begin{bmatrix} x_1 \\ x_2 \\ \vdots \\ x_n \end{bmatrix} = kX. \qquad (4)$$

Note o uso da operação multiplicação de uma matriz por uma constante na Equação 4. Pode-se evidenciar facilmente que a média de W é igual ao produto da constante k pela média de X, ou seja,

$$\bar{W} = \frac{\sum_{i=1}^n w_i}{n} = \frac{\sum_{i=1}^n kx_i}{n} = \frac{k \sum_{i=1}^n x_i}{n} = k \frac{\sum_{i=1}^n x_i}{n} = k\bar{X}. \qquad (5)$$

Diz-se, nesse caso, que os dados sofreram uma mudança de escala: uma ampliação, se a constante é maior do que 1, ou uma redução, se a constante é positiva e menor do que 1. Ou ainda uma inversão de sentido, se a constante é negativa. Em qualquer caso, a média, referência do conjunto de dados, acompanha a mudança.

Constata-se, pois, que a média de uma variável depende fortemente da unidade de medida utilizada. Qualquer mudança de unidade de medida alterará o valor da média da variável, embora o fenômeno de interesse, em si, não tenha se alterado. Pense por exemplo, em um conjunto de temperaturas, com medidas tomadas em °C. A média do conjunto será descrita também em °C. Se trocarmos, entretanto, a escala de medida para °F, por exemplo, os valores medidos alterar-se-ão e, consequentemente, o valor numérico da média também se alterará. Mas o fenômeno não se alterou, sendo essencialmente o mesmo, a observação de variações de temperaturas. O que variou foram os números usados para representar o fenômeno. A mudança da escala Celsius para a escala Fahrenheit é realizada através de uma transformação linear, multiplicando-se uma constante pelo valor medido e somando-se outra constante, ou, mais formalmente, por

$$F = 1{,}8C + 321_n,$$

onde C representa o vetor de medidas em °C e F representa o vetor de medidas em °F.[2] Note mais uma vez o uso do vetor coluna 1_n. Tem-se, então, de acordo com as Equações 3 e 5:

$$\bar{F} = \overline{1{,}8C + 321_n} = \overline{1{,}8C} + 32 = 1{,}8\bar{C} + 32.$$

Observe que a linearidade da transformação induz a mesma relação entre as médias, assegurando consistência entre as informações. Mudam os números com a mudança de escala, e muda também, consistentemente, o valor de referência, a média.

Considere agora que se tenha outra variável de interesse, simbolizada genericamente por Y, com valores medidos na **mesma** amostra de tamanho n, cujos valores são simbolizados genericamente por y_i organizados em um vetor coluna, como em

$$Y = \begin{bmatrix} y_1 \\ y_2 \\ \vdots \\ y_n \end{bmatrix},$$

como se nossa matriz de dados tivesse agora mais uma coluna (há duas variáveis de interesse agora). Pode-se então definir outras variáveis a partir de X e de Y, como, por exemplo, sua soma, definindo-se simplesmente $u_i = x_i + y_i$, para $i = 1, \ldots, n$. Ou seja, para cada indivíduo na amostra, simplesmente estamos somando os seus valores correspondentes às variáveis de interesse. Em termos matriciais, teremos, então:

$$U = \begin{bmatrix} u_1 \\ u_2 \\ \vdots \\ u_n \end{bmatrix} = \begin{bmatrix} x_1 + y_1 \\ x_2 + y_2 \\ \vdots \\ x_n + y_n \end{bmatrix} = \begin{bmatrix} x_1 \\ x_2 \\ \vdots \\ x_n \end{bmatrix} + \begin{bmatrix} y_1 \\ y_2 \\ \vdots \\ y_n \end{bmatrix} = X + Y. \tag{6}$$

---

[2] Os dados medidos em °C sofrem uma ampliação (são multiplicados por 1,8) e uma translação (são somados a 32) para serem transformados em medidas em °F.

Note o uso da operação soma de matrizes na Equação 6. Pode-se evidenciar facilmente que a média de U é igual à soma das médias de X e de Y, ou seja,

$$\bar{U} = \frac{\sum_{i=1}^{n} u_i}{n} = \frac{\sum_{i=1}^{n}(x_i + y_i)}{n} = \frac{\sum_{i=1}^{n} x_i + \sum_{i=1}^{n} y_i}{n} = \frac{\sum_{i=1}^{n} x_i}{n} + \frac{\sum_{i=1}^{n} y_i}{n} = \bar{X} + \bar{Y}. \quad (7)$$

Em palavras, a média de uma soma de variáveis é igual à soma das médias das variáveis.

As propriedades ilustradas pelas Equações 5 e 7 podem ser resumidas em

$$\overline{kX + Y} = k\bar{X} + \bar{Y}. \quad (8)$$

Diz-se, pois, que o operador média é um operador linear.

Desvios em torno da média

De fundamental importância para a análise dos dados será a verificação de como os diversos valores observados distribuem-se em torno da média, capturando-se assim sua variabilidade. Como já salientado no Capítulo 1, a variabilidade entre os objetos representa a informação em seu estado mais primitivo. Assim, para cada observação na amostra pode-se determinar qual é sua diferença (qual é seu desvio, qual é sua variação) em relação ao valor médio, de referência, do conjunto de observações, definindo-se, formalmente,

$$d_{x_i} = x_i - \bar{X}, \text{ para } i = 1, \ldots, n. \quad (9)$$

Tem-se, assim, um novo vetor coluna, que podemos simbolizar por D_X, formado pelos valores originalmente medidos subtraindo-se seu valor médio (uma constante), ou, mais formalmente,

$$D_X = X - \bar{X}\mathbf{1}_n = \begin{bmatrix} x_1 \\ x_2 \\ \vdots \\ x_n \end{bmatrix} - \bar{X} \begin{bmatrix} 1 \\ 1 \\ \vdots \\ 1 \end{bmatrix} = \begin{bmatrix} x_1 \\ x_2 \\ \vdots \\ x_n \end{bmatrix} - \begin{bmatrix} \bar{X} \\ \bar{X} \\ \vdots \\ \bar{X} \end{bmatrix} = \begin{bmatrix} x_1 - \bar{X} \\ x_2 - \bar{X} \\ \vdots \\ x_n - \bar{X} \end{bmatrix} = \begin{bmatrix} d_{x_1} \\ d_{x_2} \\ \vdots \\ d_{x_n} \end{bmatrix}.$$

Repare que os valores de D_X distribuem-se em torno de zero, pois, pela Equação 8,

$$\overline{D_X} = \overline{X - \bar{X}\mathbf{1}_n} = \bar{X} - \overline{\bar{X}\mathbf{1}_n} = \bar{X} - \bar{X} \times 1 = 0. \quad 10$$

Assim, há valores negativos e positivos no vetor D_X, que se equilibram aritmeticamente, pois sua soma é zero. Da Equação 9 depreende-se que a valores negativos em D_X correspondem valores menores do que $\bar{X}$ no vetor X, assim como a valores positivos em D_X correspondem valores maiores do que $\bar{X}$ no vetor X. Fica evidenciado, pois, que os valores menores do que $\bar{X}$ (no vetor X) equilibram-se aritmeticamente com os valores maiores do que $\bar{X}$, em torno do valor de $\bar{X}$. Essa é uma importante característica da estatística média.

Variância

Como já salientado, os valores dos desvios em torno da média, d_{x_i}, definidos pela Equação 9, equilibram-se aritmeticamente em torno de zero, pois sua média é exatamente zero. Uma medida de interesse emerge ao elevarmos ao quadrado os valores dos desvios. Ou seja, tomando:

$$d_{x_i}^2 = (x_i - \bar{X})^2, \text{ para } i = 1, \dots, n.$$

A função quadrática $y = x^2$ é simétrica em torno do eixo vertical zero ($x = 0$), sendo sempre positiva (ou nula, caso do quadrado de zero), como ilustrado na **Figura 12**.

A variância de uma variável é definida pela média dos quadrados dos desvios das suas observações em torno de sua média. Utiliza-se o símbolo s_X^2 para representá-la. Mais formalmente, tem-se:

$$s_X^2 = \frac{\sum_{i=1}^{n}(x_i - \bar{X})^2}{n}. \tag{11}$$

Depreende-se da Equação 11 que a variância de uma variável é sempre positiva ou nula. Será nula quando todas as observações forem iguais entre si, ou seja, quando não houver variabilidade nos dados. Nesse caso, a média da variável é igual às suas medidas (todas iguais), e seus desvios são todos nulos. Trata-se de uma excepcionalidade, pois, como já salientado, estaremos sempre interessados em varia-

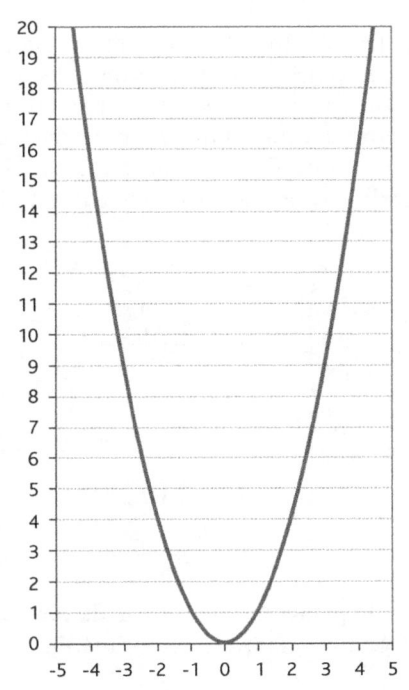

FIGURA 12 Função quadrática $y = x^2$.
Fonte: Elaborada pelo autor.

bilidades efetivas, e se uma variável tem todas suas medidas iguais, não é variável de fato, não havendo informação relevante a perceber.

A estatística variância fornece uma medida interessante a respeito do grau de variabilidade de uma variável, pois desvios maiores, tanto negativos como positivos, em torno da média aumentarão seu valor, pois aumentam o numerador da Equação 11. Assim, variáveis com variância muito próxima de zero serão quase invariantes (quase constantes, quase sem informação relevante), variáveis com variâncias maiores serão mais variantes.

Deve ser notado também que variâncias se expressam dimensionalmente em quadrados de unidades. Assim, por exemplo, se X representa o vetor coluna com os dados apresentados no **Quadro 3**, tem-se que $s_X^2 = 61,88\, \text{anos}^2$ (anos ao quadrado, ou anos × anos).

Se multiplicarmos uma variável por uma constante, como na Equação 4, sua variância ficará multiplicada pelo quadrado da constante, pois,

$$s_W^2 = \frac{\sum_{i=1}^n (w_i - \overline{W})^2}{n} = \frac{\sum_{i=1}^n (kx_i - k\overline{X})^2}{n} = \frac{\sum_{i=1}^n k^2(x_i - \overline{X})^2}{n} = \frac{k^2 \sum_{i=1}^n (x_i - \overline{X})^2}{n} = k^2 s_X^2. \quad (12)$$

Mas, se somarmos uma constante ao conjunto de dados, como na Equação 2, sua variância não se alterará, pois,

$$s_V^2 = \frac{\sum_{i=1}^n (v_i - \overline{V})^2}{n} = \frac{\sum_{i=1}^n (x_i + k - (\overline{X} + k))^2}{n} = \frac{\sum_{i=1}^n (x_i + k - \overline{X} - k)^2}{n} = \frac{\sum_{i=1}^n (x_i - \overline{X})^2}{n} = s_X^2. \quad (13)$$

Ou seja, uma translação (adição de uma constante a um conjunto de dados) altera seu ponto de referência, sua média, como visto pela Equação 3, mas **não** altera sua variabilidade, pois esta é medida relativamente à média. Uma mudança de escala (multiplicação por uma constante) altera os desvios, multiplicando-os da mesma forma pelo valor constante, de modo que a variabilidade dos dados se vê alterada.

Desenvolvendo-se a Equação 11, chega-se a uma fórmula alternativa para a variância:

$$\begin{aligned} s_X^2 &= \frac{\sum_{i=1}^n (x_i - \overline{X})^2}{n} \quad (14) \\ &= \frac{\sum_{i=1}^n (x_i^2 - 2x_i \overline{X} + \overline{X}^2)}{n} \\ &= \frac{\sum_{i=1}^n x_i^2 - 2\overline{X} \sum_{i=1}^n x_i + \sum_{i=1}^n \overline{X}^2}{n} \\ &= \frac{\sum_{i=1}^n x_i^2 - 2\overline{X}(n\overline{X}) + n\overline{X}^2}{n} \\ &= \frac{\sum_{i=1}^n x_i^2 - n\overline{X}^2}{n} \\ &= \frac{\sum_{i=1}^n x_i^2}{n} - \overline{X}^2. \end{aligned}$$

Ou seja, num jogo de palavras, a variância de um conjunto de dados é a média de seus quadrados menos o quadrado de sua média.

Desvio-padrão

A raiz quadrada positiva da variância de uma variável é chamada de desvio-padrão da variável, simbolizada por s_X. Mais formalmente,

$$s_X = \sqrt{s_X{}^2} = \sqrt{\frac{\sum_{i=1}^{n}(x_i-\bar{X})^2}{n}}. \tag{15}$$

Sendo definido em função da variância, o desvio-padrão também serve como medida do grau de variabilidade de uma variável, com a vantagem de ser expresso na mesma unidade da variável de interesse. Assim, por exemplo, se X representa o vetor coluna com os dados apresentados no **Quadro 3**, tem-se que $s_X = 7,9$ anos.

O desvio-padrão de uma constante é nulo, como sua variância, e se multiplicarmos uma variável por uma constante, como na Equação 4, seu desvio-padrão ficará multiplicado pelo valor absoluto da constante, pois,

$$s_W = \sqrt{s_W{}^2} = \sqrt{k^2 s_X{}^2} = \sqrt{k^2}\sqrt{s_X{}^2} = |k|s_X. \tag{16}$$

Note a sutileza embutida na Equação 16. Se a constante multiplicadora for negativa, alterando o sentido da variável original (isto é, valores positivos ficam negativos e valores negativos ficam positivos), o desvio-padrão fica multiplicado pelo valor absoluto (portanto, positivo) da constante. O desvio-padrão é, por definição, sempre positivo.

Pela Equação 13 pode-se também concluir que uma translação (adição de uma constante a um conjunto de dados) não altera seu desvio-padrão, pois se sua variância não se altera, seu desvio-padrão, igual à raiz quadrada da variância, também não se alterará.

Coeficiente de variação

Muitas vezes, é útil descrever a variabilidade de um conjunto de dados adimensionalmente, pois, como evidenciado pelas Equações 12 e 16, tanto a variância como o desvio-padrão são afetados por mudanças de escala. Assim, define-se outra medida de variabilidade, relativa, chamada de coeficiente de variação, simbolizada por CV_X, definida por

$$CV_X = \frac{s_X}{|\bar{X}|}, \text{ para } \bar{X} \neq 0. \tag{17}$$

Note que o coeficiente de variação é positivo e adimensional. Assim, por exemplo, se X representa o vetor coluna com os dados apresentados no **Quadro 3**, tem-se que $CV_X = 0,21$ (pois 7,9 anos ÷ 38,3 anos = 0,21). Tal coeficiente de variação pode ser interpretado percentualmente. Assim, diríamos que o desvio-padrão dos dados representa 21% do valor absoluto de sua média.

Sendo adimensional, o coeficiente de variação não é sensível a mudanças de escala, pois, tomando W como na Equação 4, e desde que $\bar{X} \neq 0$ e $k \neq 0$,

$$CV_W = \frac{s_W}{|\bar{W}|} = \frac{|k|s_X}{|k\bar{X}|} = \frac{s_X}{|\bar{X}|} = CV_X.$$

Mas, apesar de ser adimensional, o coeficiente de variação é sensível a translações, pois, tomando V como na Equação 2,

$$CV_V = \frac{s_V}{|\bar{V}|} = \frac{s_X}{|\bar{X}+k|} \neq CV_X.$$

Observe, por exemplo, que CV_V cresce indefinidamente quando k se aproxima de $-\bar{X}$, havendo uma descontinuidade quando $k = -\bar{X}$. Por outro lado, quando a translação é muito grande, CV_V se aproxima de zero. Mais tecnicamente,

$$\lim_{k \to -\bar{X}} CV_V = \infty, \lim_{k \to \infty} CV_V = 0, \text{ e } \lim_{k \to -\infty} CV_V = 0.$$

Translações são frequentemente necessárias quando se mede o fenômeno com escalas intervalares, em que não há zero absoluto, para ajustar diferentes escalas, como exemplificado pela discussão do fenômeno temperatura medido em °C e em °F. Para variáveis medidas em escala de razão, em que há significado absoluto para o valor zero, não há muito sentido em realizar translações nos valores medidos. Assim, pode-se concluir que o coeficiente de variação é uma boa medida relativa de variabilidade para escalas de razão, mas não para escalas intervalares.

Padronização de dados

Em muitas situações, é útil tratar o fenômeno estudado sem vinculações a unidades particulares de medida. Busca-se fugir, assim, das subjetividades das escolhas dos instrumentos e das escalas de medida utilizadas. Afinal, a essência informacional haverá de ser independente das unidades de medida, especialmente quando se comparam conjuntos distintos de dados de um mesmo fenômeno, obtidos separadamente e possivelmente com instrumentos e escalas distintas. O artifício utilizado é chamado de padronização dos dados, consistindo basicamente em uma transformação nos dados utilizando a média e o desvio-padrão como pontos de referência. A média revela a centralidade dos dados, e o desvio-padrão, sua variabilidade.

Para cada observação na amostra determina-se qual é a razão entre o seu particular desvio em relação ao valor médio e o desvio-padrão. Mais formalmente,

$$z_{x_i} = \frac{d_{x_i}}{s_X} = \frac{x_i - \bar{X}}{s_X}, \text{ para } i = 1, \dots, n. \tag{18}$$

Tem-se, assim, um novo vetor coluna, adimensional, que podemos simbolizar por Z_X, formado pelos valores originalmente medidos subtraindo-se seu valor médio (uma constante) e dividindo-se pelo desvio-padrão (outra constante), ou, mais formalmente,

$$Z_X = \frac{1}{s_X}(X - \bar{X}\mathbf{1}_n) = \frac{1}{s_X}\begin{bmatrix} x_1 - \bar{X} \\ x_2 - \bar{X} \\ \vdots \\ x_n - \bar{X} \end{bmatrix} = \begin{bmatrix} \frac{x_1 - \bar{X}}{s_X} \\ \frac{x_2 - \bar{X}}{s_X} \\ \vdots \\ \frac{x_n - \bar{X}}{s_X} \end{bmatrix} = \begin{bmatrix} z_{x_1} \\ z_{x_2} \\ \vdots \\ z_{x_n} \end{bmatrix}.$$

Repare que a média de Z_X é igual a zero, pois,

$$\overline{Z_X} = \frac{\sum_{i=1}^{n} z_{x_i}}{n}$$

$$= \frac{\sum_{i=1}^{n} \frac{d_{x_i}}{s_X}}{n}$$

$$= \frac{\frac{1}{s_X}\sum_{i=1}^{n} d_{x_i}}{n}$$

$$= \frac{\frac{1}{s_X} \times 0}{n}$$

$$= 0$$

e seu desvio-padrão é igual a 1, pois,

$$s_{Z_X}^2 = \frac{\sum_{i=1}^{n}(z_{x_i} - \overline{Z_X})^2}{n}$$

$$= \frac{\sum_{i=1}^{n}(z_{x_i})^2}{n}$$

$$= \frac{\sum_{i=1}^{n}\left(\frac{x_i - \overline{X}}{s_X}\right)^2}{n}$$

$$= \frac{\frac{1}{s_X^2}\sum_{i=1}^{n}(x_i - \overline{X})^2}{n}$$

$$= \frac{1}{s_X^2} \frac{\sum_{i=1}^{n}(x_i - \overline{X})^2}{n}$$

$$= \frac{1}{s_X^2} s_X^2$$

$$= 1.$$

Ou seja, a variável padronizada é centrada em torno de zero (sua média é zero) e a medida de sua variabilidade é igual a 1 (sua variância, assim como seu desvio--padrão, são iguais a 1). Sendo adimensional, seus valores são números abstratos, puros, que representam o fenômeno de interesse de forma estritamente quantitativa, independentemente de qualquer instrumento ou escala de medida, capturando variações em torno de uma centralidade abstrata (zero) e com variabilidade fixada unitariamente. Qualquer translação que sofresse, perderia sua centralidade em torno de zero e qualquer mudança de escala por que passasse, perderia sua medida unitária de variabilidade.

O **Quadro 4** a seguir apresenta o conjunto de dados padronizado correspondente aos dados originalmente apresentados no **Quadro 3**.

QUADRO 4 Variável idade (padronizada) de 411 indivíduos

0,473; 0,727; 0,727; 0,854; -0,799; 0,981; -0,544; 0,981; -0,671; -1,943; 0,600; -1,561; 0,091;
-1,688; 0,727; -1,434; -0,544; -2,070; -1,053; 0,218; -0,799; 0,600; -2,070; 1,490; -0,290; -1,561;
0,600; -0,417; 1,744; -0,036; -2,197; 0,218; 0,600; 1,235; -0,799; -2,197; -0,417; 0,854; 0,854; 1,108;
0,981; -0,671; -1,943; 0,600; -2,070; 0,727; 1,490; 0,854; 1,235; 0,727; 0,981; -0,544;
-1,307; -0,926; -1,816; 0,218; -0,036; -1,307; 0,473; 0,600; -1,053; 1,108; -0,671; 0,473; -0,036;
1,108; 0,727; 0,854; -1,688; -0,799; -0,163; -0,799; -1,943; -0,290; 0,473; -0,671; 0,600; 0,218;
-1,307; 0,473; -1,816; -1,816; -2,070; -0,544; -0,417; -1,053; 1,108; -1,053; -0,290; 0,345; 0,981;
0,854; 0,218; 0,981; 1,235; 1,617; 0,218; 0,854; 1,617; -0,417; 0,473; 1,235; 0,727; -0,926;
-2,070; 0,218; -1,307; 0,345; 1,362; -0,926; -0,290; 0,345; 0,727; 0,091; 0,854; 0,218; 0,345; 0,091;
0,600; -0,417; 1,362; 0,981; -1,943; -0,290; -1,434; 0,091; -0,036; -2,070; -0,036; -0,544; 0,218;
0,091; -0,926; -1,180; 0,218; 0,981; -0,417; -0,163; -0,926; 0,473; 1,235; -1,688; 0,727; 0,091; 0,727;
0,345; 1,108; 0,981; 0,345; -0,290; -0,544; 0,727; 0,981; 0,473; 1,108; -2,070;
0,981; -1,053; 0,981; 0,218; -0,799; 0,981; 0,981; 0,727; 0,345; -0,163; 0,345; 0,727; 0,600;
-1,816; -1,561; -1,688; -1,816; -1,434; -1,561; 0,091; 0,345; -0,799; 0,727; 0,345; -0,417; -1,816;
0,854; 1,108; 0,345; 1,235; -0,544; 0,091; -0,671; 0,345; 0,345; 0,345; -0,290; -1,053; 1,362;
-1,434; -1,180; 0,345; 0,473; -1,307; -0,544; -1,053; 1,871; -0,926; -0,163; 0,854; -1,180; -0,290;
-0,290; 0,473; 0,091; -0,671; 0,345; -0,926; -0,417; 0,600; -1,561; 0,218; -0,799; 0,600; 0,854; 0,091;
-1,688; -1,053; 0,600; 0,854; 0,091; 0,091; -1,816; 0,345; -1,561; -2,070; 0,854; 0,091;
-0,417; 0,600; 1,235; 0,345; 0,981; 0,981; 0,981; 1,108; 1,108; 0,091; 0,600; -0,926; 0,473; 0,473;
-0,417; -0,290; 0,854; 0,600; 1,362; 0,091; -0,290; -0,036; -0,417; -0,417; 1,362; -0,671; 1,108;
0,981; -0,036; 0,473; 0,981; -2,070; -0,290; 0,854; 0,473; 0,600; -1,053; 1,362; 0,600;
-1,816; -0,799; 0,600; 1,617; 0,727; 1,744; -0,290; -0,163; -0,544; 1,362; 0,091; 1,490; -0,671; 0,600;
0,854; 1,235; -0,290; 0,727; -0,926; 0,981; 0,473; -0,544; 0,981; 0,473; 0,981; 0,091; 1,235; 0,091;
0,218; 0,345; 1,108; -0,290; 0,981; 1,362; 1,617; 0,600; -0,799; -0,036; 0,854;
-0,417; 0,473; 0,727; -0,163; 0,981; 0,981; -0,799; 1,235; 0,727; 0,854; -1,180; -0,926; 0,600;
-1,816; 0,473; 0,473; 0,600; 0,854; -0,417; 0,218; -0,544; 0,473; 1,235; 0,091; 0,854; -0,163; 0,345;
-0,926; 1,108; -0,926; -2,197; 1,362; -2,197; -1,943; -0,544; -2,197; 1,108; 1,108; 0,854;
-1,688; 0,473; 0,218; 1,235; 0,091; -1,180; -1,053; -1,561; 0,600; 0,600; -1,180; 0,981; -1,561;
-0,417; 0,854; -0,163; -1,816; -1,307; -1,816; -1,434; -2,197; 0,473; -1,816; -1,434; 0,981;
-1,053; 0,981; -0,036; 1,871; -0,290; 1,362; 1,617; 0,473; -0,290; 1,490; -0,163; -0,417; 1,235; 0,600;
-0,036; -0,417; -0,036; 1,235; 0,218; -1,053; 0,218; 0,091; -1,053; -0,036; 0,600; 1,871;
1,235; -0,417; -0,671; 0,600; -0,926; 1,744; -1,180; 0,345; 0,218

Fonte: Arquivo do autor.

Como interpretar esses valores? Repare que os dados são números decimais com várias casas decimais, pois foram obtidos aplicando-se a Equação 18,[3] alguns negativos, outros positivos, variando em torno do zero (sua média é exatamente zero) com alguma variabilidade, mensurada pelo valor de seu desvio-padrão, igual a 1. O primeiro valor, por exemplo, 0,473, correspondente ao primeiro indivíduo da amostra, informa que sua idade é superior à média de idades da amostra, pois é um valor positivo, superando a média em quase metade de uma medida do desvio-padrão, ou, mais precisamente, 0,473 desvios-padrão acima da média. De fato, o **Quadro 3** nos mostra que o primeiro indivíduo da amostra tem 42 anos, e nossos cálculos anteriores informam que a média das idades é 38,3 anos, e o desvio-padrão das idades é 7,9 anos. O leitor atento poderá verificar que a diferença de 42 anos para 38,3 anos, ou seja, 3,7 anos, representa pouco menos do que metade de 7,9 anos. Eventuais diferenças devem ser atribuídas ao arredon-

---

[3] O número de casas decimais foi fixado no programa que os gerou, nesse caso, o Microsoft Excel©.

damento utilizado nos cálculos intermediários. O valor posicionado na extrema direita da segunda linha do **Quadro 4**, -1,561, correspondente ao 26º indivíduo da amostra, informa que sua idade é inferior à média, de fato bem inferior, cerca de uma unidade e meia de desvio-padrão menor. Sua idade informada no **Quadro 3** é de 26 anos.

Momentos centrais

Os matemáticos estão sempre generalizando e estendendo conceitos, buscando curiosidades e simetrias no mundo perfeito da matemática. Assim, não é surpresa encontrar conceitos que às vezes parecem estranhos, como o conceito de momentos centrais, que mais parecem, à primeira vista, diletantismos. Mas o conceito é robusto e tem muito valor, embora sua justa apreciação fuja ao escopo deste livro.

Define-se momento central de ordem k de um conjunto de dados como a média das potências de grau k dos desvios das suas observações em torno de sua média. Mais formalmente,

$$m_{k_X} = \frac{\sum_{i=1}^{n}(x_i - \bar{X})^k}{n}. \tag{19}$$

Repare a inspiração na fórmula da variância, apresentada na Equação 11, ou seja, a variância de um conjunto de dados nada mais é do que seu segundo momento central. O terceiro momento central determina a média dos cubos dos desvios das observações em torno de sua média. O quarto momento central é a média das potências de ordem 4 dos desvios, e assim por diante.

O primeiro momento central de qualquer conjunto de dados é zero, pois representa a média dos desvios em torno da sua média, que, como já vimos pela Equação 10, é sempre zero. Se X representa o vetor coluna com os dados apresentados no **Quadro 3**, tem-se que $m_{3_X} = 227,932$ anos^3 e $m_{4_X} = 8.845,7321$ anos^4.

O terceiro momento central tem uma interpretação interessante, relacionada à simetria do conjunto de dados em torno de sua média, como veremos a seguir.

Coeficiente de assimetria

O coeficiente de assimetria de um conjunto de dados, simbolizado por g_X, é definido formalmente pela razão entre o terceiro momento central e o cubo do desvio-padrão. Mais formalmente:

$$g_X = \frac{m_{3_X}}{s_X^3} = \frac{\frac{\sum_{i=1}^{n}(x_i - \bar{X})^3}{n}}{s_X^3}. \tag{20}$$

Note que o coeficiente é adimensional, alternativamente e equivalentemente sendo definido pelo terceiro momento central dos dados padronizados, pois:

$$g_X = \frac{\frac{\sum_{i=1}^{n}(x_i - \bar{X})^3}{n}}{s_X^3} = \frac{\sum_{i=1}^{n}\left(\frac{x_i - \bar{X}}{s_X}\right)^3}{n}.$$

O coeficiente é nulo para conjuntos de dados perfeitamente simétricos em torno de sua média, positivo para distribuições mais concentradas à esquerda da média, com caudas mais alongadas à direita, e negativo para distribuições mais concentradas à direita da média, com caudas mais alongadas à esquerda. Se X representa o vetor coluna com os dados apresentados no **Quadro 3**, tem-se $g_X = -0{,}47$. O valor negativo não é surpresa, à luz dos histogramas dos dados, já apresentados nas **Figuras 9** a **11**.

DADOS ORDINAIS

Se nossa variável de interesse apresentar variabilidade capturada por escalas não métricas, apenas ordinais, há várias maneiras de resumir o conjunto de dados, gráficas e não gráficas.

Histogramas e gráficos de barras

Histogramas podem ser usados para caracterizar o conjunto de dados, pois tudo o que se requer para construí-lo é a ordem entre as medidas, para definirem-se as classes e a contagem de elementos em cada classe. Se a variabilidade dos dados, ainda que capturada por uma escala ordinal, não for muito grande, isto é, se o número de distintas categorias ordenadas não for muito grande, um gráfico de barras pode ser usado, desde que a ordenação das barras seja consistente com a ordenação das categorias da variável. Nessa situação, um gráfico de barras tem a vantagem de não exigir do analista tantas definições e arbitrariedades para construí-lo, como se exige na construção de um histograma.

Medidas descritivas

As estatísticas utilizadas para descrever um conjunto de dados ordinais diferem, entretanto, das estatísticas utilizadas para descrever um conjunto de dados métricos, pois não há operações aritméticas definidas em relações de ordem. Assim, não há sentido, por exemplo, em determinar a média de um conjunto meramente ordenado, embora as ordenações possam ser representadas por números, e seja fácil calcular a média (e uma tentação grande!). Deve-se ressaltar, porém, que as estatísticas descritivas definidas para dados ordinais servem para descrever dados intervalares e de razão, pois há uma ordem implícita no processo de mensuração. No contexto de dados métricos, as estatísticas recebem então o nome de estatísticas de ordem.

Mínimo

O mínimo de um conjunto de dados é definido simplesmente como o seu menor valor. Mais formalmente, tem-se:

$$\min(X) = \min_{i} x_i, \text{ para } i = 1, \ldots, n. \tag{21}$$

Se X representa o vetor coluna com os dados apresentados no **Quadro 3**, tem-se que $\min(X) = 21$.

Máximo

O máximo de um conjunto de dados é definido simplesmente como o seu maior valor. Mais formalmente, tem-se:

$$\max(X) = \max_i x_i, \text{ para } i = 1, \ldots, n. \tag{22}$$

Se X representa o vetor coluna com os dados apresentados no **Quadro 3**, tem-se que $\max(X) = 53$.

Amplitude (para dados métricos)

A amplitude de um conjunto de dados é definida como a diferença entre seu máximo e seu mínimo. Mais formalmente, tem-se

$$\text{amplitude}(X) = \max(X) - \min(X). \tag{23}$$

Se X representa o vetor coluna com os dados apresentados no **Quadro 3**, tem-se que $\text{amplitude}(X) = 53 - 21 = 32$.

Repare que a amplitude só pode ser calculada para dados métricos, pois supõe a operação de subtração. Para dados não métricos, meramente ordinais, em sentido estrito, a amplitude não faz sentido, pois a operação de subtração não está definida.

Mediana

A mediana de um conjunto de dados é definida como a medida "do meio", isto é, aquela que separa o conjunto em duas metades, uma contendo dados inferiores à mediana, e outra contendo dados superiores à mediana. Se o tamanho da amostra, n, é ímpar, a mediana pode ser determinada ao colocarmos os dados em ordem e verificar qual é a observação que ocupa a $\frac{n+1}{2}$ésima posição. Se, entretanto, n é par, não haverá observação que satisfaça à definição exata de mediana, isto é, não haverá medida "do meio", estritamente falando. Nesse caso, costuma-se definir a mediana como qualquer uma das duas medidas centrais, tanto a que ocupa a $\frac{n}{2}$ésima posição quanto sua sucessora, a que ocupa a $(\frac{n}{2} + 1)$ésima posição. Se os dados forem métricos, costuma-se, nesse caso, definir a mediana como a média entre essas duas medidas.[4]

Se X representa o vetor coluna com os dados apresentados no **Quadro 3**, tem-se que $\text{mediana}(X) = 40$.

Quartis

Se a mediana separa os dados em duas metades, estatísticas semelhantes serão desenvolvidas para separar os dados em metades das metades, ou quartas partes. São os chamados quartis. Assim, definem-se três estatísticas, o primeiro, o segun-

---

[4] Repare, entretanto, que essa definição só pode ser utilizada em conjuntos de dados métricos, para os quais as operações aritméticas fazem sentido.

do e o terceiro quartis, que dividem o conjunto de dados em quartos. O primeiro quartil, simbolizado por Q_1, é definido como a medida que separa o conjunto de dados em duas partes, uma, com um quarto dos dados inferiores a ela, e a segunda, com três quartos dos dados superiores a ela. O terceiro quartil, simbolizado por Q_3, é definido como a medida que separa o conjunto de dados em duas partes, uma, com três quartos dos dados inferiores a ela, e a segunda, com um quarto dos dados superiores a ela. O segundo quartil, simbolizado por Q_2, é a medida que separa os dados em duas metades, ou seja, é a própria mediana. Pode-se concluir, equivalentemente, que o primeiro quartil é a mediana da primeira metade dos dados, isto é, a mediana do subconjunto de dados formados pela primeira metade dos dados, já separados pela mediana, e o terceiro quartil é a mediana da segunda metade dos dados, isto é, a mediana do subconjunto de dados formados pela segunda metade dos dados, já separados pela mediana. Assim, considerações equivalentes a respeito da paridade de n e de $\frac{n-1}{2}$ ou de $\frac{n}{2}$ devem ser feitas para a determinação precisa dos quartis.

Se X representa o vetor coluna com os dados apresentados no **Quadro 3**, tem-se que $Q_1(X) = 33$ e $Q_3(X) = 45$.

Amplitude interquartílica (para dados métricos)

A amplitude interquartílica de um conjunto de dados é definida como a diferença entre seu terceiro e primeiro quartis. Mais formalmente, tem-se:

$$\text{amplitude interquartílica}(X) = Q_3(X) - Q_1(X). \tag{24}$$

Se X representa o vetor coluna com os dados apresentados no **Quadro 3**, tem-se que amplitude interquartílica$(X) = 45 - 33 = 12$.

Repare que a amplitude interquartílica só pode ser calculada para dados métricos, pois supõe a operação de subtração. Para dados não métricos, meramente ordinais, em sentido estrito, a amplitude não faz sentido, pois a operação de subtração não está definida.

Percentis, decis

A ideia de separação do conjunto de dados em metades se generaliza facilmente, fazendo emergir os conceitos de percentis, que são medidas que separam o conjunto de dados em frações percentuais, simbolizados por $P_p(X)$, onde p representa um valor percentual, e decis, medidas que separam o conjunto de dados em frações decimais, simbolizados por $D_d(X)$, onde d representa um valor decimal. Assim, $P_{25} = Q_1$, $P_{75} = Q_3$, $P_{50} = D_5 = Q_2 =$ mediana.

Gráficos-caixa (para dados métricos)

Uma maneira interessante e fácil de visualizar dados métricos são os chamados gráficos-caixa, proposto originalmente pelo estatístico norte-americano John Wilder Tukey. Tukey (1977) propôs uma representação esquemática com apenas cinco medidas de um conjunto de dados, min(X), $Q_1(X)$, mediana(X), $Q_3(X)$ e max(X). Os valores são representados verticalmente, com um retângulo (uma caixa) ligando $Q_1(X)$

John Wilder Tukey (1915-2000)

a $Q_3(X)$ (e envolvendo então a mediana(X)), uma linha vertical simples ligando os valores correspondentes ao min(X) e ao max(X) (e então atravessando o retângulo), e marcações nos valores correspondentes aos valores min(X), mediana(X) e max(X). A **Figura 13** a seguir apresenta o gráfico-caixa dos dados apresentados no **Quadro 3**.

Como alternativa, pode-se construir o gráfico-caixa usando-se percentis em vez do valor mínimo e do valor máximo para delimitar o gráfico, sendo comum usarem-se os percentis 1 e 99, ou 2 e 98, por exemplo. Ou ainda usarem-se valores relativos à média mais ou menos 3 desvios-padrões, por exemplo. Ou ainda usarem-se valores relativos à mediana, mais ou menos uma vez e meia a amplitude interquartílica, por exemplo. De qualquer forma, é essencial deixar claro na legenda do gráfico quais valores estão nele representados. Nesses casos, é também comum apontarem-se as observações que se localizam fora dos limites do gráfico, isto é, menores do que a mediana menos uma vez e meia a amplitude interquartílica e maiores do que a mediana mais uma vez e meia a amplitude interquartílica, se estas forem as referências utilizadas, marcando-as como *outliers*, ou seja, observações que destoam do grupo de observações. Gráficos-caixa são muito úteis para se estabelecer comparações entre distribuições, como será visto no próximo capítulo.

OBSERVAÇÕES DESTOANTES (*OUTLIERS*)

Quando se analisa exploratoriamente um conjunto de dados, é comum encontrar observações que destoam bastante de seu grupo de referência, chamadas de *outliers*. A palavra inglesa é derivada de *outlying* (*out* + *lying*), cujo significado, segun-

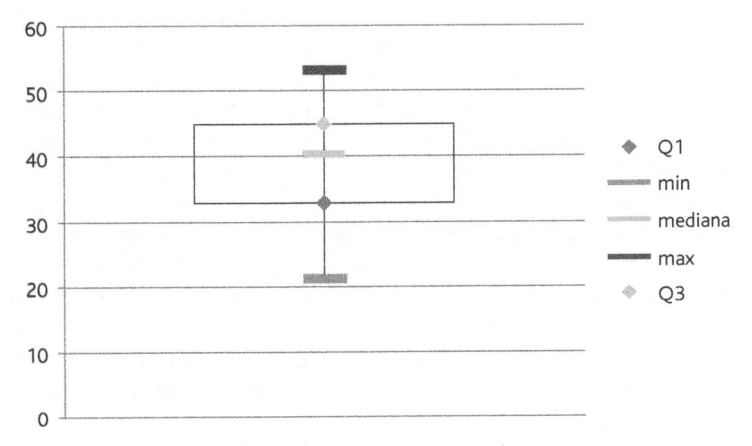

FIGURA 13 Gráfico-caixa da variável idade (anos completos).
Fonte: Arquivo do autor.

do o dicionário etimológico online,[5] é de algo que está fora dos limites, distante do centro. Na ausência de um termo equivalente e simples em português, a palavra entrou no vocabulário técnico de estatística, embora ainda não seja registrada em nossos dicionários.

A presença de *outliers* pode distorcer estatísticas, gerando falsas informações, de modo que é prudente pelo menos tentar identificá-los antes de realizar a análise dos dados propriamente dita. Mas apenas sua identificação não basta, é preciso fazer alguma coisa a respeito.

Para dados categóricos ou ordinais, geralmente um *outlier* representa um erro de codificação dos dados, talvez uma categoria inexistente ou uma categoria legítima, mas pouquíssimo representada na amostra em estudo. Para os casos de erros flagrantes, pode-se tentar recuperar a informação correta, corrigindo a base de dados, ou, se tal processo não for possível, simplesmente eliminar a observação da análise, como fizemos na análise dos dados do exemplo 1, por exemplo. Para os casos de categorias legítimas, mas pouco representadas na amostra, usa-se bom senso para descrever o conjunto de dados de forma adequada, como fizemos na análise dos dados do Exemplo 3, por exemplo. Às vezes, utiliza-se o recurso de agrupar categorias distintas, mas julgadas próximas segundo algum critério. Outras vezes, elimina-se a observação da análise. Em qualquer situação, é fundamental deixar devidamente registrado o que foi feito, não omitindo o procedimento, em especial dos consumidores da análise, isto é, daqueles que tomarão decisões baseadas nas informações processadas, de acordo com o esquema da **Figura 11** do Capítulo 1.

Para dados métricos, o problema é um pouco mais complicado, pois os *outliers* não são percebidos tão diretamente, e as distorções causadas nas estatísticas são mais sérias. Repare, por exemplo, a dependência da média a todas as observações, pois somam-se todas as medidas e divide-se pelo tamanho da amostra. Consequentemente, se tivermos uma medida destoante, digamos, muito mais alta do que as outras, a média será fortemente afetada, sendo maior do que deveria ser se o *outlier* não fosse destoante. E as outras estatísticas dependentes da média, como o desvio-padrão, também se veem distorcidas.

Em geral, busca-se detectar *outliers* com a utilização de algum mecanismo de filtragem dos dados. Por exemplo, tomam-se os limites média mais ou menos 3 desvios-padrões, e qualquer medida fora daqueles limites são considerados *outliers*. Repare na arbitrariedade da escolha dos limites. Por que 3 desvios-padrões? De fato, algumas vezes, usamos 2,5; outras vezes, 2. Além disso, usa-se a mediana mais ou menos 1,5 amplitudes interquartílicas. Com limites mais estritos, obviamente, encontraremos mais *outliers*. Por exemplo, para os dados apresentados no **Quadro 3**, o filtro de média mais ou menos 2,5 desvios-padrões não detecta nenhum *outlier*. Se apertarmos um pouco mais o filtro, para média mais ou menos 2 desvios-padrões, encontramos 15 candidatos a *outliers*, os sujeitos com 21 e 22 anos. Se usarmos o filtro de mediana mais ou menos 1,5 amplitudes interquartílicas, encontra-

---

[5] Harper (c2001-2014).

mos 6 candidatos a *outliers*, os sujeitos com 21 anos. É preciso lembrar, entretanto, que a questão fundamental não é identificar *outliers*, mas sim decidir o que fazer com eles. São os sujeitos com 21 ou 22 anos assim tão destoantes? Representam erros ou distorções no banco de dados?

Às vezes, o *outlier* identificado representa claramente um erro de codificação dos dados, uma vírgula mal posicionada, um algarismo trocado, por exemplo, ou um erro de instrumentação, um dispositivo mal regulado, uma leitura malfeita, por exemplo.[6] Nesses casos, se for possível recuperar a informação correta, corrige-se a base de dados e prossegue-se na análise. E se não for possível recuperar a informação correta, elimina-se simplesmente a observação, prosseguindo-se na análise. Mas, note a recorrência do procedimento, a correção de um *outlier* altera as estatísticas de todo o grupo, e novos *outliers* poderão ser identificados, assim como *outliers* já identificados anteriormente com as estatísticas distorcidas poderão deixar de ser assim considerados com as estatísticas atualizadas. De modo que o processo é recursivo, algumas vezes extenuante. Mello e colaboradores (2012) relatam uma situação em que foram necessárias sete iterações de identificação de *outliers* para bem ajustar uma distribuição teórica a dados empiricamente coletados.

Entretanto, às vezes, o *outlier* identificado não representa tão claramente um erro de codificação dos dados ou um erro de instrumentação, e o que fazer com ele não é tão óbvio. Ressalte-se, entretanto, que sua eliminação pura e simples é o pior dos procedimentos, pois a observação destoante pode conter informação valiosíssima. É o caso, por exemplo, de mecanismos de detecção de fraudes. Portanto, um exame detalhado, qualitativo, no entorno da observação destoante, é o procedimento mais aconselhado, e a eliminação ou correção da informação ficará na dependência dos resultados e conclusões desse exame.

Em muitas situações, é útil o procedimento de winsorização dos dados (Brennan; Wang, 2010; Lunardi; Becker; Maçada, 2009). O procedimento foi formalizado pela primeira vez por Tukey (1962), no contexto de métodos robustos de estimação. Tukey, referindo-se ao estatístico norte-americano Charles P. Winsor (1895-1951) como criador do procedimento, cunhou o termo winsorização. O procedimento consiste basicamente em substituir as medidas mais extremas, menores do que $P_p(X)$ ou maiores do que $P_{1-p}(X)$, pelos valores de $P_p(X)$ e de $P_{1-p}(X)$ respectivamente, e então prosseguir na análise dos dados. Os valores dos percentis $P_p(X)$ e $P_{1-p}(X)$ atuam, assim, como filtros, mas as observações não são eliminadas, não havendo redução do tamanho da amostra. Valores normalmente usados para *p* são 1%, 2,5%, 5% ou mesmo 10%.

---

[6] Incluem-se nessa categoria respostas idênticas a todos os itens de uma escala Likert, como tratado em Maçada e colaboradores (2012).

EXERCÍCIOS

1. Construa a distribuição de frequência e o histograma do seguinte conjunto de dados (tensão de rompimento de fibra de lã, medido em quilos).

66	92	99	94	117	137	85	105	132	91	95
103	111	84	89	96	107	96	102	100	85	97
100	101	89	100	98	98	79	105	97	97	91
104	104	97	97	137	114	101	138	80	111	102
103	104	98	98	111	104	99	94	86	106	102
100	78	84	91	98	96	92	95	99	93	86
111	92	101	104	104	102	102	132	97	87	110
94	98	99	95	99	102	62	96	102	109	92
88	101	88	100	122	104	91	96	115	107	103
98										

   1.1. Calcule a média.
   1.2. Determine a mediana.
   1.3. Calcule o desvio-padrão.
   1.4. Qual é o intervalo modal?
   1.5. Calcule a amplitude.
   1.6. Calcule o desvio absoluto médio.
   1.7. Calcule a amplitude interquartílica.
   1.8. A distribuição é simétrica?

2. Se uma distribuição tem dois picos, o maior deles é a moda? O que você faria se encontrasse uma distribuição com dois picos?

3. Seguem-se quatro conjuntos de mensurações (em mm):

106,2	105,9	105,8	106,1	105,9
107,1	106,4	105,9	106,5	106,2
106,5	106,4	106,5	106,3	105,8
106,6	106,7	106,3	106,9	106,4

   3.1. Calcule a média de cada conjunto.
   3.2. Calcule a média de todas as 20 observações.
   3.3. Calcule a média das quatro médias grupais. Como esta se compara com a média já calculada anteriormente?

4. A média (em geral) pode ser zero? Pode ser negativa? Explique.
5. A mediana (em geral) pode ser zero? Pode ser negativa? Explique.
6. Quando a mediana é melhor do que a média para caracterizar um determinado grupo de medidas?
7. Calcule o desvio-padrão de:
   7.1. 5   6   4   2   7
   7.2. 105   106   104   102   107
   7.3. 1050   1060   1040   1020   1070
   7.4. 0,05   0,06   0,04   0,02   0,07
   7.5. Compare os resultados. Se o desvio-padrão de X é s, qual é o desvio-padrão de $X + c$, onde c é uma constante? Qual é o desvio-padrão de cX?

8. O desvio-padrão (em geral) pode ser zero? Pode ser negativo? Explique.
9. Por que um gerente necessitaria (gostaria de) conhecer a variabilidade das vendas diárias dos produtos sob sua responsabilidade gerencial?
10. Para uma facção interessada no "grosso" do mercado de roupas masculinas, não interessada no mercado dos muito pequenos nem dos muito grandes (em altura), que medidas descritivas de alturas da população ela mais precisaria conhecer?
11. Escolha um banco de dados qualquer em que você esteja interessado.
    11.1. Escolha duas variáveis categóricas e faça um resumo estatístico de cada uma delas.
    11.2. Escolha duas variáveis ordinais e faça um resumo estatístico de cada uma delas.
    11.3. Escolha duas variáveis intervalares e faça um resumo estatístico de cada uma delas.
    11.4. Há algum *outlier* entre os dados analisados? Em caso afirmativo, corrija a situação e refaça os resumos estatísticos. Qual é a correção proposta?

Capítulo 3
Descrição de dados: análise bivariada

Neste capítulo, discutimos os métodos e as técnicas usadas para descrever e analisar a relação entre duas variáveis. Quando se busca informação em uma base de dados, buscam-se, fundamentalmente, relações entre variáveis. E a mais primária das relações entre variáveis é a relação entre duas variáveis. A estatística, buscando auxiliar o processo de transformação de dados em informação, trata o tema sob o rótulo de dados bivariados, produzindo gráficos e medidas descritivas para descrever tal relação. Mais recentemente, passamos a tratar de dados multivariados, objeto fora do escopo deste livro.

Estabelecer uma relação entre duas variáveis é reconhecer variabilidades conjuntas, o que vai depender, obviamente, da forma como cada uma delas foi mensurada. Assim, o entendimento das técnicas estatísticas desenvolvidas para a análise bivariada passa pelo reconhecimento inicial do nível de mensuração das variáveis envolvidas. Iniciamos nossa discussão pelos níveis mais elementares de mensuração, isto é, analisando a relação entre duas variáveis categóricas.

DUAS VARIÁVEIS CATEGÓRICAS

A variabilidade conjunta de duas variáveis categóricas é normalmente e facilmente representada usando-se tabelas e matrizes de dupla entrada. Iniciamos nossa apresentação com a tabela de contingência.

Tabela de contingência

Karl Pearson (1857-1936)

Uma tabela de contingência apresenta as contagens, ou seja, a frequência de ocorrência dos indivíduos da amostra em uma classificação cruzada. O termo foi introduzido na literatura em 1904 pelo matemático britânico Karl Pearson, considerado o pai da estatística matemática (Pearson, 1904 *apud* Agresti, 2002).

Suponha que se tenha uma amostra de tamanho n cujos indivíduos tenham sido classificados segundo duas variáveis categóricas, digamos, X e Y, a primeira com a categorias e a segunda com b categorias. Isto é, cada indivíduo na amostra foi classificado em uma das a categorias de X **e** em uma das b categorias de Y. O número necessário de classes para estabelecer o cruzamen-

		colunas (Y)			
		1	2	... b	Total da linha
linhas (X)	1	n_{11}	n_{12}	... n_{1b}	$n_{1.}$
	2	n_{21}	n_{22}	... n_{2b}	$n_{2.}$
	...	...	...	...	...
	a	n_{a1}	n_{a2}	... n_{ab}	$n_{a.}$
Total da coluna		$n_{.1}$	$n_{.2}$	... $n_{.b}$	n

FIGURA 1 Representação abstrata de uma tabela de contingência com *a* linhas e *b* colunas.
Fonte: Elaborada pelo autor.

to é dado pela combinação das categorias de cada uma das variáveis (combina-se cada categoria de X com cada categoria de Y), ou seja, o produto $a \times b$. Uma tabela de contingência de $X \times Y$ é então uma tabela de dupla entrada (bidimensional), com a linhas e b colunas, em que as combinações de classes são representadas pelas interseções das respectivas linhas e colunas. Os dados inseridos na tabela correspondem às contagens dos indivíduos da amostra classificados em cada classe cruzada. A **Figura 1** ilustra o conceito.

As entradas da tabela, n_{ij}, para $i = 1, ..., a$ e $j = 1, ..., b$, representam as contagens dos indivíduos da amostra classificados em cada classe cruzada. Atente para a notação utilizada para os totais das colunas e linhas.

$$n_{.j} = \sum_{i=1}^{a} n_{ij}, \quad \text{para } j = 1, ..., b, \quad (1)$$

e

$$n_{i.} = \sum_{j=1}^{b} n_{ij}, \quad \text{para } i = 1, ..., a. \quad (2)$$

As somas dos totais das colunas e dos totais das linhas são, evidentemente, iguais a n, ou seja,

$$\sum_{j=1}^{b} n_{.j} = \sum_{j=1}^{b}\sum_{i=1}^{a} n_{ij} = n, \quad \text{e} \quad \sum_{i=1}^{a} n_{i.} = \sum_{i=1}^{a}\sum_{j=1}^{b} n_{ij} = n,$$

pois a soma de todas as contagens representa o total de indivíduos na amostra.

Um exemplo ajudará a entender o conceito.

Exemplo 1

Combinando-se os dados já apresentados nos **Quadros 2** e **3** do Capítulo 2, referentes ao sexo e ao local de trabalho de 406 indivíduos, tem-se a tabela de contingência apresentada a seguir.

TABELA 1 Local de trabalho x Sexo – somente respostas válidas

Local de trabalho	Sexo		Total da linha
	1 feminino	2 masculino	
1 direção geral	13	28	41
2 superintendências	24	33	57
3 agências	89	136	225
4 órgãos regionais	33	50	83
Total da coluna	159	247	406

Fonte: Arquivo do autor.

Observe que os totais das linhas e das colunas apresentam as mesmas informações já apresentadas nas **Tabelas 2** e **3** do Capítulo 2, respectivamente, a menos de exclusões de respostas inválidas. No contexto de tabelas de contingência, a coluna e a linha de totais são chamadas de frequências marginais, pois se situam nas margens da tabela. As frequências marginais apresentam, assim, as distribuições de frequências das variáveis que estão sendo cruzadas, tomadas individualmente. Percebe-se, portanto, que uma tabela de contingência apresenta maior riqueza de informações, pois, além de apresentar as distribuições de frequência de cada uma das variáveis consideradas, apresenta as frequências cruzadas para cada combinação de categorias das duas variáveis.

Repare que o total de indivíduos do sexo feminino é menor do que o total de indivíduos do sexo masculino em nossa amostra, representando mais ou menos 1 mulher para 1,5 homens,[1] de modo que a comparação entre as frequências apresentadas no interior da tabela não é assim tão imediata. Por exemplo, tome-se a subamostra dos indivíduos que trabalham na direção geral, correspondendo à primeira linha da **Tabela 1**. Vê-se que o número de indivíduos do sexo feminino é menor do que o número de indivíduos do sexo masculino (13 < 28), acompanhando a tendência de toda a amostra de 406 indivíduos. Mas, e aí reside a sutileza, a proporção de frequências entre os sexos feminino e masculino é diferente, pois agora tem-se mais ou menos 1 mulher para cada 2 homens trabalhando na direção geral.[2] A comparação mais relevante é esta, formulada em termos mais precisos: há 39,2% de mulheres na amostra total contra 31,7% de mulheres na amostra da direção geral. Seria esse um indício de alguma discriminação de sexo na direção geral?

Matriz de correspondência

Como ilustrado, a comparação é mais interessante a partir de dados relativos, de modo que será conveniente expressar as frequências de uma tabela de contingência sob a forma de frequências relativas. As frequências de uma tabela de contin-

---

[1] Mais precisamente, as mulheres representam 39,2% da amostra.
[2] Mais precisamente, as mulheres representam 31,7% da subamostra da direção geral.

gência podem ser facilmente transformadas em frequências relativas, o que facilita sua interpretação. Definem-se assim as proporções

$$p_{ij} = \frac{n_{ij}}{n}, \text{ para } i = 1, \ldots, a \quad \text{e} \quad j = 1, \ldots, b, \quad (3)$$

$$p_{.j} = \frac{n_{.j}}{n}, \quad \text{ para } j = 1, \ldots, b \quad (4)$$

e

$$p_{i.} = \frac{n_{i.}}{n}, \quad \text{ para } i = 1, \ldots, a. \quad (5)$$

A matriz de frequências relativas é chamada de matriz de correspondência, denotada por P. A **Figura 2** ilustra uma matriz de correspondência genérica, com a adição de uma coluna e uma linha de totais.

A **Tabela 2** a seguir apresenta a matriz de correspondência derivada da tabela de contingência apresentada na **Tabela 1**.

TABELA 2 Matriz de correspondência das variáveis Local de trabalho x Sexo

Local de trabalho	Sexo		Total da linha
	1 feminino	2 masculino	
1 direção geral	0,032	0,069	0,101
2 superintendências	0,059	0,081	0,140
3 agências	0,219	0,335	0,554
4 órgãos regionais	0,081	0,123	0,204
Total da coluna	0,392	0,608	1

Fonte: Arquivo do autor.

A última coluna da **Figura 2** (e da **Tabela 2**, de forma mais concreta) contém a soma das linhas da matriz de correspondência, representando o perfil da amostra (frequências relativas) com respeito à variável X (local de trabalho, na **Tabela 2**). Tal vetor é normalmente denotado por r, podendo ser escrito como o produto da matriz P pelo vetor $\mathbf{1}_b$, ou seja,

$$r = P\mathbf{1}_b. \quad (6)$$

		colunas (Y)			Total da linha
		1	2	...	b	
linhas (X)	1	p_{11}	p_{12}	...	p_{1b}	$p_{1.}$
	2	p_{21}	p_{22}	...	p_{2b}	$p_{2.}$
	...	...	...		...	...
	a	p_{a1}	p_{a2}	...	p_{ab}	$p_{a.}$
Total da coluna		$p_{.1}$	$p_{.2}$	...	$p_{.b}$	1

FIGURA 2 Representação abstrata de uma matriz de correspondência com a linhas e b colunas, adicionada de uma coluna e uma linha totalizadoras.
Fonte: Elaborada pelo autor.

De modo semelhante, a última linha da **Figura 2** (e da **Tabela 2**, de forma mais concreta) contém a soma das colunas da matriz de correspondência, e representa o perfil da amostra com respeito à variável Y (sexo, na **Tabela 2**). Tal matriz linha é normalmente denotada por c^T, podendo ser escrita como o produto da matriz linha $\mathbf{1}_a{}^T$ pela matriz P, ou seja,[3]

$$c^T = \mathbf{1}_a{}^T P. \qquad (7)$$

Repare que essas informações já haviam sido descritas nas tabelas de frequências relativas apresentadas nas **Tabelas 2** e **3** do Capítulo 2, respectivamente.

A informação cruzada torna-se mais evidente quando se determinam os perfis das linhas e das colunas da matriz de correspondência. Mais especificamente, determina-se o i-ésimo perfil de linha ($i = 1, \ldots, a$), simbolizado por r_i, dividindo-se a i-ésima linha da matriz de correspondência pelo total marginal, isto é,

$$r_i = \begin{bmatrix} \frac{p_{i1}}{p_{i.}} \\ \frac{p_{i2}}{p_{i.}} \\ \vdots \\ \frac{p_{ib}}{p_{i.}} \end{bmatrix}, \text{ para } i = 1,\ldots,a. \qquad (8)$$

Definindo-se a matriz diagonal D_r cujos elementos de sua diagonal são os elementos do vetor r (ou seja, os totais marginais das linhas da matriz de correspondência P), ou seja,

$$D_r = \begin{bmatrix} p_{1.} & \cdots & 0 \\ \vdots & \ddots & \vdots \\ 0 & \cdots & p_{a.} \end{bmatrix}, \qquad (9)$$

a matriz de perfis de linhas, simbolizada por R, pode ser determinada pela operação[4]

$$R = D_r^{-1} P. \qquad (10)$$

Para a matriz de correspondência derivada da tabela de contingência apresentada na **Tabela 1**, tem-se

$$D_r = \begin{bmatrix} 0{,}101 & 0 & 0 & 0 \\ 0 & 0{,}140 & 0 & 0 \\ 0 & 0 & 0{,}554 & 0 \\ 0 & 0 & 0 & 0{,}204 \end{bmatrix} \text{ e } R = D_r^{-1}P = \begin{bmatrix} 0{,}317 & 0{,}683 \\ 0{,}421 & 0{,}579 \\ 0{,}396 & 0{,}604 \\ 0{,}398 & 0{,}602 \end{bmatrix}.$$

---

[3] Note a utilização da notação de matriz transposta. O vetor coluna de elementos iguais a 1, denotado por $\mathbf{1}_a$, quando transposto, transforma-se em uma matriz linha de elementos iguais a 1. O vetor coluna c, quando transposto, transforma-se em uma matriz linha. Estamos aqui preservando a usual convenção de que vetores são tratados como matrizes colunas. Assim, matrizes linhas são tratadas como transpostas de matrizes colunas.

[4] Note o uso da notação de inversão de matrizes.

Percebe-se, assim, que o local de trabalho comparativamente mais feminino são as superintendências: seu perfil de linha é dado por 42,1% de mulheres contra 57,9% de homens. O local de trabalho menos feminino, ou mais masculino, comparativamente, é a direção geral: seu perfil de linha é dado por 31,7% de mulheres contra 68,3% de homens. Os perfis de linha das agências e órgãos regionais são semelhantes entre si.

Definições semelhantes podem ser desenvolvidas para os perfis de colunas. Mais especificamente, determina-se o j-ésimo perfil de coluna ($j = 1, ..., b$), simbolizado por c_j, dividindo-se a j-ésima coluna da matriz de correspondência pelo total marginal, isto é,

$$c_j = \left(\frac{p_{1j}}{p_{.j}}, \frac{p_{2j}}{p_{.j}}, ..., \frac{p_{aj}}{p_{.j}}\right), \text{ para } j = 1,...,b. \tag{11}$$

Definindo-se a matriz diagonal D_c cujos elementos de sua diagonal são os elementos do vetor c (ou seja, os totais marginais das colunas da matriz de correspondência P), ou seja,

$$D_c = \begin{bmatrix} p_{.1} & \cdots & 0 \\ \vdots & \ddots & \vdots \\ 0 & \cdots & p_{.b} \end{bmatrix}, \tag{12}$$

a matriz de perfis de colunas, simbolizada por C, pode ser determinada pela operação

$$C = PD_c^{-1}. \tag{13}$$

Para a matriz de correspondência derivada da tabela de contingência apresentada na **Tabela 1**, tem-se

$$D_c = \begin{bmatrix} 0,392 & 0 \\ 0 & 0,608 \end{bmatrix} \text{ e } C = PD_c^{-1} = \begin{bmatrix} 0,082 & 0,113 \\ 0,151 & 0,134 \\ 0,560 & 0,551 \\ 0,208 & 0,202 \end{bmatrix}$$

Percebe-se, assim, que as mulheres, comparativamente, estão menos representadas na direção geral e mais representadas nas superintendências, equilibrando-se a representação nas agências e órgãos regionais. O perfil de coluna das mulheres é dado por 8,2% trabalhando na direção geral, 15,1% trabalhando nas superintendências, 56% trabalhando nas agências e 20,8% trabalhando nos órgãos regionais, contra 11,3 dos homens trabalhando na direção geral, 13,4% trabalhando nas superintendências, 55,1% trabalhando nas agências e 20,2% trabalhando nos órgãos regionais.

As comparações entre os perfis de linhas e de colunas evidenciam alguma relação relevante entre as variáveis local de trabalho e sexo? Em outras palavras, são indícios de alguma discriminação de gênero? Veremos mais tarde como encaminhar respostas a estas indagações, quando tratarmos da estatística inferencial, mais especificamente de testes de hipóteses. Precisaremos de conceitos um pouco mais aprofundados, em especial sobre probabilidades, para tais encaminhamentos.

Os perfis de linhas e de colunas podem ser representados graficamente, oferecendo uma representação visual interessante para o relacionamento entre as duas variáveis. Sua construção, entretanto, foge ao escopo deste livro.

UMA VARIÁVEL CATEGÓRICA E UMA VARIÁVEL MÉTRICA

A variabilidade conjunta entre uma variável categórica e uma variável mensurada em escala métrica (intervalar ou de razão) é analisada comparando-se as distribuições da variável métrica nas subamostras representadas pelas categorias da variável categórica. Suponha que se tenha uma amostra de tamanho n cujos indivíduos tenham sido mensurados em uma escala intervalar ou de razão com respeito a uma variável, digamos, X, e classificados segundo uma variável categórica, digamos, Y, com k categorias. A variável Y, com suas k categorias, induz uma partição na amostra, com k subconjuntos disjuntos, digamos, S_1, S_2, ..., S_k, cuja união é a amostra completa. Mais formalmente, tem-se

$$S_i \cap S_j = \emptyset, \text{ para } i = 1, ..., k, j = 1, ..., k, \text{ com } i \neq j, \qquad (14)$$

e

$$\bigcup_{i=1}^{k} S_i = S, \qquad (15)$$

onde S representa a amostra completa. Se n_i representa o número de elementos de S_i, $i = 1, ..., k$, tem-se

$$\sum_{i=1}^{k} n_i = n. \qquad (16)$$

Isto é, cada indivíduo na amostra S faz parte de um e somente um dos subconjuntos S_i, $i = 1, ..., k$. Os elementos da partição, S_i, $i = 1, ..., k$, constituem, assim, subamostras da amostra S.

Pode-se então analisar segmentadamente a variável X em cada uma das subamostras S_i, $i = 1, ..., k$, com um olhar comparativo. Se os tamanhos das subamostras são suficientemente grandes, pode-se, por exemplo, representar graficamente a variável X por meio de k histogramas, apresentando-os em um mesmo gráfico. Ou ainda representar graficamente a variável X por meio de k gráficos-caixa. Um exemplo ajuda a esclarecer o procedimento.

Exemplo 2

Combinando-se os dados já apresentados nos **Quadros 1** e **3** do Capítulo 2, referentes ao sexo e à idade de 407 indivíduos (indivíduos com respostas inválidas a qualquer uma das variáveis foram desconsiderados), produzem-se as distribuições de frequência apresentadas na **Tabela 3**. Os correspondentes histogramas são apresentados na **Figura 3**.

TABELA 3 Distribuição de frequências da variável idade (anos completos) segmentada pelo sexo – somente respostas válidas

Idade (anos completos)	Sexo			
	1 feminino		2 masculino	
	Frequência	%	Frequência	%
20,5 – 23,5	9	5,7	10	4,0
23,5 – 26,5	12	7,5	13	5,2
26,5 – 29,5	5	3,1	14	5,6
29,5 – 32,5	11	6,9	26	10,5
32,5 – 35,5	10	6,3	29	11,7
35,5 – 38,5	14	8,8	24	9,7
38,5 – 41,5	25	15,7	35	14,1
41,5 – 44,5	28	17,6	39	15,7
44,5 – 47,5	33	20,8	30	12,1
47,5 – 50,5	7	4,4	22	8,9
50,5 – 53,5	5	3,1	6	2,4
Total	159	100,0	248	100,0

Fonte: Arquivo do autor.

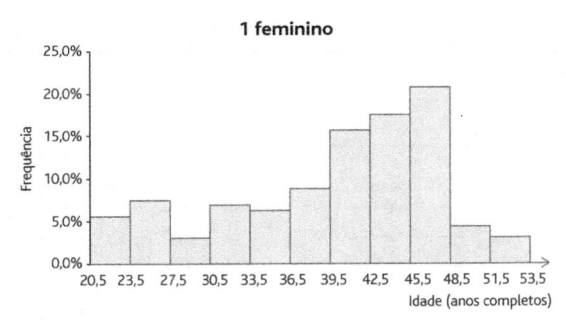

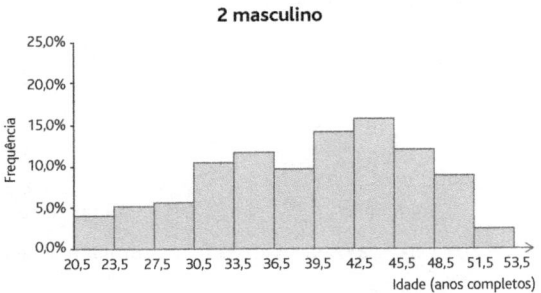

FIGURA 3 Histograma da variável idade (anos completos) segmentada pelo sexo dos respondentes.
Fonte: Arquivo do autor.

Em princípio, todas as medidas usadas para descrever uma variável mensurada em uma escala intervalar em uma amostra podem ser utilizadas segmentadamente. As que recebem mais atenção, entretanto, são a média e o desvio-padrão. A **Tabela 4** apresenta um resumo estatístico das duas subamostras, com vistas à sua comparação. Os correspondentes gráficos-caixa são apresentados na **Figura 4**.

TABELA 4 Estatísticas descritivas da variável idade (anos completos) segmentada pelo sexo – somente respostas válidas

	1 feminino	2 masculino	Total
n	159	248	407
média	38,7	38,1	38,3
desvio-padrão	8,0	7,7	7,8
CV	0,21	0,20	0,20
g (coeficiente de assimetria)	−0,65	−0,34	−0,46
min	21	21	21
max	53	53	53
amplitude	32	32	32
mediana	41	40	40
Q_1	34	32	33
Q_3	45	44	45
amplitude interquartílica	11	12	12

Fonte: Arquivo do autor.

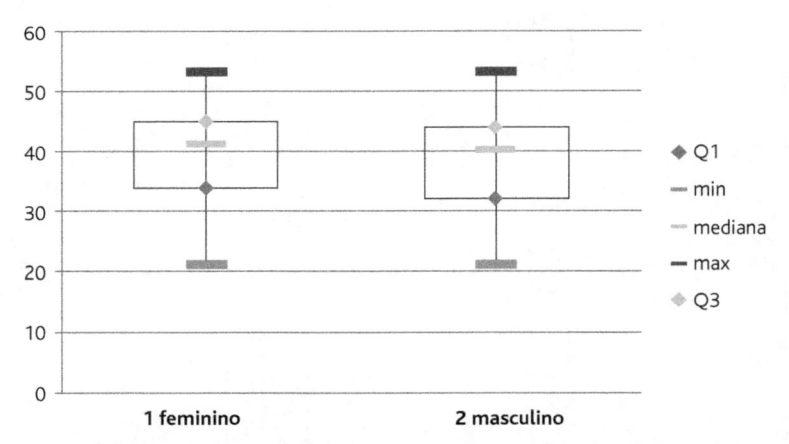

FIGURA 4 Gráficos-caixa da variável idade (anos completos) segmentada pelo sexo dos respondentes.
Fonte: Arquivo do autor.

O que revelam estas estatísticas e gráficos? O que chama a atenção em primeiro lugar é a média de idades. A média de idades das mulheres é um pouco superior à média de idades dos homens. Além disso, a distribuição de idades entre as mulheres é um pouco mais assimétrica do que entre os homens, o que também pode ser depreendido do exame dos histogramas apresentados na **Figura 3**, embora não tão claramente. Mas os gráficos-caixa apresentados na **Figura 4** deixam isso mais claro. O fato da mediana e dos quartis serem mais elevados entre as mulheres também conduz a informação de que o grupo de mulheres executivas, em geral, é mais velho do que o dos homens executivos. Seria esta uma evidência de discriminação de gênero? Por outro lado, a comparação dos histogramas parece sugerir que há uma nova geração de mulheres, mais jovens, ascendendo à posição de executivas na empresa, antecipando talvez algumas mudanças no futuro perfil dos executivos da empresa. Seria esta uma evidência de que as mulheres estão conquistando seu espaço entre os executivos da empresa?

As comparações entre as estatísticas das amostras evidenciam alguma relação relevante entre as variáveis idade e sexo? Veremos mais tarde como encaminhar respostas a estas indagações, quando tratarmos da estatística inferencial, mais especificamente de testes de hipóteses. Como já salientado, precisaremos de conceitos um pouco mais aprofundados, em especial sobre probabilidades, para tais encaminhamentos.

DUAS VARIÁVEIS MÉTRICAS

A variabilidade conjunta entre duas variáveis mensuradas em escalas métricas (intervalar ou de razão) é analisada graficamente através de diagramas de dispersão, também conhecidos como gráficos XY, e através de algumas medidas de variabilidade conjunta. Iniciamos nossa discussão apresentando os diagramas de dispersão. Suponha que se tenha uma amostra de tamanho n cujos objetos tenham sido mensurados em uma escala intervalar ou de razão com respeito a duas variáveis, digamos, X e Y. Ou seja, digamos que nossa matriz de dados tenha dimensão $n \times 2$, quer dizer, tenha n linhas, correspondendo aos n objetos da amostra, e duas colunas, correspondendo às duas variáveis de interesse. Cada linha da matriz é constituída por um par de números, correspondendo ao perfil de medidas de cada objeto nas duas variáveis.

Diagrama de dispersão

Um diagrama de dispersão é tão somente uma representação dos objetos da amostra em um sistema cartesiano de eixos coordenados. Nesse sistema, os pares de números que caracterizam cada objeto são chamados de coordenadas do objeto e cada um deles será representado por um ponto no gráfico, a partir do posicionamento de suas coordenadas em cada um dos eixos cartesianos. Como sempre, um exemplo ajudará a entender melhor o conceito.

Exemplo 3

Dados coletados sistematicamente no mercado de ações permitem estabelecer a rentabilidade diária dos papéis transacionados. O **Quadro 1** a seguir apresenta a rentabilidade diária (dos 247 dias úteis do ano de 2010) das ações preferenciais nominativas de duas importantes companhias brasileiras de capital aberto, a

Petrobrás e a Companhia Vale do Rio Doce, respectivamente, com base nos preços de fechamento dos pregões.[5]

QUADRO 1 Rentabilidades diárias das ações PETRO e VALE em 2010 – 247 dias úteis

0,0170 0,0308; −0,0086 0,0139; 0,0134 0,0195; −0,0094 0,0066; −0,0054 0,0055;
−0,0033 0,0044; −0,0128 0,0022; −0,0017 0,0143; −0,0175 −0,0028; 0,0022 −0,0052;
0,0221 0,0121; −0,0047 0,0117; −0,0259 −0,0179; −0,0321 −0,0362; 0,0122 −0,0228;
−0,0248 −0,0266; 0,0062 −0,0151; 0,0146 0,0045; −0,0128 −0,0002; 0,0038 0,0341;
−0,0058 0,0014; −0,0018 −0,0032; −0,0525 −0,0536; −0,0244 −0,0110; 0,0070 0,0110;
0,0156 0,0235; 0,0123 −0,0007; 0,0218 0,0188; 0,0131 −0,0061; 0,0132 0,0356;
0,0128 0,0203; −0,0098 −0,0022; 0,0087 −0,0159; −0,0134 −0,0136; −0,0073 0,0100;
0,0129 0,0072; 0,0067 −0,0022; 0,0092 0,0045; 0,0054 0,0186; 0,0009 −0,0033;
0,0014 0,0145; 0,0172 0,0289; −0,0031 −0,0030; 0,0222 0,0097; 0,0136 −0,0129;
0,0014 −0,0081; 0,0003 −0,0058; −0,0079 0,0062; 0,0119 0,0239; −0,0016 −0,0038;
−0,0035 −0,0065; −0,0216 −0,0115; 0,0003 0,0110; −0,0117 0,0257; 0,0075 −0,0010;
−0,0250 −0,0068; −0,0201 0,0079; 0,0115 0,0186; −0,0029 0,0018; 0,0168 0,0000;
0,0101 0,0080; 0,0072 −0,0032; 0,0019 0,0036; −0,0078 0,0046; 0,0003 0,0148;
−0,0163 0,0018; −0,0241 −0,0057; −0,0058 0,0039; 0,0018 0,0076; −0,0192 0,0055;
−0,0195 −0,0124; 0,0180 −0,0067; 0,0221 −0,0165; −0,0129 0,0057; 0,0116 −0,0087;
−0,0205 −0,0053; −0,0370 −0,0506; 0,0090 −0,0060; 0,0193 0,0329; −0,0067 −0,0280;
−0,0404 −0,0257; −0,0342 −0,0497; −0,0076 0,0240; −0,0133 −0,0236; −0,0020 −0,0005;
0,0134 0,0453; −0,0177 −0,0168; 0,0094 0,0000; 0,0033 −0,0159; 0,0030 −0,0304;
−0,0080 −0,0186; −0,0213 −0,0395; −0,0232 −0,0253; −0,0400 −0,0392; 0,0055 0,0718;
−0,0084 −0,0122; −0,0223 0,0100; 0,0187 −0,0148; 0,0277 0,0610; 0,0139 −0,0036;
0,0485 0,0219; −0,0326 −0,0207; 0,0156 0,0212; 0,0051 −0,0477; 0,0092 −0,0265;
0,0047 0,0107; −0,0037 0,0040; 0,0118 0,0196; −0,0094 0,0106; −0,0194 0,0010;
−0,0017 0,0119; 0,0222 −0,0095; −0,0044 −0,0140; −0,0010 −0,0134; −0,0031 0,0286;
−0,0099 −0,0067; −0,0212 0,0124; −0,0361 −0,0202; 0,0152 0,0161; −0,0177 −0,0219;
−0,0218 −0,0495; 0,0011 −0,0291; −0,0154 0,0071; 0,0120 −0,0047; −0,0086 −0,0106;
0,0190 0,0093; 0,0129 0,0260; 0,0065 0,0015; −0,0128 −0,0176; 0,0026 0,0057;
0,0000 −0,0065; −0,0070 −0,0097; −0,0100 −0,0109; 0,0041 0,0258; 0,0256 0,0605;
−0,0054 0,0061; 0,0173 0,0173; −0,0068 0,0081; 0,0040 −0,0026; 0,0029 −0,0036;
−0,0065 0,0130; −0,0022 0,0005; 0,0040 0,0035; 0,0282 0,0330; 0,0223 −0,0009;
0,0089 −0,0027; 0,0031 0,0036; −0,0116 −0,0005; −0,0090 0,0016; −0,0147 −0,0125;
−0,0326 −0,0284; 0,0011 0,0080; 0,0047 0,0040; −0,0018 0,0114; 0,0247 0,0135;
−0,0222 0,0070; −0,0331 −0,0086; 0,0000 −0,0126; −0,0045 −0,0245; −0,0197 −0,0232;
−0,0023 −0,0097; −0,0147 −0,0056; 0,0329 0,0303; −0,0427 −0,0303; 0,0237 0,0178;
0,0365 0,0441; 0,0209 −0,0104; 0,0426 −0,0030; 0,0100 −0,0049; −0,0443 −0,0190;
−0,0083 0,0014; −0,0029 −0,0077; 0,0279 0,0260; −0,0526 −0,0066; −0,0150 0,0057;
−0,0034 −0,0057; 0,0030 −0,0105; 0,0247 0,0185; −0,0281 0,0019; −0,0141 0,0156;
0,0311 0,0018; −0,0188 0,0279; 0,0076 0,0208; 0,0075 0,0066; 0,0295 0,0043;
−0,0077 0,0043; 0,0077 0,0097; −0,0044 0,0002; −0,0147 0,0123; −0,0424 0,0021;
−0,0219 0,0011; 0,0273 −0,0040; −0,0058 0,0021; −0,0054 0,0051; 0,0280 0,0096;
−0,0057 0,0049; 0,0042 0,0273; −0,0434 −0,0210; −0,0115 0,0251; −0,0338 −0,0199;
0,0021 −0,0019; 0,0148 0,0054; 0,0508 0,0143; 0,0131 −0,0098; 0,0027 −0,0170;
−0,0157 −0,0031; 0,0245 0,0123; 0,0244 −0,0021; 0,0183 0,0227; −0,0091 −0,0006;
0,0102 0,0089; −0,0150 −0,0014; 0,0004 0,0032; −0,0152 0,0028; −0,0331 −0,0178;
−0,0176 −0,0177; 0,0020 0,0012; 0,0175 0,0233; −0,0078 0,0022; −0,0252 −0,0053;

---

[5] Define-se rentabilidade diária de um título pelo logaritmo natural da razão entre os preços registrados em dois dias consecutivos. Mais formalmente, $r_i = \ln(\frac{p_i}{p_{i-1}})$, onde o índice i refere-se a um determinado dia útil e p_i refere-se ao preço do título registrado no dia i.

−0,0165 −0,0226; 0,0237 0,0266; −0,0156 −0,0051; −0,0101 −0,0149; 0,0041 −0,0004;
−0,0045 −0,0104; 0,0269 0,0253; 0,0055 0,0055; 0,0117 0,0090; 0,0062 0,0056;
−0,0199 −0,0006; −0,0139 −0,0191; 0,0159 0,0043; 0,0117 0,0109; 0,0081 0,0182;
−0,0031 −0,0037; −0,0180 −0,0077; −0,0008 −0,0088; 0,0230 −0,0008; −0,0144 −0,0012;
0,0078 0,0110; 0,0058 −0,0020; 0,0012 −0,0040; 0,0116 −0,0192; 0,0231 −0,0164;
0,0116 0,0043; 0,0118 −0,0002;

Fonte: Economatica (c2012).

Têm-se, pois, 247 pares ordenados de números, o primeiro deles mensurando a rentabilidade da ação da Petrobrás e o segundo mensurando a rentabilidade da ação da Vale, tomados no mesmo dia útil do ano de 2010. Valores negativos correspondem a rentabilidades negativas, isto é, perdas econômicas para quem reteve o papel do dia anterior para o dia corrente, pois as ações se desvalorizaram. Valores positivos, obviamente, significam ganhos econômicos. Uma boa visualização conjunta dos dados pode ser obtida por um diagrama de dispersão, como apresentado na **Figura 5**.

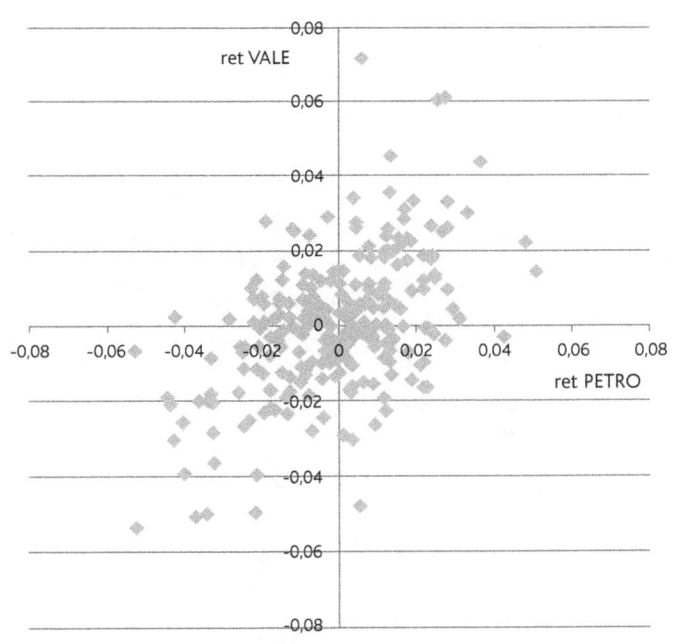

FIGURA 5 Diagrama de dispersão das variáveis rentabilidades diárias das ações PETRO e VALE em 2010 − 247 dias úteis.
Fonte: Economatica (c2012).

O diagrama de dispersão é revelador. Há uma nítida relação entre as variabilidades mensuradas, pois, em geral, a valores positivos de rentabilidade da Petro correspondem valores positivos de rentabilidade da Vale, o mesmo se notando para as rentabilidades negativas. Observe que há muito mais pontos nos quadrantes I e III, correspondendo aos valores de mesmo sinal nas duas variáveis (++ e −−), do que nos quadrantes II e IV, correspondendo aos valores de sinais contrários (+− e −+) nas duas variáveis.⁶ A análise conjunta das variáveis deve ser acompanhada, evidentemente, de uma análise individual de cada uma das variáveis. A **Tabela 5** apresenta algumas estatísticas descritivas das duas variáveis e a **Figura 6** apresenta seus histogramas.

TABELA 5 Estatísticas descritivas das variáveis rentabilidades diárias das ações PETRO e VALE em 2010 – 247 dias úteis

	PETRO	VALE
média	−0,001	0,001
variância	0,000324	0,000330
desvio-padrão	0,018	0,018
g (assimetria)	−0,20	0,17
n	247	247

Fonte: Economatica (c2012).

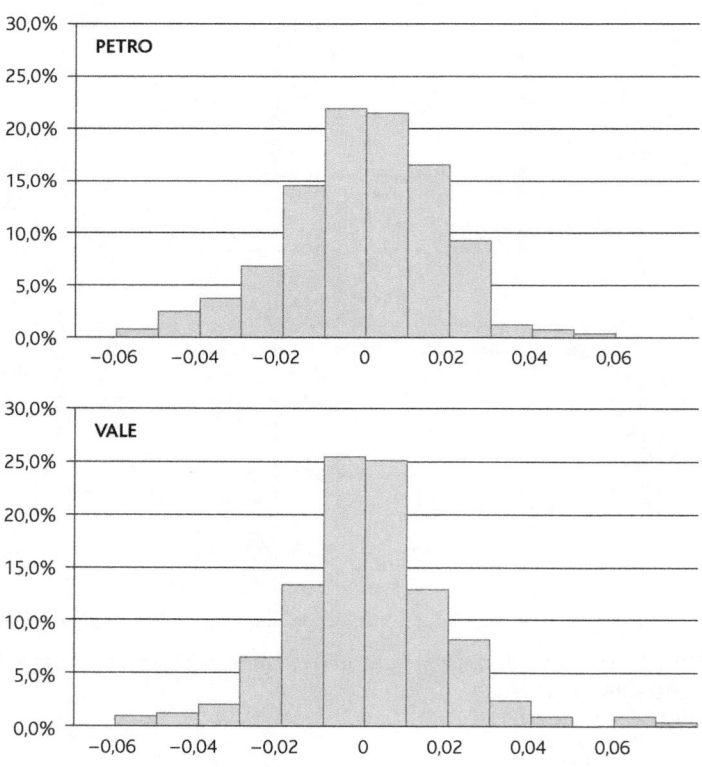

FIGURA 6 Histogramas das variáveis rentabilidades diárias das ações PETRO e VALE em 2010 – 247 dias úteis.
Fonte: Economatica (c2012).

---

[6] O sistema de eixos coordenados divide o plano em quatro quadrantes (cada eixo divide o plano em duas partes), numerados de I a IV no sentido contrário aos ponteiros do relógio, iniciando no quadrante dos pontos com valores positivos em ambas as variáveis.

Depreende-se dos gráficos e das estatísticas descritivas que as variáveis distribuem-se em torno de zero, com razoável simetria, o que é sustentado pela teoria financeira, baseada em princípios de equilíbrio econômico e perfeição (informacional) dos mercados (Brealey; Myers; Allen, 2008). A variância da rentabilidade da Vale é um pouco superior à variância da rentabilidade da Petro, indicando um nível ligeiramente superior de risco. O diagrama de dispersão revela que ambas as variáveis variam mais ou menos no mesmo sentido.

O gráfico de dispersão não exige tantas escolhas do analista para sua elaboração, como os histogramas, de modo que é justo considerá-lo um gráfico mais objetivo. Diferentes pares de variáveis, entretanto, serão retratados por diagramas de dispersão com configurações distintas e, muitas vezes, sua interpretação é que ficará um tanto quanto subjetiva. Veja, por exemplo, a relação entre expectativa de vida ao nascer e mortalidade infantil de diversos países, conforme apresentado no exemplo a seguir.

Exemplo 4

Dados publicados em 2011 pelo Banco Mundial revelam algumas características socioeconômicas e demográficas encontradas em diversos países em 2009 (World Bank, 2011). Em particular, compilaram-se a expectativa de vida ao nascimento (em anos) e a taxa de mortalidade infantil (número de crianças mortas por 1.000 nascidas vivas) das populações dos países representados na amostra ($n = 175$). A visualização da variabilidade conjunta das duas variáveis é apresentada no diagrama de dispersão da **Figura 7**.

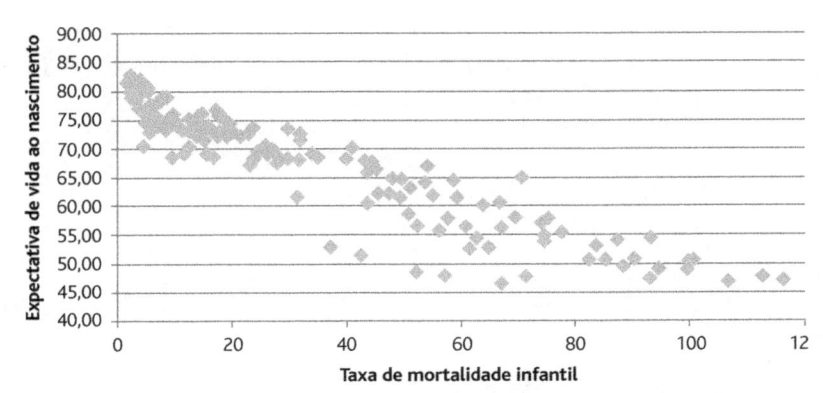

FIGURA 7 Diagrama de dispersão das variáveis expectativa de vida ao nascimento (em anos) e taxa de mortalidade infantil (número de crianças mortas por 1.000 nascidas vivas) em 2009 – 175 países.
Fonte: World Bank (2011).

O diagrama de dispersão revela nitidamente uma relação entre as variabilidades mensuradas, mas em sentidos opostos, isto é, em geral, a maiores expectativas de vida correspondem menores taxas de mortalidade infantil e vice-versa. Algumas estatísticas descritivas das variáveis são apresentadas na **Tabela 6**, e a **Figura 8** e a **Figura 9** apresentam seus histogramas.

TABELA 6 Estatísticas descritivas das variáveis expectativa de vida ao nascimento (em anos) e taxa de mortalidade infantil (número de crianças mortas por 1.000 nascidas vivas) em 2009 – 175 países

	Expectativa de vida	Taxa de mortalidade infantil
média	68,89	30,9
variância	97,2696	824,04
desvio-padrão	9,86	28,71
g (assimetria)	−0,78	1,07
n	175	175

Fonte: World Bank (2011).

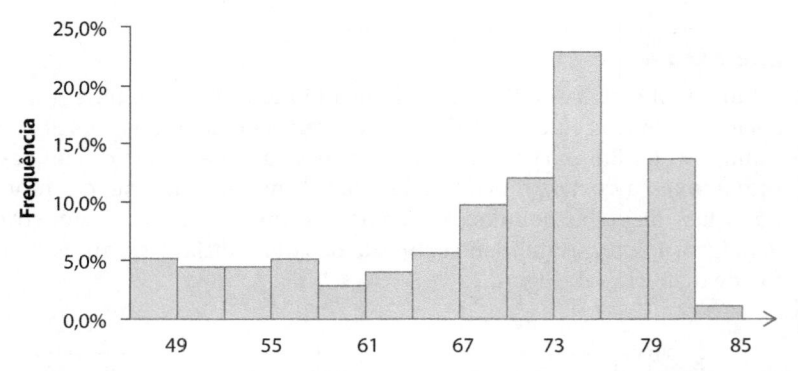

FIGURA 8 Histograma da variável expectativa de vida ao nascimento (em anos) em 2009 – 175 países.
Fonte: World Bank (2011).

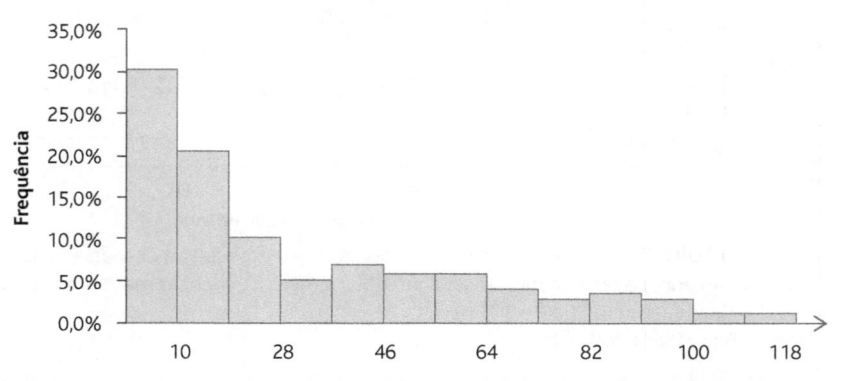

FIGURA 9 Histograma da variável taxa de mortalidade infantil (número de crianças mortas por 1.000 nascidas vivas) em 2009 – 175 países.
Fonte: World Bank (2011).

Depreende-se dos gráficos e das estatísticas descritivas que as variáveis são marcadamente assimétricas, destacando-se também a amplitude de variação entre os diversos países representados na amostra. Enquanto a Islândia apresenta taxa de mortalidade infantil de apenas 1,7 por 1.000 nascidos vivos, Serra Leoa faz o mundo envergonhar-se de suas desigualdades, com uma taxa igual a 116,5. As desigualdades não são tão acentuadas quanto à expectativa de vida ao nascimento, embora não seja desprezível. Lesoto apesenta a menor expectativa de vida, 46,67 anos, e o Japão apresenta a maior, 82,93. O diagrama de dispersão revela que ambas as variáveis variam em sentido inverso.

Percebe-se que a qualidade da relação é distinta entre os distintos pares de variáveis. Em qual delas a relação é mais intensa? Haverá também, por certo, pares de variáveis que não guardarão relação entre si. Assim, desenvolveram-se medidas mais precisas para medir a relação existente entre duas variáveis mensuradas metricamente, o que passamos a descrever nas próximas seções.

Covariância

A variabilidade individual de cada uma das variáveis X e Y é capturada pelos desvios das observações em relação à sua respectiva média, conforme a Equação 9 do Capítulo 2. Ou seja, cada indivíduo da amostra possui um desvio em relação à média de X e outro em relação à média de Y. A variabilidade conjunta será então capturada pelo produto desses desvios, tomados indivíduo a indivíduo. Conforme já salientado, alguns desvios serão positivos, outros negativos, equilibrando-se na amostra em relação a cada uma das variáveis consideradas isoladamente. Mas o sinal dos produtos dos desvios dependerá dos sinais dos desvios tomados variável a variável, e alguns indivíduos terão seus produtos com sinais positivos, caso seus desvios em relação à média de cada variável forem de mesmo sinal, isto é, ambos positivos ou ambos negativos, enquanto outros terão seus produtos com sinais negativos, caso seus desvios em relação à média de cada variável tiverem sinais distintos, isto é, um deles com sinal positivo e o outro com sinal negativo. Em geral, não haverá equilíbrio na amostra entre os produtos dos desvios individuais em relação à média de cada variável.

A covariância entre as duas variáveis é definida pela média desses produtos. Utilizaremos o símbolo s_{XY} para representá-la. Mais formalmente, tem-se:

$$s_{XY} = \frac{\sum_{i=1}^{n}(x_i - \bar{X})(y_i - \bar{Y})}{n}. \tag{17}$$

Para X e Y definidas como no Exemplo 3, isto é, as rentabilidades diárias das ações PETRO e VALE em 2010, respectivamente, tem-se que $s_{XY} = 0{,}000167$. Para X e Y definidas como no Exemplo 4, isto é, a expectativa de vida ao nascimento e a taxa de mortalidade infantil em 2009 dos países representados na amostra, respectivamente, $s_{XY} = -263{,}669$.

Repare que a estrutura da fórmula da covariância é semelhante à da variância, apresentada na Equação 11 do Capítulo 2. De fato, pode ser facilmente percebido que a covariância de uma variável com ela mesma é igual à sua variância, isto é, $s_{XX} = s_{X2}$, pois, nesse caso, os dois desvios multiplicados para produzir a covariância são iguais e seu produto é igual ao seu quadrado. A média dos produtos dos desvios é, assim, a média dos quadrados dos desvios, produzindo a variância da variável. Mais formalmente, tem-se:

$$s_{XX} = \frac{\sum_{i=1}^{n}(x_i-\bar{X})(x_i-\bar{X})}{n} = \frac{\sum_{i=1}^{n}(x_i-\bar{X})^2}{n} = s_X^2. \qquad (18)$$

A covariância não é afetada por translações nos dados (soma dos dados com uma constante), pois como a média é afetada pela translação, como evidenciado pela Equação 3 do Capítulo 2, há um efeito compensação, e os desvios dos dados em relação à média não são afetados pela translação. Mas a covariância, assim como a variância, depende da escala utilizada para mensurar as variáveis, e se multiplicarmos uma das variáveis por uma constante, sua covariância com qualquer outra variável será também multiplicada pela constante. Mais formalmente, tem-se:

$$\begin{aligned} s_{WY} &= \frac{\sum_{i=1}^{n}(w_i-\bar{W})(y_i-\bar{Y})}{n} \\ &= \frac{\sum_{i=1}^{n}(kx_i-k\bar{X})(y_i-\bar{Y})}{n} \\ &= \frac{\sum_{i=1}^{n}k(x_i-\bar{X})(y_i-\bar{Y})}{n} \\ &= \frac{k\sum_{i=1}^{n}(x_i-\bar{X})(y_i-\bar{Y})}{n} \\ &= ks_{XY}, \end{aligned} \qquad (19)$$

onde $W = kX$, como na Equação 4 do Capítulo 2.

A consequência imediata dessa constatação é a dificuldade de interpretação da covariância, pois ela reflete a escala utilizada para mensurar as duas variáveis. Como comparar, por exemplo, os valores das covariâncias entre as variáveis do Exemplo 3 e do Exemplo 4, 0,000167 e $-263,669114$? Suas unidades de medidas são completamente distintas, a primeira delas expressa em quadrados de rentabilidades de títulos e a segunda em anos × número de crianças mortas por 1.000 nascidas vivas.

Analisando a Equação 19, teremos, por exemplo, para $s_{XY} > 0$ e $k > 1$, $s_{WY} > s_{XY}$, deixando transparecer que a variabilidade conjunta entre W e Y é maior do que a variabilidade conjunta entre X e Y. Mas, de fato, ao multiplicarmos a variável X pela constante k, produzindo a variável W, tão somente aumentamos artificialmente a variabilidade de X, independentemente da variável Y. Dessa forma, não parece natural que a variabilidade "conjunta" tenha se modificado. Se tivéssemos tratado a taxa de mortalidade na escala número de crianças mortas por 100 nascidas vivas, por exemplo, teríamos a covariância igual a $-26,366911$, ou seja, 10 vezes menor do que $-263,669114$. E não teria sido a relação entre a expectativa de vida e a taxa de mortalidade que enfraquecera...

Depreende-se, portanto, que a covariância entre duas variáveis permite comparações adequadas quando tratamos conjuntos de variáveis medidas nas mesmas escalas, mas como medida geral, ela deixa um tanto a desejar. O coeficiente de correlação, apresentado na próxima seção tenta preencher essa lacuna. Mas antes vamos explorar um pouco mais as propriedades da covariância.

Uma de suas propriedades fundamentais refere-se à relação entre variâncias e covariâncias quando se somam duas variáveis. Mais especificamente, a variância de uma soma de variáveis é igual à soma de suas variâncias adicionado do dobro de sua covariância. Ou, mais formalmente:

$$\begin{aligned} s_{X+Y}^2 &= \frac{\sum_{i=1}^{n}(x_i+y_i-(\bar{X}+\bar{Y}))^2}{n} \\ &= \frac{\sum_{i=1}^{n}(x_i-\bar{X}+y_i-\bar{Y})^2}{n} \\ &= \frac{\sum_{i=1}^{n}((x_i-\bar{X})^2+2(x_i-\bar{X})(y_i-\bar{Y})+(y_i-\bar{Y})^2)}{n} \\ &= \frac{\sum_{i=1}^{n}(x_i-\bar{X})^2}{n} + \frac{2\sum_{i=1}^{n}(x_i-\bar{X})(y_i-\bar{Y})}{n} + \frac{\sum_{i=1}^{n}(y_i-\bar{Y})^2}{n} \\ &= s_X^2 + 2s_{XY} + s_Y^2. \end{aligned} \qquad (20)$$

Como o Exemplo 3 e o Exemplo 4 evidenciaram, a covariância pode assumir valores positivos ou negativos, dependendo do tipo de relação existente entre as variáveis. A relação entre as variáveis do Exemplo 3, por exemplo, é uma relação direta, pois aumentos de valor em uma delas são acompanhados de aumentos de valor na outra, conforme já havíamos percebido pelo diagrama de dispersão apresentado na **Figura 5**. Sua covariância é, pois, positiva. Já a relação entre as variáveis do Exemplo 4 é uma relação inversa, pois aumentos de valor em uma variável são acompanhados por reduções de valor na outra, também já percebida pelo diagrama de dispersão correspondente, apresentado na **Figura 5**. Sua covariância é, pois, negativa. Mas, o que dizer dos valores numéricos das covariâncias?

Pode-se demonstrar que o valor absoluto da covariância entre duas variáveis é limitado pelo produto dos desvios-padrões de cada uma das variáveis consideradas. Mais formalmente, tem-se que:

$$\begin{aligned} s_{XY}^2 &= \left(\frac{\sum_{i=1}^{n}(x_i-\bar{X})(y_i-\bar{Y})}{n}\right)^2 \\ &= \frac{(\sum_{i=1}^{n}(x_i-\bar{X})(y_i-\bar{Y}))^2}{n^2} \\ &\leq \frac{(\sum_{i=1}^{n}(x_i-\bar{X})^2)(\sum_{i=1}^{n}(y_i-\bar{Y})^2)}{n^2} \\ &= \frac{\sum_{i=1}^{n}(x_i-\bar{X})^2}{n} \frac{\sum_{i=1}^{n}(y_i-\bar{Y})^2}{n} \\ &= s_X^2 s_Y^2. \end{aligned} \qquad (21)$$

Então,

$$|s_{XY}| = \sqrt{s_{XY}^2} \leq \sqrt{s_X^2 s_Y^2} = s_X s_Y. \qquad (22)$$

A desigualdade na expressão 21 decorre do fato de que para quaisquer valores a_i e b_i, com $i = 1, ..., n$, tem-se que:

$$(\sum_{i=1}^{n} a_i b_i)^2 \leq (\sum_{i=1}^{n} a_i^2)(\sum_{i=1}^{n} b_i^2). \qquad (23)$$

pois,

$$\begin{aligned}(\sum_{i=1}^{n} a_i b_i)^2 &= (\sum_{i=1}^{n} a_i b_i)(\sum_{i=1}^{n} a_i b_i) \\ &= \sum_{j=1}^{n}\sum_{i=1}^{n} a_i b_i a_j b_j \\ &\leq \sum_{j=1}^{n}\sum_{i=1}^{n} a_i a_i b_j b_j \\ &= \sum_{j=1}^{n}\sum_{i=1}^{n} a_i^{\,2} b_j^{\,2} \\ &= (\sum_{i=1}^{n} a_i^{\,2})(\sum_{i=1}^{n} b_i^{\,2}). \end{aligned} \qquad (24)$$

A desigualdade na expressão 24 decorre de:

$$\begin{aligned}\sum_{j=1}^{n}\sum_{i=1}^{n} a_i^{\,2} b_j^{\,2} - \sum_{j=1}^{n}\sum_{i=1}^{n} a_i b_i a_j b_j &= \sum_{j=1}^{n}\sum_{i=1}^{n}\left(a_i^{\,2} b_j^{\,2} - a_i b_i a_j b_j\right) \\ &= \tfrac{1}{2}\sum_{j=1}^{n}\sum_{i=1}^{n} 2\left(a_i^{\,2} b_j^{\,2} - a_i b_i a_j b_j\right) \\ &= \tfrac{1}{2}\sum_{j=1}^{n}\sum_{i=1}^{n}\left(a_i^{\,2} b_j^{\,2} + a_j^{\,2} b_i^{\,2} - 2 a_i b_i a_j b_j\right) \\ &= \tfrac{1}{2}\sum_{j=1}^{n}\sum_{i=1}^{n}\left(a_i b_j - a_j b_i\right)^2 \\ &\geq 0, \end{aligned} \qquad (25)$$

pois é uma soma de quadrados.

Augustin-Louis Cauchy
(1789-1857)

A Equação 23 é conhecida como desigualdade de Cauchy, em homenagem ao matemático francês Augustin-Louis Cauchy, que apresentou pioneiramente sua prova formal (Cauchy, 1821, p. 375).

Depreende-se, pois, da Equação 22, que a covariância entre duas variáveis tem dois limites, um negativo e outro positivo, simetricamente situados em torno de zero, cujos valores absolutos coincidem com o valor do produto dos desvios-padrões das variáveis. Mais formalmente,

$$-s_X s_Y \leq s_{XY} \leq s_X s_Y. \qquad (26)$$

Quando esses limites são atingidos? Pode-se demonstrar que variáveis linearmente dependentes possuem covariâncias situadas em seus limites, isto é, $s_{XY} = \pm s_X s_Y$, pois, se tomarmos $Y = a\mathbf{1}_n + bX$ (dependência linear), tem-se:

$$\begin{aligned} s_{XY} &= \tfrac{\sum_{i=1}^{n}(x_i-\bar{X})(y_i-\bar{Y})}{n} \\ &= \tfrac{\sum_{i=1}^{n}(x_i-\bar{X})(a+bx_i-\overline{(a+bX)})}{n} \\ &= \tfrac{\sum_{i=1}^{n}(x_i-\bar{X})(a+bx_i-(a+b\bar{X}))}{n} \\ &= \tfrac{\sum_{i=1}^{n} b(x_i-\bar{X})(x_i-\bar{X})}{n} \\ &= \tfrac{b\sum_{i=1}^{n}(x_i-\bar{X})^2}{n} \\ &= b s_X^{\,2} \\ &= s_X b s_X \\ &= \pm s_X s_Y, \end{aligned} \qquad (27)$$

pois $s_Y = |b|s_X$. O sinal da covariância será dado pelo sinal de b.

A recíproca também é verdadeira, isto é, se a covariância entre duas variáveis for igual ao produto de seus desvios-padrões, a menos de seu sinal, então as duas variáveis são dependentes linearmente. Isto é, se $s_{XY} = \pm s_X s_Y$, então existem duas constantes, a e b, não ambas nulas (isto é, com $a \neq 0$ ou $b \neq 0$), tais que $aX+bY=k\mathbf{1}_n$, onde k é uma constante. Intuitivamente, isso significa que as variabilidades das duas variáveis não são independentes, pois as variáveis estão presas uma à outra, pela equação linear. Se $a \neq 0$, tem-se que $X = \frac{k}{a}\mathbf{1}_n - \frac{b}{a}Y$. Se $b \neq 0$, tem-se que $Y = \frac{k}{b}\mathbf{1}_n - \frac{a}{b}X$. Em outras palavras, a variável X pode ser obtida a partir da variável Y por uma mudança de escala e uma translação, ou a variável Y pode ser obtida a partir da variável X por uma mudança de escala e uma translação. Ou seja, as duas variáveis podem ser interpretadas como duas representações distintas de um mesmo fenômeno. Suas variabilidades, embora capturadas independentemente e pareçam distintas, representam, de fato, a mesma coisa. Obviamente, se tanto $a \neq 0$ como $b \neq 0$, as duas observações são válidas.

Para evidenciar a propriedade, considere duas variáveis, X e Y, tais que $s_{XY} = \pm s_X s_Y$. Podemos supor, sem perda de generalidade, que $s_X \neq 0$, pois se $s_X = 0$, X é uma constante (uma "não variável"), $s_{XY} = 0$ e a situação é anômala, sem interesse. Mas mesmo neste caso, tomando-se qualquer valor distinto de zero para a, e tomando $b = 0$, tem-se que $aX + bY = k\mathbf{1}_n$, e as duas variáveis são linearmente dependentes. Com $s_X \neq 0$, considere a composição de variáveis $W = \frac{s_{XY}}{s_X^2}X - Y$. Tem-se que:

$$\begin{aligned} s_W^2 &= \left(\frac{s_{XY}}{s_X^2}\right)^2 s_X^2 + 2\frac{s_{XY}}{s_X^2}(-1)s_{XY} + s_Y^2 \quad (28)\\ &= \frac{s_{XY}^2}{s_X^2} - 2\frac{s_{XY}^2}{s_X^2} + s_Y^2 \\ &= s_Y^2 - \frac{s_{XY}^2}{s_X^2} \\ &= \frac{s_X^2 s_Y^2 - s_{XY}^2}{s_X^2} \\ &= 0, \end{aligned}$$

pois $s_{XY} = \pm s_X s_Y$, e então $s_{XY}^2 = s_X^2 s_Y^2$.[7] Mas se $s_W^2 = 0$, W é uma constante, ou seja, $\frac{s_{XY}}{s_X^2}X - Y = k\mathbf{1}_n$, e as variáveis X e Y são dependentes linearmente, como se queria demonstrar.

Essas duas propriedades serão exploradas na definição do coeficiente de correlação, oferecendo um poderoso instrumento de interpretação da relação linear entre duas variáveis, como se verá na próxima seção. Mas antes de prosseguirmos, vamos desenvolver a expressão da covariância dada pela Equação 17, como fizemos com a fórmula da variância, desenvolvendo uma expressão alternativa:

$$\begin{aligned} s_{XY} &= \frac{\sum_{i=1}^{n}(x_i-\bar{X})(y_i-\bar{Y})}{n} \\ &= \frac{\sum_{i=1}^{n}(x_i y_i - \bar{X}y_i - x_i\bar{Y} + \bar{X}\bar{Y})}{n} \\ &= \frac{\sum_{i=1}^{n}x_i y_i - \bar{X}\sum_{i=1}^{n}y_i - \bar{Y}\sum_{i=1}^{n}x_i + \sum_{i=1}^{n}\bar{X}\bar{Y}}{n} \quad (29) \end{aligned}$$

---

[7] Note também a utilização das propriedades enunciadas pela Equação 12 do Capítulo 2, assim como das Equações 19 e 20.

$$= \frac{\sum_{i=1}^{n} x_i y_i - \bar{X}(n\bar{Y}) - \bar{Y}(n\bar{X}) + n\bar{X}\bar{Y}}{n}$$

$$= \frac{\sum_{i=1}^{n} x_i y_i - n\bar{X}\bar{Y}}{n}$$

$$= \frac{\sum_{i=1}^{n} x_i y_i}{n} - \bar{X}\bar{Y}.$$

Ou seja, num jogo de palavras, a covariância entre dois conjuntos de dados é a média de seus produtos menos o produto de suas médias.

Coeficiente de correlação

O coeficiente de correlação entre duas variáveis, digamos, X e Y, simbolizado por r_{XY}, é definido pela razão entre sua covariância e o produto dos desvios-padrões de cada uma das variáveis. Mais formalmente,

$$r_{XY} = \frac{s_{XY}}{s_X s_Y}, \text{ desde que } s_X \neq 0 \text{ e } s_Y \neq 0. \tag{30}$$

O coeficiente é adimensional, não sendo afetado por mudanças de escala nas variáveis, nem por translações nos dados. Para os dados do Exemplo 3, $r = 0{,}51$, e para os dados do Exemplo 4, $r = -0{,}93$.

O coeficiente é, muitas vezes, chamado de correlação de Pearson, ou r de Pearson, em homenagem ao seu criador, o estatístico inglês Karl Pearson. O coeficiente mede o grau de dependência linear entre duas variáveis, tomando valores entre -1 e $+1$, decorrência direta da Equação 26. Valores negativos indicam uma relação inversa entre as variáveis, como a capturada pelo Exemplo 4. Nesse caso, aumentos de valor em uma variável são acompanhados por reduções de valor na outra. Valores positivos indicam uma relação direta entre as variáveis, em que aumentos de valor em uma delas são acompanhados de aumentos de valor na outra.

Mas, ressalte-se, o coeficiente mede tão somente o grau de dependência **linear** entre duas variáveis. Se duas variáveis são dependentes, mas não linearmente, o coeficiente não conseguirá capturar tal dependência, como se depreende do exemplo a seguir.

Exemplo 5

Considere duas variáveis, X e Y, cujos dados são apresentados na **Tabela 7**:

TABELA 7 Valores de duas variáveis X e Y com dependência não linear para uma amostra de 7 indivíduos

sujeito	X	Y
1	−27	9
2	−8	4
3	−1	1
4	0	0
5	1	1
6	8	4
7	27	9

Fonte: Elaborada pelo autor.

A visualização da variabilidade conjunta das duas variáveis é apresentada no diagrama de dispersão da **Figura 10**:

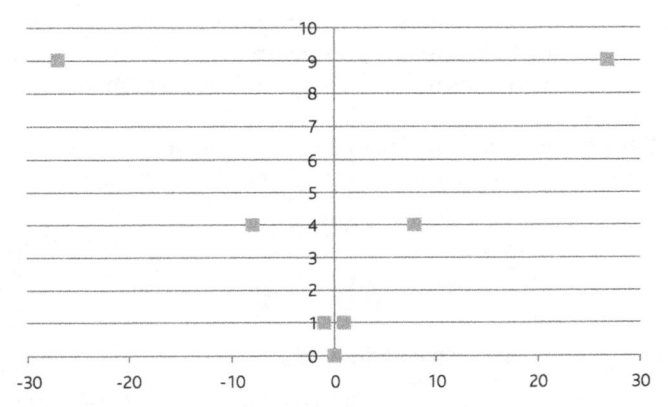

FIGURA 10 Diagrama de dispersão das variáveis da Tabela 7.
Fonte: Elaborada pelo autor.

O diagrama de dispersão revela nitidamente uma relação entre as variáveis, embora não linear. O coeficiente de correlação é dado por $r_{XY} = 0$, ou seja, o coeficiente não consegue capturar a relação existente entre as variáveis, pois esta não é linear.

Assim, muito cuidado deve ser tomado quando se interpretam relações entre variáveis. Quando usamos o coeficiente de correlação de Pearson (e quase sempre o usamos) **sempre** estaremos medindo relações **lineares**. Quando o coeficiente é zero, ou próximo de zero, não se pode afirmar que não há relação entre as variáveis. Podemos, sim, afirmar que não há relação linear entre as variáveis. Há toda uma diferença... A **Figura 11** a seguir ilustra o conceito.

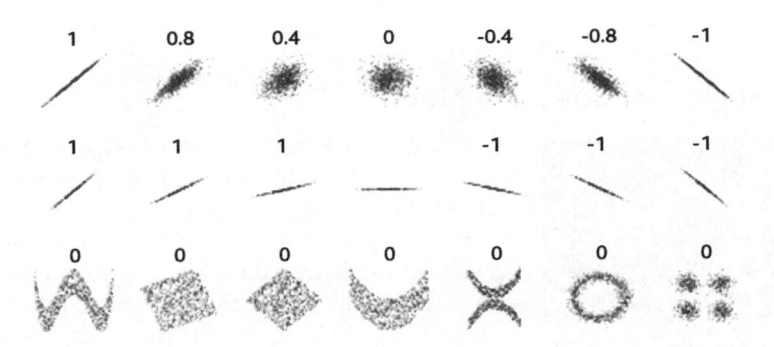

FIGURA 11 Diversas formas de diagramas de dispersão e respectivos coeficientes de correlação de Pearson.
Fonte: Wikipedia (2014b).

Observe que o coeficiente de correlação reflete a qualidade e direção de uma relação linear (linha superior na **Figura 11**), mas não reflete a inclinação da reta que caracteriza tal relação (linha média na **Figura 11**), nem tampouco relações não lineares (linha inferior na **Figura 11**). A relação representada no centro da **Figura 11** é linear e tem inclinação nula, mas nesse caso o coeficiente de correlação não é definido, pois a variância da variável representada no eixo vertical é zero.

O coeficiente de correlação de Pearson é, muitas vezes, apresentado em fórmulas alternativas, todas equivalentes entre si, obviamente. Assim, tem-se que:

$$r_{XY} = \frac{s_{XY}}{s_X s_Y} = \frac{\frac{\sum_{i=1}^{n}(x_i-\bar{X})(y_i-\bar{Y})}{n}}{\sqrt{\frac{\sum_{i=1}^{n}(x_i-\bar{X})^2}{n}}\sqrt{\frac{\sum_{i=1}^{n}(y_i-\bar{Y})^2}{n}}} = \frac{\sum_{i=1}^{n}(x_i-\bar{X})(y_i-\bar{Y})}{\sqrt{\sum_{i=1}^{n}(x_i-\bar{X})^2}\sqrt{\sum_{i=1}^{n}(y_i-\bar{Y})^2}}. \tag{31}$$

Outra fórmula alternativa é dada por:

$$r_{XY} = \frac{s_{XY}}{s_X s_Y} = \frac{\frac{\sum_{i=1}^{n}(x_i-\bar{X})(y_i-\bar{Y})}{n}}{s_X s_Y} = \frac{\sum_{i=1}^{n}\left(\frac{x_i-\bar{X}}{s_X}\right)\left(\frac{y_i-\bar{Y}}{s_Y}\right)}{n}, \tag{32}$$

evidenciando que o coeficiente de correlação entre duas variáveis é igual à covariância de suas variáveis padronizadas. Ainda outra fórmula decorre da Equação 14 do Capítulo 2 e da Equação 29:

$$r_{XY} = \frac{s_{XY}}{s_X s_Y} \tag{33}$$

$$= \frac{\frac{\sum_{i=1}^{n} x_i y_i}{n} - \bar{X}\bar{Y}}{\sqrt{\frac{\sum_{i=1}^{n} x_i^2}{n} - \bar{X}^2}\sqrt{\frac{\sum_{i=1}^{n} y_i^2}{n} - \bar{Y}^2}}$$

$$= \frac{\frac{\sum_{i=1}^{n} x_i y_i - n\bar{X}\bar{Y}}{n}}{\frac{\sqrt{\sum_{i=1}^{n} x_i^2 - n\bar{X}^2}\sqrt{\sum_{i=1}^{n} y_i^2 - n\bar{Y}^2}}{n}}$$

$$= \frac{\sum_{i=1}^{n} x_i y_i - n\bar{X}\bar{Y}}{\sqrt{\sum_{i=1}^{n} x_i^2 - n\bar{X}^2}\sqrt{\sum_{i=1}^{n} y_i^2 - n\bar{Y}^2}}.$$

Regressão linear simples

Francis Galton (1822-1911)

Nossos comentários a respeito da **Figura 11** fizeram menção que o coeficiente de correlação de Pearson reflete a qualidade e direção de uma relação linear entre duas variáveis, mas não reflete a inclinação da reta que caracteriza tal relação. A determinação da reta que caracteriza a relação é obtida através do procedimento chamado de regressão linear simples, cujas ideias básicas foram desenvolvidas pelo estatístico inglês Francis Galton. Ao estudar a hereditariedade, relacionando medidas tomadas em gerações sucessivas, primeiro com experimentações com ervilhas, mensurando seus pesos e diâmetros (Galton, 1877), e mais tarde com dados antropométricos, mais particularmente estaturas (Galton, 1886), ele cunhou o termo Lei de Regressão à Média para expressar como as características genéticas das pessoas são transmitidas de geração em geração, pais para filhos, netos, bisnetos, etc., em proporções decrescentes, até não mais poderem ser distinguidas de características tomadas ao acaso da população de referência.

> Concluiu-se destes experimentos que os descendentes não tendiam a repetir o tamanho de suas sementes geradoras, mas sempre mais medíocres do que elas – sendo menores do que suas geradoras, se as geradoras eram grandes; sendo maiores do que as geradoras, se as geradoras eram muito pequenas (Galton, 1886, p. 246).

> O resultado claramente comprovou a Regressão; o desvio médio dos descendentes era apenas um terço do de suas geradoras, e os experimentos todos convergiram. A fórmula que expressa a descendência de uma geração de pessoas para a próxima, mostrou que as gerações seriam idênticas se este tipo de regressão fosse permitida (Galton, 1908, p. 301).

A análise de regressão linear é uma ferramenta fundamental em análise de dados, servindo como referência para várias outras técnicas. Trata-se do estudo da explicação da variabilidade de uma variável, chamada dependente, pelas variabilidades de outras variáveis, chamadas independentes. A nomenclatura ainda preserva os termos do início do desenvolvimento da técnica, que traem o posicionamento epistemológico da época, impregnado de ideias deterministas. Deve ser observado, entretanto, que o conceito de explicação ou de dependência é meramente informacional, não constituindo prova irrefutável de relação de causa e efeito entre os fenômenos mensurados. Apenas processam-se dados a respeito de uma e de outra variável.

Os objetivos da análise compreendem, em geral:

- determinação da forma da relação entre as variáveis – ou seja, uma equação matemática;
- verificação de hipóteses deduzidas de alguma teoria analisada;
- previsão de valores para a variável dependente a partir das variáveis independentes, realizando simulações.

Nesta seção, trataremos apenas do caso de regressão linear simples, ou seja, buscando uma equação matemática para expressar a relação entre duas variáveis, denotadas genericamente por X (variável independente) e Y (variável dependente). Mas o modelo se generaliza facilmente para um número maior de variáveis independentes.

A equação de regressão linear simples toma a forma:

$$Y = a\mathbf{1}_n + bX. \qquad (34)$$

Ou, como alternativa, considerando cada observação individualmente:

$$y_i = a + bx_i, \text{ para } i = 1, ..., n. \qquad (35)$$

A constante a é chamada de coeficiente linear, ou termo independente, e a constante b é chamada de coeficiente angular. Geometricamente, o valor de a representa o ponto em que a reta de regressão intercepta o eixo vertical no gráfico cartesiano de eixos coordenados, pois, segundo a Equação 35, quando $x = 0$, $y = a$. Já o valor de b relaciona-se com o ângulo formado pela reta de regressão com o eixo horizontal da reta, sendo igual à sua tangente trigonométrica.

Em um sentido empírico, a relação raramente é exata, tratando-se, em geral, de uma aproximação da realidade, em que outras variáveis de importância menor talvez tenham sido omitidas. A equação, portanto, merece ser escrita como:

$$y_i = a + bx_i + e_i, \text{ para } i = 1, \ldots, n, \qquad (36)$$

onde e_i representa um termo de erro associado à i-ésima observação. Em termos matriciais, tem-se:

$$Y = a\mathbf{1}_n + bX + E, \qquad (37)$$

onde E representa o vetor de erros.

Estimação dos coeficientes – critério de mínimos quadrados

O problema fundamental da análise de regressão simples consiste em estimar, a partir de observações empíricas, os valores dos coeficientes a e b.

Se a relação de dependência entre as variáveis fosse exata, como na Equação 34, todas as observações se alinhariam perfeitamente, como ilustrado na **Figura 12** a seguir.

Nesse caso, $e_i = 0$ para $i = 1, \ldots, n$, ou seja, $E = \mathbf{0}_n$,[8] e as estimativas mais adequadas e óbvias para a e b seriam, respectivamente, a ordenada na origem da reta e a tangente trigonométrica do ângulo da reta com o eixo horizontal. Então, o coeficiente de correlação de Pearson entre as duas variáveis seria igual a 1, como ilustrado na **Figura 11**, em seu canto superior esquerdo e na esquerda de sua linha central. Pela Equação 27, teríamos $s_{XY} = s_X s_Y$, e então $r_{XY} = \frac{s_{XY}}{s_X s_Y} = 1$.

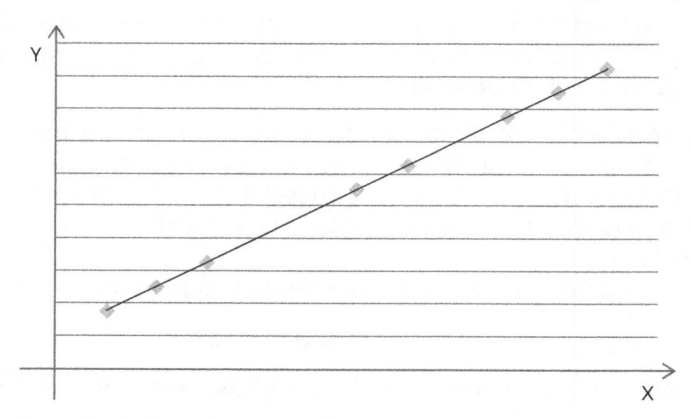

FIGURA 12 Dependência linear exata entre duas variáveis.
Fonte: Elaborada pelo autor.

---

[8] $\mathbf{0}_n$ representa o vetor coluna de dimensão n cujos elementos são todos nulos.

Na prática empírica raramente observa-se uma relação tão perfeita, de modo que, em geral, as observações não estarão perfeitamente alinhadas, mas formarão uma nuvem de pontos, como ilustrado na **Figura 5** e na **Figura 7**. É conveniente, pois, separarmos os valores das observações do vetor Y em duas componentes, uma, exata, dada pela Equação 34, e outra, variável, dada pelo vetor não nulo E. A parte exata receberá o nome de estimativa de Y, a partir da Equação 34, sendo simbolizada por $\hat{Y}$. Nesses termos, a Equação 37 pode ser reescrita como:

$$Y = \hat{Y} + E. \qquad (38)$$

Em termos das observações individuais, teríamos, então:

$$y_i = a + bx_i + e_i = \hat{y}_i + e_i, \text{ para } i = 1, ..., n. \qquad (39)$$

Ou, ainda, enfatizando os termos de erros individuais:

$$e_i = y_i - \hat{y}_i = y_i - (a + bx_i) = y_i - a - bx_i, \text{ para } i = 1, ..., n. \qquad (40)$$

A **Figura 13** ilustra o conceito, representando a relação existente entre as observações.

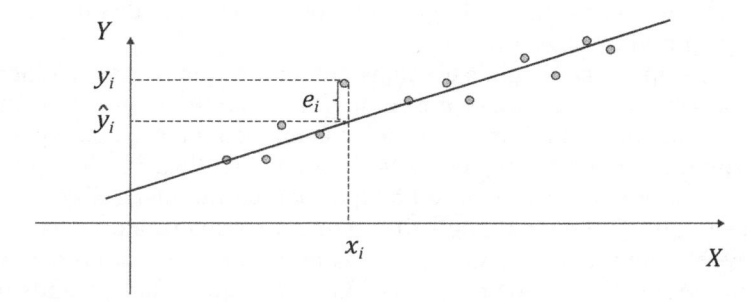

FIGURA 13 Dependência linear não exata entre duas variáveis.
Fonte: Elaborada pelo autor.

Nosso problema é atribuir valores para a e b de modo que a reta teórica se ajuste aos pontos (x_i, y_i) da melhor forma possível. Repare que cada par de coeficientes a e b determina uma reta em particular. Variando, ainda que levemente, qualquer desses valores, a reta se modificará. Por exemplo, aumentando ou diminuindo o valor de a (seu coeficiente linear) a reta subirá ou descerá verticalmente, correspondendo a uma translação no vetor $\hat{Y}$. Mas, se variarmos o valor de b (seu coeficiente angular), a reta modificará sua inclinação em relação ao eixo horizontal, pois o ângulo formado entre a reta e este eixo aumentará ou diminuirá, conforme as modificações tenham sido de aumento ou diminuição do valor de b, correspondendo a uma mudança de escala no vetor $\hat{Y}$. Mas a matriz de dados, isto é, os pares ordenados de valores observados, (x_i, y_i), não se modificam. Pode muito bem acontecer de o valor de a ser tão pequeno (ou tão grande) que a correspondente reta se descole completamente do conjunto de dados. A **Figura 14** apresenta claramente uma reta descolada da nuvem de pontos, com coeficiente linear muito baixo. Os erros tendem, assim, a ser positivos em sua maioria, destacando claramente o viés

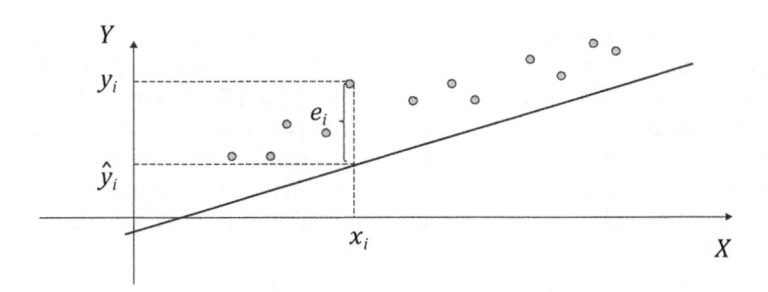

FIGURA 14 Desajuste entre reta teórica e dados empíricos – coeficiente linear excessivamente baixo.
Fonte: Elaborada pelo autor.

da reta em relação aos dados observados. Afinal, espera-se um vetor de erros equilibrado, alguns positivos, outros negativos, com média zero.

Além disso, pode acontecer de o valor de b ser tão pequeno (ou tão grande) que a correspondente reta não se alinhe adequadamente com a nuvem de pontos que representa o conjunto de dados, como ilustrado na **Figura 15**, que apresenta claramente uma reta desalinhada em relação à nuvem de pontos, com coeficiente angular muito baixo.

Assim, dentre tantas escolhas para a e b, qual seria a melhor escolha, qual seria a melhor reta para representar teoricamente o conjunto de dados coletados empiricamente? Embora haja escolhas marcadamente inadequadas, como ilustrado na **Figura 13** e na **Figura 14**, isso não significa que a escolha correta seja simples, pois há várias escolhas que parecerão adequadas aos nossos olhos. Observando a **Figura 13**, percebe-se que uma boa reta passaria "por dentro" da nuvem de pontos, acarretando erros tanto positivos como negativos, de modo equilibrado. O critério de escolha dos coeficientes mais utilizado é o critério dos mínimos quadrados, atribuído a Gauss, que o teria desenvolvido no contexto de avaliação de erros de mensurações astronômicas. Quando Galton desenvolveu sua Lei de Regressão à Média, deve ter-lhe parecido interessante utilizar a técnica que já havia obtido tão bons resultados em outros ramos do conhecimento.

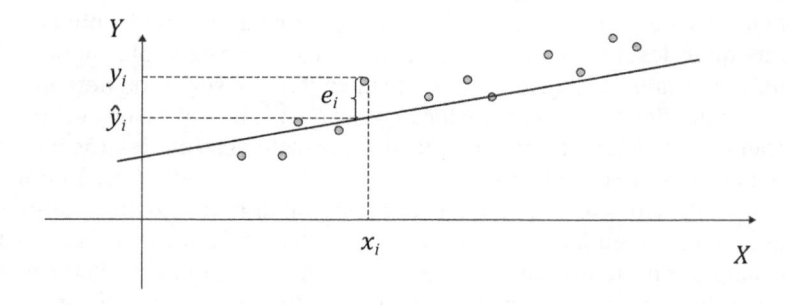

FIGURA 15 Desajuste entre reta teórica e dados empíricos – coeficiente angular excessivamente baixo.
Fonte: Elaborada pelo autor.

No contexto da análise de regressão simples, o critério dos mínimos quadrados busca coeficientes a e b de modo a minimizar a soma dos quadrados dos erros. Em outras palavras, o critério busca minimizar a variância do vetor de erros. Mais formalmente, segundo esse critério, os coeficientes a e b deverão ser escolhidos de modo a minimizar a expressão:

$$s_E^2 = \frac{\sum_{i=1}^{n}(e_i)^2}{n}, \qquad (41)$$

pois a média dos erros é tomada como zero, isto é, assume-se que $\bar{E} = 0$.

Como n é fixo, dado externamente ao processo de escolha dos coeficientes a e b, o processo de minimização pode se limitar a minimizar o numerador da Equação 41, dando origem ao nome da técnica, minimização da soma dos quadrados dos erros. Ou seja, a expressão a ser minimizada passa a ser, então:

$$\sum_{i=1}^{n}(e_i)^2 = \sum_{i=1}^{n}(y_i - \hat{y}_i)^2 = \sum_{i=1}^{n}(y_i - a - bx_i)^2. \qquad (42)$$

Repare que a expressão a ser minimizada é uma função de duas "incógnitas", a e b, dependendo também dos valores empiricamente observados de n e dos pares ordenados (x_i, y_i), para $i = 1, ..., n$. O problema pode ser então matematicamente estruturado da seguinte forma genérica: fixados valores de n e dos pares ordenados (x_i, y_i), para $i = 1, ..., n$, quais são os valores de a e b que minimizam a expressão

$$f(a,b) = \sum_{i=1}^{n}(y_i - a - bx_i)^2. \qquad (43)$$

Trata-se, portanto, de um problema de minimização de uma função real (quadrática) de duas variáveis reais.[9]

Para determinar o mínimo de uma função quadrática de duas variáveis reais precisamos determinar quais os valores que anulam a primeira derivada da função em relação a cada uma das variáveis.[10] Derivando-se, pois, a expressão 43 em relação a a e a b, encontra-se, respectivamente,

$$\begin{aligned} \frac{\partial f(a,b)}{\partial a} &= \sum_{i=1}^{n}\bigl(2(y_i - a - bx_i)(-1)\bigr) \\ &= -2\sum_{i=1}^{n}(y_i - a - bx_i) \\ &= -2(\sum_{i=1}^{n}y_i - \sum_{i=1}^{n}a - \sum_{i=1}^{n}bx_i) \\ &= -2(\sum_{i=1}^{n}y_i - na - b\sum_{i=1}^{n}x_i) \end{aligned} \qquad (44)$$

e

$$\begin{aligned} \frac{\partial f(a,b)}{\partial b} &= \sum_{i=1}^{n}\bigl(2(y_i - a - bx_i)(-x_i)\bigr) \\ &= -2\sum_{i=1}^{n}(y_i - a - bx_i)(x_i) \\ &= -2(\sum_{i=1}^{n}x_iy_i - \sum_{i=1}^{n}ax_i - \sum_{i=1}^{n}bx_i^2) \\ &= -2(\sum_{i=1}^{n}x_iy_i - a\sum_{i=1}^{n}x_i - b\sum_{i=1}^{n}x_i^2). \end{aligned} \qquad (45)$$

---

[9] A expressão função real de duas variáveis reais significa que o domínio da função é o espaço $\mathbb{R}^2$ e o objeto é o espaço $\mathbb{R}$, dos números reais.

[10] Uma análise da matriz Hessiana, formada pelas segundas derivadas da função, verificará que os valores encontrados representam efetivamente um ponto de mínimo, e não de máximo ou de sela.

A busca pelos valores de a e b que anulam as primeiras derivadas torna-se, assim, a busca pela solução do sistema linear de duas equações a duas incógnitas dado por:

$$\begin{cases} \sum_{i=1}^{n} y_i - na - b \sum_{i=1}^{n} x_i = 0 \\ \sum_{i=1}^{n} x_i y_i - a \sum_{i=1}^{n} x_i - b \sum_{i=1}^{n} x_i^2 = 0. \end{cases} \quad (46)$$

Tal sistema é equivalente a:

$$\begin{cases} na + b \sum_{i=1}^{n} x_i = \sum_{i=1}^{n} y_i \\ a \sum_{i=1}^{n} x_i + b \sum_{i=1}^{n} x_i^2 = \sum_{i=1}^{n} x_i y_i. \end{cases} \quad (47)$$

Ou, em termos matriciais:

$$\begin{bmatrix} n & \sum_{i=1}^{n} x_i \\ \sum_{i=1}^{n} x_i & \sum_{i=1}^{n} x_i^2 \end{bmatrix} \begin{bmatrix} a \\ b \end{bmatrix} = \begin{bmatrix} \sum_{i=1}^{n} y_i \\ \sum_{i=1}^{n} x_i y_i \end{bmatrix}. \quad (48)$$

A solução da Equação matricial 48 é dada por:

$$\begin{bmatrix} a \\ b \end{bmatrix} = \begin{bmatrix} n & \sum_{i=1}^{n} x_i \\ \sum_{i=1}^{n} x_i & \sum_{i=1}^{n} x_i^2 \end{bmatrix}^{-1} \begin{bmatrix} \sum_{i=1}^{n} y_i \\ \sum_{i=1}^{n} x_i y_i \end{bmatrix}, \quad (49)$$

facilmente automatizável em pacotes computacionais.

Uma maneira equivalente de apresentar a Equação matricial 48 é a chamada forma normal de mínimos quadrados. Considere a matriz $(n \times 2)$ $\mathbb{X}$, chamada de matriz de *design*, obtida pela justaposição dos vetores $\mathbf{1}_n$ e o vetor de observações da variável independente, X, isto é,

$$\mathbb{X} = \begin{bmatrix} 1 & x_1 \\ \vdots & \vdots \\ 1 & x_n \end{bmatrix}. \quad (50)$$

A matriz $\begin{bmatrix} n & \sum_{i=1}^{n} x_i \\ \sum_{i=1}^{n} x_i & \sum_{i=1}^{n} x_i^2 \end{bmatrix}$ é igual ao produto $\mathbb{X}^T \mathbb{X}$, e a matriz $\begin{bmatrix} \sum_{i=1}^{n} y_i \\ \sum_{i=1}^{n} x_i y_i \end{bmatrix}$ é igual ao produto $\mathbb{X}^T Y$, de modo que a Equação 48 é equivalente a:

$$\mathbb{X}^T \mathbb{X} \begin{bmatrix} a \\ b \end{bmatrix} = \mathbb{X}^T Y, \quad (51)$$

chamada de forma normal. Sua solução é:

$$\begin{bmatrix} a \\ b \end{bmatrix} = (\mathbb{X}^T \mathbb{X})^{-1} \mathbb{X}^T Y. \quad (52)$$

Por outro lado, tem-se

$$\hat{Y} = \mathbb{X} \begin{bmatrix} a \\ b \end{bmatrix}, \quad (53)$$

e, portanto,

$$\hat{Y} = \mathbb{X} \begin{bmatrix} a \\ b \end{bmatrix} = \mathbb{X}(\mathbb{X}^T \mathbb{X})^{-1} \mathbb{X}^T Y = \mathbb{H} Y, \quad (54)$$

onde

$$\mathbb{H} = \mathbb{X}(\mathbb{X}^T\mathbb{X})^{-1}\mathbb{X}^T. \quad (55)$$

A Equação 54 evidencia que a matriz $(n \times n)$ $\mathbb{H}$ transforma o vetor observado Y no vetor previsto $\hat{Y}$, o que levou o estatístico norte-americano John Wilder Tukey a chamar a matriz $\mathbb{H}$ de matriz chapéu (do inglês, *hat matrix*) (Cook; Weisberg, 1982). A matriz $\mathbb{H}$ é importante na análise de resíduos de modelos de regressão linear, como veremos mais tarde no Capítulo 8, e possui interessantes propriedades, como simetria, pois

$$\begin{aligned}\mathbb{H}^T &= \left(\mathbb{X}(\mathbb{X}^T\mathbb{X})^{-1}\mathbb{X}^T\right)^T \\ &= (\mathbb{X}^T)^T\left((\mathbb{X}^T\mathbb{X})^{-1}\right)^T\mathbb{X}^T \\ &= \mathbb{X}\left((\mathbb{X}^T\mathbb{X})^T\right)^{-1}\mathbb{X}^T \\ &= \mathbb{X}(\mathbb{X}^T\mathbb{X})^{-1}\mathbb{X}^T \\ &= \mathbb{H},\end{aligned} \quad (56)$$

e idempotência, pois

$$\begin{aligned}\mathbb{H}^2 &= \left(\mathbb{X}(\mathbb{X}^T\mathbb{X})^{-1}\mathbb{X}^T\right)^2 \\ &= \mathbb{X}(\mathbb{X}^T\mathbb{X})^{-1}\mathbb{X}^T\mathbb{X}(\mathbb{X}^T\mathbb{X})^{-1}\mathbb{X}^T \\ &= \mathbb{X}(\mathbb{X}^T\mathbb{X})^{-1}\mathbb{X}^T \\ &= \mathbb{H}.\end{aligned} \quad (57)$$

Para os dados apresentados no Exemplo 3, a equação que relaciona os retornos financeiros das ações da Vale e da Petro é $ret_V = 0{,}0012 + 0{,}5168 \times ret_P$, onde ret_V e ret_P simbolizam, respectivamente, os retornos das ações da Vale e da Petro no ano de 2010. Para os dados apresentados no Exemplo 4, a equação que relaciona as variáveis analisadas é $EVN = 78{,}79 - 0{,}32 \times TMI$, onde EVN e TMI simbolizam, respectivamente, a expectativa de vida ao nascimento e a taxa de mortalidade infantil dos países analisados. As **Figuras 16** e **17** apresentam os dados com as correspondentes retas de regressão.

Observe como a reta de regressão representa melhor os dados na **Figura 17** do que na **Figura 16** (os dados parecem mais alinhados). Isso já havia sido captado pelos respectivos coeficientes de correlação de Pearson, que valem, respectivamente, $-0{,}93$ para os dados da **Figura 17** e $0{,}51$ para os dados da **Figura 16**.

Para a regressão linear simples, não é difícil resolver analiticamente a Equação 52. Repare que o determinante da matriz $\mathbb{X}^T\mathbb{X}$ é dado por:

$$|\mathbb{X}^T\mathbb{X}| = \left|\begin{bmatrix} n & \sum_{i=1}^{n} x_i \\ \sum_{i=1}^{n} x_i & \sum_{i=1}^{n} x_i^2 \end{bmatrix}\right| = n\sum_{i=1}^{n} x_i^2 - \left(\sum_{i=1}^{n} x_i\right)^2 = n^2 s_X^2. \quad (58)$$

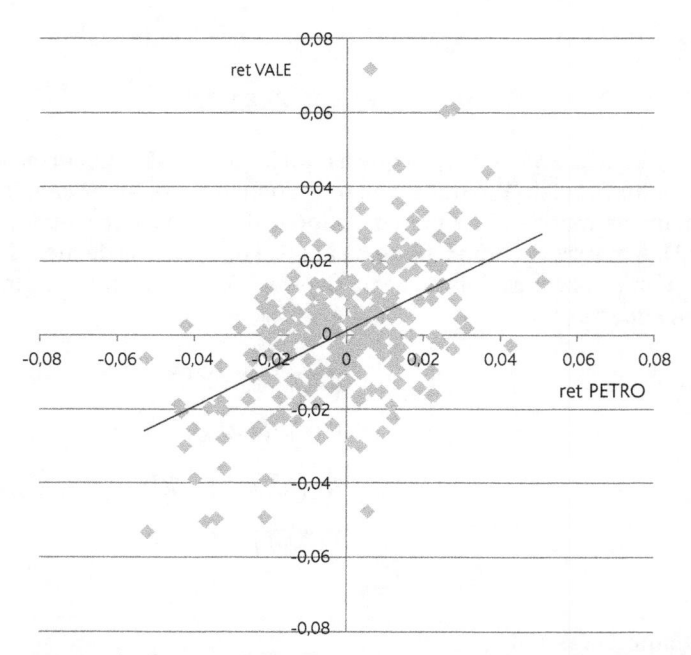

FIGURA 16 Diagrama de dispersão das variáveis rentabilidades diárias das ações PETRO e VALE em 2010 e respectiva reta de regressão – 247 dias úteis.
Fonte: Economatica (c2012).

E sua inversa é dada por:

$$(\mathbb{X}^T\mathbb{X})^{-1} = \begin{bmatrix} n & \sum_{i=1}^{n} x_i \\ \sum_{i=1}^{n} x_i & \sum_{i=1}^{n} x_i^2 \end{bmatrix}^{-1} = \frac{1}{n^2 s_X^2} \begin{bmatrix} \sum_{i=1}^{n} x_i^2 & -\sum_{i=1}^{n} x_i \\ -\sum_{i=1}^{n} x_i & n \end{bmatrix}, \text{ se } s_X^2 \neq 0. \quad (59)$$

Se $s_X^2 = 0$, a matriz $\mathbb{X}^T\mathbb{X}$ é singular, de modo que ela não é inversível e o sistema de equações representado pela Equação 51 é indeterminado, haven-

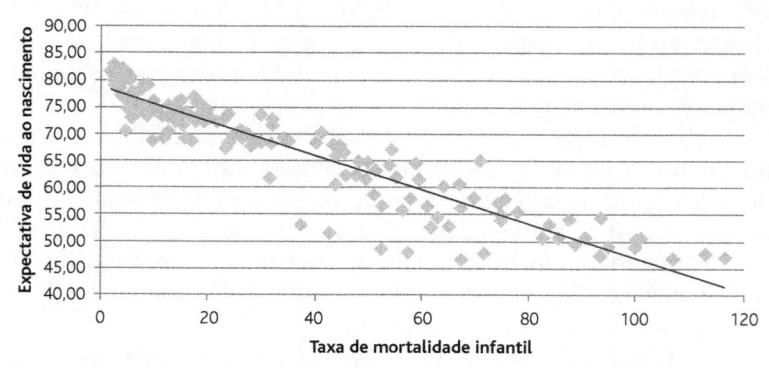

FIGURA 17 Diagrama de dispersão das variáveis expectativa de vida ao nascimento (em anos) e taxa de mortalidade infantil (número de crianças mortas por 1.000 nascidas vivas) em 2009 e respectiva reta de regressão – 175 países.
Fonte: World Bank (2011).

do múltiplas soluções para a e b. Trata-se de caso irrelevante, de fato, pois se $s_X^2 = 0$, a variável X é uma constante, isto é, é uma "não variável", e a regressão de Y em função de X não faz lá muito sentido. Usando a Equação 59 na Equação 52, tem-se que:

$$b = \frac{1}{n^2 s_X^2}(-(\sum_{i=1}^{n} x_i)(\sum_{i=1}^{n} y_i) + n\sum_{i=1}^{n} x_i y_i) \qquad (60)$$

$$= \frac{-\bar{X}\bar{Y} + \frac{\sum_{i=1}^{n} x_i y_i}{n}}{s_X^2}$$

$$= \frac{s_{XY}}{s_X^2},$$

e

$$a = \frac{1}{n^2 s_X^2}\left((\sum_{i=1}^{n} x_i^2)(\sum_{i=1}^{n} y_i) - (\sum_{i=1}^{n} x_i)(\sum_{i=1}^{n} x_i y_i)\right) \qquad (61)$$

$$= \frac{1}{s_X^2}\left(\frac{\sum_{i=1}^{n} x_i^2}{n}\bar{Y} - \bar{X}\frac{\sum_{i=1}^{n} x_i y_i}{n}\right)$$

$$= \frac{1}{s_X^2}\left((\bar{X}^2 + s_X^2)\bar{Y} - \bar{X}\frac{\sum_{i=1}^{n} x_i y_i}{n}\right)$$

$$= \frac{1}{s_X^2}\left(\bar{X}^2\bar{Y} + s_X^2\bar{Y} - \bar{X}\frac{\sum_{i=1}^{n} x_i y_i}{n}\right)$$

$$= \bar{Y} + \frac{\bar{X}^2\bar{Y} - \bar{X}\frac{\sum_{i=1}^{n} x_i y_i}{n}}{s_X^2}$$

$$= \bar{Y} + \bar{X}\frac{\bar{X}\bar{Y} - \frac{\sum_{i=1}^{n} x_i y_i}{n}}{s_X^2}$$

$$= \bar{Y} - \bar{X}b.$$

Usando a Equação 30, a expressão 60 pode ainda ser desenvolvida:

$$b = \frac{s_{XY}}{s_X^2} = \frac{r_{XY} s_X s_Y}{s_X^2} = r_{XY}\frac{s_Y}{s_X}, \qquad (62)$$

revelando a relação entre o coeficiente de correlação de Pearson e a inclinação da reta de regressão, intermediada pela razão entre os desvios-padrões de Y e de X. Para dados padronizados (isto é, com médias nulas e desvios-padrões iguais à unidade), portanto, a reta de regressão passa pela origem com inclinação igual ao coeficiente de correlação de Pearson, isto é, $a = 0$ e $b = r_{XY}$.

Coeficiente de determinação

Uma propriedade interessante do processo de estimação de coeficientes por mínimos quadrados é a decomposição da soma dos quadrados dos desvios de Y em torno de sua média $\bar{Y}$, ou seja, o numerador de sua variância, em duas parcelas, como demonstrado a seguir. Tem-se que:
$$\qquad (63)$$

$$\begin{aligned}
\sum_{i=1}^{n}(y_i - \bar{Y})^2 &= \sum_{i=1}^{n}(y_i - \bar{Y} + \hat{y}_i - \hat{y}_i)^2 \\
&= \sum_{i=1}^{n}\left((y_i - \hat{y}_i) + (\hat{y}_i - \bar{Y})\right)^2 \\
&= \sum_{i=1}^{n}(y_i - \hat{y}_i)^2 + 2\sum_{i=1}^{n}(y_i - \hat{y}_i)(\hat{y}_i - \bar{Y}) + \sum_{i=1}^{n}(\hat{y}_i - \bar{Y})^2 \\
&= \sum_{i=1}^{n}(\hat{y}_i - \bar{Y})^2 + \sum_{i=1}^{n}(y_i - \hat{y}_i)^2,
\end{aligned}$$

pois

$$\begin{aligned}
\sum_{i=1}^{n}(y_i - \hat{y}_i)(\hat{y}_i - \bar{Y}) &= \sum_{i=1}^{n}(y_i - a - bx_i)(a + bx_i - \bar{Y}) \\
&= \sum_{i=1}^{n}(y_i - (\bar{Y} - b\bar{X}) - bx_i)(\bar{Y} - b\bar{X} + bx_i - \bar{Y}) \\
&= b\sum_{i=1}^{n}(y_i - \bar{Y} - b(x_i - \bar{X}))(x_i - \bar{X}) \\
&= b(\sum_{i=1}^{n}(x_i - \bar{X})(y_i - \bar{Y}) - b\sum_{i=1}^{n}(x_i - \bar{X})^2) \\
&= b(ns_{XY} - bns_X^2) \\
&= nb\left(s_{XY} - \frac{s_{XY}}{s_X^2}s_X^2\right) \\
&= nb(s_{XY} - s_{XY}) \\
&= 0.
\end{aligned}$$

A Equação 63 evidencia que a soma dos quadrados dos desvios de Y em torno de sua média é igual à soma dos quadrados dos desvios dos valores previstos pela reta de regressão em torno da média de Y adicionado à soma dos quadrados dos erros, pois $\sum_{i=1}^{n}(y_i - \hat{y}_i)^2 = \sum_{i=1}^{n} e_i^2$. A soma dos quadrados dos desvios de Y em torno de sua média $\bar{Y}$ é denominada soma de quadrados total – SQT. Ou seja,

$$\text{SQT} = \sum_{i=1}^{n}(y_i - \bar{Y})^2. \tag{64}$$

A soma dos quadrados dos desvios dos valores previstos pela reta de regressão em torno da média de Y é denominada soma de quadrados da regressão – SQR. Ou seja,

$$\text{SQR} = \sum_{i=1}^{n}(\hat{y}_i - \bar{Y})^2. \tag{65}$$

E a soma de quadrados dos erros é denominada SQE. Ou seja,

$$\text{SQE} = \sum_{i=1}^{n}(y_i - \hat{y}_i)^2 = \sum_{i=1}^{n} e_i^2. \tag{66}$$

A Equação 63 é, então, equivalente a

$$\text{SQT} = \text{SQR} + \text{SQE}, \tag{67}$$

sendo frequentemente escrita como:

$$1 = \frac{SQR}{SQT} + \frac{SQE}{SQT}. \tag{68}$$

Colocada dessa maneira, a equação evidencia que uma fração da variabilidade de Y é explicada pela variabilidade de uma função linear de X, de acordo com a reta de regressão, e outra fração, não explicada pela função linear de X, é atribuída a erros do modelo. As duas frações são frequentemente expressas em percentuais. A parcela explicada pelo modelo é denominada coeficiente de determinação do modelo, isto é:

$$\text{coeficiente de determinação} = \frac{\text{SQR}}{\text{SQT}} = \frac{\sum_{i=1}^{n}(\hat{y}_i - \bar{Y})^2}{\sum_{i=1}^{n}(y_i - \bar{Y})^2}. \tag{69}$$

O coeficiente de determinação relaciona-se com o coeficiente de correlação de Pearson, pois,

$$\frac{\sum_{i=1}^{n}(\hat{y}_i-\bar{Y})^2}{\sum_{i=1}^{n}(y_i-\bar{Y})^2} = \frac{\sum_{i=1}^{n}(a+bx_i-\bar{Y})^2}{ns_Y^2} \qquad (70)$$

$$= \frac{\sum_{i=1}^{n}(\bar{Y}-b\bar{X}+bx_i-\bar{Y})^2}{ns_Y^2}$$

$$= \frac{b^2 \sum_{i=1}^{n}(x_i-\bar{X})^2}{ns_Y^2}$$

$$= \frac{b^2 ns_X^2}{ns_Y^2}$$

$$= \left(r_{XY}\frac{s_Y}{s_X}\right)^2 \frac{s_X^2}{s_Y^2}$$

$$= r_{XY}^2.$$

Ou seja, o coeficiente de determinação é o quadrado do coeficiente de correlação de Pearson.

Pode-se agora apreciar um pouco melhor a relação existente entre as variáveis do Exemplo 4 e do Exemplo 5. Para os dados de rentabilidade das ações (Exemplo 3), tem-se $r^2 = 0{,}26$, e para os dados demográficos dos países (Exemplo 4), tem-se $r^2 = 0{,}87$. Ou seja, apenas 26% da variabilidade da rentabilidade diária da ação da Vale é explicada pela variabilidade da rentabilidade diária da ação da Petrobrás no ano de 2010, segundo o modelo linear, enquanto 87% da variabilidade da expectativa de vida ao nascimento entre os países amostrados em 2009 é explicada pela variabilidade da taxa de mortalidade infantil entre os mesmos países. O modelo relacionando as variáveis demográficas dos países é mais consistente.

Mais uma vez, é bom lembrar que não estamos comprovando nenhuma relação de causa e efeito entre as variáveis analisadas. Apenas estamos processando dados coletados de uma forma organizada, que permitem **relacionar informacionalmente** uma variável à outra. Assim, se tivéssemos apenas a informação de que a taxa de mortalidade infantil ao nascimento de um determinado país é de 40 por 1.000 nascidos vivos, estimaríamos sua expectativa de vida ao nascimento em 65,99 anos (ou seja, 78,79−0,32×40). Causa e efeito é outra coisa...

Outras propriedades

Além das definições e equações já apresentadas, há outras propriedades da reta de regressão dignas de nota, que passamos a enumerar. Constata-se que a reta passa no centro geométrico dos dados, isto é, passa no ponto de coordenadas $(\bar{X}, \bar{Y})$, pois, segundo a Equação 61, $a = \bar{Y} - b\bar{X}$, e, portanto, $\bar{Y} = a + b\bar{X}$.

Os resíduos, ou erros do modelo, compensam-se aritmeticamente, ou seja, sua soma é nula. De fato,

$$\begin{aligned}
\sum_{i=1}^{n} e_i &= \sum_{i=1}^{n}(y_i - \hat{y}_i) \\
&= \sum_{i=1}^{n}(y_i - a - bx_i) \\
&= \sum_{i=1}^{n} y_i - \sum_{i=1}^{n} a - b\sum_{i=1}^{n} x_i \\
&= n\bar{Y} - na - bn\bar{X} \\
&= n(\bar{Y} - a - b\bar{X}) \\
&= 0.
\end{aligned} \qquad (71)$$

A covariância entre a variável X e o vetor de erros, E, é nula, pois:

$$\begin{aligned}
s_{XE} &= \frac{\sum_{i=1}^{n}(x_i-\bar{X})(e_i)}{n} \hspace{3cm} (72)\\
&= \frac{\sum_{i=1}^{n} x_i e_i - \bar{X}\sum_{i=1}^{n} e_i}{n}\\
&= \frac{\sum_{i=1}^{n} x_i(y_i-\hat{y}_i)}{n}\\
&= \frac{\sum_{i=1}^{n} x_i y_i - \sum_{i=1}^{n} x_i(a+bx_i)}{n}\\
&= \frac{\sum_{i=1}^{n} x_i y_i - \sum_{i=1}^{n} x_i(\bar{Y}-b\bar{X}+bx_i)}{n}\\
&= \frac{\sum_{i=1}^{n} x_i y_i - \bar{Y}\sum_{i=1}^{n} x_i + b\bar{X}\sum_{i=1}^{n} x_i - b\sum_{i=1}^{n} x_i^2}{n}\\
&= \frac{\sum_{i=1}^{n} x_i y_i - n\bar{X}\bar{Y} + b(n\bar{X}^2 - \sum_{i=1}^{n} x_i^2)}{n}\\
&= \frac{\sum_{i=1}^{n} x_i y_i}{n} - \bar{X}\bar{Y} - b\left(\frac{\sum_{i=1}^{n} x_i^2}{n} - \bar{X}^2\right)\\
&= s_{XY} - b s_X^2\\
&= s_{XY} - \frac{s_{XY}}{s_X^2} s_X^2\\
&= s_{XY} - s_{XY}\\
&= 0.
\end{aligned}$$

Séries temporais

Se numa relação entre duas variáveis métricas uma delas referir-se ao tempo, a técnica recebe o nome particular de análise de séries temporais. O diagrama de dispersão transforma-se, assim, em um gráfico de tempo, em que o eixo horizontal é usado para representar a variável tempo, tomada como variável independente da relação. O eixo vertical representa a variável de interesse, da qual se quer estudar o comportamento no tempo. Por exemplo, para os preços de fechamento diários das ações preferenciais nominativas da Petrobrás no ano de 2010, tem-se o gráfico em linha (série temporal) apresentado na **Figura 18**.

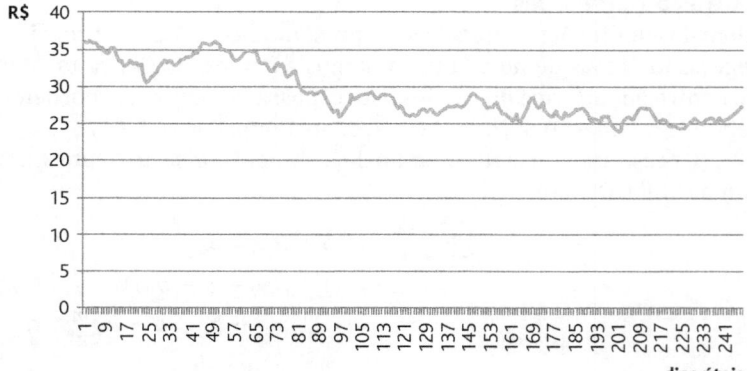

FIGURA 18 Gráfico em linha dos preços de fechamento diários das ações preferenciais nominativas da Petrobrás em 2010 – 247 dias úteis.
Fonte: Economatica (c2012).

Tem-se, assim, uma boa ideia da evolução (passada) dos preços da ação no período coberto pela amostra. A evolução da rentabilidade diária das ações (dados apresentados no **Quadro 1**) pode ser observada na **Figura 19**.

Percebe-se que as rentabilidades diárias das ações tiveram um comportamento bastante errático no ano de 2010, flutuando em torno de zero,[11] o que é compatível com a teoria financeira, baseada em princípios de equilíbrio econômico e perfeição (informacional) dos mercados (Brealey; Myers; Allen, 2008), conforme já salientado.

O tratamento aprofundado do tópico séries temporais foge ao escopo deste livro.

DUAS VARIÁVEIS ORDINAIS

A relação entre duas variáveis mensuradas ordinalmente pode ser realizada com a utilização de coeficientes de correlação ordinais, como o coeficiente de correlação de Spearman e o coeficiente de correlação de Kendall. Os dados também podem ser representados visualmente através de diagramas de dispersão. Entretanto, a análise também é muitas vezes realizada utilizando-se as técnicas para analisar variáveis categóricas, com tabelas de contingência, mais populares e de maior apelo informacional, ignorando, de certa forma, a característica ordinal dos dados.

Coeficiente de correlação de Spearman

O coeficiente de correlação ordinal entre duas variáveis, digamos, X e Y, denotado por $r_{S_{XY}}$, mas também conhecido pela letra grega ρ ($r\hat{o}$), é chamado de coeficiente

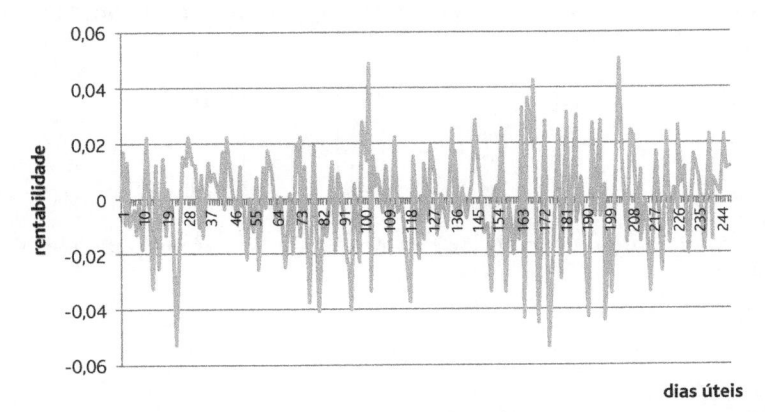

FIGURA 19 Gráfico em linha das rentabilidades diárias das ações preferenciais nominativas da Petrobrás em 2010 – 247 dias úteis.
Fonte: Economatica (c2012).

---

[11] Mais precisamente, em torno de $-0{,}001$, segundo a **Tabela 5**.

de correlação por postos de Spearman em homenagem ao seu criador, o psicólogo inglês Charles Edward Spearman.

Em seus pioneiros estudos sobre a inteligência humana, Spearman (1904) adaptou o coeficiente de correlação de Pearson ao caso em que somente ordens entre as mensurações fossem consideradas, ou somente ordenações entre os objetos estivessem disponíveis.

Charles Edward Spearman
(1863-1945)

[...] todas as correlações mais importantes utilizadas no presente trabalho foram produzidas pelo melhor método existente atualmente, o do "momento-produto", como Pearson o chama; apenas que ao invés de usar as reais mensurações obtidas pelos sujeitos de pesquisa, empregaram-se números denotando os seus postos relativos (Spearman, 1904, p. 275).

Assim, se duas mensurações, embora distintas, ordenam da mesma maneira um conjunto de objetos (do menor ao maior, por exemplo), sua correlação de ordem deve ser igual a 1. Ou, dizendo de outra maneira, se duas variáveis ordinais estão relacionadas por uma função monotônica crescente,[12] então sua correlação de ordem deve ser igual a 1. Se estiverem relacionadas por uma função monotônica decrescente, sua correlação de ordem deve ser igual a -1.

A fórmula proposta por Spearman (1904) é derivada da fórmula do coeficiente de correlação de Pearson aplicada aos postos ocupados pelas mensurações quando ordenadas. Ou seja, substituem-se as medições obtidas por números correspondentes aos seus postos, ou lugares ocupados na ordenação: ao menor atribui-se o número 1, ao segundo, seguinte na ordenação, atribui-se o número 2, ao terceiro, o número 3, etc. Mais formalmente, suponha que para cada indivíduo i na amostra ($i=1,...,n$), r_{X_i} e r_{Y_i} representem, respectivamente, os números assim atribuídos aos postos ocupados pelos valores x_i e y_i dentro do conjunto de valores dos vetores X e Y. Têm-se, assim, dois novos vetores que podemos rotular como R_X e R_Y, contendo os postos relativos dos valores originalmente encontrados nos vetores X e Y.[13] Ou seja,

$$R_X = \begin{bmatrix} r_{X_1} \\ r_{X_2} \\ \vdots \\ r_{X_n} \end{bmatrix} \text{ e } R_Y = \begin{bmatrix} r_{Y_1} \\ r_{Y_2} \\ \vdots \\ r_{Y_n} \end{bmatrix}, \qquad (73)$$

e o coeficiente de correlação por postos de Spearman pode ser definido formalmente:

$$r_{S_{XY}} = r_{R_X R_Y}, \qquad (74)$$

---

[12] Uma função monotônica crescente f é qualquer função que preserva a ordem entre seus argumentos, isto é, $f(a) \geq f(b)$, se $a \geq b$. Uma função monotônica decrescente f é qualquer função que inverte a ordem entre seus argumentos, isto é, $f(a) \leq f(b)$, se $a \geq b$.

[13] Em muitas aplicações, os postos são determinados diretamente a partir de percepções da realidade, como quando se ordenam pessoas dentro de um grupo segundo uma determinada característica de sua personalidade, por exemplo, não havendo, de fato, um processo de mensuração produzindo os vetores X e Y. O procedimento é o mesmo, já que pressupõe apenas o conhecimento dos vetores R_X e R_Y.

ou seja, o coeficiente de correlação por postos de Spearman entre duas variáveis, X e Y, é igual ao coeficiente de correlação de Pearson entre os postos relativos dos valores das duas variáveis, R_X e R_Y. Usando a Equação 33, tem-se:

$$r_{S_{XY}} = r_{R_X R_Y} = \frac{\sum_{i=1}^{n} r_{X_i} r_{Y_i} - n\overline{R_X}\,\overline{R_Y}}{\sqrt{\sum_{i=1}^{n} r_{X_i}^2 - n\overline{R_X}^2}\sqrt{\sum_{i=1}^{n} r_{Y_i}^2 - n\overline{R_Y}^2}}. \tag{75}$$

Como tanto R_X como R_Y contêm apenas os números inteiros de 1 a n (não necessariamente em ordem), a fórmula 75 pode ser simplificada. Para isso, necessitamos explicitar que:

$$\overline{R_X} = \overline{R_Y} = \frac{\sum_{i=1}^{n} i}{n} = \frac{\frac{(1+n)n}{2}}{n} = \frac{n+1}{2}, \tag{76}$$

pela conhecida expressão da soma dos termos de uma progressão aritmética.[14] Não tão obviamente, tem-se ainda:[15]

$$\sum_{i=1}^{n} r_{X_i}^2 = \sum_{i=1}^{n} r_{Y_i}^2 = \sum_{i=1}^{n} i^2 = \frac{n(n+1)(2n+1)}{6}. \tag{77}$$

Desenvolvendo os quadrados, tem-se:

$$\left(r_{X_i} - r_{Y_i}\right)^2 = r_{X_i}^2 - 2r_{X_i}r_{Y_i} + r_{Y_i}^2, \quad \text{para} \quad i = 1, \ldots, n, \tag{78}$$

e então, utilizando a notação d_i para representar a diferença entre os postos da i-ésima observação com respeito às variáveis X e Y, ou seja, $d_i = r_{X_i} - r_{Y_i}$, tem-se:

$$\sum_{i=1}^{n} r_{X_i} r_{Y_i} = \frac{1}{2}\left(\sum_{i=1}^{n} r_{X_i}^2 + \sum_{i=1}^{n} r_{Y_i}^2 - \sum_{i=1}^{n} d_i^2\right) = \frac{n(n+1)(2n+1)}{6} - \frac{\sum_{i=1}^{n} d_i^2}{2}. \tag{79}$$

Substituindo as expressões 76, 77 e 79 em 75, tem-se, finalmente:

$$r_{S_{XY}} = \frac{\frac{n(n+1)(2n+1)}{6} - \frac{\sum_{i=1}^{n} d_i^2}{2} - n\frac{n+1}{2}\frac{n+1}{2}}{\sqrt{\frac{n(n+1)(2n+1)}{6} - n\left(\frac{n+1}{2}\right)^2}\sqrt{\frac{n(n+1)(2n+1)}{6} - n\left(\frac{n+1}{2}\right)^2}}$$

$$= \frac{\frac{n(n+1)(2n+1)}{6} - n\left(\frac{n+1}{2}\right)^2 - \frac{\sum_{i=1}^{n} d_i^2}{2}}{\frac{n(n+1)(2n+1)}{6} - n\left(\frac{n+1}{2}\right)^2}$$

$$= 1 - \frac{\frac{\sum_{i=1}^{n} d_i^2}{2}}{\frac{n(n+1)(2n+1)}{6} - n\left(\frac{n+1}{2}\right)^2}$$

$$= 1 - \frac{\sum_{i=1}^{n} d_i^2}{\frac{n(n+1)(2n+1)}{3} - \frac{n(n+1)^2}{2}}$$

---

[14] Dizem que Gauss "sacou" esta fórmula quando tinha apenas 5 anos!
[15] A fórmula pode ser demonstrada por indução. A fórmula é certamente válida para $n = 1$, pois $\sum_{i=1}^{1} i^2 = 1^2 = 1$ e $\frac{1(1+1)(2\times 1+1)}{6} = \frac{2\times 3}{6} = 1$. Agora, suponha-se que seja válida para qualquer $k \geq 1$, isto é, $\sum_{i=1}^{k} i^2 = \frac{k(k+1)(2k+1)}{6}$. Pode ser então demonstrado que a fórmula vale para $k + 1$, pois $\sum_{i=1}^{k+1} i^2 = \sum_{i=1}^{k} i^2 + (k+1)^2 = \frac{k(k+1)(2k+1)}{6} + (k+1)^2 = \frac{k(k+1)(2k+1) + 6(k+1)^2}{6} = \frac{(k+1)(k(2k+1) + 6(k+1))}{6} = \frac{(k+1)(2k^2+k+6k+6)}{6} = \frac{(k+1)(2k^2+7k+6)}{6} = \frac{(k+1)(k+2)(2k+3)}{6} = \frac{(k+1)((k+1)+1)(2(k+1)+1)}{6}$. Se isto serve de consolo, não há notícias de que Gauss tenha "sacado" esta em tenra idade!

$$= 1 - 6\frac{\sum_{i=1}^{n} d_i^2}{2n(n+1)(2n+1)-3n(n+1)^2}$$

$$= 1 - 6\frac{\sum_{i=1}^{n} d_i^2}{n(n+1)(4n+2-3(n+1))}$$

$$= 1 - 6\frac{\sum_{i=1}^{n} d_i^2}{n(n+1)(n-1)}$$

$$= 1 - 6\frac{\sum_{i=1}^{n} d_i^2}{n(n^2-1)}. \qquad (80)$$

A fórmula 80 é de fácil aplicação, envolvendo apenas o cálculo da soma dos quadrados das diferenças entre os postos de cada observação relativamente a cada uma das variáveis. Deve ser ressaltado, entretanto, que a Equação 80 é válida apenas nos casos em que todos os indivíduos possam ser ordenados explicitamente com respeito às duas variáveis, ou seja, quando há uma ordem estrita e completa entre os indivíduos, não havendo empates nas ordenações, pois a derivação da fórmula usou fortemente o fato de tanto R_X como R_Y serem constituídos pelos números inteiros de 1 a n. Em outras palavras, $x_i \neq x_j$ (assim como $y_i \neq y_j$) para quaisquer i e j, com $i = 1, ..., n$ e $j = 1, ..., n$, de modo que se tenha ou $r_{X_i} > r_{X_j}$, ou $r_{X_i} < r_{X_j}$ (assim como ou $r_{Y_i} > r_{Y_j}$, ou $r_{Y_i} < r_{Y_j}$).

Uma atenção especial deve ser dada ao caso de haver empates entre alguns objetos, ou seja, quando dois ou mais objetos não puderem ser distinguidos na ordem proposta, o que não é incomum. Nesse caso, atribui-se a todos os indivíduos empatados, a média dos números que seriam atribuídos caso eles não estivessem empatados. Por exemplo, se há dois objetos empatados na quarta posição (do menor ao maior, por exemplo), atribui-se a cada um deles o número 4,5, que é a média entre 4 e 5, números que seriam atribuídos caso eles não estivessem empatados (um deles seria o quarto e o outro seria o quinto colocado na ordenação).

Um exemplo ajuda a compreender o conceito.

Exemplo 6

Duas perguntas formuladas de forma fechada em uma enquete com 411 indivíduos referiam-se à sua escolaridade e ao seu cargo na organização. As respostas, já codificadas (escolaridade – 1: primário incompleto; 2: primário; 3: médio; 4: superior; 5: pós-graduação incompleta; 6: pós-graduação; 9: sem resposta; e cargo – 1: administração; 2: gerência média; 3: assessoria/técnico; 4: execução; 9: sem resposta), são apresentadas no **Quadro 2**.

QUADRO 2 Escolaridade (1: primário incompleto; 2: primário; 3: médio; 4: superior; 5: pós-graduação incompleta; 6: pós-graduação; 9: sem resposta) e cargo (1: administração; 2: gerência média; 3: assessoria/técnico; 4: execução; 9: sem resposta) de 411 indivíduos

```
6 3; 6 1; 3 2; 3 4; 3 3; 4 2; 6 3; 4 2; 3 2; 3 4; 4 2; 4 4; 4 4; 3 4; 6 1; 4 4; 6 1; 4 2; 4 2; 6 2;
3 3; 3 4; 3 4; 6 1; 4 2; 3 4; 5 3; 3 4; 2 4; 2 4; 3 4; 3 4; 6 1; 2 4; 4 4; 3 4; 3 2; 3 2; 4 3; 4 2;
4 2; 4 2; 3 3; 6 1; 3 4; 3 2; 2 3; 6 3; 3 3; 4 4; 4 2; 4 3; 3 4; 3 3; 3 4; 4 4; 5 1; 6 4; 3 1; 6 1;
2 4; 3 3; 3 2; 6 2; 6 1; 5 3; 2 2; 6 3; 5 2; 3 2; 5 2; 4 2; 3 4; 4 2; 4 1; 3 4; 4 2; 4 2; 5 3; 6 4;
2 2; 3 3; 3 4; 3 2; 6 3; 4 2; 6 1; 4 2; 6 2; 6 1; 6 1; 4 2; 4 3; 3 2; 4 1; 4 2; 3 4; 6 2; 4 2; 4 4;
6 3; 6 1; 4 4; 3 2; 3 4; 3 2; 3 3; 6 1; 4 2; 3 4; 6 3; 2 2; 3 2; 6 1; 4 2; 4 2; 6 1; 3 4; 3 1; 6 3;
6 1; 4 2; 3 4; 5 2; 6 3; 5 2; 5 3; 3 4; 2 2; 6 2; 6 1; 6 1; 3 2; 4 4; 4 3; 3 3; 4 3; 6 3; 6 3; 6 1;
4 1; 3 4; 4 2; 4 3; 6 3; 4 3; 6 3; 4 2; 6 4; 4 4; 3 4; 2 3; 2 4; 4 4; 3 1; 3 9; 6 1; 4 3; 6 1; 6 3;
6 3; 4 3; 6 3; 6 3; 6 3; 4 4; 6 3; 4 3; 4 3; 3 3; 4 3; 3 3; 4 2; 4 3; 4 4; 5 3; 4 3; 6 3; 4 3; 6 2;
6 3; 3 3; 4 4; 3 3; 6 3; 4 3; 6 3; 6 3; 6 3; 6 3; 6 3; 6 3; 4 3; 6 3; 6 1; 3 1; 4 9; 3 2; 4 3; 4 4;
6 3; 3 3; 4 3; 3 3; 4 2; 3 3; 4 3; 4 3; 6 2; 6 3; 5 9; 6 3; 6 3; 3 3; 4 3; 4 3; 5 4; 3 2; 6 2; 6 2;
3 3; 6 2; 5 3; 4 3; 6 3; 6 3; 4 1; 4 3; 4 4; 3 2; 3 3; 9 4; 4 3; 4 2; 4 3; 4 4; 6 4; 4 4; 4 2; 4 2;
6 2; 2 4; 2 4; 6 3; 5 3; 4 3; 5 3; 4 3; 4 2; 4 3; 4 3; 6 3; 4 3; 6 2; 4 3; 6 3; 3 3; 3 2; 3 3; 5 1;
4 3; 6 3; 6 2; 6 3; 3 4; 3 4; 6 1; 6 1; 6 3; 4 2; 3 4; 4 2; 4 4; 3 3; 6 2; 4 2; 4 2; 4 4; 2 4; 6 2;
2 2; 6 3; 3 2; 5 3; 6 3; 4 3; 6 3; 6 3; 4 1; 4 1; 4 3; 4 3; 6 1; 3 2; 2 2; 2 4; 4 4; 3 1; 4 2; 4 3;
4 2; 6 3; 5 2; 4 4; 2 3; 6 3; 4 2; 4 4; 5 1; 3 3; 3 2; 4 3; 6 3; 3 2; 6 3; 6 2; 4 2; 4 2; 4 3; 4 2;
4 2; 6 2; 5 3; 6 1; 3 3; 6 3; 4 2; 4 3; 6 3; 4 3; 6 2; 6 1; 6 1; 6 3; 6 3; 6 3; 6 3; 5 3; 6 3; 4 4;
3 2; 3 4; 3 4; 6 1; 3 4; 4 4; 3 2; 4 3; 4 2; 4 4; 3 4; 4 1; 4 4; 4 2; 4 4; 6 4; 4 2; 4 3; 4 3;
4 4; 4 3; 3 3; 4 3; 3 2; 4 4; 4 3; 3 3; 3 4; 3 3; 5 4; 3 4; 3 2; 4 3; 6 4; 4 2; 3 1; 4 4; 6 3; 2 4;
3 2; 2 4; 6 3; 3 2; 4 2; 2 2; 3 2; 3 3; 3 2; 3 1; 6 1; 4 3; 6 4; 4 3; 4 1; 3 3; 3 4; 4 4; 4 3; 3 3;
5 1; 4 1; 4 3; 6 3; 4 2; 6 3; 4 3; 5 2; 4 4; 4 4
```

Fonte: Arquivo do autor.

Têm-se, pois, 411 pares ordenados de números, o primeiro deles referindo-se ao código utilizado para classificar a escolaridade do indivíduo e o segundo com o código utilizado para classificar o nível de seu cargo na organização. Uma visualização conjunta dos dados válidos é oferecida na **Tabela 8**.

TABELA 8 Escolaridade x cargo – somente respostas válidas

Escolaridade	Cargo				Total da linha
	1	2	3	4	
2	0	7	3	11	21
3	7	29	30	34	100
4	9	50	54	34	147
5	4	6	11	2	23
6	30	18	61	7	116
Total da coluna	50	110	159	88	407

Fonte: Arquivo do autor.

Repare que não há indivíduo com grau de escolaridade no extremo inferior da classificação, parecendo haver alguma relação entre as variáveis, pois às maiores classificações de escolaridade correspondem, em geral, maiores classificações na variável cargo ocupado. Para calcular o coeficiente de correlação de Spearman para esses dados, é necessário primeiro atribuir números aos postos de cada indivíduo em cada uma das variáveis. Observe que há vários casos de empates na classificação, pois 407 indivíduos foram classificados em apenas 5 categorias ordenadas para a variável escolaridade e 4 categorias para a variável cargo na organização, de modo que a atribuição de números aos postos não é uma tarefa imediata.

Quanto à variável escolaridade, repare que há 21 observações com nível 2 (primário completo), todas empatadas na classificação mais baixa. Elas ocupariam os postos 1 a 21 se não estivessem empatadas. Assim, o número 11 deve ser atribuído ao posto ocupado por essas 21 observações, pois $\frac{1+21}{2} = 11$. Há 100 observações com nível 3 (médio), todas empatadas, com classificações de 22 a 121 (21+1 a 21+100) se não estivessem empatadas. Assim, o número 71,5 deve ser atribuído ao posto ocupado por essas 100 observações, pois $\frac{22+121}{2} = 71,5$. Há 147 observações com nível 4 (superior), todas empatadas, com classificações de 122 a 268 (121+1 a 121+147) se não estivessem empatadas. Assim, o número 195 deve ser atribuído ao posto ocupado por essas 147 observações, pois $\frac{122+268}{2} = 195$. Há 23 observações com nível 5 (pós-graduação incompleto), todas empatadas, com classificações de 269 a 291 (268+1 a 268+23) se não estivessem empatadas. Assim, o número 280 deve ser atribuído ao posto ocupado por essas 100 observações, pois $\frac{269+291}{2} = 280$. Por fim, há 116 observações com nível 6 (pós-graduação completo), todas empatadas, com classificações de 292 a 407 (291+1 a 291+116) se não estivessem empatadas. Assim, o número 349,5 deve ser atribuído ao posto ocupado por essas 100 observações, pois $\frac{292+407}{2} = 349,5$.

E quanto à variável cargo ocupado na organização, repare que há 88 observações com nível 4 (execução), todas empatadas na classificação mais baixa (a codificação original classificou os cargos do mais elevado ao menos elevado). Elas ocupariam os postos 1 a 88 se não estivessem empatadas. Assim, o número 44,5 deve ser atribuído ao posto ocupado por essas 88 observações, pois $\frac{1+88}{2} = 44,5$. Há 159 observações com nível 3 (assessoria/técnico), todas empatadas, com classificações de 89 a 247 (88+1 a 88+159) se não estivessem empatadas. Assim, o número 168 deve ser atribuído ao posto ocupado por essas 159 observações, pois $\frac{89+247}{2} = 168$. Há 110 observações com nível 2 (gerência média), todas empatadas, com classificações de 248 a 357 (247+1 a 247+110) se não estivessem empatadas. Assim, o número 302,5 deve ser atribuído ao posto ocupado por essas 110 observações, pois $\frac{248+357}{2} = 302,5$. Por fim, há 50 observações com nível 1 (administração), todas empatadas, com classificações de 358 a 407 (357+1 a 357+50) se não estivessem empatadas. Assim, o número 382,5 deve ser atribuído ao posto ocupado por essas 50 observações, pois $\frac{358+407}{2} = 382,5$.

Uma vez realizadas essas modificações no arquivo de dados, isto é, substituindo-se os códigos 2, 3, 4, 5 e 6 na variável escolaridade pelos números 11, 71,5, 195, 280 e 349,5, respectivamente, e os códigos 4, 3, 2 e 1 na variável cargo pelos números 44,5, 168, 302,5 e 382,5, respectivamente, procede-se ao cálculo do coeficiente de correlação de Spearman conforme a Equação 30 ou suas formas equivalentes. Deve ser salientado, entretanto, que a Equação 80 produz resultados distorcidos, não sendo válida nessa situação em que há empates na ordenação. Para os dados apresentados, tem-se que $r_s = 0,22$. A correlação ordinal entre as duas variáveis é, pois, positiva, ou seja, a escolaridades mais elevadas correspondem cargos mais elevados (como já percebêramos), mas não muito acentuada.

Hoje, que há abundância de recursos computacionais, uma fórmula como a da Equação 80 não faz muito sentido, não tendo vantagem em relação à Equação 75. A Equação 80 tem a desvantagem de ser aplicável apenas quando não há empates na classificação dos indivíduos. Kendall (1955 *apud* Taylor, 1964) desenvolveu uma correção à fórmula apresentada na Equação 80 para levar em conta empates nas classificações.

Coeficiente de correlação de Kendall

Em 1938, o estatístico inglês Maurice George Kendall propôs uma alternativa ao coeficiente de correlação ordinal de Spearman, que veio a tomar o nome de coeficiente de correlação de Kendall, ou τ (tau) de Kendall.

Ao conjecturar sobre o modo como as pessoas ordenam coisas como, por exemplo, suas preferências, Kendall (1938) desenvolveu uma maneira de computar a compatibilidade de duas ordenações formuladas independentemente, ou a compatibilidade de uma ordenação preestabelecida com alguma outra produzida por uma pessoa, ou ainda a compatibilidade entre ordenações produzidas por pessoas distintas, argumentando vantagens em relação ao coeficiente de correlação por postos de Spearman, especialmente no que diz respeito ao comportamento assintótico de sua distribuição amostral.[16]

Maurice George Kendall (1907-1983)

O coeficiente de correlação ordinal de Kendall entre duas variáveis, digamos, X e Y, denotado por τ_{XY}, é determinado contabilizando-se a diferença entre concordâncias e discordâncias nas ordenações dos objetos com respeito a cada uma das variáveis X e Y, normalizando-se pelo total de comparações possíveis. Considere inicialmente que não há empates nas ordenações R_X e R_Y, ou seja, tanto R_X como R_Y contêm apenas os números inteiros de 1 a n (não necessariamente em ordem). As ordenações de dois objetos quaisquer, i e j, (i e $j = 1, ..., n$, com $i \neq j$), com respeito às variáveis X e Y são dadas pelos pares ordenados de postos (r_{X_i}, r_{Y_i}) e (r_{X_j}, r_{Y_j}).

Considera-se que as ordenações dos dois objetos são concordantes entre si se ambas as ordenações indicam que o objeto i tem posto mais elevado do que o objeto j, ou se ambas as ordenações indicam que o objeto i tem posto menos elevado do que o objeto j, isto é, se $r_{X_i} > r_{X_j}$ e $r_{Y_i} > r_{Y_j}$, ou se $r_{X_i} < r_{X_j}$ e $r_{Y_i} < r_{Y_j}$. Por outro lado, considera-se que as ordenações são discordantes se uma das ordenações indicar que o objeto i tem posto mais elevado do que o objeto j e a outra indicar que o objeto i tem posto menos elevado do que o objeto j, isto é, se $r_{X_i} > r_{X_j}$ e $r_{Y_i} < r_{Y_j}$, ou se $r_{X_i} < r_{X_j}$ e $r_{Y_i} > r_{Y_j}$.

Com n objetos, isto é, para uma amostra de tamanho n, tem-se um total de $\frac{n(n-1)}{2}$ possíveis comparações entre dois distintos objetos, algumas sendo concor-

---

[16] Veremos mais tarde como caracterizar distribuições amostrais mais formalmente. Por enquanto, admita apenas que ela representa as variabilidades encontradas entre os valores de uma estatística calculada em amostras distintas, mas igualmente representativas da população de interesse.

dantes entre si e outras sendo discordantes. Representemos por n_c e por n_d o número de pares concordantes e discordantes, respectivamente. Tem-se:

$$n_c + n_d = \frac{n(n-1)}{2}. \tag{81}$$

O coeficiente de correlação de Kendall é definido por:

$$\tau_{XY} = \frac{n_c - n_d}{\frac{n(n-1)}{2}}. \tag{82}$$

Repare que a fórmula é bastante intuitiva, pois se as duas ordenações são idênticas, todas as comparações entre dois objetos quaisquer serão concordantes, ou seja, $n_c = \frac{n(n-1)}{2}$, $n_d = 0$, e então $\tau_{XY} = 1$. Se, por outro lado, as duas ordenações forem exatamente invertidas uma em relação à outra, isto é, o objeto colocado como primeiro posto em X é colocado como último posto em Y, o colocado no segundo posto em X é colocado no penúltimo posto em Y, etc., todas as comparações entre dois objetos quaisquer serão discordantes, ou seja, $n_c = 0$, $n_d = \frac{n(n-1)}{2}$, e então $\tau_{XY} = -1$. E se as ordenações forem produzidas ao acaso, isto é, sem qualquer relação, espera-se que o número de comparações concordantes se iguale ao número de comparações discordantes, ou seja, $n_c = n_d$ e então $\tau_{XY} = 0$.

Quando há empates nas ordenações R_X e R_Y, a fórmula deve ser ajustada devidamente, dando origem ao coeficiente conhecido como tau-b. A primeira constatação é que haverá necessidade de se definir mais uma relação possível entre as ordenações dos dois objetos genéricos i e j: quando $r_{X_i} = r_{X_j}$ ou $r_{Y_i} = r_{Y_j}$, as ordenações são classificadas como nem concordantes entre si nem discordantes. A fórmula é:

$$\tau_{XY} = \frac{n_c - n_d}{\sqrt{\frac{n(n-1)}{2} - T_X}\sqrt{\frac{n(n-1)}{2} - T_Y}}, \tag{83}$$

onde

$$T_X = \frac{\sum_k t_k(t_k - 1)}{2}, \tag{84}$$

$$T_Y = \frac{\sum_l t_l(t_l - 1)}{2}, \tag{85}$$

onde t_k representa o número de objetos empatadas no k-ésimo grupo de ordenações empatadas em R_X e t_l representa o número de objetos empatadas no l-ésimo grupo de ordenações empatadas em R_Y.

Observe que se não houver empates tanto na ordenação R_X como na ordenação R_Y, a Equação 83 reduz-se à Equação 82.

Como se percebe, a aplicação das fórmulas 82 e 83 requerem um enorme trabalho combinatório, fácil de realizar quando a amostra é pequena, como as amostras que Kendall utilizava. Para amostras grandes o cálculo é quase impossível sem a ajuda de bons aparatos computacionais, felizmente hoje bastante disponíveis. Os pacotes estatísticos normalmente contêm rotinas para calcular o coeficiente de correlação de Kendall.

Para os dados apresentados no Exemplo 6, tem-se que $\tau = 0{,}19$, levemente inferior ao coeficiente de correlação por postos de Spearman.

Regressão monotônica

Um procedimento interessante, inspirado na análise de regressão linear, consiste na análise de regressão monotônica. O procedimento busca ajustar uma função crescente (ou decrescente) a um conjunto de pontos representados em um plano ordenado (De Leeuw; Hornik; Mair, 2009). Apenas a ordem entre os valores correspondentes aos pontos é utilizada, de modo que o procedimento é adequado para tratar variáveis ordinais. O método é bastante robusto, representando uma interessante alternativa de modelagem quando a relação entre as variáveis não pode ser adequadamente descrita por um modelo linear.

No procedimento de regressão linear simples, buscam-se parâmetros a e b que minimizem a Equação 43, aqui reproduzida.

$$f(a,b) = \sum_{i=1}^{n}(y_i - a - bx_i)^2 \qquad (86)$$

onde (x_i, y_i) representam os pares ordenados de valores correspondentes às variáveis X e Y. Se as variáveis X e Y forem mensuradas em nível ordinal, pode-se tão somente diferenciar as observações em termos de sua ordem relativa, não havendo sentido na equação de regressão. O modelo paramétrico da Equação 86 não tem qualquer significado, mas pode-se ajustar, não parametricamente, uma função monotônica aos dados.

Tomem-se os vetores

$$R_X = \begin{bmatrix} r_{X_1} \\ r_{X_2} \\ \vdots \\ r_{X_n} \end{bmatrix} \text{ e } R_Y = \begin{bmatrix} r_{Y_1} \\ r_{Y_2} \\ \vdots \\ r_{Y_n} \end{bmatrix}, \qquad (87)$$

com r_{X_i} e r_{Y_i} ($i = 1, \ldots, n$) representando, respectivamente, os números atribuídos aos postos ocupados pelas observações x_i e y_i dentro do conjunto de observações dos vetores X e Y, como na Equação 73. Sem perda de generalidade, suponha-se que os valores observados da variável X estejam ordenados e não contenham empates,[17] ou seja, que $x_1 < x_2 < \cdots < x_n$, de tal modo que

$$R_X = \begin{bmatrix} 1 \\ 2 \\ \vdots \\ n \end{bmatrix}. \qquad (88)$$

Na regressão monotônica por mínimos quadrados busca-se um vetor $Z = \begin{bmatrix} z_1 \\ z_2 \\ \vdots \\ z_n \end{bmatrix}$ satisfazendo a restrição de monotonicidade, $z_1 \leq z_2 \leq \cdots \leq z_n$, que minimizem a função

$$f(Z) = \sum_{i=1}^{n}(R_{Y_i} - z_i)^2. \qquad (89)$$

O leitor atento deve ter percebido que a minimização contém n parâmetros, e obteríamos sempre um ajuste perfeito se não impuséssemos a restrição $z_1 \leq z_2 \leq \cdots \leq z_n$. De fato, se $R_Y = \begin{bmatrix} 1 \\ 2 \\ \vdots \\ n \end{bmatrix}$, isto é, se o ordenamento das observações da variável Y for

---

[17] Uma correção para empates será desenvolvida mais adiante.

exatamente igual ao ordenamento das respectivas observações da variável X, a solução (trivial) do problema é dada pelo vetor $Z^* = R_Y$, com $f(Z^*) = 0$. Nesse caso, tanto o coeficiente de correlação de Spearman, $r_{S_{XY}}$ como o de Kendal, são iguais a 1. Em geral, $R_Y \neq \begin{bmatrix} 1 \\ 2 \\ \vdots \\ n \end{bmatrix}$, de modo que a solução trivial não é viável, ferindo a restrição $z_1 \leq z_2 \leq \cdots \leq z_n$.

Como De Leeuw, Hornik e Mair (2009) salientam, se para algum i $(i = 1, \ldots, n-1)$ $R_{Y_i} \geq R_{Y_{i+1}}$, isto é, se duas observações consecutivas[18] da variável Y estiverem na ordem "errada", então o vetor de solução Z^* será tal que $z^*_{i+1} = z^*_i$. Tal fato permite desenhar um algoritmo bastante simples para encontrar a solução, pois cada "violação" na ordem entre observações consecutivas da variável Y reduz o número de parâmetros do problema em uma unidade.

Um exemplo ajuda a fixar os conceitos. O algoritmo é conhecido por algoritmo de blocos para cima e para baixo (do inglês, *up-and-down blocks*), sendo atribuído a Kruskal (1964b) por De Leeuw (2005), embora o próprio Kruskal (1964b, p. 126) reconheça que seu "algoritmo é essencialmente o mesmo algoritmo $\mathcal{Q}_1$ de Miles (1959)."

Exemplo 7

Recentemente, a Transparência Internacional publicou o *ranking* de 175 países quanto à percepção de seu nível de corrupção (Transparency International, 2013). Também recentemente, a Organização para a Cooperação e Desenvolvimento Econômico publicou os últimos resultados de sua pesquisa de avaliação dos sistemas educacionais de 65 países, ordenando-os relativamente (OECD, 2014). Alguns países latino-americanos são listados em ambas as publicações, da qual extraíram-se os dados apresentados na **Tabela 9**.

TABELA 9 Escores PISA 2012 e índices de corrupção percebida 2013 de diversos países latino-americanos

País	Escore PISA 2012	Índice de corrupção percebida 2013
Argentina	1.190	34
Brasil	1.206	42
Chile	1.309	71
Colômbia	1.178	36
México	1.252	34
Peru	1.125	38
Uruguai	1.236	73

Fonte: OECD (c2014) e Transparency International (2013).

---

[18] Consecutivas em relação à ordenação já realizada com base na variável X, pois assumiu-se que $R_X = \begin{bmatrix} 1 \\ 2 \\ \vdots \\ n \end{bmatrix}$.

Há indícios de que as duas variáveis estão relacionadas?

Vamos calcular os coeficientes de correlação por postos de Spearman e de Kendall, assim como realizar o procedimento de regressão monotônica. Inicia-se o procedimento ordenando as observações segundo cada uma das variáveis, determinando-se os vetores R_X e R_Y, apresentados na **Tabela 10**.

TABELA 10 Postos PISA 2012 e de corrupção percebida 2013 de diversos países latino americanos

País	R_X – Posto PISA 2012	R_Y – Posto de corrupção percebida 2013
Chile	1	2
México	2	6,5
Uruguai	3	1
Brasil	4	3
Argentina	5	6,5
Colômbia	6	5
Peru	7	4

Fonte: Elaborada pelo autor.

Observa-se imediatamente que as duas ordenações não são exatamente coincidentes, de modo que os coeficientes de correlação de Spearman e de Kendall não são iguais à unidade. De fato, o coeficiente de Spearman é igual a 0,31 e o de Kendall é igual a 0,20, indicando uma moderada relação entre as duas variáveis.

A **Tabela 11** apresenta os cálculos intermediários do procedimento de regressão monotônica.

TABELA 11 Cálculos intermediários e resultado do procedimento de regressão monotônica para os dados dos resultados do PISA 2012 e de corrupção percebida 2013 de diversos países latino-americanos

País	R_X	$Z_0 = R_Y$	Z_1	Z_2	Z_3	$Z^4 = Z^*$
Chile	1	2	2	2	2	2
México	2	6,5	3,75	3,5	3,5	3,5
Uruguai	3	1	3,75	3,5	3,5	3,5
Brasil	4	3	3	3,5	3,5	3,5
Argentina	5	6,5	6,5	6,5	5,75	5,17
Colômbia	6	5	5	5	5,75	5,17
Peru	7	4	4	4	4	5,17
$f(z)$		0	15	16	17	19
Viável?		não	não	não	não	sim

Fonte: Elaborada pelo autor.

O algoritmo de regressão monotônica por mínimos quadrados (Equação 89) inicia com o vetor $Z_0 = R_Y$ como incumbente. Como $f(Z_0) = 0$, se Z_0 satisfaz a restrição de monotonicidade, então a solução ótima é $Z^* = Z_0$, pois $f(Z)$, sendo uma soma de quadrados, nunca é negativo. O procedimento é encerrado, tomando-se a solução $Z^* = Z_0$.

Se, entretanto, Z_0 não satisfaz a restrição de monotonicidade, como no exemplo da **Tabela 11**, busca-se outro vetor incumbente, Z_1, a partir de Z_0, verificando a primeira (na ordem dada por R_X) violação de monotonicidade de Z_0. Usa-se a propriedade já mencionada de que se para algum i ($i = 1, ..., n-1$) $R_{Y_i} \geq R_{Y_{i+1}}$, isto é, se duas observações consecutivas da variável Y estiverem na ordem "errada", então o vetor de solução Z^* será tal que $z^*_{i+1} = z^*_i$.

Para os dados da **Tabela 11**, a primeira ordem "errada" no vetor incumbente Z_0 é encontrada entre os países México e Uruguai (pois $2 < 6,5$, mas $6,5 > 1$). Constrói-se o vetor Z_1 trocando-se os postos desses dois países por sua média, ou seja, pelo valor $\frac{6,5+1}{2} = 3,75$, repetindo-se os demais elementos do vetor Z_0. Toma-se agora o vetor Z_1 como incumbente. Tem-se $f(Z_1) = 15$. Se Z_1 satisfaz a restrição de monotonicidade, então a solução ótima é $Z^* = Z_1$, e o procedimento é encerrado.

Se, entretanto, Z_1 não satisfizer a restrição de monotonicidade, como no exemplo da **Tabela 11**, busca-se outro vetor incumbente, Z_2, a partir de Z_1, verificando a primeira violação de monotonicidade de Z_1, usando a propriedade já mencionada.

Para os dados da **Tabela 11**, a primeira ordem "errada" no vetor incumbente Z_1 é encontrada entre os países México, Uruguai e Brasil (pois $2 < 3,75$, mas $3,75 > 3$). Constrói-se o vetor Z_2 trocando-se os postos desses três países por sua média, ou seja, pelo valor $\frac{3,75+3,75+3}{3} = 3,5$, repetindo-se os demais elementos do vetor Z_1. Toma-se agora o vetor Z_2 como incumbente. Tem-se $f(Z_2) = 16$. Se Z_2 satisfaz a restrição de monotonicidade, então a solução ótima é $Z^* = Z_2$, e o procedimento é encerrado.

Se, entretanto, Z_2 não satisfizer a restrição de monotonicidade, como no exemplo da **Tabela 11**, busca-se outro vetor incumbente, Z_3, a partir de Z_2, verificando a primeira violação de monotonicidade de Z_2, usando a propriedade já mencionada.

Para os dados da **Tabela 11**, a primeira ordem "errada" no vetor incumbente Z_2 é encontrada entre os países Argentina e Colômbia (pois $2 < 3,5 < 6,5$, mas $6,5 > 5$). Constrói-se o vetor Z_3 trocando-se os postos desses dois países por sua média, ou seja, pelo valor $\frac{6,5+5}{2} = 5,75$, repetindo-se os demais elementos do vetor Z_3. Toma-se agora o vetor Z_3 como incumbente. Tem-se $f(Z_3) = 17$. Se Z_3 satisfaz a restrição de monotonicidade, então a solução ótima é $Z^* = Z_3$, e o procedimento é encerrado.

Se, entretanto, Z_3 não satisfizer a restrição de monotonicidade, como no exemplo da **Tabela 11**, busca-se outro vetor incumbente, Z_4, a partir de Z_3, verificando a primeira violação de monotonicidade de Z_3, usando a propriedade já mencionada.

O procedimento ocorre dessa maneira até que eventualmente termine, obtendo-se a solução ótima da Equação 89, como encontrado para os dados da **Tabela 11** na quarta interação.

De fato, para os dados lá encontrados, a primeira ordem "errada" no vetor incumbente Z_3 é encontrada entre os países Argentina, Colômbia e Peru (pois $2 < 3,5 < 5,75$, mas $5,75 > 4$). Constrói-se o vetor Z_4 trocando-se os postos desses três países por sua média, ou seja, pelo valor $\frac{5,75+5,75+4}{3} = 5,17$, repetindo-se os demais elementos do vetor Z_3. Toma-se agora o vetor Z_4 como incumbente. Tem-se $f(Z_4) = 19$. Se Z_4 satisfaz a restrição de monotonicidade, então a solução ótima é $Z^* = Z_4$, e o procedimento é encerrado. É o que ocorre com os dados da **Tabela 11**.

A **Figura 20** mostra o gráfico de dispersão dos postos originais das duas variáveis e a solução final encontrada pelo algoritmo.

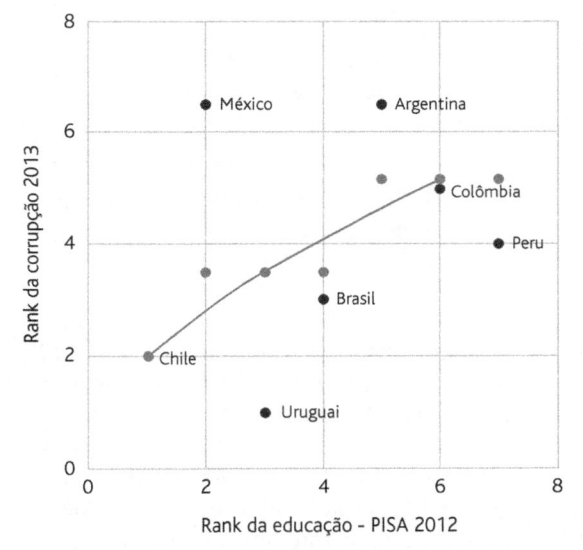

FIGURA 20 Gráfico de dispersão dos postos PISA 2012 e de corrupção percebida 2013 de diversos países latino-americanos e respectiva curva de regressão monotônica.
Fonte: Elaborada pelo autor.

O gráfico revela alguma relação, compatível com os valores dos coeficientes de correlação por postos calculados. Há uma grande dispersão entre alguns postos, especialmente dos países México e Uruguai, que explicam, de certa forma, os modestos valores encontrados para os coeficientes de correlação. A título de ilustração, o mesmo estudo, realizado com 51 países, não somente os latino-americanos, produz o gráfico apresentado na **Figura 21**.

A relação entre as variáveis se vê mais intensa, ainda que haja alguns países com grande dispersão entre seus postos, de certa forma contrabalanceados com os demais países com menor dispersão. O coeficiente de correlação de Spearman é igual a 0,73. Para chegar à solução da Equação 89 e ao correspondente gráfico mostrado na **Figura 21**, foram necessárias 41 iterações do algoritmo.

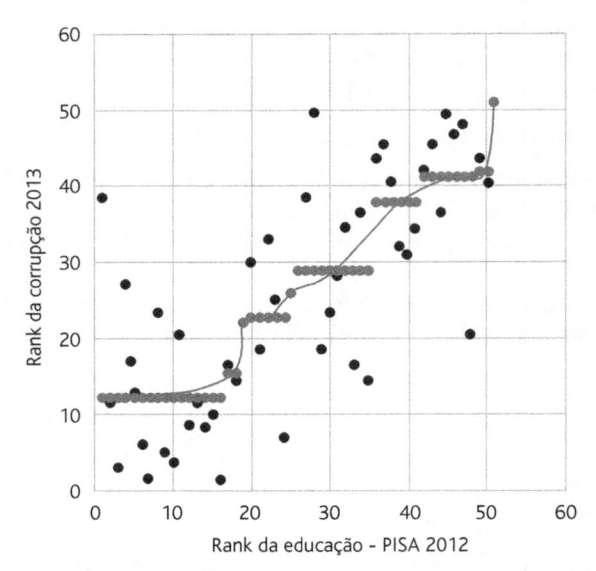

FIGURA 21 Gráfico de dispersão dos postos PISA 2012 e de corrupção percebida 2013 de diversos países e respectiva curva de regressão monotônica.
Fonte: Adaptada de OECD (c2014) e Transparency International (2013).

Se a ordenação dos valores observados da variável X contém empates, o algoritmo apresentado no Exemplo 7 deve ser levemente modificado. Uma modificação normalmente empregada, proposta por Kruskal (1964a) e comprovada formalmente por De Leeuw (1977), é pré-processar os dados substituindo os valores ou postos da variável Y correspondentes a blocos de empates nos postos da variável X pelas suas médias (dentro de cada bloco de observações empatadas na variável X), procedendo então com o algoritmo normalmente.

Deve ser salientado que, como no caso da análise de regressão linear, o procedimento de regressão monotônica não é capaz de comprovar nenhuma relação de causa e efeito entre as variáveis analisadas. Apenas processam-se dados coletados de uma forma organizada, que permitem **relacionar informacionalmente** uma variável à outra, como utilizado por Paixão e Becker (2012).

UMA VARIÁVEL CATEGÓRICA E UMA VARIÁVEL ORDINAL

A variabilidade conjunta entre uma variável categórica e uma variável mensurada em escala ordinal é analisada de forma semelhante ao que se faz para analisar a relação entre uma variável categórica e uma variável métrica, isto é, comparam-se as distribuições da variável ordinal nas subamostras representadas pelas categorias da variável categórica. Observe os procedimentos da seção em que analisamos a relação entre uma variável categórica e uma variável métrica e adapte os procedimentos, no que couber, para realizar a análise. Assim, por exemplo, não há muito sentido em comparar gráficos-caixa, pois uma variável ordinal não tem valores associados. Mas é possível comparar histogramas da variável ordinal entre as subamostras definidas pelas categorias da variável categórica, como lá detalhado. Também faz sentido analisar comparativamente as diversas medidas utilizadas para caracterizar variáveis ordinais, conforme já apresentado na seção correspondente.

Alternativamente, podem-se utilizar as técnicas sugeridas para analisar duas variáveis categóricas, tratando a variável ordinal como se categórica fosse. Lembre que o esquema de classificação de níveis de mensuração é hierárquico, de modo que uma variável ordinal pode ser tratada como uma variável categórica. Assim, podem-se representar as duas variáveis conjuntamente por meio de tabelas de contingência, por exemplo. Ou ainda por meio de matrizes de correspondência.

UMA VARIÁVEL ORDINAL E UMA VARIÁVEL MÉTRICA

A análise da variabilidade conjunta entre uma variável ordinal e uma variável métrica pode ser levada a cabo utilizando-se as mesmas técnicas descritas para analisar a variabilidade conjunta de duas variáveis ordinais, degradando, de certa forma, a informação contida no processo de mensuração da variável métrica. Lembre mais uma vez que o esquema de classificação de níveis de mensuração é hierárquico, de modo que uma variável métrica pode ser tratada como uma variável ordinal. Como opção, pode-se degradar a informação contida na ordenação da variável ordinal, tratando-a como se categórica fosse. Nesse caso, as técnicas descritas para analisar a relação entre uma variável categórica e uma métrica podem ser todas aplicadas.

EXERCÍCIOS

Escolha um banco de dados qualquer em que você esteja interessado. Para a realização dos exercícios a seguir é recomendável a utilização de alguma planilha de cálculo ou algum pacote estatístico.

1. Escolha duas variáveis categóricas do banco de dados e faça uma análise relacionando as informações existentes. Há algum *outlier* entre os dados analisados? Em caso afirmativo, corrija a situação e refaça a análise. Qual é a correção proposta? Há necessidade de reagrupar categorias?
2. Repita o exercício anterior para outro par de variáveis categóricas.
3. Escolha uma variável categórica e uma variável métrica do banco de dados e faça uma análise relacionando as informações existentes. Há algum *outlier* entre os dados analisados? Em caso afirmativo, corrija a situação e refaça a análise. Qual é a correção proposta? Há necessidade de reagrupar categorias?
4. Repita o exercício anterior para outro par de variáveis (uma categórica e outra métrica).
5. Escolha duas variáveis métricas do banco de dados e faça uma análise relacionando as informações existentes. Há algum *outlier* entre os dados analisados? Em caso afirmativo, corrija a situação e refaça a análise. Qual é a correção proposta?

6. Repita o exercício anterior para outro par de variáveis métricas.
7. Escolha duas variáveis ordinais do banco de dados e faça uma análise relacionando as informações existentes. Há algum *outlier* entre os dados analisados? Em caso afirmativo, corrija a situação e refaça a análise. Qual é a correção proposta?
8. Repita o exercício anterior para outro par de variáveis ordinais.
9. Escolha uma variável categórica e uma variável ordinal do banco de dados e faça uma análise relacionando as informações existentes. Há algum *outlier* entre os dados analisados? Em caso afirmativo, corrija a situação e refaça a análise. Qual é a correção proposta? Há necessidade de reagrupar categorias?
10. Repita o exercício anterior para outro par de variáveis (uma categórica e outra ordinal).
11. Escolha uma variável ordinal e uma variável métrica do banco de dados e faça uma análise relacionando as informações existentes. Há algum *outlier* entre os dados analisados? Em caso afirmativo, corrija a situação e refaça a análise. Qual é a correção proposta?
12. Repita o exercício anterior para outro par de variáveis (uma ordinal e outra métrica).

Capítulo 4
Incerteza e sua mensuração

Neste capítulo, apresentam-se os conceitos relacionados à teoria de probabilidades. Conforme já salientado no Capítulo 1, a estatística matemática, ou inferencial, desenvolveu-se a partir da utilização da teoria de probabilidades no estudo das relações existentes entre populações e amostras delas retiradas. Em um primeiro momento, trataremos da teoria de probabilidades, em sentido estrito. No Capítulo 7, veremos como utilizar esses conceitos para relacionar informações de amostras e populações.

CERTEZA E INCERTEZA

Repare nas afirmações contidas no **Quadro 1**.

QUADRO 1 Conjunto de afirmações e seu valor lógico

1. Pegue uma moeda; prepare-se para jogá-la para cima; Afirmação: a face "cara" ficará voltada para cima quando a moeda cair.
2. Pegue um percevejo; prepare-se para jogá-lo para cima; Afirmação: sua ponta ficará voltada para cima quando o percevejo cair.
3. Considere os dígitos decimais de π, contados a partir da vírgula decimal; Afirmação: o 100.000º dígito é 1.
4. Considere os dígitos decimais de π, contados a partir da vírgula decimal; Afirmação: o 1º dígito é 1.
5. Considere os dígitos decimais de $\frac{1}{9}$, contados a partir da vírgula decimal; Afirmação: o 100.000º dígito é 1.
6. Considere os dígitos decimais de $\frac{1}{9}$, contados a partir da vírgula decimal; Afirmação: o 1º dígito é 1.
7. Considere Moçambique, ex-colônia portuguesa, e sua capital, Maputo; Afirmação: existem mais de 10.000 telefones residenciais em Maputo.
8. Considere o Brasil e seus governantes; Afirmação: o(a) presidente do Brasil é de Minas Gerais.
9. Considere o Brasil e seus governantes; Afirmação: o(a) próximo(a) presidente do Brasil será de Minas Gerais.
10. Considere a Argentina e seus governantes; Afirmação: o(a) presidente da Argentina é de Corrientes.
11. Considere a Argentina e seus governantes; Afirmação: o(a) próximo(a) presidente da Argentina será de Corrientes.
12. Considere o evento anual da páscoa, em que os cristãos celebram a paixão, morte e ressurreição de Jesus Cristo; Afirmação: a última páscoa aconteceu num período de lua cheia.
13. Considere o evento anual da páscoa, em que os cristãos celebram a paixão, morte e ressurreição de Jesus Cristo; Afirmação: a próxima páscoa acontecerá num período de lua cheia.

Fonte: Adaptado de Von Winterfeldt e Edwards (1986).

Você deve decidir sobre a falsidade ou veracidade de cada uma delas, no sentido de nossa lógica clássica.[1] Reflita sobre cada uma das afirmações e escreva em uma folha de papel sua decisão. Você tem 10 minutos para cumprir a tarefa. Como você se sente a respeito? Há **certeza** em sua escolha? Qual é a diferença estrutural entre as afirmações 1 e 2? Sua resposta foi diferente a cada uma delas? Por quê? Qual é a diferença estrutural entre as afirmações 3 e 4? Sua resposta foi diferente a cada uma delas? Por quê? Qual é a diferença estrutural entre os pares de afirmações 3 e 4 e 5 e 6? Sua resposta foi diferente a cada uma delas? Por quê? Qual é a diferença estrutural entre as afirmações 8 e 9? Sua resposta foi diferente a cada uma delas? Por quê? Qual é a diferença estrutural entre as afirmações 12 e 13? Sua resposta foi diferente a cada uma delas? Por quê?

A maioria das pessoas titubeia ao responder à primeira questão, não podendo afirmar com certeza se a afirmação é verdadeira ou falsa, dizem. Ficam embretados logicamente, pois se a afirmação é falsa, como alguns chegam a dizer, sua negação deve ser verdadeira. Mas sua negação seria algo como "a face 'coroa' ficará voltada para cima quando a moeda cair", tendo a mesma estrutura da afirmativa 1, de modo que a negação também não pode ser verdadeira.

Algumas pessoas dizem que não se pode caracterizar a veracidade da afirmação porque a moeda ainda não caiu ao solo. Trata-se, pois, de algo que acontecerá no futuro, e o futuro a Deus pertence... Mas agora troque um pouco a estrutura da frase, modificando-a para algo como: "a moeda já caiu ao solo, mas alguém (o exterminador do futuro?) colocou seu pé em cima da moeda". Você modificaria sua resposta? Por quê? Onde está o futuro?

Alguns dizem que a afirmação 1 não é verdadeira nem falsa, mas isso contradiz a lógica clássica. Alguns chegam à conclusão que a afirmação é 50% verdadeira e 50% falsa, o que também contradiz a lógica clássica. Mas... o que dizer então da afirmação 2? Vale a "lógica" do 50% verdadeiro? E a afirmação 3? Vale a "lógica" do 50% verdadeiro? A menção aos 50% verdadeiro parece estar de fato medindo o grau de incerteza sobre a veracidade da afirmação 1.

Seguindo essa linha de raciocínio, a maioria das pessoas posiciona-se quanto à afirmação 3 dizendo que ela é 10% verdadeira e 90% falsa, baseando sua conclusão no fato de haver 10 dígitos decimais, e o dígito 1 ser apenas um deles. Mas a mesma lógica não é seguida para responder algumas outras indagações, e quase todos respondem que as afirmações 4, 5 e 6 são verdadeiras, com certeza. Mas, se a estrutura das afirmações é essencialmente a mesma, o que mudou, para haver essa diferença de opinião? E, voltando à questão do futuro, que carrega consigo incertezas, onde está o futuro nas afirmações 3, 4, 5 e 6? Pois a estrutura de representação do número π tem a característica que tem[2] independentemente do tempo, mesmo antes de sua "descoberta", mesmo antes que a própria representação decimal fosse concebida, ou seja, verdadeiramente atemporal.

Tome-se agora a afirmação 7. Nada há de futuro a respeito, mas a maioria das pessoas também titubeia ao responder. Por quê? Falta-lhes informação, falta-lhes

---

[1] Como se sabe, na lógica clássica só há duas opções: V (verdadeira) ou F (falsa)! E, se uma afirmação é verdadeira, sua negação deve necessariamente ser falsa, e vice-versa.

[2] Isto é, ser um número irracional, não podendo ser representado por uma fração de inteiros, e sua representação decimal ter infinitas casas decimais depois da vírgula, sem qualquer padrão de repetição.

conhecimento suficiente para a convicção, para a certeza. Mas, não tão surpreendentemente, também conseguem aferir se a afirmação está mais para verdadeira do que para falsa. Pois, embora lhes falte conhecimento para a convicção, há conhecimento suficiente para uma inclinação em direção à veracidade ou falsidade da afirmação, muitos raciocinando em torno do contexto socioeconômico de Moçambique, de sua história, do que representam 10.000 telefones residenciais (afinal, é apenas uma central), etc.

Tomem-se agora as afirmações 8, 9, 10 e 11. Em que elas diferem entre si? Há, é claro, a questão do futuro envolvendo as afirmações 9 e 11. Mas sua resposta à questão 10 é a mesma da resposta à questão 8? Por quê? Algumas pessoas não conseguem, de pronto, afirmar com certeza se a afirmação 10 é verdadeira ou falsa, embora a afirmação esteja fraseada no presente, tanto quanto a afirmação 8. Por quê? Falta-lhes informação, falta-lhes conhecimento suficiente para a convicção, para a certeza. Mas, não tão surpreendentemente, também conseguem aferir se a afirmação está mais para verdadeira do que para falsa. Pois, embora lhes falte conhecimento para a convicção, há conhecimento suficiente para uma inclinação em direção à veracidade ou falsidade da afirmação, muitos raciocinando em torno do contexto socioeconômico da Argentina, de sua história, da distribuição populacional em seu território, etc. E fazem isso da mesma maneira para a questão 11, que envolve o futuro. Por quê?

Finalmente, tomem-se as afirmações 12 e 13. Em que elas se distinguem entre si? Uma trata do passado e outra trata do futuro, mas ambas são verdadeiras, com certeza, pois a tradição da celebração cristã segue o calendário lunar, vigente ao tempo em que Cristo viveu.

O ponto fundamental a ser feito é que a **incerteza** é uma propriedade do **nosso conhecimento** a respeito dos eventos, e **não** dos eventos em si, todas as incertezas sendo intrinsecamente do mesmo tipo.

É desnecessário qualificar a incerteza, classificando-a em decorrente do futuro, ou não. De fato, às vezes tem-se mais incerteza a respeito do passado do que do futuro. Pense, por exemplo, no processo de prospecção de petróleo. Se há petróleo em uma determinada região, ele por certo está lá há milhões de anos. O que nos falta é conhecimento a respeito, sobrando agruras. Deve-se perfurar aqui ou ali? Deve-se gastar tanto ou quanto? Deve-se investir na empreitada ou não? Pois os ganhos são incertos. Repare que a prospecção busca tão somente informação para qualificar nosso posicionamento a respeito da veracidade da afirmação "há petróleo na região". Por outro lado, pode-se afirmar com certeza e muita precisão que a próxima passagem do cometa Halley suficientemente próxima da Terra para ser visível a olho nu por sua população ocorrerá em 2061. Incertezas são simplesmente incertezas, decorrentes do estado de nosso conhecimento a respeito dos eventos.

Probabilidades são números que inventamos para nos ajudar a mensurar incertezas, nos auxiliando a decidir quando nos vemos diante de eventos incertos. Estimamos probabilidades com base em **pressupostos teóricos** (a moeda tem duas faces, é equilibrada perfeitamente, logo, a chance de cair com a face cara para cima é de 50%), **frequência relativa** (jogamos várias vezes um percevejo para cima e observamos como ele cai ao solo, se com a ponta para cima ou não; logo, estima-se que a chance de cair com a ponta para cima é de...), **simetria** (são dez os dígitos decimais, e o dígito 1 é apenas um deles, logo a chance de o $100.000°$ dígito de π ser 1 é de 10%), **informações disponíveis** (a situação socioeconômica de Moçambique é tal, sua história é qual, uma única central telefônica contém 10.000 linhas, etc., logo a chance de haver mais de 10.000 telefones residenciais em Maputo é de...), e, em última instância, em **julgamentos pessoais** a respeito dos eventos e seu entorno (o pressuposto teórico é adequado ao presente caso ou não? A frequência relativa pode ser generalizada ou não? A simetria é pertinente ou não? As informações são confiáveis ou não?). Muitas vezes, várias dessas bases são utilizadas simultaneamente, havendo alguma redundância entre elas.

Repare nas subjetividades dos processos mencionados. A **Figura 11** do Capítulo 1 pode ser revisitada, como ilustração. A atribuição de probabilidades segue o modelo de transformação de dados em informação, sendo, portanto, subjetivo. Assim, duas pessoas analisando um mesmo evento podem estimar diferentemente sua probabilidade, e não há nada de errado com isso. Apenas o conhecimento de uma e de outra são distintos. Apenas o entendimento e o enquadramento do evento em seu entorno são distintos. Savage (1954) foi o primeiro estatístico a formalizar a ideia de probabilidades subjetivas.

Assim como é desnecessário qualificar a incerteza, todas elas sendo intrinsecamente do mesmo tipo, é desnecessário qualificar a probabilidade, classificando-a em objetiva ou subjetiva, dependendo do tipo de informação processada para sua estimativa. Ou distinguir decisões sob risco (com chances conhecidas) de decisões sob incerteza (com chances desconhecidas), como Knight (1921) propôs. À luz da representação esquemática da **Figura 11** do Capítulo 1, que informação não é subjetivamente processada? Que chances são conhecidas? Por exemplo, não se pode afirmar que a probabilidade de sair a face cara no lançamento de uma moeda **é** 50%, como quase sempre nos expressamos. Há uma sutileza, que é a presunção de honestidade da moeda, quase sempre embutida apenas nas entrelinhas dos livros elementares de probabilidades. O que é uma moeda honesta? Há alguma moeda honesta? A honestidade da moeda é tão somente presumida, é uma abstração.

Leonard Jimmie Savage
(1917-1971)

Apesar da relativamente recente invenção da teoria de probabilidades, deve ser destacado que o ser humano sempre conviveu, e sempre conviverá, com incertezas, na medida em que o conhecimento não é (e nunca será) absoluto. Mesmo desconhecendo como mensurar formalmente incertezas sempre fomos capazes de superá-las, às vezes aos trancos e barrancos, mas sempre com menos erros do que acertos, sempre aprendendo com nossas falhas. Se há algo que caracterize a espécie humana é sua capacidade de raciocínio, de enxergar à frente e de formular estratégias para vencer obstáculos e adversidades.

Mas o assunto incerteza e sua mensuração não são nada intuitivos e nos perdemos facilmente se não tivermos cuidado.[3] Este é o papel central da teoria de probabilidades: ser o guardião da coerência e da consistência. Assim, por exemplo, se

---
[3] Como o grande frasista Millôr Fernandes (2002, p. 12) coloca, "O acaso é uma besteira de Deus".

estimarmos a probabilidade de um evento em 40%, como talvez estimássemos no caso do lançamento do percevejo, dependendo das informações colhidas em sucessivos lançamentos experimentais, nossa estimativa da probabilidade do evento complementar haverá de ser 60%. Qualquer número diferente de 60% está errado! Mas a teoria de probabilidades não exigirá que a probabilidade do evento inicialmente considerado seja igual a 40%. Esse pode ser um julgamento nosso, subjetivo. Mais formalmente, a teoria nos dirá $P(\bar{A}) = 1 - P(A)$, mas não nos dirá nada a respeito de $P(A)$. Teorias nos dizem coisas no modelo "se... então...", teorias trabalham com premissas e conclusões. Se as premissas forem válidas, as conclusões são imperiosas. Mas se as premissas não forem válidas...

Modelagem determinista

Com base em observações e experimentação, a ciência chega a leis que governam o curso dos fenômenos, chamados de modelos causais deterministas. São ditos deterministas porque o conhecimento das causas determina integralmente os efeitos. Em tais modelos, um dado de entrada (*input*) produzirá sempre o mesmo resultado (*output*). Usam-se quantificadores como sempre e nunca, com uma linguagem de certeza absoluta. O esquema mais elementar e difundido de expressão de regularidade (leis universais) é:

> Em qualquer realização de um conjunto, em geral complexo, de condições $\mathcal{C}$, o evento A ocorre (Gnedenko, 1969, p. 13).

Os exemplos são abundantes. A água pura, a uma pressão atmosférica (760 mm Hg), aquecida acima de 100°C (conjunto de condições $\mathcal{C}$), transforma-se em vapor (evento A). Para qualquer reação química sem trocas com o meio externo (conjunto de condições $\mathcal{C}$), a quantidade total de matéria permanece constante (evento A) – lei de conservação da matéria.

Eventos certos, impossíveis e aleatórios

A noção da incerteza intrínseca percebida em vários fenômenos, entretanto, faz emergir a necessidade de desenvolver uma linguagem um pouco mais geral. Separam-se, assim, eventos certos e seus complementos, os eventos impossíveis, típicos da linguagem determinística, de eventos aleatórios. Um evento que inevitavelmente ocorre sempre que o conjunto de condições $\mathcal{C}$ se realiza é chamado de evento certo. Um evento que definitivamente não pode ocorrer quando da realização do conjunto de condições $\mathcal{C}$ é chamado de evento impossível. E se, quando o conjunto de condições $\mathcal{C}$ for realizado o evento A puder ocorrer ou não, ele é chamado de evento aleatório. A palavra é derivada do latim, *aleatoriu*, significando aquilo que depende de acontecimentos incertos, favoráveis ou não a um determinado evento (Weiszflog, 2007). *Aleatoriu*, por sua vez é derivada de *aleator*, significando jogador de dados, que é derivada de *alea*, significando jogo de dados, segundo o dicionário etimológico online.[4] Usa-se também o termo estocástico, derivado do grego, *stokhastikós*, embora seja uma palavra mais usada para a descrição de processos

---

[4] Harper (c2001-2014).

dinâmicos envolvendo várias variáveis relacionadas, mais amplamente, portanto, do que um evento particular. A influência inglesa trouxe o termo randômico (de *random*), com o mesmo significado.

Repare a subordinação das definições ao conjunto de condições rotuladas pelo símbolo $\mathcal{C}$. Assim, quando falamos de eventos certos, impossíveis ou aleatórios, sempre estaremos nos referindo à certeza, impossibilidade ou aleatoriedade com respeito a um conjunto definido de condições $\mathcal{C}$, embora muitas vezes essas condições estejam implícitas em nossas expressões. E aí reside o perigo de interpretações dúbias, dando margem a erros e falsas avaliações. Pois basta trocarem-se as condições e o problema pode mudar completamente de figura. É o caso da tal honestidade da moeda. Basta que a moeda em questão não seja honesta para que nossas avaliações probabilísticas de 50% para a face cara e 50% para a face coroa percam todo o sentido. Se a moeda não é honesta, o jogo de cara e coroa está mais para um jogo de percevejos...

Sob uma ótica determinista estrita, a aleatoriedade de um evento A é interpretada simplesmente como o fato de o conjunto de condições $\mathcal{C}$ não englobar a completa coleção de razões necessárias e suficientes para a ocorrência de A. Se tivéssemos mais conhecimento, se nosso modelo fosse mais completo, quem sabe não poderíamos determinar com certeza se o evento A ocorreria ou não? Isso era, afinal, o que vinha acontecendo até o final do século XIX e início do século XX com a ciência. A cada avanço, novos relacionamentos eram descobertos e os modelos causais deterministas eram aperfeiçoados.[5]

Modelagem estocástica (não determinista)

Para vários fenômenos, entretanto, pode-se não somente estabelecer a aleatoriedade do evento A, mas também uma estimativa quantitativa da possibilidade de sua ocorrência. O esquema mais elementar e difundido de regularidade (leis universais) é estendido então para:

> A probabilidade de que o evento A ocorra quando da realização de um conjunto de condições $\mathcal{C}$ é igual a p (Gnedenko, 1969, p. 14).

Os exemplos são igualmente abundantes. Não há como prever se um determinado átomo de rádio decairá em um determinado intervalo de tempo ou não, mas é possível, com base em resultados experimentais, determinar a probabilidade de tal decaimento. Um átomo de rádio decai em um intervalo de tempo de t anos com uma probabilidade $p=1-e^{-0,000433t}$. O conjunto de condições $\mathcal{C}$ estabelece que o átomo de rádio não esteja sujeito a ações externas não usuais, como bombardeamento com partículas em alta velocidade. Suas condições de

---

[5] Como expresso no chamado demônio de Laplace: "Devemos então enxergar o estado presente do universo como o efeito de seu estado anterior e como a causa do estado seguinte. Uma inteligência que, por um determinado instante, conhecesse todas as forças que animam a natureza e a situação respectiva dos seres que a compõem, se de um outro local ela fosse assim tão vasta para submeter seus dados à análise, abraçaria em uma mesma fórmula os movimentos dos maiores corpos do universo e dos mais leves átomos: nada seria incerto para ela, e o futuro, como o passado, seriam presentes a seus olhos" (Laplace, 1820, p. VI, VII).

existência não importam: em que meio ele se encontra, que temperatura ele tem, etc. O evento A consiste no fato de que o átomo decairá no intervalo de tempo de t anos.

Decaimento radioativo é o nome que se dá ao processo de perda de energia por parte de um núcleo atômico ao emitir partículas ionizadas. A emissão é espontânea, no sentido de que o átomo decai sem qualquer interação física com outra partícula fora do átomo. De acordo com a teoria quântica, é impossível prever quando um particular átomo decairá, mas a chance de um átomo decair é constante ao longo do tempo.[6] O processo foi descoberto por acaso em 1896 pelo físico francês Antoine Henri Becquerel, enquanto investigava a relação que ele julgava existir entre raios X e fosforescência.

Becquerel foi agraciado com o prêmio Nobel de física em 1903, juntamente com Pierre e Marie Curie por suas descobertas do fenômeno da radioatividade.

Um exemplo mais próximo dos simples mortais surge nas telecomunicações. Não há como prever se uma central telefônica específica receberá uma chamada em um determinado intervalo de tempo ou não, mas é possível, com base em observações sistemáticas, estimar a probabilidade de tal evento. Teoriza-se que uma central telefônica receberá uma chamada em um intervalo de tempo de t segundos com uma probabilidade $p = 1 - e^{-\lambda t}$. Cada central telefônica possui um valor para o parâmetro λ. O conjunto de condições $\mathcal{C}$ estabelece que a central telefônica esteja sujeita a ações externas usuais, como hábitos e tamanho da população usuária estáveis, canais de acesso em perfeito funcionamento, etc. O evento A consiste no fato de que a central telefônica receberá uma chamada no intervalo de tempo de t segundos.

A análise de redes de telecomunicações foi desenvolvida pioneiramente em 1909 pelo matemático dinamarquês Agner Krarup Erlang.

Erlang, trabalhando na Companhia de Telefones de Kopenhagen, enfrentou o hoje clássico problema de dimensionamento de uma central telefônica, ou seja, de determinar quantos circuitos são necessários para prover um serviço adequado a uma comunidade.

Antoine Henri Becquerel
(1852-1908)

Agner Krarup Erlang
(1878-1929)

Pioneiros

A ideia de que a probabilidade de um evento aleatório A, sob condições conhecidas, admite uma avaliação quantitativa $p = P(A)$, que hoje nos parece tão natural, foi formalizada no século XVII, muito embora o interesse pelo assunto por certo se perca no tempo. A percepção do imponderável e de suas consequências práticas tem acompanhado a humanidade desde tempos imemoriais, confundindo-se com seu próprio desenvolvimento enquanto espécie. Não é de surpreender, portanto,

---

[6] Integrated Environmental Management (c1997-2014).

que as noções de sorte e azar fascinem tanto a humanidade, que desde cedo inventou esquemas e artefatos para se divertir com o assunto. Há registros arqueológicos da utilização de ossos de animais usados como dados para jogar pelo menos desde a época peleolítica (Bernstein, 1997; Ifrah, 1997). Ou seja, sempre se jogou, sempre se avaliaram possibilidades de ganhos e perdas, pelo menos informalmente. Mas a formalização teórica é um tanto quanto tardia, provavelmente devido ao misticismo que envolve a sorte e o azar.

Atribui-se o pioneirismo da formalização teórica à resolução de um problema prático sobre jogos de azar, documentada em uma troca de correspondências entre o advogado e matemático amador francês Pierre de Fermat e o matemático francês Blaise Pascal.

Pierre de Fermat
(1601-1665)

Pascal e Fermat, em correspondências datadas de 1654, trataram do problema chamado de repartição de apostas entre dois jogadores em um jogo por pontos. Jogos por pontos são comuns desde a antiguidade. O vencedor é o primeiro a conquistar um determinado número de pontos em séries de jogadas alternadas, cada uma delas dependendo da sorte do jogador, como por exemplo, o primeiro a tirar três vezes o número 6 em séries alternadas (entre os jogadores) de jogadas de um dado. O problema da repartição de apostas consiste em repartir de modo justo entre os dois jogadores o cacife, ou seja, o dinheiro das apostas já acumuladas, de um jogo que se vê interrompido antes de seu final. Conforme Pascal (1665, p. 1),

> Para entender as regras da repartição, a primeira coisa que se deve considerar é que o dinheiro que os jogadores já colocaram em jogo não lhes pertence mais, pois eles abriram mão de sua propriedade; mas eles receberam em troca o direito de ganhar o que o azar lhes pode oferecer, segundo as condições conhecidas antecipadamente.
>
> Mas como esta é uma lei voluntária, os jogadores a podem rompê-la de comum acordo, e assim, em qualquer situação que o jogo se encontre, eles podem dele sair, e, contrariamente ao que fizeram quando entraram no jogo, podem renunciar ao azar e re-adquirir cada um dos dois a propriedade de alguma coisa; neste caso, o regramento do que é devido a cada um deve ser exatamente proporcional ao que eles teriam direito a esperar da fortuna, se o jogo continuasse, e esta distribuição justa é chamada de repartição.

Blaise Pascal
(1623-1662)

Uma repartição ingênua seria dividir por dois, já que são dois os jogadores. Mas essa repartição não faz justiça ao jogador que está, digamos, à frente de seu adversário, ou seja, despreza por completo qualquer informação sobre como o jogo transcorreu até o momento da interrupção. Outra repartição menos ingênua é a partilha proporcional ao número de pontos já acumulados pelos dois jogadores. A solução também é injusta, pois desconsidera o que poderia acontecer no futuro, caso o jogo não fosse interrompido. Afinal, os dois jogadores teriam concordado antecipadamente que o vencedor seria aquele que primeiro atingisse um determinado número de pontos. Pascal e Fermat teorizaram a respeito, propondo que a repartição fosse proporcional às chances de cada um deles ganhar o jogo a partir do momento da interrupção, que, embora dependa de como o jogo evoluiu até aquele momento, não lhe é exatamente equivalente. Para isso, tiveram que formalizar o procedimento de cálculo das chances de ganho de cada jogador, para qualquer instância, dando origem ao cálculo de probabilidades.

O problema não era novo, tendo sido trazido à atenção de Pascal por um amigo e escritor, também matemático amador, Antoine Gombaud (1607-1684), autoproclamado *Chevalier de Méré*. O problema da repartição de apostas foi o problema matemático sobre jogos de azar mais saliente a seu tempo, tendo sido discutido, mas não resolvido, por matemáticos italianos como Luca Bartolomeo Pacioli (1445-1517), Niccoló Fontana Tartaglia (1499-1557), Giovanni Francesco Peverone (1509-1559) e Girolamo Cardano (1501-1576) desde o século XIV (Shafer, 1993). Para Tartaglia,

> [...] a solução da questão é judicial e não matemática: qualquer que seja a forma de repartição utilizada haverá causa para litígio (Tartaglia *apud* Shafer, 1993, p. 2).

A solução encontrada por Pascal e Fermat, entretanto, foi inovadora e genial, convencendo a todos acerca da justiça do procedimento proposto. A noção de valor esperado de uma variável aleatória acabara de ser instituída.

As correspondências trocadas entre os dois intelectuais em 1654 só foram publicadas em 1679, em homenagem póstuma, e o livro de Pascal sobre o assunto aparece como publicado em 1665, depois de sua morte (Pascal, 1665). Há controvérsias a respeito, havendo indícios de que o livro fora de fato publicado em 1654, enquanto Pascal ainda vivia.[7] Entre uma e outra data, o matemático holandês Christiaan Huygens publica seu artigo sobre o assunto (Huygens, 1657), que passa à história como a primeira obra publicada sobre probabilidades.

O artigo de Huygens inicia motivado pelo problema da repartição de apostas, e, a partir do postulado básico de que o valor da chance ou expectativa de ganho de qualquer coisa deve ser igual ao valor da soma necessária para obter a mesma chance ou expectativa de ganho em um jogo justo e equilibrado, deduz matematicamente os valores esperados de várias situações, incluindo a solução para o problema da divisão de apostas.

O livro de Pascal discorre sobre o dispositivo numérico que veio a ser conhecido como triângulo de Pascal. O dispositivo de cálculo, o triângulo em si, já era conhecido há bastante tempo na China, na Índia e na Pérsia, tendo sido introduzido na Europa em 1527,[8] mas Pascal formaliza uma série de suas propriedades. O livro mostra como usar o dispositivo de cálculo aplicando-o à determinação das ordens numéricas, às combinações, à solução do problema da divisão de apostas e aos coeficientes binomiais.

Christiaan Huygens
(1629-1695)

---

[7] Mesnard (2004).
[8] Learns to Enjoy (c1996-2014).

A solução de Pascal usa fortemente o processo que mais tarde passou a ser conhecido como indução matemática, raciocinando de trás para frente, isto é, determinando o que seria justo na divisão das apostas de um jogo em que ambos os jogadores estão a um ponto de vencer. Nesse caso, pondera Pascal, a solução é dividir o cacife por dois, pois ambos se veem sob idênticas condições, a sorte podendo favorecer um ou outro, evidentemente, se o jogo continuasse, mas no momento da interrupção a justiça seria feita repartindo igualitariamente o cacife entre ambos. Repare que o raciocínio é preciso, levando em conta as possibilidades futuras, não importando quantos pontos os jogadores têm, ou, o que é equivalente, em quantos pontos o jogo terminaria. Sim, pois tanto faz estar empatado em um jogo de 3 pontos, cada um dos jogadores tendo já acumulado 2 pontos ou estar empatado em um jogo de 20 pontos, cada um dos jogadores tendo já acumulado 19 pontos.

A partir daí, Pascal pondera sobre o que seria justo se o jogo fosse interrompido com um dos jogadores estando a 1 ponto de vencer e o outro estando a 2 pontos de vencer. Se o primeiro conquistasse mais 1 ponto, não lhe faltaria mais nada para ganhar o jogo, e todo o cacife seria seu. Se, entretanto, o segundo jogador conquistasse mais 1 ponto, ambos então se veriam em condições idênticas, e a repartição justa, conforme o raciocínio anterior, seria a metade a cada um. Assim, interrompendo o jogo sem realizar mais uma jogada, com um jogador a 1 ponto de vencer e o outro a 2 pontos de vencer, a repartição justa seria que o primeiro jogador (o que está à frente) deveria receber metade da soma do cacife com sua metade, isto é, três quartas partes do cacife.

O mesmo raciocínio pode ser aplicado para o caso do jogo ser interrompido com um jogador estando a 1 ponto de vencer e o outro estando a 3 pontos de vencer. Se o primeiro conquistasse mais 1 ponto, não lhe faltaria mais nada para ganhar o jogo, e todo o cacife seria seu. Se, entretanto, o segundo jogador conquistasse mais 1 ponto, ele ficaria a menos de 2 pontos de vencer, e a repartição justa, conforme o raciocínio anterior, seria dar três quartas partes ao primeiro jogador (o que está à frente). Assim, interrompendo o jogo sem realizar mais uma jogada, com um jogador a 1 ponto de vencer e o outro a 3 pontos de vencer, a repartição justa seria que o primeiro jogador (o que está à frente) deveria receber metade da soma do cacife com três quartas partes do cacife, isto é, sete oitavas partes do cacife.

O raciocínio facilmente se generaliza para situações em que um dos jogadores está a 1 ponto de vencer, qualquer que seja o número de pontos faltantes ao outro, 1, 2, 3, 4, 5, ou, como diz Pascal, ao infinito.

Do mesmo modo, pode-se facilmente chegar à repartição justa para o caso de interrupção de um jogo em que um dos jogadores esteja a 2 pontos de vencer e o outro a 3 pontos de vencer, sempre examinando os casos de ganhos e perdas da próxima jogada se o jogo não fosse interrompido. Pois, caso o primeiro jogador (o que está à frente) conquistasse mais 1 ponto, estaria a 1 ponto de vencer e o outro a 3 pontos, e, pelo raciocínio anterior, a repartição justa seria sete oitavas partes do cacife ao primeiro. Se, entretanto, o segundo jogador conquistasse mais 1 ponto, ele estaria então a 2 pontos de vencer, em condições idênticas ao primeiro jogador, e a repartição justa seria, pelo raciocínio anterior, metade para cada um. Assim, interrompendo o jogo sem realizar mais uma jogada, com um jogador a 2 pontos de vencer e o outro a 3 pontos de vencer, a repartição justa seria que o primeiro jogador (o que está à frente) deveria receber metade da soma de sete oitavos do cacife com meio cacife, ou seja, onze dezesseis avos do cacife.

> Por este método se faz a repartição para todos os casos, tomando sempre o que se receberia em caso de ganho e o que se receberia em caso de perda, e designando como repartição a metade destas duas somas. Eis aí uma maneira de fazer a repartição. Há outras, uma pelo triângulo aritmético e outra pelas combinações (Pascal, 1665, p. 5).

Girolamo Cardano
(1501-1576)

Mas outros autores também merecem créditos, como o médico e matemático italiano Girolamo Cardano. Por volta de 1560, segundo Shafer (1993), Cardano (1663) produziu o *Liber de Ludo Aleae*, um manual de jogos de azar de 15 páginas contendo 32 seções curtas, chamadas de capítulos na publicação original, escrito em linguagem não matemática, provavelmente para amantes dos jogos de azar, como Cardano. O manual não recebeu a devida atenção dos meios científicos, tampouco do próprio Cardano, que não o publicou como suas outras contribuições à ciência. Foi publicado postumamente, apenas em 1663, depois da publicação de Huygens (1657).

E o grande Galileo Galilei também deu sua original contribuição.

Galileo Galilei
(1564-1642)

Por volta de 1620, Galileo deu sua resposta a um grupo de nobres fiorentinos que não entendiam porque em um jogo de 3 dados, chamado Zara, o resultado 10 (soma dos 3 dados) parece ser mais frequente do que o resultado 9, embora haja seis combinações de dados possíveis para cada resultado (10 = 1 + 3 + 6 = 1 + 4 + 5 = 2 + 2 + 6 = 2 + 3 + 5 = 2 + 4 + 4 = 3 + 3 + 4; e 9 = 1 + 2 + 6 = 1 + 3 + 5 = 1 + 4 + 4 = 2 + 2 + 5 = 2 + 3 + 4 = 3 + 3 + 3). Raciocinando em torno da simetria de um dado com seis faces, da igualdade de chance para cada resultado individual, da independência de resultados obtidos em cada um dos dados lançados, Galileo chega à conclusão que há 27 maneiras de obter 10 contra somente 25 maneiras de obter 9, dentre as 216 (216 = 6 x 6 x 6) maneiras possíveis de resultar uma jogada de 3 dados. Portanto, o resultado 10 deve ser mais frequente do que o resultado 9. Seu artigo *Sopra le Scoperte dei Dadi* (Galilei, 1718) foi publicado postumamente, após a publicação de Huygens (Shafer, 1993).

A palavra probabilidade não é pronunciada nesses textos iniciais, os raciocínios girando em torno de razões entre chances e expectativas de ganho. Os problemas tratados eram eminentemente combinatórios, e as variáveis tomavam somente valores inteiros.

Em 1708 o matemático francês Pierre Rémond de Montmort (1678-1719) publica o seu livro, cuja segunda edição (Montmort, 1713) foi aperfeiçoada a partir de trocas de ideias com o matemático suíço Nicolau Bernoulli (1687-1759). Nicolau Bernoulli nesse mesmo ano publica postumamente o livro *Ars Conjectandi*, escrito por seu tio, o matemático suíço Jacó Bernoulli (veja a seguir), provavelmente entre 1684 e 1688.

Jacó Bernoulli
(1654-1705)

Bernoulli (1713) normaliza as fórmulas propostas por Huygens, definindo probabilidade mais formalmente, com todos os possíveis resultados somando a unidade. A palavra probabilidade, com um sentido de mensuração quantitativa, aparece pela primeira vez na literatura. Bernoulli formula a lei dos grandes números, ensejando uma interpretação de probabilidades como uma frequência relativa. E propõe a utilização da teoria para a resolução de problemas mais gerais, da política, da economia e da moral, em que argumentos e evidências devem ser ponderados. Montmort (1713) cita Bernoulli (1713) em seu prefácio lamentando que sua morte prematura tenha lhe impedido de continuar sua obra, especialmente com o objetivo de aplicar probabilidades para a solução de problemas mais amplos do que os problemas de jogos de azar. A conexão entre probabilidade como medida de incerteza, trazida pelo desconhecimento é óbvia, embora ainda se esteja dentro de um quadro determinista. A incerteza é decorrente do futuro:

> Falando estritamente, nada depende do acaso; quando se estuda a natureza, estamos bem convencidos que seu Autor agiu de modo geral e uniforme, caracterizando uma sabedoria e uma presciência infinitas. Assim, para associar a palavra acaso a uma ideia conforme à verdadeira Filosofia, deve-se pensar que todas as coisas estão regradas segundo leis certas, mas que geralmente não são por nós conhecidas; elas dependem do acaso pois a causa natural nos é escondida. Após esta definição se pode dizer que a vida do homem é um jogo onde reina o acaso (Montmort, 1713, p. xiv).

E, se a vida do homem é um jogo, por que não usar na vida as mesmas regras válidas para auxiliar suas estratégias em jogos?

> [...] deve-se observar que assim como há jogos que se regram unicamente pelo azar, há outros que se regram em parte pelo azar e em parte pelas habilidades dos jogadores; assim também acontece com as coisas da vida, há algumas em que o sucesso depende inteiramente do acaso, e há outras em que a conduta dos homens tem grande influência; assim, em todas as coisas da vida sobre as quais devemos tomar algum partido, nossa deliberação deve se limitar, como no caso das apostas nos jogos, a comparar o número de casos favoráveis a um determinado evento ao número de casos desfavoráveis, ou, como falaria um Geômetra, a examinar se o que esperamos multiplicado pelo grau de probabilidade de sua obtenção iguala ou supera nossa aposta, quer dizer, as antecipações que fazemos, seja de tristeza, seja de dinheiro, seja de crédito, etc. Segue daí que as mesmas regras de Análise que servem para determinar as apostas dos jogadores e o modo com que eles devem conduzir seus jogos, podem assim servir para determinar a medida de nossas esperanças em nossos diversos empreendimentos e captar a condução que deveremos ter para capturar a maior vantagem possível. É claro, por exemplo, que o mesmo método que nos serviu para determinar em que circunstâncias é melhor renunciar às fichas sem se prender à esperança de obter algum retorno, pode ser empregado, talvez um pouco mais dificilmente, para determinar sob que circunstâncias da vida se deve sacrificar um pequeno bem na esperança de obter outro de maior valor (Montmort, 1713, p. xiv, xv).

E ressalta-se a utilização da teoria como parte de um processo de modelagem, como diríamos hoje.

Para terminar este paralelo entre os problemas sobre os jogos e as questões que se podem propor sobre as coisas econômicas, políticas e morais, é necessário observar que tanto nesses casos como nos casos dos jogos, há um conjunto de problemas que se pode resolver observando as duas seguintes regras: 1ª reduzir a questão proposta a um pequeno número de suposições, estabelecidas pelos fatos conhecidos; 2ª abstrair todas as circunstâncias em que a liberdade do homem, esta eterna barreira ao nosso conhecimento, pode ter qualquer influência. Eu creio que Bernoulli levaria em conta estas regras na quarta parte de sua obra, e é certo que com estas duas restrições se poderia tratar diversos assuntos ou de política ou de moral com toda a exatidão das verdades geométricas (Montmort, 1713, p. xix).

Bernoulli vislumbrou aplicações da teoria de probabilidades a outros campos, esperando que dados demográficos, como os coletados pelo comerciante inglês John Graunt e publicados em 1662 (Graunt, 1662),[9] e trabalhos aplicados a finanças e seguros pudessem servir de plataforma.

Os métodos de Huygens foram pioneiramente aplicados à precificação de anuidades vitalícias pelo estadista e matemático amador Holandês Johan de Witt (1625-1672) em 1671 (De Witt, 1671) e pelo astrônomo e matemático inglês Edmond Halley (1656-1742) em 1692 (Halley, 1692/1693).

John Graunt
(1620-1674)

Em 1718, o matemático francês Abraham de Moivre publica a primeira edição de seu livro *The Doctrine of Chances* (De Moivre, 1718). Seu livro foi reeditado, com acréscimos importantes, em 1738 e em 1756, após sua morte. De Moivre desenvolveu e utilizou ferramentas matemáticas mais poderosas do que seus antecessores, tendo pela primeira vez enunciado o princípio da independência entre eventos. Ao observar o comportamento limite da distribuição Binomial, descreve pela primeira vez o que viria a ser mais tarde conhecida por curva Normal (ou curva de Gauss), representando assim uma primeira aparição embrionária do teorema do limite central que, juntamente com a lei dos grandes números, representam importantes resultados da teoria de probabilidades.

Abraham de Moivre
(1667-1754)

Intrigado por um problema descrito por de Moivre, chamado de probabilidades inversas, o ministro presbiteriano e matemático inglês Thomas Bayes desenvolve o que veio a ser conhecido por teorema de Bayes.

Em uma linguagem moderna, relacionamos conhecimentos antecedentes e consequentes, não necessariamente causais, por intermédio da probabilidade. Quando conhecemos a estrutura de um fenômeno, podemos nos questionar sobre probabilidades de suas consequências, nesse caso, chamadas probabilidades diretas. Por exemplo, conhecendo a estrutura de uma urna, com bolas pretas e bolas brancas, em determinadas proporções, podemos

Thomas Bayes
(1701-1761)

---

[9] Graunt é considerado o criador da demografia, sendo celebrado também como um dos fundadores da estatística.

estimar a probabilidade de, ao retirar ao acaso uma de suas bolas, esta ser de cor branca. A inferência parte dos antecedentes para os consequentes. O problema inverso faz exatamente o contrário, isto é, infere os antecedentes a partir dos consequentes. Em nosso exemplo, imagine que tenhamos duas urnas com estruturas distintas, isto é, com diferentes proporções de bolas brancas e bolas pretas respectivamente. Desconhece-se de que urna uma bola foi retirada ao acaso, mas verifica-se que a bola é de cor branca. A partir dessa informação, pode-se determinar a probabilidade de que a bola tenha sido retirada da primeira urna (e, alternativamente, da segunda).

O problema de estimativa de probabilidades inversas emerge normalmente quando fazemos diagnósticos. Diagnósticos procuram relacionar causas (desconhecidas, especuladas) a sintomas (conhecidos, verificados). Causas são antecedentes, sintomas são consequentes. Temos informação sobre os sintomas (consequentes), mas o que realmente importa são suas causas (antecedentes).

Bayes resolveu o problema, cuja solução, entretanto, foi publicada apenas depois de sua morte, por intermédio de seu amigo Richard Price (Bayes, 1763). O teorema de Bayes deu origem, no século XX, a uma escola de pensamento estatístico, chamada de estatística bayesiana.

Pouco a pouco, o campo de aplicações da teoria de probabilidades foi avançando, servindo de base para a teoria dos erros de mensuração nas ciências naturais, cuja continuidade de suas variáveis fez emergir avanços e generalizações da própria teoria de probabilidades, antes restrita a variáveis discretas. As poderosas ferramentas do cálculo diferencial e integral passaram a ser aplicadas, especialmente a partir dos trabalhos do matemático e astrônomo ítalo-francês Giuseppe Lodovico (Luigi) Lagrangia, também conhecido como Joseph Louis Lagrange, do matemático e astrônomo francês Pierre Simon de Laplace (1749-1827) e do matemático alemão Carl Friedrich Gauss (1777-1855).

Giuseppe Lodovico (Luigi) Lagrangia, também conhecido como Joseph Louis Lagrange (1736-1813)

Os astrônomos do final do século XVIII, após terem tomado um determinado número de observações sobre um fenômeno, com resultados distintos entre si, tomavam a soma dos resultados e a dividiam pelo número de observações (ou seja, tomavam a média das observações), melhor aproximando-se assim do verdadeiro valor da grandeza estudada. Em um artigo publicado entre 1770 e 1773 nas memórias da sociedade acadêmica por ele próprio fundada, que mais tarde passaria a ser a academia de ciências de Turim, Lagrange se propôs a tratar formalmente o processo, avaliando a probabilidade do erro de mensuração ser maior do que um determinado valor arbitrário (Lagrange, 1770-1773). E, em uma sequência de trabalhos, publicados entre 1821 e 1826, Gauss formaliza definitivamente a teorização do tratamento probabilista para erros de mensuração (Gauss, 1821, 1826).

A conexão entre probabilidade como medida de incerteza, trazida pelo desconhecimento é óbvia, embora ainda se esteja dentro de um quadro determinista. Mas a incerteza não é mais trazida apenas pelo futuro.

Por mais cuidado que se tenha ao realizar medições de grandezas observadas na natureza, sempre se deve esperar haver erros, maiores ou menores. Tais erros de observação não são simples, mas decorrentes de múltiplas causas que atuam simultaneamente: é necessário separar as causas em dois tipos bem distintos. Algumas causas, assim como seus efeitos, se espalham por todas as observações, e dependem de circunstâncias tão variadas que não parece haver qualquer conexão essencial entre elas em si ou entre elas e as observações: erros provenientes deste tipo de causa são chamados irregulares ou produzidos ao acaso, visto que em tais circunstâncias sua medição não faz qualquer sentido, tanto quanto não se pode determinar suas causas. Tais erros provêm de imperfeições de nossos sentidos, de causas irregulares e externas, como, por exemplo, quando o movimento causado pela agitação do ar turva um pouco a nossa visão: o mesmo acontece em função dos vários defeitos de instrumentação, como por exemplo, a aspereza das partes internas de um equipamento, a inexistência de rigidez absoluta, etc. Por outro lado, em outras situações, há causas de erros em todas as observações que têm origem comum, com efeitos de mesma natureza, ou seja, rigorosamente constantes e proeminentes, ou pelos menos destacados, cuja magnitude segue leis determinadas e dependentes de circunstâncias únicas, como que possuindo uma conexão essencial com o processo de medição. Deste modo, erros invariáveis serão chamados de regulares (Gauss, 1821, p. 1).

Em 1812, o matemático e astrônomo francês Pierre Simon de Laplace publica o livro que viria a se tornar referência fundamental em teoria de probabilidades, com um tratamento matemático jamais visto até então.

O astrônomo Laplace, preso ao determinismo das relações de causa e efeito, capaz de produzir o argumento do demônio de Laplace[10] sintetizando o pensamento da ciência à sua época, foi sucedido pelo probabilista Laplace, que necessitou aventurar-se pela teoria das probabilidades para melhor modelar o universo, levando em conta as imperfeições do conhecimento. Laplace admite que...

A probabilidade é relativa em parte a esta ignorância, em parte aos nossos conhecimentos (Laplace, 1820, p. VIII).

Pierre Simon de Laplace
(1749-1827)

Admitindo também que

Se pode mesmo dizer, para falar rigorosamente, que quase todos os nossos conhecimentos não são mais do que prováveis: e entre o pequeno número de coisas que podemos saber com certeza, mesmo nas ciências matemáticas, os principais meios de chegar à verdade, a indução e a analogia, se fundam sobre as probabilidades, de modo que o sistema inteiro de conhecimento humano se atrela à teoria exposta neste ensaio (Laplace, 1820, p. V).

Diz-se, portanto, que Laplace usou a teoria de probabilidades para reparar defeitos em nosso conhecimento. Com sua obra, Laplace eleva o conhecimento da teoria de probabilidades aos mais altos níveis de conhecimento humano, sugerindo que seu estudo deveria fazer parte do currículo regular das escolas francesas.

---

[10] Veja a nota de rodapé 6.

É notável que uma ciência, que começou pela consideração de jogos, seja elevada aos mais importantes objetos do conhecimento humano (Laplace, 1820, p. CLII, CLIII).

Com o avanço do conhecimento, entretanto, o determinismo causal foi rechaçado pelas evidências encontradas no campo da física quântica. Em 1925, o físico alemão Werner Heisenberg publicou o seu artigo sobre teoria quântica, que o levaria a receber o prêmio Nobel de física de 1932.

A partir de suas teorizações, Heisenberg formulou em 1927 o seu famoso princípio da incerteza que, em linhas gerais, estabelece que:

> A determinação da posição e do momentum de uma partícula móvel necessariamente contém erros, o produto dos quais não pode ser menor do que a constante quântica h (Nobelprize.org, c2014).

Heisenberg observa que, embora esses erros sejam negligenciáveis relativamente à escala humana, eles não podem ser ignorados em estudos sobre o átomo. A elevada consideração dada por Laplace à teoria de probabilidades, em 1820, portanto com mais de um século de antecedência, ganha, assim, novos contornos.

Werner Heisenberg
(1901-1976)

De certa forma, entretanto, a formalização teórica de Laplace ainda separa teorias aplicadas a variáveis discretas de teorias aplicadas a variáveis contínuas, estas sendo consideradas casos limites ao infinitésimo daquelas. Um tratamento mais rigoroso, unificando as duas linguagens, só emergiu em 1933, com o tratamento dado pelo matemático russo Andrey Nikolaevich Kolmogorov, axiomatizando a teoria com base na teoria da medida (Kolmogorov, 1956). Esta é a formalização que preferimos seguir.

De acordo com Kolmogorov (1956, p. 1),

Andrey Nikolaevich
Kolmogorov
(1903-1987)

> A teoria da probabilidade, como uma disciplina matemática, pode e deve ser desenvolvida a partir de axiomas exatamente da mesma forma que a geometria e a álgebra são desenvolvidas. Isto significa que após termos definido os elementos a serem estudados e suas relações básicas, e tendo estabelecido os axiomas pelos quais estas relações serão governadas, toda exposição posterior deve ser baseada exclusivamente nestes axiomas, independentemente do significado concreto usual destes elementos e de suas relações.

Modelagem informacional (não determinista)

Com essa evolução conceitual em mente, pode-se generalizar a interpretação da modelagem não determinista, aplicando-se as mesmas ideias a situações envolvendo incertezas a respeito da veracidade de afirmações, estimando-se quantitativamente a possibilidade de sua veracidade com base em informações disponíveis. O esquema pode então ser estendido para:

A probabilidade de que a afirmação A seja verdadeira, considerando um conjunto de informações C é igual a p.

Repare a abstração conceitual. Passamos a expressar eventos como afirmações, sua ocorrência (ou não) como veracidade (ou falsidade) das afirmações e as condições de sua ocorrência como um conjunto de informações disponíveis. A teoria axiomática da probabilidade representa o guardião da consistência, pois seus resultados são baseados exclusivamente, como propõe Kolmogorov, em seus axiomas. Conciliam-se, assim, a subjetividade – o processamento das informações disponíveis – com a objetividade – cálculos matemáticos precisos decorrentes da aplicação dos teoremas decorrentes dos axiomas – na análise. Admite-se a subjetividade das estimativas, mas não se admitem estimativas incoerentes entre si. Em outras palavras, subjetividade não significa que qualquer estimativa é plausível.

Passa-se a tratar probabilidade subjetivamente, como um grau de crença, na acepção do matemático francês Siméon Denis Poisson e do matemático inglês Augustus de Morgan.

Poisson, usando dados publicados pela justiça criminal francesa de 1825 a 1833, aplica a teoria da probabilidade à análise das decisões de jurados e aos julgamentos efetuados pelos tribunais (Poisson, 1837). Segundo Poisson (1837, p. 30),

A probabilidade de um evento é a razão que temos de crer que ele ocorrerá ou que ele ocorreu.

Siméon Denis Poisson
(1781-1840)

A probabilidade depende dos conhecimentos que temos sobre um evento; ela pode ser diferente para um mesmo evento e para diversas pessoas (Poisson, 1837, p. 30).

De Morgan, um verdadeiro precursor, conectou a teoria da probabilidade à inferência lógica, advogando a interpretação subjetiva de probabilidade, relacionada ao conhecimento que se tem das coisas. Em suas próprias palavras,

Por grau de probabilidade nós efetivamente queremos dizer, ou deveríamos querer dizer, grau de crença (De Morgan, 1847, p. 172).

Augustus de Morgan
(1806-1871)

Eu considero a palavra (probabilidade) como significando o estado de espírito com respeito a uma asserção, um evento futuro, ou qualquer outro assunto sobre o qual o conhecimento absoluto não existe (De Morgan, 1847, p. 173).

ÁLGEBRA DE EVENTOS

Iniciamos nossa teorização considerando diversas relações lógicas elementares entre eventos, assim como operações entre eles. Verifica-se que os eventos estão ordenados parcialmente pela conexão lógica "se... então". A conexão lógica "se e somente se" proporciona uma relação de equivalência no conjunto de eventos. As operações entre eventos são definidas a partir dos conectivos lógicos "e" e "ou", assim como pela negação. Considera-se abstratamente a noção de evento, seguindo a formalização proposta por Gnedenko (1969), dentro do contexto de um conjunto fixo de condições genericamente rotuladas por $\mathcal{C}$. As condições $\mathcal{C}$ representam, assim, nosso conhecimento acerca do entorno de ocorrência ou não dos eventos. Apresentam-se exemplos quando oportuno.

Relações entre eventos (ordem parcial e equivalência)

Se, para qualquer realização de um conjunto de condições $\mathcal{C}$, sob as quais um evento A ocorre, o evento B também ocorre, diz-se que A **implica** em B. Usa-se a notação $A \subseteq B$, ou, alternativamente, $B \supseteq A$.[11]

Se $A \subseteq B$ e $B \subseteq A$ simultaneamente, isto é, se em cada realização do conjunto de condições $\mathcal{C}$, ambos os eventos (A e B) ocorrem ou ambos não ocorrem, diz-se que os eventos A e B são **equivalentes**. Usa-se, neste caso, a notação $A = B$.

A relação $\subseteq$ é uma relação de **ordem parcial** no conjunto de eventos, pois a relação é **reflexiva**, isto é,

$$A \subseteq A, \tag{1}$$

antissimétrica, isto é,

$$\text{se } A \subseteq B \text{ e } B \subseteq A \text{ então } A = B \tag{2}$$

e **transitiva**, isto é,

$$\text{se } A \subseteq B \text{ e } B \subseteq C \text{ então } A \subseteq C. \tag{3}$$

É de ordem parcial, pois nem todos os eventos estarão necessariamente ligados pela relação. Ou seja, haverá casos em que para dois eventos, digamos, A e B, nem A implica em B, nem B implica em A.

A relação $=$ é uma relação de **equivalência** no conjunto de eventos, pois a relação é **reflexiva**, isto é,

$$A = A, \tag{4}$$

simétrica, isto é,

$$\text{se } A = B \text{ então } B = A \tag{5}$$

e **transitiva**, isto é,

$$\text{se } A = B \text{ e } B = C \text{ então } A = C. \tag{6}$$

Todos os eventos certos, isto é, aqueles que inevitavelmente ocorrem sempre que o conjunto de condições $\mathcal{C}$ se realiza, são equivalentes, obviamente. Denotamos os eventos certos por Ω. Da mesma forma, todos os eventos impossíveis – aqueles que definitivamente não podem ocorrer quando da realização do conjunto de condições $\mathcal{C}$ – são equivalentes. Denotamos os eventos impossíveis por Φ.

---

[11] Veja a nota de rodapé 6.

A referência a vários eventos certos e a vários eventos impossíveis pode parecer estranha à primeira vista, mas um exemplo ajudará a entender o ponto.

Exemplo 1
Considere o lançamento de um dado comum, de seis faces, numeradas de 1 a 6, sobre uma superfície plana e rígida (conjunto de condições $\mathcal{C}$). Nesse contexto, um evento certo seria, por exemplo, "o resultado é um número inteiro". Outro evento certo seria, por exemplo, "o resultado é um número menor do que 10". A certeza de sua ocorrência, sob o conjunto de condições $\mathcal{C}$, é o que os torna equivalentes.[12] Na linguagem da relação acima definida, qualquer evento implica em um evento certo, ou, dizendo de outra maneira, um evento certo contém qualquer outro evento. Nesse mesmo contexto, um evento impossível seria, por exemplo, "o resultado é o número 7". Outro evento impossível seria, por exemplo, "o resultado é o número 2,5". A impossibilidade de sua ocorrência, sob o conjunto de condições $\mathcal{C}$, os torna equivalentes.[13] Na linguagem da relação acima definida, um evento impossível implica em qualquer evento, ou, dizendo de outra maneira, um evento impossível está contido em qualquer outro evento.

Na linguagem de relações de ordem parcial, diz-se que Ω é o maior elemento do conjunto de eventos, e Φ é o menor elemento, pois para qualquer evento A, tem-se:

$$A \subseteq \Omega \tag{7}$$

e

$$\Phi \subseteq A. \tag{8}$$

Operações entre eventos

Definimos a seguir algumas operações importantes entre eventos. São, igualmente, operações lógicas elementares, correspondentes aos conectivos lógicos "e" e "ou", assim como pela negação.

Produto de eventos
Sob um conjunto de condições $\mathcal{C}$, considere dois eventos, digamos, A e B. Um evento consistindo na ocorrência de ambos os eventos (A e B) simultaneamente será chamado de **produto** de A e B. Usa-se a notação AB ou, como opção, $A \cap B$. A definição se generaliza para qualquer número de eventos, mesmo infinitos. A notação utilizada será, então, $\prod_{i=1}^{\infty} A_i$, ou, como alternativa, $\cap_{i=1}^{\infty} A_i$. O evento $\prod_{i=1}^{\infty} A_i$ consiste, portanto, na ocorrência simultânea de todos os eventos $A_1, A_2, \ldots$

Esta é a primeira vez que se menciona a possibilidade de haver infinitos eventos a considerar para um dado conjunto de condições $\mathcal{C}$. Mas os exemplos são abundantes, como o que segue.

---

[12] A subordinação das afirmações ao conjunto de condições $\mathcal{C}$ é fundamental, pois os dois eventos podem não ser eventos certos se as condições forem mudadas.

[13] Da mesma forma, a subordinação das afirmações ao conjunto de condições $\mathcal{C}$ é fundamental, pois os dois eventos podem não ser impossíveis se as condições forem mudadas.

> **Exemplo 2**
> Considere uma sucessão de lançamentos de um dado comum, de seis faces, numeradas de 1 a 6, sobre uma superfície plana e rígida, até que um determinado resultado seja obtido, digamos, o número 6 (conjunto de condições $\mathcal{C}$). É fácil perceber que a sucessão de lançamentos pode ser ilimitada, dependendo da sorte (ou do azar) do jogador. O jogo pode terminar no primeiro lançamento, se o dado ficar com a face 6 para cima no primeiro lançamento. Mas pode avançar até o segundo lançamento se no primeiro o dado não ficar com a face 6 voltada para cima e no segundo acontecer de a face 6 ficar voltada para cima. Mas pode ser que isso não aconteça, de modo que o jogo deve prosseguir pelo menos até o terceiro lançamento, etc. Denotando por A_i o evento "o jogo termina no i-ésimo lançamento", têm-se aí infinitos eventos condicionados ao conjunto de condições impostas pelas regras do jogo, ou seja, tem-se uma sequência infinita de eventos a considerar.

Soma de eventos
Sob um conjunto de condições $\mathcal{C}$, considere dois eventos, digamos, A e B. Um evento consistindo na ocorrência de pelo menos um dos dois eventos, A ou B, será chamado de <u>soma</u> de A e B. Usa-se a notação $A + B$ ou $A \cup B$. A definição se generaliza para qualquer número de eventos, mesmo infinitos. A notação utilizada será, então, $\sum_{i=1}^{\infty} A_i$ ou $\bigcup_{i=1}^{\infty} A_i$. O evento $\sum_{i=1}^{\infty} A_i$ consiste, portanto, na ocorrência de pelo menos um dos eventos $A_1, A_2, \ldots$

Diferença entre eventos
Sob um conjunto de condições $\mathcal{C}$, considere dois eventos, digamos, A e B. Um evento consistindo na ocorrência de A e da não ocorrência de B, será chamado de **diferença** entre A e B. Usa-se a notação $A - B$.

Eventos complementares

Dois eventos A e A' são ditos **complementares** se as seguintes relações ocorrem simultaneamente: $A + A' = \Omega$ e $AA' = \Phi$. Ou seja,

$$A' = \Omega - A \text{ e } A = \Omega - A'. \qquad (9)$$

Observa-se, portanto, que a diferença entre dois eventos, digamos, A e B, pode ser alternativamente definida como o produto de A pelo complemento de B, ou seja,

$$A - B = AB'. \qquad (10)$$

Um exemplo ajudará a esclarecer os conceitos apresentados.

> **Exemplo 3**
> Considere novamente o lançamento de um dado comum, de seis faces, numeradas de 1 a 6, sobre uma superfície plana e rígida (conjunto de condições C). Se denotarmos por A o evento "o resultado é um número par", então A' é o evento "o resultado é um número ímpar". Se denotarmos por B o evento "o resultado é o número 6", por C o evento "o resultado é o numero 3", por D o evento "o resultado é um número múltiplo de 3" e por E o evento "o resultado é um número 2 ou um número 4", então as seguintes relações são válidas: $B \subseteq A$, $B \subseteq D$, $C \subseteq D$. Tem-se também que $B \cup C = D, A \cap D = B$ e $A - D = E$.

Exclusão mútua

Dois eventos, A e B, são ditos **mutuamente exclusivos** se sua ocorrência conjunta é impossível, isto é, se $AB = \Phi$.

No Exemplo 3, os eventos A e C são mutuamente exclusivos.

Decomposição de eventos

Se $A = \sum_{i=1}^{\infty} A_i$ e os eventos A_i são mutuamente exclusivos aos pares, isto é, $A_i A_j = \Phi$ para $i \neq j$, diz-se que o evento A é **decomponível** nos eventos $A_1, A_2, \ldots$

No Exemplo 3, o evento A pode ser decomposto nos eventos B e E, pois $A = B + E$ e $BE = \Phi$.

Eventos elementares

Eventos **elementares** são aqueles que não podem ser decompostos, a não ser trivialmente.[14] Isto é, um evento, digamos, A, é elementar se não existirem eventos B e C, distintos do evento impossível Φ, tal que $A = B + C$.

No Exemplo 3, "o resultado é o número 1", "o resultado é o número 2", "o resultado é o número 3", "o resultado é o número 4", "o resultado é o número 5" e "o resultado é o número 6" são todos eventos elementares. Tais eventos poderiam ser representados, por exemplo, por {1}, {2}, {3}, {4}, {5} e {6}, e o evento certo por $\Omega = \{1, 2, 3, 4, 5, 6\}$.

No Exemplo 2, os eventos A_i, definidos como "o jogo termina no i-ésimo lançamento", para $i = 1, 2, \ldots$, são todos elementares. O evento certo pode ser representado por $\Omega = \{1, 2, 3, \ldots\}$.

---

[14] Isto é, na forma $A = A + \Phi$ (veja a Equação 21 apresentada mais adiante).

Grupo completo de eventos

Os eventos $A_1, A_2, \ldots$ formam um **grupo completo** de eventos se ao menos um deles necessariamente ocorrer (para cada realização do conjunto de condições $\mathcal{C}$), isto é, se $\sum_{i=1}^{\infty} A_i = \Omega$. Grupos completos de eventos mutuamente exclusivos aos pares são de particular interesse na modelagem probabilística.

No Exemplo 2, os eventos $A_1, A_2, \ldots$, como definidos, formam um grupo completo de eventos mutuamente exclusivos, pois $\sum_{i=1}^{\infty} A_i = \Omega$, pois o jogo termina em algum momento, ou seja, em algum lançamento o dado ficará com a face 6 para cima, e $A_i A_j = \Phi$ para $i \neq j$, pois o jogo não pode terminar simultaneamente no i-ésimo lançamento e no j-ésimo lançamento, se $i \neq j$.

Algumas propriedades

O conjunto de eventos e as relações e operações nele definidas satisfazem uma série de propriedades interessantes elencadas a seguir.

Comutatividade do produto e da soma de eventos Para qualquer par de eventos, digamos, A e B, tem-se:

$$A + B = B + A \tag{11}$$

e

$$AB = BA. \tag{12}$$

Associatividade do produto e da soma de eventos Para quaisquer três eventos, digamos, A, B e C, tem-se:

$$A + (B + C) = (A + B) + C \tag{13}$$

e

$$A(BC) = (AB)C. \tag{14}$$

Distributividade entre a soma e o produto de eventos Para quaisquer três eventos, digamos, A, B e C, tem-se:

$$A(B + C) = AB + AC \tag{15}$$

e

$$A + (BC) = (A + B)(A + C). \tag{16}$$

A Equação 16 fere um pouco nossos olhos, acostumados que estão com operações com números, onde essa propriedade não é válida. Deve-se observar, entretanto, que, embora utilizemos a mesma simbologia e nomenclatura de soma e produto, as operações aqui definidas são operações entre eventos, não entre números.

Idempotência do produto e da soma de eventos
Para qualquer evento, digamos, A, tem-se:

$$A + A = A \tag{17}$$

e

$$AA = A. \tag{18}$$

Absorção na relação de ordem parcial
Para qualquer par de eventos, digamos, A e B,

$$\text{se } A \subseteq B \text{ então } A + B = B \text{ e } AB = A. \tag{19}$$

Modularidade
Para qualquer evento, digamos, A, tem-se:

$$A + \Omega = \Omega, \tag{20}$$

$$A + \Phi = A, \tag{21}$$

$$A\Omega = A \tag{22}$$

e

$$A\Phi = \Phi. \tag{23}$$

Leis de de Morgan
Para qualquer par de eventos, digamos, A e B, tem-se:

$$(A + B)' = A'B' \tag{24}$$

e

$$(AB)' = A' + B'. \tag{25}$$

Neutralidade da dupla complementação
Para qualquer evento, digamos, A, tem-se:

$$(A')' = A. \tag{26}$$

FORMALIZAÇÃO DA TEORIA

Todo problema em teoria da probabilidade envolve um determinado conjunto de condições $\mathcal{C}$ e uma determinada família de eventos que podem ocorrer ou não a cada realização do conjunto de condições $\mathcal{C}$. Estaremos particularmente interessados em um conjunto, ou um espaço Ω de eventos elementares (isto é, que não possam ser decompostos), e uma família $\mathcal{F}$ de subconjuntos de Ω, que será chamada de campo de eventos ao satisfazer a seguinte propriedade.

Campo de eventos

Chama-se de **campo de eventos** a qualquer família de eventos $\mathcal{F}$ que seja fechada às operações de produto, soma e diferença. Isto é, para quaisquer pares de eventos pertencentes a $\mathcal{F}$, digamos, A e B, tenha-se que os eventos AB, $A + B$ e $A - B$ também pertencem a $\mathcal{F}$.

Qualquer campo não vazio de eventos, isto é, com pelos menos um elemento, contém o evento impossível, pois $\Phi = A - A$ para qualquer evento A.

σ-álgebra de eventos

Chama-se σ-**álgebra de eventos** ao campo de eventos $\mathcal{F}$ que contenha o evento certo e for fechado às operações de produto e de soma de infinitos eventos. Ou seja, exige-se que $\Omega \in \mathcal{F}$, assim como $\prod_{i=1}^{\infty} A_i \in \mathcal{F}$ e $\sum_{i=1}^{\infty} A_i \in \mathcal{F}$ para quaisquer eventos $A_i \in \mathcal{F}$.

Axiomas

Estamos agora prontos para enunciar os axiomas básicos da teoria da probabilidade (Gnedenko, 1969).

Axioma 1 (existência) Associado a cada evento A na σ-álgebra de eventos $\mathcal{F}$, existe um número não negativo $P(A)$.

Axioma 2 (normalização)

$$P(\Omega) = 1.$$

Axioma 3 (σ-aditividade) Para eventos A_i na σ-álgebra de eventos $\mathcal{F}$, se $A = \sum_{i=1}^{\infty} A_i$ e $A_i A_j = \Phi$ para $i \neq j$, então $P(A) = \sum_{i=1}^{\infty} P(A_i)$.

Aqui reside o fundamento da teoria, sua suposição básica, isto é, que os números não negativos associados a cada evento em $\mathcal{F}$ (suas probabilidades) podem ser somados para produzir o número não negativo correspondente ao evento composto pela soma (ainda que infinita) de outros eventos. Deve ser ressaltado que o Axioma 3 engloba um jogo de símbolos, como um jogo de palavras, sendo importante atentar para a sutileza do duplo sentido do símbolo de soma. O símbolo Σ na expressão $A = \sum_{i=1}^{\infty} A_i$ representa soma de eventos (e não uma soma de números), enquanto o mesmo símbolo, quando usado na expressão $P(A) = \sum_{i=1}^{\infty} P(A_i)$ representa soma de números reais não nulos (de fato uma série numérica).

Kolmogorov, em 1933, propôs um axioma de continuidade, enunciado a seguir, no lugar do axioma de σ-aditividade. Pode ser demonstrado, entretanto, que o conjunto de axiomas 1, 2 e 3 é equivalente ao conjunto de axiomas 1, 2 e 3b (Gnedenko, 1969, p. 51).

Axioma 3b (continuidade) Para uma sequência decrescente de eventos A_i na σ-álgebra de eventos $\mathcal{F}$, isto é, com $A_1 \supseteq A_2 \supseteq \cdots \supseteq A_n \supseteq \cdots$, se $\prod_{i=1}^{\infty} A_i = \Phi$ então $\lim_{i \to \infty} P(A_i) = 0$.

Os três axiomas básicos são suficientes para construir toda a teoria de probabilidades, como veremos a seguir. Observe, entretanto, que os axiomas não impõem valores para as probabilidades dos eventos, exceto o evento certo, que tem sua probabilidade fixada em 1, pelo Axioma 2. O Axioma 1 estabelece apenas que existe um valor para a probabilidade de qualquer evento, sem mencionar que valor será esse. Essa é a conciliação entre subjetividade e objetividade já mencionada. Alguma avaliação será subjetiva, dependendo de cada caso particular, dependendo de nossa compreensão do conjunto de condições $\mathcal{C}$. O que a teoria impõe, efetivamente, é a coerência exigida pelo Axioma 3, isto é, pela σ-aditividade da medida de probabilidade.

Alguns teoremas

Enunciamos a seguir uma série de resultados decorrentes dos axiomas apresentados.[15] Em geral, os resultados conformam-se à nossa intuição a respeito de probabilidades de eventos, embora haja casos em que nossa intuição nos pregue alguma peça, como no caso do famoso teorema de Bayes. A formalização nos ajuda a manter a coerência e a consistência entre nossas estimativas.

Probabilidade do evento complementar Para qualquer evento, digamos, A, tem-se:

$$P(A') = 1 - P(A). \tag{27}$$

O resultado segue do fato de que, por definição, $A + A' = \Omega$, com $AA' = \Phi$. Pelo Axioma 3, portanto, $P(A + A') = P(A) + P(A') = 1$, pois $P(\Omega) = 1$ segundo o Axioma 2. Isolando $P(A')$ na expressão, chega-se ao resultado enunciado.

Probabilidade do evento impossível

$$P(\Phi) = 0. \tag{28}$$

O resultado segue da Equação 27, pois Ω e Φ são eventos complementares. Logo, $P(\Phi) = P(\Omega') = 1 - P(\Omega) = 1 - 1 = 0$.

Probabilidades são números limitados entre 0 e 1 Para qualquer evento, digamos, A, tem-se:

$$0 \leq P(A) \leq 1. \tag{29}$$

O resultado segue da Equação 27, dita de outra forma, $P(A) + P(A') = 1$, e do Axioma 1, que estabelece que a probabilidade de qualquer evento é um número não negativo. Dois números não negativos somando a unidade não podem ser maiores do que 1.

---

[15] Em matemática, eles são chamados teoremas.

Probabilidade de um evento decomposto por outro   Para qualquer par de eventos, digamos, A e B, tem-se:

$$P(A) = P(AB) + P(AB'). \qquad (30)$$

O resultado decorre da constatação de que o evento A pode ser decomposto nos eventos AB e AB', isto é,

$$A = AB + AB' \qquad (31)$$

e $(AB)(AB')=(AB)(B'A)=((AB)B')A=(A(BB'))A=(A\Phi)A=\Phi A=\Phi$, pelas Equações 12, 14 e 23 e pela definição de eventos complementares. O Axioma 3 assegura, portanto, o resultado enunciado.

Probabilidades preservam a ordem parcial entre eventos   Para qualquer par de eventos, digamos, A e B,

$$\text{se } A \subseteq B \text{ então } P(A) \leq P(B). \qquad (32)$$

O resultado decorre da decomposição do evento B a partir do evento A, ou seja, pela Equação 30, $P(B) = P(BA) + P(BA') = P(A) + P(BA')$, pela Equação 19, pois $A \subseteq B$. Mas, pelo Axioma 1, $P(BA') \geq 0$, e, portanto, $P(B) \geq P(A)$.

Probabilidade de uma soma de eventos   Para qualquer par de eventos, digamos, A e B, tem-se:

$$P(A+B) = P(A) + P(B) - P(AB). \qquad (33)$$

O resultado decorre da decomposição do evento $A + B$ a partir do evento A, aplicando a Equação 30, isto é, $P(A + B) = P((A + B)A) + P((A + B)A') = P(A) + P(AA' + BA')$, pelas Equações 12, 15 e 19, pois $A \subseteq A + B$. Mas, por definição, $AA' = \Phi$, e, pela Equação 21, $\Phi + BA' = BA'$. Usando novamente a Equação 30, decompondo o evento B a partir do evento A e rearranjando-se os seus termos, tem-se que $P(BA') = P(B) - P(BA) = P(B) - P(AB)$, pela Equação 12. Logo, $P(A + B) = P(A) + P(BA') = P(A) + P(B) - P(AB)$, como enunciado.

Subaditividade   Para qualquer par de eventos, digamos, A e B, tem-se:

$$P(A + B) \leq P(A) + P(B). \qquad (34)$$

O resultado decorre diretamente da Equação 33, pois $P(AB) \geq 0$ segundo o Axioma 1.

Probabilidade da diferença entre eventos   Para qualquer par de eventos, digamos, A e B, tem-se:

$$P(B - A) = P(B) - P(AB). \qquad (35)$$

O resultado decorre diretamente da decomposição do evento B a partir do evento A, pela Equação 30, ou seja, $P(B) = P(BA) + P(BA') = P(AB) + P(B - A)$, pelas Equações 10 e 19. Rearranjando-se os termos da expressão, chega-se ao resultado enunciado.

Probabilidade condicional

Em várias situações é útil avaliar a probabilidade de um evento B considerada a informação adicional (em relação ao conjunto de condições C) de que outro evento A tenha ocorrido. Denota-se tal avaliação por $P(B|A)$.[16] Com $P(A) \neq 0$, define-se:

$$P(B|A) = \frac{P(AB)}{P(A)}. \tag{36}$$

Se $P(A) = 0$, $P(B|A)$ é indefinido. Repare que, nesse caso, não há mesmo muito sentido em condicionar a avaliação probabilística do evento B à informação adicional de ocorrência do evento A, pois se $P(A) = 0$, a tal informação adicional (de que o evento A teria ocorrido) tem medida nula.

Da Equação 36 deriva-se o chamado teorema da multiplicação:

$$P(AB) = P(A)P(B|A). \tag{37}$$

Note que a Equação 37 é válida mesmo quando o evento A é o evento impossível, ou seja, quando $A = \Phi$, pois, nesse caso, $AB = \Phi$, pela Equação 23, e tanto $P(A)$ como $P(AB)$ são nulos. A Equação 37 facilmente se generaliza, por indução, para:

$$P(A_1 A_2 \cdots A_n) = P(A_1) P(A_2|A_1) P(A_3|A_1, A_2) \cdots P(A_n|A_1, A_2, \ldots, A_{n-1}), \tag{38}$$

para quaisquer eventos A_i, $i = 1, \ldots, n$.

Fixado um evento A, com $P(A) \neq 0$, a avaliação probabilística dos demais eventos condicionada à ocorrência do evento A equivale a redefinir o evento certo na álgebra de eventos, restringindo-o ao evento A (pois o evento A ocorreu, esta é a informação disponível). É fácil ver que a definição de probabilidade condicional satisfaz todos os axiomas da teoria da probabilidade. Para qualquer evento B, tem-se, obviamente, que:

$$P(B|A) = \frac{P(AB)}{P(A)} \geq 0. \tag{39}$$

Tem-se, adicionalmente, que:

$$P(A|A) = \frac{P(AA)}{P(A)} = \frac{P(A)}{P(A)} = 1. \tag{40}$$

E, para eventos A_i na σ-álgebra de eventos $\mathcal{F}$, com $A_i A_j = \Phi$ para $i \neq j$, tem-se que:

$$P(\Sigma_{i=1}^{\infty} A_i | A) = \frac{P\left((\Sigma_{i=1}^{\infty} A_i) A\right)}{P(A)} = \frac{P(\Sigma_{i=1}^{\infty} A_i A)}{P(A)} = \frac{\Sigma_{i=1}^{\infty} P(A_i A)}{P(A)} = \Sigma_{i=1}^{\infty} \frac{P(A_i A)}{P(A)} = \Sigma_{i=1}^{\infty} P(A_i | A). \tag{41}$$

A Equação 39 corresponde ao axioma da existência, a Equação 40 normaliza a medida de probabilidade (Axioma 2) e a Equação 41 corresponde ao axioma da

---

[16] Falando estritamente, todas as probabilidades são condicionais, na medida em que a teoria funda-se na suposição da ocorrência do conjunto de condições C.

σ-aditividade. Nesses termos, todos os teoremas e propriedades de probabilidades podem ser estendidos às probabilidades condicionais. Essa é a vantagem da axiomatização da teoria. Todos os resultados, sendo derivados exclusivamente a partir dos axiomas fundamentais, são válidos independentemente da interpretação que venha a eles ser dada. A teoria adquire, assim, interesse próprio, como uma linguagem simbólica.

A Equação 37 permite outro raciocínio interessante. Pela Equação 12, pode-se equacionar $P(AB) = P(BA)$, obviamente. Aplicando-se a Equação 37 a ambos os termos, chega-se a $P(A)P(B|A) = P(B)P(A|B)$, que leva a:

$$P(A|B) = \frac{P(A)P(B|A)}{P(B)}, \qquad (42)$$

que contém a essência do teorema de Bayes, como veremos a seguir.

A Equação 42 é interessante porque relaciona duas probabilidades condicionais em que os eventos condicionantes e condicionados são invertidos, $P(A|B)$ e $P(B|A)$. Ou seja, mostra que a informação ganha sobre a avaliação probabilística do evento A com o conhecimento de que o evento B ocorreu (isto é, $P(A|B)$) pode ser determinada a partir da informação que se ganharia sobre a avaliação probabilística do evento B com o conhecimento de que o evento A teria ocorrido (isto é, $P(B|A)$), devidamente ponderada pela razão entre as avaliações probabilistas não condicionadas dos eventos A e B, isto é, multiplicada por $\frac{P(A)}{P(B)}$.

Essa é a chave para efetuar diagnósticos. Como já salientado, diagnósticos procuram relacionar causas desconhecidas a sintomas conhecidos. Causas são antecedentes, sintomas são consequentes. Temos informação sobre os sintomas (consequentes), mas o que realmente importa são suas causas (antecedentes). Colocado na roupagem da Equação 42, o evento A é uma possível causa de um sintoma observado, este representado pelo evento B. Nosso problema é avaliar a probabilidade de que o sintoma percebido (evento B, que já ocorreu) seja decorrente da causa especulada (evento A, ainda desconhecido), isto é, $P(A|B)$. A avaliação pode ser realizada se tivermos uma avaliação probabilista inversa, isto é, $P(B|A)$, que significa a chance de o sintoma ocorrer se a causa se fizer presente. Essa probabilidade pode ser estimada por experimentação, simulação ou ainda por observações sistemáticas de casos passados. No contexto de diagnósticos, as avaliações probabilistas não condicionadas, $P(A)$ e $P(B)$, são chamadas de prevalências.[17]

Teorema da probabilidade total

Suponha que $\Omega = \sum_{i=1}^{\infty} A_i$, com $A_i A_j = \Phi$ para $i \neq j$ e seja B um evento qualquer. Então

$$P(B) = \sum_{i=1}^{\infty} P(A_i) P(B|A_i). \qquad (43)$$

O resultado decorre diretamente da decomposição do evento B a partir dos eventos A_i, generalizando a Equação 31, ou seja, $B = B\Omega = B(\sum_{i=1}^{\infty} A_i) = \sum_{i=1}^{\infty} A_i B$,

---

[17] Por exemplo, relatório da Organização Mundial da Saúde de 2007 aponta que a prevalência de AIDS na população adulta brasileira se estabilizou a partir de 2000, no entorno de 0,5% (Joint United Nations Programme on HIV/AIDS; World Health Organization, 2008). A prevalência na população adulta da África do Sul em 2005 era de, aproximadamente, 16,2% (World Health Organization).

pelas Equações 15 e 22. Como $A_i A_j = \Phi$ para $i \neq j$, o Axioma 3 assegura que $P(B) = \sum_{i=1}^{\infty} P(A_i B)$. Mas, pela Equação 37, tem-se $P(A_i B) = P(A_i)P(B|A_i)$. Substituindo-se os termos na igualdade anterior, tem-se o resultado enunciado.

Teorema de Bayes

Suponha que $\Omega = \sum_{i=1}^{\infty} A_i$, com $A_i A_j = \Phi$ para $i \neq j$ e seja B um evento qualquer. Então, para qualquer $i = 1, 2, \ldots$

$$P(A_i|B) = \frac{P(A_i)P(B|A_i)}{\sum_{i=1}^{\infty} P(A_i)P(B|A_i)}, \tag{44}$$

o resultado decorre diretamente da aplicação das Equações 42 e 43.

Os eventos A_i são, muitas vezes, chamados de hipóteses (antecedentes, no contexto de diagnósticos) e $P(A_i|B)$ é interpretado como a probabilidade da veracidade da hipótese A_i depois de o evento B (sintoma, no contexto de diagnósticos) ter ocorrido. *A posteriori*, portanto. $P(A_i)$ é interpretada então como a probabilidade da veracidade da hipótese A_i antes do conhecimento de que o evento B tenha ocorrido. *A priori*, portanto.

Independência entre eventos

Diz-se que os eventos A e B são independentes se

$$P(AB) = P(A)P(B). \tag{45}$$

Nesse caso, se $P(A) \neq 0$, a Equação 36 se reduz a $P(B|A) = P(B)$, que pode ser interpretada como se a ocorrência do evento A, ou mais genericamente, se a informação acerca de sua ocorrência, não altera a probabilidade do evento B. Se $P(B) \neq 0$, a mesma Equação 36 produz $P(A|B) = P(A)$, que pode ser similarmente interpretado como se a ocorrência do evento B ou, mais genericamente, se a informação acerca de sua ocorrência, não altera a probabilidade do evento A.

Se A e B são independentes, então A e B' também são, pois, $P(A) = P(AB) + P(AB')$, pela Equação 30, e, portanto, $P(AB') = P(A) - P(AB)$. Mas $P(AB) = P(A)P(B)$, dada a suposição de independência entre A e B, e, portanto, $P(AB') = P(A)(1 - P(B)) = P(A)P(B')$, pela Equação 27. Pode-se facilmente evidenciar que A' e B, assim como A' e B', também serão independentes. Ou seja, a relação de independência entre dois eventos estende-se aos seus eventos complementares.

Repare também que Φ e Ω são independentes de quaisquer outros eventos, pois dado um evento qualquer, digamos, A, tem-se $A\Omega = A$ e $A\Phi = \Phi$, conforme as Equações 22 e 23. Logo, $P(A\Omega) = P(A) = P(\Omega)P(A)$, pois $P(\Omega) = 1$, segundo o Axioma 2, e $P(A\Phi) = P(\Phi) = P(\Phi)P(A)$, pois $P(\Phi) = 0$, segundo a Equação 28.

O conceito de independência entre eventos ocupa uma posição central na teoria da probabilidade. Como salienta Kolmogorov (1956, p. 8),

> Historicamente, a independência entre experimentos e entre variáveis aleatórias representa exatamente o conceito matemático que deu à teoria da probabilidade a sua peculiaridade.

E Kolmogorov continua (1956, p.9):

> Em consequência, um dos problemas mais importantes da filosofia das ciências naturais é – além do bem conhecido problema a respeito da essência do próprio conceito de probabilidade – estabelecer com precisão as premissas que torne possível caracterizar quaisquer eventos reais como independentes.

De fato, ao aplicar a teoria da probabilidade, raramente "provamos matematicamente" que dois eventos são independentes. O caminho é bem ao inverso, ou seja, assume-se que dois eventos são independentes e passa-se a aplicar as equações correspondentes que, quase sempre, simplificam sobremaneira os cálculos probabilísticos. Essa será sempre uma avaliação qualitativa, subjetiva, portanto, com implicações quantitativas. Por exemplo, na avaliação da probabilidade de obtenção de duas caras no jogo de cara ou coroa (uma moeda lançada duas vezes em sucessão), a usual estimativa de 25% (50% x 50%) passa pela suposição de independência entre os resultados possíveis nos dois lançamentos, além da suposição de equilíbrio da moeda. Se de alguma forma o primeiro resultado alterar as possibilidades dos resultados no segundo lançamento, como seria razoável supor, por exemplo, e apenas como argumento abstrato, se a moeda pudesse se deformar entre um e outro lançamento, nossa aritmética simplista falhará clamorosamente.

A teoria da probabilidade em si, com toda a sofisticação da construção matemática de seus axiomas e teoremas, não tem condições de criticar tal suposição, pois tal suposição não é abrangida em sua episteme. Veremos mais tarde como criticar tal suposição através da estatística (e, portanto, usando probabilidades, mas de modo indireto), cotejando hipóteses teóricas com evidências empíricas.

Esse é um importante posicionamento crítico que devemos desenvolver. A estatística usa a teoria de probabilidades apenas indiretamente, calculando valores para probabilidades em circunstâncias particulares, em determinados contextos. Raramente o usuário da estatística se verá calculando alguma probabilidade, em sentido estrito. Quase sempre se utilizam resultados de cálculos produzidos por algum pacote computacional que processe os dados empiricamente coletados. Os axiomas e teoremas da teoria da probabilidade estão como que "embutidos" nos pacotes, assegurando a coerência de seus cálculos. Ou seja, os cálculos são perfeitos, precisos até várias casas decimais. Mas as suposições de independência entre eventos, ou mais genericamente, as suposições teóricas dos modelos de decisão estatística, que também estão "embutidos" nos pacotes, não podem ser criticadas diretamente pela teoria, de modo que o usuário deve estar sempre atento, questionando a plausibilidade de tais suposições. A validade do modelo, portanto, deve ser construída externamente. Não é a precisão aritmética dos cálculos, ou sua sofisticação, que dá validade ao modelo.

Observe o exemplo a seguir, inspirado em Mendenhall (1990).

Exemplo 4

Segundo os registros de uma companhia aérea, 15% das pessoas que reservam lugar em seus voos faltam ao embarque, por motivos bastante variados. A companhia opera com aviões Boeing 737-800©, configurados com 152 assentos em uma única classe. Para um determinado voo, há 153 pedidos de reserva. Qual é a probabilidade de alguém ficar de fora do voo por *overbooking*?[18] Qual é a probabilidade de que nenhuma pessoa fique de fora do voo?

Com os números descritos no enunciado do problema, para que alguém fique de fora do voo por *overbooking* é necessário que os 153 passageiros com reserva compareçam efetivamente ao embarque na hora aprazada, pois se pelo menos um dos passageiros deixar de comparecer, todos os demais, em número menor do que 153 e, portanto, menor ou igual a 152, capacidade do avião, estariam livres do embaraço de ver negado o seu embarque no momento da partida da aeronave.[19] Admitida essa equivalência lógica, a probabilidade de alguém ficar de fora do voo por *overbooking* é igual à probabilidade de que todos os 153 passageiros com reserva compareçam ao embarque.

E como estimar essa probabilidade? Uma das maneiras usuais de estimá-la é compor a probabilidade de comparecimento de cada indivíduo 153 vezes, como exposto a seguir.

Os registros da companhia podem ser usados para estimar a probabilidade de que um passageiro qualquer, anônimo aos olhos da companhia, compareça ao embarque. Esse deve ser o complemento da probabilidade de não comparecimento, que pode ser estimada em 15%, segundo os registros históricos da companhia. Ou seja, a probabilidade de que um passageiro qualquer compareça pode ser estimada em 85%.[20] Considere agora dois passageiros quaisquer escolhidos ao acaso da lista de passageiros do voo em questão, e raciocinemos sobre os eventos (aleatórios) de seus comparecimentos. Se os dois eventos (isto é, os dois comparecimentos) forem independentes, a Equação 45 pode ser usada para estimar a probabilidade de que ambos não compareçam, simplesmente multiplicando-se as probabilidades de comparecimento individual, encontrando-se o valor 72,25%, pois 0,85×0,85 = 0,7225.[21] Repetindo-se o argumento, se os eventos de compare-

---

[18] *Overbooking* é o termo utilizado no jargão do transporte aéreo de passageiros para situações de recusa de embarque ao passageiro devido à aceitação, por parte da companhia aérea, de mais reservas do que o número de assentos do avião.

[19] Repare que é exatamente isso que caracteriza a aleatoriedade embutida no problema, pois a companhia não tem certeza de que todos os passageiros compareçam.

[20] Compare a força dos argumentos: o valor 15% emerge empiricamente, como uma frequência relativa, a partir da aceitação de que os registros históricos da companhia representem o estado atual, enquanto o valor 85% emerge da conexão lógica existente entre comparecer e não comparecer, ou, em outras palavras, e mais genericamente, emerge dos axiomas da teoria. O primeiro argumento é mais fraco do que o segundo, portanto. O primeiro argumento, embora alicerçado em dados objetivamente coletados, tem um quê de subjetivo, o segundo é determinado pela aceitação dos axiomas da teoria.

[21] Repare a ordem dos argumentos lógicos: se os eventos são independentes, então a Equação 45 pode ser usada. Não há sustentação teórica para a suposição de independência. De fato, tampouco há sustentação empírica, segundo o enunciado do problema. A suposição vem, portanto, carregada de subjetividades. O valor encontrado, 72,25%, entretanto, é bastante objetivo, pois é o resultado do produto do número 0,85 por si mesmo.

cimentos de todos os 153 passageiros com reserva forem independentes entre si, percebe-se que a probabilidade de comparecimento de todos eles simultaneamente é igual a 0,85 multiplicado por si mesmo 153 vezes, ou seja, 0,85 elevado à potência 153, ou, $0,85^{153}$. O valor é diminuto, igual a 0,0000000000158889659477287, segundo o Microsoft Excel©. Ou seja, o evento é quase impossível.

Consequentemente, a probabilidade de que nenhuma pessoa fique de fora do voo é muito grande, exatamente o complemento de $0,85^{153}$, ou seja, $1 - 0,85^{153}$. Segundo o Microsoft Excel©, igual a 0,999999999984111. Ou seja, o evento é quase certo.

Os números do Exemplo 4 justificam a utilização da política de *overbooking* por parte das companhias aéreas? Pode-se argumentar que, sendo o evento "nenhuma pessoa ficará de fora do voo" quase certo, quase certamente o direito de nenhum passageiro será ferido pela companhia se esta aceitar 153 reservas para o seu voo. O valor $0,85^{153}$ representa, assim, o pequeno risco corrido pela companhia aérea.

Colocado dessa forma, com o risco assim diminuto, provavelmente a companhia sentir-se-á compelida a aceitar um número maior de reservas, quem sabe 154. Qual é o valor do risco nessa nova situação? Certamente maior do que $0,85^{153}$, mas quanto maior? Pode ser determinado, a partir das mesmas suposições de independência entre os eventos de comparecimento individuais, que o risco, ou seja, a probabilidade de alguém ficar de fora do voo, embora comparecendo ao embarque, seria agora 23,95 vezes maior.[22] Mas, como o risco corrido com 153 reservas era pequeno, o risco corrido com 154 reservas ainda é pequeno (igual a 0,00000000380540734448103, segundo o Microsoft Excel©).

E se a companhia aceitasse 172 reservas? Talvez o risco seja excessivo, de modo que a companhia não o tomaria. Como calcular o risco nessas novíssimas condições? E se o avião fosse reconfigurado para 140 assentos, deixando mais espaço entre as poltronas? E se a companhia percebesse uma modificação nos hábitos dos passageiros, reavaliando a probabilidade de *no show*?[23] A resposta a essas e outras questões podem ser encontradas se idealizarmos um modelo de probabilidades para a situação, parametrizando seus valores-chave. Os conceitos de variável aleatória e de distribuição de probabilidades apresentados no próximo capítulo buscam tais modelos.

---

[22] O risco acumula agora duas possibilidades: todos os 154 passageiros comparecem, sendo negado o embarque a dois deles, ou 153 passageiros comparecem, sendo negado o embarque a um deles. Se pelos menos dois passageiros deixassem de comparecer, todos os demais embarcariam sem problemas.

[23] *No show* é o termo utilizado no jargão do transporte aéreo de passageiros para a situação de não comparecimento por parte do passageiro com reserva marcada.

EXERCÍCIOS

1. Dada a tabela abaixo, determine:

Tipos de defeitos	Fabricante			Total
	X	Y	Z	
Defeito grande	250	150	100	500
Defeito pequeno	400	350	250	1000
Defeito leve	450	500	550	1500
Sem defeitos	3800	2100	1100	7000
Total	4900	3100	2000	10000

   1.1 $P(DG)$
   1.2 $P(DP)$
   1.3 $P(DL)$
   1.4 $P(SD)$
   1.5 $P(X)$
   1.6 $P(Y)$
   1.7 $P(Z)$
   1.8 $P(X|DP)$
   1.9 $P(DP|X)$
   1.10 $P(DP \text{ e } X)$

2. Os seguintes resultados referem-se à produção semanal de duas equipes de operários:

EQUIPE	N° DE DEFEITOS	N° DE PERFEITOS
A	142	564
B	86	306

   Você poderia inferir a partir desses dados que a probabilidade de produção de uma peça defeituosa é independente da equipe de produção? Justifique sua resposta.

3. João e José acham uma moeda na rua. Um rápido exame revela que a moeda sofreu alterações em sua forma, de modo que uma face parece ser mais provável de cair para cima do que a outra, se a moeda for jogada para o ar. João decide verificar e lança a moeda 40 vezes para o ar, obtendo cara 23 vezes. Em seguida, José a lança 50 vezes para o ar, obtendo cara 26 vezes. Qual das estimativas de probabilidade é mais confiável? Por quê? Qual é a sua estimativa?

4. A, B e C são eventos aleatórios. Qual é o significado das seguintes equações?
   4.1 $ABC = A$
   4.2 $A + B + C = A$

5. Simplifique as expressões:
   5.1 $(A + B)(B + C)$
   5.2 $(A + B)(A + B')$
   5.3 $(A + B)(A + B')(A' + B)$

6. Prove as equações:
   6.1 $(A'B')' = A + B$
   6.2 $(A' + B')' = AB$
   6.3 $(A_1 + A_2 + \cdots + A_n)' = A_1'A_2' \cdots A_n'$
   6.4 $(A_1 A_2 \cdots A_n)' = A_1' + A_2' + \cdots + A_n'$

7. $(A - B)' = A' - B'$? Justifique sua resposta.
8. Prove (ou negue) que $(A - B) + B = A$ se, e somente se, $B \subseteq A$.
9. Prove (ou negue) que se $A - B = \Phi$ então $A = B$.
10. Prove (ou negue) que $A + B = (A - AB) + (B - AB) + AB$.
11. Descreva um espaço amostral e um conjunto de condições $\mathcal{C}$ para cada um dos seguintes experimentos aleatórios:
    11.1. Três jogadas de uma moeda
    11.2. Número de fumantes em um grupo de 500 adultos do sexo masculino
    11.3. Jogar uma mesma moeda até que apareça coroa
    11.4. Número de chamadas em uma central telefônica
    11.5. Número de partículas radioativas que entram em um contador Geiger
    11.6. Jogada de uma moeda e um dado

    Ao responder as perguntas dos exercícios 12 ao 20, descreva também o conjunto de condições $\mathcal{C}$ correspondentes ao experimento aleatório considerado.

12. Uma empresa contrata um novo engenheiro de manutenção para supervisionar a operação de três máquinas, A, B e C. A probabilidade de quebra (deixar de funcionar) da máquina A, em um determinado dia, é estimada em 0,15; da máquina B, 0,2; e da máquina C, 0,1. Assumindo que a contratação do novo engenheiro não altera essas probabilidades, qual é a probabilidade de que no primeiro dia no novo emprego o engenheiro enfrente...
    12.1. Todas as máquinas quebradas?
    12.2. Exatamente uma das máquinas quebradas?
13. Uma parada de ônibus funciona por meio de um serviço pontual de ônibus, divididos em duas classes: executivos (que passam de meia em meia hora, sempre 10 minutos após a meia hora cheia) e comuns (que passam de 15 em 15 minutos, iniciando 5 minutos após a hora cheia). Qual é a probabilidade de que um passageiro, chegando ao acaso na parada, necessitará esperar mais de 6 minutos por um ônibus?
14. Os números 1, 2, 3, 4 e 5 são escritos em 5 cartas. Três cartas são escolhidas ao acaso sucessivamente. Os dígitos resultantes são escritos da esquerda para a direita, formando uma centena. Qual é a probabilidade de que a centena resultante seja par?
15. Três pessoas, A, B e C, compartilham um escritório com uma única linha telefônica. Chamadas telefônicas chegam ao acaso, nas proporções de $\frac{2}{5}$ para A, $\frac{2}{5}$ para B e $\frac{1}{5}$ para C. O trabalho dos três exige que eles saiam do escritório de quando em quando, aleatoriamente, de tal modo que A está fora durante metade do expediente, ao passo que B e C estão fora durante uma quarta parte do expediente. Para chamadas telefônicas dentro do horário de expediente, encontre a probabilidade de:
    15.1. ninguém se encontrar no escritório para atender a uma determinada chamada;
    15.2. que uma determinada chamada possa ser atendida pela pessoa destinatária da chamada;
    15.3. três chamadas sucessivas destinarem-se à mesma pessoa;
    15.4. três chamadas sucessivas destinarem-se a pessoas diferentes;
    15.5. que uma pessoa, querendo falar com B, necessitar mais do que três chamadas para ser atendida (por B).
16. Há M itens defeituosos em um lote de N itens. Seleciona-se, desse lote, n itens ao acaso ($n < N$). Qual é a probabilidade de haver m itens defeituosos entre eles ($m < M$)?
17. Um inspetor de qualidade examina itens em um lote consistindo em m itens de classe A e n itens de classe B. A inspeção dos primeiros b itens revela que todos são de classe B ($b < n$). Qual é a probabilidade de que dos próximos dois itens selecionados ao acaso (dentre os itens ainda não inspecionados) pelo menos um seja de classe B?

18. Uma pessoa escreveu cartas a n destinatários, colocando uma a uma em n envelopes. Ao acaso, escreveu n endereços (correspondentes aos n destinatários) nos envelopes. Qual é a probabilidade de que pelo menos uma carta seja entregue ao destinatário correto?

19. O que é mais provável, obter um número 1 ao lançar 4 dados, ou obter uma dobradinha de 1 em 24 lançamentos de 2 dados? (Paradoxo de Méré)

20. Uma urna contém 4 bolas brancas e 5 bolas pretas, indistinguíveis exceto pela cor. Bolas são retiradas ao acaso, formando uma sequência, como por exemplo, PBBPPBPBP. Digamos que se esteja interessado no número de vezes que alguma bola branca (qualquer uma) seja retirada antes de alguma bola preta (qualquer uma). Em nosso exemplo, teríamos $N_{B \text{ seguido por } P} = 4 + 4 + 2 + 1 = 11$, pois as 2 primeiras bolas brancas retiradas foram retiradas antes de 4 bolas pretas, a terceira bola branca retirada foi retirada antes de 2 bolas pretas e a quarta bola branca retirada foi retirada antes de uma bola preta. Já para a sequência PPBBPBBPP, tem-se $N_{B \text{ seguido por } P} = 3 + 3 + 2 + 2 = 10$.

   20.1. Quantas sequências distintas podem ser formadas?

   20.2. Qual é a probabilidade de que nenhuma bola branca seja retirada antes de nenhuma bola preta? Isto é, qual é a probabilidade de que $N_{B \text{ seguido por } P} = 0$?

   20.3 Qual é a probabilidade de que $N_{B \text{ seguido por } P} = 1$?

   20.4 Qual é a probabilidade de que $N_{B \text{ seguido por } P} = 3$?

   Dica: a organização da informação na forma de uma árvore de possibilidades pode ajudar a enxergar melhor o fenômeno combinatório.

21. Suponha que os eventos $A_1, A_2, ..., A_n$ sejam independentes, com $P(A_k) = p_k$. Encontre a probabilidade de:

    21.1. ocorrência de ao menos um dos eventos;

    21.2. não ocorrência de todos os eventos (ou ocorrência de nenhum dos eventos);

    21.3. ocorrência de exatamente um dos eventos (não importa qual).

22. Prove que se os eventos A e B são mutuamente exclusivos, com $P(A) > 0$ e $P(B) > 0$, então eles são dependentes.

Capítulo 5
Variáveis aleatórias

Neste capítulo, apresentamos os conceitos de variável aleatória e de distribuição de probabilidades, fundamentos da modelagem estocástica.

Para um determinado conjunto de condições $\mathcal{C}$, seja Ω um conjunto de eventos elementares, $\mathcal{F}$ uma σ-álgebra de eventos (subconjuntos de Ω) e P uma medida de probabilidade definida sobre ele, isto é, satisfazendo os Axiomas 1 a 3 enunciados no Capítulo 4. A cada evento elementar $e \in \Omega$, suponha que esteja associado um número $X = f(e)$, ou seja, suponha que exista uma função f mapeando o conjunto Ω no conjunto dos números reais:

$$f:\Omega \to \mathbb{R} \qquad\qquad (1)$$
$$e \mapsto X = f(e)$$

Diz-se que X é uma **variável aleatória** se a função f é mensurável relativamente a P, isto é, se para todo $x \in \mathbb{R}$, o conjunto $A_x = \{e \in \Omega | f(e) \leq x\} \in \mathcal{F}$. Nesse caso, a probabilidade de A_x existe, pelo Axioma 1 enunciado no Capítulo 4, e usa-se a notação $P(X \leq x) = P(A_x) = F(x)$. $F(x)$, chamada de **função de distribuição acumulada** (FDA) da variável aleatória X.

Essa é a definição formal, consistente com nossa axiomatização. Intuitivamente, pode-se pensar que uma variável aleatória é tão somente uma medida numérica associada a eventos aleatórios.

Exemplo 1

Considere uma sequência de n repetições independentes, sob idênticas condições $\mathcal{C}$, em cada uma das quais a probabilidade de ocorrência de um evento A seja constante e igual a p. Os eventos elementares pertencentes a Ω são sequências de ocorrências e não ocorrências do evento A em n repetições. Por exemplo, um dos eventos elementares será a ocorrência de A em todas as repetições experimentais,[1] outro seria a ocorrência de A em todas as repetições, exceto na última,[2] ainda outro seria a ocorrência de A nas repetições ímpares,[3] etc. Há um total de 2^n eventos elementares.

Seja a função $X = f(e)$, definida por: X é igual ao número de ocorrências do evento A no evento elementar e. Isto é, a variável X tão somente conta o número

---

[1] Que poderia ser representado por algo como $\underbrace{AA \cdots A}_{n \text{ vezes}}$.

[2] Que poderia ser representado por $\underbrace{AA \cdots A}_{n-1 \text{ vezes}} A'$.

[3] Que poderia ser representado por $\underbrace{AA'AA' \cdots AA'}_{\frac{n}{2} \text{ vezes}}$ (A e A' alternadamente, supondo n par).

de ocorrências do evento A na sequência das n repetições das condições $\mathcal{C}$. É fácil constatar que X é mensurável relativamente a P, podendo assumir qualquer valor inteiro de 0 a n, inclusive. Tem-se que:

$$F(x) = \begin{cases} 0 & \text{para} \quad x < 0 \\ \sum_{k \leq x} P_n(k) & \text{para} \quad 0 \leq x < n \\ 1 & \text{para} \quad x \geq n \end{cases} \quad (2)$$

onde

$$P_n(k) = C_n^k p^k (1-p)^{n-k}, \text{para } 0 \leq k \leq n. \quad (3)$$

$F(x) = P(X \leq x) = 0$, para $x < 0$, decorre do fato de que X só pode assumir valores entre 0 e n, inclusive, pois X representa a contagem de ocorrências do evento A na sequência de repetições independentes das condições $\mathcal{C}$, e não pode haver contagem negativa. Ou seja, o evento $A_x = \{e \in \Omega | f(e) \leq x\}$, para $x < 0$, é o evento impossível. Por outro lado, $F(x) = P(X \leq x) = 1$, para $x \geq n$, decorre do fato de não poder haver contagem superior ao número de repetições, ou seja, n. Dizendo de outro modo, o evento $A_x = \{e \in \Omega | f(e) \leq x\}$, para $x \geq n$, é o evento certo.

Considere agora $F(0)$, ou seja, $P(X \leq 0)$. Como X não pode ser negativo, pois é uma contagem, $P(X \leq 0)$ equivale à probabilidade de haver 0 ocorrências do evento A na sequência de n repetições independentes das condições $\mathcal{C}$, ou seja, corresponde à probabilidade de que em todas as n repetições, o evento A não tenha ocorrido. Em outras palavras, em todas as n repetições seu evento complementar, A', ocorreu. Como $P(A) = p$, tem-se que $P(A') = 1 - p$, pela Equação 27 do Capítulo 4, e como as repetições são independentes, tem-se que $P\left(\underbrace{A'A' \cdots A'}_{n \text{ vezes}}\right) = (1-p)^n$, segundo a Equação 45 do Capítulo 4. Ou seja, $F(0) = P(X \leq 0) = (1-p)^n$, que equivale exatamente à Equação 3 para $k = 0$.

Considere agora $F(x) = P(X \leq x)$ para $0 \leq x < 1$. Como X é uma contagem, não pode assumir valores não inteiros, de modo que $F(x)$, nesse caso, resume-se a $F(0)$. Dizendo de outro modo, o evento $A_x = \{e \in \Omega | f(e) \leq x\}$ para $0 \leq x < 1$ é equivalente ao evento $A_0 = \{e \in \Omega | f(e) \leq 0\}$. Ou seja, $F(x) = P(X \leq x) = P(X \leq 0) = F(0)$ para $0 \leq x < 1$.

Considere agora $F(1)$, ou seja, $P(X \leq 1)$, equivalente à probabilidade de haver 0 ou 1 ocorrência do evento A na sequência de n repetições independentes das condições $\mathcal{C}$. Já vimos que a probabilidade de haver 0 ocorrências do evento A na sequência de n repetições independentes das condições $\mathcal{C}$ é $(1-p)^n$, ou seja, corresponde à probabilidade de que em todas as n repetições, o evento A não tenha ocorrido. Fixemo-nos, portanto, na probabilidade de haver exatamente 1 ocorrência do evento A na sequência de n repetições independentes das condições $\mathcal{C}$. Se há exatamente 1 ocorrência do evento A, haverá $n - 1$ ocorrências do evento complementar, A', na sequência de n repetições independentes, correspondendo aos eventos elementares representados por $A\underbrace{A'A' \cdots A'}_{n-1 \text{ vezes}}, A'A\underbrace{A'A' \cdots A'}_{n-2 \text{ vezes}}, A'A'A\underbrace{A'A' \cdots A'}_{n-3 \text{ vezes}}, ..., \underbrace{A'A' \cdots A'}_{n-1 \text{ vezes}}A$.

Ou seja, são todos os eventos elementares em Ω com exatamente 1 ocorrência do evento A e $n - 1$ ocorrências do evento A'. Se o evento A ocorre exatamente uma vez em n repetições independentes das condições $\mathcal{C}$, pode ocorrer na primeira, na segunda,..., ou na última repetição, concluindo-se que há exatamente n eventos elementares listados. Como as repetições são independentes, tem-se

$$P\left(A\underbrace{A'A'\cdots A'}_{n-1 \text{ vezes}}\right) = P\left(A'A\underbrace{A'A'\cdots A'}_{n-2 \text{ vezes}}\right) = \cdots = P\left(\underbrace{A'A'\cdots A'}_{n-1 \text{ vezes}}A\right) = p(1-p)^{n-1}.$$

Consequentemente, a probabilidade de haver exatamente 1 ocorrência do evento A na sequência de n repetições independentes das condições $\mathcal{C}$ é dada por $np(1-p)^{n-1}$, pelo Axioma 3 enunciado no Capítulo 4, pois os eventos elementares são mutuamente exclusivos. A expressão é exatamente a Equação 3 para $k = 1$. Logo, $F(1) = P(X \leq 1) = (1-p)^n + np(1-p)^{n-1}$.

Considere agora $F(x) = P(X \leq x)$ para $1 \leq x < 2$. Como X é uma contagem, não pode assumir valores não inteiros, de modo que $F(x)$, nesse caso, resume-se a $F(1)$. Dizendo de outro modo, o evento $A_x = \{e \in \Omega | f(e) \leq x\}$ para $1 \leq x < 2$ é equivalente ao evento $A_1 = \{e \in \Omega | f(e) \leq 1\}$. Ou seja, $F(x) = P(X \leq x) = P(X \leq 1) = F(1)$ para $1 \leq x < 2$.

Considere agora $F(2)$, ou seja, $P(X \leq 2)$, equivalente à probabilidade de haver 0, 1 ou 2 ocorrências do evento A na sequência de n repetições independentes das condições $\mathcal{C}$. Já vimos que a probabilidade de haver 0 ocorrências do evento A na sequência de n repetições independentes das condições $\mathcal{C}$ é $(1-p)^n$, e que a probabilidade de haver 1 ocorrência do evento A na sequência de n repetições independentes das condições $\mathcal{C}$ é $np(1-p)^{n-1}$. Fixemo-nos, portanto, na probabilidade de haver exatamente 2 ocorrências do evento A na sequência de n repetições independentes das condições $\mathcal{C}$. Se há exatamente 2 ocorrências do evento A, haverá $n-2$ ocorrências do evento complementar, A', na sequência de n repetições independentes, um deles sendo representado por $AA\underbrace{A'A'\cdots A'}_{n-2 \text{ vezes}}$. É fácil ver que haverá tantos eventos elementares equivalentes quanto forem as combinações de n elementos tomados 2 a 2, pois as duas ocorrências do evento A estarão espalhadas na sequência de n repetições (primeira e segunda, primeira e terceira, etc). Como as repetições são independentes, tem-se que a probabilidade de um dos eventos elementares considerados é igual a $p^2(1-p)^{n-2}$, e a probabilidade de haver exatamente 2 ocorrências do evento A na sequência de n repetições independentes das condições $\mathcal{C}$ é dada por $C_n^2 p^2(1-p)^{n-2}$, pelo Axioma 3 enunciado no Capítulo 4, pois os eventos elementares são mutuamente exclusivos. A expressão é exatamente a Equação 3 para $k = 2$. Logo, $F(2) = P(X \leq 2) = (1-p)^n + np(1-p)^{n-1} + C_n^2 p^2(1-p)^{n-2}$.

As argumentações podem ser repetidas para valores crescentes de x, até o valor n, chegando-se às expressões genéricas apresentadas nas Equações 2 e 3. Como evidenciado, a Equação 3 oferece as probabilidades de que a variável X assuma exatamente valores inteiros, ou seja, $P(X = k)$. Constata-se, pois, que a Equação 2 representa uma função escada, com degraus nos números inteiros de 0 a n, cujas alturas correspondem às probabilidades determinadas pela Equação 3. A **Figura 1** a seguir apresenta o gráfico da função $F(x)$ para valores de $n = 10$ e $p = 0{,}70$.

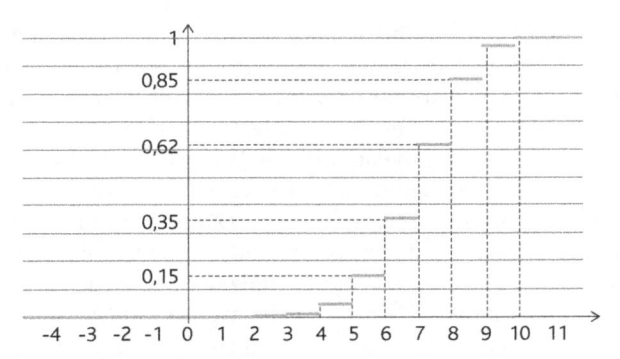

FIGURA 1 FDA da distribuição Binomial para $n = 10$ e $p = 0{,}70$.
Fonte: Elaborada pelo autor.

A distribuição é chamada de distribuição **Binomial** com parâmetros n e p.

Repare que esta distribuição foi utilizada, pelo menos implicitamente, para encaminhar a discussão em torno do Exemplo 4 do Capítulo 4, o problema do *overbooking*. Em tal situação, o número de reservas é o parâmetro n, o parâmetro p é igual ao complemento da probabilidade de *no show* e a variável X conta o número de comparecimentos. As condições C representam as condições gerais de comparecimento ou não de cada passageiro, consideradas, aos olhos da companhia, como aleatórias.

A suposição de independência entre as replicações é forte, significando que o comparecimento ou não de cada passageiro é independente do comparecimento ou não de todos os demais passageiros. Tal suposição pode ser questionável em certos casos, como quando as vias de acesso ao aeroporto de partida do voo se veem bloqueadas por causa de uma enxurrada, por exemplo. Nesse caso, todos os passageiros tendem a não comparecer conjuntamente, o que contraria a noção de independência. O mesmo pode ser dito de grupos de passageiros, digamos, um casal, que tende a se deslocar ao aeroporto conjuntamente. Nesse caso, os comparecimentos de ambos são completamente dependentes entre si (ou os dois se atrasam, ou os dois chegam no horário). A situação de grupos de passageiros pode ser acomodada com modelos um pouco mais sofisticados, que levem em consideração essa informação, se ela estiver disponível. Ressalte-se, entretanto, que nem sempre haverá precisão ou mesmo disponibilidade dessa informação para a companhia.

A suposição de identidade do evento de comparecimento, mais particularmente de sua probabilidade, estimada como o complemento da estatística de *no show* também é questionável em certos casos. Aos olhos da companhia, todos os passageiros são anônimos e, portanto, a estatística se aplica a todos. Lembre que a probabilidade de comparecimento é apenas uma medida do grau de incerteza acerca do evento. Certamente, a estimativa elaborada por um determinado passageiro sobre o **seu** comparecimento será diferente da estimativa que a companhia tem. Afinal, as informações são distintas. Por exemplo, se o tal passageiro está viajando a passeio, talvez realizando o sonho de sua vida, ele dificilmente se atrasará para o embarque.[4] Mas essa informação quem tem é o passageiro, a **seu** respeito; a companhia não tem acesso a ela. A situação de voos com distintas características pode ser acomodada sofisticando o processamento das informações de *no show*. Provavelmente, voos que normalmente são comerciais, como a rota São Paulo-Rio de Janeiro em dias de semana, apresentam passageiros com comportamentos distintos de voos mais turísticos, como entre São Paulo e Salvador em finais de semana. Se a companhia tiver uma base de dados adequada, pode estimar diferentemente as probabilidades de *no show* para cada tipo de voo.

A discussão remete à constante vigilância acerca dos pressupostos dos modelos probabilísticos. Os modelos em si, e, particularmente, os computadores utilizados para realizar seus cálculos, não têm condições de oferecer qualquer crítica aos pressupostos, como já salientado. Quando muito podem registrar quais são as suposições básicas de cada modelo, cabendo ao usuário a decisão de utilização dos cálculos para guiar suas decisões ou não. Mais uma vez ilustramos a estreita conexão entre as subjetividades e as objetividades. Estas estão sempre subordinadas àquelas.

PROPRIEDADES DAS FDA

Com a FDA da variável X é possível definir a probabilidade da desigualdade $x_1 < X \leq x_2$ para quaisquer valores $x_1 < x_2$. De fato, se A denota o evento $X \leq x_2$, B o evento $X \leq x_1$ e C o evento $x_1 < X \leq x_2$, então, claramente, $A = B + C$. Como B e C são mutuamente exclusivos, o Axioma 3 enunciado no Capítulo 4 garante que $P(A) = P(B) + P(C)$. Mas $P(A) = F(x_2)$, $P(B) = F(x_1)$ e $P(C) = P(x_1 < X \leq x_2)$, e então:

$$P(x_1 < X \leq x_2) = F(x_2) - F(x_1). \qquad (4)$$

Como pelo Axioma 1 enunciado no Capítulo 4, a probabilidade é um número não negativo, conclui-se que para quaisquer valores $x_1 < x_2$, $F(x_1) \leq F(x_2)$, isto é, a FDA de uma variável aleatória é uma função não decrescente. Conforme a Equação 29 do Capítulo 4, a FDA $F(x)$ satisfaz, obviamente, à desigualdade:

$$0 \leq F(x) \leq 1. \qquad (5)$$

Uma FDA descontínua em um determinado ponto, digamos, x_0, apresenta limites distintos à esquerda e à direita de x_0, isto é, $\lim_{x \uparrow x_0} F(x) \neq \lim_{x \downarrow x_0} F(x)$. Como $F(x)$ é não decrescente, a diferença entre os limites à direita e à esquerda de $F(x)$ em x_0 é positiva, isto é, $\lim_{x \downarrow x_0} F(x) - \lim_{x \uparrow x_0} F(x) > 0$. A FDA é contínua à direita, isto é,

$$\lim_{x \downarrow x_0} F(x) = F(x_0). \qquad (6)$$

Mais ainda, $P(X < x_0) = \lim_{x \uparrow x_0} F(x)$. Tem-se também que

$$\lim_{x \downarrow -\infty} F(x) = 0, \qquad (7)$$

---

[4] Um passageiro nessas condições talvez se desloque com muita antecedência, para não dar "zebra". Afinal, é a viagem de sua vida...

assim como

$$\lim_{x\uparrow\infty} F(x) = 1. \tag{8}$$

Toda FDA é uma função não decrescente, contínua à direita, (isto é, satisfaz à Equação 6) que satisfaz às Equações 7 e 8. A recíproca também é verdadeira, isto é, toda função real não decrescente, contínua à direita, que satisfaz às Equações 7 e 8 é a FDA de alguma variável aleatória (Gnedenko, 1969, p. 133). Note-se, entretanto, que uma variável aleatória define unicamente sua FDA, mas há várias variáveis aleatórias com a mesma FDA. O Exemplo 2 a seguir ilustra o fato.

Exemplo 2

Seja X a variável aleatória com possibilidade de assumir os valores -1 e $+1$, cada um com probabilidade $\frac{1}{2}$, e seja $Y = -X$. Está claro que X é sempre diferente de Y, ou seja, X e Y são variáveis distintas. Mas ambas as variáveis aleatórias têm a seguinte FDA:

$$F(x) = \begin{cases} 0 & \text{para} \quad x < -1 \\ \frac{1}{2} & \text{para} \quad -1 \leq x < 1 \\ 1 & \text{para} \quad x \geq 1 \end{cases}$$

LEIS DE DISTRIBUIÇÃO

O comportamento de uma variável aleatória é, muitas vezes, descrito não por sua FDA, mas por alguma outra maneira. Qualquer descrição de uma variável aleatória da qual se possa obter sua FDA é chamada uma **lei de distribuição**. Por exemplo, se soubermos $P(x_1, x_2) = P(x_1 < X \leq x_2)$ para quaisquer valores $x_1 < x_2$, pode-se determinar a FDA pela equação $F(x) = \lim_{y\downarrow-\infty} P(y, x)$.

VARIÁVEIS DISCRETAS

Variáveis aleatórias **discretas** são aquelas que podem assumir apenas um conjunto finito ou enumerável de valores. Para uma descrição probabilista completa de uma variável aleatória discreta que pode assumir valores $x_1, x_2, \ldots$ com probabilidades positivas, é suficiente conhecer as probabilidades $p_i = P(X = x_i)$ para todos os valores de i. A FDA pode ser obtida pela equação

$$F(x) = \Sigma_{xi \leq x} p_i. \tag{9}$$

A FDA $F(x)$ de uma variável aleatória discreta é descontínua e cresce em saltos em seus possíveis valores (isto é, valores x_i para os quais $p_i > 0$). A magnitude do salto de $F(x)$ no ponto x_i é igual a $F(x_i) - \lim_{x\uparrow x_i} F(x) = p_i$. Se dois possíveis valores da variável X são separados por um intervalo no qual não há outros valores possíveis de X, então $F(x)$ é constante nesse intervalo. Ou seja, a FDA é uma função escada, com degraus nos valores $x_1, x_2, \ldots$, com alturas iguais às probabilidades p_i. A **Figura 1** ilustra o conceito.

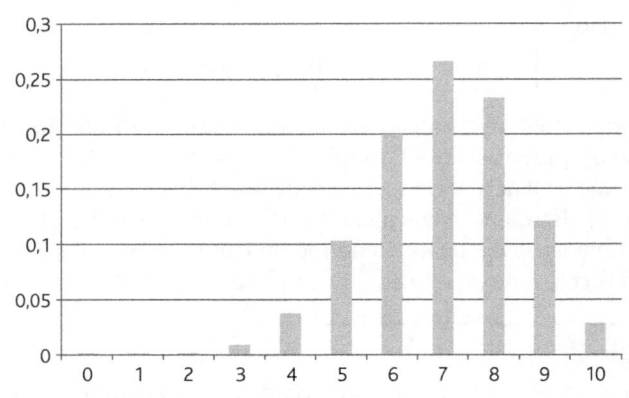

FIGURA 2 Lei de distribuição Binomial para $n = 10$ e $p = 0{,}70$.
Fonte: Elaborada pelo autor.

A distribuição Binomial apresentada no Exemplo 1 tem sua lei de distribuição definida pela Equação 3. A **Figura 2** apresenta uma representação gráfica dessa equação, para valores de $n = 10$ e $p = 0{,}70$.[5]

Exemplo 3

Seja X a variável aleatória com domínio em $\{0, 1, 2, \ldots\}$ e probabilidades dadas por

$$p_i = P(X = i) = \frac{\lambda^i e^{-\lambda}}{i!}, \text{ para } i = 0, 1, 2,\ldots \qquad (10)$$

onde $\lambda > 0$ é uma constante. A FDA de X é uma função escada com infinitos degraus nos números inteiros não negativos. O salto no ponto $x = i$ é igual a p_i. Para $x \leq 0$, $F(x) = 0$. Essa distribuição é chamada de **distribuição de Poisson**. A Figura 3 a seguir apresenta uma representação gráfica de sua lei de distribuição para $\lambda = 1{,}5$.[6]

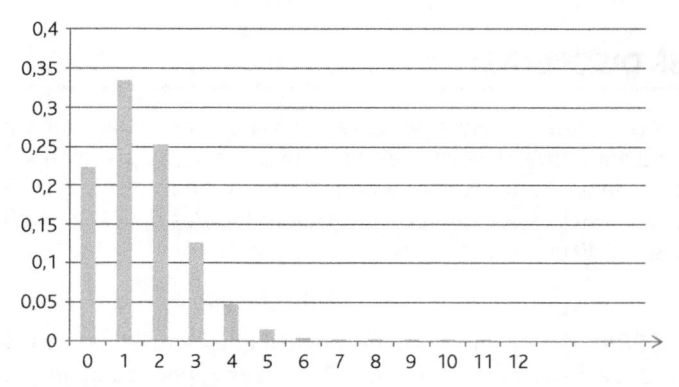

FIGURA 3 Lei de distribuição Poisson para $\lambda = 1{,}5$.
Fonte: Elaborada pelo autor.

---

[5] O gráfico foi gerado usando a função DISTR.BINOM do Microsoft Excel©.
[6] O gráfico foi gerado usando a função DIST.POISSON do Microsoft Excel©.

A distribuição apresentada no Exemplo 3 é assim chamada em homenagem ao seu criador, o matemático francês Siméon Denis Poisson (1781-1840). Poisson a derivou no contexto de contagem de eventos raros que acontecem de modo independente segundo uma taxa suposta constante ao longo do tempo, tomando a distribuição Binomial como ponto de partida, dividindo o intervalo de tempo em infinitésimos e tomando seu limite a zero (Poisson, 1837). A distribuição é utilizada em processos de contagem ao longo do tempo ou de qualquer outra dimensão contínua como, por exemplo, uma linha, uma superfície, etc, em que a taxa média é conhecida e as ocorrências do fenômeno de interesse ocorrem independentemente. Essas suposições são em geral razoáveis em processos de contagem de defeitos em processos industriais ou em processos de contagem de demandas por canais de telecomunicações, por exemplo. Mas a distribuição também encontra importantes aplicações na física, na astronomia e na biologia.

Exemplo 4

Uma variável aleatória com domínio em um conjunto finito de valores $\{x_1, x_2, ..., x_n\}$ é dita com probabilidades distribuídas **uniformemente** se:

$$p_i = P(X = x_i) = \frac{1}{n}, \text{ para } i = 1, 2, ..., n. \quad (11)$$

O nome advém do fato de que a probabilidade do evento certo, ou seja, o valor 1, se distribui por todos os possíveis valores da variável de modo idêntico ou uniforme. Essa é a suposição normalmente feita para jogos de puro azar, com aparatos construídos buscando uma simetria perfeita, como jogos de dados (seis faces, cada uma com $\frac{1}{6}$ de probabilidade de ficar voltada para cima), roletas (38 posições, numeradas de 1 a 36, além das posições 0 e 00, cada uma com $\frac{1}{38}$ de probabilidade de ocorrer), cartas (baralho de 52 cartas, cada uma com $\frac{1}{52}$ de probabilidade de ser retirada ao acaso), moedas (duas faces, cada uma com $\frac{1}{2}$ de probabilidade de ficar voltada para cima), etc. Em outras aplicações, é uma suposição razoável quando não se tem nenhuma informação a respeito do fenômeno a não ser o conjunto de eventos elementares. No jargão da teoria da informação, é a distribuição de entropia informacional máxima. A **Figura 4** a seguir apresenta uma representação gráfica de sua lei de distribuição para o caso de um jogo de dados.

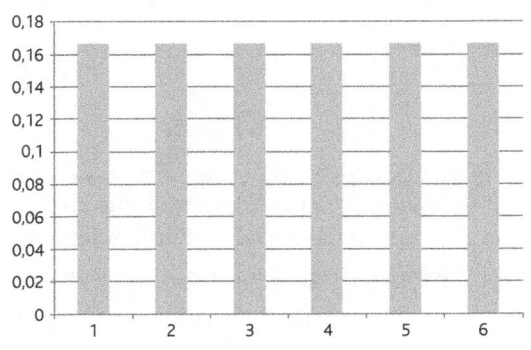

FIGURA 4 Lei de distribuição uniforme.
Fonte: Elaborada pelo autor.

VARIÁVEIS CONTÍNUAS

Variáveis aleatórias **contínuas** são aquelas para as quais existe uma função real não negativa $f(x)$ satisfazendo a seguinte equação para qualquer valor de x:

$$F(x) = \int_{-\infty}^{x} f(z)dz. \tag{12}$$

A função $f(x)$ é chamada de **função densidade de probabilidades** (fdp) da variável aleatória X. Se a FDA de X é diferenciável, sua derivada é igual à fdp de X, isto é,

$$F'(x) = f(x). \tag{13}$$

Propriedades das fdp
Por definição, toda fdp é não negativa, isto é:

$$f(x) \geq 0, \text{ para qualquer valor de } x. \tag{14}$$

Para quaisquer valores $x_1 < x_2$, tem-se:

$$P(x_1 < X \leq x_2) = \int_{x_1}^{x_2} f(x)dx. \tag{15}$$

E ainda:

$$\int_{-\infty}^{\infty} f(x)dx = 1. \tag{16}$$

Se $f(x)$ é contínua no ponto x, então:

$$P(x < X \leq x + dx) = f(x)dx. \tag{17}$$

Exemplo 5

Diz-se que uma variável aleatória é distribuída **Normalmente** (distribuição Normal padrão) se sua FDA tem a forma:

$$\Phi(x) = \frac{1}{\sqrt{2\pi}} \int_{-\infty}^{x} e^{-\frac{z^2}{2}} dz. \tag{18}$$

Sua função densidade é, portanto,

$$f(z) = \frac{1}{\sqrt{2\pi}} e^{-\frac{z^2}{2}}. \tag{19}$$

A função, sendo quadrática, é simétrica em torno de zero, atingindo seu máximo exatamente no ponto $z = 0$. Seus pontos de inflexão são $z = \pm 1$ e a função decai a zero quando o valor de z aumenta (ou diminui) indefinidamente. Ou seja, $\lim_{z \uparrow \infty} f(z) = \lim_{z \downarrow -\infty} f(z) = 0$. A **Figura 5** e a **Figura 6** a seguir apresentam os gráficos de $f(z)$ (fdp) e de $\Phi(x)$ (FDA), respectivamente, para uma distribuição Normal padrão.[7]

---

[7] Os gráficos foram gerados usando a função DIST.NORM.P do Microsoft Excel©.

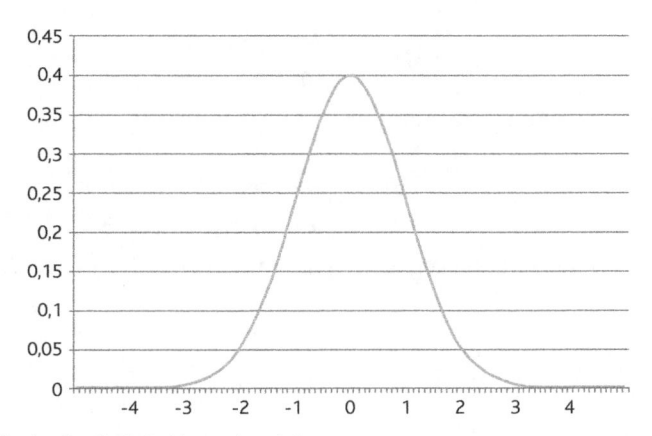

FIGURA 5 fdp da distribuição Normal padrão.
Fonte: Elaborada pelo autor.

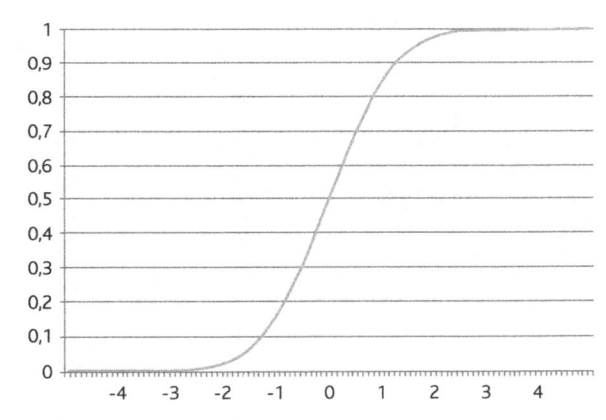

FIGURA 6 FDA da distribuição Normal padrão.
Fonte: Elaborada pelo autor.

A distribuição Normal tem importância fundamental na teoria da probabilidade, assim como na estatística. Sua descoberta é atribuída ao matemático alemão Johann Carl Friedrich Gauss (1777-1855), que a utilizou em seus estudos sobre erros de mensuração. A curva da fdp da distribuição Normal também é conhecida por curva de Gauss ou gaussiana. A distribuição Normal era conhecida à época de Gauss como a distribuição normal de erros, dada sua aplicação à nascente teoria de erros de mensuração. Mais tarde, conhecidas suas outras inúmeras aplicações, a adjetivação "de erros" foi retirada e a distribuição passou a ser conhecida como distribuição Normal.

Exemplo 6

Diz-se que uma variável aleatória é distribuída **Uniformemente** no intervalo $[a, b]$ se sua fdp é dada por:

$$f(x) = \begin{cases} \frac{1}{b-a} & \text{para} \quad x \in [a,b] \\ 0 & \text{para} \quad x \notin [a,b] \end{cases} \qquad (20)$$

Sua FDA tem, então, a forma:

$$F(x) = \begin{cases} 0 & \text{para} \quad x \leq a \\ \frac{x-a}{b-a} & \text{para} \quad a < x \leq b \\ 1 & \text{para} \quad x > b \end{cases} \qquad (21)$$

A **Figura 7** e a **Figura 8** a seguir apresentam, respectivamente, os gráficos de $f(x)$ e de $F(x)$.

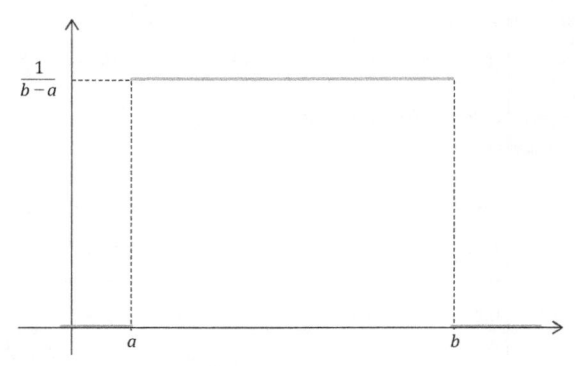

FIGURA 7 fdp da distribuição Uniforme no intervalo $[a, b]$.
Fonte: Elaborada pelo autor.

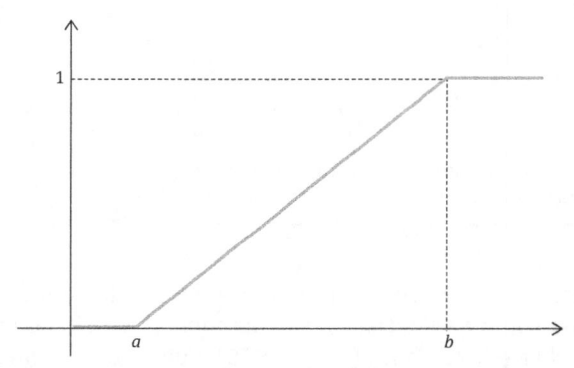

FIGURA 8 FDA da distribuição Uniforme no intervalo $[a, b]$.
Fonte: Elaborada pelo autor.

Função de sobrevivência e função de risco

Na literatura especializada em risco, é comum usar-se o complemento da FDA para caracterizar a variável aleatória, chamada de função de sobrevivência (*survival function*), pois ela oferece a probabilidade de a variável aleatória ser maior do que um determinado valor. A variável de interesse nesses modelos, evidentemente, é o tempo de vida, ou de funcionamento, na literatura de confiabilidade. Assim, a função de sobrevivência oferece a probabilidade de sobrevida após uma determinada idade. Mais formalmente, a **função de sobrevivência** é dada por:

$$S(t) = 1 - F(t). \tag{22}$$

Note que usamos o símbolo t para caracterizar a variável, em vez de usar o tradicional símbolo x, como é comum na literatura de análise de sobrevivência e de confiabilidade. Observe que a função é decrescente, $\lim_{x \downarrow -\infty} S(t) = 1$ e $\lim_{x \uparrow \infty} S(t) = 0$.

Outra função muito utilizada é a função de risco (*hazard function*), que caracteriza a taxa com que a morte, ou falha na literatura de confiabilidade, ocorre. Mais formalmente, a **função de risco** é dada por:

$$h(t) = \frac{f(t)}{S(t)}. \tag{23}$$

A função representa a taxa instantânea de morte para sujeitos que tenham sobrevivido até o tempo t.

DISTRIBUIÇÕES CONDICIONAIS

Da mesma forma que todos os teoremas e propriedades de probabilidades podem ser estendidos às probabilidades condicionais, conforme já ilustrado pelas Equações 39, 40 e 41 do Capítulo 4, todas as definições e resultados apresentados sobre variáveis aleatórias podem ser obviamente estendidos para o caso de probabilidades condicionais. Se, por exemplo, o evento B é tal que $P(B) > 0$, chamaremos $F(x|B) = P(X \leq x|B)$ a **função de distribuição acumulada condicional** da variável X, dada a condição de que o evento B tenha ocorrido. Obviamente, $F(x|B)$ possui todas as propriedades das FDA ordinárias.

DISTRIBUIÇÕES MULTIDIMENSIONAIS

Para um determinado conjunto de condições $\mathcal{C}$, seja Ω um conjunto de eventos elementares, $\mathcal{F}$ uma σ-álgebra de eventos (subconjuntos de Ω) e P uma medida de probabilidade definida sobre ele (isto é, satisfazendo os Axiomas 1 a 3 enunciados no Capítulo 4). Suponha que estejam definidas n variáveis aleatórias $X_1 = f_1(e)$, $X_2 = f_2(e), ..., X_n = f_n(e)$ cada uma delas mapeando Ω em $\mathbb{R}$. O vetor $\begin{bmatrix} X_1 \\ X_2 \\ \vdots \\ X_n \end{bmatrix}$ é chamado de **vetor aleatório** n-dimensional.

Denota-se o conjunto dos eventos elementares e para os quais as desigualdades $f_1(e) \leq x_1, f_2(e) \leq x_2, ...$ e $f_n(e) \leq x_n$ ocorram simultaneamente por $\{X_1 \leq x_1, X_2 \leq x_2,...,X_n \leq x_n\}$. Na medida em que os eventos $\{X_1 \leq x_1\}$, $\{X_2 \leq x_2\}$, ... e $\{X_n \leq x_n\}$ pertencem à σ-álgebra de eventos $\mathcal{F}$, seu produto também pertence. Ou seja, $\{X_1 \leq x_1, X_2 \leq x_2,..., X_n \leq x_n\} \in \mathcal{F}$. Logo, pelo Axioma 1 enunciado no Capítulo 4, $P(\{X_1 \leq x_1, X_2 \leq x_2, ..., X_n \leq x_n\})$ existe.

A função n-dimensional definida por

$$F(x_1, x_2, ..., x_n) = P(\{X_1 \leq x_1, X_2 \leq x_2, ..., X_n \leq x_n\}) \tag{24}$$

é chamada de **função de distribuição acumulada n-dimensional** do vetor aleatório $\begin{bmatrix} X_1 \\ X_2 \\ \vdots \\ X_n \end{bmatrix}$.

As variáveis aleatórias $X_1, X_2, ..., X_n$ podem ser interpretadas como coordenadas de pontos no espaço Euclidiano n-dimensional $\mathbb{R}^n$. Nesse contexto, a posição do ponto $(X_1, X_2, ..., X_n)$ depende do acaso e a função $F(x_1, x_2, ..., x_n)$ nos dá a probabilidade de o ponto $(X_1, X_2, ..., X_n)$ pertencer ao paralelepípedo n-dimensional ilimitado $X_1 \leq x_1, X_2 \leq x_2, ..., X_n \leq x_n$ com eixos paralelos aos eixos coordenados (ilimitado à esquerda em cada uma de suas dimensões).

Usando a função de distribuição é possível computar a probabilidade de o ponto $(X_1, X_2, ..., X_n)$ pertencer ao paralelepípedo n-dimensional limitado $a_i < X_i \leq b_i$ ($i = 1, 2, ... n$), onde a_i e b_i são constantes arbitrárias:

$$P(a_1 < X_1 \leq b_1, a_2 < X_2 \leq b_2, ..., a_n < X_n \leq b_n) = F(b_1, b_2, ..., b_n) - \sum_{i=1}^{n} p_i + \sum_{i<j} p_{ij} - \sum_{i<j<k} p_{ijk} + \cdots + (-1)^n F(a_1, a_2, ..., a_n), \tag{25}$$

onde $p_{lm\cdots r}$ denota o valor da função $F(c_1, c_2, ..., c_n)$ com $c_i = a_i$ para todos os índices $l, m, ...$ e r e $c_i = b_i$ para todos os demais índices.[8]

Redução de ordem

Note que se tomarmos um valor de x_k arbitrariamente grande, o evento $\{X_k \leq x_k\}$ se tornará um evento certo. Denotaremos tal evento por $\{X_n < \infty\}$. Da mesma forma, denotaremos o evento conjunto por $\{X_1 \leq x_1, X_2 \leq x_2, ..., X_{k-1} \leq x_{k-1}, X_k < \infty, X_{k+1} \leq x_{k+1}, ..., X_n \leq x_n\}$. A correspondente função de distribuição acumulada n-dimensional do vetor aleatório $(X_1, X_2, ..., X_n)$ se torna, assim,

$$F(x_1, x_2, ..., x_{k-1}, \infty, x_{k+1}, ..., x_n) = \lim_{x_k \uparrow \infty} F(x_1, x_2, ..., x_{k-1}, x_k, x_{k+1}, ..., x_n) \tag{26}$$

A Equação 26 nos dá, assim, a probabilidade de que os seguintes eventos ocorram simultaneamente: $\{X_1 \leq x_1\}, \{X_2 \leq x_2\}, ..., \{X_{k-1} \leq x_{k-1}\}, \{X_{k+1} \leq x_{k+1}\},...$ e $\{X_n \leq x_n\}$. Ou seja, $F(x_1, x_2, ..., x_{k-1}, \infty, x_{k+1}, ..., x_n)$ é a função de distribuição

$(n-1)$-dimensional do vetor aleatório $\begin{bmatrix} X_1 \\ X_2 \\ \vdots \\ X_{k-1} \\ X_{k+1} \\ \vdots \\ X_n \end{bmatrix}$.

---

[8] A notação é um tanto quanto complicada. O símbolo p_3 significa, então, $F(b_1, b_2, a_3, b_4, ..., b_n)$, enquanto p_{23} significa $F(b_1, a_2, a_3, b_4, ..., b_n)$. Assim, $F(a_1, a_2, ..., a_n)$ poderia ser escrito como $p_{123\cdots n}$.

Continuando com esse processo, pode-se determinar a função de distribuição k-dimensional de qualquer vetor aleatório composto por k das variáveis originais. Em particular, a FDA da variável X_k é $F(x) = F(c_1, c_2, ..., c_n)$, onde todos os c_i ($i \neq k$) são iguais a ∞ e $c_k = x$. Tal distribuição é chamada de **distribuição marginal** da variável X_k.

Exemplo 7

Uma moeda é atirada ao ar quatro vezes, observando-se as faces que ficam voltadas para cima. Sejam as variáveis aleatórias definidas por:

X_1: número de caras obtidas nas duas primeiras jogadas;
X_2: número de caras obtidas nas três últimas jogadas.

Qual é a distribuição conjunta de probabilidades de $\begin{bmatrix} X_1 \\ X_2 \end{bmatrix}$? Qual é a distribuição marginal de X_1? Qual é a distribuição condicional de X_1, dado que $X_2 = 2$?

A resposta às indagações pode ser encaminhada a partir da Tabela 1 em que se arranjam todas as possibilidades de valores para as duas variáveis conjuntamente, colocando-se as respectivas probabilidades, a partir dos eventos elementares.

Há 16 eventos elementares correspondendo às combinações de caras e coroas em quatro resultados, cada um com probabilidade estimada em $\frac{1}{16}$. A estimativa é baseada em três suposições fundamentais: a honestidade da moeda, que produz a estimativa de probabilidade de obtenção de cara em um lançamento como $\frac{1}{2}$; a não deformação da moeda ao longo dos lançamentos, assegurando a manutenção de sua honestidade e, consequentemente, mantendo-se a estimativa inicial de probabilidade de cara – e de coroa – como $\frac{1}{2}$; e a independência dos lançamentos sucessivos, que permite multiplicar as probabilidades individuais, pela Equação 45 do Capítulo 4; tais observações resumem as chamadas condições $\mathcal{C}$.

Dos 16 eventos elementares, somente um, o evento resultante de quatro coroas em sucessão, produz o resultado $X_1 = 0$ e $X_2 = 0$. Portanto, estima-se $P(X_1 = 0, X_2 = 0) = \frac{1}{16}$. Da mesma forma, apenas o resultado de uma coroa seguido por três caras produz o resultado $X_1 = 1$ e $X_2 = 0$. Portanto, estima-se $P(X_1 = 1, X_2 = 0) = \frac{1}{16}$. Mas dois resultados (as sequências coroa-coroa-cara-coroa e coroa-coroa--coroa-cara) produzem o resultado $X_1 = 0$ e $X_2 = 1$. Portanto, usando o Axioma 2

TABELA 1 Distribuição conjunta de probabilidades de X_1 e X_2

X_2	X_1			Distribuição marginal de X_2
	0	1	2	
0	1/16	1/16	0	1/8
1	1/8	3/16	1/16	3/8
2	1/16	3/16	1/8	3/8
3	0	1/16	1/16	1/8
Distribuição marginal de X_1	1/4	1/2	1/4	

Fonte: Dados do autor.

enunciado no Capítulo 4, estima-se $P(X_1 = 0, X_2 = 1) = \frac{2}{16} = \frac{1}{8}$. Argumentos semelhantes e um cuidado ao enumerar os eventos elementares[9] levam às demais estimativas apresentadas na **Tabela 1**.

Observe a semelhança de disposição das informações entre a **Tabela 1** e a matriz de correspondência apresentada na **Figura 1** do Capítulo 3. Lá, tratamos de informações coletadas empiricamente, aqui, de estimativas probabilísticas baseadas em nossas suposições teóricas (condições $\mathcal{C}$).

As distribuições marginais das variáveis X_1 e X_2 consideradas isoladamente estão dispostas, respectivamente, na última linha e última coluna da tabela. A linha e a coluna são totalizadoras, contendo, respectivamente, as somas dos valores dispostos nas diversas colunas e linhas da tabela. Note que a variável X_1 tem distribuição Binomial com parâmetros $n = 2$ e $p = \frac{1}{2}$, enquanto a variável X_2 tem distribuição Binomial com parâmetros $n = 3$ e $p = \frac{1}{2}$.

A distribuição condicional de X_1 dado que $X_2 = 2$ pode ser deduzida dos valores da linha correspondentes ao valor de $X_2 = 2$ (terceira linha da **Tabela 1**) dividindo-se todos os seus elementos por $P(X_2 = 2)$, ou seja, $\frac{3}{8}$. A distribuição é apresentada na **Tabela 2**.

TABELA 2 Distribuição condicional $P(X_1|X_2 = 2)$

x_1	$P(X_1|X_2 = 2)$
0	1/6
1	1/2
2	1/3

Fonte: Dados do autor.

Exemplo 8

Diz-se que um vetor aleatório $\begin{bmatrix} X_1 \\ X_2 \\ \vdots \\ X_n \end{bmatrix}$ distribui-se **uniformemente** no paralelepípedo $a_i \leq X_i \leq b_i$ ($i = 1, 2, ..., n$), onde a_i e b_i são constantes arbitrárias, se a probabilidade de o ponto $(X_1, X_2, ..., X_n)$ pertencer a qualquer região interior desse paralelepí-

---

[9] Um esquema interessante é o de árvores binárias, do tipo:

$$\begin{cases} \text{cara} \begin{cases} \text{cara} \begin{cases} \text{cara} \begin{cases} \text{cara} \\ \text{coroa} \end{cases} \\ \text{coroa} \begin{cases} \text{cara} \\ \text{coroa} \end{cases} \end{cases} \\ \text{coroa} \begin{cases} \text{cara} \begin{cases} \text{cara} \\ \text{coroa} \end{cases} \\ \text{coroa} \begin{cases} \text{cara} \\ \text{coroa} \end{cases} \end{cases} \end{cases} \\ \text{coroa} \begin{cases} \text{cara} \begin{cases} \text{cara} \begin{cases} \text{cara} \\ \text{coroa} \end{cases} \\ \text{coroa} \begin{cases} \text{cara} \\ \text{coroa} \end{cases} \end{cases} \\ \text{coroa} \begin{cases} \text{cara} \begin{cases} \text{cara} \\ \text{coroa} \end{cases} \\ \text{coroa} \begin{cases} \text{cara} \\ \text{coroa} \end{cases} \end{cases} \end{cases} \end{cases}$$

pedo é proporcional ao seu volume (em relação ao volume do paralelepípedo) e a probabilidade de pertencer a qualquer região exterior a esse paralelepípedo é igual a zero. Obviamente, o evento "o ponto $(X_1, X_2, ..., X_n)$ pertence ao paralelepípedo" é o evento certo. Sua FDA tem, então, a forma:

$$F(x_1, x_2, ..., x_n) = \begin{cases} 0 & \text{se } x_i \leq a_i \text{ para pelo menos um } i \\ \prod_{i=1}^{n} \frac{c_i - a_i}{b_i - a_i} & \text{onde } c_i = x_i \text{ se } a_i < x_i \leq b_i \text{ e } c_i = b_i \text{ se } x_i > b_i \end{cases}$$

(27)

Propriedades das FDA multidimensionais

Toda FDA multidimensional é não decrescente e contínua à direita em cada argumento, e satisfaz às relações:

$$F(\infty, \infty, ..., \infty) = \lim_{x_1 \uparrow \infty} \left(\lim_{x_2 \uparrow \infty} \left(... \left(\lim_{x_n \uparrow \infty} F(x_1, x_2, ..., x_n) \right) \right) \right) = 1 \qquad (28)$$

e

$$\lim_{x_k \downarrow -\infty} F(x_1, x_2, ..., x_n) = 0, \text{ para qualquer } k = 1, 2, ..., n \qquad (29)$$

e valores arbitrários nos argumentos restantes.

As propriedades enunciadas não são suficientes, entretanto, para caracterizar uma FDA multidimensional, sendo necessário adicionar à lista a seguinte propriedade: para quaisquer a_i e b_i ($i = 1, 2, ..., n$), a expressão

$$F(b_1, b_2, ..., b_n) - \sum_{i=1}^{n} p_i + \sum_{i<j} p_{ij} - \sum_{i<j<k} p_{ijk} + \cdots + (-1)^n F(a_1, a_2, ..., a_n),$$

(30)

onde $p_{lm\cdots r}$ denota o valor da função $F(c_1, c_2, ..., c_n)$ com $c_i = a_i$ para todos os índices $l, m, ...$ e r e $c_i = b_i$ para todos os demais índices, é não negativa.

fdp multidimensionais

Se existe uma função não negativa $f(x_1, x_2, ..., x_n)$ tal que para quaisquer $x_1, x_2, ..., x_n$ tenha-se:

$$F(x_1, x_2, ..., x_n) = \int_{-\infty}^{x_1} \int_{-\infty}^{x_2} ... \int_{-\infty}^{x_n} f(z_1, z_2, ..., z_n) \, dz_n ... dz_2 dz_1, \qquad (31)$$

esta função é chamada de **função densidade de probabilidade** do vetor aleatório $\begin{bmatrix} X_1 \\ X_2 \\ \vdots \\ X_n \end{bmatrix}$.

Propriedades das fdp multidimensionais

Por definição, toda fdp multidimensional é não negativa, isto é:

$$f(x_1, x_2, ..., x_n) \geq 0, \text{ para quaisquer } x_1, x_2, ..., x_n. \tag{32}$$

A probabilidade do ponto $(X_1, X_2, ..., X_n)$ pertencer a uma região $\mathcal{G}$ é dada por:

$$\iint_{\mathcal{G}} \cdots \int f(x_1, x_2, ..., x_n) \, dx_n \ldots dx_2 dx_1. \tag{33}$$

Se $f(x_1, x_2, ..., x_n)$ é contínua em $(x_1, x_2, ..., x_n)$, a probabilidade de o ponto $(X_1, X_2, ..., X_n)$ pertencer ao paralelepípedo n-dimensional $x_i < X_i \leq x_i + dx_i$ ($i = 1, 2, ..., n$) é igual a $f(x_1, x_2, ..., x_n) dx_1 dx_2 \ldots dx_n$.

Exemplo 9

Diz-se que um vetor aleatório bidimensional $\begin{bmatrix} Z_1 \\ Z_2 \end{bmatrix}$ se distribui **normalmente** (distribuição Normal bivariada padrão) se sua FDA tem a forma:

$$F(x, y) = \frac{1}{2\pi\sqrt{1-r^2}} \int_{-\infty}^{x} \int_{-\infty}^{y} e^{-\frac{1}{2(1-r^2)}(z_1^2 - 2rz_1z_2 + z_2^2)} \, dz_1 dz_2, \tag{34}$$

onde $-1 < r < 1$.

Sua função densidade é, portanto,

$$f(z_1, z_2) = \frac{1}{2\pi\sqrt{1-r^2}} e^{-\frac{1}{2(1-r^2)}(z_1^2 - 2rz_1z_2 + z_2^2)}. \tag{35}$$

A função é constante nas elipses $z_1^2 - 2rz_1z_2 + z_2^2 = \lambda^2$, onde λ é uma constante, centrada no ponto $(0,0)$, atingindo seu máximo exatamente neste ponto. Se $r = 0$, as elipses reduzem-se a circunferências concêntricas de raio igual a λ. A função decai a zero quando qualquer uma das variáveis, z_1 ou z_2, aumenta (ou diminui) indefinidamente, ou seja, $\lim_{z_1 \uparrow \infty} f(z_1, z_2) = \lim_{z_1 \downarrow -\infty} f(z_1, z_2) = \lim_{z_2 \uparrow \infty} f(z_1, z_2) = \lim_{z_2 \downarrow -\infty} f(z_1, z_2) = 0$.

A **Figura 9** apresenta o gráfico da fdp de uma distribuição Normal bivariada.

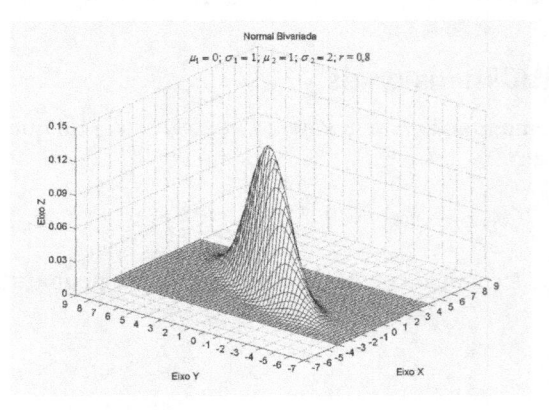

FIGURA 9 fdp de uma distribuição Normal bivariada.
Fonte: Elaborada pelo autor.

Exemplo 10

Seja a fdp $f(x,y) = \begin{cases} 2 & \text{se } 0 < x < y < 1 \\ 0 & \text{caso contrário} \end{cases}$

Quais são as distribuições marginais de X e de Y?

Qual é a distribuição condicional de X dado que $Y = \frac{3}{4}$?

A resposta às primeiras indagações pode ser encontrada integrando-se a função $f(x,y)$ em cada uma das variáveis. Ou seja, a distribuição marginal de X terá fdp dada por:

$$f_X(x) = \int_{-\infty}^{\infty} f(x,y)dy = \int_x^1 2dy = \begin{cases} 2(1-x) & \text{para } 0 < x < 1 \\ 0 & \text{caso contrário} \end{cases}$$

A distribuição marginal de Y terá fdp dada por:

$$f_Y(y) = \int_{-\infty}^{\infty} f(x,y)dx = \int_0^y 2dx = \begin{cases} 2y & \text{para } 0 < y < 1 \\ 0 & \text{caso contrário} \end{cases}$$

A fdp bivariada é uma constante no triângulo definido por $0 < x < y < 1$, sendo nula fora deste triângulo, de modo que distribuição condicional de X dado que $Y = \frac{3}{4}$ é uma distribuição uniforme no intervalo $\left[0, \frac{3}{4}\right]$. Ou seja,

$$f\left(x \mid Y = \frac{3}{4}\right) = \begin{cases} \frac{4}{3} & \text{se } 0 < x < \frac{3}{4} \\ 0 & \text{caso contrário} \end{cases}$$

As **Figuras 10, 11** e **12** ilustram as fdp marginais de X e de Y e a fdp condicional de X dado que $Y = \frac{3}{4}$, respectivamente.

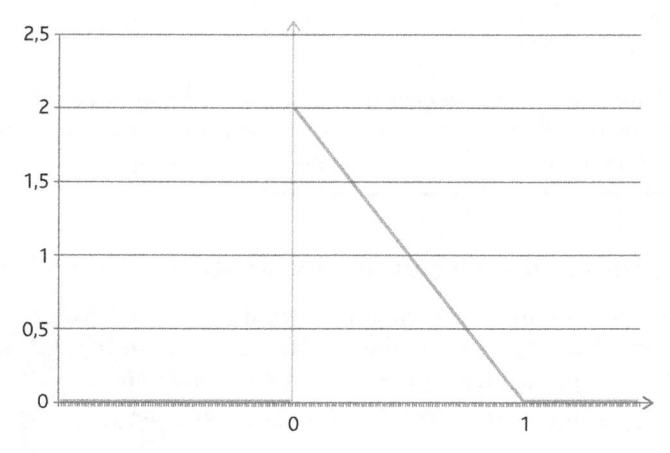

FIGURA 10 fdp marginal de X.
Fonte: Elaborada pelo autor.

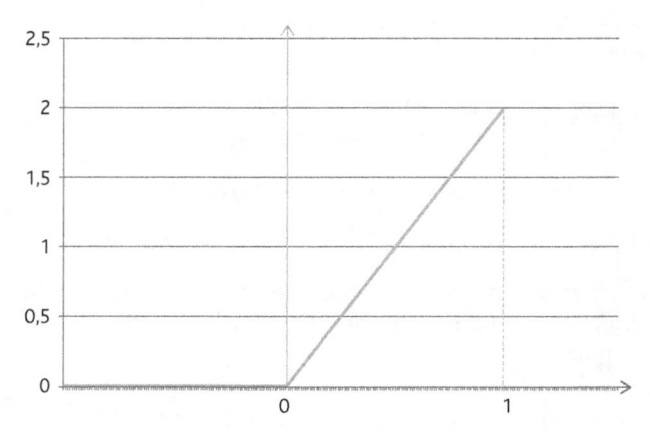

FIGURA 11 fdp marginal de Y.
Fonte: Elaborada pelo autor.

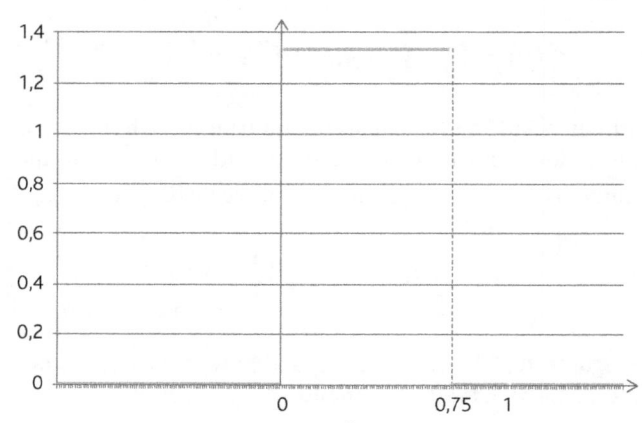

FIGURA 12 fdp condicional de X dado que $Y = \frac{3}{4}$.
Fonte: Elaborada pelo autor.

Note que as distribuições de X e de Y são **triangulares**,[10] com fdp na forma de triângulos retângulos simétricos um em relação ao outro. A distribuição condicional de X dado que $Y = \frac{3}{4}$ é uniforme no intervalo $\left[0, \frac{3}{4}\right]$.

Independência entre variáveis aleatórias

O conceito de independência entre eventos se transfere de modo natural para variáveis aleatórias. Diz-se que $X_1, X_2, ..., X_n$ são **independentes** se para qualquer subgrupo arbitrário destas variáveis, digamos, $X_{i_1}, X_{i_2}, ..., X_{i_k}$, para qualquer valor de $k = 2, 3..., n$, tenha-se $P(X_{i_1} \leq x_{i_1}, X_{i_2} \leq x_{i_2}, ..., X_{i_k} \leq x_{i_k}) = P(X_{i_1} \leq x_{i_1})P(X_{i_2} \leq x_{i_2}) \cdots P(X_{i_k} \leq x_{i_k})$.

---

[10] São assim chamadas as distribuições com fdp triangulares.

Em particular, se as variáveis $X_1, X_2, \ldots, X_n$ são independentes, então, para quaisquer $x_1, x_2, \ldots, x_n$,

$$\begin{aligned} F(x_1, x_2, \ldots, x_n) &= P(X_1 \leq x_1, X_2 \leq x_2, \ldots, X_n \leq x_n) \\ &= P(X_1 \leq x_1)P(X_2 \leq x_2) \cdots P(X_n \leq x_n) \\ &= F(x_1)F(x_2) \cdots F(x_n). \end{aligned} \qquad (36)$$

O inverso também é verdadeiro. Isto é, se a FDA de um vetor aleatório $\begin{bmatrix} X_1 \\ X_2 \\ \vdots \\ X_n \end{bmatrix}$ satisfaz $F(x_1, x_2, \ldots, x_n) = F_1(x_1)F_2(x_2) \cdots F_n(x_n)$, com $F_i(\infty) = 1$ para todo $i = 1, 2, \ldots, n$, então $X_1, X_2, \ldots, X_n$ são independentes. Se as variáveis independentes $X_1, X_2, \ldots, X_n$ têm fdp $f_i(x_i)$ para $i = 1, 2, \ldots, n$, então o vetor aleatório $\begin{bmatrix} X_1 \\ X_2 \\ \vdots \\ X_n \end{bmatrix}$ tem fdp multidimensional dada por:

$$f(x_1, x_2, \ldots, x_n) = f_1(x_1)f_2(x_2) \cdots f_n(x_n). \qquad (37)$$

As variáveis X_1 e X_2 definidas no Exemplo 7 não são independentes, como se depreende facilmente dos dados organizados na **Tabela 1**. Tem-se que $P(X_1 \leq 0) = \frac{1}{4}$, $P(X_2 \leq 0) = \frac{1}{8}$ e $P(X_1 \leq 0, X_2 \leq 0) = \frac{1}{16} \neq \frac{1}{4} \times \frac{1}{8}$. O mesmo pode ser dito das variáveis X e Y definidas no Exemplo 10, pois $f(x, y) \neq f_X(x)f_Y(y)$.

Exemplo 11

Considere n variáveis aleatórias mutuamente independentes $Z_1, Z_2, \ldots, Z_n$ distribuídas normalmente (distribuição Normal padrão), i.e., com fdp dadas por:

$$f_i(z_i) = \frac{1}{\sqrt{2\pi}} e^{-\frac{z_i^2}{2}}.$$

A fdp multidimensional é, então, segundo a Equação 37:

$$f(z_1, z_2, \ldots, z_n) = \prod_{i=1}^{n} f_i(z_i) = \left(\frac{1}{\sqrt{2\pi}}\right)^n e^{-\frac{1}{2}\sum_{i=1}^{n} z_i^2} = (2\pi)^{-\frac{n}{2}} e^{-\frac{1}{2}\sum_{i=1}^{n} z_i^2}.$$

Para $n = 2$ a fórmula se torna:

$$f(z_1, z_2) = \frac{1}{2\pi} e^{-\frac{1}{2}(z_1^2 + z_2^2)}.$$

Uma comparação com a Equação 35 do Exemplo 9 indica então que se as duas variáveis distribuídas normalmente (distribuição Normal padrão), Z_1 e Z_2 são independentes, o valor do parâmetro r deve ser nulo, isto é, $r = 0$.

Normais multivariadas

Pode ser demonstrado que a soma de componentes de um vetor normalmente distribuído distribui-se normalmente. Então, no Exemplo 11, a variável $Z_1 + Z_2$ também é Normal.

Para $n = 2$, quando os componentes são independentes, a recíproca é verdadeira: se a soma de duas variáveis aleatórias independentes distribui-se normalmente, então cada uma delas distribui-se também normalmente (Cramér, 1938). O resultado é conhecido como o teorema de Cramér, em homenagem ao seu descobridor, o matemático sueco Harald Cramér.

Por indução, então, se qualquer soma de variáveis aleatórias dentre as variáveis de um vetor de variáveis independentes se distribui normalmente, então cada uma das componentes deve ser normal.

Outra propriedade interessante das distribuições normais multivariadas que será usada fortemente em estatística multivariada é que qualquer rotação nos eixos coordenados transforma uma distribuição normal em uma distribuição normal. Em particular, o ângulo de rotação pode ser escolhido de tal forma que os componentes da distribuição resultante sejam mutuamente independentes.

Harald Cramér (1893-1985)

VALOR ESPERADO

Seja uma variável aleatória X com FDA $F(x)$. A integral

$$E(X) = \int_{-\infty}^{\infty} x \, dF(x), \tag{38}$$

quando existente, é chamada de esperança matemática, ou expectância, ou simplesmente **valor esperado** da variável X, denotada por $E(X)$.[11]

A integral pode ser calculada efetuando-se a mudança de variáveis $y = F(x)$ (ou seja, $x = F^{-1}(x)$), de modo que $dF(x) = dy$. Os limites de integração na variável y são, respectivamente, 0 e 1, pois $\lim_{x \downarrow -\infty} F(x) = 0$ e $\lim_{x \uparrow \infty} F(x) = 1$. Então

$$E(X) = \int_0^1 F^{-1}(y) \, dy. \tag{39}$$

A Equação 39 representa a diferença entre as duas áreas demarcadas no gráfico apresentado na **Figura 13** a seguir, equivalente à integral

$$-\int_{-\infty}^0 F(x) \, dx + \int_0^{\infty} (1 - F(x)) \, dx,$$

de modo que o valor esperado de X pode ser dado por:

$$E(X) = -\int_{-\infty}^0 F(x) \, dx + \int_0^{\infty} (1 - F(x)) \, dx. \tag{40}$$

---

[11] Pode parecer estranho, à primeira vista, a referência à existência da integral definida pela equação 38. Não é garantido que ela exista? De fato, há casos em que a esperança da variável aleatória não existe, como uma variável distribuída segundo a distribuição de Cauchy (apresentada mais adiante, no Capítulo 6).

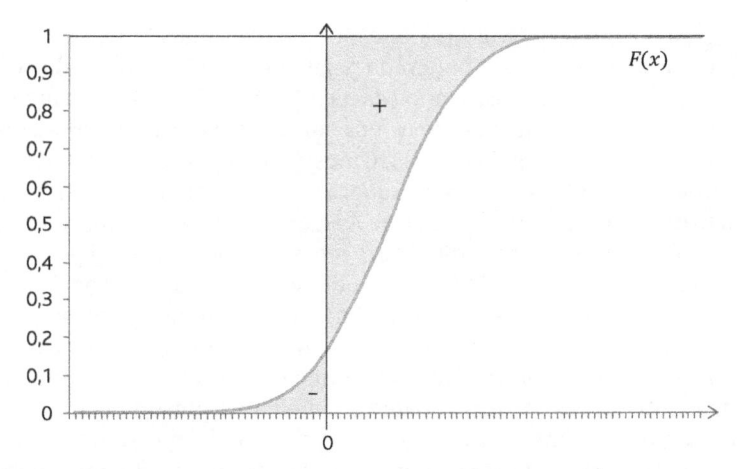

FIGURA 13 $E(X)$ como uma diferença de áreas envolvendo a FDA, $F(x)$.
Fonte: Elaborada pelo autor.

Para uma variável aleatória discreta X com possíveis valores $x_1, x_2, \ldots$ e respectivas probabilidades $p_1, p_2, \ldots$, a integral da Equação 38 reduz-se a uma série, de modo que o valor esperado de X pode ser definido como:

$$E(X) = \sum_{i=1}^{\infty} x_i p_i, \qquad (41)$$

se a série converge absolutamente, isto é, se $\sum_{i=1}^{\infty} |x_i| p_i$ converge.

Para uma variável contínua, com fdp $f(x)$, tem-se:

$$E(X) = \int_{-\infty}^{\infty} x f(x) dx, \qquad (42)$$

se $\int_{-\infty}^{\infty} |x| f(x) dx$ existe.

Se Z é distribuída normalmente (distribuição Normal padrão), como no Exemplo 5, então:

$$\begin{aligned} E(Z) &= \int_{-\infty}^{\infty} z f(z) dz \\ &= \int_{-\infty}^{\infty} z \frac{1}{\sqrt{2\pi}} e^{-\frac{z^2}{2}} dz \\ &= \frac{1}{\sqrt{2\pi}} \int_{-\infty}^{\infty} z e^{-\frac{z^2}{2}} \\ &= \frac{1}{\sqrt{2\pi}} \left(-e^{-\frac{z^2}{2}} \right) \Big|_{-\infty}^{\infty} \\ &= \frac{1}{\sqrt{2\pi}} (0 - 0) \\ &= 0. \end{aligned}$$

Ou seja, o valor esperado de Z é zero. Tal fato pode ser verificado examinando o gráfico da **Figura 6** à luz da Equação 40. Como o gráfico é simétrico em torno do ponto $(0; 0,5)$, as duas integrais (duas áreas) da Equação 40 se equivalem.

Em termos intuitivos, o valor esperado nada mais é do que uma média dos valores da variável aleatória, ponderada pelas respectivas chances de ocorrência. Representa, assim, um valor esperado (daí seu nome), obtido teoricamente, para a média de valores empiricamente observados em sucessivas e independentes realizações do conjunto de condições $\mathcal{C}$. Se realizarmos a simulação de uma variável normalmente distribuída, com FDA dada pela Equação 18, por exemplo, encontraremos um valor, se não zero, muito próximo de zero. A **Figura 14** ilustra a propriedade.

Foram simuladas 1.000 observações independentes (apenas as primeiras 20 são mostradas na **Figura 14**). A média desses 1.000 valores não é zero, evidentemente, sendo igual a 0,003445, pois a simulação, além de conter imperfeições aritméticas, simula apenas um número limitado de valores, nesse caso, 1.000 valores. A média de uma distribuição Normal padrão é zero em teoria. Empiricamente, sempre se esperam valores não exatos. Note a semelhança entre o histograma do conjunto de dados empiricamente produzidos e o gráfico da fdp apresentado na **Figura 5**.

Se X é distribuída uniformemente no intervalo $[a, b]$, como no Exemplo 6, então:

$$E(X) = \int_{-\infty}^{\infty} x f(x) dx = \int_{a}^{b} x \frac{1}{b-a} dx = \frac{1}{b-a}\left(\frac{x^2}{2}\right)\bigg|_{a}^{b} = \frac{1}{b-a}\left(\frac{b^2-a^2}{2}\right) = \frac{a+b}{2}.$$

Ou seja, o valor esperado de uma variável distribuída uniformemente em um determinado intervalo é igual ao seu ponto médio.

Se X se distribui segundo uma distribuição de Poisson, como no Exemplo 3, tem-se:

$$E(X) = \sum_{i=1}^{\infty} x_i p_i$$
$$= \sum_{i=0}^{\infty} i \frac{\lambda^i e^{-\lambda}}{i!}$$

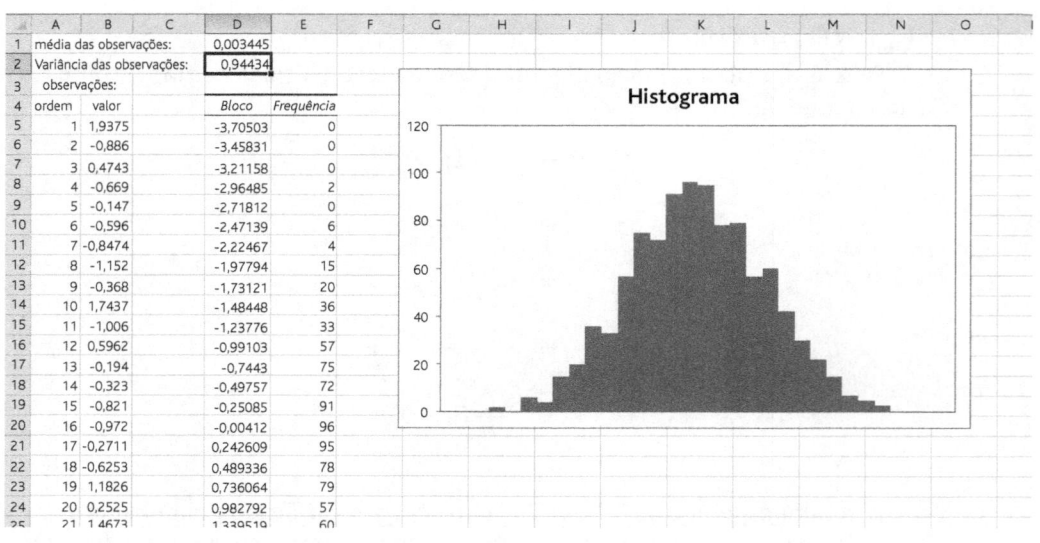

FIGURA 14 Simulação de uma distribuição Normal padrão.
Fonte: Elaborada pelo autor.

$$\begin{aligned}
&= 0 + \sum_{i=1}^{\infty} i \frac{\lambda^i e^{-\lambda}}{i!} \\
&= \lambda e^{-\lambda} \sum_{i=1}^{\infty} i \frac{\lambda^{i-1}}{i!} \\
&= \lambda e^{-\lambda} \sum_{i=1}^{\infty} \frac{\lambda^{i-1}}{(i-1)!} \\
&= \lambda e^{-\lambda} \sum_{j=0}^{\infty} \frac{\lambda^j}{j!} \\
&= \lambda e^{-\lambda} e^{\lambda} \\
&= \lambda.
\end{aligned}$$

Note a mudança de índices ($j = i - 1$) efetuada, modificando a representação da série.[12] O cálculo evidencia que o parâmetro da distribuição de Poisson é o seu valor esperado.

Se X se distribui segundo uma distribuição Binomial, com parâmetros n e p, como no Exemplo 1, tem-se:

$$\begin{aligned}
E(X) &= \sum_{i=0}^{n} x_i p_i \\
&= \sum_{i=0}^{n} i C_n^i p^i (1-p)^{n-i} \\
&= 0 + \sum_{i=1}^{n} i \frac{n!}{i!(n-i)!} p^i (1-p)^{n-i} \\
&= \sum_{i=1}^{n} \frac{n!}{(i-1)!(n-i)!} p^i (1-p)^{n-i} \\
&= \sum_{i=1}^{n} \frac{n(n-1)!}{(i-1)!(n-i)!} p p^{i-1} (1-p)^{n-i} \\
&= np \sum_{i=1}^{n} \frac{(n-1)!}{(i-1)!(n-i)!} p^{i-1} (1-p)^{n-i} \\
&= np \sum_{j=0}^{n-1} \frac{(n-1)!}{j!(n-1-j)!} p^j (1-p)^{n-1-j} \\
&= np \times 1 \\
&= np,
\end{aligned}$$

pois o último somatório da expressão nada mais é do que a soma das probabilidades de todos os possíveis valores de uma distribuição Binomial com parâmetros $n - 1$ e p, sendo equivalente, portanto, ao evento certo.

Os valores esperados das variáveis X_1 e X_2 definidas no Exemplo 7 (jogo de duas moedas) podem ser determinados usando-se as distribuições marginais de cada uma delas e a Equação 41, ou seja,

$$E(X_1) = 0 \times \frac{1}{4} + 1 \times \frac{1}{2} + 2 \times \frac{1}{4} = 1$$

e

$$E(X_2) = 0 \times \frac{1}{8} + 1 \times \frac{3}{8} + 2 \times \frac{3}{8} + 3 \times \frac{1}{8} = \frac{3}{2},$$

---

[12] As séries $\sum_{i=1}^{\infty} \frac{\lambda^{i-1}}{(i-1)!}$ e $\sum_{j=0}^{\infty} \frac{\lambda^j}{j!}$ são idênticas, evidentemente.

o que não causa surpresa, pois sendo binomiais, respectivamente, com parâmetros $n = 2$, $p = \frac{1}{2}$ e $n = 3$, $p = \frac{1}{2}$, tem-se que $E(X_1) = np = 2 \times \frac{1}{2} = 1$ e $E(X_2) = np = 3 \times \frac{1}{2} = \frac{3}{2}$.

Da mesma forma, os valores esperados das variáveis X e Y definidas no Exemplo 10 podem ser determinados usando-se as distribuições marginais de cada uma delas e a Equação 42, ou seja,

$$E(X) = \int_0^1 x2(1-x)dx = 2\int_0^1 (x - x^2)dx = 2\left(\frac{x^2}{2} - \frac{x^3}{3}\right)\Big|_0^1 = 2\left(\frac{1}{2} - \frac{1}{3}\right) = \frac{1}{3}$$

e

$$E(Y) = \int_0^1 y2ydy = 2\int_0^1 y^2 dy = 2\left(\frac{y^3}{3}\right)\Big|_0^1 = \frac{2}{3}.$$

Valor esperado condicional

O conceito de valor esperado se estende ao caso de variáveis aleatórias condicionais. Se $F(x|B)$ é a FDA condicional da variável aleatória X, condicionada ao evento B, então

$$E(X|B) = \int_{-\infty}^{\infty} x dF(X|B) \tag{43}$$

é a **esperança condicional** de X com respeito ao evento B.

A aplicação do teorema da probabilidade total, descrito pela Equação 43 do Capítulo 4 ao caso de esperanças condicionais produz uma interessante expressão. Suponha que $\Omega = \sum_{i=1}^{\infty} B_i$, com $B_i B_j = \Phi$ para $i \neq j$, sejam $F(X|B_i)$ as correspondentes FDA condicionais (a cada um dos eventos B_i) da variável aleatória X e seja $F(X)$ a sua FDA incondicional. Pela Equação 43 do Capítulo 4, tem-se:

$$F(x) = \sum_{i=1}^{\infty} P(B_i) F(x|B_i), \tag{44}$$

e então:

$$E(x) = \sum_{i=1}^{\infty} P(B_i) E(x|B_i), \tag{45}$$

que pode ser escrito como

$$E(X) = E(E(X|B_i)). \tag{46}$$

Propriedades do valor esperado

Resumimos a seguir diversas propriedades do valor esperado.

Valor esperado de uma constante Se uma variável aleatória é uma constante (de fato, se é uma "não variável"), isto é, se $X = k$, para todos os eventos elementares em Ω, seu valor esperado é igual à constante, como se depreende facilmente da definição de valor esperado. De fato, se $X = k$, sua FDA apresenta um único salto no valor

$x = k$, sendo igual a 0 à sua esquerda e 1 à sua direita. O salto é exatamente igual a 1. Dizendo de outra maneira, X é uma variável discreta com um único valor, cuja probabilidade é igual a 1. Então, pela Equação 41:

$$E(X) = \sum_{i=1}^{\infty} x_i\, p_i = k \times 1 = k. \tag{47}$$

Valor esperado de uma soma (finita) de variáveis A esperança de uma soma (finita) de variáveis aleatórias é igual à soma de suas esperanças (James, 2006), isto é:

$$E(X_1 + X_2 + \cdots + X_n) = E(X_1) + E(X_2) + \cdots + E(X_n). \tag{48}$$

Exemplo 12

Considere uma variável aleatória discreta X com apenas dois valores possíveis, 1 e 0, com probabilidades de ocorrência p e $1 - p$, respectivamente. Tem-se:

$$E(X) = 1 \times p + 0 \times (1 - p) = p.$$

Diz-se, nesse caso, que a variável X segue uma **distribuição de Bernoulli**, em homenagem ao matemático suíço Jacob Bernoulli. A distribuição pode ser considerada um caso particular da distribuição Binomial, apresentada no Exemplo 1, com parâmetros $n = 1$ e p. A distribuição Binomial, por sua vez, pode ser entendida como a soma de n variáveis independentes, $X_1, X_2, \ldots, X_n$, cada uma delas seguindo uma distribuição de Bernoulli com o mesmo parâmetro p. Ou seja, se $X = X_1 + X_2 + \cdots X_n$, onde cada X_i ($i = 1, 2, \ldots, n$) segue uma distribuição de Bernoulli com parâmetro p, todas independentes entre si, então X segue uma distribuição Binomial com parâmetros n e p. É fácil, pois, constatar que o valor esperado da distribuição Binomial é np, como já evidenciado anteriormente, pois, de acordo com a Equação 48, ele deve ser igual à soma de n parcelas, cada uma delas de valor p, que é o valor esperado de cada uma das variáveis Bernoulli.

Valor esperado de um produto de variáveis independentes A esperança de um produto de variáveis aleatórias independentes é igual ao produto de suas esperanças (James, 2006), isto é:

$$E(XY) = E(X)E(Y), \tag{49}$$

se X e Y são independentes.

Valor esperado de uma variável multiplicada por uma constante Em particular, se k é constante e X é uma variável aleatória:

$$E(kX) = kE(X). \tag{50}$$

O resultado sai diretamente das Equações 49 e 47, notando que uma constante é independente de qualquer variável aleatória.

Valor esperado de funções contínuas de variáveis aleatórias Se $F_X(x)$ é a FDA de uma variável aleatória X e $g(x)$ é uma função real de variável real contínua, então (Gnedenko, 1969, p. 174):

$$E\big(g(X)\big) = \int_{-\infty}^{\infty} x dF_{g(X)}(x) = \int_{-\infty}^{\infty} g(x) dF_X(x). \tag{51}$$

O resultado estabelece uma interessante relação entre as FDA $F_{g(X)}(x) = P(g(X) \leq x)$ e $F_X(x) = P(X \leq x)$ através das integrais.

Valor absoluto de um valor esperado Tem-se que:

$$|E(X)| \leq E(|X|), \tag{52}$$

para qualquer variável aleatória X (Kolmogorov, 1956, p. 39).

Valor esperado de variáveis positivas ordenadas Pode ser demonstrado (Kolmogorov, 1956, p. 39) que se X e Y são variáveis aleatórias tais que $0 \leq X \leq Y$, então:

$$0 \leq E(X) \leq E(Y). \tag{53}$$

Desigualdade de Cauchy-Schwarz Tem-se que:

$$(E(XY))^2 \leq E(X^2)E(Y^2), \tag{54}$$

para quaisquer variáveis aleatórias X e Y.

O resultado pode ser evidenciado tomando-se uma constante $k \in \mathbb{R}$ e a variável positiva $(X + kY)^2$. Pela Equação 53, tem-se $0 \leq E((X + kY)^2)$. Mas

$$E((X + kY)^2) = E(X^2 + 2kXY + k^2Y^2) = E(X^2) + 2kE(XY) + k^2E(Y^2),$$

e, portanto, $E(X^2) + 2kE(XY) + k^2E(Y^2) \geq 0$ para qualquer $k \in \mathbb{R}$. Tem-se então um polinômio de segundo grau em k com coeficientes $E(Y^2)$, $2E(XY)$ e $E(X^2)$, respectivamente, sempre positivo. Tal condição implica que seu discriminante seja negativo ou nulo,[13] isto é,

$$(2E(XY))^2 - 4E(Y^2)E(X^2) \leq 0,$$

que é equivalente à Equação 54.

VARIÂNCIA

A variância de uma variável aleatória X é definida como a esperança do quadrado do desvio de X em relação a $E(X)$,[14] ou seja:

$$V(X) = E\left((x - E(X))^2\right) = \int_{-\infty}^{\infty} x dF_Y(x), \tag{55}$$

onde $F_Y(x)$ denota a FDA da variável aleatória $Y = (X - E(X))^2$.

---

[13] O discriminante do polinômio $ax^2 + bx + c$ é $b^2 - 4ac$.
[14] Desde que $E(X)$ exista, evidentemente.

Repare a sutileza da definição. O valor esperado é definido para uma variável aleatória, nesse caso, uma nova variável transformada a partir da variável original X, dada pelo quadrado do desvio de X em relação a $E(X)$. Como a função $(x-E(X))^2$ é contínua, pode-se usar a Equação 51 para obter:

$$V(X) = \int_{-\infty}^{\infty} (x - E(X))^2 \, dF(x), \tag{56}$$

onde $F(x)$ é a FDA da variável X.

Como $(x-E(X))^2 = x^2 - 2xE(X) + (E(X))^2$, a fórmula da variância de X pode ainda ser desenvolvida a partir da Equação 56:

$$\begin{aligned} V(X) &= \int_{-\infty}^{\infty} \left(x^2 - 2xE(X) + (E(X))^2\right) dF(x) \tag{57} \\ &= \int_{-\infty}^{\infty} x^2 dF(x) - 2E(X) \int_{-\infty}^{\infty} x \, dF(x) + (E(X))^2 \int_{-\infty}^{\infty} dF(x) \\ &= \int_{-\infty}^{\infty} x^2 dF(x) - 2E(X)E(X) + (E(X))^2 \\ &= \int_{-\infty}^{\infty} x^2 dF(x) - (E(X))^2 \\ &= E(X^2) - (E(X))^2, \end{aligned}$$

que estabelece que a variância de uma variável aleatória é igual à diferença entre a esperança de seu quadrado e o quadrado de sua esperança. A Equação 57 é conveniente computacionalmente.

Se X é distribuída uniformemente no intervalo $[a, b]$, como no Exemplo 6, então:

$$\begin{aligned} V(X) &= \int_{-\infty}^{\infty} x^2 f(x) dx - (E(X))^2 \\ &= \int_{-\infty}^{\infty} x^2 \frac{1}{b-a} dx - \left(\frac{a+b}{2}\right)^2 \\ &= \frac{1}{b-a} \left(\frac{x^3}{3}\right)\Big|_a^b - \left(\frac{a+b}{2}\right)^2 \\ &= \frac{1}{b-a} \left(\frac{b^3-a^3}{3}\right) - \left(\frac{a+b}{2}\right)^2 \\ &= \frac{b^2+ab+a^2}{3} - \frac{a^2+2ab+b^2}{4} \\ &= \frac{4(b^2+ab+a^2)-3(a^2+2ab+b^2)}{12} \\ &= \frac{b^2-2ab+a^2}{12} \\ &= \frac{(b-a)^2}{12}. \end{aligned}$$

Se Z é distribuída normalmente (distribuição Normal padrão), como no Exemplo 5, então:

$$V(Z) = \int_{-\infty}^{\infty} z^2 f(z) dz - (E(Z))^2 = \int_{-\infty}^{\infty} z^2 \frac{1}{\sqrt{2\pi}} e^{-\frac{z^2}{2}} dz - 0^2 = \frac{1}{\sqrt{2\pi}} \int_{-\infty}^{\infty} z^2 e^{-\frac{z^2}{2}}.$$

Resolvendo a integral pelo método de integração por partes, tem-se:

$$\int_{-\infty}^{\infty} z^2 e^{-\frac{z^2}{2}} dz = -\int_{-\infty}^{\infty} ze^{-\frac{z^2}{2}} dz + \int_{-\infty}^{\infty} e^{-\frac{z^2}{2}} dz = 0 + \sqrt{2\pi} = \sqrt{2\pi},$$

de modo que $V(X) = \frac{\sqrt{2\pi}}{\sqrt{2\pi}} = 1$.

A integral

$$\int_{-\infty}^{\infty} e^{-\frac{z^2}{2}} dz = \sqrt{2\pi} \tag{58}$$

é chamada de integral de Poisson, podendo ser verificada facilmente pela Equação 19 (definição da fdp da distribuição Normal padrão) e pela propriedade das fdp representada na Equação 16.

Em termos intuitivos, a variância representa uma medida de variabilidade em torno do valor esperado de uma variável aleatória. Como é um valor esperado de uma função quadrática, nunca é negativo. Mas pode ser zero, caso a variável seja, de fato, uma constante. Nesse caso, a variabilidade em torno de seu valor esperado é nula. A variância nada mais é do que uma média dos quadrados dos desvios dos valores da variável aleatória em torno de sua esperança, ponderada pelas respectivas chances de ocorrência. Representa, assim, uma expectativa teórica para a variância de valores empiricamente observados em sucessivas e independentes realizações do conjunto de condições $\mathcal{C}$. A simulação de uma variável normalmente distribuída, deve produzir um valor, se não 1, muito próximo de 1. De fato, a variância dos 1.000 valores simulados na **Figura 14** é igual a 0,94434.

A variância de uma distribuição uniforme no intervalo $[a, b]$, igual a $\frac{(b-a)^2}{12}$, como anteriormente calculado, evidencia que sua medida de variabilidade depende da amplitude do intervalo, $b - a$. Assim, distribuições uniformes em intervalos mais amplos terão uma variabilidade maior. Também pode ser evidenciado que o caso limite, quando o intervalo se reduz a um único ponto, com $a = b$, tem variância nula, o que se molda à nossa intuição, pois se o intervalo tem amplitude nula, a variável aleatória, de fato, é "não variável", sendo constante (igual a a).

Se a variável aleatória X é discreta, as Equações 56 e 57 se reduzem a:

$$V(X) = \sum_{i=1}^{\infty}(x_i - E(X))^2 p_i = \sum_{i=1}^{\infty} x_i^2 p_i - (E(X))^2, \tag{59}$$

onde x_i são os possíveis valores da variável discreta X e p_i são suas respectivas probabilidades.

Se X se distribui segundo uma distribuição de Poisson, como no Exemplo 3, tem-se:

$$\begin{aligned}
\sum_{i=1}^{\infty} x_i^2 p_i &= \sum_{i=0}^{\infty} i^2 \frac{\lambda^i e^{-\lambda}}{i!} \\
&= 0 + \sum_{i=1}^{\infty} i^2 \frac{\lambda^i e^{-\lambda}}{i!} \\
&= \lambda e^{-\lambda} \sum_{i=1}^{\infty} i^2 \frac{\lambda^{i-1}}{i!} \\
&= \lambda e^{-\lambda} \sum_{i=1}^{\infty} i \frac{\lambda^{i-1}}{(i-1)!}
\end{aligned}$$

$$= \lambda e^{-\lambda} \sum_{j=0}^{\infty}(j+1)\frac{\lambda^j}{j!}$$

$$= \lambda e^{-\lambda}\left(\sum_{j=0}^{\infty} j\frac{\lambda^j}{j!} + \sum_{j=0}^{\infty}\frac{\lambda^j}{j!}\right)$$

$$= \lambda e^{-\lambda}\left(\sum_{j=0}^{\infty} j\frac{\lambda^j}{j!} + e^{\lambda}\right)$$

$$= \lambda \sum_{j=0}^{\infty} j\frac{\lambda^j}{j!}e^{-\lambda} + \lambda$$

$$= \lambda E(X) + \lambda$$

$$= \lambda^2 + \lambda.$$

Logo, $V(X) = \lambda^2 + \lambda - \lambda^2 = \lambda$.

Ou seja, a distribuição de Poisson tem a peculiaridade de que sua variância é igual ao seu valor esperado.

Se X segue a distribuição de Bernoulli, como no Exemplo 12, tem-se:

$$V(X) = E(X^2) - (E(X))^2 = 1^2 \times p + 0^2 \times (1-p) - p^2 = p(1-p).$$

As variâncias das variáveis X_1 e X_2 definidas no Exemplo 7 (jogo de duas moedas) podem ser determinadas usando-se as distribuições marginais de cada uma delas e a Equação 59, ou seja,

$$V(X_1) = E(X_1^2) - (E(X_1))^2 = 0^2 \times \frac{1}{4} + 1^2 \times \frac{1}{2} + 2^2 \times \frac{1}{4} - 1^2 = \frac{1}{2}$$

e

$$V(X_2) = E(X_2^2) - (E(X_2))^2 = 0^2 \times \frac{1}{8} + 1^2 \times \frac{3}{8} + 2^2 \times \frac{3}{8} + 3^2 \times \frac{1}{8} - \left(\frac{3}{2}\right)^2 = \frac{3}{4}.$$

Da mesma forma, as variâncias das variáveis X e Y definidas no Exemplo 10 podem ser determinadas usando-se as distribuições marginais de cada uma delas e a Equação 57, ou seja,

$$\begin{aligned} V(X) &= E(X^2) - (E(X))^2 \\ &= \int_0^1 x^2 2(1-x)dx - \left(\frac{1}{3}\right)^2 \\ &= 2\int_0^1 (x^2 - x^3)dx - \frac{1}{9} \\ &= 2\left(\frac{x^3}{3} - \frac{x^4}{4}\right)\Big|_0^1 - \frac{1}{9} \\ &= 2\left(\frac{1}{3} - \frac{1}{4}\right) - \frac{1}{9} \\ &= \frac{1}{18} \end{aligned}$$

e

$$\begin{aligned} V(X) &= E(Y^2) - (E(Y))^2 \\ &= \int_0^1 y^2 2y\, dy - \left(\frac{2}{3}\right)^2 \\ &= 2\int_0^1 y^3 dy - \frac{4}{9} \end{aligned}$$

$$= 2\left(\frac{y^4}{4}\right)\Big|_0^1 - \frac{4}{9}$$
$$= \frac{1}{2} - \frac{4}{9}$$
$$= \frac{1}{18}.$$

Resumimos a seguir diversas propriedades da variância.

Variâncias são limitadas a zero Se X é uma variável aleatória, então $V(X) \geq 0$. O resultado decorre diretamente da definição de variância e da Equação 53, pois $(X - E(X))^2 \geq 0$.

Variância de uma constante A variância de uma constante é nula, pois se $X = k$ é constante, tem-se que $E(k^2) = k^2$, pois k^2 também será constante. Então, $V(X) = E(X^2) - (E(X))^2 = k^2 - k^2 = 0$. A recíproca também é verdadeira, pois se $V(X) = 0$, tem-se $\int_{-\infty}^{\infty}(x - E(X))^2 dF(x) = 0$. Para que tal integral seja nula, seu integrando deve ser nulo em toda a parte, pois é uma função quadrática. Logo, $X = k$, onde k é uma constante.

Variância de uma soma (finita) de variáveis independentes A variância de uma soma (finita) de variáveis aleatórias independentes é igual à soma de suas variâncias (James, 2006), isto é:

$$V(X_1 + X_2 + \cdots + X_n) = V(X_1) + V(X_1) + \cdots + V(X_n). \tag{60}$$

Do estabelecido no Exemplo 12, a Equação 60 evidencia que a variância de uma distribuição Binomial é igual a $np(1-p)$, pois será igual à soma de n parcelas iguais a $p(1-p)$ (variâncias de cada uma das variáveis Bernoulli).

Variância de uma variável multiplicada por uma constante Se k é constante e X é uma variável aleatória, segue imediatamente da Equação 57 que:

$$\begin{aligned} V(kX) &= E((kX)^2) - (E(kX))^2 \\ &= E(k^2X^2) - (kE(X))^2 \\ &= k^2 E(X^2) - k^2(E(X))^2 \\ &= k^2\left(E(X^2) - (E(X))^2\right) \\ &= k^2 V(X). \end{aligned} \tag{61}$$

PADRONIZAÇÃO DE VARIÁVEIS

Em muitas aplicações, particularmente em estatística multivariada, é útil tratar variáveis de modo padronizado. Se X é uma variável aleatória, a variável

$$Z = \frac{X - E(X)}{\sqrt{V(X)}} \tag{62}$$

é chamada variável aleatória padronizada associada a X. Pelas propriedades do valor esperado, lembrando que $E(X)$ e $V(X)$ são constantes, tem-se que

$$E(Z) = E\left(\frac{X - E(X)}{\sqrt{V(X)}}\right) = \frac{E(X - E(X))}{\sqrt{V(X)}} = \frac{E(X) - E(E(X))}{\sqrt{V(X)}} = \frac{E(X) - E(X)}{\sqrt{V(X)}} = 0, \tag{63}$$

e, pelas propriedades da variância, lembrando que uma constante, tomada como variável (de fato, uma "não variável") é independente de qualquer outra variável aleatória, tem-se que

$$V(Z) = V\left(\frac{X - E(X)}{\sqrt{V(X)}}\right) = \frac{V(X - E(X))}{(\sqrt{V(X)})^2} = \frac{V(X) + V(-E(X))}{V(X)} = \frac{V(X) + 0}{V(X)} = \frac{V(X)}{V(X)} = 1. \tag{64}$$

Observa-se então que Z é uma variável adimensional.

Também é útil inverter a Equação 62, definindo-se a variável X em função de Z, isto é, para uma variável Z, com $E(Z) = 0$ e $V(Z) = 1$, define-se:

$$X = \mu + \sigma Z, \tag{65}$$

onde μ e σ são constantes.

A Equação 65 representa, assim, a uma mudança de escala, alterando a variabilidade da variável (multiplicação pela constante σ) e sua centralidade pela translação de seu centro (soma da constante μ). O valor esperado de X será, então

$$E(X) = E(\mu + \sigma Z) = E(\mu) + E(\sigma Z) = \mu + \sigma E(Z) = \mu + \sigma \times 0 = \mu$$

e sua variância será

$$V(X) = V(\mu + \sigma Z) = V(\mu) + V(\sigma Z) = 0 + \sigma^2 V(Z) = \sigma^2 \times 1 = \sigma^2.$$

Exemplo 13

Se Z representa uma variável aleatória distribuída normalmente (distribuição Normal padrão), como no Exemplo 5, pode-se definir uma variável X a partir da transformação expressa na Equação 65. Diz-se então que a variável X se distribui normalmente, com média igual a μ e variância igual a σ^2. Utiliza-se a simbolização $X \sim N(\mu, \sigma)$ para descrever a variável X. Sua fdp será dada por

$$f(x) = \frac{1}{\sqrt{2\pi}\sigma} e^{-\frac{\left(\frac{x-\mu}{\sigma}\right)^2}{2}}. \tag{66}$$

A função, sendo quadrática, é simétrica em torno de μ, atingindo seu máximo exatamente no ponto $x = \mu$. Seus pontos de inflexão são $x = \mu \pm \sigma$, e a função decai a zero quando o valor de x aumenta (ou diminui) indefinidamente. Ou seja, $\lim_{x \uparrow \infty} f(x) =$

$\lim_{x\downarrow-\infty} f(x) = 0$. A **Figura 15** apresenta os gráficos das fdp de diversas distribuições normais.[15]

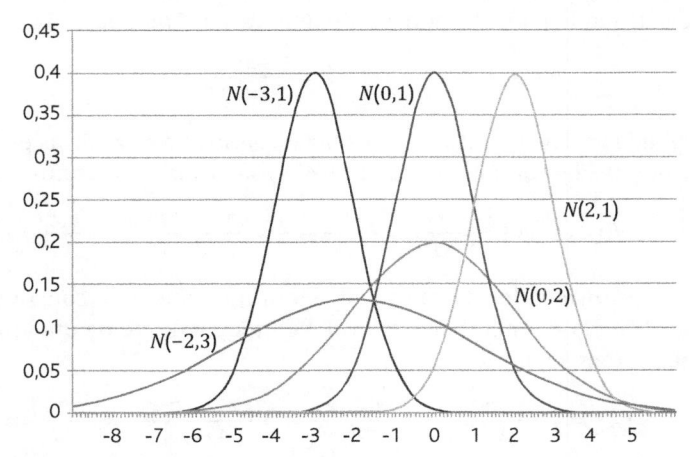

FIGURA 15 fdp de diversas distribuições Normais.
Fonte: Elaborada pelo autor.

COVARIÂNCIA

Chama-se matriz de covariância de um vetor aleatório $\boldsymbol{X} = \begin{bmatrix} X_1 \\ X_2 \\ \vdots \\ X_n \end{bmatrix}$ à matriz quadrada $(n \times n)$ Σ cujos elementos são definidos por

$$C(X_i, X_j) = E\left(\left(X_i - E(X_i)\right)\left(X_j - E(X_j)\right)\right) \qquad (67)$$
$$= \int_{-\infty}^{\infty}\int_{-\infty}^{\infty}\cdots\int_{-\infty}^{\infty}(x_i - E(X_i))\left(x_j - E(X_j)\right) dF(x_1, x_2, \ldots, x_n).$$

O valor $C(X_i, X_j)$ é chamado de covariância entre X_i e X_j e representa o valor esperado do produto das diferenças entre os valores das duas variáveis X_i e X_j e seus respectivos valores esperados. Como a ordem dos fatores não altera o produto tem-se que $C(X_i, X_j) = C(X_j, X_i)$, ou seja, a matriz Σ é simétrica. Se tomarmos os dois índices iguais na Equação 67, seu integrando se reduz ao quadrado da diferença entre o valor da variável e seu valor esperado, de modo que a covariância de uma variável com ela mesma é igual à sua variância. Ou seja, $C(X_i, X_i) = V(X_i)$. Tem-se, assim, que a diagonal da matriz Σ é composta pelas variâncias das variáveis componentes do vetor aleatório $\boldsymbol{X}$. Por essa razão, a matriz Σ é, muitas vezes, chamada de matriz de variância e covariância do vetor $\boldsymbol{X}$. Preferimos, por simplicidade, chamá-la de matriz de covariância de $\boldsymbol{X}$.

---

[15] O gráfico foi gerado usando a função DIST.NORM.N do Microsoft Excel©.

Desenvolvendo-se o integrando da Equação 67, chega-se a uma equação equivalente para a covariância entre duas variáveis, com base nas propriedades do valor esperado:

$$\begin{aligned}
C(X_i, X_j) &= E\left((X_i - E(X_i))(X_j - E(X_j))\right) \quad (68)\\
&= E\left(X_i X_j - E(X_i)X_j - X_i E(X_j) + E(X_i)E(X_j)\right)\\
&= E(X_i X_j) - E(E(X_i)X_j) - E\left(X_i E(X_j)\right) + E\left(E(X_i)E(X_j)\right)\\
&= E(X_i X_j) - E(X_i)E(X_j) - E(X_j)E(X_i) + E(X_i)E(X_j)\\
&= E(X_i X_j) - E(X_i)E(X_j).
\end{aligned}$$

Usando a notação matricial, tem-se que

$$\Sigma = E\left((\boldsymbol{X} - E(\boldsymbol{X}))(\boldsymbol{X} - E(\boldsymbol{X}))^T\right) = E(\boldsymbol{X}\boldsymbol{X}^T) - E(\boldsymbol{X})(E(\boldsymbol{X}))^T, \quad (69)$$

onde $E(\boldsymbol{X})$ representa o vetor cujos componentes são os valores esperados das variáveis X_i, para $i = 1, 2, ..., n$, ou seja, $E(\boldsymbol{X}) = \begin{bmatrix} E(X_1) \\ E(X_2) \\ \vdots \\ E(X_n) \end{bmatrix}$ e $E(\boldsymbol{X}\boldsymbol{X}^T)$ representa a matriz quadrada de ordem n cujos elementos são os valores esperados do produto das variáveis X_i e X_j, para $i = 1, 2, ..., n$ e $j = 1, 2, ..., n$.

A covariância entre as variáveis X_1 e X_2 definidas no Exemplo 7 (jogo de duas moedas) é

$$\begin{aligned}
C(X_1, X_2) &= E(X_1 X_2) - E(X_1)E(X_2)\\
&= 0 \times 0 \times \tfrac{1}{16} + 0 \times 1 \times \tfrac{1}{8} + 0 \times 2 \times \tfrac{1}{16} + 0 \times 3 \times 0 + 1 \times 0 \times \tfrac{1}{16}\\
&+ 1 \times 1 \times \tfrac{3}{16} + 1 \times 2 \times \tfrac{3}{16} + 1 \times 3 \times \tfrac{1}{16} + 2 \times 0 \times 0 + 2 \times 1 \times \tfrac{1}{16}\\
&+ 2 \times 2 \times \tfrac{1}{8} + 2 \times 3 \times \tfrac{1}{16} - 1 \times \tfrac{3}{2}\\
&= \tfrac{1}{4}.
\end{aligned}$$

E a covariância entre as variáveis X e Y definidas no Exemplo 10 é

$$\begin{aligned}
C(X, Y) &= E(XY) - E(X)E(Y)\\
&= \int_0^1 \int_0^y xy\, 2\, dx\, dy - \tfrac{1}{3} \times \tfrac{2}{3}\\
&= \int_0^1 (x^2 y|_0^y)\, dy - \tfrac{2}{9}\\
&= \int_0^1 y^3\, dy - \tfrac{2}{9}\\
&= \left(\tfrac{y^4}{4}\right)\Big|_0^1 - \tfrac{2}{9}\\
&= \tfrac{1}{4} - \tfrac{2}{9}\\
&= \tfrac{1}{36}.
\end{aligned}$$

Exemplo 14

Considere o vetor aleatório bidimensional $\begin{bmatrix} Z_1 \\ Z_2 \end{bmatrix}$ distribuído normalmente (distribuição Normal bivariada padrão), conforme definido no Exemplo 9. Sua fdp tem a forma:

$$f(z_1, z_2) = \frac{1}{2\pi\sqrt{1-r^2}} e^{-\frac{1}{2(1-r^2)}(z_1^2 - 2rz_1z_2 + z_2^2)},$$

onde $-1 < r < 1$. Tem-se que:

$$\begin{aligned}
C(Z_1, Z_2) &= C(Z_2, Z_1) \\
&= E(Z_1 Z_2) - E(Z_1)E(Z_2) \\
&= E(Z_1 Z_2) - 0 \times 0 \\
&= \int_{-\infty}^{\infty} \int_{-\infty}^{\infty} z_1 z_2 f(z_1, z_2) dz_1 dz_2 \\
&= \frac{1}{2\pi\sqrt{1-r^2}} \int_{-\infty}^{\infty} \int_{-\infty}^{\infty} z_1 z_2 e^{-\frac{1}{2(1-r^2)}(z_1^2 - 2rz_1 z_2 + z_2^2)} dz_1 dz_2 \\
&= \frac{1}{2\pi\sqrt{1-r^2}} \int_{-\infty}^{\infty} \int_{-\infty}^{\infty} z_1 z_2 e^{-\frac{1}{2(1-r^2)}(z_1^2 - 2rz_1 z_2 + z_2^2 + r^2 z_2^2 - r^2 z_2^2)} dz_1 dz_2 \\
&= \frac{1}{2\pi\sqrt{1-r^2}} \int_{-\infty}^{\infty} \int_{-\infty}^{\infty} z_1 z_2 e^{-\frac{1}{2(1-r^2)}(z_1^2 - 2rz_1 z_2 + r^2 z_2^2 + (1-r^2) z_2^2)} dz_1 dz_2 \\
&= \frac{1}{2\pi\sqrt{1-r^2}} \int_{-\infty}^{\infty} \int_{-\infty}^{\infty} z_1 z_2 e^{-\frac{1}{2(1-r^2)}((z_1 - rz_2)^2 + (1-r^2) z_2^2)} dz_1 dz_2 \\
&= \frac{1}{2\pi\sqrt{1-r^2}} \int_{-\infty}^{\infty} \int_{-\infty}^{\infty} z_1 z_2 e^{-\frac{(z_1 - rz_2)^2}{2(1-r^2)}} e^{-\frac{z_2^2}{2}} dz_1 dz_2 \\
&= \frac{1}{2\pi\sqrt{1-r^2}} \int_{-\infty}^{\infty} z_2 e^{-\frac{z_2^2}{2}} \left(\int_{-\infty}^{\infty} z_1 e^{-\frac{(z_1 - rz_2)^2}{2(1-r^2)}} dz_1 \right) dz_2.
\end{aligned}$$

Fazendo a mudança de variáveis $u_1 = \frac{z_1 - rz_2}{\sqrt{1-r^2}}$ na integral interna, tem-se $z_1 = rz_2 + \sqrt{1-r^2}u_1$ e $dz_1 = \sqrt{1-r^2}du_1$, e a integral interna se reduz a

$$\begin{aligned}
\int_{-\infty}^{\infty} z_1 e^{-\frac{(z_1-rz_2)^2}{2(1-r^2)}} dz_1 &= \int_{-\infty}^{\infty} (rz_2 + \sqrt{1-r^2}u_1) e^{-\frac{u_1^2}{2}} \sqrt{1-r^2} du_1 \\
&= rz_2 \sqrt{1-r^2} \int_{-\infty}^{\infty} e^{-\frac{u_1^2}{2}} du_1 + (1-r^2) \int_{-\infty}^{\infty} u_1 e^{-\frac{u_1^2}{2}} du_1 \\
&= rz_2 \sqrt{1-r^2} \sqrt{2\pi} + (1-r^2) \times 0 \\
&= rz_2 \sqrt{1-r^2} \sqrt{2\pi}.
\end{aligned}$$

Então a expressão de $C(Z_1, Z_2)$ se reduz a

$$\begin{aligned}
C(Z_1, Z_2) &= \frac{1}{2\pi\sqrt{1-r^2}} \int_{-\infty}^{\infty} z_2 e^{-\frac{z_2^2}{2}} rz_2 \sqrt{1-r^2} \sqrt{2\pi} dz_2 \\
&= \frac{r}{\sqrt{2\pi}} \int_{-\infty}^{\infty} z_2^2 e^{-\frac{z_2^2}{2}} dz_2
\end{aligned}$$

$$= \frac{r}{\sqrt{2\pi}}\sqrt{2\pi}$$
$$= r.$$

Ou seja, o parâmetro r da distribuição Normal bivariada (distribuição Normal padrão) representa a covariância entre as duas variáveis.

Resumimos a seguir diversas propriedades da covariância, todas elas baseadas nas propriedades do valor esperado.

Covariância entre uma variável e ela mesma Já vimos que a covariância entre uma variável e ela mesma se reduz à variância da variável, pois, se X é uma variável aleatória, tem-se

$$C(X,X) = E(XX) - E(X)E(X) = E(X^2) - (E(X))^2 = V(X). \tag{70}$$

Covariância entre uma constante e outra variável A covariância entre uma constante e qualquer outra variável é nula. Pois, se X é uma variável aleatória e k é uma constante, tem-se

$$C(k,X) = E(kX) - E(k)E(X) = kE(X) - kE(X) = 0. \tag{71}$$

Covariância entre uma variável e outra multiplicada por uma constante Se multiplicarmos uma das variáveis por uma constante a covariância resultante fica multiplicada pela constante. Pois, se X e Y são variáveis aleatórias e k é uma constante, tem-se

$$\begin{aligned} C(kX,Y) &= E(kXY) - E(kX)E(Y) \\ &= kE(XY) - kE(X)E(Y) \\ &= k\bigl(E(XY) - E(X)E(Y)\bigr) \\ &= kC(X,Y). \end{aligned} \tag{72}$$

Covariância entre uma variável e a soma de duas outras variáveis A covariância entre uma variável e a soma de duas outras variáveis é igual à soma das covariâncias entre a primeira variável e cada uma das duas outras. Pois, se X, Y e Z, tem-se

$$\begin{aligned} C(X,Y+Z) &= E\bigl(X(Y+Z)\bigr) - E(X)E(Y+Z) \\ &= E(XY + XZ) - E(X)\bigl(E(Y) + E(Z)\bigr) \\ &= E(XY) + E(XZ) - E(X)E(Y) - E(X)E(Z) \\ &= C(X,Y) + C(X,Z). \end{aligned} \tag{73}$$

Covariância entre variáveis independentes A covariância entre variáveis independentes é nula. Pois, se X e Y são variáveis aleatórias independentes, $E(XY) = E(X)E(Y)$, segundo a Equação 49, então

$$C(X,Y) = E(XY) - E(X)E(Y) = E(X)E(Y) - E(X)E(Y) = 0. \tag{74}$$

Variância de uma soma de variáveis e a covariância entre elas A variância de uma soma de variáveis relaciona-se com a covariância entre as variáveis, pois, se X e Y são variáveis aleatórias, tem-se

$$\begin{aligned}
V(X+Y) &= E((X+Y)^2) - \big(E(X+Y)\big)^2 \tag{75}\\
&= E(X^2 + 2XY + Y^2) - \big(E(X) + E(Y)\big)^2 \\
&= E(X^2) + 2E(XY) + E(Y^2) - \Big(\big(E(X)\big)^2 + 2E(X)E(Y) + \big(E(Y)\big)^2\Big) \\
&= E(X^2) - \big(E(X)\big)^2 + 2\big(E(XY) - E(X)E(Y)\big) + E(Y^2) - \big(E(Y)\big)^2 \\
&= V(X) + 2C(X,Y) + V(Y).
\end{aligned}$$

A matriz de covariância é positiva semidefinida Uma matriz quadrada M de ordem n é dita positiva semidefinida se para qualquer vetor $z \in \mathbb{R}^n$, $z^T M z \geq 0$. M é **positiva semidefinida** se, e somente se, $|M| \geq 0$.

A matriz Σ é dada por:

$$\Sigma = \begin{bmatrix} C(X_1,X_1) & C(X_1,X_2) & \cdots & C(X_1,X_n) \\ C(X_2,X_1) & C(X_2,X_2) & \cdots & C(X_2,X_n) \\ \vdots & \vdots & \ddots & \vdots \\ C(X_n,X_1) & C(X_n,X_2) & \cdots & C(X_n,X_n) \end{bmatrix} \tag{76}$$

e pode-se evidenciar que ela é positiva semidefinida. Pois, tome-se um vetor $z \in \mathbb{R}^n$. Tem-se que a forma quadrática $\left(\sum_{j=1}^n z_j \left(x_j - E(X_j)\right)\right)^2$ é positiva ou nula, de forma que

$$\int_{-\infty}^{\infty}\int_{-\infty}^{\infty}\cdots\int_{-\infty}^{\infty} \left(\sum_{j=1}^n z_j \left(x_j - E(X_j)\right)\right)^2 dF(x_1, x_2, \ldots, x_n) \geq 0.$$

Desenvolvendo a forma quadrática, tem-se que:

$$\begin{aligned}
0 &\leq \int_{-\infty}^{\infty}\int_{-\infty}^{\infty}\cdots\int_{-\infty}^{\infty} \left(\sum_{j=1}^n z_j \left(x_j - E(X_j)\right)\right)^2 dF(x_1, x_2, \ldots, x_n) \\
&= \int_{-\infty}^{\infty}\int_{-\infty}^{\infty}\cdots\int_{-\infty}^{\infty} \left(\sum_{i=1}^n \sum_{j=1}^n z_i z_j (x_i - E(X_i))\left(x_j - E(X_j)\right)\right) dF(x_1, x_2, \ldots, x_n) \\
&= \sum_{i=1}^n \sum_{j=1}^n z_i z_j \left(\int_{-\infty}^{\infty}\int_{-\infty}^{\infty}\cdots\int_{-\infty}^{\infty} (x_i - E(X_i))\left(x_j - E(X_j)\right) dF(x_1, x_2, \ldots, x_n)\right) \\
&= \sum_{i=1}^n \sum_{j=1}^n z_i z_j C(X_i, X_j) \\
&= \sum_{i=1}^n z_i \sum_{j=1}^n C(X_i, X_j) z_j \\
&= z^T \Sigma z.
\end{aligned}$$

Logo, Σ é positiva semidefinida. Então, $|\Sigma| \geq 0$.

É interessante observar que nem toda a matriz simétrica é matriz de covariância de um conjunto de variáveis aleatórias. É necessário que a matriz simétrica seja positiva semidefinida. Dada uma matriz simétrica positiva semidefinida de ordem n, é possível encontrar n variáveis aleatórias cuja matriz de covariância seja igual a ela. Mas o conjunto de variáveis não é único, ou seja, podem-se encontrar vários conjuntos de variáveis cuja matriz de covariância seja igual à matriz originalmente definida.

Exemplo 15

Seja um vetor aleatório bidimensional $\begin{bmatrix} Z_1 \\ Z_2 \end{bmatrix}$ distribuído normalmente (distribuição Normal bivariada padrão), como no Exemplo 9, isto é, com fdp dada por

$$f(z_1, z_2) = \frac{1}{2\pi\sqrt{1-r^2}} e^{-\frac{1}{2(1-r^2)}(z_1^2 - 2rz_1z_2 + z_2^2)},$$

onde $-1 < r < 1$.

Façamos uma mudança de variáveis em cada uma delas, conforme a Equação 65. Isto é, tomemos $X_1 = \mu_1 + \sigma_1 Z_1$ e $X_2 = \mu_2 + \sigma_2 Z_2$, com μ_1, μ_2, σ_1 e σ_2 constantes. Como mencionado no Exemplo 13, X_1 e X_2 são distribuições Normais, com valores esperados μ_1 e μ_2 e variâncias σ_1^2 e σ_2^2, respectivamente, isto é, $X_1 \sim N(\mu_1, \sigma_1)$ e $X_2 \sim N(\mu_2, \sigma_2)$. A covariância entre X_1 e X_2 é dada por $r\sigma_1\sigma_2$, pois, aplicando as propriedades da covariância,

$$C(X_1, X_2) = C(\mu_1 + \sigma_1 Z_1, \mu_2 + \sigma_2 Z_2) = \sigma_1\sigma_2 C(Z_1, Z_2) = r\sigma_1\sigma_2.$$

A FDA do vetor (X_1, X_2) pode ser obtida a partir da FDA de (Z_1, Z_2) (veja a Equação 34 no Exemplo 9) fazendo as mudanças de variáveis $x_1 = \mu_1 + \sigma_1 z_1$ e $x_2 = \mu_2 + \sigma_2 z_2$. Ou seja, $z_1 = \frac{x_1 - \mu_1}{\sigma_1}$, $z_2 = \frac{x_2 - \mu_2}{\sigma_2}$, $dz_1 = \frac{dx_1}{\sigma_1}$ e $dz_2 = \frac{dx_2}{\sigma_2}$. Então

$$F(x, y) = \frac{1}{2\pi\sigma_1\sigma_2\sqrt{1-r^2}} \int_{-\infty}^{x} \int_{-\infty}^{y} e^{-\frac{1}{2(1-r^2)}\left(\left(\frac{x_1 - \mu_1}{\sigma_1}\right)^2 - 2r\left(\frac{x_1 - \mu_1}{\sigma_1}\right)\left(\frac{x_2 - \mu_2}{\sigma_2}\right) + \left(\frac{x_2 - \mu_2}{\sigma_2}\right)^2\right)} dx_1 dx_2$$

e sua fdp é

$$f(x_1, x_2) = \frac{1}{2\pi\sigma_1\sigma_2\sqrt{1-r^2}} e^{-\frac{1}{2(1-r^2)}\left(\left(\frac{x_1 - \mu_1}{\sigma_1}\right)^2 - 2r\left(\frac{x_1 - \mu_1}{\sigma_1}\right)\left(\frac{x_2 - \mu_2}{\sigma_2}\right) + \left(\frac{x_2 - \mu_2}{\sigma_2}\right)^2\right)}. \qquad (77)$$

A função é constante nas elipses $\left(\frac{x_1 - \mu_1}{\sigma_1}\right)^2 - 2r\left(\frac{x_1 - \mu_1}{\sigma_1}\right)\left(\frac{x_2 - \mu_2}{\sigma_2}\right) + \left(\frac{x_2 - \mu_2}{\sigma_2}\right)^2 = \lambda^2$, onde λ é uma constante, centrada no ponto (μ_1, μ_2), atingindo seu máximo exatamente neste ponto. A função decai a zero quando qualquer uma das variáveis, x_1 ou x_2, aumenta (ou diminui) indefinidamente. Ou seja, $\lim_{x_1 \uparrow \infty} f(x_1, x_2) = \lim_{x_1 \downarrow -\infty} f(x_1, x_2) = \lim_{x_2 \uparrow \infty} f(x_1, x_2) = \lim_{x_2 \downarrow -\infty} f(x_1, x_2) = 0$. A **Figura 16** a seguir apresenta o gráfico da fdp de algumas distribuições normais bivariadas.

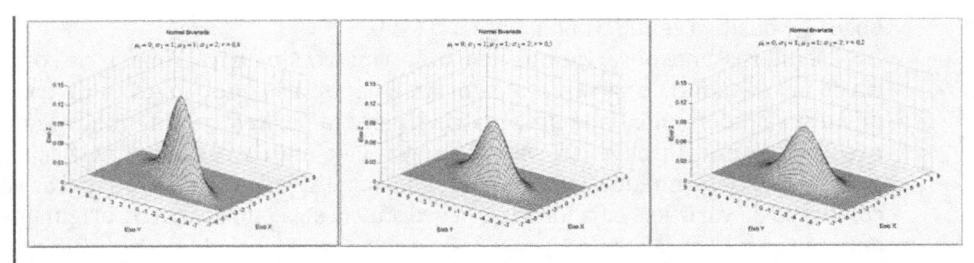

FIGURA 16 fdp de algumas distribuições normais bivariada.
Fonte: Elaborada pelo autor.

Note o efeito da diminuição do valor do parâmetro r, de 0,8 para 0,2, passando por 0,5 no gráfico intermediário.

COEFICIENTE DE CORRELAÇÃO LINEAR

A covariância entre duas variáveis mede a intensidade de sua relação, mas depende, como se depreende da Equação 72, da escala utilizada nas variáveis. O coeficiente de correlação linear entre as variáveis oferece uma medida independente da escala das variáveis.

O coeficiente de correlação entre X_i e X_j é definido por

$$r_{ij} = \frac{C(X_i, X_j)}{\sqrt{C(X_i, X_i)C(X_j, X_j)}} = \frac{C(X_i, X_j)}{\sqrt{V(X_i)V(X_j)}}. \tag{78}$$

O coeficiente de correlação linear entre as variáveis X_1 e X_2 definidas no Exemplo 7 (jogo de duas moedas) é

$$r_{12} = \frac{C(X_1, X_2)}{\sqrt{V(X_1)V(X_2)}} = \frac{\frac{1}{4}}{\sqrt{\frac{1}{2} \times \frac{3}{4}}} = \frac{\sqrt{6}}{6} = 0{,}408.$$

E o coeficiente de correlação linear entre as variáveis X e Y definidas no Exemplo 10 é

$$r_{XY} = \frac{C(X,Y)}{\sqrt{V(X_1)V(X_2)}} = \frac{\frac{1}{36}}{\sqrt{\frac{1}{18} \times \frac{1}{18}}} = \frac{18}{36} = 0{,}5.$$

Resumimos a seguir diversas propriedades do coeficiente de correlação linear, todas elas baseadas nas propriedades do valor esperado, da variância e da covariância.

Coeficientes de correlação linear são limitados entre -1 e $+1$ Tem-se que para quaisquer variáveis X e Y,

$$-1 \leq r_{XY} \leq 1, \tag{79}$$

pois

$$(C(X,Y))^2 = \left(E((X-E(X))(Y-E(Y)))\right)^2$$
$$\leq E\left((X-E(X))^2\right) E\left((Y-E(Y))^2\right)$$
$$= V(X)V(Y),$$

segundo a Equação 54. Logo,

$$|C(X,Y)| \leq \sqrt{V(X)V(Y)},$$

e então,

$$|r_{XY}| = \frac{|C(X,Y)|}{\sqrt{V(X)V(Y)}} \leq 1,$$

ou seja, $-1 \leq r_{XY} \leq 1$.

Coeficiente de correlação linear entre duas variáveis relacionadas linearmente Se duas variáveis estão relacionadas linearmente, seu coeficiente de correlação é igual a ± 1. Pois, se as variáveis aleatórias X e Y são tais que $Y = a + bX$, com $b \neq 0$, então

$$\begin{aligned} C(X,Y) &= E(XY) - E(X)E(Y) \\ &= E\big(X(a+bX)\big) - E(X)E(a+bX) \\ &= E(aX + bX^2) - E(X)\big(a + bE(X)\big) \\ &= aE(X) + bE(X^2) - aE(X) - b\big(E(X)\big)^2 \\ &= b\left(E(X^2) - \big(E(X)\big)^2\right) \\ &= bV(X) \end{aligned}$$

e

$$V(Y) = V(a + bX) = b^2 V(X).$$

Logo,

$$r_{XY} = \frac{C(X,Y)}{\sqrt{V(X)V(Y)}} = \frac{bV(X)}{\sqrt{V(X)b^2 V(X)}} = \pm 1.$$

O sinal de r é dado pelo sinal de b.

A recíproca também é verdadeira, isto é, se duas variáveis aleatórias X e Y são tais que $r_{XY} = \pm 1$ então elas estão conectadas por uma relação linear, isto é, existem valores a e b, com $b \neq 0$, tais que $Y = a + bX$. Ou seja, Y pode ser obtida de X por uma mudança de escala.[16] Se $r_{ij} = 1$, a relação é direta, isto é, $b > 0$. Se $r_{ij} = -1$, a relação é inversa, isto é, $b < 0$.

---

[16] Note que X também pode ser obtida de Y por uma mudança de escala, pois se $Y = a + bX$, com $b \neq 0$, então $X = \frac{1}{b}Y - \frac{a}{b}$.

Para evidenciar que de fato existem valores a e b, com $b \neq 0$, tais que $Y = a + bX$, considere a variável $W = bX - Y$, com $b = \frac{C(X,Y)}{V(X)}$. Como $r_{XY} = \pm 1$, segue que $C(X, Y) \neq 0$, e então $b \neq 0$. Tem-se também que $V(X) \neq 0$, pois se $V(X) = 0$, então $X = k$, onde k é uma constante, e então $C(X, Y) = 0$, segundo a Equação 71. Logo, b está bem definido. Segundo a Equação 75, tem-se que:

$$\begin{aligned} V(W) &= V(bX) + 2C(bX, -Y) + V(-Y) \\ &= b^2 V(X) + 2b(-1)C(X,Y) + (-1)^2 V(Y) \\ &= \left(\frac{C(X,Y)}{V(X)}\right)^2 V(X) - 2\frac{C(X,Y)}{V(X)} C(X,Y) + V(Y) \\ &= V(Y) - \frac{(C(X,Y))^2}{V(X)}. \end{aligned}$$

Mas se $r_{XY} = \pm 1$, então $(C(X,Y))^2 = V(X)V(Y)$, e então

$$V(W) = V(Y) - \frac{V(X)V(Y)}{V(X)} = V(Y) - V(Y) = 0.$$

Ou seja, $W = k$, onde k é constante. Logo, $k = bX - Y$, e então $Y = bX - k$, como se queria evidenciar.

A propriedade enunciada dá origem ao qualificativo "linear" para o coeficiente de correlação. Isto é, $r_{XY} = \pm 1$ se, e somente se, X e Y estiverem relacionadas por um tipo particular de relação, a relação linear. Se estiverem relacionadas por uma relação não linear (como, por exemplo, $Y = X^2$), o coeficiente não será igual a ± 1.

Coeficiente de correlação linear entre variáveis independentes O coeficiente de correlação linear entre variáveis independentes é nulo, como se depreende da Equação 74. O inverso, entretanto, não é verdadeiro, isto é, $r_{XY} = 0$ não implica na independência entre as variáveis aleatórias X e Y, como se depreende do exemplo a seguir.

Exemplo 16

Seja X uma variável aleatória simetricamente distribuída em torno de 0 e $Y = X^2$. Claramente, X e Y não são independentes, mas $E(X) = 0$, pois X se distribui simetricamente em torno de 0, $E(XY) = E(X^3) = 0$, pois X^3 também se distribui simetricamente em torno de 0 e $C(X,Y) = E(XY) - E(X)E(Y) = 0 - 0 \times E(Y) = 0$.

Coeficiente de correlação linear entre variáveis padronizadas O coeficiente de correlação linear entre duas variáveis é igual à covariância entre suas correspondentes variáveis padronizadas. Sejam X e Y são duas variáveis aleatórias e Z_X e Z_Y suas correspondentes variáveis padronizadas, isto é, $Z_X = \frac{X - E(X)}{\sqrt{V(X)}}$ e $Z_Y = \frac{Y - E(Y)}{\sqrt{V(Y)}}$. Então,

$$C(Z_X, Z_Y) = E\left((Z_X - E(Z_X))(Z_Y - E(Z_Y))\right)$$
$$= E\left((Z_X - 0)(Z_Y - 0)\right)$$
$$= E(Z_X Z_Y)$$
$$= E\left(\left(\frac{X - E(X)}{\sqrt{V(X)}}\right)\left(\frac{Y - E(Y)}{\sqrt{V(Y)}}\right)\right)$$
$$= \frac{1}{\sqrt{V(X)}\sqrt{V(Y)}} E\left((X - E(X))(Y - E(Y))\right)$$
$$= \frac{C(X,Y)}{\sqrt{V(X)}\sqrt{V(Y)}}$$
$$= r_{XY}.$$

Assim como se define uma matriz de covariância de um conjunto de variáveis aleatórias, também se pode definir uma matriz de correlação linear ou, mais simplesmente, uma matriz de correlação. Chama-se matriz de correlação de um vetor aleatório $\begin{bmatrix} X_1 \\ X_2 \\ \vdots \\ X_n \end{bmatrix}$ à matriz quadrada $(n \times n)$ P cujos elementos são definidos por r_{ij}.

Assim como a matriz de covariância Σ, a matriz de correlação P também é simétrica, pois $r_{ij} = r_{ji}$. Note que os valores da diagonal principal de P são todos iguais a 1, pois $r_{ii} = \frac{C(X_i, X_i)}{\sqrt{C(X_i, X_i) C(X_i, X_i)}} = \frac{V(X_i)}{\sqrt{V(X_i) V(X_i)}} = 1$. Assim, como Σ, P também é positiva semidefinida.

MOMENTOS

Seja uma variável aleatória X, a um número real qualquer e k um inteiro positivo. O valor esperado da variável aleatória $(X - a)^k$ é chamado de k-ésimo momento da variável aleatória X, denotado por $v_k(a)$. Ou seja,

$$v_k(a) = E((X - a)^k). \tag{80}$$

Momentos em torno da origem

Se $a = 0$, o momento é chamado de k-ésimo momento em torno da origem e a notação simplifica-se para v_k. Ou seja,

$$v_k = E(X^k). \tag{81}$$

Os momentos em torno da origem nada mais são do que os valores esperados das sucessivas potências da variável. Constata-se, pois, que o primeiro momento em torno da origem ($k = 1$) é o valor esperado da variável aleatória.

Momentos centrais

Se $a = E(X)$, o momento é chamado de k-ésimo momento central, denotado por μ_k. Ou seja,

$$\mu_k = E((X - E(X))^k). \tag{82}$$

Os momentos centrais nada mais são do que os valores esperados das sucessivas potências dos desvios da variável em torno de seu valor esperado. Constata-se, pois, que o primeiro momento central ($k = 1$) é zero, pois $E(X - E(X)) = E(X) - E(E(X)) = E(X) - E(X) = 0$, e o segundo ($k = 2$) é a variância da variável aleatória.

Momentos absolutos

O valor esperado da variável aleatória $(|X - a|)^k$ é chamado de k-ésimo momento absoluto da variável aleatória X, denotado por $m_k(a)$. Ou seja,

$$m_k(a) = E((|X - a|)^k). \tag{83}$$

Exemplo 17

Seja $X \sim N(\mu, \sigma)$, como no Exemplo 13. Tem-se que:

$$\mu_k = E\big((X - E(X))^k\big) = \int_{-\infty}^{\infty}(x - \mu)^k f(x) dx = \int_{-\infty}^{\infty}(x - \mu)^k \frac{1}{\sqrt{2\pi}\sigma} e^{-\frac{1}{2}\left(\frac{x-\mu}{\sigma}\right)^2} dx.$$

Efetuando-se a mudança de variável de integração $z = \frac{x-\mu}{\sigma}$, ou seja, $x = \mu + \sigma z$ e $dx = \sigma dz$, tem-se:

$$\mu_k = \frac{\sigma^k}{\sqrt{2\pi}} \int_{-\infty}^{\infty} z^k e^{-\frac{z^2}{2}} dz. \tag{84}$$

Observa-se que se k é ímpar, o integrando da Equação 84 é uma função ímpar, isto é, é simétrica em torno da origem, de modo que a integral é nula. Ou seja, $\mu_k = 0$ se k é ímpar.

Para k par, o integrando da Equação 84 é uma função par, isto é, é simétrica em torno do eixo vertical ($x = 0$), de modo que o momento central absoluto será igual ao momento central ordinário, isto é, $m_k = \mu_k$. A simetria da função também permite simplificar a Equação 84 para:

$$\mu_k = m_k = \frac{2\sigma^k}{\sqrt{2\pi}} \int_0^{\infty} z^k e^{-\frac{z^2}{2}} dz = \sqrt{\frac{2}{\pi}} \sigma^k \int_0^{\infty} z^k e^{-\frac{z^2}{2}} dz.$$

Efetuando outra mudança de variável de integração $u = \frac{z^2}{2}$, ou seja, $z^2 = 2u$ e $du = zdz$, tem-se:

$$\mu_k = m_k = \sqrt{\frac{2}{\pi}} \sigma^k 2^{\frac{k-1}{2}} \int_0^{\infty} u^{\frac{k-1}{2}} e^{-u} du = \frac{2^{k/2}}{\sqrt{\pi}} \sigma^k \int_0^{\infty} u^{\frac{k-1}{2}} e^{-u} du. \tag{85}$$

Usando-se a definição da função gama, dada por $\Gamma(x) = \int_0^\infty t^{x-1}e^{-t}dt$, para $x > 0$, pode-se escrever a Equação 85 como:

$$\mu_k = m_k = \frac{2^{k/2}}{\sqrt{\pi}}\sigma^k \Gamma\left(\frac{k+1}{2}\right).$$

Sobre a função gama, tem-se $\Gamma(x+1) = x\Gamma(x)$ e $\Gamma\left(\frac{1}{2}\right) = \sqrt{\pi}$, de modo que:

$$\begin{aligned}
\mu_k &= m_k \\
&= \frac{2^{k/2}}{\sqrt{\pi}}\sigma^k \left(\frac{k-1}{2}\right)\Gamma\left(\frac{k-1}{2}\right) \\
&= \frac{2^{k/2}}{\sqrt{\pi}}\sigma^k \left(\frac{k-1}{2}\right)\left(\frac{k-3}{2}\right)\Gamma\left(\frac{k-3}{2}\right) \\
&= \frac{2^{k/2}}{\sqrt{\pi}}\sigma^k \left(\frac{k-1}{2}\right)\left(\frac{k-3}{2}\right)\cdots\left(\frac{1}{2}\right)\Gamma\left(\frac{1}{2}\right) \\
&= \frac{2^{k/2}}{\sqrt{\pi}}\sigma^k \left(\frac{k-1}{2}\right)\left(\frac{k-3}{2}\right)\cdots\left(\frac{1}{2}\right)\sqrt{2\pi} \\
&= \sigma^k(k-1)(k-3)\cdots 1.
\end{aligned}$$

Esta última expressão pode ser escrita como:

$$\mu_k = m_k = \sigma^k \frac{k!}{2^{k/2}(k/2)!}, \tag{86}$$

evidenciando como os momentos centrais (e os absolutos) de ordem par de uma distribuição Normal se relacionam entre si. Lembre-se que o segundo momento central é igual à variância da variável, ou seja, σ^2.

Usando argumentos semelhantes, pode-se evidenciar que se k é ímpar, o k-ésimo momento absoluto é dado por:

$$m_k = \sqrt{\frac{2}{\pi}}\sigma^k 2^{\frac{k-1}{2}}\left(\frac{k-1}{2}\right)!. \tag{87}$$

Propriedades dos momentos

Resumem-se a seguir diversas propriedades dos momentos, todas elas baseadas nas propriedades do valor esperado.

Segundo momento central é mínimo entre todos os momentos de segunda ordem O segundo momento de qualquer distribuição é mínimo quando tomado em torno de seu valor esperado. Ou seja, para uma variável aleatória X tem-se, para qualquer valor a:

$$\begin{aligned}
v_2(a) &= E((X-a)^2) \\
&= E((X - E(X) + E(X) - a)^2) \\
&= E((X - E(X))^2 + 2(X - E(X))(E(X) - a) + (E(X) - a)^2) \\
&= E((X - E(X))^2) + 2 \times 0 \times (E(X) - a) + (E(X) - a)^2 \\
&= E((X - E(X))^2) + (E(X) - a)^2 \\
&= E((X - E(X))^2) + (E(X) - a)^2.
\end{aligned}$$

Como $(E(X) - a)^2 \geq 0$, tem-se que $\mu_2 \leq v_2(a)$ para qualquer a.

Relação entre momentos Desenvolvendo-se a expressão do k-ésimo momento central, tem-se:

$$\begin{aligned}
\mu_k &= E\big((X - E(X))^k\big) \qquad (88) \\
&= E\big(\textstyle\sum_{i=0}^{k} C_k^i X^i (-E(X))^{k-i}\big) \\
&= \textstyle\sum_{i=0}^{k} C_k^i (-E(X))^{k-i} E(X^i) \\
&= \textstyle\sum_{i=0}^{k} (-1)^{k-i} C_k^i (v_1)^{k-i} v_i.
\end{aligned}$$

Assim,

$$\begin{aligned}
\mu_0 &= 1, \\
\mu_1 &= 0, \\
\mu_2 &= v_2 - v_1^2, \\
\mu_3 &= v_3 - 3v_2 v_1 + 2v_1^3, \\
\mu_4 &= v_4 - 4v_3 v_1 + 6v_2 v_1^2 - 3v_1^4, \\
&\text{etc.}
\end{aligned}$$

Matriz de momentos Considere a matriz $\begin{bmatrix} v_0(a) & v_1(a) & \cdots & v_k(a) \\ v_1(a) & v_2(a) & \cdots & v_{k+1}(a) \\ \vdots & \vdots & \ddots & \vdots \\ v_k(a) & v_{k+1}(a) & \cdots & v_{2k}(a) \end{bmatrix}$, formada pelos momentos de ordem 0 a $2k$ de uma variável aleatória, organizados convenientemente. Note que a matriz é simétrica de ordem $k+1$. Pode-se demonstrar que tal matriz é positiva semidefinida, pois para qualquer vetor $z \in \mathbb{R}^{k+1}$, tem-se que a forma quadrática $\left(\sum_{j=0}^{k} z_j (x-a)^j\right)^2$ é positiva ou nula, de forma que

$$\int_{-\infty}^{\infty} \left(\textstyle\sum_{j=0}^{k} z_j (x-a)^j\right)^2 dF(x) \geq 0.$$

Desenvolvendo a forma quadrática, tem-se que:

$$\begin{aligned}
0 &\leq \int_{-\infty}^{\infty} \left(\textstyle\sum_{j=0}^{k} z_j (x-a)^j\right)^2 dF(x) \\
&= \int_{-\infty}^{\infty} \left(\textstyle\sum_{i=0}^{k} \sum_{j=0}^{k} z_i z_j (x-a)^i (x-a)^j\right) dF(x) \\
&= \textstyle\sum_{i=0}^{k} \sum_{j=0}^{k} z_i z_j \left(\int_{-\infty}^{\infty} (x-a)^{i+j} dF(x)\right) \\
&= \textstyle\sum_{i=0}^{k} \sum_{j=0}^{k} z_i z_j v_{i+j}(a) \\
&= \textstyle\sum_{i=0}^{k} z_i \sum_{j=0}^{k} v_{i+j}(a) z_j \\
&= z^T \begin{bmatrix} v_0(a) & v_1(a) & \cdots & v_k(a) \\ v_1(a) & v_2(a) & \cdots & v_{k+1}(a) \\ \vdots & \vdots & \ddots & \vdots \\ v_k(a) & v_{k+1}(a) & \cdots & v_{2k}(a) \end{bmatrix} z.
\end{aligned}$$

Logo, a matriz é positiva semidefinida e seu determinante é não negativo, ou seja,

$$\begin{vmatrix} v_0(a) & v_1(a) & \cdots & v_k(a) \\ v_1(a) & v_2(a) & \cdots & v_{k+1}(a) \\ \vdots & \vdots & \ddots & \vdots \\ v_k(a) & v_{k+1}(a) & \cdots & v_{2k}(a) \end{vmatrix} \geq 0. \tag{89}$$

Ou seja, os momentos de uma distribuição não são números arbitrários, devendo satisfazer à Equação 89. A matriz de momentos absolutos também é positiva semidefinida e seu determinante também é não negativo.

Ordem entre momentos absolutos em torno de 0 Tem-se ainda que (Gnedenko, 1969, p. 193)

$$m_1 \leq \sqrt[2]{m_2} \leq \sqrt[3]{m_3} \leq \cdots \leq \sqrt[k]{m_k} \leq \cdots \tag{90}$$

MEDIANA

A mediana de uma variável aleatória é qualquer valor m que satisfaz às seguintes desigualdades:

$$\lim_{x \uparrow m} F(x) \leq \frac{1}{2} \leq F(m). \tag{91}$$

Se $F(x)$ é contínua, $\lim_{x \uparrow m} F(x) = F(m)$, e as desigualdades expressas em 91 se tornam a equação

$$F(m) = \frac{1}{2}, \tag{92}$$

havendo sempre ao menos um valor de m que a satisfaz; se a curva $y = F(x)$ e a reta $y = \frac{1}{2}$ possuem um intervalo fechado comum, ou seja, se a Equação 92 possui mais de uma solução, então qualquer ponto nesse intervalo é mediana da distribuição. A **Figura 17** e a **Figura 18** ilustram as situações.

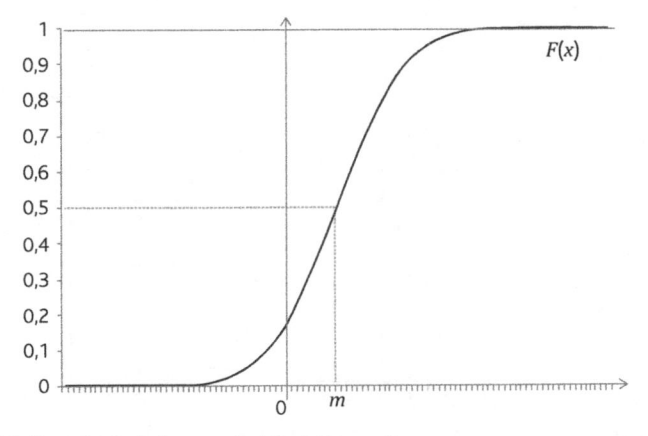

FIGURA 17 Mediana (única) de uma distribuição contínua.
Fonte: Elaborada pelo autor.

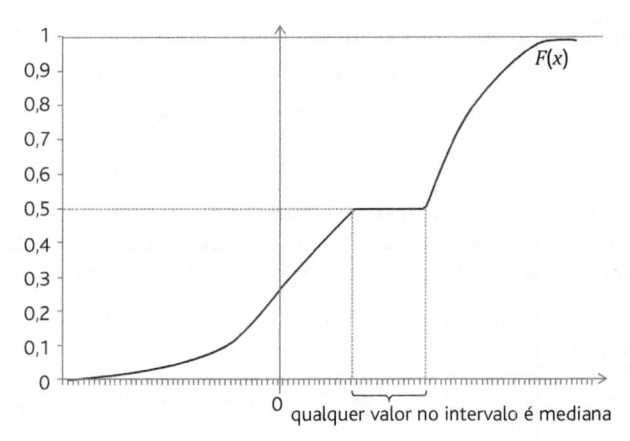

FIGURA 18 Mediana (não única) de uma distribuição contínua.
Fonte: Elaborada pelo autor.

Se $F(x)$ é discreta, a Equação 92 pode não ter solução, mas haverá sempre pelo menos uma solução para as desigualdades expressas em 91. A **Figura 19** ilustra uma situação para a qual a Equação 92 não tem solução (distribuição Binomial(10;0,7)). Nesses casos, a mediana é dada pelas desigualdades expressas em 91 e será sempre única.

Para a distribuição ilustrada na **Figura 19**, $\lim_{x \uparrow 7} F(x) = F(6) = 0,35$ e $F(7) = 0,62$. Portanto, as desigualdades 91 têm solução única e a mediana da distribuição é igual a 7.

Há casos, porém, de a Equação 92 apresentar solução, mesmo para variáveis discretas, para as quais $F(x)$ não é contínua. Nesse caso, haverá sempre múltiplas soluções, pois a curva $y = F(x)$ e a reta $y = \frac{1}{2}$ possuem necessariamente um intervalo fechado comum (lembre que $F(x)$ é uma função escada nesse caso) e qualquer inteiro nesse intervalo é mediana da distribuição. As soluções da Equação 91 satisfarão necessariamente as desigualdades expressas em 91 e haverá ainda outra solução para essas desigualdades que não satisfaz a Equação 91.

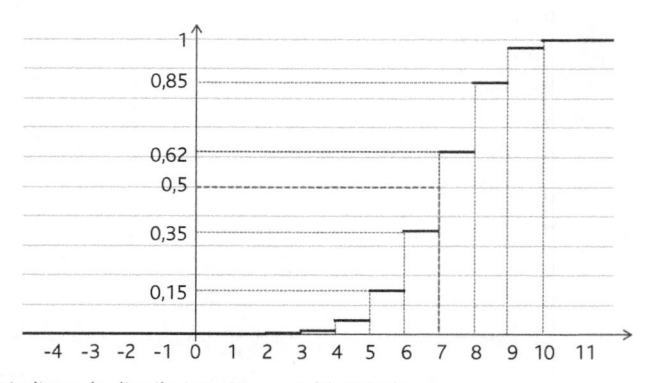

FIGURA 19 Mediana da distribuição Binomial(10,0,7).
Fonte: Elaborada pelo autor.

Qualquer mediana de uma distribuição contínua representa um valor que acumula exatamente a metade da probabilidade, deixando a outra metade por acumular. Para uma distribuição discreta essa interpretação não é necessariamente exata e a mediana pode representar o valor em cujo entorno se dá a acumulação de metade da probabilidade. Quando a mediana é única, caso em que a Equação 92 não tem solução, um pouquinho antes de seu valor, a probabilidade acumulada é menor do que 50%, e exatamente sobre ela, a probabilidade acumulada ultrapassa 50% (veja a **Figura 19**). Quando a mediana não é única, caso em que a Equação 92 tem múltiplas soluções, há três casos a considerar: a mediana pode ser tal que um pouquinho antes de seu valor, a probabilidade acumulada é menor do que 50%, e exatamente sobre seu valor a probabilidade acumulada iguala 50%; ou pode ser tal que tanto um pouquinho antes como um pouquinho depois de seu valor, a probabilidade acumulada seja igual a 50%; ou ainda ser tal que um pouquinho antes de seu valor a probabilidade acumulada seja igual a 50%, e exatamente sobre seu valor a probabilidade acumulada ultrapasse 50%. Nesta última situação, a mediana não satisfaz a Equação 92, mas satisfaz as desigualdades expressas em 91, satisfazendo, portanto, a definição de mediana.

A mediana possui algumas propriedades interessantes, a mais conveniente delas é o fato de que a mediana existe para qualquer distribuição. O valor esperado, como definido pela Equação 38, não necessariamente existe. O primeiro momento absoluto é mínimo quando calculado em torno da mediana.

QUANTIL DE ORDEM p

Da mesma forma que se define a mediana de uma distribuição, pode-se definir o seu quantil de ordem p ($0 < p < 1$). Para variáveis aleatórias contínuas, qualquer raiz da equação

$$F(x) = p, \text{ onde } 0 < p < 1, \qquad (93)$$

é chamada de quantil de ordem p.

Para variáveis discretas, o quantil de ordem p de uma variável aleatória é o valor q_p que satisfaz às seguintes desigualdades:

$$\lim_{x \uparrow q_p} F(x) \leq p \leq F(q_p). \qquad (94)$$

Percebe-se, assim, que a mediana é tão somente o quantil de ordem $\frac{1}{2}$.

Os quantis de ordem $\frac{1}{4}$, $\frac{2}{4}$ e $\frac{3}{4}$ são chamados de **quartis** (em geral, denotados por Q_1, Q_2 e Q_3).

Os quantis de ordem 0,1; 0,2;... e 0,9 são chamados de **decis**.

Os quantis de ordem 0,01; 0,02;... e 0,99 são chamados de **percentis**.

Normalmente, o conhecimento da mediana, dos quartis e dos decis já nos dá uma razoável ideia das peculiaridades da distribuição de probabilidades da variável aleatória sob estudo.

MODA

Para uma distribuição contínua, portanto, com função densidade de probabilidades definida, $f(x)$, seu ponto de máximo é chamado de moda da distribuição. Isto é,

$$f(\text{moda}) = \max_x f(x). \tag{95}$$

Para uma distribuição discreta, com possíveis valores $x_1, x_2,...$ e respectivas probabilidades $p_i = P(X = x_i)$, a definição é adaptada, a moda sendo definida como o valor x_i que maximiza a função $p_i = P(X = x_i)$.

A moda representa assim o valor mais provável, dentre todos os possíveis valores da variável aleatória.

COEFICIENTE DE ASSIMETRIA

O coeficiente de assimetria da variável aleatória X é definido pela razão

$$\gamma(X) = \frac{\mu_3}{\left(\sqrt{V(X)}\right)^3} \tag{96}$$

Distribuições perfeitamente simétricas terão coeficiente de assimetria igual a zero, pois seu terceiro momento central será nulo. Distribuições com coeficiente de assimetria negativo serão mais pesadas à direita, com caudas mais longas à esquerda, enquanto distribuições com coeficiente de assimetria positivo serão mais pesadas à esquerda, com caudas mais longas à direita.

O Exemplo 17 mostra que o terceiro momento central de uma distribuição Normal é zero, de modo que seu coeficiente de assimetria é nulo.

Exemplo 18

Seja X uma variável aleatória distribuída uniformemente no intervalo $[a, b]$, como definido no Exemplo 6. Então, usando a Equação 88, tem-se que:

$$\mu_3 = v_3 - 3v_2 v_1 + 2v_1^3 = E(X^3) - 3E(X^2)E(X) + 2(E(X))^3.$$

Já tínhamos verificado que $E(X) = \frac{a+b}{2}$ e que $V(X) = \frac{(b-a)^2}{12}$, de modo que

$$\begin{aligned}
E(X^2) &= V(X) + (E(X))^2 \\
&= \frac{(b-a)^2}{12} + \left(\frac{a+b}{2}\right)^2 \\
&= \frac{b^2 - 2ab + a^2}{12} + \frac{a^2 + 2ab + b^2}{4} \\
&= \frac{b^2 - 2ab + a^2 + 3(a^2 + 2ab + b^2)}{12} \\
&= \frac{4b^2 + 4ab + 4a^2}{12} \\
&= \frac{b^2 + ab + a^2}{3}.
\end{aligned}$$

Tem-se, adicionalmente, que:

$$E(X^3) = \int_a^b x^3 f(x)dx = \frac{1}{b-a}\int_a^b x^3 dx = \frac{1}{b-a} \times \frac{x^4}{4}\Big|_a^b = \frac{1}{b-a} \times \frac{b^4-a^4}{4} = \frac{b^3+ab^2+a^2b+a^3}{4}.$$

Logo,

$$\mu_3 = \frac{b^3+ab^2+a^2b+a^3}{4} - 3 \times \frac{b^2+ab+a^2}{3} \times \frac{a+b}{2} + 2\left(\frac{a+b}{2}\right)^3.$$

Simplificando-se a expressão acima, chega-se a $\mu_3 = 0$. Logo, $\gamma(X) = 0$ e a distribuição é simétrica. Isso não deve causar surpresa, a julgar pelo gráfico da **Figura 7**, perfeitamente simétrico.

Exemplo 19

Seja X uma variável aleatória distribuída segundo a lei de Bernoulli com parâmetro p, como definido no Exemplo 12. Já tínhamos verificado que $E(X) = p$ e que $V(X) = p(1-p)$, de modo que $E(X^2) = V(X) + (E(X))^2 = p(1-p) + p^2 = p$. Tem-se, adicionalmente, que:

$$E(X^3) = 1^3 \times p + 0^3 \times (1-p) = p.$$

Logo, pela Equação 88,

$$\mu_3 = p - 3pp + 2p^3 = p - 3p^2 + 2p^3 = p(1-p)(1-2p)$$

e

$$\gamma(X) = \frac{p(1-p)(1-2p)}{\left(\sqrt{p(1-p)}\right)^3} = \frac{1-2p}{\sqrt{p(1-p)}}.$$

A distribuição é simétrica se, e somente se, $p = \frac{1}{2}$. Nesse caso, ambos os valores possíveis, 1 e 0, têm iguais chances. Se $p < \frac{1}{2}$, $\gamma(X) > 0$ e a distribuição é mais pesada à esquerda, com uma cauda mais acentuada à direita. Nesse caso, o valor 0 é mais frequente do que o valor 1. Se $p > \frac{1}{2}$, $\gamma(X) < 0$ e a distribuição é mais pesada à direita, com uma cauda mais acentuada à esquerda. Nesse caso, o valor 1 é mais frequente do que o valor 0.

Exemplo 20

Seja X uma variável aleatória distribuída segundo a lei de Poisson com parâmetro λ, como definido no Exemplo 3. Já tínhamos verificado que $E(X) = \lambda$ e que $V(X) = \lambda$, de modo que $E(X^2) = V(X) + (E(X))^2 = \lambda + \lambda^2 = \lambda(\lambda+1)$. Tem-se, adicionalmente, que:

$$\begin{aligned}E(X^3) &= \sum_{i=1}^{\infty} x_i^3 p_i \\ &= \sum_{i=0}^{\infty} i^3 \frac{\lambda^i e^{-\lambda}}{i!} \\ &= 0 + \sum_{i=1}^{\infty} i^3 \frac{\lambda^i e^{-\lambda}}{i!}\end{aligned}$$

$$\begin{aligned}
&= \lambda e^{-\lambda} \sum_{i=1}^{\infty} i^3 \frac{\lambda^{i-1}}{i!} \\
&= \lambda e^{-\lambda} \sum_{i=1}^{\infty} i^2 \frac{\lambda^{i-1}}{(i-1)!} \\
&= \lambda e^{-\lambda} \sum_{j=0}^{\infty} (j+1)^2 \frac{\lambda^j}{j!} \\
&= \lambda e^{-\lambda} \left(\sum_{j=0}^{\infty} j^2 \frac{\lambda^j}{j!} + 2\sum_{j=0}^{\infty} j \frac{\lambda^j}{j!} + \sum_{j=0}^{\infty} \frac{\lambda^j}{j!} \right) \\
&= \lambda e^{-\lambda} \left(\sum_{j=0}^{\infty} j^2 \frac{\lambda^j}{j!} + 2\sum_{j=0}^{\infty} j \frac{\lambda^j}{j!} + e^{\lambda} \right) \\
&= \lambda \left(\sum_{j=0}^{\infty} j^2 \frac{\lambda^j}{j!} e^{-\lambda} + 2\sum_{j=0}^{\infty} j \frac{\lambda^j}{j!} e^{-\lambda} + 1 \right) \\
&= \lambda (E(X^2) + 2E(X) + 1) \\
&= \lambda (\lambda(\lambda+1) + 2\lambda + 1) \\
&= \lambda (\lambda^2 + 3\lambda + 1).
\end{aligned}$$

Logo, pela Equação 88,

$$\mu_3 = \lambda(\lambda^2 + 3\lambda + 1) - 3\lambda(\lambda+1)\lambda + 2\lambda^3 = \lambda$$

e

$$\gamma(X) = \frac{\lambda}{(\sqrt{\lambda})^3} = \frac{1}{\sqrt{\lambda}} > 0.$$

A distribuição é assimétrica para qualquer valor de λ, mais pesada à esquerda, com cauda mais acentuada à direita, pois $\gamma(X) > 0$, mas tende à simetria na medida em que λ aumenta. Isto é, $\lim_{\lambda \uparrow \infty} \gamma(X) = 0$. O gráfico da **Figura 3** já nos revelara essa característica, pelo menos para o valor de $\lambda = 1,5$.

Exemplo 21

Seja X uma variável aleatória Binomial com parâmetros n e p, como definido no Exemplo 1. Já tínhamos verificado que $E(X) = np$ e que $V(X) = np(1-p)$, de modo que $E(X^2) = V(X) + (E(X))^2 = np(1-p) + (np)^2 = np(1-p+np)$. Tem-se, adicionalmente, que:

$$\begin{aligned}
E(X^3) &= \sum_{i=0}^{n} x_i^3 p_i \\
&= \sum_{i=0}^{n} i^3 C_n^i p^i (1-p)^{n-i} \\
&= 0 + \sum_{i=1}^{n} i^3 \frac{n!}{i!(n-i)!} p^i (1-p)^{n-i} \\
&= \sum_{i=1}^{n} i^2 \frac{n(n-1)!}{(i-1)!(n-i)!} p p^{i-1} (1-p)^{n-i} \\
&= np \sum_{i=1}^{n} i^2 \frac{(n-1)!}{(i-1)!(n-i)!} p^{i-1} (1-p)^{n-i}
\end{aligned}$$

$$\begin{aligned}
&= np\sum_{j=0}^{n-1}(j+1)^2 \frac{(n-1)!}{j!(n-1-j)!}p^j(1-p)^{n-1-j}\\
&= np\sum_{j=0}^{n-1} j^2 \frac{(n-1)!}{j!(n-1-j)!}p^j(1-p)^{n-1-j}\\
&+ 2np\sum_{j=0}^{n-1} j \frac{(n-1)!}{j!(n-1-j)!}p^j(1-p)^{n-1-j}\\
&+ np\sum_{j=0}^{n-1} \frac{(n-1)!}{j!(n-1-j)!}p^j(1-p)^{n-1-j}\\
&= np\big((n-1)p(1-p+(n-1)p)+2(n-1)p+1\big)\\
&= np\big((1-p)(1-2p)+np(3(1-p)+np)\big),
\end{aligned}$$

pois os últimos somatórios representam, respectivamente, $E(X^2)$, $E(X)$ e $E(1)$ de uma variável aleatória Binomial com parâmetros $n-1$ e p. Logo, pela Equação 88,

$$\begin{aligned}
\mu_3 &= np\big((1-p)(1-2p)+np(3(1-p)+np)\big)-3np(1-p+np)np+2(np)^3\\
&= np(1-p)(1-2p)
\end{aligned}$$

e

$$\gamma(X) = \frac{np(1-p)(1-2p)}{\left(\sqrt{np(1-p)}\right)^3} = \frac{1-2p}{\sqrt{np(1-p)}}.$$

A distribuição é simétrica se, e somente se, $p = \frac{1}{2}$. Se $p < \frac{1}{2}$, $\gamma(X) > 0$ e a distribuição é mais pesada à esquerda, com uma cauda mais acentuada à direita. Se $p > \frac{1}{2}$, $\gamma(X) < 0$ e a distribuição é mais pesada à direita, com uma cauda mais acentuada à esquerda. O coeficiente de simetria da distribuição representada no gráfico da **Figura 2** é igual a $\gamma(X) = \frac{1-2\times0,70}{\sqrt{10\times0,70\times(1-0,70)}} = \frac{-0,4}{1,44914} = -0,276$. Os coeficientes de assimetria das variáveis X_1 e X_2 definidas no Exemplo 7 (jogo das moedas) são iguais a zero, pois seu parâmetro $p = \frac{1}{2}$.

Exemplo 22

Sejam X e Y as variáveis aleatórias definidas no Exemplo 10. Tem-se que:

$$E(X^3) = \int_0^1 x^3 2(1-x)dx = 2\int_0^1 (x^3-x^4)dx = 2\left(\frac{x^4}{4}-\frac{x^5}{5}\right)\Big|_0^1 = 2\left(\frac{1}{4}-\frac{1}{5}\right) = \frac{1}{10}$$

e

$$E(Y^3) = \int_0^1 y^3 2y\,dy = 2\int_0^1 y^4 dy = 2\left(\frac{y^5}{5}\right)\Big|_0^1 = \frac{2}{5}.$$

Já havíamos determinado que $E(X) = \frac{1}{3}$, $E(Y) = \frac{2}{3}$, $E(X^2) = \frac{1}{6}$ e $E(Y^2) = \frac{1}{2}$, de modo que, usando a Equação 88, tem-se:

$$\mu_{3_X} = \frac{1}{10} - 3 \times \frac{1}{6} \times \frac{1}{3} + 2 \times \left(\frac{1}{3}\right)^3 = \frac{1}{135}$$

e

$$\mu_{3_Y} = \frac{2}{5} - 3 \times \frac{1}{2} \times \frac{2}{3} + 2 \times \left(\frac{2}{3}\right)^3 = -\frac{1}{135}.$$

Logo,

$$\gamma(X) = \frac{\frac{1}{135}}{\left(\sqrt{\frac{1}{18}}\right)^3} = 0{,}5657$$

e

$$\gamma(Y) = \frac{-\frac{1}{135}}{\left(\sqrt{\frac{1}{18}}\right)^3} = -0{,}5657.$$

Ambas as distribuições são assimétricas, mas a assimetria é distinta. A variável X, com seu coeficiente positivo, é mais pesada à esquerda, com cauda mais acentuada à direita, enquanto a variável Y, com seu coeficiente negativo, é mais pesada à direita. Tais características podem ser observadas na **Figura 11** e na **Figura 12**.

CURTOSE

Define-se curtose de uma variável aleatória ao valor

$$\frac{\mu_4}{\left(\sqrt{V(X)}\right)^4} - 3 = \frac{\mu_4}{(V(X))^2} - 3. \tag{97}$$

O Exemplo 17 mostra que o quarto momento central de uma distribuição Normal é

$$\mu_4 = \sigma^4 \frac{4!}{2^{4/2}(4/2)!} = \sigma^4 \frac{4 \times 3 \times 2}{2^2 \times 2} = 3\sigma^4,$$

de modo que $\frac{\mu_4}{(V(X))^2} = \frac{\mu_4}{(\sigma^2)^2} = \frac{\mu_4}{\sigma^4} = 3$. Ou seja, a curtose da distribuição Normal é igual a 0, independentemente de seu valor esperado e da sua variância. Dada a importância da distribuição Normal, a medida de curtose é sempre referenciada à curtose da distribuição Normal, daí a subtração do valor 3 em relação à razão $\frac{\mu_4}{(V(X))^2}$. Distribuições com curtoses menores do que 0 são chamadas de **platicúrticas** (às vezes, chamadas de subgaussianas) e distribuições com curtoses maiores do que 0 são chamadas de **leptocúrticas** (às vezes, chamadas de supergaussianas). Distribuições leptocúrticas têm picos mais proeminentes do que a distribuição Normal, com caudas mais longas e espessas, enquanto as distribuições platicúrticas tendem a ter picos mais arredondados do que a distribuição Normal e caudas mais curtas e finas.

Exemplo 23

Seja X uma variável aleatória distribuída uniformemente no intervalo $[a, b]$, como definido no Exemplo 6. Segundo a Equação 88, tem-se que:

$$\begin{aligned}\mu_4 &= v_4 - 4v_3v_1 + 6v_2v_1^2 - 3v_1^4 \\ &= E(X^4) - 4E(X^3)E(X) + 6E(X^2)\big(E(X)\big)^2 - 3(E(X))^4.\end{aligned}$$

Já tínhamos verificado que $E(X) = \frac{a+b}{2}$, que $E(X^2) = \frac{b^2+ab+a^2}{3}$ e que $E(X^3) = \frac{b^3+ab^2+a^2b+a^3}{4}$. Tem-se que:

$$E(X^4) = \frac{1}{b-a}\int_a^b x^4 dx = \frac{1}{b-a} \times \frac{x^5}{5}\Big|_a^b = \frac{1}{b-a} \times \frac{b^5-a^5}{5} = \frac{b^4+ab^3+a^2b^2+a^3b+a^4}{5}.$$

Logo,

$$\begin{aligned}\mu_4 &= \frac{b^4+ab^3+a^2b^2+a^3b+a^4}{5} - 4 \times \frac{b^3+ab^2+a^2b+a^3}{4} \times \frac{a+b}{2} \\ &\quad + 6 \times \frac{b^2+ab+a^2}{3} \times \left(\frac{a+b}{2}\right)^2 - 3\left(\frac{a+b}{2}\right)^4.\end{aligned}$$

Simplificando-se a expressão acima, chega-se a $\mu_4 = \frac{b^4-4ab^3+6a^2b^2-4a^3b+a^4}{80}$. Logo, a curtose da distribuição é

$$\frac{\mu_4}{(V(X))^2} - 3 = \frac{b^4-4ab^3+6a^2b^2-4a^3b+a^4}{80} \times \frac{12^2}{((b-a)^2)^2} - 3 = \frac{144}{80} - 3 = -1{,}2.$$

A distribuição uniforme é, pois, platicúrtica.

Exemplo 24

Seja X uma variável aleatória distribuída segundo a lei de Bernoulli com parâmetro p, como definido no Exemplo 12. Já tínhamos verificado que $E(X) = p$, que $E(X^2) = p$ e que $E(X^3) = p$. Tem-se, adicionalmente, que

$$E(X^4) = 1^4 \times p + 0^4 \times (1-p) = p.$$

Logo, pela Equação 88,

$$\mu_4 = p - 4pp + 6pp^2 - 3p^4 = p - 4p^2 + 6p^3 - 3p^4 = p(1-p)(1-3p+3p^2)$$

e a curtose da distribuição é dada por

$$\frac{\mu_4}{(V(X))^2} - 3 = \frac{p(1-p)(1-3p+3p^2)}{(p(1-p))^2} - 3 = \frac{1-3p+3p^2}{p(1-p)} - 3 = \frac{1-6p+6p^2}{p(1-p)}.$$

Já tínhamos visto que a distribuição é simétrica se, e somente se, $p = \frac{1}{2}$. Nesse caso, sua curtose é igual a $\frac{1-6\times\frac{1}{2}+6\times\left(\frac{1}{2}\right)^2}{\frac{1}{2}\times\left(1-\frac{1}{2}\right)} = -2$ e a distribuição é platicúrtica.

Exemplo 25

Seja X uma variável aleatória distribuída segundo a lei de Poisson com parâmetro λ, como definido no Exemplo 3. Já tínhamos verificado que $E(X) = \lambda$, que $E(X^2) = \lambda(\lambda + 1)$ e que $E(X^3) = \lambda(\lambda^2 + 3\lambda + 1)$. Tem-se, adicionalmente, que:

$$\begin{aligned}
E(X^4) &= \sum_{i=1}^{\infty} x_i^4 p_i \\
&= \sum_{i=0}^{\infty} i^4 \frac{\lambda^i e^{-\lambda}}{i!} \\
&= 0 + \sum_{i=1}^{\infty} i^4 \frac{\lambda^i e^{-\lambda}}{i!} \\
&= \lambda e^{-\lambda} \sum_{i=1}^{\infty} i^3 \frac{\lambda^{i-1}}{(i-1)!} \\
&= \lambda e^{-\lambda} \sum_{j=0}^{\infty} (j+1)^3 \frac{\lambda^j}{j!} \\
&= \lambda e^{-\lambda} \left(\sum_{j=0}^{\infty} j^3 \frac{\lambda^j}{j!} + 3 \sum_{j=0}^{\infty} j^2 \frac{\lambda^j}{j!} + 3 \sum_{j=0}^{\infty} j \frac{\lambda^j}{j!} + \sum_{j=0}^{\infty} \frac{\lambda^j}{j!} \right) \\
&= \lambda e^{-\lambda} \left(\sum_{j=0}^{\infty} j^3 \frac{\lambda^j}{j!} + 3 \sum_{j=0}^{\infty} j^2 \frac{\lambda^j}{j!} + 3 \sum_{j=0}^{\infty} j \frac{\lambda^j}{j!} + e^{\lambda} \right) \\
&= \lambda \left(\sum_{j=0}^{\infty} j^3 \frac{\lambda^j}{j!} e^{-\lambda} + 3 \sum_{j=0}^{\infty} j^2 \frac{\lambda^j}{j!} e^{-\lambda} + 3 \sum_{j=0}^{\infty} j \frac{\lambda^j}{j!} e^{-\lambda} + 1 \right) \\
&= \lambda (E(X^3) + 3E(X^2) + 3E(X) + 1) \\
&= \lambda (\lambda(\lambda^2 + 3\lambda + 1) + 3\lambda(\lambda + 1) + 3\lambda + 1) \\
&= \lambda (\lambda^3 + 6\lambda^2 + 7\lambda + 1).
\end{aligned}$$

Logo, pela Equação 88,

$$\mu_4 = \lambda(\lambda^3 + 6\lambda^2 + 7\lambda + 1) - 4\lambda(\lambda^2 + 3\lambda + 1)\lambda + 6\lambda(\lambda + 1)\lambda^2 - 3\lambda^4 = \lambda(3\lambda + 1)$$

e a curtose da distribuição é dada por

$$\frac{\mu_4}{(V(X))^2} - 3 = \frac{\lambda(3\lambda+1)}{\lambda^2} - 3 = \frac{3\lambda+1}{\lambda} - 3 = \frac{1}{\lambda} > 0.$$

A curtose de uma distribuição de Poisson é sempre positiva, independentemente do valor de seu parâmetro λ. Já tínhamos percebido que a distribuição tende à simetria na medida em que λ aumenta, isto é, $\lim_{\lambda \uparrow \infty} \gamma(X) = 0$. Nesse caso, sua curtose aproxima-se de zero.

Exemplo 26

Seja X uma variável aleatória Binomial com parâmetros n e p, como definido no Exemplo 1. Já tínhamos verificado que $E(X) = np$, que $E(X^2) = V(X) + (E(X))^2 = np(1-p) + (np)^2 = np(1 - p + np)$ e que $E(X^3) = np((1-p)(1-2p) + 3np(1-p) + n^2p^2)$. Tem-se, adicionalmente, que:

$$\begin{aligned}
E(X^4) &= \sum_{i=0}^{n} x_i^4 p_i \\
&= \sum_{i=0}^{n} i^4 C_n^i p^i (1-p)^{n-i} \\
&= 0 + \sum_{i=1}^{n} i^4 \frac{n!}{i!(n-i)!} p^i (1-p)^{n-i} \\
&= \sum_{i=1}^{n} i^3 \frac{n(n-1)!}{(i-1)!(n-i)!} p p^{i-1} (1-p)^{n-i} \\
&= np \sum_{i=1}^{n} i^3 \frac{(n-1)!}{(i-1)!(n-i)!} p^{i-1} (1-p)^{n-i} \\
&= np \sum_{j=0}^{n-1} (j+1)^3 \frac{(n-1)!}{j!(n-1-j)!} p^j (1-p)^{n-1-j} \\
&= np \sum_{j=0}^{n-1} j^3 \frac{(n-1)!}{j!(n-1-j)!} p^j (1-p)^{n-1-j} \\
&+ 3np \sum_{j=0}^{n-1} j^2 \frac{(n-1)!}{j!(n-1-j)!} p^j (1-p)^{n-1-j} \\
&+ 3np \sum_{j=0}^{n-1} j \frac{(n-1)!}{j!(n-1-j)!} p^j (1-p)^{n-1-j} \\
&+ np \sum_{j=0}^{n-1} \frac{(n-1)!}{j!(n-1-j)!} p^j (1-p)^{n-1-j} \\
&= np(n-1)p\big((1-p)(1-2p) + 3(n-1)p(1-p) + (n-1)^2 p^2\big) \\
&+ 3np(n-1)p(1-p+(n-1)p) + 3np(n-1)p + np \\
&= np\big((1-p)(1-6p+6p^2)\big) + np(1-p)(7-11p) + 6n^2 p^2 (1-p) + n^3 p^3),
\end{aligned}$$

pois os últimos somatórios representam, respectivamente, $E(X^3)$, $E(X^2)$, $E(X)$ e $E(1)$ de uma variável aleatória Binomial com parâmetros $n-1$ e p. Logo, pela Equação 88,

$$\begin{aligned}
\mu_4 &= np\big((1-p)(1-6p+6p^2)\big) + np(1-p)(7-11p) + 6n^2 p^2 (1-p) + n^3 p^3 \\
&- 4np\big((1-p)(1-2p) + 3np(1-p) + n^2 p^2\big)np \\
&+ 6np(1-p+np)(np)^2 - 3(np)^4 \\
&= np(1-p)\big(1 - 6p + 6p^2 + 3np(1-p)\big)
\end{aligned}$$

e a curtose da distribuição é dada por

$$\frac{np(1-p)\big(1-6p+6p^2+3np(1-p)\big)}{\big(\sqrt{np(1-p)}\big)^4} - 3 = \frac{1-6p+6p^2}{np(1-p)}.$$

Já tínhamos visto que a distribuição é simétrica se, e somente se, $p = \frac{1}{2}$. Nesse caso, sua curtose é igual a $\frac{1 - 6 \times \frac{1}{2} + 6 \times \left(\frac{1}{2}\right)^2}{n \times \frac{1}{2} \times \left(1 - \frac{1}{2}\right)} = -\frac{2}{n}$ e a distribuição é platicúrtica. Note, entretanto, que a curtose tende a zero quando n aumenta.

A curtose da distribuição representada no gráfico da **Figura 2** é igual a $\frac{1 - 6 \times 0{,}7 + 6 \times 0{,}7^2}{10 \times 0{,}7 \times (1-0{,}7)} = \frac{3{,}52}{2{,}1} = 1{,}676$. As curtoses das variáveis X_1 e X_2 definidas no Exemplo 7 (jogo das moedas) são iguais a -1 e $-\frac{2}{3}$, pois são binomiais com parâmetros $n = 2$ e $p = \frac{1}{2}$, e $n = 3$ e $p = \frac{1}{2}$, respectivamente.

Exemplo 27

Seja X e Y as variáveis aleatórias definidas no Exemplo 10. Tem-se que:

$$E(X^4) = \int_0^1 x^4 2(1-x)dx = 2\int_0^1 (x^4 - x^5)dx = 2\left(\frac{x^5}{5} - \frac{x^6}{6}\right)\Big|_0^1 = 2\left(\frac{1}{5} - \frac{1}{6}\right) = \frac{1}{15}$$

e

$$E(Y^4) = \int_0^1 y^4 2y\,dy = 2\int_0^1 y^5 dy = 2\left(\frac{y^6}{6}\right)\Big|_0^1 = \frac{1}{3}.$$

Já havíamos determinado que $E(X) = \frac{1}{3}$, $E(Y) = \frac{2}{3}$, $E(X^2) = \frac{1}{6}$, $E(Y^2) = \frac{1}{2}$, $E(X^3) = \frac{1}{10}$ e $E(Y^3) = \frac{2}{5}$, de modo que, usando a Equação 88, tem-se que

$$\mu_{4_X} = \frac{1}{15} - 4 \times \frac{1}{10} \times \frac{1}{3} + 6 \times \frac{1}{6} \times \left(\frac{1}{3}\right)^2 - 3 \times \left(\frac{1}{3}\right)^4 = \frac{1}{135}$$

e

$$\mu_{4_Y} = \frac{1}{3} - 4 \times \frac{2}{5} \times \frac{2}{3} + 6 \times \frac{1}{2} \times \left(\frac{2}{3}\right)^2 - 3 \times \left(\frac{2}{3}\right)^4 = \frac{1}{135}.$$

Logo, as curtoses de X e de Y são iguais a $\frac{\frac{1}{135}}{\left(\frac{1}{18}\right)^2} - 3 = -\frac{3}{5} = -0{,}6$ e as distribuições são platicúrticas.

EXERCÍCIOS

1. Suponha que X seja uma variável aleatória contínua cuja função densidade de probabilidades seja dada por:

$$f(x) = \begin{cases} ce^{-3x} & \text{para } x > 0 \\ 0 & \text{caso contrário} \end{cases}$$

   Determine:
   1.1. A constante c;
   1.2. $P(1 < X < 2)$;
   1.3. $P(X \geq 3)$;
   1.4. $P(X < 1)$.

2. Determine a função de distribuição acumulada da variável aleatória do problema anterior. Faça o gráfico das funções de densidade e de distribuição acumulada.

3. Suponha que X e Y sejam variáveis aleatórias discretas cujas probabilidades conjuntas sejam dadas por

$$P(X = x, Y = y) = \begin{cases} \frac{2}{n(n+1)} & \text{para } x = 1, 2, \ldots, n \text{ e } y = 1, 2, \ldots, x \\ 0 & \text{caso contrário} \end{cases}$$

   Determine as probabilidades marginais das variáveis X e Y. As variáveis são independentes?

4. Suponha que X e Y sejam variáveis aleatórias contínuas com função densidade conjunta dada por

$$f_{X,Y}(x,y) = \begin{cases} y - x & \text{para } 0 < x < 1 \text{ e } 1 < y < 2 \\ 0 & \text{caso contrário} \end{cases}$$

Determine $E(X), E(Y), V(X), V(Y), C(X,Y)$ e r_{XY}.

5. Adaptado de Rowntree (1984, p. 74).
Em uma pequena ilha, 2 coelhos são capturados, cada um é marcado de modo a serem reconhecidos futuramente, e então postos em liberdade. No dia seguinte, mais 5 coelhos (todos ainda não marcados) são capturados, marcados individualmente e liberados. No terceiro dia, 4 coelhos são capturados, dos quais dois já estão marcados. Assumindo que a população de coelhos seja constante e que os coelhos marcados e não marcados tenham iguais chances de serem apanhados, determine:
    5.1. o menor número de coelhos que pode haver na ilha;
    5.2. a probabilidade de obtenção do resultado do segundo dia de captura, se existirem exatamente 12 coelhos na ilha;
    5.3. a probabilidade conjunta de obtenção dos resultados do segundo e terceiro dias de captura, se existirem exatamente 16 coelhos na ilha;
    5.4 a probabilidade conjunta de obtenção dos resultados do segundo e terceiro dias de captura, se existirem exatamente n coelhos na ilha;
    5.5 para que valor de n esta probabilidade é máxima?

6. Volte ao Exercício 20 do Capítulo 4.
    6.1 Determine a fdp da variável aleatória $N_{B \text{ seguido por } P}$.
    6.2 Será que você consegue generalizar? Suponha que há n_1 bolas brancas e n_2 bolas pretas. Quantas sequências distintas podem ser formadas?
    6.3 Qual é o domínio da variável aleatória $N_{B \text{ seguido por } P}$?
    6.4 Tente chegar a uma equação de recorrência para determinar a contagem de vezes em que alguma bola branca antecede alguma bola preta.
    6.5 Determine a fdp da variável $N_{B \text{ seguido por } P}$ para $n_1 = 10$ e $n_2 = 15$.
Dica: a organização da informação na forma de uma árvore de possibilidades pode ajudar a enxergar melhor o fenômeno combinatório.

7. Uma companhia de seguros estima que, em média, 10 carros de seus segurados são roubados por dia em uma determinada região de operação.[17] Não há indícios, a princípio, de relação entre os eventos, de modo que a companhia supõe independência entre eles. A par das consequências financeiras que os eventos acarretam para a seguradora, modelados segundo padrões atuariais adequados, na ótica da companhia, questões de atendimento operacional, como registro de ocorrências, procedimentos para pagamento dos seguros aos segurados, etc., estão preocupando os gestores. Com o objetivo de oferecer sempre os melhores serviços a seus segurados, a companhia está considerando a possibilidade de manutenção de plantões de atendimento, e precisa modelar o processo estocástico da demanda por esse atendimento. Dada a suposta independência dos eventos, já mencionada, um modelo apropriado para o processo é o modelo exponencial.
    7.1. Explicite o modelo para a companhia, isto é, defina a FDA da variável (aleatória) tempo entre demandas de atendimento decorrentes de roubos de veículos de segurados. Assuma que todos os roubos serão reportados pelos segurados.
    Dica: lembre que a variável deve ser contínua, explicitada em unidades de tempo

---

[17] Segundo a Secretaria de Segurança Pública do Estado do Rio Grande do Sul, 29.422 carros foram roubados ou furtados em 2009 no Estado: (Rio Grande do Sul, 2014).

(talvez horas?) distribuída exponencialmente e ter média compatível com a informação do volume de roubos registrados pela companhia.

7.2 Determine a probabilidade de haver um período de 3 horas sem que haja qualquer registro de roubo de veículos de segurados. Dica: o que se quer é $P(X > 3)$, com X representando a variável tempo entre registros.

7.3 Determine a probabilidade de que nas próximas 5 horas não seja registrado nenhum roubo, condicionado ao fato de nenhum roubo ser registrado nas próximas 2 horas.
Dica: o que se quer é $P(X > 5 | X > 2)$.

8. Realizada uma pesquisa em uma grande cidade, constatou-se que 85% da amostra nunca havia sido assaltada. Recentemente (um ano depois), a pesquisa foi replicada com os mesmos propósitos e metodologia, constatando-se que 30% da amostra havia sido assaltada no último ano, sendo que 10% destes (ou seja, 3% da amostra) havia sido assaltada pela segunda vez (uma no último ano e outra anteriormente). Tais evidências alarmaram as autoridades de segurança pública, pois lhes pareceu que a segurança estava se deteriorando.

    8.1. Com base nessas novas informações, re-estime a probabilidade de uma pessoa escolhida ao acaso da população dessa cidade não ter sido ainda assaltada.

    8.2. Um outro detalhe, entretanto, chamou a atenção dos cientistas sociais envolvidos, pois os dados parecem confirmar a ideia de que as chances de assalto são diferentes para indivíduos já assaltados e ainda não assaltados, estes se comportando mais "ingenuamente" do que aqueles. Consequentemente, imaginaram os cientistas, uma campanha de conscientização da população para os perigos da vida moderna poderá trazer benefícios.

    8.2.1. Estime a probabilidade de assalto (no próximo ano) a um indivíduo já assaltado pelo menos uma vez.

    8.2.2. Estime a probabilidade de assalto (no próximo ano) a um indivíduo nunca assaltado. Há diferenças?

    8.3. A tal campanha de conscientização imaginada pelos cientistas sociais foi efetivamente deflagrada, seguindo-se (mais um ano depois...) uma nova pesquisa, constatando-se que 29% da amostra havia sido assaltada no último ano, sendo que 8% da amostra havia sido assaltada mais de uma vez (uma no último ano e outra(s) anteriormente). As autoridades de segurança comemoraram os resultados, pois lhes pareceu que a segurança, se não melhorou muito, pelo menos deixou de se deteriorar. Com base nessas novas informações,...

    8.3.1. re-estime a probabilidade de uma pessoa escolhida ao acaso da população dessa cidade não ter sido ainda assaltada;

    8.3.2. re-estime a probabilidade de assalto (no próximo ano) a um indivíduo já assaltado pelo menos uma vez;

    8.3.3 re-estime a probabilidade de assalto (no próximo ano) a um indivíduo nunca assaltado; há diferenças?

    8.3.4 Em sua opinião, a campanha de conscientização deu resultados?

9. O movimento no aeroporto de Congonhas, em São Paulo, parece ficar mais intenso a cada dia. Uma das grandes preocupações das autoridades refere-se à segurança de pousos e decolagens das aeronaves. Suponha que a decolagem de um avião (de mesma classe que um Boeing 737, para simplificar) use a pista por 1 minuto, em média (dados fictícios, usados apenas como ilustração), e um pouso ocupe a pista por 2 minutos, em média. Em geral, pousos têm preferência sobre decolagens, por questões de segurança, embora o controle de tráfego tente realizar uma microprogramação a cada instante. Suponha que em um determinado período do dia o número de pousos (e decolagens, já que o sistema é fechado) siga uma distribuição exponencial com média de 8 pousos por hora.

9.1. Explicite o modelo para as autoridades, isto é, defina a FDA da variável (aleatória) tempo entre demandas pela pista (tanto de pousos como de decolagens). Dica: lembre que a variável deve ser contínua, explicitada em unidades de tempo (talvez minutos?) distribuída exponencialmente e ter média compatível com a informação do volume de chegadas e partidas de voos.

9.2 Determine a probabilidade de haver um período de 2 minutos sem que haja qualquer movimentação na pista (para pouso ou decolagens). Dica: o que se quer é $P(X > 2)$, com X representando a variável tempo entre demandas pela pista.

9.3 Determine a probabilidade de que nos próximos 5 minutos a pista não seja utilizada, condicionado ao fato de que não tenha sido utilizada nos próximos 3 minutos. Dica: o que se quer é $P(X > 5 | X > 3)$.

10. Muitas vezes, o trabalho de investigação requer modelos sofisticados de análise de informações. A polícia técnica do Rio Grande do Sul sabe que um grupo importante (cinco pessoas) do crime organizado de São Paulo (ligados ao PCC) está reunido em uma residência. As investigações estão em uma fase preliminar e um delegado é enviado para o local com a incumbência específica de seguir discretamente o chefe do bando, quando este deixar a reunião, para obter maiores informações a respeito de seus hábitos e contatos na capital gaúcha. Aí começam os problemas informacionais do delegado, pois nem mesmo a identidade do chefe é conhecida, apenas sabe-se que ele é o mais baixo (em estatura) do grupo. Os bandidos, inteligentes que são, procuram se proteger e combinam sua saída da reunião de forma isolada, espaçada no tempo, procurando não levantar suspeitas. Estamos preocupados com a estratégia que o delegado deve adotar para bem cumprir sua missão. Se ele seguir o "homem" errado, as informações podem atrapalhar todo o processo mais adiante.

10.1. ESTRATÉGIA DO APRESSADO – Suponha que o delegado resolva seguir a primeira pessoa que deixar a residência. Determine a probabilidade de sucesso na missão (seguir o "homem" certo).

10.2. ESTRATÉGIA DO CAUTELOSO – Suponha agora que o delegado resolva acumular alguma informação relevante, deixando a primeira pessoa sair, não a seguindo, cautelosamente esperando para seguir outra pessoa de estatura mais baixa (afinal, ele sabe que o chefe é o mais baixo do grupo). Nessa linha de raciocínio, se a segunda pessoa a sair da casa é mais alta do que a primeira, ela não deve ser seguida, pois claramente não é o chefe (ou o chefe já saiu e não foi seguido, ou o chefe ainda se encontra na casa). Mais especificamente, suponha que o delegado resolva seguir a próxima pessoa que saia da casa que tenha estatura mais baixa do que todas as que ele já deixou sair sem serem seguidas. Determine a probabilidade de seguir o "homem" certo (nesse caso, pode ser que ele não siga ninguém, devendo essa possibilidade ser entendida como não sucesso).

10.3. ESTRATÉGIA DO MAIS CAUTELOSO AINDA – Suponha que o delegado resolva deixar as duas primeiras pessoas saírem da casa, sem se mexer, isto é, não as seguindo, e resolva seguir a próxima pessoa que saia da casa (após essas duas primeiras) que tenha estatura mais baixa do que todas as que ele já deixou sair sem serem seguidas. Determine a probabilidade de seguir o "homem" certo (também, nesse caso, pode ser que ele não siga ninguém, devendo essa possibilidade ser entendida como não sucesso).

10.4. ESTRATÉGIA DO DORMINHOCO – Ampliando a mesma linha de raciocínio, suponha que o delegado resolva deixar as três primeiras pessoas saírem da casa, sem se mexer, e resolva seguir a próxima pessoa que saia da casa (após estas três primeiras) que tenha estatura mais baixa do que todas as que ele já deixou sair sem serem seguidas. Determine a probabilidade de seguir o "homem" certo (também, nesse caso, pode ser que ele não siga ninguém, devendo essa possibilidade ser entendida como não sucesso).

Dica: repare que as probabilidades se distribuem de acordo com as permutações possíveis (120) de estatura dos cinco ocupantes da residência. Uma árvore de possibilidades pode ajudar!

11. Os custos dos serviços funerários estão "pela hora da morte"! Esse é o trocadilho em tom de reclamação que Flávio, gerente de operações de uma grande funerária de Porto Alegre, recebe frequentemente de seus clientes. De fato, pondera Flávio, os custos operacionais estão cada vez maiores, mas não há como oferecer um serviço de qualidade que não contemple, por exemplo, plantões de atendimento ininterruptos, 24 por 7, no jargão operacional, significando atendimento 24 horas por dia durante todos os 7 dias da semana (afinal, para morrer, basta estar vivo), o que eleva sobremaneira os custos com pessoal, incluindo encargos sociais. Por outro lado, raciocina Flávio, "se não houver plantão 24 por 7 corre-se o risco de perdermos serviços para nossos concorrentes", o que acarretará a longo prazo perda de competitividade. No negócio funerário, a recomendação de quem já foi (bem) atendido é o principal fator a explicar a escolha do prestador de serviços, de modo que é importante manter o serviço sempre disponível. "Mas se descobríssemos alguma maneira de cortar custos", suspira Flávio. A operação da funerária, sempre reativa, por questões éticas, tem requerido pelo menos duas pessoas no atendimento. Havendo alguma solicitação por serviços, um dos atendentes é imediatamente despachado para atender o cliente, onde quer que ele esteja (no hospital, na sua residência, etc.), permanecendo o outro atendente no plantão esperando por novos chamados. A relativa ociosidade embutida no processo de atendimento deixa Flávio um pouco incomodado. Há períodos prolongados sem qualquer solicitação por serviços. Por outro lado, há dias em que o telefone não para. Flávio se dá conta que o processo é efetivamente caótico e decide solicitar ajuda de você, um especialista em processos complexos. Tendo um pouco de experiência em processos de demanda, você percebe imediatamente que o presente caso caracteriza-se por sua irregularidade, isto é, aparentemente não há padrões temporais na demanda por serviços funerários, o que é confirmado por Flávio. "A única coisa que se percebe é alguma associação da demanda com o clima: quando há uma onda de frio e umidade, a demanda aumenta [...], mas nunca coletamos dados a respeito [...] não sei se alguém os coleta." Indagado por você, Flávio confirma que sua empresa detém mais ou menos 10% do mercado de Porto Alegre. O número total de óbitos em Porto Alegre pode ser verificado na tabela e figura apresentadas a seguir.

Ano	N° de óbitos
1979	10.573
1980	10.963
1981	10.929
1982	11.342
1983	11.903
1984	11.697
1985	12.237
1986	12.785
1987	12.879
1988	13.603
1989	13.376
1990	13.606
1991	13.408

1992	13.821
1993	14.611
1994	14.810
1995	14.634
1996	15.369
1997	15.356
1998	16.176
1999	15.707
2000	15.438
2001	15.608
2002	15.814
2003	15.712
2004	15.745
2005	15.607
2006	15.749
2007	16.140

Fonte: Brasil (c2008a).

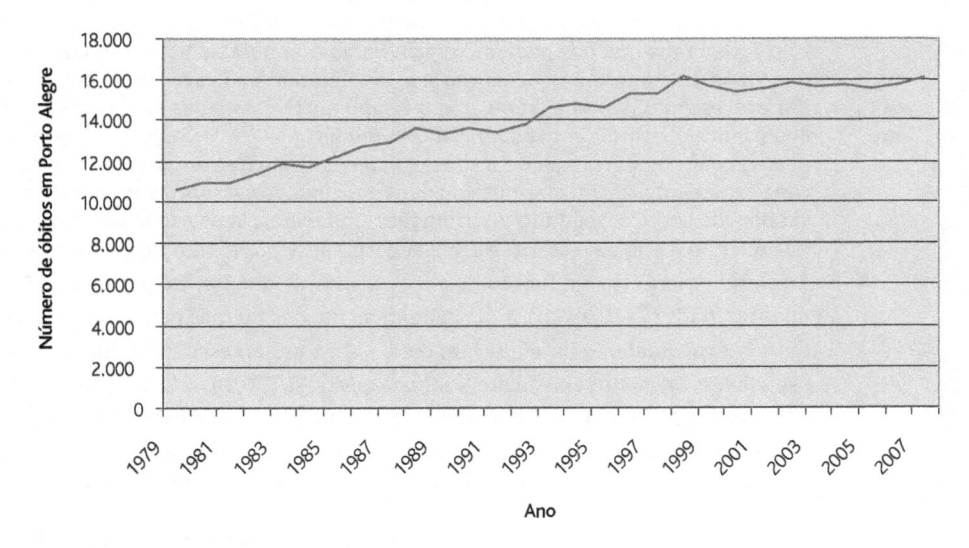

Os dados parecem sugerir uma relativa estabilidade, especialmente nos últimos anos da série, o que, combinado com a constatação da irregularidade dos óbitos, lhe sugere uma distribuição exponencial.

11.1. Estime a taxa média de serviços (número de solicitações por unidade de tempo) para a funerária de Flávio, com base nos últimos oito anos da série histórica.

11.2. Estime o tempo médio entre solicitações de serviços para a funerária de Flávio.

11.3. Explicite o modelo de solicitações de serviços, isto é, defina a FDA da variável (aleatória) tempo entre serviços funerários. Dica: lembre que a variável deve ser contínua, explicitada em unidades de tempo (talvez horas?) distribuída exponencialmente e ter média compatível com as informações já detalhadas.

11.4 Determine a probabilidade de haver um período de 4 horas sem que haja qualquer solicitação por serviços, ficando a equipe de atendimento completamente ociosa. Dica: o que se quer é $P(X > 4)$, com X representando a variável tempo entre solicitações por serviços.

11.5 Determine a probabilidade de que nas próximas 7 horas não haja qualquer solicitação por serviços, condicionado ao fato de que não tenha havido nenhuma solicitação nas primeiras 3 horas desse período. Dica: o que se quer é $P(X > 7 | X > 3)$.

11.6 Flávio está satisfeito com a modelagem, parecendo-lhe que esta lhe será útil em seu processo de planejamento das operações. "Haverá respostas a todas as minhas indagações?", ele lhe pergunta. "Sim!", você responde, temendo perder o contrato de consultoria. Digamos que um serviço tenha sido solicitado e o primeiro atendente tenha sido despachado para seu atendimento, deixando o segundo atendente sozinho no plantão. O processo de atendimento é bem mais regular, levando cerca de 3 horas, tempo usado para o deslocamento em viatura da funerária, para as definições com o cliente a respeito das alternativas de serviços existentes, preços, etc., além dos trâmites burocráticos, papéis, atestados, etc. Qual a probabilidade de que surja uma segunda solicitação por serviço antes que o segundo atendente possa estar de volta ao plantão?

11.7 Repare que no caso descrito no item anterior, Flávio não perderia o serviço solicitado, pois o segundo atendente estaria pronto para o atendimento. Mas, e se uma terceira solicitação surgisse antes de o primeiro atendente retornar? Qual a probabilidade de perda de serviço?

12. Desenvolva um modelo de simulação para a situação descrita no Exercício 15 do Capítulo 5. Suponha que o expediente diário tenha oito horas de duração em turno único, das 9h às 17h. Suponha que as chamadas telefônicas ao escritório ocorram segundo um processo de Poisson, isto é, que o tempo entre chamadas sucessivas distribua-se conforme a distribuição Exponencial com média igual a 10s. Suponha que todas as três pessoas que compartilham o escritório, A, B e C, compareçam ao escritório no início de cada expediente, às 9h, mas que saiam e retornem ao escritório, em função das necessidades de serviço, segundo distribuições Uniformes. Mais especificamente, suponha que quando A entra no escritório, ele lá permanece por t_A^d minutos, onde $t_A^d \sim U(0,120)$. Ao sair do escritório em função de necessidades de serviço, ele permanece fora por t_A^f minutos, onde $t_A^f \sim U(0,120)$, independentemente dos tempos passados antes dentro ou fora do expediente. Repare que, em média, A estará no escritório durante metade do expediente. De modo semelhante, suponha que $t_B^d \sim U(30,90)$, $t_B^f \sim U(0,30)$, $t_C^d \sim U(0,120)$ e $t_C^f \sim U(10,20)$. Repare que, em média, B e C estarão no escritório durante uma quarta parte do expediente. Se uma pessoa está fora do escritório depois do expediente, ela não precisa voltar ao escritório naquele dia, retornando somente no início do expediente do dia seguinte.

12.1. Simule 1.000 dias independentemente e armazene as estatísticas relevantes.

12.2. Estime cada uma das probabilidades solicitadas nos diversos itens do exercício. Dica: Há detalhes de como gerar variáveis aleatórias para desenvolver modelos de simulação em planilhas eletrônicas na nota de rodapé 30 do Capítulo 7.

Capítulo 6
Distribuições notáveis

Apresentamos neste capítulo algumas distribuições de probabilidades que se tornaram de alguma forma notáveis ao longo da história, emergindo da modelagem de diversas situações interessantes. Iniciamos com distribuições discretas, tratando a seguir distribuições contínuas.

DISTRIBUIÇÕES DISCRETAS

As distribuições discretas são utilizadas para modelar variáveis aleatórias discretas, que, como já salientado, podem assumir apenas um conjunto finito ou enumerável de valores. Assim, para sua completa caracterização, é suficiente definir $p_i = P(X = x_i)$, para todos os possíveis valores $x_1, x_2, \ldots$ A FDA é então dada por $F(x) = \sum_{(x_i \leq x)} p_i$.

Distribuição de Bernoulli

Esta é a distribuição da variável apresentada no Exemplo 12 do Capítulo 5. A distribuição modela a incerteza em seu estado mais elementar, em que a variabilidade do fenômeno modelado é representada por apenas dois estados (lembre que a percepção de variabilidade mais elementar possível é a dicotômica): cara ou coroa, no jogo de moedas; ponta para cima ou para baixo, no jogo de percevejos; subida ou descida, no movimento da bolsa de valores; homem ou mulher, na qualificação do sexo das pessoas; ligado ou desligado, na eletrônica, pontos fortes ou fracos, ameaças ou oportunidades na análise SWOT,[1] etc. Consideram-se, pois, apenas dois valores possíveis para a variável, codificados por 1 e 0. O estado 1 é, muitas vezes, rotulado como "sucesso" e o estado 0 como "insucesso".[2] A informação fundamental acerca da incerteza é a probabilidade de um dos estados, pois o outro lhe é complementar.

Considere-se, pois, uma variável aleatória discreta X com apenas dois valores possíveis, 1 e 0, com probabilidades de ocorrência p e $1 - p$, respectivamente, $(0 < p < 1)$. O valor de p representa o (único) parâmetro da distribuição. Usa-se a

---

[1] Análise SWOT é utilizada em processos de planejamento estratégico, consistindo em uma reflexão a respeito dos pontos fortes (*strengths*) e fracos (*weaknesses*) de uma organização – análise interna – e das oportunidades (*opportunities*) e ameaças (*threats*) identificadas no ambiente – análise externa. A técnica é atribuída ao engenheiro americano Albert Humphrey, a partir de pesquisas conduzidas no Stanford Research Institute nos anos 1960 (Humphrey, 2005).

[2] Deve ser salientado que os rótulos não apresentam julgamento de valor, são apenas convenções.

notação $X\sim\text{Bernoulli}(p)$ para representar que a variável X segue uma distribuição de Bernoulli com parâmetro p. O **Quadro 1** ilustra algumas características da distribuição de Bernoulli.

QUADRO 1   Algumas características da distribuição de Bernoulli

Parâmetro	p $(0 < p < 1)$
Notação	Bernoulli(p)
Domínio	$\{0,1\}$
Lei de distribuição	$p_0 = P(X = 0) = 1 - p$ $p_1 = P(X = 1) = p$
FDA	$F(x) = \begin{cases} 0 & \text{para } x < 0 \\ 1 - p & \text{para } 0 \leq x < 1 \\ 1 & \text{para } x \geq 1 \end{cases}$
Valor esperado	p
Variância	$p(1-p)$
Mediana	$\begin{cases} 0, \text{se } p \leq \frac{1}{2} \\ 1, \text{se } p > \frac{1}{2} \end{cases}$
Moda	$\begin{cases} 0, \text{se } p \leq \frac{1}{2} \\ 1, \text{se } p > \frac{1}{2} \end{cases}$
Coeficiente de assimetria	$\dfrac{1-2p}{\sqrt{p(1-p)}}$
Curtose	$\dfrac{1-6p+6p^2}{p(1-p)}$

Fonte: Elaborado pelo autor.

A **Figura 1** e a **Figura 2** apresentam os gráficos da lei de distribuição e da FDA da distribuição Bernoulli(0,6), respectivamente.

Note o papel do parâmetro p da distribuição. São dois os estados possíveis, 0 e 1, e p representa o viés probabilístico entre eles. Valores baixos do parâmetro ($p < \frac{1}{2}$) indicam que o estado 0 é mais provável. Valores altos do parâmetro ($p > \frac{1}{2}$) indicam que o estado 1 é mais provável (veja a moda da distribuição). O valor $p = \frac{1}{2}$ equilibra os dois estados, representando, assim, a ausência de viés, ou seja, a ausência de (ou desprezo por) qualquer informação adicional com respeito às chances de cada estado possível. Repare que a variância da distribuição, $p(1 - p)$, é máxima quando $p = \frac{1}{2}$. Na linguagem da ciência da informação, diz-se que a entropia informacional[3] é máxima quando $p = \frac{1}{2}$. Nesse caso, a distribuição é simétrica.

---

[3] Shannon (1948) criou o termo entropia informacional em seu clássico artigo, adaptando o conceito da termodinâmica. Para uma variável aleatória discreta X com possíveis valores $x_1, x_2, \ldots$ e respectivas probabilidades $p_1, p_2, \ldots$ a entropia de X é definida por $H(X) = -\sum_{i=1}^{\infty} p_i \ln(p_i)$, onde toma-se $p_i \ln(p_i) = 0$, se $p_i = 0$. Para uma variável contínua, com fdp $f(x)$, a entropia de X é definida por $H(X) = -\int_{-\infty}^{\infty} f(x) \ln(f(x))\, dx$, onde toma-se $f(x)\ln(f(x)) = 0$, se $f(x) = 0$.

FIGURA 1 Lei de distribuição Bernoulli(0,6).
Fonte: Elaborada pelo autor.

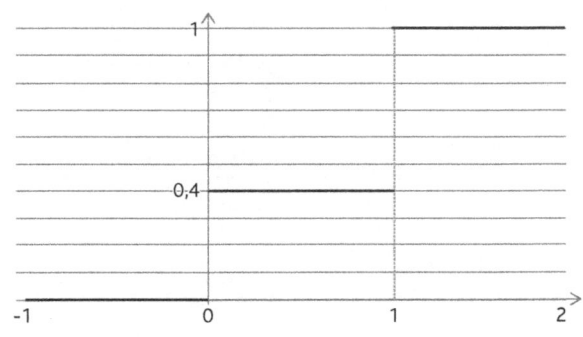

FIGURA 2 FDA da distribuição Bernoulli(0,6).
Fonte: Elaborada pelo autor.

A distribuição é muito utilizada para modelagem de sequências de ADNs (Melko; Mushegian, 2004) e de sistemas eletrônicos (Kar; Sinopoli; Moura, 2012).

A distribuição de Bernoulli pode ser considerada um caso particular da distribuição Binomial (ver a seção seguinte), com parâmetros $n = 1$ e p. Ou seja, Bernoulli(p)~Binomial($1, p$).

Distribuição Binomial

Esta é a distribuição da variável apresentada no Exemplo 1 do Capítulo 5, derivada formalmente de modo pioneiro por Bernoulli (1713). Considera-se uma sequência de n repetições independentes, sob idênticas condições, de uma situação aleatória, em cada uma das quais a probabilidade de ocorrência de um evento A seja constante e igual a p. Na linguagem do experimento de Bernoulli, a ocorrência do evento A será rotulado como sucesso, sendo codificado como o estado 1. A variável X é definida pelo número de ocorrências do evento A, ou número de sucessos, na sequência das n repetições independentes. Isto é, a variável X tão somente conta o número de ocorrências do evento A na sequência das n repetições independentes. Os valores n e p representam os parâmetros da distribuição.

O **Quadro 2** ilustra algumas características da distribuição Binomial.

QUADRO 2 Algumas características da distribuição Binomial

Parâmetros	$n = 1,2,3,...$ $p\ (0 < p < 1)$
Notação	Binomial(n, p)
Domínio	$\{0,1,2,...,n\}$
Lei de distribuição	$P(X = k) = C_n^k p^k (1-p)^{n-k}$ para $k = 0,1,...,n$.
FDA	$F(x) = \begin{cases} 0 & \text{para} \quad x < 0 \\ \sum_{k=0}^{\lfloor x \rfloor} P_n(k) & \text{para} \quad 0 \leq x < n \\ 1 & \text{para} \quad x \geq n \end{cases}$ [4]
Valor esperado	np
Variância	$np(1-p)$
Mediana	qualquer inteiro tal que $F(m-1) \leq \frac{1}{2} \leq F(m)$ $\lfloor np \rfloor \leq m \leq \lceil np \rceil$ [5]
Moda	$\begin{cases} p(n+1) - 1 \text{ e } p(n+1), \text{ se } p(n+1) \text{ é inteiro} \\ \lfloor p(n+1) \rfloor, \text{ se } p(n+1) \text{ não é inteiro} \end{cases}$
Coeficiente de assimetria	$\frac{1-2p}{\sqrt{np(1-p)}}$
Curtose	$\frac{1-6p+6p^2}{np(1-p)}$

Fonte: Elaborado pelo autor.

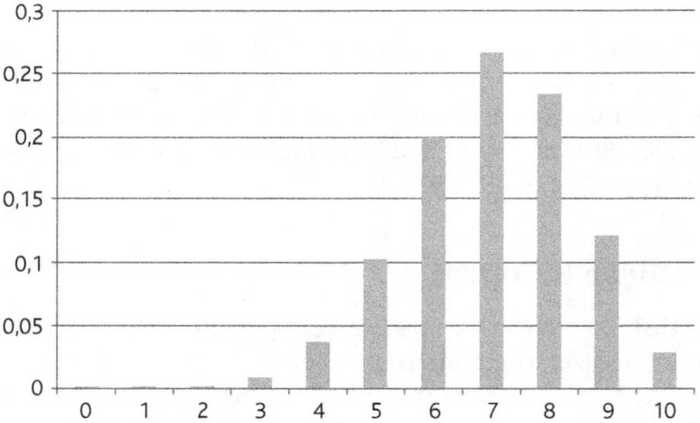

FIGURA 3 Lei de distribuição Binomial(10,0,7).
Fonte: Elaborada pelo autor.

---

[4] A função $\lfloor x \rfloor$, chamada de função piso (do inglês, *floor function*), é definida como o maior inteiro menor ou igual a x, para $x \in \mathbb{R}$.

[5] A função $\lceil x \rceil$, chamada de função teto (do inglês, *ceiling function*), é definida como o menor inteiro maior ou igual a x, para $x \in \mathbb{R}$.

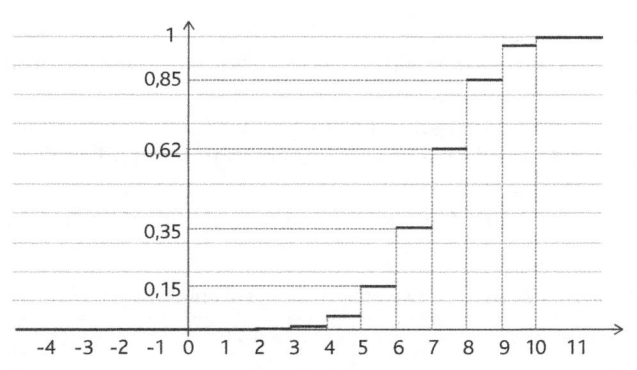

FIGURA 4 FDA da distribuição Binomial(10,0,7).
Fonte: Elaborada pelo autor.

A **Figura 3** e a **Figura 4** apresentam os gráficos da lei de distribuição e da FDA da distribuição Binomial(10,0,7), respectivamente.[6]

A distribuição Binomial pode ser interpretada como a soma de n variáveis independentes, $X_1, X_2, ..., X_n$, cada uma delas seguindo uma distribuição de Bernoulli com o mesmo parâmetro p. Ou seja, se $X = X_1 + X_2 + \cdots X_n$, onde $X_i \sim$ Bernoulli(p) ($i = 1, 2, ..., n$), todas independentes entre si, então $X \sim$ Binomial(n, p). Consequentemente, Bernoulli$(p) \sim$ Binomial$(1, p)$. A distribuição Binomial é central na modelagem de processos de contagem, muito utilizada em combinação com outras distribuições. Potthoff e Whittinghill (1966) enfatizam sua importância na análise de homogeneidades de subamostras, especialmente aplicada à biologia. Tarone (1979) aponta seu uso em teratologia. Johnson (1981) a utilizou na análise de dados colhidos por sonares para estimar o número total de determinadas formações cônicas submarinas existentes na plataforma continental sul do mar de Beaufort. Pereira, Boiça Jr. e Barbosa (2004) concluem que a distribuição Binomial é a mais adequada para representar a distribuição espacial da B. tabaci biótipo B na cultura do feijão no Brasil. A distribuição é também muito utilizada em processos de controle de qualidade (Albers, 2011; Vassilakis; Besseris, 2010; Yaccino; Maynard, 1995).

Assim como ocorre no caso da distribuição de Bernoulli, o valor de $p = \frac{1}{2}$ equilibra a distribuição. A simetria é perfeita nesse caso e a variância é máxima para um dado valor de n.

Distribuição Geométrica

Considere agora outra aleatoriedade embutida em uma sequência de repetições independentes de um experimento de Bernoulli, isto é, uma situação em que haja apenas dois estados possíveis, uma dicotomia, 1 ou 0, sucesso ou insucesso, com parâmetro p. Digamos que se repita o experimento independentemente até que o estado 1 emerja pela primeira vez, ou seja, até que o primeiro sucesso ocorra. A variável X é definida como o número de insucessos até o primeiro sucesso. Pode-se

---

[6] Os gráficos foram gerados usando a função DISTR.BINOM do Microsoft Excel©.

perceber facilmente que se o estado 1 emerge na primeira experimentação, então $X = 0$. Caso contrário, repete-se o experimento, independentemente da primeira experimentação. Se o estado 1 emerge na segunda experimentação, dado que não tenha ocorrido na primeira, então $X = 1$. E assim sucessivamente. A distribuição de probabilidades da variável X recebe o nome de distribuição Geométrica, com (único) parâmetro p.[7]

O **Quadro 3** ilustra algumas características da distribuição Geométrica.

QUADRO 3 Algumas características da distribuição Geométrica

Parâmetro	$p\ (0 < p < 1)$
Notação	Geom(p)
Domínio	$\{0,1,2, \ldots\}$
Lei de distribuição	$P(X = k) = p(1 - p)^k$, para $k = 0,1,2, \ldots$
FDA	$F(x) = \begin{cases} 0 & \text{para } x < 0 \\ 1 - (1 - p)^{\lfloor x \rfloor + 1} & \text{para } x \geq 0 \end{cases}$
Valor esperado	$\frac{1-p}{p}$
Variância	$\frac{1-p}{p^2}$
Mediana	$\begin{cases} \left\lceil -\frac{\ln 2}{\ln(1-p)} \right\rceil - 1, \text{se } -\frac{\ln 2}{\ln(1-p)} \text{ não é inteiro} \\ -\frac{\ln 2}{\ln(1-p)} \text{ ou } -\frac{\ln 2}{\ln(1-p)} - 1, \text{se } -\frac{\ln 2}{\ln(1-p)} \text{ é inteiro} \end{cases}$
Moda	0
Coeficiente de assimetria	$\frac{2-p}{\sqrt{(1-p)}}$
Curtose	$\frac{6-6p+p^2}{1-p}$

Fonte: Elaborado pelo autor.

A **Figura 5** e a **Figura 6** apresentam os gráficos da lei de distribuição e da FDA da distribuição Geom(0,6), respectivamente.

A distribuição Geométrica é útil em estudos de confiabilidade (Clemans, 1959; Singh; Sharma; Kumar, 2009). Nesse contexto, o estado codificado como 1 é modelado como um defeito de algum equipamento, e o estado 0 como um não defeito ou estado de funcionamento normal. A distribuição Geométrica determina, assim, o "tempo" de funcionamento normal até a ocorrência do primeiro defeito, mensurado discretamente, isto é, com números inteiros. A distribuição Geométrica

---

[7] Alguns autores preferem definir a distribuição Geométrica de modo levemente diferente, contando o número de repetições até que ocorra o primeiro sucesso, inclusive, em vez de contar o número de insucessos até o primeiro sucesso, excluindo, portanto, a repetição em que o sucesso ocorreu. Denotando por Y tal variável, é fácil verificar que $Y = X + 1$. Note, entretanto, que o domínio de Y é o conjunto $\{1,2,3, \ldots\}$ e várias das características listadas no **Quadro 3** serão distintas. Sua lei de distribuição, por exemplo, será $P(Y = k) = p(1 - p)^{k-1}$, para $k = 1,2,3, \ldots$ Preferimos a definição apresentada por permitir melhores generalizações.

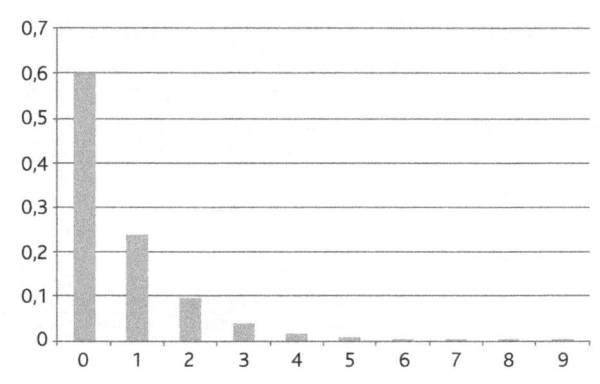

FIGURA 5 Lei de distribuição Geom(0,6).
Fonte: Elaborada pelo autor.

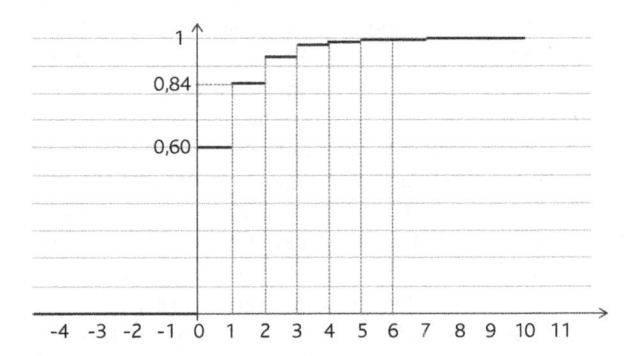

FIGURA 6 FDA da distribuição Geom(0,6).
Fonte: Elaborada pelo autor.

também tem importantes aplicações em controle de qualidade (Xie; Goh, 1997) e em dinâmica populacional (Klebaner; Sagitov, 2002).

A distribuição Geométrica apresenta a interessante propriedade de ausência de memória, no sentido de que não importa o que tenha acontecido no passado, a distribuição probabilística se regenera a cada instante. Digamos que se saiba que o estado 1 não emerge há 4 repetições do experimento, ou seja, nas últimas 4 repetições do experimento de Bernoulli, o estado 0 sempre tem emergido.[8] Qual é a probabilidade de que o estado 1 emerja somente depois de mais 3 experimentações?[9] Em outras palavras, estamos interessados no valor da probabilidade condicionada $P(X > 7 | X > 4)$. A resposta é $P(X > 7 | X > 4) = \frac{P(X>7 \text{ e } X>4)}{P(X>4)} = \frac{P(X>7)}{P(X>4))} = \frac{1-P(X\leq 6)}{1-P(X\leq 3)} = \frac{1-(1-(1-p)^{6+1})}{1-(1-(1-p)^{3+1})} = \frac{(1-p)^7}{(1-p)^4} = (1-p)^3 = P(X > 3)$. Surpreso? A informação $X > 4$ é des-

---

[8] Isso equivale a dizer que o correspondente evento elementar do experimento nas últimas 4 repetições **foi** 0000.

[9] Isso equivale a dizer que o correspondente evento elementar do experimento nas próximas 3 repetições **será** 000; o correspondente evento elementar do experimento em todas as 7 repetições **será** 0000000, mas sabemos que seus quatro primeiros elementos **são** 0000.

prezada! A resposta seria a mesma se tivéssemos a informação de que há 12 repetições do experimento o estado 1 não emerge, perguntando pela probabilidade de que o estado 1 emerja depois de mais 3 experimentações (pois $P(X > 15|X > 12) = \frac{P(X>15 \text{ e } X>12)}{P(X>12)} = \frac{P(X>15)}{P(X>12)} = \frac{1-P(X\leq 14)}{1-P(X\leq 11)} = \frac{1-(1-(1-p)^{14+1})}{1-(1-(1-p)^{11+1})} = \frac{(1-p)^{15}}{(1-p)^{12}} = (1-p)^3 = P(X > 3)$). Simplesmente o passado não conta!

A propriedade é evidenciada genericamente, pois para quaisquer inteiros n e k, com $n > k \geq 1$, tem-se

$$P(X > n|X > k) = \frac{P((X>n)(X>k))}{P(X>k)} = \frac{P(X>n)}{P(X>k)} = \frac{1-P(X\leq n-1)}{1-P(X\leq k-1)} = \frac{1-(1-(1-p)^{n-1+1})}{1-(1-(1-p)^{k-1+1})} = \frac{(1-p)^n}{(1-p)^k} = (1-p)^{n-k} = P(X > n-k).$$

Na expressão usamos o fato de que $(X > n) \subseteq (X > k)$, e então, pela Equação 19 do Capítulo 4, $(X > n)(X > k) = (X > n)$. Pode ser demonstrado que a distribuição Geométrica é a única distribuição discreta com essa propriedade. Como veremos mais adiante, a distribuição Exponencial também possui a propriedade de ausência de memória, mas esta é uma distribuição contínua.

A propriedade é fortemente baseada na suposição de independência entre as repetições do experimento de Bernoulli e na estabilidade do parâmetro p. As repetições são realizadas independentemente e sob idênticas condições, essas são as suposições fundamentais! E, de fato, se as repetições são independentes, o passado não importa. Não importa quantas caras o jogo de moedas tenha produzido até o momento, a probabilidade de cara na próxima jogada continua sendo estimada em 50%, se a moeda continua honesta, não tendo se deformado, o próximo lançamento sendo realizado da mesma forma que foram realizados os primeiros, etc.

A distribuição Geométrica pode ser considerada um caso particular da distribuição Binomial Negativa (ver a seção seguinte) com parâmetros $r = 1$ e p. Ou seja, $\text{Geom}(p) \sim \text{NegBin}(r, p)$.

Distribuição Binomial Negativa

Considere agora uma generalização da distribuição Geométrica. Digamos que se repita o experimento de Bernoulli sob idênticas condições (com parâmetro p fixo) independentemente até que o estado 1 emerja pela r-ésima vez, onde r é um número inteiro maior ou igual a 1, ou seja, até que se obtenham r sucessos. Defina-se a variável X como o número de insucessos observados. Pode-se perceber facilmente que, se $r = 1$, estamos diante da distribuição Geométrica. A distribuição de probabilidades da variável X recebe o nome de distribuição Binomial Negativa, com parâmetros r e p.[10] A distribuição também é conhecida por distribuição de Pascal (veja a **Figura 5** do Capítulo 4) ou ainda por distribuição de Pólya.

---

[10] Alguns autores preferem definir a distribuição Binomial Negativa levemente diferente, contando o número total de repetições do experimento até que o estado 1 emerja pela r-ésima vez, incluindo sucessos e insucessos. Denotando por Y tal variável, é fácil verificar que $Y = X + r$. Note, entretanto, que o domínio de Y é o conjunto $\{r, r+1, r+2, \ldots\}$ e várias das características listadas no **Quadro 4** serão distintas. Sua lei de distribuição, por exemplo, será $P(X = k) = C_{k-1}^{r-1} p^r (1-p)^{k-r}$, para $k = r, r+1, r+2, \ldots$ Preferimos a definição apresentada por permitir generalizações mais interessantes.

O **Quadro 4** ilustra algumas características da distribuição Binomial Negativa.

QUADRO 4 Algumas características da distribuição Binomial Negativa

Parâmetros	$r = 1,2,3,\ldots$ $p\ (0 < p < 1)$
Notação	$\text{NegBin}(r, p)$
Domínio	$\{0,1,2,\ldots\}$
Lei de distribuição	$P(X = k) = C_{k+r-1}^{k} p^r (1-p)^k$, para $k = 0,1,2,\ldots$
FDA	$F(x) = \begin{cases} 0 & \text{para} \quad x < 0 \\ \sum_{k=0}^{\lfloor x \rfloor} P(X=k) & \text{para} \quad 0 \leq x < n \\ 1 & \text{para} \quad x \geq n \end{cases}$
Valor esperado	$\frac{r(1-p)}{p}$
Variância	$\frac{r(1-p)}{p^2}$
Mediana	qualquer inteiro tal que $F(m-1) \leq \frac{1}{2} \leq F(m)$
Moda	$\left\lfloor \frac{(1-p)(r-1)}{p} \right\rfloor$
Coeficiente de assimetria	$\frac{2-p}{\sqrt{r(1-p)}}$
Curtose	$\frac{6-6p+p^2-3r(1-p)}{r(1-p)}$

Fonte: Elaborado pelo autor.

A **Figura 7** e a **Figura 8** apresentam os gráficos da lei de distribuição e da FDA da distribuição NegBin(3, 0, 6), respectivamente.[11]

A distribuição Binomial Negativa generaliza a distribuição Geométrica, também muito utilizada em estudos de confiabilidade. Tem mostrado boa aderência a dados de escores de jogos esportivos, como o futebol, hóquei, beisebol e futebol americano (Pollard, 1973), assim como do número de distintas fibras encontradas na musculatura humana (Downham et al., 1987). Robinson e Smyth (2008) a utilizam na análise de séries de expressões genéticas (SAGE, do inglês *serial analysis of gene expression*). Lee, Rungie e Wright (2011) enfatizam sua utilização na análise do comportamento do consumidor. Missawa e colaboradores (2011) a utilizam para ajustar dados de captura de vetores primários de malária no Brasil. Zhou, Milton e Fry (2012) mostram sua utilidade em análises de sustentabilidade ambiental.

A soma de r variáveis independentes distribuídas Geometricamente com parâmetro p segue uma distribuição Binomial Negativa com parâmetros r e p. Mais formalmente, se $X_i \sim \text{Geom}(p)$, $(i = 1,2, \ldots, r)$, todas independentes entre si, então $X = X_1 + X_2 + \cdots X_r \sim \text{NegBin}(r, p)$. Consequentemente, $\text{Geom}(p) \sim \text{NegBin}(1, p)$.

---

[11] Os gráficos foram gerados usando a função DIST.BIN.NEG do Microsoft Excel©.

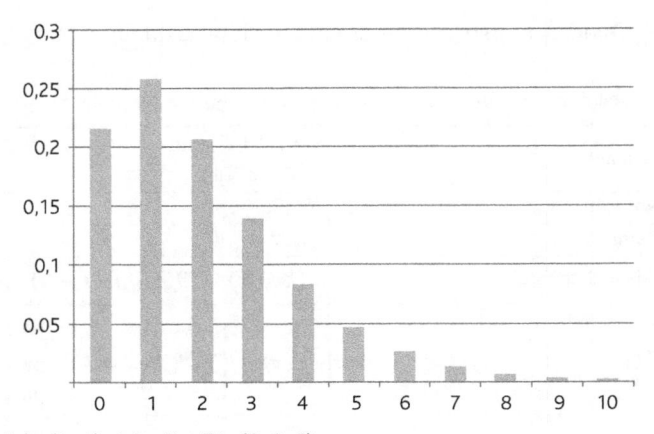

FIGURA 7 Lei de distribuição NegBin(3, 0, 6).
Fonte: Elaborada pelo autor.

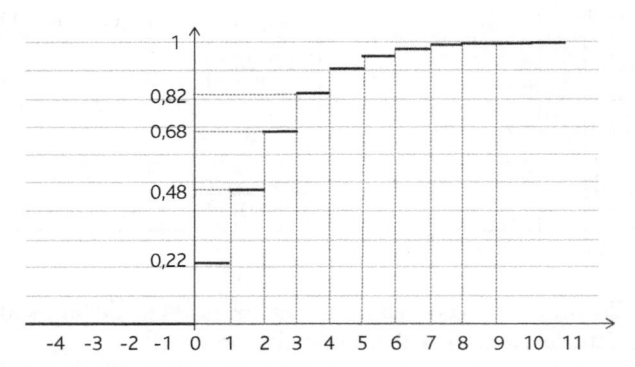

FIGURA 8 FDA da distribuição NegBin(3, 0, 6).
Fonte: Elaborada pelo autor.

Mais genericamente, se $X_1 \sim \text{NegBin}(r_1, p)$ e $X_2 \sim \text{NegBin}(r_2, p)$, então $X = X_1 + X_2 \sim \text{NegBin}(r_1 + r_2, p)$.

Distribuição de Poisson

Outra distribuição discreta de muito interesse é a distribuição de Poisson, já apresentada no Exemplo 3 do Capítulo 5. O **Quadro 5** a seguir ilustra algumas características da distribuição de Poisson.

QUADRO 5 Algumas características da distribuição de Poisson

Parâmetro	$\lambda > 0$
Notação	Poisson(λ)
Domínio	$\{0,1,2,...\}$
Lei de distribuição	$P(X = k) = \frac{\lambda^k e^{-\lambda}}{k!}$, para $k = 0,1,2,...$
FDA	$F(x) = \begin{cases} 0 & \text{para } x < 0 \\ \sum_{k=0}^{\lfloor x \rfloor} P(X = k) & \text{para } 0 \leq x < n \\ 1 & \text{para } x \geq n \end{cases}$
Valor esperado	λ
Variância	λ
Mediana	qualquer inteiro tal que $F(m-1) \leq \frac{1}{2} \leq F(m)$[12]
Moda	$\begin{cases} \lambda - 1 \text{ e } \lambda, \text{ se } \lambda \text{ é inteiro} \\ \lfloor \lambda \rfloor, \text{ se } \lambda \text{ não é inteiro} \end{cases}$
Coeficiente de assimetria	$\frac{1}{\sqrt{\lambda}}$
Curtose	$\frac{1}{\lambda}$

Fonte: Elaborado pelo autor.

A **Figura 9** e a **Figura 10** apresentam os gráficos da lei de distribuição e da FDA da distribuição Poisson(1,5), respectivamente.[13]

A distribuição de Poisson é utilizada em processos de contagem ao longo do tempo ou de qualquer outra dimensão contínua (por exemplo, uma linha, uma superfície, etc.) em que a taxa média é conhecida e as ocorrências do fenômeno de interesse ocorrem independentemente. Essas suposições são, em geral, razoáveis em processos de contagem de defeitos em processos industriais ou em processos de contagem de demandas por canais de telecomunicações, por exemplo. Mas a distribuição também encontra importantes aplicações na química (Fetsch et al., 2011), na física (Wang; Karlsson, 2007), na astronomia (Martínez, 1999), na medicina social (Davis; Dunsmuir; Streett, 2003; Mourão, 2011) e na genética (Davis; Dunsmuir; Streett, 2003; Joshi; Do; Mueller, 1999; Xu; Alain; Sankoff, 2008). Aslam, Mughal e Ahmad (2011) usam a distribuição de Poisson para determinar planos de amostragem para aceitação de grupos (GASP, do inglês, *group acceptance sampling plans*) em processos de controle de qualidade. Se $X_i \sim \text{Poisson}(\lambda_i)$, $(i = 1,2,...,n)$, todas independentes entre si, então $X = X_1 + X_2 + \cdots X_n \sim \text{Poisson}(\sum_{i=1}^{n} \lambda_i)$.

---

[12] Adell e Jodrá (2005) mostram que a mediana pertence ao intervalo aberto $\left(\lambda - \frac{2}{3} - \frac{8}{81}\left(e^{\left(1-k\ln\left(1+\frac{1}{k+1}\right)\right)} - 1\right), \lambda + \frac{1}{3}\right)$, onde k é um inteiro tal que $k \leq \lambda$.

[13] Os gráficos foram gerados usando a função DIST.POISSON do Microsoft Excel©.

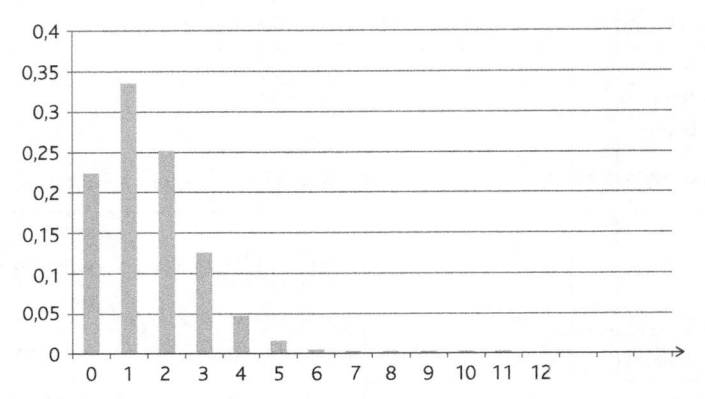

FIGURA 9 Lei de distribuição Poisson(1,5).
Fonte: Elaborada pelo autor.

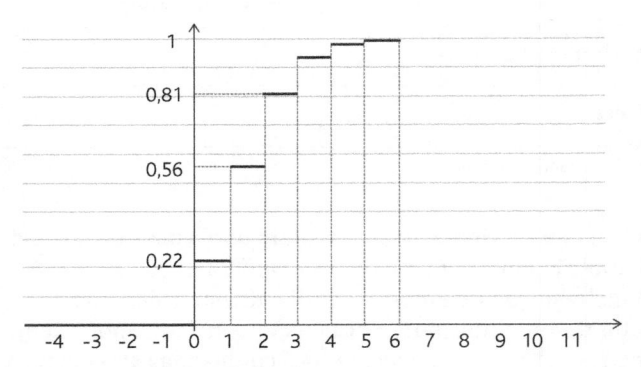

FIGURA 10 FDA da distribuição Poisson(1,5).
Fonte: Elaborada pelo autor.

Distribuição Hipergeométrica

A distribuição Hipergeométrica emerge em processos de amostragem de populações finitas onde cada indivíduo da população apresenta ou não uma determinada característica. Suponha que haja N indivíduos (ou objetos), m dos quais apresentem uma determinada característica, os demais $N - m$ não a apresentando (assume-se, evidentemente, que $m \leq N$). Suponha que se retire uma amostra de tamanho n desta população ($n \leq N$), em um processo sem reposição, isto é, onde os indivíduos são retirados aleatoriamente um a um, em sequência, um indivíduo selecionado não mais retornando ao processo de seleção. A variável X é definida pelo número de indivíduos na amostra que apresentam a característica de interesse. Obviamente, $X \geq 0$, pois X é uma variável de contagem. Mas tem-se, também (não tão obviamente), que $X \geq n - (N - m) = n + m - N$, pois se o número de indivíduos na população que não apresentam a característica de interesse, $N - m$, é muito pequeno (ou seja, o número de indivíduos na população que apresentam a característica de interesse, m, é muito grande), comparado com o tamanho da amostra, n, haverá sempre pelo menos $n - (N - m)$ indivíduos na amostra com a característica de interesse. Obviamente, X não pode ser maior do que o tamanho da amostra, n, nem maior do que o número de indivíduos na população que apresentam a característica de interesse, m. A lei de distribuição é facilmente deduzida a partir da teoria de combinações.

O **Quadro 6** ilustra algumas características da distribuição Hipergeométrica.

QUADRO 6 Algumas características da distribuição Hipergeométrica

Parâmetros	$N = 1,2,3, \ldots$ $m = 0,1,2, \ldots, N$ $n = 1,2,3, \ldots, N$
Notação	HiperGeom(N, m, n)
Domínio	$\{\max(0, n + m - N), \ldots, \min(m, n)\}$
Lei de distribuição	$P(X = k) = \dfrac{C_m^k \times C_{N-m}^{n-k}}{C_N^n}$
FDA	$F(x) = \begin{cases} 0 & \text{para } x < \max(0, n+m-N) \\ \sum_{k=\max(0,n+m-N)}^{\lfloor x \rfloor} P(X=k) & \text{para } \max(0, n+m-N) \leq x < \min(m,n) \\ 1 & \text{para } x \geq \min(m,n) \end{cases}$
Valor esperado	$n \dfrac{m}{N}$
Variância	$n \dfrac{m}{N} \dfrac{N-n}{N} \dfrac{N-m}{N-1}$
Mediana	qualquer inteiro tal que $F(m-1) \leq \dfrac{1}{2} \leq F(m)$
Moda	$\left\lfloor \dfrac{(n+1)(m+1)}{N+2} \right\rfloor$
Coeficiente de assimetria	$\dfrac{(N-2n)(N-2m)\sqrt{N-1}}{(N-2)\sqrt{nm(N-n)(N-m)}}$
Curtose	$\dfrac{(1-A_0)(1-6A_0+6A_0^2)+A_1\left(7-18A_0+12A_0^2+A_2(6-4A_0+A_3)\right)}{A_0(1-A_0+A_1)^2}$, onde $A_i = \dfrac{(n-i)(m-i)}{N-i}$

Fonte: Elaborado pelo autor.

A **Figura 11** e a **Figura 12** apresentam os gráficos da lei de distribuição e da FDA da distribuição HiperGeom(100, 20, 10), respectivamente.[14]

A distribuição Hipergeométrica é utilizada em processos de amostragem sem reposição de populações finitas. Algumas aplicações envolvem comportamento do consumidor (Murphy; Cunningham, 1979), controle de qualidade (Cressie; Seheult, 1985), bibliometria (Egghe; Rousseau, 1997), sensoriamento remoto (Epiphanio; Luiz; Formaggio, 2002), epidemiologia (Johnson et al., 2004), biologia (Tóth, 2006), genética (Plaisier et al., 2010; Rivals et al., 2007) e auditoria (Gilliland, 2011).

Tem-se que HiperGeom($N, m, 1$) ~ Bernoulli$\left(\dfrac{m}{N}\right)$.

---

[14] Os gráficos foram gerados usando a função DIST.HIPERGEOM do Microsoft Excel©.

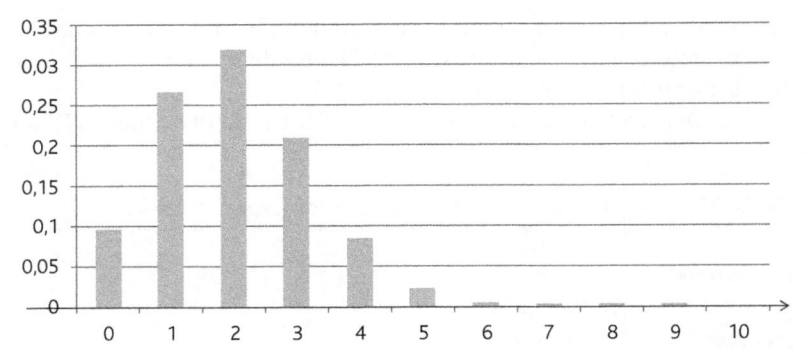

FIGURA 11 Lei de distribuição HiperGeom(100,20,10).
Fonte: Elaborada pelo autor.

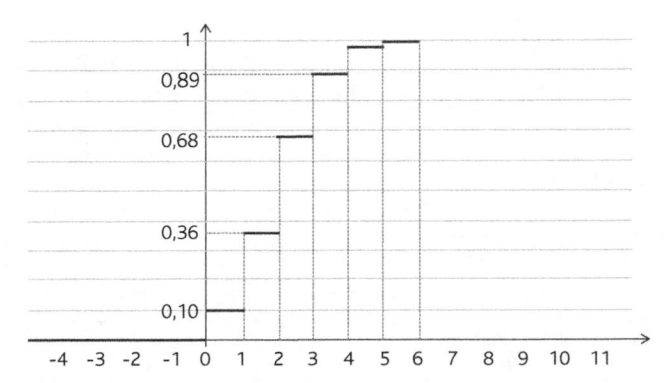

FIGURA 12 FDA da distribuição HiperGeom(100,20,10).
Fonte: Elaborada pelo autor.

Distribuição Uniforme discreta

Esta é a distribuição ilustrada no Exemplo 4 do Capítulo 5. Uma variável aleatória com domínio em um conjunto finito de valores $\{x_1, x_2,..., x_n\}$ é dita com probabilidades distribuídas uniformemente se $p_i = P(X = x_i) = \frac{1}{n}$, para $i = 1,2, ... , n$. O nome advém do fato de que a probabilidade do evento certo, ou seja, o valor 1, se distribui por todos os possíveis valores da variável de modo idêntico (ou uniforme).

O **Quadro 7** a seguir ilustra algumas características da distribuição Uniforme discreta.

A **Figura 13** e a **Figura 14** apresentam os gráficos da lei de distribuição e da FDA da distribuição UD(1, 2, 3, 4, 5, 6), respectivamente.

A distribuição Uniforme discreta é usada para modelar jogos de puro azar, com aparatos construídos buscando uma simetria perfeita, como jogos de dados (seis faces, cada uma com $\frac{1}{6}$ de probabilidade de ficar voltada para cima), roletas (38 posições, numeradas de 1 a 36, além das posições 0 e 00, cada uma com $\frac{1}{38}$ de probabilidade de ocorrer), cartas (baralho de 52 cartas, cada uma com $\frac{1}{52}$ de probabilidade de

QUADRO 7 Algumas características da distribuição Uniforme discreta

Parâmetro	$x_1 < x_2 < \cdots < x_n$
Notação	$UD(x_1, x_2, \ldots, x_n)$
Domínio	$\{x_1, x_2, \ldots, x_n\}$
Lei de distribuição	$P(X = x_i) = \dfrac{1}{n}$
FDA	$F(x) = \begin{cases} 0 & \text{para} \quad x < x_1 \\ \dfrac{k}{n} & \text{para} \quad x_k \leq x < x_{k+1} \\ 1 & \text{para} \quad x \geq x_n \end{cases}$
Valor esperado	$\dfrac{\sum_{i=1}^{n} x_i}{n}$
Variância	$\dfrac{n \sum_{i=1}^{n} x_i^2 - \left(\sum_{i=1}^{n} x_i\right)^2}{n^2}$
Mediana	$\begin{cases} x_j, \text{ onde } j = \dfrac{n+1}{2} \text{ se } n \text{ é ímpar} \\ x_j, \text{ onde } j = \dfrac{n}{2} \text{ ou } j = \dfrac{n}{2} + 1 \text{ se } n \text{ é par} \end{cases}$
Moda	Todos os valores x_i
Coeficiente de assimetria	$\dfrac{n^2 \sum_{i=1}^{n} x_i^3 - 3n \sum_{i=1}^{n} x_i^2 \sum_{i=1}^{n} x_i + 2\left(\sum_{i=1}^{n} x_i\right)^3}{\left(n \sum_{i=1}^{n} x_i^2 - \left(\sum_{i=1}^{n} x_i\right)^2\right) \sqrt{n \sum_{i=1}^{n} x_i^2 - \left(\sum_{i=1}^{n} x_i\right)^2}}$
Curtose	$\dfrac{n^3 \sum_{i=1}^{n} x_i^4 - 4n^2 \sum_{i=1}^{n} x_i^3 \sum_{i=1}^{n} x_i + 12n \sum_{i=1}^{n} x_i^2 \left(\sum_{i=1}^{n} x_i\right)^2 - 3n^2 \left(\sum_{i=1}^{n} x_i^2\right)^2 - 6\left(\sum_{i=1}^{n} x_i\right)^4}{\left(n \sum_{i=1}^{n} x_i^2 - \left(\sum_{i=1}^{n} x_i\right)^2\right)^2}$

Fonte: Elaborado pelo autor.

ser retirada ao acaso), moedas (duas faces, cada uma com $\dfrac{1}{2}$ de probabilidade de ficar voltada para cima), etc. Em outras aplicações, é uma suposição razoável quando não se tem nenhuma informação a respeito do fenômeno a não ser o conjunto de eventos elementares. No jargão da teoria da informação, é a distribuição de entropia informacional máxima. Baert e colaboradores (2012) a utilizaram para desenvolver seu modelo de avaliação de riscos de contaminação de maçãs pela micotoxina patulina.

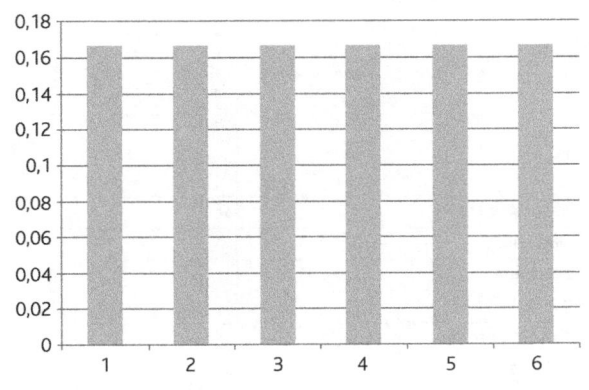

FIGURA 13 Lei de distribuição UD(1,2,3,4,5,6).
Fonte: Elaborada pelo autor.

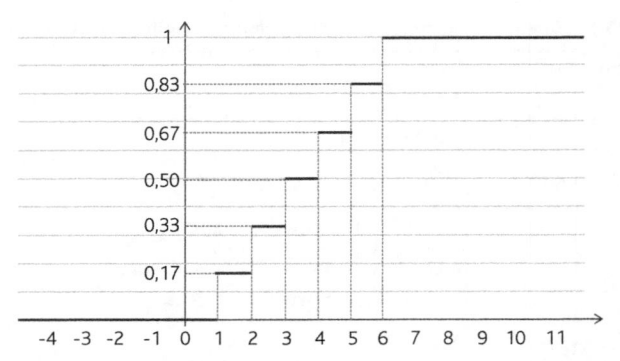

FIGURA 14 FDA da distribuição UD(1,2,3,4,5,6).
Fonte: Elaborada pelo autor.

DISTRIBUIÇÕES CONTÍNUAS

As distribuições contínuas são utilizadas para modelar variáveis aleatórias contínuas, que, como já salientado, são aquelas para as quais existe uma função real não negativa $f(x)$ satisfazendo a equação $F(x) = \int_{-\infty}^{x} f(z)dz$. Assim, para sua completa caracterização, é suficiente definir a função densidade de probabilidades $f(x)$, obtendo a FDA por integração.

Distribuição Normal

Esta é a distribuição ilustrada no Exemplo 13 do Capítulo 5. O **Quadro 8** ilustra algumas características da distribuição Normal.

QUADRO 8 Algumas características da distribuição Normal

Parâmetros	μ $\sigma > 0$
Notação	$N(\mu, \sigma)$
Domínio	$(-\infty, +\infty)$
fdp	$f(x) = \dfrac{1}{\sqrt{2\pi}\sigma} e^{-\dfrac{\left(\dfrac{x-\mu}{\sigma}\right)^2}{2}}$
FDA	$F(x) = \dfrac{1}{\sqrt{2\pi}\sigma} \int_{-\infty}^{x} e^{-\dfrac{\left(\dfrac{t-\mu}{\sigma}\right)^2}{2}} dt$
Valor esperado	μ
Variância	σ^2
Mediana	μ
Moda	μ
Coeficiente de assimetria	0
Curtose	0

Fonte: Elaborado pelo autor.

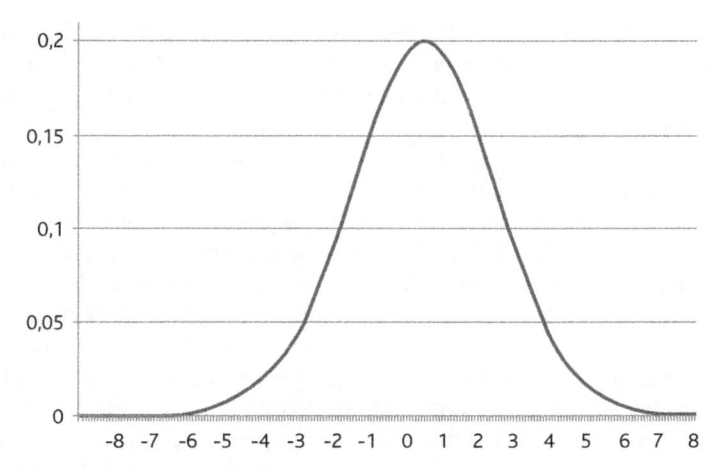

FIGURA 15 fdp da distribuição $N(0,5,2)$.
Fonte: Elaborada pelo autor.

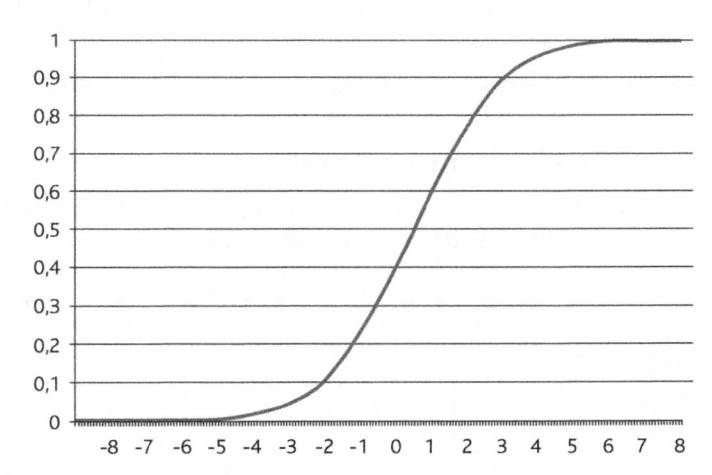

FIGURA 16 FDA da distribuição $N(0,5,2)$.
Fonte: Elaborada pelo autor.

A **Figura 15** e a **Figura 16** apresentam os gráficos da fdp e da FDA da distribuição $N(0, 5, 2)$, respectivamente.[15]

A distribuição Normal emerge em processos em que a variável de interesse possa ser caracterizada como resultante de inúmeras pequenas variações independentes, que se somam para produzir o resultado final (modelo aditivo de múltiplas causas independentes). Várias medidas naturais (antropomórficas, por exemplo) e várias medidas industriais se ajustam bem a tais pressupostos. Por exemplo, Hall e Glasbey (1993) mostram um bom ajustamento a medidas relacionadas à produção de batatas no Reino Unido e Huang e Shiau (2009) a utilizam em seu estudo de controle de qualidade. Maia, Morais e Oliveira (2001) mostram sua utilidade em análise foliar.

---

[15] Os gráficos foram gerados usando a função DIST.NORM do Microsoft Excel©.

A'Hearn, Peracchi e Vecchi (2009) evidenciam, entretanto, que a distribuição de alturas de pessoas pode ser bastante distinta da distribuição Normal quando a nutrição não é adequada ou é distribuída desigualmente, ou ainda em populações não adultas.

Se $X_i \sim N(\mu_i, \sigma_i)$, $(i = 1,2, ..., n)$, todas independentes entre si, então $X = X_1 + X_2 + \cdots X_n \sim N(\sum_{i=1}^{n} \mu_i, \sqrt{\sum_{i=1}^{n} \sigma_i^2})$. Combinações lineares de variáveis distribuídas Normalmente também se distribuem Normalmente. Mais precisamente, se $X \sim N(\mu, \sigma)$, então $Y = aX + b \sim N(a\mu + b, |a|\sigma)$, para quaisquer números reais a e b. A distribuição Normal é a distribuição contínua com domínio em $(-\infty, \infty)$ com máxima entropia, para um dado valor esperado μ e uma dada variância σ^2 (Park; Bera, 2009). A propriedade ajuda a explicar a popularidade da distribuição, pois se tudo o que se supõe (ou se sabe a respeito) de um fenômeno a ser modelado é sua média e sua variância, então o modelo Normal deve ser usado, pois o uso de qualquer outro significaria a inclusão (ainda que implícita) de alguma informação adicional. Uma informação adicional relevante seria, por exemplo, alguma assimetria esperada para o fenômeno. Nesse caso, o modelo Normal não seria o melhor a ser empregado, pois o modelo Normal é absolutamente simétrico. Para o caso particular em que os parâmetros $\mu = 0$ e $\sigma = 1$, a distribuição leva o nome de distribuição Normal padronizada, ou Normal padrão. Quando $\mu = 0$ e $\sigma = \frac{1}{h\sqrt{2}}$, para $h > 0$, sua FDA é também conhecida como função de erro com parâmetro h.

Distribuição Uniforme contínua

Esta é a distribuição ilustrada no Exemplo 6 do Capítulo 5. O **Quadro 9** ilustra algumas características da distribuição Uniforme contínua.

QUADRO 9 Algumas características da distribuição Uniforme contínua

Parâmetros	a b $(a < b)$
Notação	$U(a, b)$
Domínio	$[a, b]$
fdp	$f(x) = \begin{cases} \frac{1}{b-a} & \text{para } x \in [a,b] \\ 0 & \text{para } x \notin [a,b] \end{cases}$
FDA	$F(x) = \begin{cases} 0 & \text{para } x \leq a \\ \frac{x-a}{b-a} & \text{para } a < x \leq b \\ 1 & \text{para } x > b \end{cases}$
Valor esperado	$\frac{a+b}{2}$
Variância	$\frac{(b-a)^2}{12}$
Mediana	$\frac{a+b}{2}$
Moda	Qualquer valor em seu domínio
Coeficiente de assimetria	0
Curtose	$-1,2$

Fonte: Elaborado pelo autor.

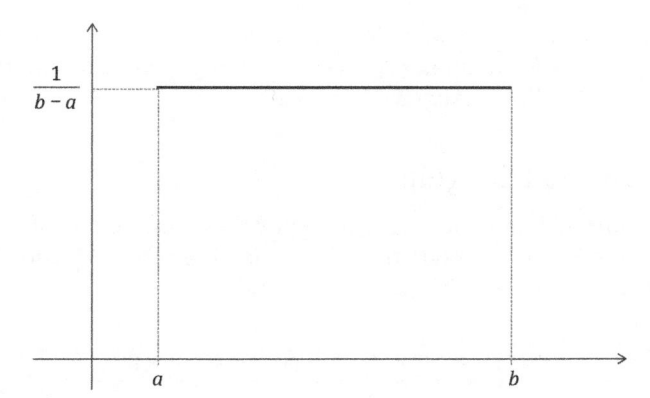

FIGURA 17 fdp da distribuição $U(a,b)$.
Fonte: Elaborada pelo autor.

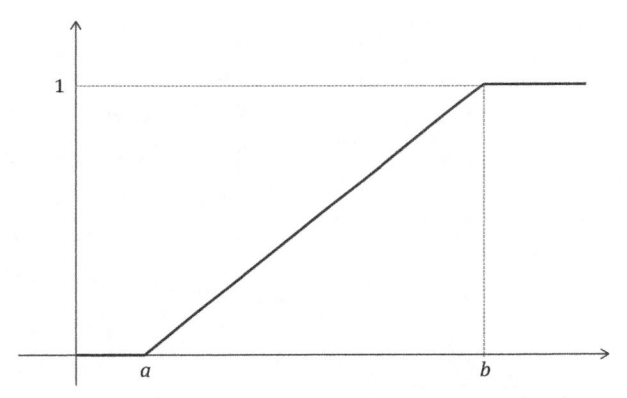

FIGURA 18 FDA da distribuição $U(a,b)$.
Fonte: Elaborada pelo autor.

A **Figura 17** e a **Figura 18** apresentam os gráficos da fdp e da FDA da distribuição $U(a, b)$, respectivamente.

A distribuição Uniforme é muito utilizada quando se conhece (ou se supõe) pouco a respeito do fenômeno modelado, a não ser seu intervalo de variação. É a distribuição contínua com entropia máxima com domínio no intervalo $[a, b]$ (Park; Bera, 2009). Mantovani e colaboradores (2010) a utilizam em seu modelo de simulação de rendimento de culturas de feijão irrigado no Brasil, e Baert e colaboradores (2012) a utilizaram para desenvolver seu modelo de avaliação de riscos de contaminação de maçãs pela micotoxina patulina.

Para o caso particular em que os parâmetros $a = 0$ e $b = 1$, a distribuição leva o nome de distribuição Uniforme padronizada ou Uniforme padrão. Dada sua perfeita simetria, se $X \sim U(0, 1)$, então $Y = 1 - X \sim U(0, 1)$. Uma propriedade interessante da distribuição Uniforme padrão é estabelecida no teorema da transformada inversa. Se X é uma variável contínua com FDA $F(x)$, então a variável $Y = F(X) \sim U(0, 1)$. A soma de duas variáveis independentes e identicamente distribuídas segundo uma distribuição Uniforme contínua com parâmetros a e b segue uma distribuição Triangular simétrica com parâmetros $2a$, $a + b$ e $2b$ (ver a seção seguinte). Mais formalmente, se $X_1 \sim U(a, b)$ e $X_2 \sim U(a, b)$, independentes entre si, então $Y = X_1 + X_2 \sim \text{Triang}(2a, 2b, a + b)$.

Distribuição Triangular

A distribuição Triangular é definida por três parâmetros, seu limite inferior, seu limite superior e sua moda ou valor mais provável. O **Quadro 10** ilustra algumas características da distribuição Triangular.

QUADRO 10 Algumas características da distribuição triangular

Parâmetros	a b $(a < b)$ c $(a \leq c \leq b)$
Notação	$\text{Triang}(a, b, c)$
Domínio	$[a, b]$
fdp	$f(x) = \begin{cases} 0 & \text{para } x < a \\ \frac{2(x-a)}{(b-a)(c-a)} & \text{para } a \leq x < c \quad (\text{se } c \neq a) \\ \frac{2(b-x)}{(b-a)(b-c)} & \text{para } c \leq x < b \quad (\text{se } c \neq b) \\ 1 & \text{para } x \geq b \end{cases}$
FDA	$F(x) = \begin{cases} 0 & \text{para } x < a \\ \frac{(x-a)^2}{(b-a)(c-a)} & \text{para } a \leq x < c \quad (\text{se } c \neq a) \\ 1 - \frac{(b-x)^2}{(b-a)(b-c)} & \text{para } c \leq x < b \quad (\text{se } c \neq b) \\ 1 & \text{para } x \geq b \end{cases}$
Valor esperado	$\frac{a+b+c}{3}$
Variância	$\frac{a^2+b^2+c^2-ab-ac-bc}{18}$
Mediana	$b - \sqrt{\frac{(b-a)(b-c)}{2}}$, se $c \leq \frac{a+b}{2}$ $a + \sqrt{\frac{(b-a)(c-a)}{2}}$, se $c \geq \frac{a+b}{2}$
Moda	c
Coeficiente de assimetria	$\frac{(a+b-2c)(2a-b-c)(a-2b+c)\sqrt{2}}{5(a^2+b^2+c^2-ab-ac-bc)\sqrt{a^2+b^2+c^2-ab-ac-bc}}$
Curtose	$-0,6$

Fonte: Elaborado pelo autor.

A **Figura 19** e a **Figura 20** apresentam os gráficos da fdp e da FDA da distribuição $\text{Triang}(a, b, c)$, respectivamente.

A distribuição Triangular é muito utilizada quando se conhece (ou se supõe) um pouco mais a respeito do fenômeno modelado em relação às suposições da distribuição Uniforme (mas não muito mais). Além de seu intervalo de variação,

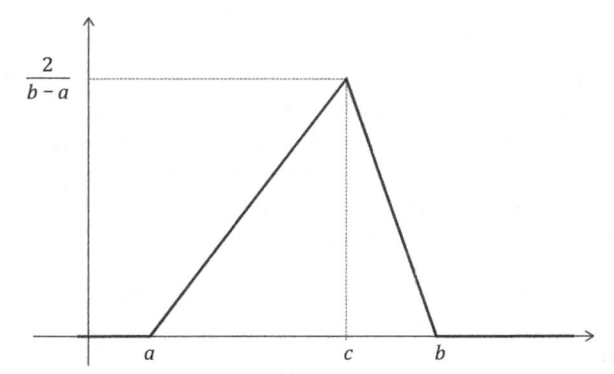

FIGURA 19 fdp da distribuição Triang(a, b, c).
Fonte: Elaborada pelo autor.

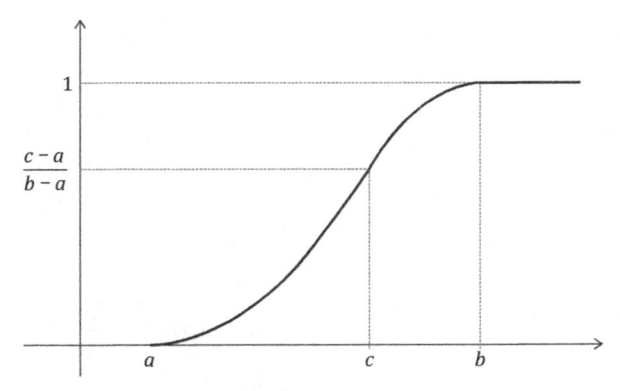

FIGURA 20 FDA da distribuição Triang(a, b, c).
Fonte: Elaborada pelo autor.

representado pelos parâmetros a e b, supõe-se que um determinado valor tem mais probabilidade de ocorrer do que os outros. Tal valor é representado pelo parâmetro c. Nesse caso, a distribuição Uniforme não é um bom modelo de representação, e uma distribuição Triangular seria mais apropriada. A distribuição enseja uma descrição flexível e subjetiva do fenômeno de interesse, muito utilizada em análise de decisões e em simulação de estratégias. A disciplina de gestão de projetos também utiliza a distribuição generalizadamente, tomando estimativas probabilistas para tempos de execução de tarefas em redes PERT (Johnson, 1997). Falck-Zepeda, Traxler e Nelson (2000) a utilizam na análise econômica de inovações biotecnológicas. Assis e colaboradores (2006) a utilizam em seu modelo de simulação da produtividade potencial da cultura de milho na região de Piracicaba. Cox (2012) analisa seu uso no processo de análise hierárquica (AHP, do inglês *Analytic Hierarchy Process*).

Note que quando o parâmetro $c = \frac{a+b}{2}$ a distribuição é perfeitamente simétrica. Se $X_1 \sim U(a, b)$ e $X_2 \sim U(a, b)$, independentes entre si, então $Y = X_1 + X_2 \sim$ Triang$(2a, 2b, a + b)$.

Distribuição Beta

Uma generalização da distribuição Uniforme padrão muito utilizada para modelar incertezas a respeito de probabilidades, frações ou prevalências (todas são quantidades entre 0 e 1) é a distribuição Beta. A distribuição tem sido utilizada, dentre outras aplicações, em hidrologia (Silva et al., 2010), em controle de qualidade (Sant'Anna; Caten, 2010) e em biologia (Rezakhaniha et al., 2012). O **Quadro 11** ilustra algumas características da distribuição Beta.

QUADRO 11 Algumas características da distribuição Beta

Parâmetros	$\alpha > 0$ $\beta > 0$
Notação	Beta(α, β)
Domínio	$(0,1)$
fdp	$f(x) = \begin{cases} \frac{x^{\alpha-1}(1-x)^{\beta-1}}{B(\alpha,\beta)} & \text{para } x \in [0,1]^{16} \\ 0 & \text{para } x \notin [0,1] \end{cases}$
FDA	$F(x) = \begin{cases} 0 & \text{para } x \leq 0 \\ I_x(\alpha, \beta) & \text{para } 0 < x \leq 1^{17} \\ 1 & \text{para } x > 1 \end{cases}$
Valor esperado	$\frac{\alpha}{\alpha+\beta}$
Variância	$\frac{\alpha\beta}{(\alpha+\beta)^2(\alpha+\beta+1)}$
Mediana	x tal que $I_x(\alpha, \beta) = \frac{1}{2}$
Moda	$\frac{\alpha-1}{\alpha+\beta-2}$, se $\alpha > 1$ e $\beta > 1$ 0 se $\alpha \leq 1$ e $\beta > \alpha$ 1 se $\beta \leq 1$ e $\alpha > \beta$ 0 ou 1 se $\alpha = \beta < 1$ Qualquer valor em seu domínio, se $\alpha = \beta = 1$
Coeficiente de assimetria	$\frac{2(\beta-\alpha)\sqrt{\alpha+\beta+1}}{(\alpha+\beta+2)\sqrt{\alpha\beta}}$
Curtose	$\frac{6(\alpha^3+\alpha^2-2\alpha^2\beta-4\alpha\beta-2\alpha\beta^2+\beta^2+\beta^3)}{\alpha\beta(\alpha+\beta+2)(\alpha+\beta+3)}$

Fonte: Elaborado pelo autor.

---

[16] $B(x, y)$ é a função Beta, definida por $B(x, y) = \int_0^1 t^{x-1}(1-t)^{y-1}dt$, para quaisquer $x > 0$ e $y > 0$. A função Beta se relaciona com a função gama, tendo-se que $B(x, y) = \frac{\Gamma(x)\Gamma(y)}{\Gamma(x+y)}$.

[17] $I_x(a, b)$, para $a > 0$, $b > 0$ e $0 \leq x \leq 1$, é a função Beta incompleta regularizada, definida por $I_x(a, b) = \frac{B(x;a,b)}{B(a,b)}$, onde $B(x; a, b)$ é a função Beta incompleta, definida por $B(x; a, b) = \int_0^x t^{a-1}(1-t)^{b-1}dt$. Repare que para quaisquer $a > 0$ e $b > 0$, $B(0; a, b) = 0$ e $B(1; a, b) = B(a, b)$, de modo que $I_0(a, b) = 0$ e $I_1(a, b) = 1$.

A **Figura 21** apresenta os gráficos das fdp de algumas distribuições Beta. A **Figura 22** apresenta o gráfico da FDA da distribuição Beta(7, 3).[18]

Quando os parâmetros $\alpha = \beta = 1$, a distribuição Beta se reduz à distribuição Uniforme, isto é, Beta(1, 1)$\sim U(0, 1)$, sendo por isso considerada sua generalização. Para outros valores de seus parâmetros, sua fdp pode tomar diversas formas, bastante distintas entre si, como se pode perceber na **Figura 21**. Para $\alpha = 1$, sua fdp é decrescente se $\beta > 1$ (crescente se $\beta < 1$), sendo linear se $\beta = 2$ (isto é, Beta(1,2) = Triang(0,1,0)). Com $\alpha = 1$ e $\beta > 1$, sua fdp é côncava se $\beta > 2$ (convexa se $\beta < 2$). Com $\alpha = 1$ e $\beta < 1$, sua fdp é convexa. Para $\beta = 1$, sua fdp é decrescente se $\alpha < 1$ (crescente se $\alpha > 1$), sendo linear se $\alpha = 2$ (isto é, Beta(2, 1) = Triang(0, 1, 1)). Com $\beta = 1$ e $\alpha > 1$, sua fdp é convexa se $\alpha > 2$ (côncava se $\alpha < 2$). Com $\beta = 1$ e $\alpha < 1$, sua fdp é convexa. Para parâmetros $\alpha < 1$ e $\beta < 1$, a fdp toma a forma (convexa) de

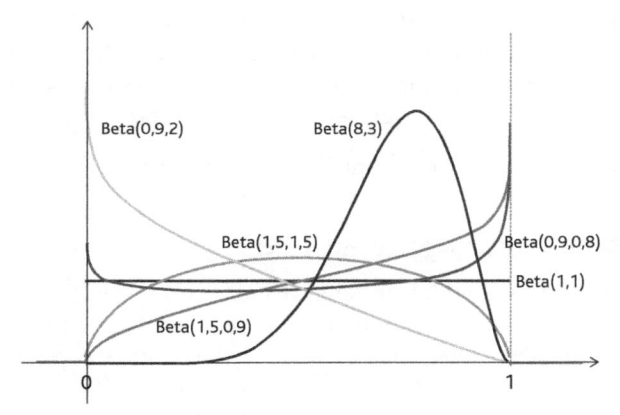

FIGURA 21   fdp de algumas distribuições Beta.
Fonte: Elaborada pelo autor.

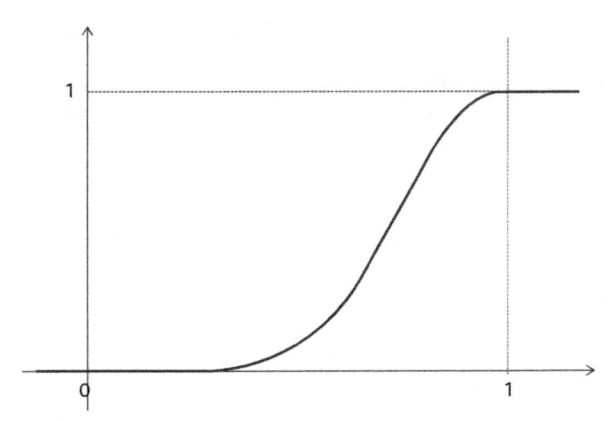

FIGURA 22   FDA da distribuição Beta(7,3).
Fonte: Elaborada pelo autor.

---

[18] Os gráficos foram gerados usando a função DIST.BETA do Microsoft Excel©.

U, com duas modas, portanto, nas extremidades de seu domínio, embora uma delas seja a moda absoluta. Para parâmetros $\alpha > 1$ e $\beta > 1$, a distribuição Beta apresenta moda única estritamente entre 0 e 1. Quando $\alpha = \beta$, a distribuição é simétrica.

Dada a simetria embutida na definição de sua fdp, tem-se que se $X \sim \text{Beta}(\alpha, \beta)$, então $Y = 1 - X \sim \text{Beta}(\beta, \alpha)$. Se $X \sim \text{Beta}(\alpha, 1)$, então $Y = X^\alpha \sim \text{Beta}(1, 1)$. A distribuição Beta se relaciona com várias outras distribuições, como com a distribuição Exponencial (apresentada mais adiante) e com a distribuição Gama (também apresentada mais adiante). De fato, se $X \sim \text{Beta}(\alpha, 1)$, então $Y = -\ln X \sim \text{Expon}(\alpha)$. Também temos que se $X \sim U(0, 1)$, então $Y = X^2 \sim \text{Beta}\left(\frac{1}{2}, 1\right)$. Quando os parâmetros $\alpha = \beta = \frac{1}{2}$, a distribuição é, às vezes, conhecida como distribuição arco-seno padrão.

Em geral, não existe forma fechada para a mediana da distribuição Beta, havendo necessidade de resolver numericamente sua equação definidora. Dada a complementaridade embutida nas funções Beta e Beta incompleta (a partir da complementaridade entre t e $1 - t$), pode-se concluir, entretanto, que mediana $(\text{Beta}(m, n)) = 1 - \text{mediana}(\text{Beta}(n, m))$, para m e n inteiros. Para parâmetros inteiros, sendo um deles igual a um, a mediana pode ser facilmente encontrada, e mediana$(\text{Beta}(n, 1)) = \left(\frac{1}{2}\right)^{\frac{1}{n}}$ e mediana$(\text{Beta}(1, n)) = 1 - \left(\frac{1}{2}\right)^{\frac{1}{n}}$, para n inteiro.

Distribuição Beta generalizada

A distribuição Beta pode ser generalizada para ter domínio em qualquer intervalo aberto (a, b), a partir de uma mudança de escala e uma translação. Mais formalmente, se $X \sim \text{Beta}(\alpha, \beta)$, então, dados dois números reais quaisquer, a e b, com $a < b$, a variável $Y = a + (b - a) X \sim \text{BetaGen}(\alpha, \beta, a, b)$.

A distribuição Beta generalizada é muito utilizada em gestão de projetos para modelar tempos de execução de tarefas em redes PERT (Johnson, 1997), embora os processos de estimativas descritos geralmente nos livros de gestão de projetos deixem muito a desejar. A distribuição é também muito utilizada em estudos sobre fecundidade (Crouchley; Dassios, 1998), em economia e econometria (Bosch--Domènech et al., 2010).

O **Quadro 12** a seguir ilustra algumas características da distribuição Beta generalizada.

QUADRO 12 Algumas características da distribuição Beta generalizada

Parâmetros	$\alpha > 0$ $\beta > 0$ a $b \ (a < b)$.
Notação	$\text{BetaGen}(\alpha, \beta, a, b)$
Domínio	(a, b)
fdp	$f(x) = \begin{cases} \frac{(x-a)^{\alpha-1}(b-x)^{\beta-1}}{B(\alpha,\beta)(b-a)^{\alpha+\beta-1}} & \text{para} \quad x \in [a,b] \\ 0 & \text{para} \quad x \notin [a,b] \end{cases}$
FDA	$F(x) = \begin{cases} 0 & \text{para} \quad x \leq a \\ I_{\frac{x-a}{b-a}}(\alpha, \beta) & \text{para} \quad a < x \leq b \\ 1 & \text{para} \quad x > b \end{cases}$
Valor esperado	$\frac{\alpha b + \beta a}{\alpha + \beta}$
Variância	$\frac{\alpha\beta(b-a)^2}{(\alpha+\beta)^2(\alpha+\beta+1)}$
Mediana	x tal que $I_{\frac{x-a}{b-a}}(\alpha, \beta) = \frac{1}{2}$
Moda	$\frac{(\alpha-1)b+(\beta-1)a}{\alpha+\beta-2}$, se $\alpha > 1$ e $\beta > 1$ a se $\alpha \leq 1$ e $\beta > \alpha$ b se $\beta \leq 1$ e $\alpha > \beta$ a ou b se $\alpha = \beta < 1$ Qualquer valor em seu domínio, se $\alpha = \beta = 1$
Coeficiente de assimetria	$\frac{2(\beta-\alpha)\sqrt{\alpha+\beta+1}}{(\alpha+\beta+2)\sqrt{\alpha\beta}}$
Curtose	$\frac{6(\alpha^3+\alpha^2-2\alpha^2\beta-4\alpha\beta-2\alpha\beta^2+\beta^2+\beta^3)}{\alpha\beta(\alpha+\beta+2)(\alpha+\beta+3)}$

Fonte: Elaborado pelo autor.

Distribuição Exponencial

A distribuição Exponencial emerge em processos de contagem ao longo do tempo (ou de qualquer outra dimensão contínua) em que os eventos de interesse são independentes entre si e ocorrem a uma taxa constante ao longo do tempo. Tais processos são conhecidos por processos de Poisson. A distribuição Exponencial representa o tempo entre dois eventos consecutivos, sendo definida por um único parâmetro, a taxa de ocorrência do evento de interesse.[19] O **Quadro 13** ilustra algumas características da distribuição Exponencial.

QUADRO 13 Algumas características da distribuição Exponencial

Parâmetro	$\lambda > 0$
Notação	Expon(λ)
Domínio	$[0, \infty)$
fdp	$f(x) = \begin{cases} 0 & \text{para } x < 0 \\ \lambda e^{-\lambda x} & \text{para } x \geq 0 \end{cases}$
FDA	$F(x) = \begin{cases} 0 & \text{para } x < 0 \\ 1 - e^{-\lambda x} & \text{para } x \geq 0 \end{cases}$
Valor esperado	$\frac{1}{\lambda}$
Variância	$\frac{1}{\lambda^2}$
Mediana	$\frac{\ln 2}{\lambda}$
Moda	0
Coeficiente de assimetria	2
Curtose	6

Fonte: Elaborado pelo autor.

As **Figuras 23** e **24** apresentam os gráficos da fdp e da FDA da distribuição Expon(0, 6), respectivamente.[20]

A propriedade marcante da distribuição Exponencial é sua ausência de memória, como acontece com a distribuição Geométrica. Por isso, a distribuição Exponencial é muitas vezes apresentada como a contraparte equivalente contínua da distribuição Geométrica (esta sendo a contraparte discreta daquela, evidentemente). Pode ser demonstrado que a distribuição Exponencial é a única distribuição contínua com essa propriedade. A propriedade se evidencia facilmente, pois para quaisquer dois números positivos, s e t, tem-se:

$$P(X > t + s | X > s) = \frac{P((X>t+s)(X>s))}{P(X>s)} = \frac{P(X>t+s)}{P(X>s)} = \frac{1-P(X\leq t+s)}{1-P(X\leq s)} = \frac{1-(1-e^{-\lambda(t+s)})}{1-(1-e^{-\lambda s})} = \frac{e^{-\lambda(t+s)}}{e^{-\lambda s}} = e^{-\lambda t} = P(X > t).$$

Na expressão usamos o fato de que $(X > t + s) \subseteq (X > s)$, pois $t > 0$, e então, pela Equação 19 do Capítulo 4, $(X > t + s)(X > s) = (X > t + s)$.

---

[19] Alguns autores preferem apresentar a distribuição exponencial parametrizando-a a partir do seu valor esperado, $\frac{1}{\lambda}$, que representa, assim, o tempo médio entre eventos. As definições são equivalentes, tomando-se $\mu = \frac{1}{\lambda}$ como parâmetro. Sua fdp seria, então, $f(x) = \frac{1}{\mu} e^{-\frac{x}{\mu}}$, para $x \geq 0$. Seu valor esperado seria expresso por μ, sua variância por μ^2, sua mediana por $\mu \ln 2$, etc. Evite apenas a confusão notacional, pois a fdp da **Figura 23** seria apresentada como Expon$\left(\frac{5}{3}\right)$.

[20] Os gráficos foram gerados usando a função DISTR.EXPON do Microsoft Excel©.

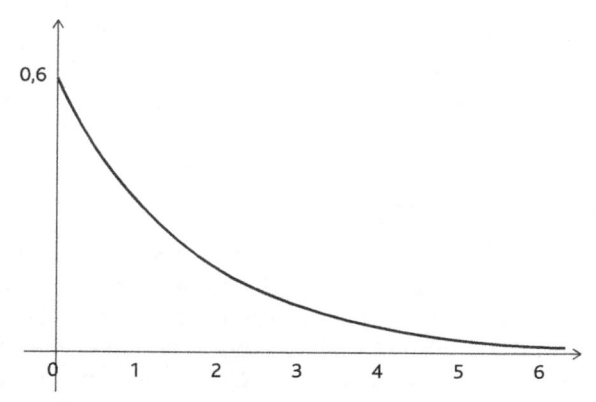

FIGURA 23 fdp da distribuição Expon(0,6).
Fonte: Elaborada pelo autor.

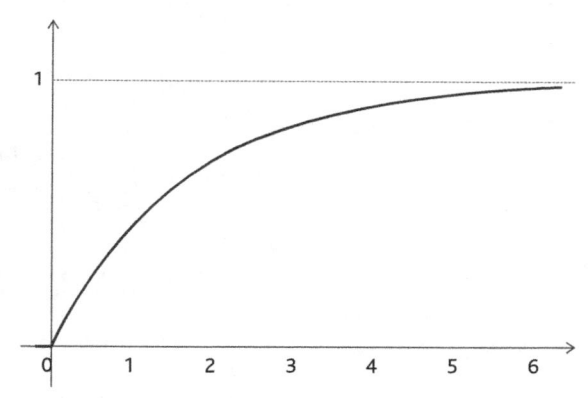

FIGURA 24 FDA da distribuição Expon(0,6).
Fonte: Elaborada pelo autor.

Uma forma equivalente de perceber a propriedade de ausência de memória é caracterizada pela função de risco, definida pela Equação 23 do Capítulo 5. Tem-se que $h(t) = \frac{f(t)}{1-F(t)} = \frac{\lambda e^{-\lambda t}}{e^{-\lambda t}} = \lambda$. Ou seja, a função de risco é constante (e igual ao inverso do valor esperado), independe da idade, pois não há memória no processo. É como se o processo de sobrevida se renovasse a cada instante.

A distribuição Exponencial é a distribuição contínua com domínio em $[0,\infty)$ com máxima entropia, para um dado valor esperado μ (Park; Bera, 2009). É utilizada largamente em estudos de confiabilidade (Tong, Chen; Chen, 2002), em teoria das filas (Kovalenkoa; Kuznetsov, 2011), em sistemas de computação e comunicações (Baquero et al., 2012), em hidrologia (Verhagen, 2003), em física de partículas (Sinkevich et al., 2012), em geologia (Howarth, 2011) e em biologia (Kendal, 2003).

Se $X \sim \text{Expon}(\lambda)$, então $Y = kX \sim \text{Expon}(\frac{\lambda}{k})$, para qualquer $k > 0$. Se $X_1 \sim \text{Expon}(\lambda_1)$ e $X_2 \sim \text{Expon}(\lambda_2)$, independentes entre si, então $Y = \min(X_1, X_2) \sim \text{Expon}(\lambda_1 + \lambda_2)$. Se $X \sim U(0,1)$, então $Y = -\frac{\ln X}{\lambda} \sim \text{Expon}(\lambda)$, para qualquer $\lambda > 0$. Se

$X\sim\text{Beta}(\alpha, 1)$, então $Y = -\ln X \sim \text{Expon}(\alpha)$. A distribuição Exponencial pode ser considerada um caso particular das distribuições de Erlang (ver a seção seguinte), de Weibull (apresentada mais adiante) e Gama (também apresentada mais adiante).

Distribuição de Erlang

A distribuição de Erlang emerge nos fenômenos relacionados a redes de telecomunicações e foi desenvolvida pioneiramente pelo matemático dinamarquês Agner Krarup Erlang (1878-1929) (ver a **Figura 3** do Capítulo 4). Trata-se, tão somente, da distribuição da soma de k variáveis independentes e identicamente distribuídas exponencialmente com parâmetro λ. O **Quadro 14** a seguir ilustra algumas características da distribuição de Erlang.

QUADRO 14 Algumas características da distribuição de Erlang

Parâmetros	$k = 1, 2, 3, \ldots$ $\lambda > 0$
Notação	$\text{Erlang}(k, \lambda)$
Domínio	$[0, \infty)$
fdp	$f(x) = \begin{cases} 0 & \text{para } x < 0 \\ \frac{\lambda(\lambda x)^{k-1}e^{-\lambda x}}{(k-1)!} & \text{para } x \geq 0 \end{cases}$
FDA	$F(x) = \begin{cases} 0 & \text{para } x < 0 \\ 1 - e^{-\lambda x}\sum_{j=0}^{k-1}\frac{(\lambda x)^j}{j!} & \text{para } x \geq 0 \end{cases}$
Valor esperado	$\frac{k}{\lambda}$
Variância	$\frac{k}{\lambda^2}$
Mediana	x tal que $e^{-\lambda x}\sum_{j=0}^{k-1}\frac{(\lambda x)^j}{j!} = \frac{1}{2}$
Moda	$\frac{k-1}{\lambda}$
Coeficiente de assimetria	$\frac{2}{\sqrt{k}}$
Curtose	$\frac{6}{k}$

Fonte: Elaborado pelo autor.

A **Figura 25** apresenta os gráficos das fdp de algumas distribuições de Erlang. A **Figura 26** apresenta o gráfico da FDA da distribuição Erlang(4, 0, 5).

A distribuição de Erlang encontra importantes aplicações no campo das telecomunicações (Jaussi et al., 1996) e na epidemiologia (Meima et al., 2002), assim como em modelos de filas (Moustafa, 1996) e programação da produção (Li; Braun; Zhao, 1998). Cho e Rust (2010) a utilizam em seu modelo de análise do mercado de aluguel de carros nos Estados Unidos. Willmot e Lin (2011) a utilizam em análise de riscos.

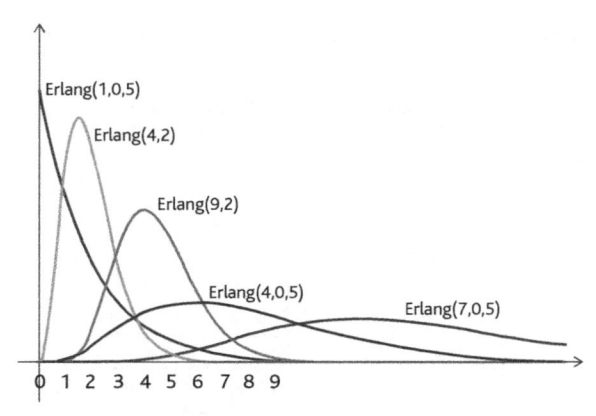

FIGURA 25 fdp de algumas distribuições de Erlang.
Fonte: Elaborada pelo autor.

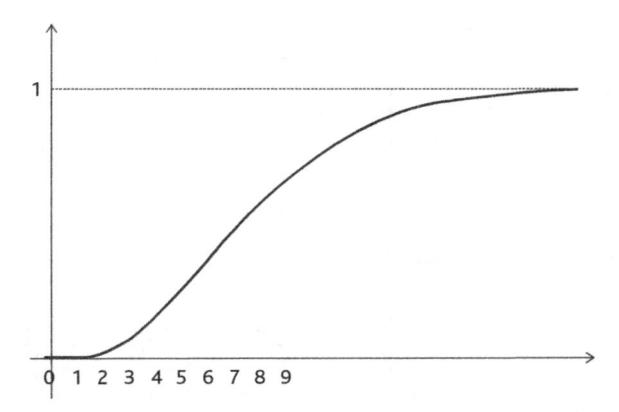

FIGURA 26 FDA da distribuição Erlang(4,0,5).
Fonte: Elaborada pelo autor.

Se $X_i \sim \text{Expon}(\lambda)$, $(i = 1, 2, \ldots, k)$, todas independentes entre si, então $Y = X_1 + X_2 + \cdots + X_k \sim \text{Erlang}(k, \lambda)$. Assim, $\text{Expon}(\lambda) \sim \text{Erlang}(1, \lambda)$. Se $X \sim \text{Erlang}(k, \lambda)$, então $Y = mX \sim \text{Erlang}(k, \frac{\lambda}{m})$, para qualquer $m > 0$. Se $X_1 \sim \text{Erlang}(k_1, \lambda)$ e $X_2 \sim \text{Erlang}(k_2, \lambda)$ são independentes, então $Y = X_1 + X_2 \sim \text{Erlang}(k_1 + k_2, \lambda)$. A distribuição de Erlang pode ser considerada um caso particular da distribuição Gama (apresentada mais adiante).

Distribuição de Weibull

A distribuição de Weibull foi desenvolvida pelo engenheiro sueco Ernst Hjalmar Waloddi Weibull em 1951, no contexto de ajustamento de distribuições teóricas a dados empiricamente coletados (Weibull, 1951).

Ernst Hjalmar Waloddi Weibull (1887-1979)

O **Quadro 15** ilustra algumas características da distribuição de Weibull.

QUADRO 15 Algumas características da distribuição de Weibull

Parâmetros	$\alpha > 0$ $\beta > 0$
Notação	Weibull(α, β)
Domínio	$[0, \infty)$
fdp	$f(x) = \begin{cases} 0 & \text{para } x < 0 \\ \dfrac{\alpha x^{\alpha-1} e^{-\left(\frac{x}{\beta}\right)^\alpha}}{\beta^\alpha} & \text{para } x \geq 0 \end{cases}$
FDA	$F(x) = \begin{cases} 0 & \text{para } x < 0 \\ 1 - e^{-\left(\frac{x}{\beta}\right)^\alpha} & \text{para } x \geq 0 \end{cases}$
Valor esperado	$\beta \Gamma\left(1 + \dfrac{1}{\alpha}\right)$
Variância	$\beta^2 \left(\Gamma\left(1 + \dfrac{2}{\alpha}\right) - \Gamma^2\left(1 + \dfrac{1}{\alpha}\right)\right)$
Mediana	$\beta (\ln 2)^{\frac{1}{\alpha}}$
Moda	$\beta \left(1 - \dfrac{1}{\alpha}\right)^{\frac{1}{\alpha}}$
Coeficiente de assimetria	$\dfrac{2\Gamma^3\left(1+\frac{1}{\alpha}\right) - 3\Gamma\left(1+\frac{1}{\alpha}\right)\Gamma\left(1+\frac{2}{\alpha}\right) + \Gamma\left(1+\frac{3}{\alpha}\right)}{\left(\Gamma\left(1+\frac{2}{\alpha}\right) - \Gamma^2\left(1+\frac{1}{\alpha}\right)\right)\sqrt{\Gamma\left(1+\frac{2}{\alpha}\right) - \Gamma^2\left(1+\frac{1}{\alpha}\right)}}$
Curtose	$\dfrac{-6\Gamma^4\left(1+\frac{1}{\alpha}\right) + 12\Gamma^2\left(1+\frac{1}{\alpha}\right)\Gamma\left(1+\frac{2}{\alpha}\right) - 3\Gamma^2\left(1+\frac{2}{\alpha}\right) - 4\Gamma\left(1+\frac{1}{\alpha}\right)\Gamma\left(1+\frac{3}{\alpha}\right) + \Gamma\left(1+\frac{4}{\alpha}\right)}{\left(\Gamma\left(1+\frac{2}{\alpha}\right) - \Gamma^2\left(1+\frac{1}{\alpha}\right)\right)^2}$

Fonte: Elaborado pelo autor.

A **Figura 27** apresenta os gráficos das fdp de algumas distribuições de Weibull. A **Figura 28** apresenta o gráfico da FDA da distribuição Weibull(1, 7, 3).[21]

A distribuição de Weibull encontra importantes aplicações em estudos de confiabilidade (Guo; Liao, 2012), em engenharia de produção (Ahmad; Kamaruddin, 2012; Moura; Rocha; Droguett, 2007), em gestão de estoques (Bisi; Dada; Tokdar, 2011), em telecomunicações (Sayama; Sekine, 2001), seguridade (Goyal; Datta; Vijay, 2012), hidrologia (Gubareva, 2011), meteorologia (Gualtieri; Secci; 2012), geofísica (Hasumi; Akimoto; Aizawa, 2009), etc. Guimarães (2002) a utiliza para modelar a confiabilidade de eletrodomésticos produzidos no Brasil, analisando os riscos do oferecimento de garantia estendida. Maniatis (2010) mostra que a distribuição se ajusta bem aos dados relativos à duração de períodos de recessão nos Estados Unidos. Quiñones (2010) a utiliza para modelar a duração de períodos de desemprego na Colômbia. Oczkowski (2010) a utiliza em seu estudo do mercado de vinhos australianos.

---

[21] Os gráficos foram gerados usando a função DIST.WEIBULL do Microsoft Excel©.

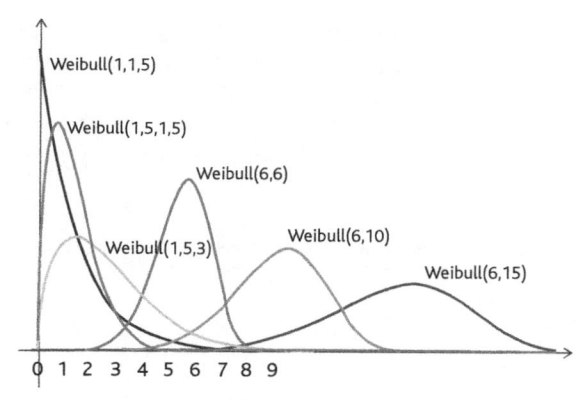

FIGURA 27 fdp de algumas distribuições de Weibull.
Fonte: Elaborada pelo autor.

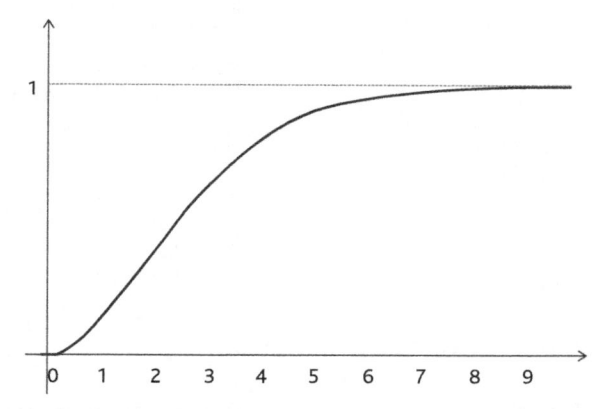

FIGURA 28 FDA da distribuição Weibull(1,7,3).
Fonte: Elaborada pelo autor.

Se $X\sim U(0, 1)$, então $Y = \beta(-\ln X)^{\frac{1}{\alpha}}\sim\text{Weibull}(\alpha,\beta)$, para quaisquer $\alpha > 0$ e $\beta > 0$. Para o caso particular do parâmetro $\alpha = 1$, a distribuição de Weibull se reduz à distribuição Exponencial, isto é, mais precisamente, $\text{Weibull}(1,\beta)\sim\text{Expon}(\frac{1}{\beta})$. A distribuição Exponencial pode ser considerada, assim, um caso particular da distribuição de Weibull, isto é, $\text{Expon}(\lambda)\sim\text{Weibull}(1,\frac{1}{\lambda})$. Mais ainda, se $X\sim\text{Expon}(1)$, então $Y = \beta X^{\frac{1}{\alpha}}\sim\text{Weibull}(\alpha,\beta)$, para quaisquer $\alpha > 0$ e $\beta > 0$. Para o caso particular do parâmetro $\alpha = 2$, a distribuição de Weibull é chamada de distribuição de Rayleigh (apresentada mais adiante), isto é, mais precisamente, $\text{Weibull}(2,\beta)\sim\text{Rayleigh}(\frac{\beta}{\sqrt{2}})$.

Distribuição Gama

A distribuição Gama generaliza a distribuição de Erlang, relacionando-se com várias outras distribuições notáveis, como as distribuições Beta e Exponencial. Tem sido útil em biologia (Hooper et al., 2010), hidrologia (Silva et al., 2007), em comércio eletrônico (Kim; Kwon; Chang, 2011) e em gestão de estoques (Kundu; Chakrabarti, 2012). Allenby e Leone (1999) evidenciam seu uso na modelagem do comportamento do consumidor. Guo, Fan e Guo (2011) mostram que a distribuição se ajusta bem a dados relativos ao declínio de interesse em alguma atividade evidenciado pelo ser humano. O **Quadro 16** ilustra algumas características da distribuição Gama.

QUADRO 16   Algumas características da distribuição Gama

Parâmetros	$\alpha > 0$ $\beta > 0$
Notação	Gama(α, β)
Domínio	$[0, \infty)$
fdp	$f(x) = \begin{cases} 0 & \text{para } x < 0 \\ \dfrac{x^{\alpha-1} e^{-\frac{x}{\beta}}}{\Gamma(\alpha)\beta^\alpha} & \text{para } x \geq 0 \end{cases}$ [22]
FDA	$F(x) = \begin{cases} 0 & \text{para } x < 0 \\ \dfrac{\gamma\left(\alpha, \frac{x}{\beta}\right)}{\Gamma(\alpha)} & \text{para } x \geq 0 \end{cases}$ [23]
Valor esperado	$\alpha\beta$
Variância	$\alpha\beta^2$
Mediana	x tal que $\gamma\left(\alpha, \dfrac{x}{\beta}\right) = \dfrac{\Gamma(\alpha)}{2}$
Moda	$(\alpha - 1)\beta$ se $\alpha > 1$ 0 se $\alpha \leq 1$
Coeficiente de assimetria	$\dfrac{2}{\sqrt{\alpha}}$
Curtose	$\dfrac{6}{\alpha}$

Fonte: Elaborado pelo autor.

A **Figura 29** apresenta os gráficos das fdp de algumas distribuições Gama. A **Figura 30** apresenta o gráfico da FDA da distribuição Gama(3, 2).[24]

A distribuição Gama generaliza a distribuição de Erlang (e, portanto, a distribuição Exponencial, pois esta é um caso particular da distribuição de Erlang), pois Gama$(k, \beta) \sim$ Erlang$\left(k, \dfrac{1}{\beta}\right)$ para $k > 0$ inteiro (e, portanto, Gama$(1, \beta) \sim$ Expon$\left(\dfrac{1}{\beta}\right)$).

Se $X_i \sim$ Gama(α_i, β), $(i = 1, 2, \ldots, n)$, todas independentes entre si, então $Y = X_1 + X_2$

---

[22] Alguns autores preferem apresentar a distribuição Gama de modo levemente distinto, com um parâmetro λ (a taxa média de contagem de eventos no tempo) em vez do parâmetro β (a média de tempo entre eventos). A fdp seria então $f(x) = \dfrac{\lambda^\alpha x^{\alpha-1} e^{-\lambda x}}{\Gamma(\alpha)}$. As duas formas são absolutamente equivalentes, considerando-se $\beta = \dfrac{1}{\lambda}$.

[23] $\gamma(x, y)$ para $x > 0$ e $y > 0$ é a função gama incompleta inferior, definida por $\gamma(x, y) = \int_0^y t^{x-1} e^{-t} dt$. Repare que $\lim\limits_{y \uparrow \infty} \gamma(x, y) = \Gamma(x)$.

[24] Os gráficos foram gerados usando a função DIST.GAMA do Microsoft Excel©.

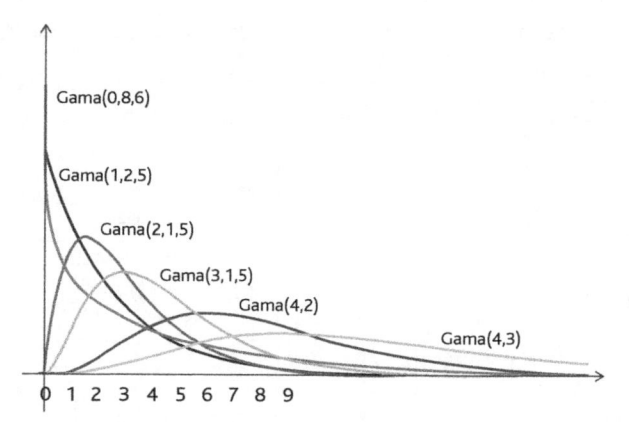

FIGURA 29 fdp de algumas distribuições Gama.
Fonte: Elaborada pelo autor.

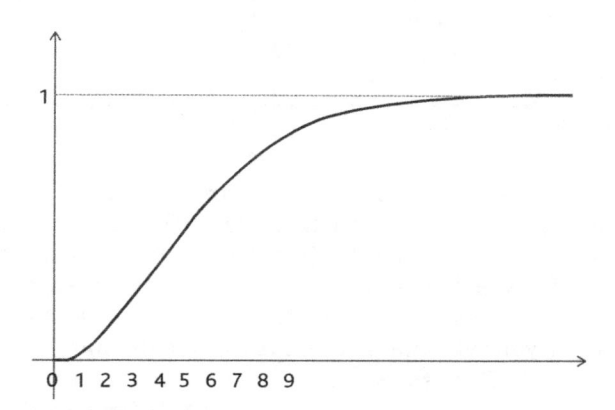

FIGURA 30 FDA da distribuição Gama(3,2).
Fonte: Elaborada pelo autor.

$+ \cdots + X_n \sim \text{Gama}(\sum_{i=1}^{n} \alpha_i, \beta)$. Se $X \sim \text{Gama}(\alpha, \beta)$, então $Y = mX \sim \text{Gama}(\alpha, m\beta)$, para qualquer $m > 0$. Se $X_1 \sim \text{Gama}(\alpha_1, \beta)$ e $X_2 \sim \text{Gama}(\alpha_2, \beta)$ são independentes, então $Y = \frac{X_1}{X_1 + X_2} \sim \text{Beta}(\alpha_1, \alpha_2)$.

Distribuição Qui-quadrado

A distribuição Qui-quadrado é um caso particular relevante da distribuição Gama, quando seus parâmetros são iguais a $\frac{v}{2}$ e 2. Mais formalmente, $\chi^2(v) \sim \text{Gama}\left(\frac{v}{2}, 2\right)$.

O **Quadro 17** a seguir ilustra algumas características da distribuição Qui-quadrado.

A **Figura 31** apresenta os gráficos das fdp de algumas distribuições Qui-quadrado. A **Figura 32** apresenta o gráfico da FDA da distribuição $\chi^2(8)$.[25]

---

[25] Os gráficos foram gerados usando a função DIST.QUIQUA do Microsoft Excel©.

QUADRO 17 Algumas características da distribuição Qui-quadrado

Parâmetro	$v > 0$
Notação	$\chi^2(v)$
Domínio	$[0,\infty)$
fdp	$f(x) = \begin{cases} 0 & \text{para } x < 0 \\ \dfrac{x^{\frac{v}{2}-1}e^{-\frac{x}{2}}}{\Gamma\left(\frac{v}{2}\right)2^{\frac{v}{2}}} & \text{para } x \geq 0 \end{cases}$
FDA	$F(x) = \begin{cases} 0 & \text{para } x < 0 \\ \dfrac{\gamma\left(\frac{v}{2},\frac{x}{2}\right)}{\Gamma\left(\frac{v}{2}\right)} & \text{para } x \geq 0 \end{cases}$
Valor esperado	v
Variância	$2v$
Mediana	x tal que $\gamma\left(\frac{v}{2},\frac{x}{2}\right) = \dfrac{\Gamma\left(\frac{v}{2}\right)}{2}$
Moda	$\max(0, v-2)$
Coeficiente de assimetria	$\sqrt{\dfrac{8}{v}}$
Curtose	$\dfrac{12}{v}$

Fonte: Elaborado pelo autor.

A distribuição Qui-quadrado é uma das mais importantes distribuições teóricas usadas em estatística inferencial, dada sua relação com a distribuição Normal. Se $Z_i \sim N(0,1)$, $(i = 1,2, \ldots, n)$, todas independentes entre si, então $Y = Z_1^2 + Z_2^2 + \cdots + Z_n^2 \sim \chi^2(n)$. Ou seja, a distribuição Qui-quadrado com parâmetro inteiro n é a distribuição correspondente à soma dos quadrados de n variáveis independentes Normalmente distribuídas com média 0 e variância 1. Por esse motivo, o parâmetro da distribuição Qui-quadrado é chamado de seus graus de liberdade (pois há n parcelas independentes, ou "livres", na soma de quadrados). A relação se generaliza facilmente, tendo-se que se $X_i \sim \chi^2(v_i)$, $(i = 1,2, \ldots, n)$, todas independentes entre si, então $Y = X_1 + X_2 + \cdots + X_n \sim \chi^2(\sum_{i=1}^{n} v_i)$.

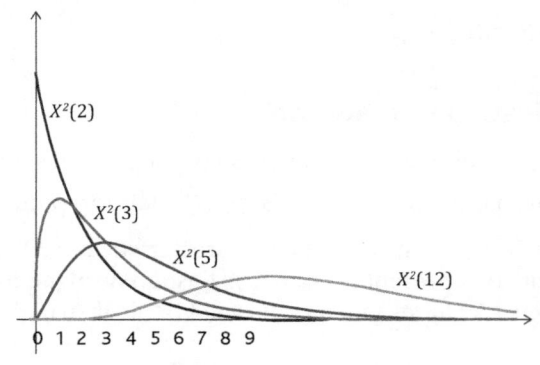

FIGURA 31 fdp de algumas distribuições Qui-quadrado.
Fonte: Elaborada pelo autor.

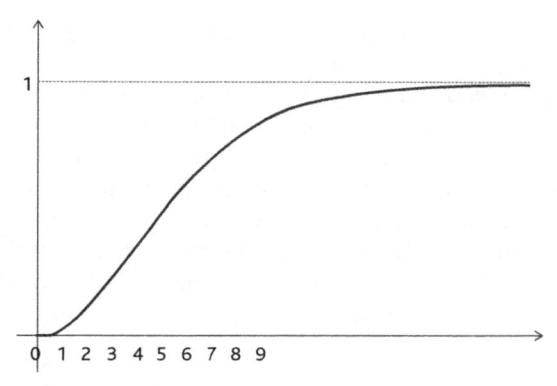

FIGURA 32 FDA da distribuição $\chi^2(8)$.
Fonte: Elaborada pelo autor.

Distribuição Qui

A distribuição Qui é definida como a distribuição da raiz quadrada positiva de uma variável com distribuição Qui-quadrado. O **Quadro 18** ilustra algumas características da distribuição Qui.

QUADRO 18 Algumas características da distribuição Qui

Parâmetro	$\nu > 0$
Notação	$\chi(\nu)$
Domínio	$[0, \infty)$
fdp	$f(x) = \begin{cases} 0 & \text{para } x < 0 \\ \dfrac{x^{\nu-1} e^{-\frac{x^2}{2}}}{\Gamma\left(\frac{\nu}{2}\right) 2^{\frac{\nu}{2}-1}} & \text{para } x \geq 0 \end{cases}$
FDA	$F(x) = \begin{cases} 0 & \text{para } x < 0 \\ \dfrac{\gamma\left(\frac{\nu}{2}, \frac{x^2}{2}\right)}{\Gamma\left(\frac{\nu}{2}\right)} & \text{para } x \geq 0 \end{cases}$
Valor esperado	$\dfrac{\sqrt[2]{2}\,\Gamma\left(\frac{\nu+1}{2}\right)}{\Gamma\left(\frac{\nu}{2}\right)}$
Variância	$\dfrac{\nu \Gamma^2\left(\frac{\nu}{2}\right) - 2\Gamma^2\left(\frac{\nu+1}{2}\right)}{\Gamma^2\left(\frac{\nu}{2}\right)}$
Mediana	x tal que $\gamma\left(\frac{\nu}{2}, \frac{x^2}{2}\right) = \dfrac{\Gamma\left(\frac{\nu}{2}\right)}{2}$
Moda	$\max(0, \sqrt{\nu - 1})$
Coeficiente de assimetria	$\dfrac{\Gamma\left(\frac{\nu+1}{2}\right)\left((1-2\nu)\Gamma^2\left(\frac{\nu}{2}\right) + \Gamma^2\left(\frac{\nu+1}{2}\right)\right)\sqrt{2}}{\left(\nu\Gamma^2\left(\frac{\nu}{2}\right) - 2\Gamma^2\left(\frac{\nu+1}{2}\right)\right)\sqrt{\nu\Gamma^2\left(\frac{\nu}{2}\right) - 2\Gamma^2\left(\frac{\nu+1}{2}\right)}}$
Curtose	$\dfrac{2\nu(1-\nu)\Gamma^4\left(\frac{\nu}{2}\right) + 8(2\nu-1)\Gamma^2\left(\frac{\nu+1}{2}\right)\Gamma^2\left(\frac{\nu}{2}\right) - 24\Gamma^4\left(\frac{\nu+1}{2}\right)}{\left(\nu\Gamma^2\left(\frac{\nu}{2}\right) - 2\Gamma^2\left(\frac{\nu+1}{2}\right)\right)^2}$

Fonte: Elaborado pelo autor.

A **Figura 33** apresenta os gráficos das fdp de algumas distribuições Qui. A **Figura 34** apresenta o gráfico da FDA da distribuição $\chi(2)$.

A distribuição Qui é utilizada em sistemas de radares e detecção de sinais em ruídos. Depreende-se da definição da distribuição Qui que se $X \sim \chi(\nu)$, então $Y = X^2 \sim X\chi^2(\nu)$. Da mesma forma, se $X \sim \chi^2(\nu)$, então $Y = \sqrt{X} \sim \chi(\nu)$. Para o caso do parâmetro $\nu = 2$, a distribuição é conhecida como distribuição de Rayleigh (apresentada mais adiante). Mais precisamente, $\chi(2) \sim \text{Rayleigh}(1)$. Para o caso do parâmetro $\nu = 3$, a distribuição é conhecida como distribuição de Maxwell (apresentada mais adiante). Mais precisamente, $\chi(3) \sim \text{Maxwell}(1)$. A distribuição $\chi(1)$ é conhecida por distribuição Metadenormal, pois é a distribuição da variável $Y = |X|$, se $X \sim N(0, 1)$.

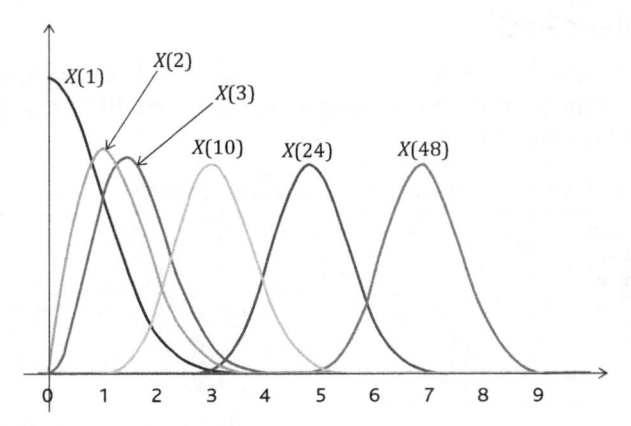

FIGURA 33 fdp de algumas distribuições Qui.
Fonte: Elaborada pelo autor.

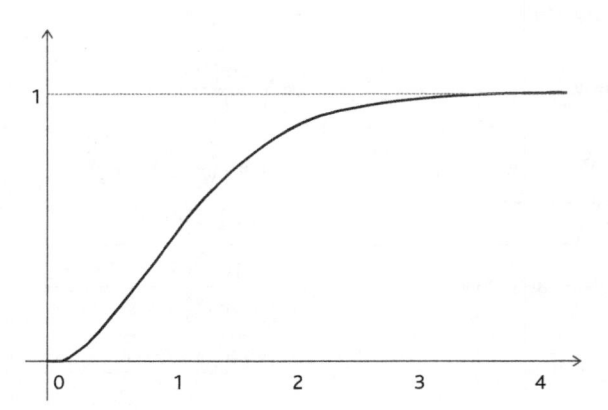

FIGURA 34 FDA da distribuição $\chi(2)$.
Fonte: Elaborada pelo autor.

Distribuição F

A distribuição F emerge em problemas de estatística inferencial envolvendo a análise de variância, desenvolvida e popularizada pelo matemático britânico Ronald Aylmer Fisher em seu clássico livro (Fisher, 1925).

O teste estatístico correspondente foi aperfeiçoado e chamado de teste F pelo matemático americano George Waddel Snedecor, em homenagem a Fisher, e a distribuição passa à história como distribuição F de Fisher-Snedecor.

O **Quadro 19** ilustra algumas características da distribuição F.

Ronald Aylmer Fisher
(1890-1962)

George Waddel Snedecor
(1881-1974)

QUADRO 19 Algumas características da distribuição F

Parâmetros	$d_1 > 0$ $d_2 > 0$
Notação	$F(d_1, d_2)$
Domínio	$[0, \infty)$
fdp	$f(x) = \begin{cases} 0 & \text{para } x < 0 \\ \dfrac{\left(\frac{d_1}{d_2}\right)^{\frac{d_1}{2}} x^{\left(\frac{d_1}{2}-1\right)} \left(1+\frac{d_1}{d_2}x\right)^{\left(-\frac{d_1+d_2}{2}\right)}}{B\left(\frac{d_1}{2}, \frac{d_2}{2}\right)} & \text{para } x \geq 0 \end{cases}$
FDA	$F(x) = \begin{cases} 0 & \text{para } x < 0 \\ I_{\frac{d_1 x}{d_1 x + d_2}}\left(\frac{d_1}{2}, \frac{d_2}{2}\right) & \text{para } x \geq 0 \end{cases}$
Valor esperado	$\dfrac{d_2}{d_2-2}$ se $d_2 > 2$
Variância	$\dfrac{2d_2^2(d_1+d_2-2)}{d_1(d_2-2)^2(d_2-4)}$ se $d_2 > 4$
Mediana	x tal que $B\left(\dfrac{d_1 x}{d_1 x + d_2}; \dfrac{d_1}{2}, \dfrac{d_2}{2}\right) = \dfrac{B\left(\frac{d_1}{2}, \frac{d_2}{2}\right)}{2}$
Moda	$\dfrac{(d_1-2)d_2}{d_1(d_2+2)}$
Coeficiente de assimetria	$\dfrac{2(2d_1+d_2-2)\sqrt{2(d_2-4)}}{(d_2-6)\sqrt{d_1(d_1+d_2-2)}}$ se $d_2 > 6$
Curtose	$\dfrac{12[d_1(d_1+d_2-2)(5d_2-22)+(d_2-4)(d_2-2)^2]}{d_1(d_1+d_2-2)(d_2-6)(d_2-8)}$ se $d_2 > 8$

Fonte: Elaborado pelo autor.

A **Figura 35** apresenta os gráficos das fdp de algumas distribuições F. A **Figura 36** apresenta o gráfico da FDA da distribuição $F(30,5)$.[26]

---

[26] Os gráficos foram gerados usando a função DIST.F do Microsoft Excel©.

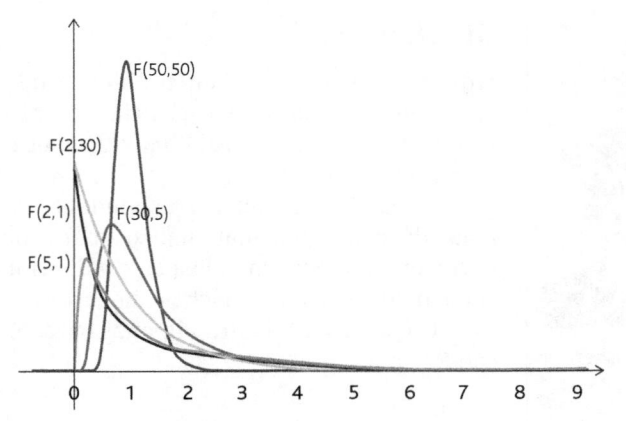

FIGURA 35 fdp de algumas distribuições F.
Fonte: Elaborada pelo autor.

A distribuição F resulta da divisão de duas distribuições Qui-quadrado, independentes entre si, devidamente normalizadas por seus graus de liberdade. Mais formalmente, se $X \sim \chi^2(\nu)$ e $Y \sim \chi^2(\xi)$ são independentes, então $V = \dfrac{X/\nu}{Y/\xi} \sim F(\nu, \xi)$. Por esse motivo, os parâmetros da distribuição F são também chamados de seus graus de liberdade, embora não necessariamente sejam números inteiros. Obviamente, então, se $X \sim F(d_1, d_2)$, então $Y = \dfrac{1}{X} \sim F(d_2, d_1)$. A distribuição F se relaciona com outras distribuições notáveis, como a distribuição Beta. Se $X \sim \text{Beta}(\dfrac{m}{2}, \dfrac{n}{2})$, então $Y = \dfrac{nX}{m(1-X)} \sim F(m, n)$. Invertendo-se a equação, tem-se que se $X \sim F(d_1, d_2)$, então $Y = \dfrac{d_1 X}{d_2 + d_1 X} \sim \text{Beta}\left(\dfrac{d_1}{2}, \dfrac{d_2}{2}\right)$.

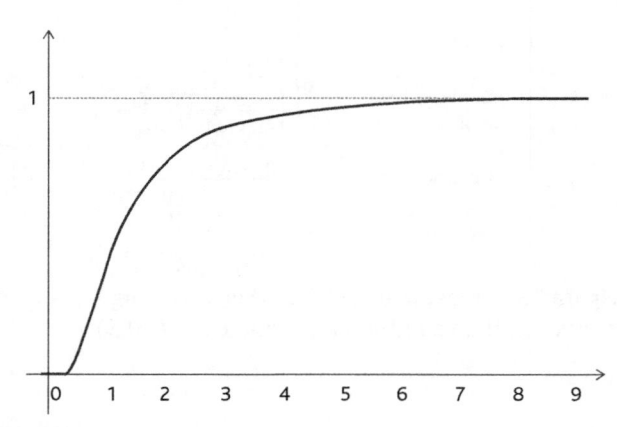

FIGURA 36 FDA da distribuição $F(30,5)$.
Fonte: Elaborada pelo autor.

Distribuição t de Student

A distribuição t de Student emerge em problemas de estatística inferencial baseada em amostras pequenas. O estatístico britânico William Sealy Gosset, usando o pseudônimo Student, descreveu-a em seu clássico artigo (Student, 1908), embora a distribuição já tivesse sido descrita anteriormente por Jakob Lüroth e Francis Ysidro Edgeworth (Edgeworth; 1883; Lüroth, 1876), como aponta Zabell (2008).

William Sealy Gosset (1876-1937)

O **Quadro 20** ilustra algumas características da distribuição t.

Jakob Lüroth (1844-1910)

QUADRO 20 Algumas características da distribuição t

Parâmetro	$v > 0$
Notação	$t(v)$
Domínio	$(-\infty, \infty)$
fdp	$f(x) = \dfrac{\left(1+\frac{x^2}{v}\right)^{-\frac{v+1}{2}}}{\sqrt{v}\,B\left(\frac{1}{2},\frac{v}{2}\right)}$
FDA	$F(x) = \begin{cases} \frac{1}{2} I_{\frac{v}{v+x^2}}\left(\frac{v}{2},\frac{1}{2}\right) & \text{para } x < 0 \\ 1 - \frac{1}{2} I_{\frac{v}{v+x^2}}\left(\frac{v}{2},\frac{1}{2}\right) & \text{para } x \geq 0 \end{cases}$
Valor esperado	0 se $v > 1$
Variância	$\frac{v}{v-2}$ se $v > 2$
Mediana	0
Moda	0
Coeficiente de assimetria	0 se $v > 3$
Curtose	$\frac{6}{v-4}$ se $v > 4$

Fonte: Elaborado pelo autor.

Francis Ysidro Edgeworth (1845-1926)

A **Figura 37** apresenta os gráficos das fdp de algumas distribuições t. A **Figura 38** apresenta o gráfico da FDA da distribuição $t(5)$.[27]

A distribuição t se relaciona com outras distribuições notáveis, como a distribuição Normal e a distribuição F. Se $Z \sim N(0, 1)$ e $X \sim \chi^2(v)$ são independentes entre si, então $Y = \dfrac{Z}{\sqrt{X/v}} \sim t(v)$. Se $X \sim t(v)$, então $Y = X^2 \sim F(1, v)$. Para o caso particular do parâmetro $v = 1$, a distribuição reduz-se à distribuição de Cauchy padronizada (apresentada mais adiante). Isto é, $t(1) \sim \text{Cauchy}(0, 1)$.

---

[27] Os gráficos foram gerados usando a função DIST.T do Microsoft Excel©.

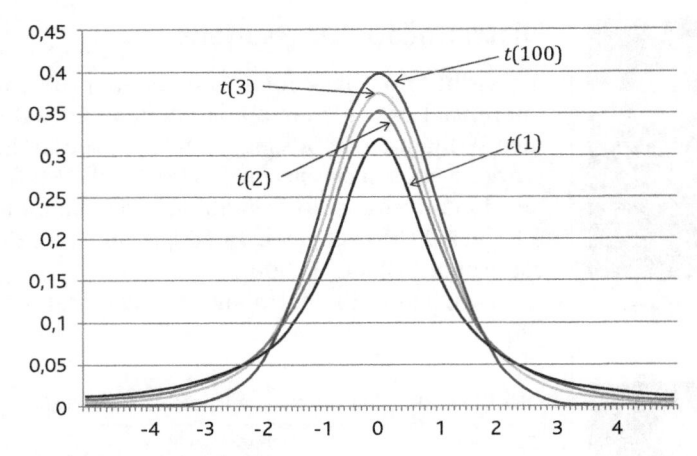

FIGURA 37 fdp de algumas distribuições t.
Fonte: Elaborada pelo autor.

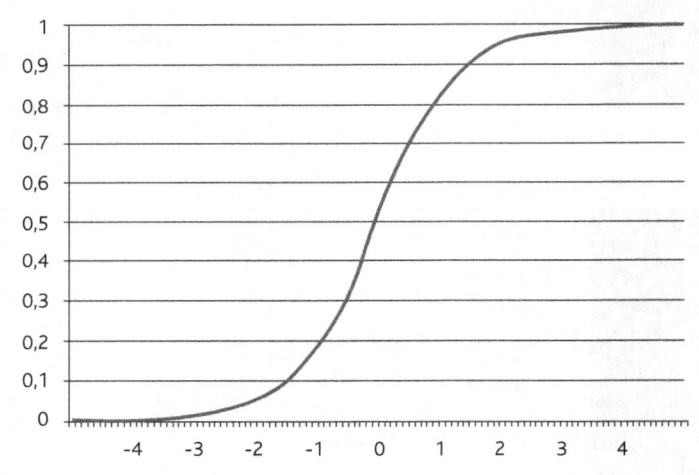

FIGURA 38 FDA da distribuição $t(5)$.
Fonte: Elaborada pelo autor.

Distribuição Lognormal

A distribuição Lognormal emerge na modelagem de fenômenos econômicos relevantes, como para modelar o retorno financeiro de títulos negociados em bolsa (Brealey; Myers; Allen, 2008). Sua definição é simplesmente a função exponencial de uma variável distribuída Normalmente. Isto é, se $X \sim N(\mu, \sigma)$, então $Y = e^X \sim \ln N(\mu, \sigma)$. Inversamente, se $X \sim \ln N(\mu, \sigma)$, então $Y = \ln(X) \sim N(\mu, \sigma)$. O **Quadro 21** a seguir ilustra algumas características da distribuição Lognormal.

QUADRO 21   Algumas características da distribuição Lognormal

Parâmetros	μ $\sigma > 0$
Notação	$\ln N(\mu, \sigma)$
Domínio	$[0, \infty)$
fdp	$f(x) = \frac{1}{\sqrt{2\pi}\sigma x} e^{-\frac{\left(\frac{\ln x - \mu}{\sigma}\right)^2}{2}}$
FDA	$F(x) = \frac{1}{\sqrt{2\pi}\sigma} \int_{-\infty}^{\ln x} e^{-\frac{\left(\frac{t-\mu}{\sigma}\right)^2}{2}} dt$
Valor esperado	$e^{\left(\mu + \frac{\sigma^2}{2}\right)}$
Variância	$(e^{\sigma^2} - 1)e^{2\mu + \sigma^2}$
Mediana	e^{μ}
Moda	$e^{\mu - \sigma^2}$
Coeficiente de assimetria	$(e^{\sigma^2} + 2)\sqrt{e^{\sigma^2} - 1}$
Curtose	$e^{4\sigma^2} + 2e^{3\sigma^2} + 3e^{2\sigma^2} - 6$

Fonte: Elaborado pelo autor.

A **Figura 39** apresenta os gráficos das fdp de algumas distribuições Lognormal. A **Figura 40** apresenta o gráfico da FDA da distribuição $\ln N(1,2; 0,8)$.[28]

Se a distribuição Normal modela bem situações de múltiplas causas independentes aditivas, a distribuição Lognormal se adapta a situações em que a variável de interesse resulte da multiplicação dos efeitos de várias pequenas causas (modelo multiplicativo de múltiplas causas independentes), como é usual supor em modelos de precificação de ativos, embora a suposição não encontre unanimidade, havendo inúmeras evidências de que a distribuição não se ajusta muito bem aos dados empíricos (Borna; Sharma, 2011). Mas a distribuição encontra outras

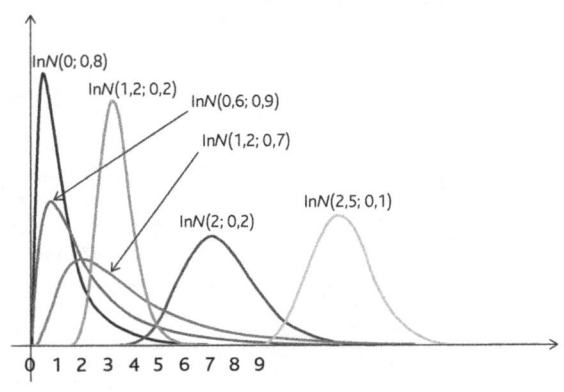

FIGURA 39   fdp de algumas distribuições Lognormal.
Fonte: Elaborada pelo autor.

---

[28] Os gráficos foram gerados usando a função DIST.LOGNORM do Microsoft Excel©.

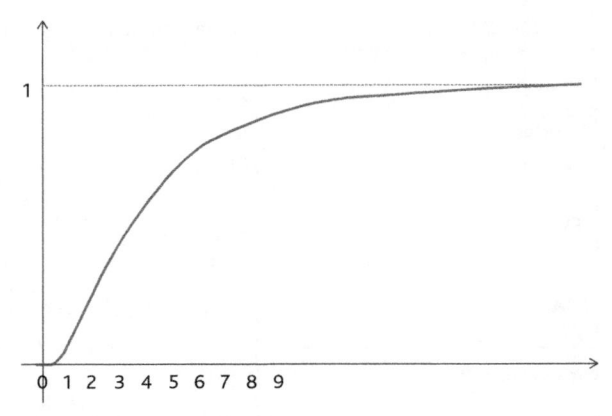

FIGURA 40 FDA da distribuição $\ln N(1,2;0,8)$.
Fonte: Elaborada pelo autor.

importantes aplicações, em geologia e mineração, em medicina, em fisiologia, em ecologia, em ciências atmosféricas, em ciências dos alimentos, em linguística e em ciências sociais (Limpert; Stahel; Abbt, 2001).

Distribuição de Cauchy

Esta é uma interessante (e bizarra) distribuição, desenvolvida pelo matemático francês Augustin-Louis Cauchy (1789-1857). A distribuição foi mais tarde aplicada pelo físico holandês Hendrik Lorentz, em seus estudos sobre ressonância, e a distribuição é também conhecida por distribuição de Lorentz ou de Cauchy-Lorentz. Lorentz foi agraciado com o prêmio Nobel de física em 1902.

O **Quadro 22** ilustra algumas características da distribuição de Cauchy.

Hendrik Lorentz
(1853-1928)

QUADRO 22 Algumas características da distribuição de Cauchy

Parâmetros	m $s > 0$
Notação	Cauchy(m, s)
Domínio	$(-\infty, \infty)$
fdp	$f(x) = \dfrac{1}{\pi s \left(1+\left(\frac{x-m}{s}\right)^2\right)}$
FDA	$F(x) = \dfrac{1}{2} + \dfrac{1}{\pi}\tan^{-1}\left(\dfrac{x-m}{s}\right)$
Valor esperado	Inexistente
Variância	Inexistente
Mediana	m
Moda	m
Coeficiente de assimetria	Inexistente
Curtose	Inexistente

Fonte: Elaborado pelo autor.

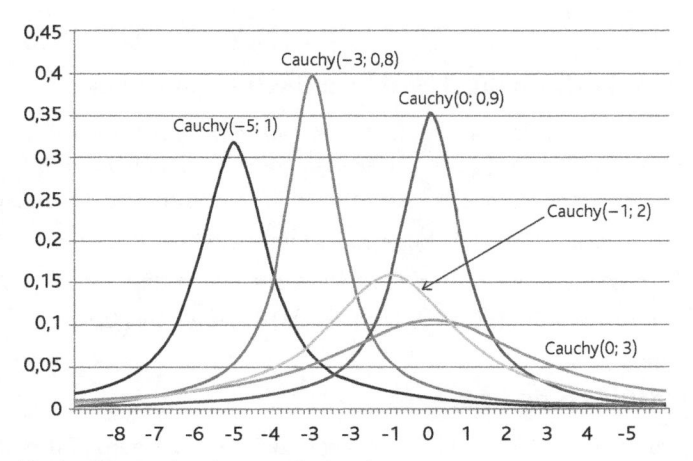

FIGURA 41 fdp de algumas distribuições de Cauchy.
Fonte: Elaborada pelo autor.

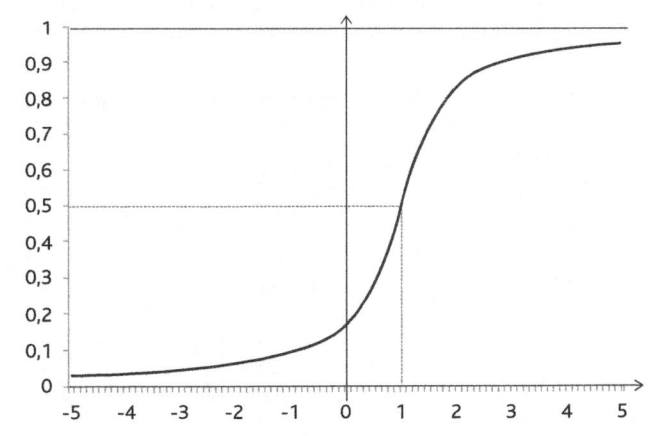

FIGURA 42 FDA da distribuição Cauchy(1; 0, 6).
Fonte: Elaborada pelo autor.

A **Figura 41** apresenta os gráficos das fdp de algumas distribuições de Cauchy. A **Figura 42** apresenta o gráfico da FDA da distribuição Cauchy(1; 0, 6).

Pode-se perceber a simetria perfeita da fdp da distribuição de Cauchy, embora seu coeficiente de assimetria não exista. De fato, nenhum momento está definido, nem seu valor esperado, nem sua variância, pois as correspondentes integrais não existem. O parâmetro m representa a moda e a mediana da distribuição, enquanto o parâmetro s mede a semiamplitute interquartílica, isto é, metade da diferença entre o terceiro e o primeiro quartis. A distribuição se relaciona com várias outras distribuições notáveis, apresentando propriedades interessantes. Tem sido utilizada em análise de riscos (Ibragimov; Jaffee; Walden, 2009).

Quando os parâmetros são $m = 0$ e $s = 1$ a distribuição toma o nome de distribuição de Cauchy padronizada, equivalente à distribuição t de Student com parâmetro $v = 1$. Isto é, Cauchy(0,1)~$t(1)$. Se Z_1~$N(0,1)$ e Z_2~$N(0,1)$ são independentes entre si, então $Y = \frac{Z_1}{Z_2} \sim \text{Cauchy}(0,1)$. Se $X \sim U(0,1)$, então $Y = \tan\left(\pi\left(X - \frac{1}{2}\right)\right) \sim \text{Cauchy}(0,1)$. Se $X \sim \text{Cauchy}(0,1)$, então $Y = aX + b \sim \text{Cauchy}(b, |a|)$, para quaisquer números reais a e b, com $a \neq 0$. A relação se generaliza, tendo-se que se $X \sim \text{Cauchy}(m, s)$, então $Y = aX + b \sim \text{Cauchy}(am + b, |a|s)$, para quaisquer números reais a e b, com $a \neq 0$. Se $X \sim \text{Cauchy}(0,1)$, então $Y = \frac{2X}{1-X^2} \sim \text{Cauchy}(0,1)$. Se $X \sim \text{Cauchy}(0,1)$, então $Y = \frac{1}{X} \sim \text{Cauchy}(0,1)$. Se $X_1 \sim \text{Cauchy}(m_1, s_1)$ e $X_2 \sim \text{Cauchy}(m_2, s_2)$ são independentes entre si, então $Y = X_1 + X_2 \sim \text{Cauchy}(m_1 + m_2, s_1 + s_2)$. Se $X \sim \text{Cauchy}(0, s)$, então $Y = \frac{1}{X} \sim \text{Cauchy}\left(0, \frac{1}{s}\right)$.

Distribuição de Laplace

A distribuição de Laplace foi desenvolvida em 1774 pelo matemático e astrônomo francês Pierre Simon de Laplace (1749-1827) a partir de sua primeira lei de erros[29] (Kotz; Kozubowski; Podgórski, 2001; Laplace, 1774). A distribuição também é conhecida pelo nome de distribuição exponencial dupla, pela forma de sua fdp. O **Quadro 23** ilustra algumas características da distribuição de Laplace.

QUADRO 23 Algumas características da distribuição de Laplace

Parâmetros	μ $b > 0$
Notação	Laplace(μ, b)
Domínio	$(-\infty, \infty)$
fdp	$f(x) = \frac{1}{2b} e^{-\frac{|x-\mu|}{b}}$
FDA	$F(x) = \begin{cases} \frac{1}{2} e^{\frac{x-\mu}{b}} & \text{para } x < \mu \\ 1 - \frac{1}{2} e^{-\frac{x-\mu}{b}} & \text{para } x \geq \mu \end{cases}$
Valor esperado	μ
Variância	$2b^2$
Mediana	μ
Moda	μ
Coeficiente de assimetria	0
Curtose	3

Fonte: Elaborado pelo autor.

A **Figura 43** apresenta os gráficos das fdp de algumas distribuições de Laplace. A **Figura 44** apresenta o gráfico da FDA da distribuição Laplace(1; 0,6).

A distribuição de Laplace encontra aplicações em processamento de imagens e de voz (Eltoft, Kim e Lee, 2006) e em biologia (Bhowmick et al., 2006), assim como na análise da dinâmica industrial (Corsino; Gabriele, 2010). Se $X \sim \text{Laplace}(\mu, b)$, então $Y = aX + c \sim \text{Laplace}(a\mu + c, |a|b)$ para quaisquer números reais a e b, com

---
[29] Sua segunda lei de erros deu origem à distribuição Normal.

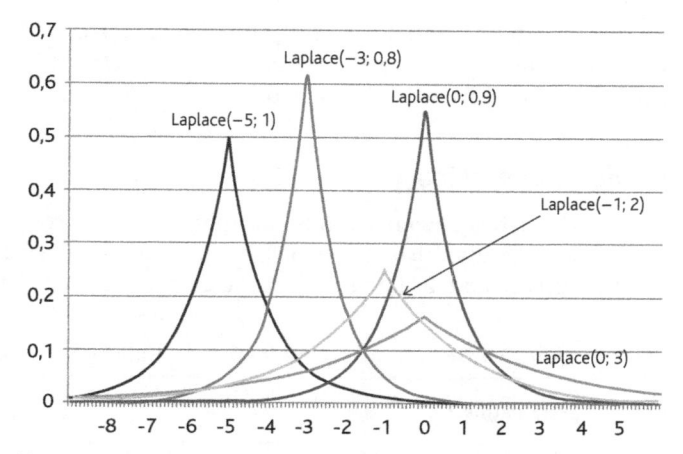

FIGURA 43 fdp de algumas distribuições de Laplace.
Fonte: Elaborada pelo autor.

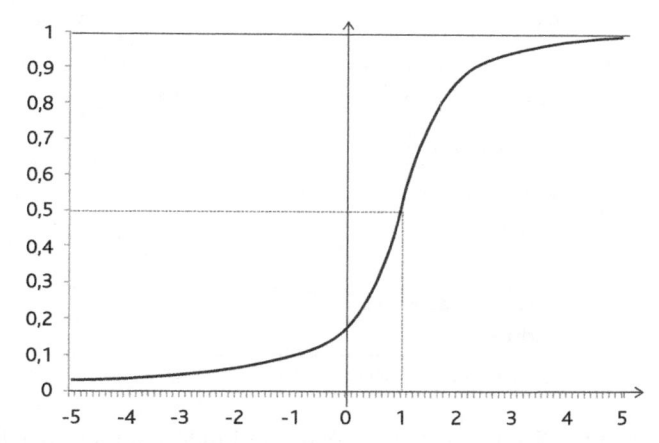

FIGURA 44 FDA da distribuição Laplace(1;0,6).
Fonte: Elaborada pelo autor.

$a \neq 0$. A distribuição se relaciona com várias outras distribuições notáveis, especialmente as distribuições Exponencial e Normal. Se $X \sim \text{Expon}(\lambda)$ e $Y \sim \text{Expon}(\lambda)$ são independentes entre si, então $V = X - Y \sim \text{Laplace}\left(0, \frac{1}{\lambda}\right)$. Se $X \sim \text{Laplace}(0, b)$, então $Y = |X| \sim \text{Expon}\left(\frac{1}{b}\right)$. Se $Z_1 \sim N(0,1)$, $Z_2 \sim N(0,1)$, $Z_3 \sim N(0,1)$ e $Z_4 \sim N(0,1)$ são independentes entre si, então $Y = X_1 X_2 - X_3 X_4 \sim \text{Laplace}(0,1)$. Se $X_i \sim \text{Laplace}(\mu, b)$ ($i = 1, 2, \ldots n$) são independentes entre si, então $Y = \frac{2 \sum_{i=1}^{n} |X_i - \mu|}{b} \sim \chi^2(2n)$. Se $X \sim \text{Laplace}(\mu, b)$ e $Y \sim \text{Laplace}(\mu, b)$ são independentes entre si, então $Y = \frac{|X-\mu|}{|Y-\mu|} \sim F(2,2)$. Se $X \sim U(0,1)$ e $Y \sim U(0,1)$ são independentes entre si, então $Y = \ln \frac{X}{Y} \sim \text{Laplace}(0,1)$. Se $X \sim \text{Expon}(\lambda)$ e $Y \sim \text{Bernoulli}\left(\frac{1}{2}\right)$ são independentes entre si, então $V = X(2Y - 1) \sim \text{Laplace}\left(0, \frac{1}{\lambda}\right)$. Se $X_1 \sim \text{Expon}(\lambda_1)$ e $X_2 \sim \text{Expon}(\lambda_2)$ são independentes entre si, então $Y = \lambda_1 X_1 + \lambda_2 X_2 \sim \text{Laplace}(0,1)$. Se $X \sim \text{Expon}(1)$ e $Z \sim N(0,1)$ são independentes entre si, então $Y = \mu + b\sqrt{2XZ} \sim \text{Laplace}(\mu,b)$, para quaisquer números reais μ e b, com $b \neq 0$.

Distribuição Logística

A distribuição Logística encontra inúmeras aplicações em processos relacionados a crescimento, seja demográfico, de vendas, de difusão tecnológica (Trajtenberg; Yitzhaki, 1989), etc. O **Quadro 24** ilustra algumas características da distribuição Logística.

QUADRO 24 Algumas características da distribuição Logística

Parâmetros	μ $b > 0$
Notação	$\text{Logist}(\mu, b)$
Domínio	$(-\infty, \infty)$
fdp	$f(x) = \dfrac{e^{-\frac{x-\mu}{b}}}{b\left(1+e^{-\frac{x-\mu}{b}}\right)^2}$
FDA	$F(x) = \dfrac{1}{1+e^{-\frac{x-\mu}{b}}}$
Valor esperado	μ
Variância	$\dfrac{\pi^2}{3} b^2$
Mediana	μ
Moda	μ
Coeficiente de assimetria	0
Curtose	1,2

Fonte: Elaborado pelo autor.

A **Figura 45** apresenta os gráficos das fdp de algumas distribuições Logísticas. A **Figura 46** apresenta o gráfico da FDA da distribuição Logist(1; 0,6).

Birchenhall e colaboradores (1999) a utilizam em seu estudo sobre ciclos econômicos nos Estados Unidos. Davis e Gillespie (2007) a utilizam para explicar arranjos produtivos de suinocultores nos Estados Unidos.

A distribuição Logística também é chamada de distribuição Secante Hiperbólica, pois sua fdp pode ser expressa em função da secante hiperbólica, isto é, $f(x) = \frac{1}{4b} \text{sech}^2\left(\frac{x-\mu}{2b}\right)$.[30] Se $X \sim \text{Logist}(\mu, b)$, então $Y = aX + c \sim \text{Logist}(a\mu + c, |a|b)$ para quaisquer números reais a e b, com $a \neq 0$. Se $X \sim U(0,1)$, então $Y = \mu + b \ln \frac{X}{1-X} \sim \text{Logist}(\mu, b)$, para quaisquer números reais μ e b, com $b \neq 0$. Se $X \sim \text{Expon}(1)$, então $Y = \mu - b \ln \frac{e^{-X}}{1-e^{-X}} \sim \text{Logist}(\mu, b)$, para quaisquer números reais μ e b,

---

[30] A função secante hiperbólica é definida por $\text{sech } x = \frac{1}{\cosh x}$, para qualquer número real x. A função coseno hiperbólico, por sua vez, é definida por $\cosh x = \frac{e^x + e^{-x}}{2}$, para qualquer número real x.

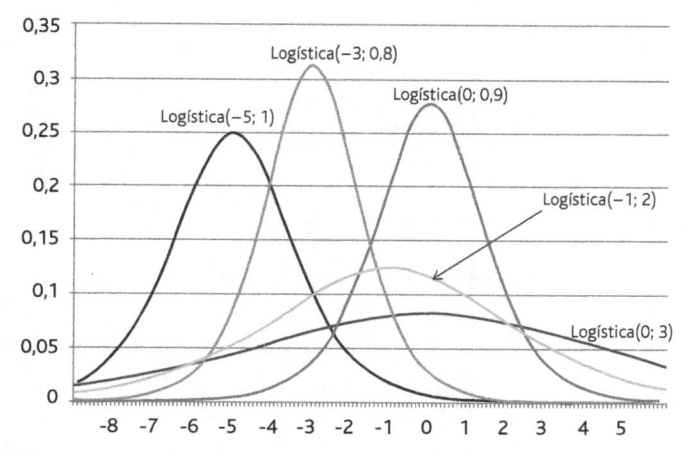

FIGURA 45 fdp de algumas distribuições Logísticas.
Fonte: Elaborada pelo autor.

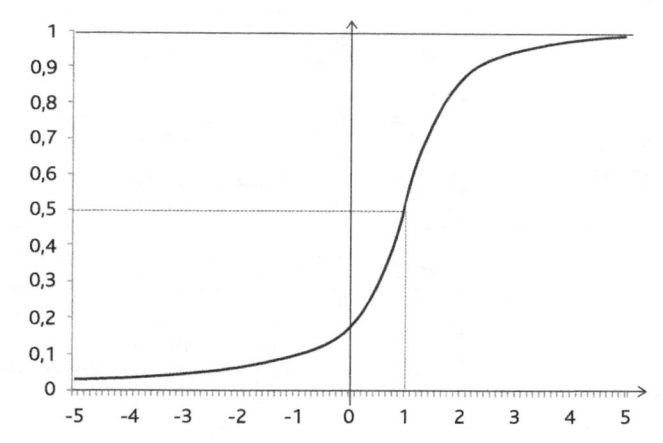

FIGURA 46 FDA da distribuição Logist(1;0,6).
Fonte: Elaborada pelo autor.

com $b \neq 0$. Se $X \sim \text{Expon}(1)$ e $Y \sim \text{Expon}(1)$ são independentes entre si, então $V = \mu - b \ln \frac{X}{Y} \sim \text{Logist}(\mu, b)$, para quaisquer números reais μ e b, com $b \neq 0$.

Distribuição Loglogística

A distribuição Loglogística é definida de forma semelhante à definição da distribuição Lognormal, ou seja, é simplesmente a função exponencial de uma variável distribuída segundo a distribuição Logística. A distribuição é também conhecida por distribuição de Fisk, que a utilizou em seus estudos sobre distribuição de renda segmentada por grupos ocupacionais (Fisk, 1961). Segundo Fisk, que a apresentou com uma parametrização envolvendo a função $\text{sech}^2(x)$, a distribuição é um caso particular da classe de distribuições proposta por Champernowne (1952). O **Quadro 25** a seguir ilustra algumas características da distribuição Loglogística.

QUADRO 25 Algumas características da distribuição Loglogística

Parâmetros	$a > 0$ $b > 0$
Notação	$\text{lnLogist}(a, b)$
Domínio	$[0, \infty)$
fdp	$f(x) = \dfrac{\frac{b}{a}\left(\frac{x}{a}\right)^{b-1}}{\left(1+\left(\frac{x}{a}\right)^b\right)^2}$
FDA	$F(x) = \dfrac{1}{1+\left(\frac{x}{a}\right)^{-b}}$
Valor esperado	$\dfrac{a\pi}{b\,\text{sen}\left(\frac{\pi}{b}\right)}$ se $b > 1$
Variância	$\dfrac{a^2\pi}{b}\left(\dfrac{2}{\text{sen}\left(\frac{2\pi}{b}\right)} - \dfrac{\pi}{b\left(\text{sen}\left(\frac{\pi}{b}\right)\right)^2}\right)$ se $b > 2$
Mediana	a
Moda	$\max\left(0, a\left(\dfrac{b-1}{b+1}\right)^{\frac{1}{b}}\right)$
Coeficiente de assimetria	$\dfrac{\frac{3}{\text{sen}\left(\frac{3\pi}{b}\right)} - \frac{6\pi}{b\,\text{sen}\left(\frac{2\pi}{b}\right)\text{sen}\left(\frac{\pi}{b}\right)} + \frac{2\pi^2}{b^2\left(\text{sen}\left(\frac{\pi}{b}\right)\right)^3}}{\left(\dfrac{2}{\text{sen}\left(\frac{2\pi}{b}\right)} - \dfrac{\pi}{b\left(\text{sen}\left(\frac{\pi}{b}\right)\right)^2}\right)\sqrt{\dfrac{2\pi}{b\,\text{sen}\left(\frac{2\pi}{b}\right)} - \dfrac{\pi^2}{b^2\left(\text{sen}\left(\frac{\pi}{b}\right)\right)^2}}}$ se $b > 3$
Curtose	$\dfrac{\frac{4b}{\pi\,\text{sen}\left(\frac{4\pi}{b}\right)} - \frac{12}{\text{sen}\left(\frac{3\pi}{b}\right)\text{sen}\left(\frac{\pi}{b}\right)} - \frac{12}{\left(\text{sen}\left(\frac{2\pi}{b}\right)\right)^2} + \frac{18\pi}{b\,\text{sen}\left(\frac{2\pi}{b}\right)\left(\text{sen}\left(\frac{\pi}{b}\right)\right)^2} - \frac{6\pi^2}{b^2\left(\text{sen}\left(\frac{\pi}{b}\right)\right)^4}}{\left(\dfrac{2}{\text{sen}\left(\frac{2\pi}{b}\right)} - \dfrac{\pi}{b\left(\text{sen}\left(\frac{\pi}{b}\right)\right)^2}\right)^2}$ se $b > 4$

Fonte: Elaborado pelo autor.

A **Figura 47** apresenta os gráficos das fdp de algumas distribuições Loglogísticas. A **Figura 48** apresenta o gráfico da FDA da distribuição lnLogist(7, 6).

A distribuição tem sido utilizada para modelar dados financeiros relacionados a seguros, dados de sobrevivência (Bennett, 1983), de distribuição de renda e de fatores de impacto de publicações científicas (Sarabia; Prieto; Trueba, 2012). Shoukri, Mian e Tracy (1988) evidenciam seu uso em hidrologia. Oczkowski (2010) mostra que a distribuição Loglogística se mostra mais adequada para incorporar erros não Normais em modelos de previsão de preços no mercado de vinhos australianos do que as distribuições de Weibull, Gama e Exponencial.

Se $X \sim \text{Logist}(\alpha, b)$, então $Y = e^X \sim \text{lnLogist}\left(e^\alpha, \frac{1}{b}\right)$. Inversamente, se $X \sim \text{lnLogist}(a, b)$, então $Y = \ln(X) \sim \text{Logist}\left(\ln a, \frac{1}{b}\right)$. Se $X \sim \text{lnLogist}(a, b)$, então $Y = kX \sim \text{lnLogist}(a, kb)$, para qualquer número real $k > 0$.

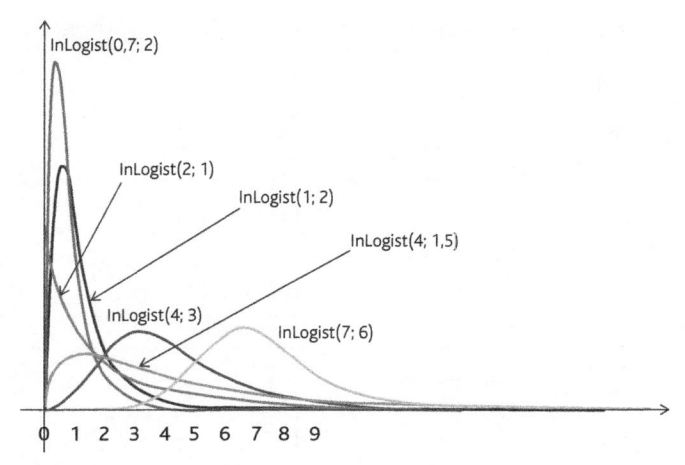

FIGURA 47 fdp de algumas distribuições Loglogísticas.
Fonte: Elaborada pelo autor.

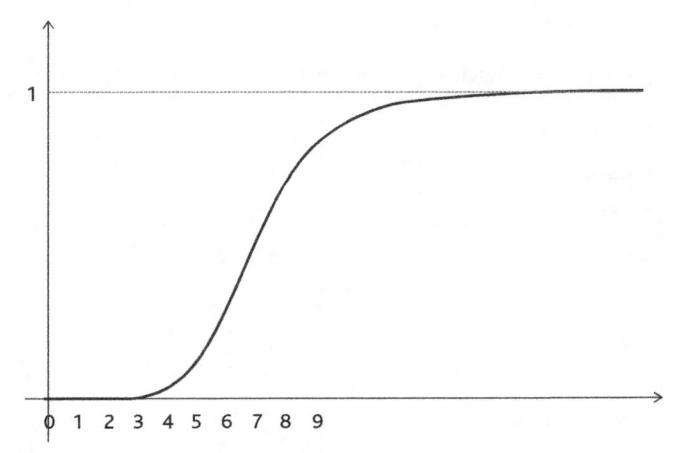

FIGURA 48 FDA da distribuição lnLogist(7,6).
Fonte: Elaborada pelo autor.

Distribuições Logcauchy e Loglaplace

A ideia subjacente nas definições das distribuições Lognormal e Loglogística se generaliza facilmente, tomando-se como base qualquer distribuição com domínio em todo o campo de números reais. As mais conhecidas (ainda que obscuras) são as distribuições Logcauchy e Loglaplace. Define-se a distribuição Logcauchy tomando-se a exponencial de uma variável aleatória distribuída de acordo com a distribuição de Cauchy. Define-se a distribuição Loglaplace tomando-se a exponencial de uma variável aleatória distribuída de acordo com a distribuição de Laplace. O **Quadro 26** e o **Quadro 27** a seguir ilustram algumas características das distribuições Logcauchy e Loglaplace, respectivamente.

QUADRO 26 Algumas características da distribuição Logcauchy

Parâmetros	m $s > 0$
Notação	LnCauchy(m, s)
Domínio	$[0, \infty)$
fdp	$f(x) = \dfrac{1}{\pi s x \left(1+\left(\frac{\ln x - m}{s}\right)^2\right)}$
FDA	$F(x) = \dfrac{1}{2} + \dfrac{1}{\pi}\tan^{-1}\left(\dfrac{\ln x - m}{s}\right)$
Valor esperado	Inexistente
Variância	Inexistente
Mediana	e^m
Moda	0 se $s \geq 1$ 0 e $e^{m-1+\sqrt{(1+s)(1-s)}}$ se $s < 1$
Coeficiente de assimetria	Inexistente
Curtose	Inexistente

Fonte: Elaborado pelo autor.

QUADRO 27 Algumas características da distribuição Loglaplace

Parâmetros	μ $b > 0$
Notação	LnLaplace(μ, b)
Domínio	$[0, \infty)$
fdp	$f(x) = \dfrac{1}{2bx} e^{-\frac{|\ln x - \mu|}{b}}$
FDA	$F(x) = \begin{cases} \dfrac{1}{2} e^{\frac{\ln x - \mu}{b}} & \text{para } x < e^\mu \\ 1 - \dfrac{1}{2} e^{-\frac{\ln x - \mu}{b}} & \text{para } x \geq e^\mu \end{cases}$
Valor esperado	$\dfrac{e^\mu}{1-b^2}$ se $b < 1$
Variância	$\dfrac{e^{2\mu} b^2 (b^2+2)}{(1-b^2)^2(1-4b^2)}$ se $b < \dfrac{1}{2}$
Mediana	e^μ
Moda	e^μ se $b < 1$ Qualquer valor entre 0 e e^μ se $b = 1$ 0 se $b > 1$
Coeficiente de assimetria	$\dfrac{2b(15+7b^2+2b^4)\sqrt{1-4b^2}}{(1-9b^2)(b^2+2)\sqrt{b^2+2}}$ se $b < \dfrac{1}{3}$
Curtose	$\dfrac{6(2+138b^2-615b^4+102b^6-132b^8-24b^{10})}{(1-9b^2)(1-16b^2)(b^2+2)^2}$ se $b < \dfrac{1}{4}$

Fonte: Elaborado pelo autor.

A **Figura 49** apresenta os gráficos das fdp de algumas distribuições Logcauchy. A **Figura 50** apresenta o gráfico da FDA da distribuição lnCauchy(0,5; 0,5). A **Figura 51** apresenta os gráficos das fdp de algumas distribuições Loglaplace. A **Figura 52** apresenta o gráfico da FDA da distribuição lnLaplace(0,5; 0,5).

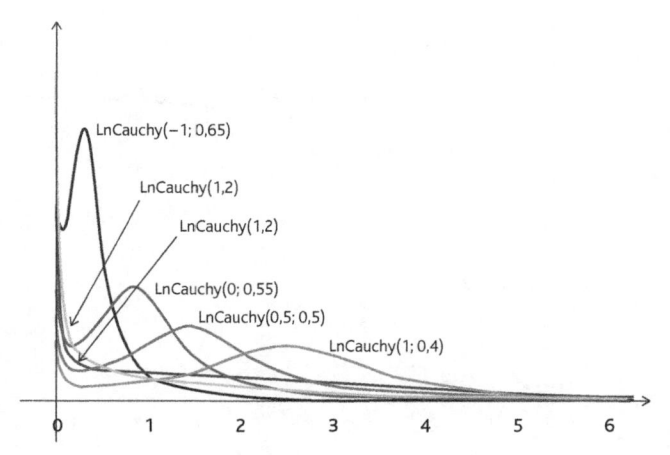

FIGURA 49 fdp de algumas distribuições Logcauchy.
Fonte: Elaborada pelo autor.

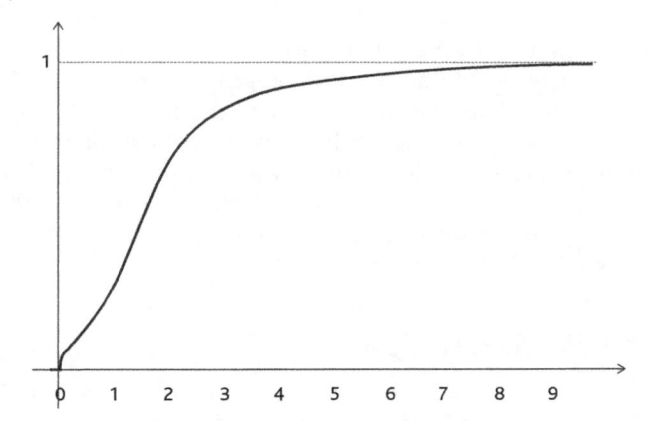

FIGURA 50 FDA da distribuição lnCauchy(0,5;0,5).
Fonte: Elaborada pelo autor.

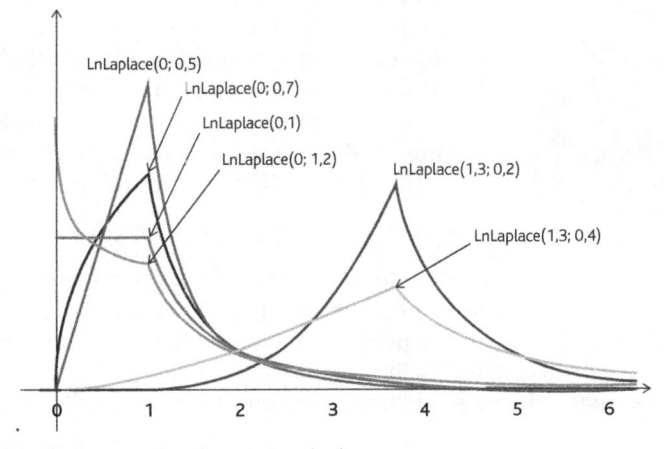

FIGURA 51 fdp de algumas distribuições Loglaplace.
Fonte: Elaborada pelo autor.

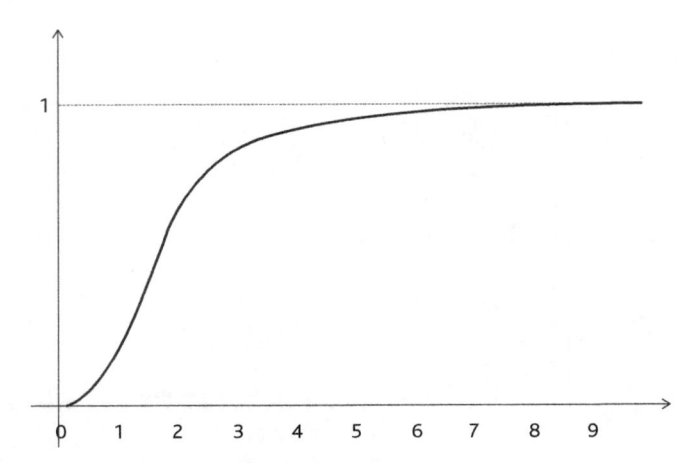

FIGURA 52 FDA da distribuição lnLaplace(0,5;0,5).
Fonte: Elaborada pelo autor

Se $X\sim\text{Logcauchy}(m, s)$, então $Y = \ln X\sim\text{Cauchy}(m, s)$. Inversamente, se $X\sim\text{Cauchy}(m, s)$, então $Y = e^X\sim\text{Logcauchy}(m, s)$. Se $X\sim\text{Loglaplace}(\mu, b)$, então $Y = \ln X\sim\text{Laplace}(\mu, b)$. Inversamente, se $X\sim\text{Laplace}(\mu, b)$, então $Y = e^X\sim\text{Loglaplace}(\mu, b)$. As distribuições têm sido usadas na modelagem de dados ambientais (Yin et al., 2005), no desenvolvimento de novas drogas (Lindsey, et al., 2000), no processamento de imagens (Aykroyd; Zimeras, 1999), assim como na modelagem econômico-financeira (Chipman, 1973; Dhaenea, et al., 2008; Klebaner; Landsman, 2009).

Distribuição de Rayleigh

Trata-se de um caso particular da distribuição de Weibull, embora fosse conhecida bem antes de Weibull apresentar seu trabalho em 1951. A distribuição é nomeada em homenagem ao físico britânico John William Strutt, 3º Barão de Rayleigh, agraciado com o prêmio Nobel de física em 1904, que fez importantes contribuições à mecânica estatística. A distribuição resulta da composição vetorial de duas dimensões independentes, cada uma delas distribuída Normalmente, com média 0 e mesma variância. Mais formalmente, se $X_1\sim N(0, \sigma)$ e $X_2\sim N(0, \sigma)$ são independentes entre si, então $Y = \sqrt{X_1^2 + X_2^2}\sim\text{Rayleigh}(\sigma)$. Se, por exemplo, as componentes de velocidade de uma partícula nas direções X e Y são independentes e distribuídas Normalmente, com média 0 e mesma variância, então a distância percorrida pela partícula por unidade de tempo se distribui de acordo com a distribuição de Rayleigh.

John William Strutt,
3º Barão de Rayleigh
(1842-1919)

O **Quadro 28** ilustra algumas características da distribuição de Rayleigh.

A **Figura 53** apresenta os gráficos das fdp de algumas distribuições de Rayleigh. A **Figura 54** apresenta o gráfico da FDA da distribuição Rayleigh(2).

QUADRO 28 Algumas características da distribuição de Rayleigh

Parâmetro	$\sigma > 0$
Notação	Rayleigh(σ)
Domínio	$[0, \infty)$
fdp	$f(x) = \begin{cases} 0 & \text{para } x < 0 \\ \dfrac{xe^{-\frac{x^2}{2\sigma^2}}}{\sigma^2} & \text{para } x \geq 0 \end{cases}$
FDA	$F(x) = \begin{cases} 0 & \text{para } x < 0 \\ 1 - e^{-\frac{x^2}{2\sigma^2}} & \text{para } x \geq 0 \end{cases}$
Valor esperado	$\sqrt{\dfrac{\pi}{2}}\sigma$
Variância	$\dfrac{4-\pi}{2}\sigma^2$
Mediana	$\sqrt{\ln 4}\,\sigma$
Moda	σ
Coeficiente de assimetria	$\dfrac{2(\pi-3)\sqrt{\pi}}{(4-\pi)\sqrt{4-\pi}} = 0{,}631111$
Curtose	$\dfrac{-6\pi^2 + 24\pi - 16}{(4-\pi)^2} = 0{,}245089$

Fonte: Elaborado pelo autor.

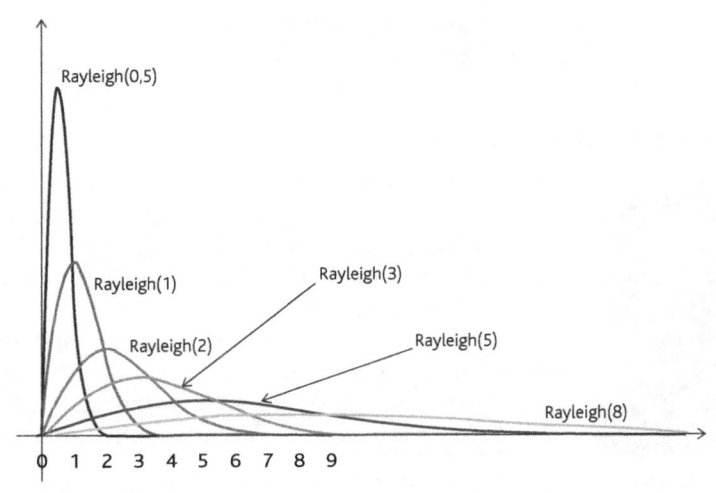

FIGURA 53 fdp de algumas distribuições de Rayleigh.
Fonte: Elaborada pelo autor.

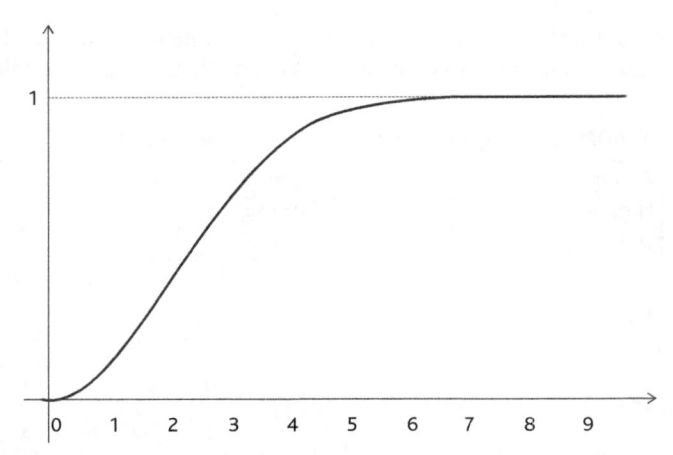

FIGURA 54 FDA da distribuição Rayleigh(2).
Fonte: Elaborada pelo autor.

A distribuição de Rayleigh encontra importantes aplicações em física (Sapienza et al., 2010), oceanografia (MacLennan; Menz, 1996), ecologia (Nicholson; Barry, 1999), telecomunicações (Petrovic et al., 2011) e meteorologia (Fernández, 2010). Hensher (2006) a usa em sua análise do valor percebido pelo usuário de sistemas de transportes. Verhoef (2002) mostra sua utilidade na modelagem de gestão de portfolios de tecnologia de informação. Lee e colaboradores (2011) a utilizam para analisar qualidade de processos industriais ou de serviços.

Se $X \sim U(0,1)$, então $Y = \sigma\sqrt{-\ln X} \sim \text{Rayleigh}(\sigma)$, para qualquer $\sigma > 0$. Se $X \sim \text{Rayleigh}(1)$, então $Y = X^2 \sim \chi^2(2)$ (tem-se que $\text{Rayleigh}(1) \sim \chi(2)$). Se $X_i \sim \text{Rayleigh}(\sigma)$ ($i = 1, 2, \ldots, n$) são independentes entre si, então $Y = \sum_{i=1}^{n} X_i^2 \sim \text{Gama}(n, 2\sigma^2)$. A distribuição de Rayleigh é um caso particular da distribuição de Weibull, isto é, $\text{Rayleigh}(\sigma) \sim \text{Weibull}(2, \sqrt{2}\sigma)$.

Distribuição de Maxwell

A distribuição de Maxwell modela a velocidade de partículas e moléculas em gases em equilíbrio térmico, no âmbito da mecânica estatística. A distribuição é nomeada em homenagem ao físico escocês James Clerk Maxwell, pai da física moderna, criador da teoria eletromagnética.

A distribuição resulta da composição vetorial de três dimensões independentes, cada uma delas distribuída Normalmente, com média 0 e mesma variância. Mais formalmente, se $X_i \sim N(0, \sigma)$ ($i = 1,2,3$) são independentes entre si, então $Y = \sqrt{X_1^2 + X_2^2 + X_3^2} \sim \text{Maxwell}(\sigma)$. Se, por exemplo, as componentes de velocidade de uma partícula no espaço (direções X, Y e Z) são independentes e distribuídas Normalmente, com média 0 e mesma variância, então a distância percorrida pela partícula por unidade de tempo se distribui de

James Clerk Maxwell
(1831-1879)

acordo com a distribuição de Maxwell. O **Quadro 29** a seguir ilustra algumas características da distribuição de Maxwell. A **Figura 55** apresenta os gráficos das fdp de algumas distribuições de Maxwell. A **Figura 56** apresenta o gráfico da FDA da distribuição Maxwell(2).

QUADRO 29 Algumas características da distribuição de Maxwell

Parâmetro	$a > 0$
Notação	Maxwell(a)
Domínio	$[0, \infty)$
fdp	$f(x) = \begin{cases} 0 & \text{para } x < 0 \\ \frac{\sqrt{2}x^2 e^{-\frac{x^2}{2a^2}}}{\sqrt{\pi}a^3} & \text{para } x \geq 0 \end{cases}$
FDA	$F(x) = \begin{cases} 0 & \text{para } x < 0 \\ \frac{2\gamma\left(\frac{3}{2}, \frac{x^2}{2a^2}\right)}{\sqrt{\pi}} & \text{para } x \geq 0 \end{cases}$
Valor esperado	$\frac{2\sqrt{2}a}{\sqrt{\pi}}$
Variância	$\frac{(3\pi-8)a^2}{\pi}$
Mediana	x tal que $\gamma\left(\frac{3}{2}, \frac{x^2}{2a^2}\right) = \frac{\sqrt{\pi}}{4}$
Moda	$\sqrt{2}a$
Coeficiente de assimetria	$\frac{2\sqrt{2}(16-5\pi)}{(3\pi-8)\sqrt{3\pi-8}} = 0{,}485693$
Curtose	$\frac{-12\pi^2+160\pi-384}{(3\pi-8)^2} = 0{,}108164$

Fonte: Elaborado pelo autor.

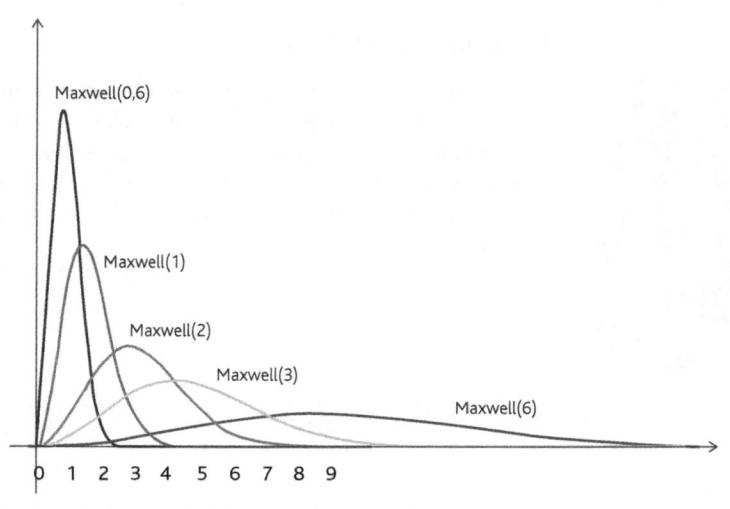

FIGURA 55 fdp de algumas distribuições de Maxwell.
Fonte: Elaborada pelo autor.

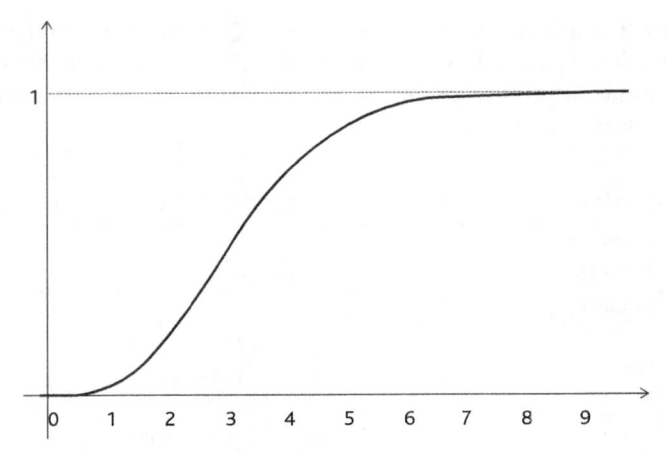

FIGURA 56 FDA da distribuição Maxwell(2).
Fonte: Elaborada pelo autor.

Ludwig Eduard Boltzmann
(1844-1906)

O físico austríaco Ludwig Eduard Boltzmann evidenciou que a distribuição aplicada à termodinâmica tem seu parâmetro definido a partir da temperatura de equilíbrio do sistema, da massa molecular do gás e da constante de Boltzmann ($a = \sqrt{\frac{kT}{m}}$), sendo por isso também conhecida como distribuição de Maxwell-Boltzmann.[31] A distribuição de Maxwell é basilar para a teoria termodinâmica e a física moderna. Krishna e Malik (2009) mostram sua utilidade em estudos de confiabilidade. Se $X\sim$Maxwell(1), então $Y = X^2 \sim \chi^2(3)$. Tem-se, portanto, que Maxwell(1)$\sim\chi(3)$.

Distribuição de Pareto

A distribuição de Pareto modela adequadamente muitos fenômenos sociais, físicos e econômicos, sendo nomeada em homenagem ao economista italiano Vilfredo Federico Damaso Pareto, que a utilizou em seus estudos sobre distribuição de renda.

O **Quadro 30** a seguir ilustra algumas características da distribuição de Pareto.

Vilfredo Federico Damaso Pareto (1848-1923)

---

[31] Bertulani (1999).

Capítulo 6 ♦ Distribuições notáveis

QUADRO 30 Algumas características da distribuição de Pareto

Parâmetros	$m > 0$ $\alpha > 0$
Notação	Pareto(m, α)
Domínio	$[m, \infty)$
fdp	$f(x) = \begin{cases} 0 & \text{para } x < m \\ \frac{\alpha m^\alpha}{x^{\alpha+1}} & \text{para } x \geq m \end{cases}$
FDA	$F(x) = \begin{cases} 0 & \text{para } x < m \\ 1 - \left(\frac{m}{x}\right)^\alpha & \text{para } x \geq m \end{cases}$
Valor esperado	$\frac{\alpha m}{\alpha - 1}$ se $\alpha > 1$
Variância	$\frac{\alpha m^2}{(\alpha-1)^2(\alpha-2)}$ se $\alpha > 2$
Mediana	$m 2^{\left(\frac{1}{\alpha}\right)}$
Moda	m
Coeficiente de assimetria	$\frac{2(\alpha+1)\sqrt{\alpha-2}}{(\alpha-3)\sqrt{\alpha}}$ se $\alpha > 3$
Curtose	$\frac{6(\alpha^3 + \alpha^2 - 6\alpha - 2)}{\alpha(\alpha-3)(\alpha-4)}$ se $\alpha > 4$

Fonte: Elaborado pelo autor.

A **Figura 57** apresenta os gráficos das fdp de algumas distribuições de Pareto. A **Figura 58** apresenta o gráfico da FDA da distribuição Pareto(2,3).

A **Figura 57** ilustra bem o conhecido princípio de Pareto, responsável por observar que grande parte da riqueza de uma determinada sociedade é abocanhada por uma parcela pequena de sua população. Pareto parametriza a relação, através do valor de α, postulando que a forma da distribuição seria universal, evidenciando

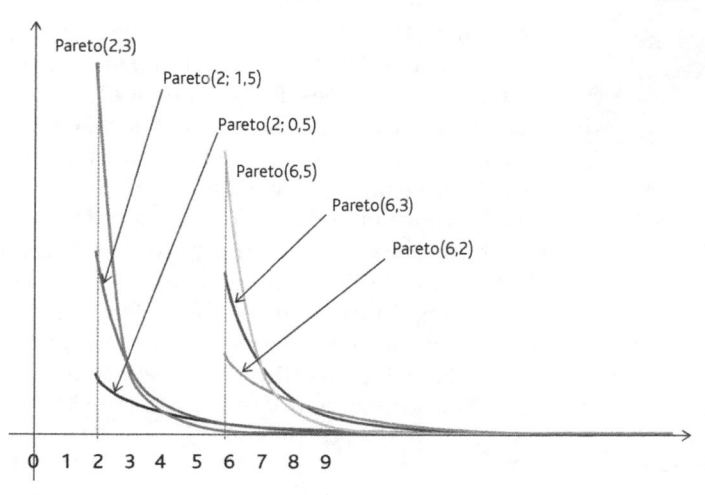

FIGURA 57 fdp de algumas distribuições de Pareto.
Fonte: Elaborada pelo autor.

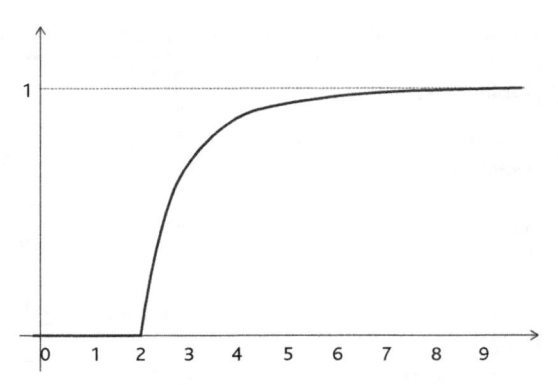

FIGURA 58 FDA da distribuição Pareto(2,3).
Fonte: Elaborada pelo autor.

o bom ajustamento da equação a distintos conjuntos de dados com distintos valores de α. Diferentes valores de α refletem distintas distribuições de renda (e distintas distorções). Diversos outros fenômenos parecem seguir a mesma regra, como a distribuição do tamanho de cidades, por exemplo, com poucas cidades reunindo uma grande parte da população de um país (Ruiz, 2005). O fato é simplificado pela popular regra dos "poucos importantes, muitos triviais" que, de alguma forma, vulgarizou-se nas proporções 80-20 (80% triviais, 20% importantes), tão propalada nos manuais de administração, embora Pareto (1897) tenha usado os valores 70-30 como aproximações da distribuição de renda britânica. A utilização da proporção 80-20 é atribuída ao engenheiro romeno-americano Joseph Moses Juran, guru da administração pela qualidade total, que a cunhou em 1937.[32]

A distribuição de Pareto encontra importantes aplicações em economia, finanças, telecomunicações e atuária, assim como na modelagem de desastres naturais (Rizzo, 2009; Yari; Borzadaran, 2010). Aslam, Mughal e Ahmad (2011) utilizam a distribuição na análise de sobrevivência em processos de controle de qualidade. Newman (2005) menciona diversos fenômenos em que a distribuição tem sido utilizada, como a frequência de palavras em textos e em discursos, citações de trabalhos acadêmicos, vendas, chamadas telefônicas, magnitude de terremotos, diâmetro das crateras lunares, intensidade de tempestades solares, intensidade de guerras, frequência de nomes de família, etc. Scornavacca Jr., Becker e Barnes (2004) a utilizam para descrever a taxa de respostas a *e-surveys*. A literatura tem colocado o princípio de Pareto como parte de uma série de outras "leis", similares em espírito, como a lei da potência, lei de Zipf (linguística), lei de Bradford (bibliometria) e muitas outras.

Joseph Moses Juran
(1904-2008)

A distribuição de Pareto é, muitas vezes, apresentada sob outras formas, com mais parâmetros, de modo mais generalizado. A forma aqui apresentada é a clássica, referida como distribuição de Pareto, tipo I. A distribuição de Pareto, tipo IV, tem

FDA dada por $F(x) = 1 - \left(1 + \left(\frac{x-\mu}{m}\right)^{\frac{1}{\gamma}}\right)^{-\alpha}$ para $x > \mu$, onde $\mu \in \mathbb{R}, m > 0, \alpha > 0$ e $\gamma > 0$.

---
[32] Juran Global (c2014).

Tomando $\alpha = 1$, a expressão simplifica-se para $F(x) = 1 - \left(1 + \left(\frac{x-\mu}{m}\right)^{\frac{1}{\gamma}}\right)^{-1}$, caracterizando a distribuição de Pareto, tipo III. Tomando $\gamma = 1$, a expressão simplifica-se para $F(x) = 1 - \left(1 + \frac{x-\mu}{m}\right)^{-\alpha}$, caracterizando a distribuição de Pareto, tipo II, também conhecida por distribuição de Lomax (Ellah, 2003). Tomando $\gamma = 1$ e $\mu = m$, a expressão simplifica-se para $F(x) = 1 - \left(\frac{m}{x}\right)^{\alpha}$, caracterizando a distribuição de Pareto, tipo I, conforme apresentado no **Quadro 30**. Quando $\mu = 0$, a distribuição é conhecida como distribuição de Burr, tipo XII (Rizzo, 2009 Yari; Borzadaran, 2010).

Distribuição de Gompertz

A distribuição de Gompertz foi desenvolvida a partir da lei de mortalidade formulada pelo matemático britânico Benjamin Gompertz em seus estudos seminais em demografia e seguridade (Gompertz, 1825).

O **Quadro 31** ilustra algumas características da distribuição de Gompertz.

Benjamin Gompertz
(1779-1865)

QUADRO 31 Algumas características da distribuição de Gompertz

Parâmetros	$a > 0$
	$b > 0$
Notação	Gompertz(a, b)
Domínio	$[0, \infty)$
fdp	$f(x) = \begin{cases} 0 & \text{para } x < 0 \\ ae^{\left(bx - \frac{a}{b}(e^{bx} - 1)\right)} & \text{para } x \geq 0 \end{cases}$
FDA	$F(x) = \begin{cases} 0 & \text{para } x < 0 \\ 1 - e^{\left(-\frac{a}{b}(e^{bx} - 1)\right)} & \text{para } x \geq 0 \end{cases}$
Valor esperado[33]	$\frac{1}{b} e^{\left(\frac{a}{b}\right)} E_1\left(\frac{a}{b}\right) \approx \frac{1}{b} e^{\left(\frac{a}{b}\right)} \left(\frac{a}{b} - \ln\frac{a}{b} - \gamma\right)$
Variância	$\approx \frac{\pi^2}{6b^2} - \frac{2a}{b^3}$
Mediana	$\frac{\ln\left(1 + \frac{b}{a}\ln 2\right)}{b}$
Moda	$\max\left(0, \frac{\ln b - \ln a}{b}\right)$
Coeficiente de assimetria	$\approx 4{,}15 a^{0{,}3} - 5 b^{0{,}49} - 1{,}48 a + 4{,}31 b - 4{,}96 ab$ se $a \gg 0$
	$\approx -1{,}13955$ se $a \approx 0$
Curtose	$\approx 34{,}13 a^{0{,}253} + 20 b^{0{,}311} - 53{,}51 (ab)^{0{,}14} - 0{,}75$ se $a \gg 0$
	$\approx 2{,}4$ se $a \approx 0$

Fonte: Adaptado de Lenart (2012).

---

[33] A função $E_1(x)$ é um caso particular da função $E_n(x) = \int_1^\infty \frac{e^{-xt}}{t^n} dt$, para $x > 0$. A constante γ é a constante de Euler-Mascheroni, cujo valor é, aproximadamente, 0,57722.

A **Figura 59** apresenta os gráficos das fdp de algumas distribuições de Gompertz. A **Figura 60** apresenta o gráfico da FDA da distribuição Gompertz(0,01; 1,1).

Conforme aponta Jodrá (2009), o trabalho de Gompertz foi estendido pelo trabalho do matemático britânico William Makeham em 1860, que adicionou um parâmetro à equação de Gompertz (Makeham, 1860). Assim, a taxa de mortalidade depende de dois fatores, um independente da idade (dependente das condições ambientais) e outro dependente da idade (Scollnik, 1995). A FDA do modelo estendido toma a forma $F(x) = 1 - e^{\left(-\lambda x - \frac{a}{b}(e^{bx}-1)\right)}$ e o modelo muitas vezes é referido como distribuição de Gompertz-Makeham. Para o valor $\lambda = 0$, o modelo reduz-se ao modelo de Gompertz, como apresentado no **Quadro 31**. Ribeiro, Reis e Barbosa (2010) constroem suas tábuas de mortalidade de inválidos dos segurados de clien-

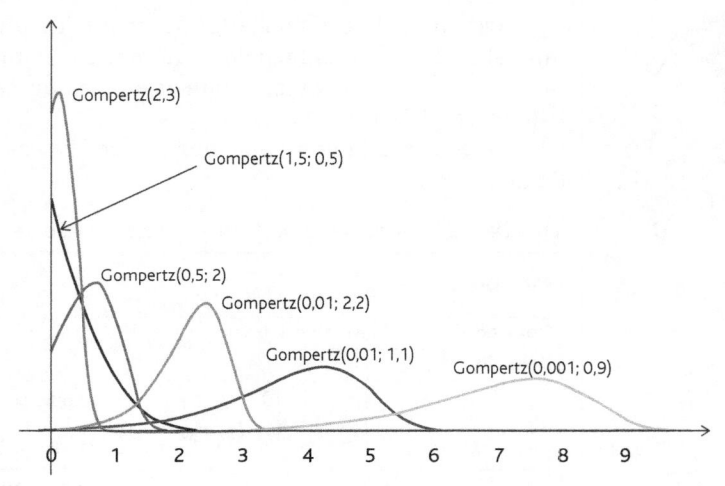

FIGURA 59 fdp de algumas distribuições de Gompertz.
Fonte: Elaborada pelo autor.

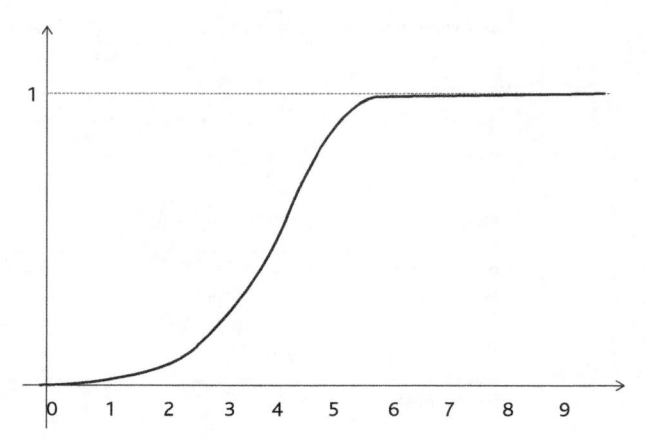

FIGURA 60 FDA da distribuição Gompertz(0,01;1,1).
Fonte: Elaborada pelo autor.

tela urbana do Regime Geral da Previdência Social de acordo com a distribuição de Gompertz-Makeham. Silva, Lai e Ball (1997) mostram sua utilidade em modelos de previsão de qualidade de safras de frutas na Nova Zelândia. May e colaboradores (2007) a utilizam em seu modelo de previsão de riscos de complicações metabólicas em pacientes submetidos a terapia antirretroviral. Frenzen e Murray (1986) salientam, surpresos, a grande capacidade de ajustamento da distribuição de Gompertz a dados empíricos de crescimento de populações de células em um amplo espectro de situações biomédicas, apresentando um modelo teórico de cinética molecular para justificar tal sucesso.

Outras distribuições

A literatura especializada é abundante e há muitas outras distribuições notáveis, cuja apresentação fugiria ao escopo deste livro. O leitor interessado pode encontrar referências no trabalho de McLaughlin (2001). Conforme já mencionado, em princípio, qualquer função real não decrescente, contínua à direita, que satisfaz às Equações 7 e 8 do Capítulo 5 é a FDA de alguma variável aleatória (Gnedenko, 1969, p. 133), de modo que não é surpresa a sua abundância. A sua utilidade é a questão relevante.

Ao longo da história a apresentação de variáveis aleatórias tem seguido a forma de descrição de sua fdp (da qual sua FDA pode ser determinada, por integração) e sua utilidade tem sido medida pela qualidade de ajustamento a dados empiricamente observados, em especial quando as distribuições já conhecidas apresentem falhas de ajustamento. Assim, novas distribuições são sugeridas, por se ajustarem melhor a determinados dados.

Várias distribuições existentes são generalizadas pela incorporação de parâmetros adicionais, modificando sua capacidade de ajustamento aos dados. Assim, veem-se distribuições como a Logística generalizada (ou Logística assimétrica), Normal generalizada, Gama generalizada e tantas outras.

Outro expediente utilizado, por necessidades muitas vezes teóricas, é a determinação da fdp (ou da FDA) da inversa (ou recíproco, isto, é, $Y = \frac{1}{X}$) de uma variável aleatória descrita por alguma distribuição conhecida. Assim, veem-se distribuições como a Inversa Hipergeométrica, a Inversa Gaussiana, a Inversa Beta, a Inversa Gama, a Inversa Qui-Quadrado, etc.

O matemático britânico Karl Pearson (1857-1936), deparando-se com conjuntos de dados empíricos (mensurações biológicas, físicas, econômicas, antropológicas, demográficas, etc.) não ajustados à distribuição Normal, procurou teorizar a respeito, propondo hipóteses que explicassem o surgimento de distribuições assimétricas, ou simétricas mas não Normais, ambas consideradas por Pearson tipos básicos distintos da distribuição Normal (Pearson, 1893). Mais tarde, ampliou suas especulações, propondo hipóteses para dados limitados (à esquerda, à direita ou ambos), evidenciando que distintas fdp emergem a partir de soluções da equação diferencial $\frac{1}{y}\frac{dy}{dx} = \frac{-x}{c_1 + c_2 x + c_3 x^2}$, dependendo dos valores de seus parâmetros, ampliando o leque de curvas para cinco tipos fundamentais, incluindo a curva Normal (Pearson, 1895), mais tarde expandido para sete tipos e diversos subtipos (Pearson, 1901) até doze tipos, usando equações diferenciais mais genéricas (Pearson, 1916). Várias distribuições apresentadas anteriormente podem ser rotuladas como casos especiais da tipologia proposta por Pearson.

Seguindo mais ou menos a mesma linha de raciocínio de Pearson, Burr (1942) argumenta que a FDA é uma função de melhor tratamento teórico para o ajustamento de dados empíricos e propõe uma série de FDA, satisfazendo a equação diferencial $\frac{dF(x)}{dx} = F(x)(1 - F(x))g(x, F(x))$, onde $g(x, F(x)) > 0$. Escolhendo $g(x, F(x))$ apropriadamente, chega-se a diferentes funções $F(x)$. Em seu artigo original, o autor oferece doze FDA (Burr, 1942).

EXERCÍCIOS

1. Considere uma base de dados de alguma pesquisa em que você está ou esteve envolvido, ou ainda uma base de dados com a qual você esteja familiarizado.
    1.1. Quais os objetivos gerais da pesquisa?
    1.2. Descreva sucintamente a base de dados.
    1.3. Considere alguma variável discreta existente na base e a represente por um gráfico de barras.
    1.4. Há algum modelo teórico apresentado cujo gráfico de sua lei de distribuição seja semelhante ao gráfico de barras?
    1.5. Considere alguma variável contínua existente na base e a represente por um histograma.
    1.6. Há algum modelo teórico apresentado cujo gráfico de sua fdp seja semelhante ao gráfico de barras?
2. Usando alguma planilha de cálculo de sua preferência, para valores de N e m de sua escolha:
    2.1 Determine o gráfico da lei de distribuição da distribuição HiperGeom$(N, m, 1)$.
    2.2 Determine o gráfico da lei de distribuição Bernoulli$\left(\frac{m}{N}\right)$.
    2.3 Como os gráficos se comparam?
3. Usando alguma planilha de cálculo de sua preferência:
    3.1 Determine o gráfico da fdp da distribuição Beta(1,1).
    3.2 Determine o gráfico da fdp da distribuição $U(0,1)$.
    3.3 Como os gráficos se comparam?
    3.4 Determine o gráfico da fdp da distribuição Beta(1,2).
    3.5 Determine o gráfico da fdp da distribuição Triang(0,1,0).
    3.6 Como os gráficos se comparam?
    3.7 Determine o gráfico da fdp da distribuição Beta(2,1).
    3.8 Determine o gráfico da fdp da distribuição Triang(0,1,1).
    3.9 Como os gráficos se comparam?
4. Usando alguma planilha de cálculo de sua preferência, para valores de $k > 0$ inteiro e β de sua escolha:
    4.1 Determine o gráfico da fdp da distribuição Gama(k, β).
    4.2 Determine o gráfico da fdp da distribuição Erlang$\left(k, \frac{1}{\beta}\right)$.
    4.3 Como os gráficos se comparam?
    4.4 Determine o gráfico da fdp da distribuição Gama$(1, \beta)$.
    4.5 Determine o gráfico da fdp da distribuição Expon$\left(\frac{1}{\beta}\right)$.
    4.6 Como os gráficos se comparam?

5. Usando alguma planilha de cálculo de sua preferência, para valores de v inteiro de sua escolha:

   5.1 Determine o gráfico da fdp da distribuição Gama $\left(\frac{v}{2}, 2\right)$.

   5.2 Determine o gráfico da fdp da distribuição $\chi^2(v)$.

   5.3 Como os gráficos se comparam?

Capítulo 7
Inferência estatística: análise monovariada

Neste capítulo, apresentamos os conceitos relacionados à estatística inferencial. Conforme já salientado no Capítulo 1, a estatística inferencial emerge da utilização da teoria de probabilidades no estudo das relações existentes entre populações e amostras delas retiradas. Engloba, assim, um conjunto de teoremas, modos de raciocínios e métodos utilizados no tratamento e análise de dados quantitativos. Iniciamos estabelecendo alguns conceitos relacionados à variabilidade das estatísticas amostrais.

Convida-se gentilmente o leitor a rever a seção Amostras e Populações na página 38. Lembre que o termo representatividade da amostra é uma questão mais metodológica do que estatística, pois se avalia a representatividade da amostra **qualitativamente**, checando – e validando – os procedimentos de amostragem. A estatística inferencial (e este capítulo, evidentemente) se preocupará com a generalização em si, possibilitada pelo exame da amostra em lugar da população; isto é, questionará em que medida uma estatística encontrada na amostra – verificada concretamente – é válida para representar o estado da população de interesse – abstratamente, não verificada concretamente. A preocupação fundamental é, então, a de validar **quantitativamente** a generalização, chegando-se ao âmago do problema da estatística inferencial: **medir** a qualidade da inferência.

Como em qualquer processo de mensuração, nos deparamos com o problema de verificar proximidades entre uma medida concreta – a estatística amostral – com um valor desconhecido – o parâmetro populacional.[1] Em processos comuns de mensuração, como visto na seção Fidedignidade dos Instrumentos (página 24 do Capítulo 1), desenvolve-se uma teoria de erros de mensuração. Aplicada à relação entre amostras e populações, prefere-se o termo **erros de amostragem**, isto é, erros incorridos ao usar estatísticas amostrais como parâmetros populacionais.

BRINCANDO COM A INFORMAÇÃO PERFEITA

Considere-se um pequeno exemplo concreto, suficientemente simples para ilustrar a questão fundamental da variabilidade de uma estatística amostral.[2] O exemplo é

---

[1] Para referir a uma medida da população, prefere-se o termo parâmetro. Usa-se o termo estatística, em um sentido genérico, para uma medida encontrada na amostra.
[2] Variabilidade entre amostras distintas, como veremos.

propositadamente feito com pequenos números, amigáveis e bem comportados, em que assumimos informação perfeita, isto é, sem erros de mensuração, e completa, isto é, conhecemos a população toda. Estamos como que a brincar de Deus, pois Ele sabe tudo de tudo!

Exemplo 1

Imagine-se uma população composta por 10 indivíduos,[3] identificados pelos rótulos A, B, C, D, E, F, G, H, I e J. Imagine-se que haja uma medida de interesse, cada indivíduo em nossa população tendo um valor correspondente, por simplicidade, assumindo que a medida do indivíduo A seja igual a 1, a medida do indivíduo B seja igual a 2, e assim por diante, a medida do indivíduo J sendo igual a 10. A **Figura 1** apresenta uma ilustração da população considerada e a **Tabela 1** identifica as medidas respectivas de cada indivíduo na população.

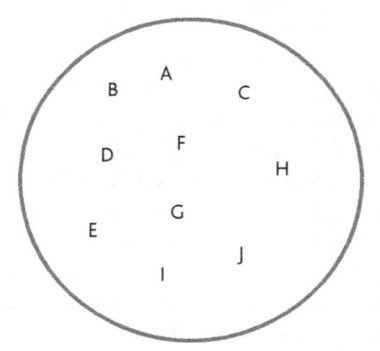

FIGURA 1 População de dez indivíduos.
Fonte: Elaborada pelo autor.

TABELA 1 Medidas dos indivíduos da população

Indivíduo	Medida
A	1
B	2
C	3
D	4
E	5
F	6
G	7
H	8
I	9
J	10

Fonte: Elaborada pelo autor.

---

[3] Apenas 10, lembre-se que o exemplo é para ser simples...

Pode-se constatar facilmente que a média das medidas na população é igual a 5,5. Agora suponha que você está encarregado de ir a campo e entrevistar 4 indivíduos, tomando-lhes sua medida e determinando a média das medidas dentre esses quatro indivíduos selecionados. No jargão de amostragem, diz-se retirar uma amostra de tamanho $n = 4$. A liberdade de escolha dos quatro indivíduos é total, qualquer grupo de quatro indivíduos pode ser escolhido. Qual a sua escolha? Digamos que você tenha escolhido os indivíduos A, F, C e H. Suas medidas são, respectivamente, 1, 6, 3 e 8, com média igual a $\bar{X} = 4,5$. Como esta média se compara com a média populacional?

Agora suponha que se solicite a outra pessoa que faça a mesma coisa, isto é, que vá a campo e entreviste 4 indivíduos, tomando-lhes sua medida e determinando a média das medidas dentre os quatro indivíduos selecionados. Por uma questão de equidade, dá-se total liberdade de escolha dos quatro indivíduos, e qualquer grupo de quatro indivíduos pode ser escolhido. Qual seria a nova escolha? Digamos que se tenha escolhido os indivíduos B, A, G e I. Suas medidas são, respectivamente, 2, 1, 7 e 9, com média igual a $\bar{X} = 4,75$. Como esta média se compara com a média populacional?

Repare que temos em mãos duas informações distintas, baseadas em duas amostras distintas, mas de mesmo tamanho $n = 4$, retiradas da mesma forma, da mesma população, com a mesma liberdade de escolha dos indivíduos, $\bar{X}_1 = 4,5$ e $\bar{X}_2 = 4,75$. Qual das duas informações é mais confiável, como base inferencial para a média populacional? Lembre-se que em situações práticas factuais semelhantes não se tem conhecimento do valor da média dos indivíduos na população.

Ampliando um pouco mais nosso campo de visão, suponha que se solicite a uma terceira pessoa que faça a mesma coisa, isto é, que vá a campo e entreviste 4 indivíduos, tomando-lhes sua medida e determinando a média das medidas dentre os quatro indivíduos selecionados. Novamente, por uma questão de equidade, dá-se total liberdade de escolha dos quatro indivíduos, de modo que qualquer grupo de quatro indivíduos pode ser escolhido. Qual seria a nova escolha? Digamos que se tenha escolhido os indivíduos H, D, I e C. Suas medidas são, respectivamente, 8, 4, 9 e 3, com média igual a $\bar{X}_3 = 6$. Como essa média se compara com a média populacional? Temos mais um valor para a média amostral. Qual é o valor mais confiável como base inferencial para a média populacional?

A esta altura, você já deve ter compreendido a provocação do exercício. Há várias escolhas possíveis para uma amostra de tamanho $n = 4$ de uma população de tamanho $N = 10$, cada uma delas oferecendo um valor, quiçá distinto, para a estatística $\bar{X}$. E, se as condições de escolha forem idênticas – nossa base **qualitativa** de avaliação da representatividade da amostra –, nenhuma delas será mais confiável como base de inferência do que as outras.

Tem-se, de fato, que a estatística $\bar{X}$ está mais para variável do que para constante, não? Esta é a chave para a compreensão do processo de inferência estatística: estatísticas amostrais devem ser tratadas como **variáveis**, pois **variam** conforme a amostra varia.

Isso é um tanto chocante, pois sempre nos acostumamos a perceber uma estatística como uma coisa certa, precisa, cujos cálculos podem ser revisados e confirmados. E de fato o são. A média das medidas **da** amostra A, F, C e H é igual a $\bar{X} = 4,5$. Repare na sutileza da colocação: dada uma amostra, suas estatísticas são precisas. A variabilidade que estamos a tratar é a **variabilidade entre amostras** possíveis. Variando a amostra, a estatística pode variar.

Mas podemos nos perguntar de que modo se dá essa variação. Para começar, quantas amostras de tamanho $n = 4$ podem ser retiradas de uma população de tamanho $N = 10$? Os números podem surpreender: trata-se de verificar o número de combinações de 10 elementos tomados 4 a 4, ou seja, $C_{10}^4 = \frac{10!}{4!(10-4)!} = \frac{10 \times 9 \times 8 \times 7}{4 \times 3 \times 2} = 210$.[4] Com o auxílio de nossos computadores não é tão difícil enumerar todas elas, verificando todos os valores possíveis para a estatística $\bar{X}$, o que se pode caracterizar como uma população de amostras. Algumas amostras terão valores iguais para a estatística, ainda que sejam amostras distintas. É o caso, por exemplo, das amostras A, F, C e H e B, E, D e G, que, embora distintas, enquanto grupo de indivíduos, têm médias iguais a $\bar{X} = 4{,}5$. A **Tabela 2** a seguir resume a distribuição da variável $\bar{X}$, isto é, a distribuição de frequências de todos os possíveis valores para a estatística $\bar{X}$. A **Figura 2** mostra o histograma correspondente.

TABELA 2 Distribuição de frequências da variável $\bar{X}$ – Amostras de tamanho 4

X	Frequência	%
2,5	1	0,48
2,75	1	0,48
3	2	0,95
3,25	3	1,43
3,5	5	2,38
3,75	6	2,86
4	9	4,29
4,25	10	4,76
4,5	13	6,19
4,75	14	6,67
5	16	7,62
5,25	16	7,62
5,5	18	8,57
5,75	16	7,62
6	16	7,62
6,25	14	6,67
6,5	13	6,19
6,75	10	4,76
7	9	4,29
7,25	6	2,86
7,5	5	2,38
7,75	3	1,43
8	2	0,95
8,25	1	0,48
8,5	1	0,48
Total	210	100

Fonte: Elaborada pelo autor.

---

[4] Veja porque escolhemos um exemplo pequeno. Se tivéssemos pensado em uma população de tamanho $N = 100$, o número de amostras de tamanho $n = 4$ chegaria a 3.921.225.

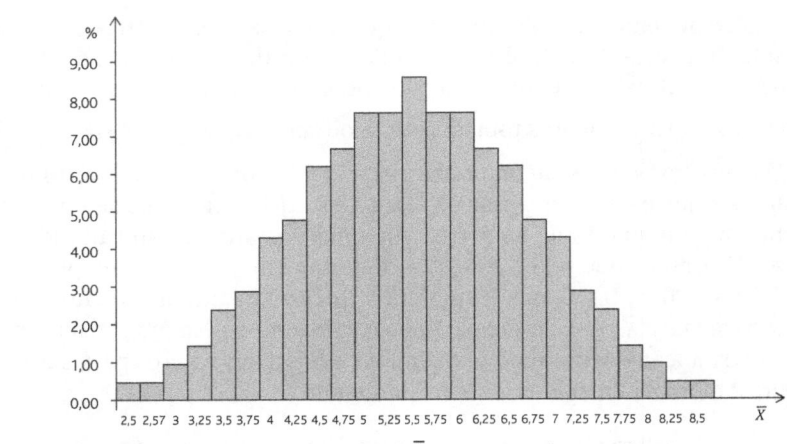

FIGURA 2 Histograma da variável $\bar{X}$ — amostras de tamanho 4.
Fonte: Elaborada pelo autor.

VARIABILIDADE DAS ESTATÍSTICAS AMOSTRAIS

Saltam aos nossos olhos algumas constatações interessantes. Por exemplo, o valor mais provável (a moda) da variável $\bar{X}$ é igual a 5,5. Mais importante, a média da variável $\bar{X}$ é igual a 5,5. Como esses valores se comparam com a média populacional? Surpreendente? Essa é uma propriedade fundamental das operações aritméticas embutidas na definição da média. A média das médias será sempre igual à média dos indivíduos na população.

Repare a sutileza da terminologia utilizada, com distintos significados para a palavra média: a média populacional das médias amostrais, isto é, a média das médias de todas as amostras possíveis, a média na população de amostras, é igual à média da variável na população de indivíduos. Estamos falando de duas variáveis distintas, uma, variando na população de indivíduos – a população original de interesse – e outra variando na população de amostras – uma população concretizada neste pequeno exemplo, mas apenas abstraída, imaginada, em exemplos reais: o conjunto de todas as amostras possíveis.[5] A **Figura 3** a seguir apresenta a relação entre as duas variáveis de forma esquemática.

Chega-se, assim, à importante constatação de que as estatísticas **podem** variar de uma amostra para outra. Isso acontece com qualquer estatística, embora nosso exemplo focalize apenas a variação das médias amostrais. O mesmo fenômeno seria observado caso a estatística de interesse fosse, por exemplo, a amplitude (diferença entre o maior e o menor valor), alguma proporção de interesse, o desvio-padrão, a variância, a moda, etc. Teríamos uma distribuição de frequências e um histograma para cada uma delas, talvez com algumas características ímpares.

---

[5] A população de amostras pode tomar dimensões gigantescas, mesmo com valores modestos para N (tamanho da população de interesse) e n (tamanho da amostra), como se percebe na nota de rodapé anterior.

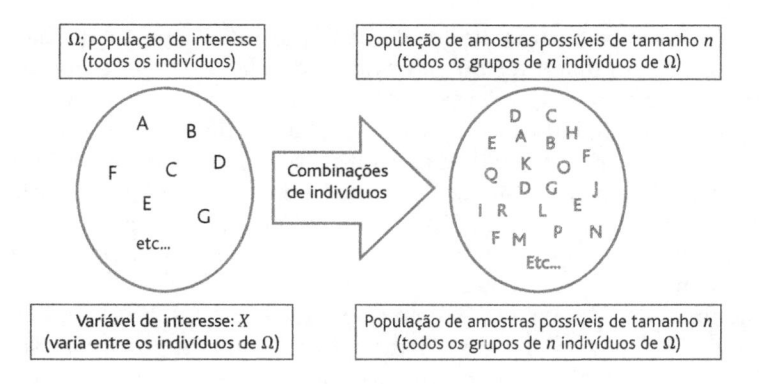

FIGURA 3 Esquema de relacionamento entre variáveis populacionais e estatísticas amostrais.
Fonte: Elaborada pelo autor.

A título de ilustração, a **Figura 4** apresenta o histograma do desvio-padrão amostral, a variável s, para os dados do Exemplo 1.

Embora o gráfico não seja tão bonito, tão simétrico, com curvas tão suaves quanto o gráfico apresentado na **Figura 2**, percebe-se claramente a variabilidade da variável s, flutuando ao redor do valor do desvio-padrão populacional, igual a 2,87 em nosso exemplo. Deve ser ressaltado, entretanto, que a média dos desvios-padrões amostrais, ou seja, a média da variável s, não é igual ao valor do desvio-padrão populacional.[6]

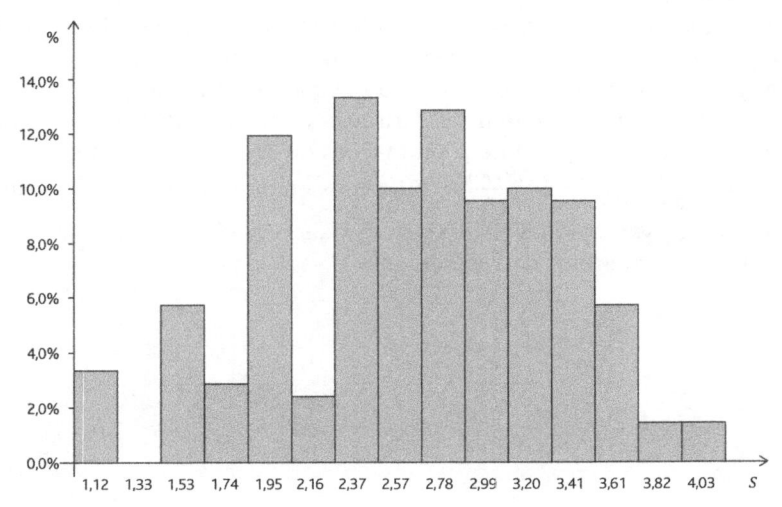

FIGURA 4 Histograma da variável s para os dados do Exemplo 1.
Fonte: Elaborada pelo autor.

---

[6] Diz-se, tecnicamente, que s é um estimador enviesado de σ. O conceito formal será apresentado e explorado um pouco mais adiante.

Voltemos aos resultados do Exemplo 1. Percebe-se que há valores de $\bar{X}$ um tanto quanto distantes do valor da média da variável na população. Os valores mais distantes correspondem às amostras mais extremas, A, B, C e D, com média igual a 2,5, e G, H, I e J, com média igual a 8,5, mas estes são relativamente raros. Isto é, a maioria das médias concentra-se em torno do valor 5,5. Se impusermos uma estrutura probabilista à escolha da amostra, poderíamos dizer que a chance de encontrar um valor de $\bar{X}$ distante 3 unidades ou mais da média da variável na população é de apenas 0,96%, ou, mais formalmente, $P(|\bar{X} - 5,5| \geq 3) = 0,0096$. Em contraposição, a chance de encontrar um valor de $\bar{X}$ distante 2 unidades ou menos da média da variável na população é de 93,33%, ou, mais formalmente, $P(|\bar{X} - 5,5| \leq 2) = 0,9333$. Formalmente, ao se impor uma estrutura probabilista à escolha da amostra, passa-se a tratar a variável de interesse como uma variável aleatória (no caso particular do exemplo, distribuída Uniformemente, com apenas 10 possíveis valores), cujo valor esperado, $E(X)$, corresponde à média dos indivíduos na população. A variável $\bar{X}$ deve também ser considerada como uma variável aleatória, cujo valor esperado, $E(\bar{X})$, corresponde à média das médias amostrais. A propriedade fundamental da média pode ser então formalizada:

$$E(\bar{X}) = E(X). \tag{1}$$

Vejamos agora outro exemplo.

Exemplo 2

Trabalhando com os mesmos dados e suposições iniciais do Exemplo 1, suponha agora que você esteja encarregado de ir a campo e retirar uma amostra de tamanho $n = 5$, determinando a média das medidas da amostra.[7] Quantas amostras de tamanho $n = 5$ podem ser retiradas de uma população de tamanho $N = 10$? A resposta é o número de combinações de 10 elementos tomados 5 a 5, ou seja, $C_{10}^5 = \frac{10!}{5!(10-5)!} = \frac{10 \times 9 \times 8 \times 7 \times 6}{5 \times 4 \times 3 \times 2} = 252$. Após enumerar todas elas, resume-se a informação relevante na **Tabela 3** a seguir, a distribuição da nova variável $\bar{X}$.[8] A **Figura 5** mostra o histograma correspondente.

---

[7] Dir-se-ia que o orçamento da pesquisa de campo foi incrementado em 25%.
[8] Trata-se de uma variável distinta da anterior, pois é baseada em amostragens de tamanho 5.

TABELA 3 Distribuição de frequências da variável $\bar{X}$ – Amostras de tamanho 5

$\bar{X}$	Frequência	%
3	1	0,40
3,2	1	0,40
3,4	2	0,79
3,6	3	1,19
3,8	5	1,98
4	7	2,78
4,2	9	3,57
4,4	11	4,37
4,6	14	5,56
4,8	16	6,35
5	18	7,14
5,2	19	7,54
5,4	20	7,94
5,6	20	7,94
5,8	19	7,54
6	18	7,14
6,2	16	6,35
6,4	14	5,56
6,6	11	4,37
6,8	9	3,57
7	7	2,78
7,2	5	1,98
7,4	3	1,19
7,6	2	0,79
7,8	1	0,40
8	1	0,40
Total	252	100

Fonte: Elaborada pelo autor.

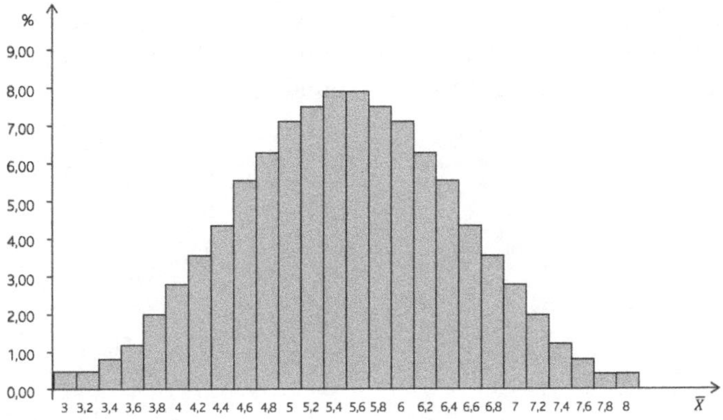

FIGURA 5 Histograma da variável $\bar{X}$ – amostras de tamanho 5.
Fonte: Elaborada pelo autor.

O que se observa nestes dados? O valor mais provável (a moda) da variável $\bar{X}$ é também igual a 5,5, assim como sua média. Há valores de $\bar{X}$ um tanto quanto distantes do valor da média da variável na população. Os valores mais distantes correspondem às amostras mais extremas, A, B, C, D e E, com média igual a 3, e F, G, H, I e J, com média igual a 8, mas estes são relativamente raros. Isto é, a maioria das médias concentra-se em torno do valor 5,5. Se impusermos uma estrutura probabilista à escolha da amostra, poderíamos dizer que a chance de encontrar um valor de $\bar{X}$ distante 3 unidades ou mais do valor de $E(X)$ (o valor da média da variável na população) é nula, ou, mais formalmente, $P(|\bar{X} - E(X)| \geq 3) = 0$. Em contraposição, a chance de encontrar um valor de $\bar{X}$ distante 2 unidades ou menos do valor de $E(X)$ é de 96,83%, ou, mais formalmente, $P(|\bar{X} - E(X)| \leq 2) = 0,9683$.

Efeito do tamanho da amostra

A comparação dos resultados do Exemplo 1 e do Exemplo 2 enseja outra constatação, um tanto mais sutil: o efeito do tamanho da amostra na variabilidade da estatística amostral. Há variabilidade em um e em outro caso, mas a variabilidade da variável $\bar{X}$ é menor quando o tamanho da amostra é maior. Para compreender com mais clareza a questão, é conveniente explorar um pouco mais os dados de nosso exemplo.

Exemplo 3

Continuemos trabalhando com os mesmos dados e suposições iniciais do Exemplo 1, mas suponha agora que o orçamento da pesquisa de campo tenha sido ainda mais generoso, e possamos agora retirar amostras de tamanho $n = 6$, determinando a média das medidas da amostra. Quantas amostras de tamanho $n = 6$ podem ser retiradas de uma população de tamanho $N = 10$? O número de combinações de 10 elementos tomados 6 a 6 é igual a $C_{10}^6 = \frac{10!}{6!(10-6)!} = \frac{10 \times 9 \times 8 \times 7}{4 \times 3 \times 2} = 210$, o mesmo número de amostras de tamanho $n = 4$, o que não chega a surpreender, dada a simetria do problema combinatório.[9] Após enumerar todas elas, resume-se a informação relevante na **Tabela 4** a seguir, a distribuição da novíssima variável $\bar{X}$. A **Figura 6** mostra o histograma correspondente.

---

[9] Organizar grupos de 6 indivíduos é equivalente a organizar grupos de 4 indivíduos, se o número total de indivíduos é igual a 10.

TABELA 4 Distribuição de frequências da variável $\bar{X}$ – Amostras de tamanho 6

$\bar{X}$	Frequência	%
3,5	1	0,48
3,7	1	0,48
3,8	2	0,95
4,0	3	1,43
4,2	5	2,38
4,3	6	2,86
4,5	9	4,29
4,7	10	4,76
4,8	13	6,19
5,0	14	6,67
5,2	16	7,62
5,3	16	7,62
5,5	18	8,57
5,7	16	7,62
5,8	16	7,62
6,0	14	6,67
6,2	13	6,19
6,3	10	4,76
6,5	9	4,29
6,7	6	2,86
6,8	5	2,38
7,0	3	1,43
7,2	2	0,95
7,3	1	0,48
7,5	1	0,48
Total	210	100

Fonte: Elaborada pelo autor.

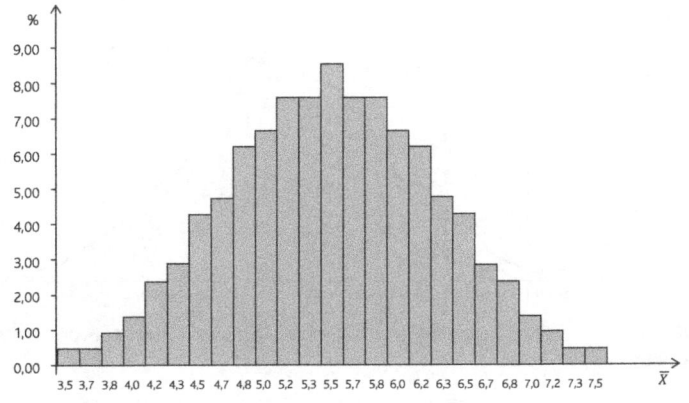

FIGURA 6 Histograma da variável $\bar{X}$ – amostras de tamanho 6.
Fonte: Elaborada pelo autor.

Os três gráficos (**Figura 2**, **Figura 5** e **Figura 6**) são semelhantes, e a percepção fica melhor quando justapostos, colocados em mesma escala. É o que é feito na **Figura 7** a seguir, utilizando gráficos de ogivas a partir dos histogramas correspondentes.[10]

Observa-se claramente o efeito do aumento do tamanho da amostra na distribuição da variável $\bar{X}$. Na medida em que o tamanho da amostra aumenta, a variável $\bar{X}$ se agrupa mais em torno do valor de $E(X)$, diminuindo sua variância. Se impusermos uma estrutura probabilista à escolha da amostra, pode-se dizer que a chance de encontrar um valor de $\bar{X}$ distante de $E(X)$ diminui com o aumento do tamanho da amostra. Em contraposição, a chance de encontrar um valor de $\bar{X}$ próximo de $E(X)$ se vê aumentada. Veremos adiante mais formalmente como se dá essa relação entre a variância de $\bar{X}$ e o tamanho da amostra, n.

Distribuição amostral

O embasamento teórico da estatística inferencial se dá ao impor uma estrutura probabilística ao processo de amostragem. Se o processo de amostragem não é viciado, isto é, se não há favorecimento de qualquer espécie para qualquer indivíduo fazer parte da amostra, a suposição é bem razoável. Afinal, nesse caso, qualquer uma das tantas amostras possíveis poderia ser escolhida para representar o todo.

Em situações bem particulares, quando se tem em mãos informações precisas a respeito de todos os indivíduos da população de interesse, como uma listagem completa dos indivíduos, por exemplo, a ausência de viés pode ser obtida sorteando aleatoriamente os elementos que farão parte da amostra. Ou seja, deixa-se ao acaso a escolha, sem qualquer influência do pesquisador. Diz-se, nesse caso, que o processo de amostragem é aleatório.

Deve ser ressaltado, entretanto, que raramente se tem à disposição uma listagem completa dos indivíduos na população de interesse. Na maior parte das apli-

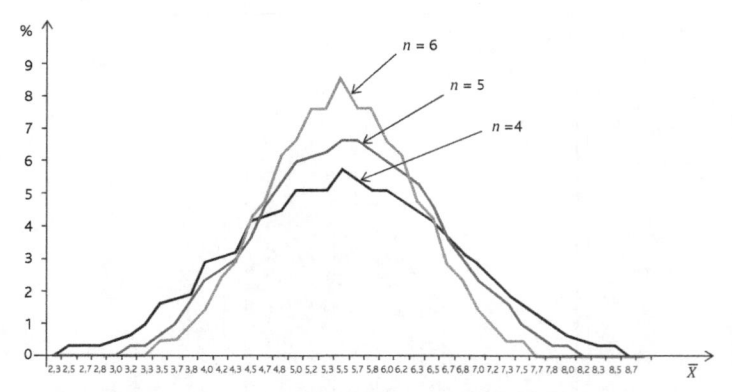

FIGURA 7 Ogivas dos histogramas da variável Fórmula – amostras de tamanho 4, 5 e 6.
Fonte: Elaborada pelo autor.

---

[10] Gráficos de ogivas são linhas conectando os pontos médios superiores de todas as barras verticais dos histogramas.

cações, a representatividade da amostra é presumida, estabelecendo-se protocolos de amostragem que parecem, salvo melhor juízo, não viciados. A estrutura probabilista é **julgada**, portanto, adequada.[11]

Nessa perspectiva, pode-se falar em uma distribuição de probabilidades para a variável de interesse na população de interesse, tratando, portanto, a variável de interesse como uma variável aleatória. Da mesma forma, pode-se falar em uma distribuição de probabilidades para a estatística de interesse na população de amostras possíveis.[12] Tal distribuição é chamada de **distribuição amostral** da estatística de interesse. Se representarmos por X a variável na população, falaremos de distribuição amostral de $\bar{X}$, por exemplo. A distribuição amostral de uma estatística permitirá calcular probabilidades envolvendo a estatística (tomada como variável aleatória). O esquema da **Figura 3** poderia ser complementado, como apresentado na **Figura 8** a seguir.

Ambas as distribuições são ligadas, evidentemente, como ilustrado em nosso Exemplo 1. Pois, se tivéssemos escolhido outros números para as medidas dos indivíduos, isto é, se os dados da **Tabela 1** fossem outros, as distribuições da variável $\bar{X}$, ilustradas pelos diversos gráficos apresentados, seriam distintas. A estatística

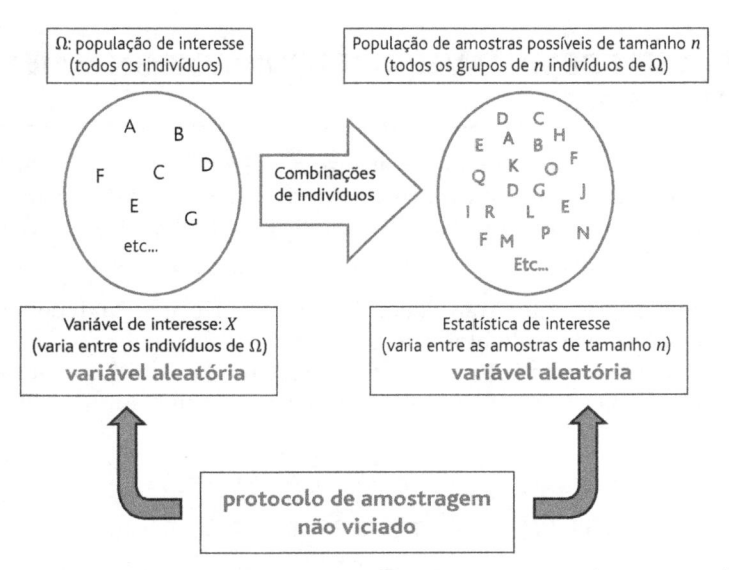

FIGURA 8 Indução de aleatoriedade nas estatísticas amostrais a partir da presunção de ausência de viés no protocolo de amostragem.
Fonte: Elaborada pelo autor.

---

[11] Mesmo nas situações "bem comportadas", em que há uma listagem à disposição, há **juízos** de valor envolvidos, como, por exemplo, a escolha do dispositivo de sorteio. Como nenhum dispositivo é perfeito, a aleatoriedade não pode ser tomada como garantida, sendo, de fato, presumida. São agruras dos pontos de tangência entre análise quantitativa e análise qualitativa...

[12] Ou seja, o processo de amostragem não viciado induz estruturas probabilistas tanto na variável de interesse na população de interesse como na estatística de interesse, percebida como variável (entre amostras possíveis).

inferencial evidenciará, em uma linguagem técnica e precisa, a relação entre as distribuições, como veremos mais adiante. A linguagem utilizada é a linguagem da matemática, exata, na forma de teoremas, que nada mais são do que expressões do tipo "se... então...". Isto é, fazem-se suposições sobre a distribuição da variável X na população de indivíduos e conclui-se algo a respeito da distribuição amostral. Uma amostragem aleatória de tamanho n, por exemplo, será interpretada como uma sequência de n variáveis aleatórias, $X_1, X_2, \ldots, X_n$, cada uma delas distribuídas segundo a distribuição da variável X, independentes entre si. No jargão da estatística, são variáveis *iid*, **independentes e identicamente distribuídas**. Independentes, pois a escolha de um indivíduo não afeta a possibilidade de escolha de outro, e identicamente distribuídas, pois todos os indivíduos selecionados fazem parte da mesma população. Mas não se deixe enganar: por detrás de tudo estará sempre a grande suposição de aleatoriedade das variáveis, induzida pela ausência de viés do processo de amostragem.

E se houver vício no processo de amostragem? Não há alternativa senão desconsiderar completamente os resultados. O teorema pode ser preciso, mas se suas suposições não são válidas, suas conclusões não têm qualquer significado.

AMOSTRAGEM DE VARIÁVEL DISTRIBUÍDA NORMALMENTE – INFERÊNCIA SOBRE μ

Como uma primeira ilustração, apresenta-se a relação entre a distribuição amostral de médias quando a variável de interesse é distribuída Normalmente na população. Mais formalmente, suponha-se que a variável $X \sim N(\mu, \sigma)$. Neste caso, a variável $\bar{X} = \frac{\sum_{i=1}^{n} X_i}{n}$ distribui-se Normalmente com parâmetros μ e $\frac{\sigma}{\sqrt{n}}$, isto é, $\bar{X} \sim N\left(\mu, \frac{\sigma}{\sqrt{n}}\right)$, pois qualquer combinação linear de variáveis Normais independentes também é Normal, conforme salientado no Capítulo 5.

É fácil ver a relação entre os parâmetros, a partir das propriedades do valor esperado e da variância, também já apresentadas no Capítulo 5. Tem-se que:

$$E(\bar{X}) = E\left(\frac{\sum_{i=1}^{n} X_i}{n}\right) = \frac{1}{n} E(\sum_{i=1}^{n} X_i),$$

pela Equação 50 do Capítulo 5. Pela Equação 48 do mesmo Capítulo 5, tem-se que:

$$E(\sum_{i=1}^{n} X_i) = \sum_{i=1}^{n} E(X_i).$$

Mas $E(X_i) = E(X)$ para todo $i = 1, 2, \ldots, n$, pois as variáveis X_i são identicamente distribuídas. Logo,

$$E(\bar{X}) = \frac{1}{n} \sum_{i=1}^{n} E(X) = \frac{1}{n}\left(nE(X)\right) = E(X) = \mu. \tag{2}$$

Por outro lado,

$$V(\bar{X}) = V\left(\frac{\sum_{i=1}^{n} X_i}{n}\right) = \frac{1}{n^2} V(\sum_{i=1}^{n} X_i),$$

pela Equação 61 do Capítulo 5. Pela Equação 60 do mesmo Capítulo 5, tem-se que:

$$V(\sum_{i=1}^{n} X_i) = \sum_{i=1}^{n} V(X_i),$$

pois as variáveis X_i são independentes entre si. Tem-se ainda que $V(X_i) = V(X)$ para todo $i = 1, 2, \ldots, n$, pois as variáveis X_i são identicamente distribuídas. Logo,

$$V(\bar{X}) = \frac{1}{n^2} \sum_{i=1}^{n} V(X) = \frac{1}{n^2} (nV(X)) = \frac{V(X)}{n} = \frac{\sigma^2}{n} \qquad (3)$$

e

$$\sqrt{V(\bar{X})} = \frac{\sigma}{\sqrt{n}}. \qquad (4)$$

A relação teórica é forte (e inescapável)! **Se** a variável de interesse se distribui Normalmente na população de indivíduos **então** a distribuição das médias amostrais também se distribui Normalmente na população de amostras. Mais: o valor esperado das médias amostrais, $E(\bar{X})$, é igual ao valor esperado da variável de interesse, $E(X)$, consubstanciado na Equação 2. Mais ainda: o desvio-padrão das médias amostrais, $\sqrt{V(\bar{X})}$, é igual ao desvio-padrão da variável de interesse, σ, dividido pela raiz quadrada do tamanho da amostra, n, evidenciado pela Equação 4. Deduz-se facilmente que a variabilidade das médias amostrais diminui na medida em que o tamanho da amostra aumenta, mais precisamente, diminui na razão inversa da raiz quadrada do tamanho da amostra. A **Figura 9** a seguir ilustra a relação entre as distribuições.

Vejamos um exemplo para ilustrar a força da relação teórica recém-apresentada.

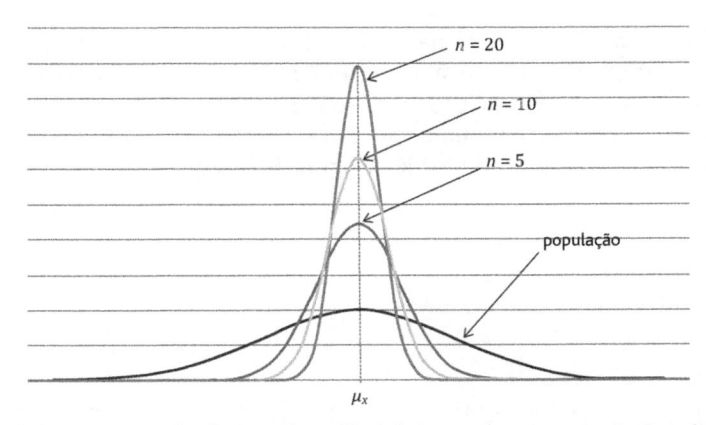

FIGURA 9 Relação entre a distribuição da variável de interesse na população de indivíduos e as distribuições das médias amostrais de distintos tamanhos.
Fonte: Elaborada pelo autor.

Exemplo 4

Suponha-se que nossa variável de interesse seja Normalmente distribuída, com parâmetros μ e σ. Suponha-se ainda que $\sigma = 10$ e que não se conheça o valor de μ.[13] Retira-se uma amostra não viciada de tamanho $n = 50$, determinando-se a média amostral. Suponha-se que $\bar{X} = 130{,}5$. O que se pode inferir sobre o valor de μ?

A suposição de Normalidade da variável de interesse, X, combinada com a suposição de ausência de vício no procedimento de amostragem induz uma distribuição Normal para a variável $\bar{X}$. E, embora não se saiba qual o valor de μ, sabe-se que $E(\bar{X}) = E(X) = \mu$. Ou seja, a variável $\bar{X}$ distribui-se simetricamente em torno de μ, qualquer que seja seu valor, com maior probabilidade de estar próximo de seu valor do que distante de seu valor. Mais ainda, sabe-se que o desvio-padrão da variável $\bar{X}$ é dado por $\sqrt{V(\bar{X})} = \frac{\sigma}{\sqrt{n}} = \frac{10}{\sqrt{50}} = 1{,}414$. A partir dessas informações, pode-se avaliar com precisão as chances relativas, ou, mais tecnicamente, a probabilidade de que a média da amostra se situe a uma dada distância de μ, qualquer que seja essa distância.

Por exemplo, digamos que se deseje precisar a probabilidade de que a média da amostra esteja a uma distância não maior do que 3 unidades de μ. Mais formalmente, deseja-se determinar $P(|\bar{X} - \mu| \leq 3)$. Isso é o mesmo que determinar a probabilidade de que uma variável aleatória distribuída Normalmente, com média 0 e desvio-padrão 1 (Normal padrão), situe-se entre os valores $-2{,}121$ e $2{,}121$ (valores iguais a $\frac{-3}{1{,}414}$ e $\frac{3}{1{,}414}$, respectivamente). A equivalência pode ser evidenciada tomando-se a variável $Z = \frac{\bar{X}-\mu}{\frac{\sigma}{\sqrt{n}}} = \frac{\sqrt{n}(\bar{X}-\mu)}{\sigma}$, que nada mais é do que a padronização da variável $\bar{X}$. Assim,

$$\begin{aligned} P(|\bar{X} - \mu| \leq 3) &= P(|Z| \leq 2{,}121) \\ &= P(-2{,}121 \leq Z \leq 2{,}121) \\ &= \Phi(2{,}121) - \Phi(-2{,}121), \end{aligned}$$

onde Φ representa a FDA da variável Normal padrão. A função DIST.NORMP.N do Microsoft Excel© nos informa que $\Phi(2{,}121) = 0{,}983053$ e $\Phi(-2{,}121) = 0{,}016947$, de modo que $P(|\bar{X} - \mu| \leq 3) = 0{,}983053 - 0{,}016947 = 0{,}966105$. Ou seja, a probabilidade de que a média da amostra esteja a uma distância não maior do que 3 unidades de μ é igual a 96,61%. A **Figura 10** a seguir ilustra o conceito.

---

[13] Pode parecer estranho, à primeira vista, que se suponha o conhecimento de σ e não se conheça o valor de μ, na medida em que a expressão da variância da variável, $V(X) = \sigma^2$, envolve o valor de sua esperança, $E(X) = \mu$. Veremos mais tarde algumas situações em que tal situação possa emergir com mais naturalidade.

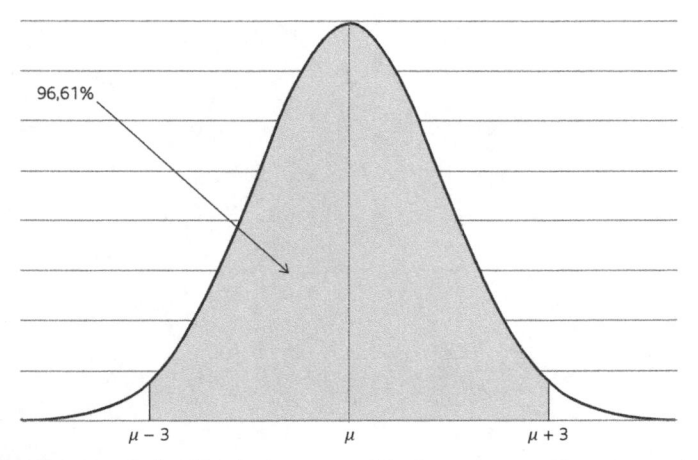

FIGURA 10 Probabilidade de que a média da amostra esteja no intervalo $(\mu - 3, \mu + 3)$ para uma amostra de $n = 50$ indivíduos, com $\sigma = 10$.
Fonte: Elaborada pelo autor.

Sob uma ótica informacional, o valor conhecido nessa equação é o valor $\bar{X}$, concretamente calculado com base na amostra colhida, igual a 130,5 em nosso exemplo, e o valor desconhecido é o valor μ, abstratamente conjecturado como parâmetro populacional. E a expressão "a média da amostra está a uma distância não maior do que 3 unidades de μ" é equivalente à expressão "μ está a uma distância não maior do que 3 unidades da média da amostra", pois são expressões logicamente simétricas, de modo que se pode interpretar a equação como uma expressão probabilista a respeito do valor μ. Assim, pode-se argumentar que a probabilidade de que μ, embora desconhecido, situe-se entre 127,5 e 133,5 (130,5 ± 3) é de 96,61%.[14] A **Figura 11** a seguir ilustra o conceito.

---

[14] Repare a sutileza do argumento. A variável aleatória é $\bar{X}$, para a qual a teoria permite o cálculo de probabilidades de expressões envolvendo valores correspondentes à sua variabilidade. O valor μ é uma constante, portanto uma não variável. Mas, realizada a amostragem não viciada, $\bar{X}$ é uma constante conhecida (para aquela particular amostra colhida) e μ é uma constante desconhecida. O desconhecimento de μ gera uma incerteza a seu respeito (lembre-se: a incerteza é uma propriedade de nosso conhecimento a respeito dos eventos e não dos eventos em si!), que será medida probabilisticamente. Infere-se o desconhecido a partir do conhecido.

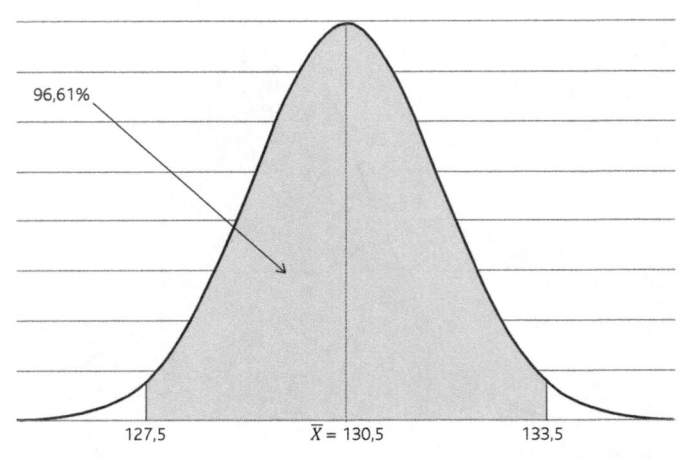

FIGURA 11 Probabilidade de que μ esteja no intervalo $(\bar{X} - 3, \bar{X} + 3)$ para uma amostra de $n = 50$ indivíduos, com $\sigma = 10$.
Fonte: Elaborada pelo autor.

Intervalo de confiança para μ (σ conhecido)

A estrutura de cálculo pode ser facilmente generalizada: para determinar a probabilidade de que a média da amostra de tamanho n esteja a uma distância não maior do que d unidades de μ, basta calcular $\Phi\left(\frac{d\sqrt{n}}{\sigma}\right) - \Phi\left(\frac{-d\sqrt{n}}{\sigma}\right)$, onde Φ representa a FDA da variável Normal padrão. Formalmente,

$$P(\bar{X} - d \leq \mu \leq \bar{X} + d) = \Phi\left(\frac{d\sqrt{n}}{\sigma}\right) - \Phi\left(\frac{-d\sqrt{n}}{\sigma}\right). \tag{5}$$

O intervalo $(\bar{X} - d, \bar{X} + d)$ é chamado de **intervalo de confiança** para μ, com σ conhecido. A Equação 5 fornece a probabilidade correspondente ao intervalo de confiança fixado pela distância d (repare que d representa a metade do comprimento do intervalo de confiança).

A Equação 5 pode ser invertida, isto é, fixada uma probabilidade p (uma confiança p), pode-se determinar a distância d que lhe corresponde. Ou seja, deseja-se o valor d tal que:

$$p = \Phi\left(\frac{d\sqrt{n}}{\sigma}\right) - \Phi\left(\frac{-d\sqrt{n}}{\sigma}\right). \tag{6}$$

A simetria da curva Normal evidencia que a Equação 6 é equivalente a:

$$p + \frac{1-p}{2} = \Phi\left(\frac{d\sqrt{n}}{\sigma}\right) \tag{7}$$

e d pode ser então obtido a partir da inversão da Equação 7, $\frac{d\sqrt{n}}{\sigma} = \Phi^{-1}\left(\frac{1+p}{2}\right)$, ou seja,

$$d = \frac{\sigma}{\sqrt{n}} \Phi^{-1}\left(\frac{1+p}{2}\right). \tag{8}$$

Por exemplo, usando os dados do Exemplo 4, isto é, tomando $\sigma = 10$ e $n = 50$, e a função INV.NORMP.N do Microsoft Excel©, tem-se

$$d = \frac{10}{\sqrt{50}} \Phi^{-1}\left(\frac{1+0,95}{2}\right) = \frac{10}{\sqrt{50}} \Phi^{-1}(0,975) = \frac{10 \times 1,959964}{7,071068} = 2,7718.$$ Ou seja, a probabilidade (confiança) de que o intervalo $(130,5 - 2,7718; 130, 5 + 2,7718) = (127,73; 133,27)$ contenha o valor μ é de 95%.

Usando a Equação 8 na Equação 5, tem-se a definição formal e genérica do intervalo de confiança (com probabilidade p) para μ, supondo σ conhecido:

$$P\left(\bar{X} - \frac{\sigma}{\sqrt{n}} \Phi^{-1}\left(\frac{1+p}{2}\right) \leq \mu \leq \bar{X} + \frac{\sigma}{\sqrt{n}} \Phi^{-1}\left(\frac{1+p}{2}\right)\right) = p. \quad (9)$$

Confianças utilizadas normalmente em aplicações técnicas e acadêmicas são 90%, 95% e 99%, embora a Equação 9 ofereça solução para qualquer valor de p.

Por conveniência notacional, mais tarde melhor ilustrada, prefere-se expressar a confiança (probabilística) do intervalo de confiança usando o símbolo $1 - \alpha$ em vez de p, ou seja, toma-se $1 - \alpha = p$ ou $\alpha = 1 - p$. O valor α será interpretado então como a falta de confiança no intervalo ou a probabilidade de que o intervalo determinado não contenha o valor de μ. A Equação 9 pode então ser escrita como:

$$P\left(\bar{X} - \frac{\sigma}{\sqrt{n}} \Phi^{-1}\left(1 - \frac{\alpha}{2}\right) \leq \mu \leq \bar{X} + \frac{\sigma}{\sqrt{n}} \Phi^{-1}\left(1 - \frac{\alpha}{2}\right)\right) = 1 - \alpha, \quad (10)$$

que é a forma usual de apresentação do intervalo de confiança para μ, com σ conhecido.[15]

Teste de hipótese sobre μ (σ conhecido)

Outra ilustração interessante refere-se à avaliação probabilística que pode ser realizada a respeito de especulações em torno do valor do parâmetro populacional, normalmente conhecida por teste de hipótese. Inicia-se com um exemplo ilustrativo.

Exemplo 5

As leis de proteção ao consumidor em vigência fazem com que os engarrafadores de bebidas se preocupem com a quantidade contida nas garrafas que vendem ao público. O fabricante de um equipamento de envase argumenta que seu equipamento oferece a vantagem de poder engarrafar diferentes tipos e tamanhos de garrafas, de 200 ml a 5.000 ml nominais, garantindo a precisão do processo de envase com uma variação mínima, para os padrões atuais do mercado, com desvio-padrão igual a 5 ml, independentemente do tamanho da garrafa utilizada. Tudo o que o engarrafador necessita fazer é um adequado ajuste nominal no volume a ser despejado (que, na verdade, depende apenas da definição do tempo de ciclo de abertura e fechamento da válvula de enchimento, pois o processo funciona com vazão cons-

---

[15] Normalmente, a expressão $\Phi^{-1}\left(1 - \frac{\alpha}{2}\right)$ é apresentada na literatura como $z_{1-\frac{\alpha}{2}}$, representando o percentil $1 - \frac{\alpha}{2}$ da distribuição Normal padrão. Preferimos a expressão $\Phi^{-1}\left(1 - \frac{\alpha}{2}\right)$, dada em função da FDA da variável Normal padrão, por ser mais explícita e mais generalizável.

tante) quando o tipo de garrafa for trocado durante o processo de produção, enfatiza o fabricante. Variações no processo de envase são atribuídas a múltiplas causas cujos efeitos se somam, resultando em uma variação distribuída Normalmente. Ressabiado com experiências anteriores que causaram grande desperdício (com equipamentos de outros fornecedores, é bem verdade), após regular o maquinário para descarregar, em média, 610 ml em cada garrafa (as garrafas são rotuladas, de fato, como contendo 600 ml, mas a regulagem é feita um pouco acima, de modo a não causar problemas com a clientela – afinal, se a regulagem fosse exatamente 600 ml, esperar-se-ia que metade da produção não atingisse o padrão rotulado, pois há variações no processo, ainda que mínimas), o gerente de produção de nosso engarrafador testa o processo de hora em hora, com 10 garrafas retiradas ao acaso da linha de produção, medindo precisamente o volume engarrafado em cada uma delas e determinando a média amostral. Qual a probabilidade de encontrar uma média amostral menor ou igual a 604 ml?

Pode-se raciocinar que a regulagem desejada corresponde ao valor esperado (à média) do conteúdo de todas as garrafas que serão envasadas nesse particular ciclo de produção (uma população de garrafas). Chamando de X à variável volume de líquido envasado em uma garrafa, o que se deseja ao regular o processo é que $E(X) = 610$. Assim, a suposição teórica fundamental é que X se distribui Normalmente com parâmetros $\mu = 610$ e $\sigma = 5$, em se aceitando a argumentação do fabricante do equipamento. Isto é, $X \sim N(610; 5)$. Como salientado anteriormente, a suposição de Normalidade para X induz a suposição de Normalidade para a distribuição de médias amostrais, $\bar{X}$, com parâmetros μ e $\frac{\sigma}{\sqrt{n}}$, ou seja, $\bar{X} \sim N\left(610, \frac{5}{\sqrt{10}}\right)$, e a pergunta pode ser respondida. Deseja-se $P(\bar{X} \leq 604)$, ou seja, $F(604)$, onde $F(x)$ é a FDA da distribuição Normal com parâmetros $\mu = 610$ e $\sigma = \frac{5}{\sqrt{10}}$. A função DIST. NORM.N do Microsoft Excel© fornece $F(604) = 0{,}0000739$.

As suposições fundamentais de nossos cálculos são: a variável X se distribui conforme a distribuição Normal, com média igual a 610 ml e desvio-padrão igual a 5 ml, e a amostra retirada não contém vícios, o que é bastante plausível em situações como a descrita, desde que o gerente de produção saiba o que está fazendo...

Suponha-se agora que o gerente de produção seja informado pelo pessoal de controle que a última amostragem realizada produziu a estatística $\bar{X} = 604$. E daí? – pensa o gerente. A informação é útil, serve para alguma coisa?

Recorde que os cálculos realizados no exemplo mostram que a probabilidade de uma amostra não viciada produzir uma estatística tão baixa como $\bar{X} = 604$ é pequeníssima, estimada em 0,0000739. Seriam esperadas entre sete e oito dessas a cada 100.000 amostras examinadas ($0{,}0000739 = \frac{7{,}39}{100{,}000}$), ou mais precisamente, uma dessas a cada 13.531 horas de amostragem (como as amostragens são realizadas a cada hora, a taxa esperada de ocorrência de tal evento é dada por $\frac{1}{0{,}000739} = 13.531{,}59$ horas). Parece tratar-se de um evento efetivamente raro...

Entretanto, há suposições teóricas importantes embutidas no cálculo da probabilidade 0,0000739: a distribuição **é** Normal; a amostragem **não** contém vícios; o desvio-padrão da distribuição **é** 5 ml; e a média da distribuição (isto é, a regulagem da máquina) **é** 610 ml. E, mesmo assim, encontrou-se uma amostra com tal resultado... A informação está queimando nossas mãos... O que fazer? Em geral, nossa postura a respeito de eventos raros é de desconfiança, embora eles possam acontecer.

O que se pode inferir sobre o processo de envase? No contexto apresentado, parece quase imediata a desconfiança em alguma das hipóteses embutidas nos cálculos. O cálculo foi bem feito? A aritmética está correta? Deu *tilt* na máquina de calcular? A amostra foi viciada? A distribuição não é Normal? O desvio-padrão não é igual a 5 ml? A regulagem de 610 ml "foi pro brejo"? Qual das hipóteses é a mais fraca?

Ou, então, podemos nos sentar contemplativamente e imaginar como a vida pode trazer surpresas inesperadas. Se tivéssemos tal sorte na MEGA-SENA©...

Falando mais seriamente, usa-se o procedimento de amostragem para controlar o processo, para informar o processo decisório, de modo que a emergência concreta de uma amostra com tal estatística amostral, com probabilidade de ocorrência teórica tão pequena, nos faz rejeitar a teoria, abstratamente concebida, em razão da evidência concreta da verificação empírica. Quando a suposição teórica e a evidência empírica entram em conflito, ficamos com a evidência empírica, rejeitando a teoria. Ou, mais precisamente, buscamos alguma alternativa teórica, evoluindo em nosso conhecimento.

Em termos práticos, a suposição teórica mais frágil no contexto apresentado é a média da variável ser igual a 610 ml. O cálculo aritmético pode ser verificado e checado: deve ter sido feito corretamente. O vício no processo de amostragem pode ser evitado com protocolos adequados, cuja efetiva utilização pode ser checada: deve ter sido utilizado corretamente. A Normalidade da distribuição pode ser checada, sendo bem suportada em estudos técnicos dessa natureza: deve ser correta a suposição. O desvio-padrão pode ser checado com testes realizados pelo fabricante do equipamento, bem documentados: deve ser correta a suposição. Resta a regulagem da máquina, sendo bastante comum sua degeneração em processos dessa natureza: é a hipótese mais frágil, pois depende das condições locais, havendo inúmeros fatores concorrendo para tal, desde limitações humanas a desgaste nos materiais utilizados. Se houvesse uma variação da média da variável X para menos do que 610 ml, a média da variável $\bar{X}$ acompanharia essa variação, e a probabilidade de haver uma média amostral tão extrema quanto 604 ml seria certamente maior do que a calculada, o que talvez reconciliasse nosso achado empírico com a teoria.[16]

A **Figura 12** a seguir ilustra a situação.

Em termos formais, testa-se uma hipótese básica a respeito do valor do parâmetro populacional, $\mu = 610$, contra uma hipótese alternativa, $\mu < 610$. A observação empírica $\bar{X} = 604$ é improvável sob a primeira hipótese (a probabilidade de sua ocorrência é estimada em 0,0000739), favorecendo a segunda.

No jargão da inferência estatística, a hipótese básica é rotulada como **hipótese nula**, sendo uma hipótese inercial: a regulagem inicial, de 610 ml, **não** se modificou ($\mu = 610$); **não** há variação da regulagem em relação ao valor inicialmen-

---

[16] A título de ilustração, se $\mu = 608$, $P(\bar{X} \leq 604) = 0,0057060$, mantendo-se as demais suposições; se $\mu = 606$, $P(\bar{X} \leq 604) = 0,1029516$, mantendo-se as demais suposições.

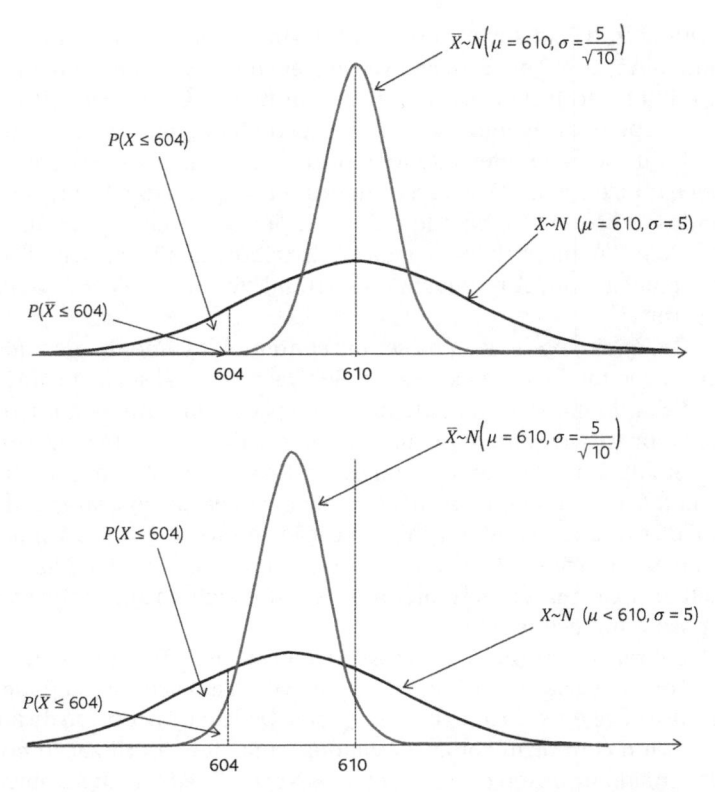

FIGURA 12 Dependência da distribuição de $\bar{X}$ em relação ao parâmetro $\mu - P(\bar{X} \leq 604)$. Fórmula aumenta à medida que μ diminui.
Fonte: Elaborada pelo autor.

te utilizado, de 610 ml; é **nula** a diferença entre a regulagem e o valor de 610 ml ($\mu - 610 = 0$). Ou seja, o *satus quo* permanece inalterado. Denota-se tal hipótese como H_0. Tem-se, portanto:

$$H_0: \mu = 610.$$

A **hipótese alternativa** é denotada por H_1, acompanhando nossa compulsão pela lógica bivariada, havendo somente dois estados possíveis, a veracidade ou a falsidade de H_0. Tem-se, portanto:

$$H_1: \mu < 610.$$

Em algumas situações, é mais plausível apresentar a hipótese alternativa como uma simples negação da hipótese nula, como $\mu \neq 610$, em vez de $\mu < 610$, como ilustrado no presente caso, dando origem ao que vem a ser chamado de teste bilateral, mais adiante explicado. No contexto apresentado, pode-se argumentar que a variação da regulagem da máquina para cima, ou seja, para além do valor de 610 ml, seria imediatamente verificada visualmente, pois as garrafas começariam a transbordar na linha de produção, não havendo necessidade de realização de um teste mais sofisticado. Além disso, enchimentos acima de 610 ml seriam, em princípio, benéficos ao consumidor, que jamais reclamaria de uma garrafa com volume efetivo maior do que o rotulado. Variações para baixo constituem a preocupação fundamental nesses casos.

O teste resume-se a escolher qual hipótese é mais plausível, dentre H_0 e H_1, dadas as evidências encontradas na amostra. Como o valor de $\bar{X}$ encontrado na amostra é improvável sob H_0 (se H_0 fosse verdadeira), rejeita-se H_0, aceitando-se, consequentemente, H_1. Ou seja, julga-se que H_0 é implausível, embora não impossível, tratando-se de uma argumentação probabilística, e, portanto, que H_1 é mais plausível do que H_0. Em outras palavras, acredita-se mais na hipótese de degeneração da regulagem do processo do que na hipótese inercial de não degeneração.

Em função disso, nosso gerente talvez tome algumas providências, mas estas já não são objeto da estatística...

PROCESSOS DE INFERÊNCIA ESTATÍSTICA

Na seção anterior, desenvolveram-se duas situações típicas do processo de inferência estatística, conhecidas por intervalos de confiança e testes de hipóteses. Embora tenhamos ilustrado os conceitos com inferências apenas sobre o parâmetro μ, supondo distribuição Normal para a variável de interesse na população de interesse, a lógica embutida em tais esquemas é facilmente generalizável.

Em princípio, estamos sempre interessados em características populacionais, que, em alguns casos, podem ser descritas por parâmetros da distribuição da variável de interesse, como μ, $E(X)$, σ, p, ρ, etc. Utilizam-se amostras não viciadas para inferir os valores de tais parâmetros, usando correspondentes estatísticas amostrais, como $\bar{X}$, s, $\hat{p}$, r, etc. Se estivermos interessados simplesmente em estimar os valores dos parâmetros populacionais, as estatísticas amostrais correspondentes são chamadas de **estimadores** dos parâmetros populacionais. Trata-se de um processo indutivo, em que a parte é generalizada para o todo. Para simplificar nosso raciocínio, dando-lhe generalidade, digamos que se represente o parâmetro de interesse na população de interesse por θ (assim, μ, $E(X)$, σ, p, ρ, etc. são apenas instâncias de θ) e a correspondente estatística amostral por $\hat{\theta}$ (assim, $\bar{X}$, s, $\hat{p}$, r, etc. são instâncias de $\hat{\theta}$). Mais formalmente, denota-se:

A estatística amostral $\hat{\theta}$ é um **estimador** do parâmetro populacional θ.

Se estivermos interessados em verificar a plausibilidade de hipóteses a respeito dos valores dos parâmetros populacionais, as estatísticas amostrais são chamadas de **estatísticas de teste** sobre os parâmetros populacionais, denotadas por et. Trata-se de um processo dedutivo, em que a suposição feita para o todo induz um comportamento esperado na parte, que, em não sendo verificado empiricamente, pode ser utilizado para contestar a suposição inicialmente feita para o todo. Mais formalmente, denota-se:

A estatística amostral et é uma **estatística de teste** sobre o parâmetro populacional θ.

Em qualquer situação, a conexão entre $\hat{\theta}$ e θ, ou entre et e θ, será sempre modelada probabilisticamente, o modelo sendo induzido pelo processo de amostragem não viciado. A **Figura 13** ilustra a situação.

Ou seja, tanto a estimativa como o teste do valor do parâmetro são realizados dentro de um contexto de incerteza, de relativo desconhecimento, em que a linguagem da probabilidade assume um papel preponderante. Assim, não temos o valor do parâmetro, com certeza, apenas uma estimativa bem calibrada, baseada nas informações disponíveis. É bem provável que o valor do parâmetro não seja coincidente com o valor da estimativa realizada, mas as chances de proximidade poderão ser calculadas com precisão. Da mesma forma, não constatamos que uma determinada hipótese a respeito do valor de um parâmetro seja verdadeira, ou falsa, apenas a aceitamos como verdadeira, ou a rejeitamos por acreditarmos mais em sua falsidade, dadas as informações disponíveis. Pode acontecer que uma hipótese seja rejeitada e ser verdadeira, tanto quanto pode acontecer que uma hipótese seja aceita e ser falsa, mas as chances de erro poderão ser calculadas com precisão.

Estimadores e estimativas

A estatística amostral $\hat{\theta}$ é dita um **estimador pontual** do parâmetro populacional θ por tratar-se de uma estimativa numérica simples, sem qualquer avaliação probabilística associada. É utilizada quando se necessita um valor de referência para informar nosso processo decisório. Por exemplo, necessita-se uma estimativa do volume de vendas no próximo mês, para que possamos planejar com antecedência nosso processo de produção. A necessidade é de uma cifra, um número, que poderá ser então utilizado em nossa planificação. Necessita-se, assim, de uma estimativa pontual.

Como estatística amostral, $\hat{\theta}$ pode ser entendida como um processo de cálculo envolvendo os dados verificados na amostra colhida produzindo um determinado resultado numérico, uma determinada **estimativa**. Ou seja, é um algoritmo de cálculo.[17] Por outro lado, se a amostragem não contém vícios, $\hat{\theta}$ será interpretada como uma variável aleatória, variando entre possíveis amostras de tamanho n, e

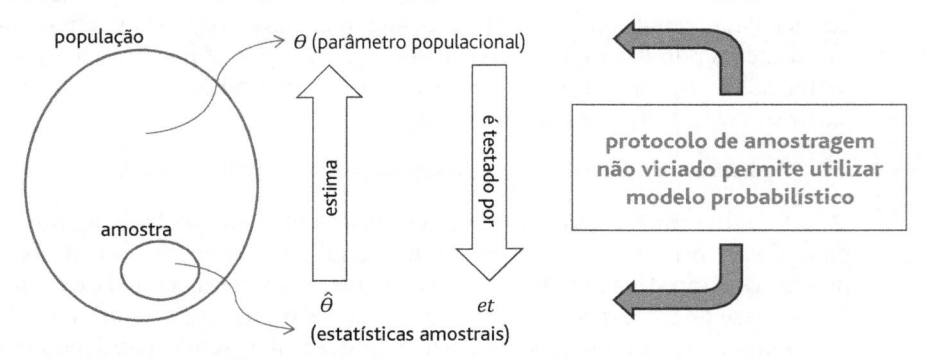

FIGURA 13 Relações entre um parâmetro populacional e uma estatística amostral.
Fonte: Elaborada pelo autor.

---

[17] $\bar{X}$, por exemplo, poderia ser definido por: some todos os valores da amostra e divida o resultado pelo tamanho da amostra.

como tal, poderemos estudar seu comportamento e verificar algumas de suas características, especialmente sua relação com o valor do parâmetro estimado, θ. É conveniente, portanto, distinguir entre o processo de estimativa, a fórmula, o algoritmo de cálculo e o resultado do cálculo propriamente dito, que depende da particular amostra considerada.

Para ser mais preciso, dever-se-ia diferenciar as notações $\hat{\theta}$ e $\hat{\theta}_a$, aquela denotando o algoritmo de cálculo, a variável aleatória, cuja variação se dá entre as possíveis amostras, esta denotando o resultado do cálculo quando aplicado à particular amostra a. Mais formalmente, $\hat{\theta}$ deve ser entendida como uma função real definida na população de todas as amostras possíveis, $\mathcal{A}$:

$$\hat{\theta}: \mathcal{A} \to \mathbb{R}.$$

Para cada amostra $a \in \mathcal{A}$, $\theta(a) = \theta_a \in \mathbb{R}$, ou seja, θ_a é um número real. Tal notação, entretanto, é raramente utilizada nos livros acadêmicos.

Metaforicamente, pode-se interpretar o processo de estimação como um processo de "tiro ao alvo". O "alvo" é o valor de θ e os "tiros" são as diversas estimativas obtidas por um algoritmo de cálculo (um estimador) em amostras distintas. Um algoritmo de cálculo pode, assim, ser interpretado como um determinado "atirador". Diferentes "atiradores", ou seja, diferentes algoritmos de cálculo, distinguem-se por suas distintas habilidades, havendo melhores e piores dentre eles.

Para uma particular estimativa $\hat{\theta}_a$, isto é, uma particular estatística amostral calculada em uma particular amostra a, define-se o **erro de estimativa** como a diferença entre o valor da estimativa e o valor do parâmetro estimado, θ. Isto é:

$$e_a = \hat{\theta}_a - \theta. \tag{11}$$

Percebe-se que o erro e_a depende não somente do algoritmo de cálculo, mas também do processo de amostragem, conforme já ilustrado. Diferentes amostras poderão produzir diferentes erros, embora o algoritmo de cálculo seja o mesmo. Na metáfora do "tiro ao alvo", têm-se distintos erros produzidos por um mesmo "atirador" em diversos "tiros", como ilustrado na **Figura 14**.

Assim como tratamos $\hat{\theta}$ como uma função real definida na população de todas as amostras possíveis, $\mathcal{A}$, pode-se também definir uma função erro, e:

$$e: \mathcal{A} \to \mathbb{R}.$$

Para cada amostra $a \in \mathcal{A}$, $e(a) = e_a = \hat{\theta}_a - \theta \in \mathbb{R}$, ou seja, e_a é um número real.

Como são vários os erros possíveis, dada a multiplicidade de amostras possíveis, é desejável uma medida de erro para o estimador, que envolva todos os possíveis erros, assim como é desejável medir o desempenho do "atirador", para que se possa distinguir a qualidade de distintos "atiradores". E, em geral, não se julga um "atirador" por somente um "tiro". Uma medida interessante é o chamado **erro quadrado médio**:

$$\text{EQM}(\hat{\theta}) = E(e^2) = E\left((\hat{\theta} - \theta)^2\right). \tag{12}$$

Na Equação 12, $\hat{\theta}$ deve ser interpretado como uma variável aleatória (e, portanto, e também deve sê-lo), variando entre todas as possíveis amostras de um mesmo tamanho n.

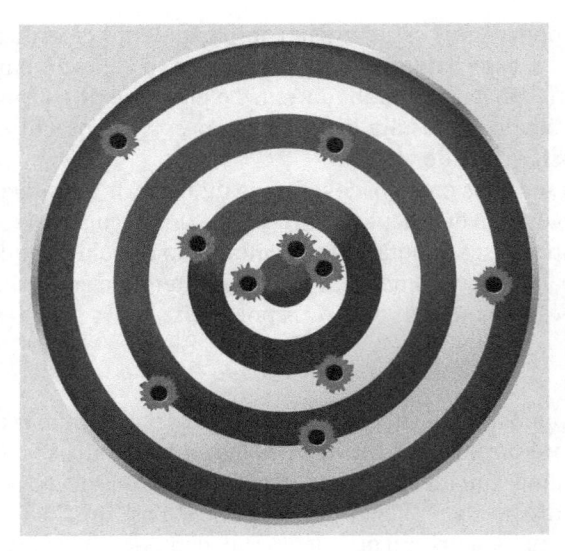

FIGURA 14 Distintos erros produzidos por um mesmo atirador.
Fonte: © Enterline Design Services LLC/iStock/Thinkstock.

O leitor atento deve ter percebido a potencial relação do EQM com a variância da variável aleatória $\hat{\theta}$. As duas definições **não** são idênticas, pois:

$$V(\hat{\theta}) = E\left(\left(\hat{\theta} - E(\hat{\theta})\right)^2\right), \qquad (13)$$

conforme Equação 55 do Capítulo 5, sendo idênticas somente se

$$E(\hat{\theta}) = \theta. \qquad (14)$$

Define-se **viés** do estimador $\hat{\theta}$ à diferença entre seu valor esperado e o valor do parâmetro θ, isto é:

$$\text{viés}(\hat{\theta}) = E(\hat{\theta}) - \theta.$$

Assim, o estimador $\hat{\theta}$ é **não enviesado** se satisfizer à Equação 14. Tal equação é satisfeita, por exemplo, por $\bar{X}$, tomado como estimador de μ para o caso da distribuição Normal, como evidenciado pela Equação 2. Ou seja, $\bar{X}$ é um estimador não enviesado de μ. Como teremos oportunidade de verificar, nem todos os estimadores (algoritmos de cálculo) utilizados pela literatura técnica satisfazem à definição, isto é, nem todos os estimadores são não enviesados. Alguns terão, quiçá, outras propriedades interessantes.

Como ilustrado na **Figura 15** a seguir, tanto o viés como o EQM são medidas importantes que caracterizam os estimadores, sendo, entretanto, bem distintas.

Pode-se observar que o "atirador" da esquerda tem mais viés, embora tenha EQM menor do que o "atirador" da direita. Observa-se também que o "atirador" da direita tem maior variância do que o "atirador" da esquerda.

Obviamente, prefeririamos estimadores não enviesados, com mínimo EQM, mas, muitas vezes, ambas as qualidades não são satisfeitas por um único estima-

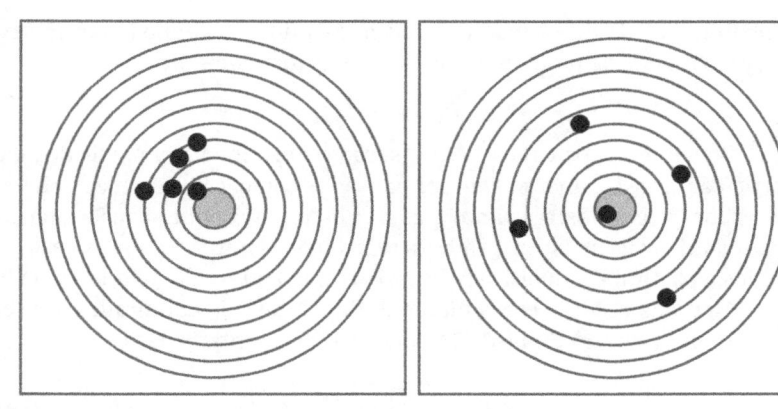

FIGURA 15 Distintas dispersões produzidas por dois atiradores.
Fonte: Elaborada pelo autor.

dor. Pode acontecer de um estimador enviesado possuir EQM menor do que um estimador não enviesado, e, dependendo, do tamanho do viés, pode ser que ele seja preferido a um estimador não enviesado com maior EQM. Uma boa exceção é o estimador $\bar{X}$, que possui várias boas qualidades. Pode ser demonstrado que $\bar{X}$ não apenas é não enviesado, como estimador do parâmetro μ de distribuições Normais, mas também é o estimador de mínima variância dentre todos os estimadores não enviesados (Mood, 1950, p. 150).

Outra propriedade interessante dos estimadores, de uma maneira geral, refere-se a seu comportamento quando o tamanho da amostra aumenta. Seria desejável que o algoritmo de cálculo produzisse menores erros na medida em que o tamanho da amostra (um dos componentes do processo de amostragem) aumentasse. Um estimador $\hat{\theta}$ é dito **consistente** se para qualquer $\epsilon > 0$:

$$\lim_{n \uparrow \infty} P(|\hat{\theta}_{a_n} - \theta| < \epsilon) = 1. \tag{15}$$

Note a adaptação da notação utilizada: a_n representa amostras de tamanho n. A propriedade diz respeito à convergência do valor de $\hat{\theta}$ para θ na medida em que o tamanho da amostra aumenta indefinidamente.

Intervalos de confiança

A estimativa pontual, embora interessante e útil, não oferece qualquer informação a respeito dos riscos embutidos no processo de estimativa, isto é, a respeito das magnitudes dos erros possíveis. Estas, muitas vezes, são informações mais importantes para o processo decisório do que a simples estimativa pontual, especialmente em processos envolvendo formulação estratégica. Nesse sentido, intervalos de confiança são procedimentos mais interessantes.

Genericamente, um intervalo de confiança nada mais é do que um intervalo numérico associado a uma avaliação probabilista de que ele contenha o verdadeiro valor do parâmetro sendo estimado. Definem-se valores l_i e l_s (**limites inferior e superior** do intervalo) de modo que se possa fazer alguma afirmação a respeito da probabilidade de que o intervalo assim definido contenha o parâmetro populacional, pelo menos de modo aproximado. Mais formalmente:

$$P(l_i \leq \theta \leq l_s) = 1 - \alpha. \quad (16)$$

Obviamente, os valores l_i e l_s serão determinados a partir dos dados de uma particular amostra, mas devem ser pensados como variáveis aleatórias, variando entre as possíveis amostras, tanto quanto a estimativa pontual $\hat{\theta}$. São, portanto, de fato, duas estatísticas amostrais, embora relacionadas entre si. Muitas vezes, l_i e l_s são definidos a partir da estimativa pontual $\hat{\theta}$, como o intervalo definido pela Equação 10.

Algumas vezes, é conveniente definir intervalos ilimitados, ou seja, tomando $l_i = -\infty$ ou $l_s = \infty$. A Equação 16 seria, então, adaptada para

$$P(\theta \leq l_s) = 1 - \alpha \quad (17)$$

ou

$$P(\theta \geq l_i) = 1 - \alpha. \quad (18)$$

O valor $1 - \alpha$ é chamado de **nível de confiança** do intervalo, representando a probabilidade de que o intervalo contenha o verdadeiro valor do parâmetro sendo estimado. Seu complemento, o valor α, representa, assim, o **risco de erro**, a chance de que o parâmetro populacional não esteja contido no intervalo.

Testes de hipóteses

Todos os testes de hipóteses a respeito de parâmetros populacionais seguem a mesma estrutura lógica apresentada no Exemplo 5. Deseja-se testar o valor do parâmetro populacional, θ, formulando-se uma hipótese nula:

$$H_0 : \theta = \theta_0. \quad (19)$$

Na expressão, θ_0 representa um particular valor do parâmetro, o valor de teste.

Formula-se também uma hipótese alternativa, como fizemos no Exemplo 5. Em geral, a hipótese alternativa é formalizada pela simples negação da hipótese nula, caracterizando um teste bilateral, como mais adiante descrito. Por enquanto, para facilidade de exposição, tome-se um teste unilateral à esquerda, conforme o Exemplo 5:

$$H_1 : \theta < \theta_0. \quad (20)$$

Para testar H_0, toma-se uma amostra não viciada da população cujo parâmetro, θ, está sendo testado, calculando-se uma **estatística de teste**, et, dependente do parâmetro testado, θ. Como estatística amostral, et deve ser entendida como um processo de cálculo envolvendo os dados verificados na amostra colhida produzindo um determinado resultado numérico, uma determinada **estatística**. Ou seja, é um algoritmo de cálculo. Por outro lado, se a amostragem não contém vícios, et será interpretada como uma variável aleatória, variando entre possíveis amostras de tamanho n, e como tal, poderemos estudar seu comportamento e verificar algumas de suas características, especialmente sua relação com o parâmetro testado, θ, assim como com o particular valor de teste, θ_0. É conveniente, portanto, mais uma vez distinguir entre o processo de estimativa, a fórmula, o algoritmo de cálculo e o resultado do cálculo propriamente dito, que depende da particular amostra considerada.

Para sermos mais precisos, poder-se-ia diferenciar as notações et e et_a, aquela denotando o algoritmo de cálculo, a variável aleatória, cuja variação se dá entre as possíveis amostras, esta denotando o resultado do cálculo quando aplicado à particular amostra a, assim como salientamos para o estimador $\hat{\theta}$. De fato, muitas vezes et é definida a partir da estimativa pontual $\hat{\theta}$, como no Exemplo 5. A estatística de teste, et, deve ser considerada, portanto, uma função real definida na população de todas as amostras possíveis, $\mathcal{A}$:

$$et: \mathcal{A} \to \mathbb{R}.$$

Para cada amostra $a \in \mathcal{A}$, $et(a) = et_a \in \mathbb{R}$, ou seja, et_a é um número real. Entretanto, tal notação, salienta-se mais uma vez, é raramente utilizada nos livros acadêmicos.

A ausência de viés na amostra permite tratar a estatística de teste, et, como uma variável aleatória (lembre-se: variabilidade entre as possíveis amostras). Em cada contexto, et é definida com base em alguma teoria que assegure o conhecimento de sua distribuição de probabilidades, pelo menos aproximadamente, sob H_0 (isto é, se H_0 for verdadeira), de modo que se possa determinar a probabilidade de a variável aleatória et ser tão ou mais extrema quanto o valor encontrado na particular amostra investigada, et_a. Denota-se tal probabilidade por valor p. Mais formalmente, para o teste unilateral de $H_0 \times H_1$ definidas pelas Equações 19 e 20,

$$\text{valor } p = P(et \leq et_a) = F_{et}(et_a), \qquad (21)$$

onde F_{et} representa a FDA da variável aleatória et.

Deve ser ressaltado que a Equação 21 é válida apenas no contexto de um teste unilateral à esquerda, com hipóteses definidas pelas Equações 19 e 20. Como veremos posteriormente quando tratarmos da distinção entre testes bilaterais e unilaterais, a determinação do valor p difere um pouco da Equação 21 se o teste é bilateral ou se é um teste unilateral à direita. Sua interpretação, entretanto, assim como sua utilização como guia para nossas decisões, segue a mesma lógica aqui desenvolvida.

O valor p pode ser utilizado para avaliar a plausibilidade de H_0 versus H_1. Valores muito pequenos para o valor p evidenciam que o valor da estatística de teste, et_a, encontrado na amostra, é improvável sob H_0 (se H_0 fosse verdadeira), rejeitando-se, portanto, H_0, e aceitando-se, consequentemente, H_1. Ou seja, **julga-se** que H_0 é **implausível**, embora não impossível, tratando-se de uma argumentação probabilística, e, portanto, que H_1 é **mais plausível** do que H_0. Por outro lado, valores não tão pequenos para o valor p evidenciam que o valor de et_a encontrado na amostra não é tão improvável sob H_0 (se H_0 fosse verdadeira), aceitando-se, portanto, H_0, e rejeitando-se, consequentemente, H_1. Ou seja, **julga-se** que H_0 é **plausível**, embora não haja certeza absoluta, tratando-se de uma argumentação probabilística, e, sendo uma hipótese inercial, fica-se com o conforto que a inércia proporciona, **descartando-se** H_1.[18]

---

[18] Pode-se bem compreender a expressão conforto que a inércia proporciona lembrando famosos adágios oriundos do direito, como "qualquer acusado é inocente até prova em contrário", "o ônus da prova cabe a quem acusa", "em dúvida, pró-réu", etc. O acusado até pode ser culpado, mas é considerado inocente a princípio, até que surjam evidências contrárias. Em nosso caso, H_0 deve ser considerada verdadeira até que surjam evidências contrárias. As evidências, nesse caso, serão avaliadas probabilisticamente: rejeita-se H_0 se a probabilidade correspondente à estatística de teste for efetivamente pequena; do contrário, o réu é inocente...

Nas ciências sociais aplicadas, utiliza-se em geral o valor limite $\alpha = 0{,}05$ para discernir o que pode ser considerado uma probabilidade pequena do que não é uma probabilidade tão baixa assim. Logo, cria-se a regra empírica:

$$\text{se valor } p \leq \alpha, \text{rejeita-se } H_0; \text{ se valor } p > \alpha, \text{aceita-se } H_0. \tag{22}$$

Deve ser ressaltado, entretanto, que em algumas aplicações científicas mais delicadas, como no desenvolvimento de novas drogas medicinais, por exemplo, uma probabilidade igual a 5% pode ser considerada ainda muito alta para rejeitar H_0, exigindo-se protocolos de pesquisa mais estritos, com $\alpha = 0{,}01$, ou mesmo $\alpha = 0{,}001$. Afinal, uma chance de 5% significa que obteremos um resultado favorável a cada 20 tentativas realizadas ao acaso e independentemente.

No jargão estatístico, o valor limite, representado por α, é chamado de **nível de significância** do teste. Diz-se também que o teste revelou-se **não significativo** quando se aceita H_0, ou que a distância da estatística de teste et_a em torno de seu valor esperado sob H_0 foi não significativa. Isto é, pode até ter havido alguma variação em torno de seu valor esperado, pois a estatística pode ser diferente do valor esperado, mas não a ponto de rejeitar H_0, **não significante**, portanto. Já quando se rejeita H_0, diz-se que o teste revelou-se **significativo** (ao nível de significância α) ou que a variação da estatística de teste em torno de seu valor esperado foi **significante**.

A decisão de rejeição de H_0 é baseada no nível de significância α e no valor $p \leq \alpha$, considerado pequeno demais para sustentar a hipótese teórica. **Julga-se, portanto, que H_0 é implausível**, embora **não impossível**, pois se trata de uma argumentação eminentemente probabilística. O valor α pode ser interpretado, assim, como um limite para o risco assumido pelo tomador da decisão, ou seja, a probabilidade de errar ao rejeitar H_0.

Valores críticos para a estatística de teste, et

A expressão 22 define a decisão de aceitação ou não de H_0 pela comparação entre o valor p e o nível de significância α. Uma regra de decisão equivalente para o teste unilateral de $H_0 \times H_1$ definida pelas Equações 19 e 20 pode ser derivada a partir do chamado valor crítico para a estatística de teste. Fixado o nível de significância do teste, α, define-se **valor crítico** para a estatística de teste por:

$$et_{\text{crítico}} = F_{et}^{-1}(\alpha). \tag{23}$$

Mais uma vez deve ser ressaltado que a Equação 23 é válida apenas no contexto de um teste unilateral à esquerda, com hipóteses definidas pelas Equações 19 e 20. Como veremos posteriormente quando tratarmos da distinção entre testes bilaterais e unilaterais, os valores críticos para a estatística de teste diferem um pouco da Equação 23 se o teste é bilateral ou se é um teste unilateral à direita, produzindo regras de decisão levemente distintas da apresentada na expressão 24 a seguir.

Como F_{et} é não decrescente, sendo uma FDA, tem-se que se $et_a \leq et_{\text{crítico}}$, então valor $p = F_{et}(et_a) \leq F_{et}(et_{\text{crítico}}) = F_{et}\left(F_{et}^{-1}(\alpha)\right) = \alpha$. Como alternativa, se $et_a \geq et_{\text{crítico}}$, então valor $p \geq \alpha$, de modo que se pode expressar a regra de decisão sobre a aceitação ou não de H_0 como:

$$\text{se } et_a\ 0\leq et_{\text{crítico}}, \text{rejeita-se } H_0; \text{ se } et_a > et_{\text{crítico}}, \text{aceita-se } H_0. \tag{24}$$

No contexto de um teste unilateral à esquerda, o intervalo ($et_{crítico}$, ∞) é chamado de **região de aceitação** de H_0, enquanto o intervalo ($-\infty$, $et_{crítico}$] é chamado de **região de rejeição** de H_0. Repare que os dois intervalos formam uma partição do conjunto de números reais, isto é, ($-\infty$, $et_{crítico}$] $\cup$ ($et_{crítico}$, ∞) = $\mathbb{R}$ e ($-\infty$, $et_{crítico}$] $\cap$ ($et_{crítico}$, ∞) = Φ. Tem-se também $P(et \in (-\infty, et_{crítico}]) = P(et \leq e\ t_{crítico}) = \alpha$ e $P(et \in (et_{crítico}, \infty)) = 1 - \alpha$. Ou seja, o valor $et_{crítico}$ divide o espaço (o conjunto dos números reais) em duas partes, a parte da esquerda correspondendo à região de rejeição de H_0, com probabilidade de ocorrência da estatística de teste, sob H_0, igual ao nível de significância do teste, α.

Nesses termos, a regra de decisão pode ser enunciada como:

aceita-se H_0 se, e somente se, et_a situar-se na região de aceitação de H_0. (25)

Tal regra é genérica, tanto quanto a regra enunciada na expressão 22. Entretanto, como se verá na seção dedicada à discussão dos tipos de testes, bilaterais e unilaterais, haverá distinção nas definições das regiões de aceitação e de rejeição, dependendo se o teste for bilateral ou unilateral.

Erros tipo I e tipo II

Ao se reduzir o problema a apenas duas hipóteses, H_0 contra H_1, esta representando a rejeição daquela, potencialmente enfrentamos dois tipos de erro em nossa decisão, que merecem ser distinguidos com clareza. Tanto se pode rejeitar H_0 indevidamente (erro tipo I) como se pode aceitá-la incorretamente (erro tipo II). São os dois lados de uma decisão em ambiente de incerteza. A **Tabela 5** resume a situação.

Como H_0 corresponde a uma hipótese inercial, de nulidade, de ausência de desvio em relação ao *status quo*, o erro tipo I é também rotulado **falso positivo**, pois corresponde a rejeitar erroneamente a hipótese nula, ou seja, considerar erroneamente que há, positivamente, um desvio em relação ao *status quo* (daí o rótulo falso positivo). Da mesma forma, o erro tipo II é rotulado **falso negativo**, pois corresponde a aceitar erroneamente a hipótese nula, ou seja, negar erroneamente que haja algum desvio em relação ao *status quo* (daí o rótulo falso negativo).

Nossa decisão é tomada a partir das evidências (probabilísticas) encontradas na amostra não viciada colhida na população de interesse. Mas não se pode confundir nossa decisão com o **estado da natureza**, como normalmente referido no jargão da estatística inferencial. A menos que tenhamos a informação completa, nunca saberemos ao certo qual o verdadeiro estado da natureza, se afinal H_0 é ou não

TABELA 5 Diferentes tipos de erro associados aos testes de hipóteses

Decisão	Estado da natureza	
	H_0 é Verdadeira	H_0 é Falsa
Aceita-se H_0	–	Erro tipo II
Rejeita-se H_0	Erro tipo I	–

Fonte: Elaborada pelo autor.

verdadeira, pois tudo o que temos à disposição são informações parciais, oriundas do exame atento da amostra selecionada com rigor metodológico. Assim, considerar H_0 como verdadeira (o teste deu negativo) ou falsa (o teste deu positivo) não significa que, de fato, H_0 seja verdadeira ou falsa. Trata-se apenas de uma decisão sensata, baseada nas evidências: é mais plausível aceitar H_0 ou é mais plausível rejeitá-la?

Como se está diante de uma decisão sob incerteza, é útil associar probabilidades a cada um dos dois tipos de erros. Como já salientado, α representa um limite para a probabilidade de erro do tipo I, isto é,

$$P(\text{erro tipo } I) = P(\text{rejeitar } H_0 | H_0 \text{ é Verdadeira}) \leq \alpha, \tag{26}$$

utilizando-se o símbolo β para representar a probabilidade de erro do tipo II, ou seja,

$$P(\text{erro tipo } II) = P(\text{aceitar } H_0 | H_0 \text{ é Falsa}) = \beta. \tag{27}$$

A **Tabela 6** resume a notação.

Inexoravelmente, os dois erros estão ligados de uma maneira inversa (embora não linear), ou seja, se tentarmos diminuir α, o valor β se vê aumentado, e vice-versa. O caso limite é tornar $\alpha = 0$, eliminando a possibilidade de erro tipo I. Nesse caso, nunca rejeitaríamos H_0 e sempre que H_0 for falsa, incorremos em erro, ou seja, $\beta = 1$. Mas, nesse caso, o teste empírico não tem qualquer utilidade, pois a hipótese nula nunca será rejeitada. Se o réu nunca será condenado, por que juntar provas? Da mesma forma, se fizermos $\beta = 0$, eliminamos a possibilidade de erro tipo II, nunca aceitando H_0. Nesse caso, sempre que H_0 for verdadeira, incorremos em erro, ou seja, $\alpha = 1$, e o teste empírico também não tem qualquer utilidade. Se o réu sempre será condenado, por que juntar provas?

Dada a força da hipótese inercial, como já argumentado, o erro tipo I quase sempre é considerado mais importante, de modo que nos preocupamos em avaliar precisamente, tanto quanto possível, o valor p, pois a decisão de aceitação ou não de H_0 se dará com base nesse valor, em comparação com o nível de significância do teste, α. Destarte, como H_1 representa uma hipótese alternativa a H_0, a determinação precisa do valor β não é simples. Enquanto $H_0: \theta = \theta_0$ é quase sempre uma hipótese simples, especificando completamente a distribuição populacional, H_1 é geralmente uma hipótese composta, do tipo $\theta < \theta_0$, como no Exemplo 5, ou $\theta > \theta_0$, ou ainda $\theta \neq \theta_0$. Haverá, assim, um valor β para cada alternativa de valor θ_1 para o parâmetro populacional θ sendo testado por H_1. Trata-se, assim, de uma função definida no espaço dos possíveis valores alternativos do parâmetro θ (em relação à hipótese nula $\theta = \theta_0$).

TABELA 6 Probabilidades de erros associados aos testes de hipóteses

Decisão	Estado da natureza	
	H_0 é Verdadeira	H_0 é Falsa
Aceita-se H_0	0	β
Rejeita-se H_0	α	0

Fonte: Elaborada pelo autor.

Por exemplo, a hipótese alternativa formulada em sequência ao Exemplo 5, $H_1: \mu < 610$, pode ser decomposta em infinitas sub-hipóteses, uma para cada valor $\mu < 610$ ($\mu = \mu_\epsilon = 610 - \epsilon$, para qualquer $\epsilon > 0$). Para cada um desses valores pode-se determinar precisamente um valor de β, em se aceitando H_0. Lembre-se: o erro tipo II corresponde à aceitação indevida de H_0. Fixado o nível de significância $\alpha = 0,05$, aceitar-se-ia H_0 se o valor p correspondente à estatística de teste et fosse maior do que 5%. No contexto do Exemplo 5, $et = \frac{\bar{X}-610}{\frac{5}{\sqrt{10}}}$, com distribuição Normal padrão, e $et_{crítico} = \Phi^{-1}(0,05) = -1,644854$, segundo a função INV.NORMP.N do Microsoft Excel©. A tal valor corresponde um **valor crítico** $\bar{X}_c = 607,40$.[19] Ou seja, o valor $\bar{X}_c = 607,40$ representa o valor limite entre a rejeição e a aceitação de H_0 para o nível de significância fixado. Se $\bar{X} \leq 607,40$, rejeita-se H_0, se $\bar{X} > 607,40$, H_0 deve ser aceita. Tal regra assume o risco de erro tipo I exatamente igual a α.

Tomando-se como referência este valor limite $\bar{X}_c = 607,40$, se $\epsilon = 1$ (isto é, se $\mu_1 = 609$), tem-se $\beta = P(\text{aceitar } H_0 | H_0 \text{ é Falsa}) = P(\bar{X} > 607,40 | \mu = 609) = 1 - F(607,40)$, onde F representa a FDA de uma variável Normal com parâmetros $\mu = 609$ e $\sigma = \frac{5}{\sqrt{10}}$. Ou seja, $\beta = 1 - \Phi\left(\frac{607,40-609}{\frac{5}{\sqrt{10}}}\right)$. A função DIST.NORMP.N do Microsoft Excel© fornece $\beta = 1 - \Phi\left(\frac{607,40-609}{\frac{5}{\sqrt{10}}}\right) = 1 - \Phi(-1,012) = 1 - 0,155674 = 0,844326$. Já para $\epsilon = 2$ (isto é, se $\mu_2 = 608$), tem-se $\beta = 1 - \Phi\left(\frac{607,40-608}{\frac{5}{\sqrt{10}}}\right)$. A função DIST.NORMP.N do Microsoft Excel© fornece $\beta = 1 - \Phi\left(\frac{607,40-608}{\frac{5}{\sqrt{10}}}\right) = 1 - \Phi(-0,380) = 1 - 0,351994 = 0,648006$.

A **Figura 16** a seguir ilustra o conceito, mostrando o gráfico de β em função de ϵ.

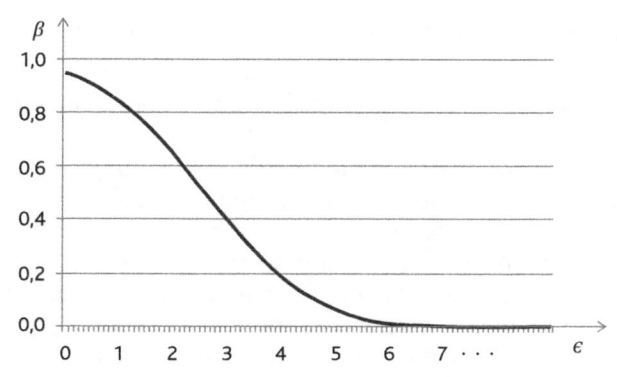

FIGURA 16 β como função de desvios ϵ – teste de $H_0: \mu = 610$ contra $H_1: \mu = 610 - \epsilon - n = 10$, $\alpha = 0,05$, $X \sim N(\mu, 5)$.
Fonte: Elaborada pelo autor.

---

[19] Invertendo-se a equação $\frac{\bar{X}-610}{\frac{5}{\sqrt{10}}} = -1,644854$, obtém-se $\bar{X} = 610 - \frac{5 \times 1,644854}{\sqrt{10}} = 607,40$.

Observe como a probabilidade de erro tipo II, o valor β, diminui na medida em que ϵ aumenta, quando representamos a hipótese alternativa por $H_1: \mu = 610 - \epsilon$. Isto é, β varia de $1 - \alpha$ a 0 na medida em que o parâmetro populacional μ se desvia mais e mais (para baixo) em relação ao valor de teste sob $H_0: \mu = 610$. De fato, para o valor $\bar{X}_c$ usado como referência (em função de se ter fixado $\alpha = 0{,}05$), as evidências amostrais desfavorecem valores muito pequenos para o parâmetro μ.

O valor β é usado para comparar teoricamente testes alternativos. Define-se **potência** (ou poder) de um teste pelo complemento de β, isto é:

$$\text{potência do teste} = 1 - \beta, \tag{28}$$

ou seja, a potência do teste representa a probabilidade de não cometer o erro tipo II, que é equivalente à probabilidade de rejeitar corretamente H_0. Assim, um determinado teste t_1 será considerado superior a outro teste t_2, se potência(t_1) > potência(t_2), para um mesmo nível de significância α.

Como ilustração, considere-se uma vez mais o contexto do Exemplo 5, mas suponha-se que o tamanho da amostra de teste seja aumentado para $n = 20$. A estatística de teste será agora $et = \frac{\bar{X}-610}{\frac{5}{\sqrt{20}}}$, com distribuição Normal padrão. Para o mesmo nível de significância, $\alpha = 0{,}05$, tem-se o mesmo valor crítico para a estatística de teste, ou seja, $et_{\text{crítico}} = \Phi^{-1}(0{,}05) = -1{,}644854$. Porém, agora tal valor determina o **valor crítico** $\bar{X}_c = 608{,}16$.[20]

Tomando-se como referência este valor limite $\bar{X}_c = 608{,}16$, se $\epsilon = 1$ (isto é, se $\mu_1 = 609$), tem-se $\beta = F(608{,}16)$, onde F representa a FDA de uma variável Normal com parâmetros $\mu = 609$ e $\sigma = \frac{5}{\sqrt{20}}$. Ou seja, $\beta = \Phi\left(\frac{608{,}16-609}{\frac{5}{\sqrt{20}}}\right)$. A função DIST.NORMP.N do Microsoft Excel© fornece $\beta = \Phi\left(\frac{608{,}16-609}{\frac{5}{\sqrt{20}}}\right) = \Phi(-0{,}750) = 0{,}226499$. Já para $\epsilon = 2$ (isto é, se $\mu_2 = 608$), tem-se $\beta = \Phi\left(\frac{608{,}16-608}{\frac{5}{\sqrt{20}}}\right)$. A função DIST.NORMP.N do Microsoft Excel© fornece $\beta = \Phi\left(\frac{608{,}16-608}{\frac{5}{\sqrt{20}}}\right) = \Phi(0{,}144) = 0{,}557250$.

A **Figura 17** compara os gráficos de $1 - \beta$ em função de ϵ para os dois testes.

Observa-se claramente a superioridade do teste efetuado com a amostra de tamanho $n = 20$ em relação ao teste efetuado com a amostra de tamanho $n = 10$. Para um mesmo nível de significância, $\alpha = 0{,}05$, a potência do teste com $n = 20$ é superior à do teste com $n = 10$. Ou seja, para iguais probabilidades de erro ao aceitar H_0, o teste com $n = 20$ tem maior probabilidade de acerto ao rejeitar H_0 do que o teste com $n = 10$. Constata-se, portanto, que o tamanho da amostra aumenta o poder do teste de hipótese.

---

[20] Invertendo-se a equação $\frac{\bar{X}-610}{\frac{5}{\sqrt{20}}} = -1{,}644854$, obtém-se $\bar{X} = 610 - \frac{5 \times 1{,}644854}{\sqrt{20}} = 608{,}16$.

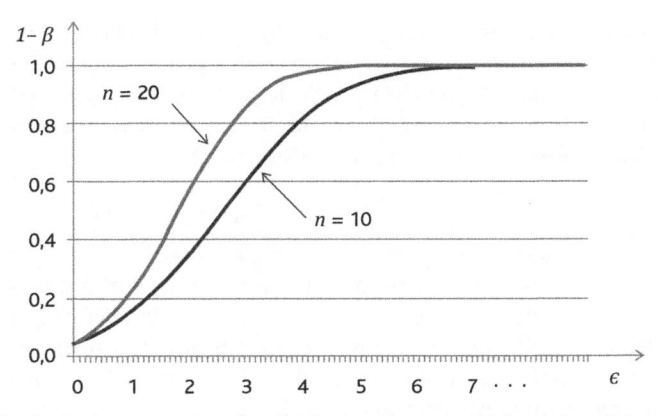

FIGURA 17 Potência de testes como função de desvios ϵ – teste de $H_0: \mu = 610$ contra $H_1: \mu = 610-\epsilon$; $\alpha = 0,05$, $X \sim N(\mu, 5)$ – tamanhos de amostra: $n = 10$ e $n = 20$.
Fonte: Elaborada pelo autor.

Testes unilaterais e bilaterais

Um teste é dito **unilateral à esquerda** quando a hipótese alternativa é formulada como uma variação tão somente à esquerda do valor de teste definido por H_0, como ilustrado pelas Equações 19 e 20. Mais formalmente, cotejam-se as hipóteses:

$$H_0: \theta = \theta_0 \quad (29)$$
$$\times$$
$$H_1: \theta < \theta_0$$

Às vezes, entretanto, o contexto de aplicação induz a formulação da hipótese alternativa considerando desvios unilaterais à direita do valor de teste definido por H_0, definindo-se um teste **unilateral à direita**. Mais formalmente, para um teste com hipótese alternativa à direita do valor testado, cotejam-se as hipóteses:

$$H_0: \theta = \theta_0 \quad (30)$$
$$\times$$
$$H_1: \theta > \theta_0$$

No primeiro caso (Equação 29), H_0 será rejeitada se a estatística de teste, et_a, diferenciar-se de seu valor esperado (sob H_0) para menos, e o valor p é calculado usando a distribuição da estatística de teste à esquerda, isto é, determinando-se a probabilidade de a variável aleatória et ser menor do que o valor encontrado na particular amostra investigada, et_a, como já descrito pela Equação 21, aqui reproduzida.

$$\text{valor } p = P(et \le et_a) = F_{et}(et_a), \quad (31)$$

onde F_{et} representa a FDA da variável aleatória et.

Essa é a razão para rotular o teste de unilateral à esquerda, pois o erro tipo I focaliza a parte da esquerda da distribuição da estatística de teste.

No segundo caso (Equação 30), H_0 será rejeitada se a estatística de teste, et_a, diferenciar-se de seu valor esperado (sob H_0) para mais, e o valor p é calculado usando a distribuição da estatística de teste à direita, isto é, determinando-se a probabilidade de a variável aleatória et ser maior do que o valor encontrado na particular amostra investigada, et_a. Mais formalmente,

$$\text{valor } p = P(et \geq et_a) = 1 - F_{et}(et_a), \tag{32}$$

onde F_{et} representa a FDA da variável aleatória et.

Essa é a razão para rotular o teste de unilateral à direita, pois o erro tipo I focaliza a parte da direita da distribuição da estatística de teste.

Mas na maior parte das aplicações, a hipótese alternativa é formulada como uma simples negação de H_0, caracterizando um **teste bilateral**. Mais formalmente, para um teste bilateral, cotejam-se as hipóteses:

$$\begin{array}{c} H_0: \theta = \theta_0 \\ \times \\ H_1: \theta \neq \theta_0 \end{array} \tag{33}$$

É o caso mais comum nas aplicações científicas e técnicas. Nesse caso, H_0 será rejeitada se a estatística de teste, et_a, diferenciar-se de seu valor esperado (sob H_0) para mais ou para menos, e o valor p é calculado usando ambos os lados da distribuição da estatística de teste. Se a distribuição da estatística de teste, et, é simétrica em torno de zero, como na maioria das aplicações, determina-se a probabilidade de a variável aleatória $|et|$ ser tão ou mais extrema quanto o valor absoluto do valor encontrado na particular amostra investigada, $|et_a|$. Mais formalmente,

$$\begin{aligned} \text{valor } p &= P(|et| > |et_a|) \\ &= 1 - P(|et| \leq |et_a|) \\ &= 1 - P(-|et_a| \leq et \leq |et_a|) \\ &= 1 - \left(F_{et}(|et_a|) - F_{et}(-|et_a|)\right) \\ &= F_{et}(-|et_a|) + \left(1 - F_{et}(|et_a|)\right) \\ &= P(et \leq -|et_a|) + P(et \geq |et_a|). \end{aligned} \tag{34}$$

Se, entretanto, a distribuição da estatística de teste, et, não apresentar simetria, como é o caso, por exemplo, de alguns testes envolvendo a distribuição Qui-quadrado, como veremos mais adiante, a determinação do valor p é um pouco mais complicada, buscando-se valores críticos que dividam a probabilidade de erro tipo I em duas partes iguais, nas caudas da distribuição, dando algum sentido de simetria. Nesse caso, o valor p é dado por:[21]

$$\text{valor } p = 2 \times \min(F_{et}(et_a), 1 - F_{et}(et_a)). \tag{35}$$

---

[21] Para distribuições simétricas em torno de zero, as Equações 34 e 35 são equivalentes.

Essa é a razão para rotular o teste de bilateral, pois o erro tipo I se decompõe em duas parcelas, correspondendo aos dois lados da distribuição da estatística de teste.

Deve ser ressaltado que a regra de decisão sobre a aceitação ou rejeição de H_0 baseada no valor p e definida na expressão 22 é sempre a mesma, independentemente do tipo de teste utilizado. O que diferencia um tipo de teste de outro é apenas o cálculo do correspondente valor p.

Na seção anterior, desenvolveu-se uma regra alternativa para o teste unilateral à esquerda, baseada no valor crítico para a estatística de teste. Tal valor crítico, sim, é dependente do tipo de teste utilizado. Especificamente, o valor crítico para a estatística de teste e a correspondente regra de decisão para um teste unilateral à esquerda foram definidos pelas Equações 23 e 24, aqui reproduzidas.

$$et_{\text{crítico}} = F_{et}^{-1}(\alpha). \tag{36}$$

Se $et_a \leq et_{\text{crítico}}$, rejeita-se H_0; se $et_a > et_{\text{crítico}}$, aceita-se H_0. (37)

Como já salientado, a região de rejeição de H_0 é definida pelo intervalo $(-\infty, et_{\text{crítico}}]$.

O correspondente valor crítico para a estatística de teste e a correspondente regra de decisão para um teste unilateral à direita são:

$$et_{\text{crítico}} = F_{et}^{-1}(1 - \alpha). \tag{38}$$

Se $et_a \geq et_{\text{crítico}}$, rejeita-se H_0; se $et_a < et_{\text{crítico}}$, aceita-se H_0. (39)

A região de rejeição de H_0 é agora definida pelo intervalo $[et_{\text{crítico}}, \infty)$.

Note a sutil modificação da fórmula e da regra, pois a região de rejeição é agora definida à direita de $et_{\text{crítico}}$, ou seja, à direita da distribuição da estatística de teste.

Para um teste bilateral, definem-se dois valores críticos para a estatística de teste, um à esquerda e um à direita, dada a decomposição do erro tipo I em duas parcelas. Especificamente, definem-se:

$$et_{\text{crítico}_{\text{esq}}} = F_{et}^{-1}\left(\frac{\alpha}{2}\right) \text{ e } et_{\text{crítico}_{\text{dir}}} = F_{et}^{-1}\left(1 - \frac{\alpha}{2}\right), \tag{40}$$

que correspondem à divisão do nível de significância do teste, α, em duas parcelas iguais, respectivamente, a $\frac{\alpha}{2}$. A regra de decisão para o teste bilateral baseada nos valores críticos é:

Se $et_a \leq et_{\text{crítico}_{\text{esq}}}$ ou $et_a \geq et_{\text{crítico}_{\text{dir}}}$, rejeita-se H_0; (41)

se $et_a > et_{\text{crítico}_{\text{esq}}}$ e $et_a < et_{\text{crítico}_{\text{dir}}}$, aceita-se H_0.

A região de rejeição de H_0 é agora definida pela união de dois intervalos

$(-\infty, et_{\text{crítico}_{\text{esq}}}] \cup [et_{\text{crítico}_{\text{dir}}}, \infty)$.

A **Tabela 7** a seguir resume as informações sobre testes de hipóteses bilaterais e unilaterais.

TABELA 7 Características dos testes de hipóteses – nível de significância: α

	Bilateral	Unilateral à esquerda	Unilateral à direita
	$H_0: \theta = \theta_0$ $\times$ $H_1: \theta \neq \theta_0$	$H_0: \theta = \theta_0$ $\times$ $H_1: \theta < \theta_0$	$H_0: \theta = \theta_0$ $\times$ $H_1: \theta > \theta_0$
valor p	$2 \times \min(F_{et}(et_a), 1 - F_{et}(et_a))$	$F_{et}(et_a)$	$1 - F_{et}(et_a)$
$et_{crítico}$	$et_{crítico_{esq}} = F_{et}^{-1}\left(\dfrac{\alpha}{2}\right)$ $et_{crítico_{dir}} = F_{et}^{-1}\left(1 - \dfrac{\alpha}{2}\right)$	$F_{et}^{-1}(\alpha)$	$F_{et}^{-1}(1 - \alpha)$
Região de rejeição de H_0	$(-\infty, et_{crítico_{esq}}] \cup [et_{crítico_{dir}}, \infty)$	$(-\infty, et_{crítico}]$	$[et_{crítico}, \infty)$

Fonte: Elaborada pelo autor.

Relação entre intervalos de confiança e testes de hipóteses

Os dois processos fundamentais de inferência estatística, estimativas por intervalos de confiança e teste de hipóteses sobre os parâmetros populacionais, são dois lados de uma mesma moeda, a relação entre as distribuições das variáveis na população de interesse e a distribuição das estatísticas amostrais. Se o processo de amostragem não contém vícios, a relação é caracterizada probabilisticamente. Como tal, seria natural esperar-se uma relação estreita entre os dois processos, o que efetivamente ocorre.

Dado um intervalo de confiança (l_i, l_s), com $l_i \neq -\infty$ e $l_s \neq \infty$, para um determinado parâmetro θ, digamos, com confiança $1 - \alpha$, pode-se definir um teste de hipóteses bilateral sobre o parâmetro θ com nível de significância α, digamos, $H_0: \theta = \theta_0 \times H_1: \theta \neq \theta_0$, definindo a regra de decisão sobre aceitação ou não de H_0 por:

Se $\theta_0 \in (l_i, l_s)$, então aceita-se H_0; se $\theta_0 \notin (l_i, l_s)$, então rejeita-se H_0. (42)

Ou seja, a região de aceitação do teste é o intervalo de confiança dado originalmente.

A equivalência é evidenciada computando-se a probabilidade de erro tipo I:

$$\begin{aligned}
P(\text{erro tipo } I) &= P(\text{rejeitar } H_0 | H_0 \text{ é Verdadeira}) \\
&= P(\theta_0 \notin (l_i, l_s) | \theta = \theta_0) \\
&= P(\theta \notin (l_i, l_s)) \\
&= 1 - P(\theta \in (l_i, l_s)) \\
&= 1 - P(l_i < \theta < l_s) \\
&= 1 - (1 - \alpha) \\
&= \alpha.
\end{aligned}$$

Por outro lado, dado um teste de hipóteses (bilateral) sobre um determinado parâmetro populacional, digamos, $H_0: \theta = \theta_0 \times H_1: \theta \neq \theta_0$, e fixado seu nível de significância, α, pode-se determinar um intervalo de confiança para o parâmetro θ, com confiança igual a $1 - \alpha$, a partir do intervalo de confiança para a estatística de teste, et, tomando-se a região de aceitação do teste. Isto é, um intervalo de confiança $(1 - \alpha)$ para o valor et é dado por $(et_{\text{crítico}_{\text{esq}}}, et_{\text{crítico}_{\text{dir}}})$, pois:

$$\begin{aligned} P\left(et_{\text{crítico}_{\text{esq}}} < et < et_{\text{crítico}_{\text{dir}}}\right) &= P\left(et \in \left(et_{\text{crítico}_{\text{esq}}}, et_{\text{crítico}_{\text{dir}}}\right)\right) \\ &= P(\text{aceitar } H_0 | H_0 \text{ é Verdadeira}) \\ &= 1 - P(\text{erro tipo } I) \\ &= 1 - \alpha. \end{aligned}$$

A partir da definição da estatística de teste, descrita em função de θ, pode-se determinar o correspondente intervalo de confiança para θ.

A relação entre intervalos de confiança ilustrada acima obviamente se generaliza para a relação entre testes unilaterais e intervalos de confiança ilimitados. Mais especificamente, a um intervalo de confiança ilimitado à esquerda para θ (isto é, com $l_i = -\infty$) corresponde um teste unilateral à direita (isto é, $H_0: \theta = \theta_0 \times H_1: \theta > \theta_0$) e a um intervalo de confiança ilimitado à direita para θ (isto é, com $l_s = \infty$) corresponde um teste unilateral à esquerda (isto é, com $H_0: \theta = \theta_0 \times H_1: \theta < \theta_0$). A relação inversa também é válida. Dado um teste unilateral à esquerda, sua região de aceitação é ilimitada à direita (veja a Equação 37), gerando, consequentemente, um intervalo de confiança ilimitado à direita. Já um teste unilateral à direita, com região de aceitação ilimitada à esquerda (veja a Equação 39), determina um intervalo de confiança ilimitado à esquerda.

AMOSTRAGEM DE VARIÁVEL DISTRIBUÍDA NORMALMENTE – OUTRAS INFERÊNCIAS

Continuamos agora nossa discussão sobre inferências baseadas em amostras não viciadas quando a variável de interesse é distribuída Normalmente na população. Em seção anterior, evidenciou-se que se $X \sim N(\mu, \sigma)$, então $\bar{X} \sim N\left(\mu, \frac{\sigma}{\sqrt{n}}\right)$, onde n representa o tamanho da amostra colhida. Dessa relação, desenvolveram-se tanto o intervalo de confiança para μ como o teste de hipótese para μ, supondo que o parâmetro σ fosse conhecido.

Mas o que fazer quando a suposição de conhecimento de σ não é razoável, como na maioria das aplicações? Nesse caso, haverá duas inferências sendo realizadas simultaneamente, pois há dois parâmetros na distribuição Normal, μ e σ, e necessitaremos trabalhar com a distribuição t de Student, apresentada no Capítulo 6.

Intervalo de confiança para μ (σ desconhecido)

Suponha-se que se tenha realizado uma amostragem não viciada de tamanho n, de uma variável X distribuída Normalmente na população de interesse, isto é, $X \sim N(\mu, \sigma)$. Como já salientado, os valores amostrados podem ser interpretados como uma sequência de n variáveis aleatórias, $X_1, X_2, \dots, X_n$, cada uma delas distribuídas segundo a distribuição da variável X, isto é, $X_i \sim N(\mu, \sigma)$, independentes entre si. Tem-se, então, que a variável $Y = \sum_{i=1}^{n} \left(\frac{X_i - \mu}{\sigma}\right)^2$, sendo uma soma de quadrados de variáveis Normais padronizadas independentes, distribui-se segundo a distribuição Qui-quadrado com n graus de liberdade, conforme salientado no Capítulo 6. A variável Y pode ser escrita como $Y = \frac{\sum_{i=1}^{n}(X_i - \mu)^2}{\sigma^2}$ e seu numerador pode ser expandido, como segue:

$$\begin{aligned}\sum_{i=1}^{n}(X_i - \mu)^2 &= \sum_{i=1}^{n}(X_i - \bar{X} + \bar{X} - \mu)^2 \\ &= \sum_{i=1}^{n}[(X_i - \bar{X})^2 + 2(X_i - \bar{X})(\bar{X} - \mu) + (\bar{X} - \mu)^2] \\ &= \sum_{i=1}^{n}(X_i - \bar{X})^2 + 2(\bar{X} - \mu)\sum_{i=1}^{n}(X_i - \bar{X}) + \sum_{i=1}^{n}(\bar{X} - \mu)^2 \\ &= \sum_{i=1}^{n}(X_i - \bar{X})^2 + 2(\bar{X} - \mu) \times 0 + n(\bar{X} - \mu)^2 \\ &= \sum_{i=1}^{n}(X_i - \bar{X})^2 + n(\bar{X} - \mu)^2.\end{aligned}$$

Ou seja, a variável Y pode ser escrita como a soma de duas variáveis, $Y = U + V$, com

$$U = \frac{\sum_{i=1}^{n}(X_i - \bar{X})^2}{\sigma^2} \tag{43}$$

e

$$V = \frac{n(\bar{X} - \mu)^2}{\sigma^2}. \tag{44}$$

Pode ser evidenciado que a variável V distribui-se segundo a distribuição Qui-quadrado com 1 grau de liberdade, pois $V = \left(\frac{\bar{X} - \mu}{\frac{\sigma}{\sqrt{n}}}\right)^2$ é o quadrado de uma Normal padrão (como já salientado, $\bar{X}$ se distribui Normalmente, $E(\bar{X}) = \mu$ e $V(\bar{X}) = \frac{\sigma^2}{n}$). Cochran (1934) mostra que a variável U também se distribui segundo a distribuição Qui-quadrado, com $n - 1$ graus de liberdade, sendo independente de V. Ou seja, a variável Y, distribuída segundo a distribuição Qui-quadrado com n graus de liberdade, se decompõe em uma soma de duas variáveis independentes, distribuídas segundo a distribuição Qui-quadrado com $n - 1$ e 1 graus de liberdade, respectivamente.

Tome-se agora a razão entre $\sqrt{V}$, que é uma Normal padrão, e $\sqrt{\frac{U}{n-1}}$, isto é, seja a variável

$$T = \frac{\frac{\sqrt{n}(\bar{X} - \mu)}{\sigma}}{\sqrt{\frac{\sum_{i=1}^{n}(X_i - \bar{X})^2}{\sigma^2}}} = \frac{\sqrt{n}(\bar{X} - \mu)}{\sqrt{\frac{\sum_{i=1}^{n}(X_i - \bar{X})^2}{n-1}}}. \tag{45}$$

Repare que o valor de σ desaparece da expressão de T, cancelando-se o termo no numerador com o termo no denominador. Isto é, T não depende de σ, não sendo necessário o conhecimento de σ para o cálculo de T. Como salientado no Capítulo 6, a razão entre duas variáveis independentes, uma Normal padrão, e outra, a raiz quadrada da razão entre uma variável distribuída segundo a distribuição Qui-quadrado e seus graus de liberdade, distribui-se segundo a distribuição t de Student. Nesse caso, T distribui-se segundo a distribuição t com $n - 1$ graus de liberdade.

O radicando do denominador de T é a estimativa não viesada da variância da distribuição da variável X (ou seja, de σ^2) na população de interesse a partir de uma amostra não viciada, sendo normalmente denotada por $\hat{s}^2$.[22] Isto é:

$$\hat{s}^2 = \frac{\sum_{i=1}^{n}(X_i-\bar{X})^2}{n-1} \qquad (46)$$

e a variável T pode ser escrita como

$$T = \frac{\sqrt{n}(\bar{X}-\mu)}{\hat{s}}. \qquad (47)$$

Note as sutis diferenças e semelhanças entre esta expressão e a expressão da variável Z apresentada no Exemplo 4. A estrutura das duas expressões é idêntica, a única diferença é a utilização do valor σ no denominador de Z, suposto conhecido naquela expressão, e a utilização da estimativa não viesada $\hat{s}$ de σ no denominador de T, pois este é suposto desconhecido no presente contexto. As distribuições de Z e de T são distintas, entretanto, uma é Normal padrão e a outra é t de Student com $n-1$ graus de liberdade. Na medida em que o tamanho da amostra aumenta, as duas distribuições tornam-se praticamente idênticas, de modo que a sutileza é mais importante em estudos envolvendo pequenas amostras, objeto de preocupação de Student (1908).

A determinação do intervalo de confiança para μ no presente contexto (σ desconhecido) segue a mesma lógica da apresentação anterior, apenas trocando as FDA envolvidas. Isto é, para determinar a probabilidade de que a média da amostra de tamanho n esteja a uma distância não maior do que d unidades de μ, basta calcular $F_{t(n-1)}\left(\frac{d\sqrt{n}}{\hat{s}}\right) - F_{t(n-1)}\left(\frac{-d\sqrt{n}}{\hat{s}}\right)$, onde $F_{t(n-1)}$ representa a FDA da distribuição t de Student com $n-1$ graus de liberdade. Formalmente,

$$P(\bar{X} - d \leq \mu \leq \bar{X} + d) = F_{t(n-1)}\left(\frac{d\sqrt{n}}{\hat{s}}\right) - F_{t(n-1)}\left(\frac{-d\sqrt{n}}{\hat{s}}\right). \qquad (48)$$

Note a semelhança estrutural entre as Equações 5 e 48.

A definição formal e genérica do intervalo de confiança (com probabilidade $1-\alpha$) para μ, supondo σ desconhecido é:

$$P\left(\bar{X} - \frac{\hat{s}}{\sqrt{n}} F_{t(n-1)}^{-1}\left(1 - \frac{\alpha}{2}\right) \leq \mu \leq \bar{X} + \frac{\hat{s}}{\sqrt{n}} F_{t(n-1)}^{-1}\left(1 - \frac{\alpha}{2}\right)\right) = 1 - \alpha. \qquad (49)$$

Note a semelhança estrutural entre as Equações 10 e 49.

---

[22] Note a sutil diferença entre a expressão de $\hat{s}^2$ e a expressão de s^2, variância da amostra, definida pela Equação 11 do Capítulo 2. $\hat{s}^2$ é um estimador não enviesado de σ^2, pois $E(\hat{s}^2) = E\left(\frac{\sum_{i=1}^{n}(X_i-\bar{X})^2}{n-1}\right) = E\left(\frac{\sum_{i=1}^{n}(X_i^2-2\bar{X}X_i+\bar{X}^2)}{n-1}\right) = E\left(\frac{\sum_{i=1}^{n}X_i^2 - 2\bar{X}\sum_{i=1}^{n}X_i + n\bar{X}^2}{n-1}\right) = E\left(\frac{\sum_{i=1}^{n}X_i^2 - n\bar{X}^2}{n-1}\right) = \frac{\sum_{i=1}^{n}E(X_i^2) - nE(\bar{X}^2)}{n-1} = \frac{nE(X_i^2) - nE(\bar{X}^2)}{n-1} = \frac{n(\sigma^2+\mu^2) - n\left(\frac{\sigma^2}{n}+\mu^2\right)}{n-1} = \frac{(n-1)\sigma^2}{n-1} = \sigma^2$.

Exemplo 6

Suponha que nossa variável de interesse seja Normalmente distribuída, com parâmetros μ e σ. Suponha que tenha sido retirada uma amostra não viciada de tamanho $n = 20$, cujos resultados são:

28, 26, 35, 36, 32, 29, 24, 32, 28, 23, 29, 26, 29, 25, 33, 27, 25, 22, 30, 30

O que se pode inferir sobre o valor de μ?

A suposição de Normalidade da variável de interesse, X, combinada com a suposição de ausência de viés no procedimento de amostragem induz uma distribuição t de Student com $n-1$ graus de liberdade para a variável $T = \frac{\sqrt{n}(\bar{X}-\mu)}{\hat{s}}$, suficiente para estabelecer um intervalo de confiança para μ. A função MÉDIA do Microsoft Excel$^{©}$ nos informa que $\bar{X} = 28{,}45$, a função DESVPAD.A[23] nos informa que $\hat{s} = 3{,}8454$, e a função INV.T nos informa que $F_{t(19)}^{-1}\left(1 - \frac{0{,}05}{2}\right) = F_{t(19)}^{-1}(0{,}975) = 2{,}09$ (note que estamos usando $\alpha = 0{,}05$). Compondo esses valores na Equação 49, tem-se que $P\left(28{,}45 - \frac{3{,}8454}{\sqrt{20}} \times 2{,}09 \leq \mu \leq 28{,}45 + \frac{3{,}8454}{\sqrt{20}} \times 2{,}09\right) = 1 - 0{,}05 = 0{,}95$. Ou seja, há 95% de confiança (probabilística) de que o valor de μ está contido no intervalo (26,65; 30,25).

Teste de hipótese sobre μ (σ desconhecido)

A partir da variável definida pela Equação 47, distribuída segundo a distribuição t de Student com $n-1$ graus de liberdade, pode-se desenvolver um teste de hipótese sobre μ, no presente contexto (σ desconhecido), seguindo a lógica do desenvolvimento anterior, apenas trocando as FDA envolvidas. O teste é conhecido como teste t de Student.

Deseja-se testar o valor do parâmetro populacional, μ, formulando-se uma hipótese nula e uma hipótese alternativa, em geral, a negação da hipótese nula, caracterizando um teste bilateral:

$$H_0: \mu = \mu_0 \tag{50}$$
$$\times$$
$$H_1: \mu \neq \mu_0$$

Na expressão, μ_0 representa um particular valor do parâmetro, o valor de teste. A estatística de teste é dada por

$$t_0 = \frac{\sqrt{n}(\bar{X}-\mu_0)}{\hat{s}}, \tag{51}$$

---

[23] A função DESVPAD.A do Microsoft Excel$^{©}$ calcula o desvio-padrão da amostra com $n-1$ no denominador, correspondendo à raiz quadrada da Equação 46. A função DESVPAD.P calcula o desvio-padrão da amostra com n no denominador, correspondendo à raiz quadrada da Equação 11 do Capítulo 3.

que, conforme já salientado, segue uma distribuição t de Student com $n - 1$ graus de liberdade. O valor p correspondente ao teste pode ser determinado por

$$\begin{aligned} \text{valor } p &= P(|T| > |t_0|) \\ &= 1 - P(|T| \leq |t_0|) \\ &= 1 - P(-|t_0| \leq T \leq |t_0|) \\ &= 1 - 2P(0 \leq T \leq |t_0|) \\ &= 1 - 2\left(\tfrac{1}{2} - P(T > |t_0|)\right) \\ &= 2P(T > |t_0|) \\ &= 2(1 - P(T \leq |t_0|)) \\ &= 2\left(1 - F_{t(n-1)}(|t_0|)\right). \end{aligned} \qquad (52)$$

Note o fator 2 na Equação 52, decorrente da hipótese alternativa H_1 corresponder a um teste bilateral. Se estruturássemos o teste como unilateral à direita, isto é, se:

$$\begin{aligned} H_0 &: \mu = \mu_0 \\ &\times \\ H_1 &: \mu > \mu_0 \end{aligned} \qquad (53)$$

o valor p seria dado por

$$\text{valor } p = P(T > t_0) = 1 - P(T \leq t_0) = 1 - F_{t(n-1)}(t_0). \qquad (54)$$

E se estruturássemos o teste como unilateral à esquerda, isto é, se

$$\begin{aligned} H_0 &: \mu = \mu_0 \\ &\times \\ H_1 &: \mu < \mu_0 \end{aligned} \qquad (55)$$

o valor p seria dado por

$$\text{valor } p = P(T < t_0) = F_t(n-1)(t_0). \qquad (56)$$

A decisão é tomada com base na comparação do valor p com o nível de significância desejado para o teste, α, conforme a regra estabelecida na expressão 22.

Intervalo de confiança para σ (μ desconhecido)

Inferências sobre σ podem ser feitas a partir da constatação de que a variável U definida na Equação 43 distribui-se conforme a distribuição Qui-quadrado com $n - 1$ graus de liberdade. Primeiro, nota-se que a variável U pode ser expressa em função de $\hat{s}$, definido pela Equação 46:

$$U = \frac{(n-1)\hat{s}^2}{\sigma^2}. \qquad (57)$$

Um intervalo de confiança para σ^2 pode ser obtido a partir da distribuição de U, pois

$$P(u_1 \leq U \leq u_2) = F_{\chi^2(n-1)}(u_2) - F_{\chi^2(n-1)}(u_1), \qquad (58)$$

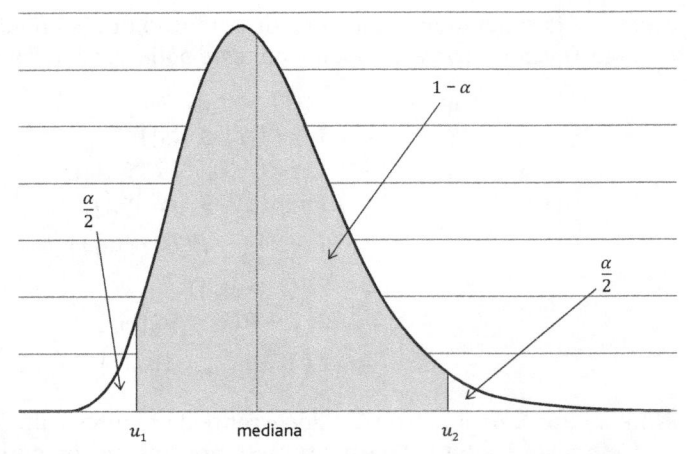

FIGURA 18 Escolhas dos limites de confiança na distribuição Qui-quadrado.
Fonte: Elaborada pelo autor.

quaisquer que sejam os valores u_1 e u_2, onde $F_{\chi^2(n-1)}$ é a FDA da distribuição Qui-quadrado com $n-1$ graus de liberdade. A escolha dos valores u_1 e u_2 e a inversão da Equação 58 não é tão direta como a apresentada nas Equações 5 a 8, pois a distribuição Qui-quadrado não é simétrica. Fixada a confiança desejada, $1-\alpha$, escolhem-se u_1 e u_2 de modo que a cauda anterior a u_1 e a cauda posterior a u_2 tenham iguais probabilidades (iguais, portanto, a $\frac{\alpha}{2}$), dando algum sentido de simetria à escolha. Ou seja, as escolhas correspondem a $F_{\chi^2(n-1)}(u_1) = \frac{\alpha}{2}$ e a $F_{\chi^2(n-1)}(u_2) = 1 - \frac{\alpha}{2}$, de modo que $F_{\chi^2(n-1)}(u_2) - F_{\chi^2(n-1)}(u_1) = 1 - \frac{\alpha}{2} - \frac{\alpha}{2} = 1 - \alpha$. A **Figura 18** ilustra as escolhas de u_1 e u_2.

Escolhem-se, portanto, $u_1 = F^{-1}_{\chi^2(n-1)}\left(\frac{\alpha}{2}\right)$ e $u_2 = F^{-1}_{\chi^2(n-1)}\left(1 - \frac{\alpha}{2}\right)$. Reescrevendo a Equação 58, tem-se $P\left(u_1 \leq \frac{(n-1)\hat{s}^2}{\sigma^2} \leq u_2\right) = 1 - \alpha$, que, após a conveniente manipulação algébrica e substituição de u_1 e u_2, nos dá o intervalo de confiança para σ^2:

$$P\left(\frac{(n-1)\hat{s}^2}{F^{-1}_{\chi^2(n-1)}\left(1-\frac{\alpha}{2}\right)} \leq \sigma^2 \leq \frac{(n-1)\hat{s}^2}{F^{-1}_{\chi^2(n-1)}\left(\frac{\alpha}{2}\right)}\right) = 1 - \alpha. \tag{59}$$

O correspondente intervalo de confiança para σ é dado por:

$$P\left(\sqrt{\frac{(n-1)\hat{s}^2}{F^{-1}_{\chi^2(n-1)}\left(1-\frac{\alpha}{2}\right)}} \leq \sigma \leq \sqrt{\frac{(n-1)\hat{s}^2}{F^{-1}_{\chi^2(n-1)}\left(\frac{\alpha}{2}\right)}}\right) = 1 - \alpha. \tag{60}$$

Exemplo 7

Com os dados do Exemplo 6, o que se pode inferir sobre o valor de σ?

A suposição de Normalidade da variável de interesse, X, combinada com a suposição de ausência de viés no procedimento de amostragem induz uma distribuição Qui-quadrado com $n-1$ graus de liberdade para a variável $U = \frac{(n-1)\hat{s}^2}{\sigma^2}$, suficiente para estabelecer um intervalo de confiança para σ. A função VAR.A do Microsoft Excel© nos informa que $\hat{s}^2 = 14{,}7868$, e a função INV.QUIQUA nos informa que $F^{-1}_{\chi^2(19)}\left(\frac{0{,}05}{2}\right) = F^{-1}_{\chi^2(19)}(0{,}025) = 8{,}91$ e que $F^{-1}_{\chi^2(19)}\left(1 - \frac{0{,}05}{2}\right) = F^{-1}_{\chi^2(19)}(0{,}975) = 32{,}85$. Compondo esses valores na Equação 60, tem-se que $P\left(\sqrt{\frac{19 \times 14{,}7868}{32{,}85}} \leq \sigma \leq \sqrt{\frac{19 \times 14{,}7868}{8{,}91}}\right) = 0{,}95$. Ou seja, há 95% de confiança (probabilística) de que o valor de σ está contido no intervalo (2,92; 5,62).

Teste de hipótese sobre σ (μ desconhecido)

A partir da variável definida pela Equação 43, distribuída segundo a distribuição Qui-quadrado com $n - 1$ graus de liberdade, pode-se desenvolver um teste de hipótese sobre σ no presente contexto (μ desconhecido), seguindo a mesma lógica já utilizada em outros testes, apenas trocando as FDA envolvidas.

Deseja-se testar o valor do parâmetro populacional, σ, formulando-se uma hipótese nula e uma hipótese alternativa. Iniciamos caracterizando um teste unilateral à direita, isto é:

$$H_0: \sigma = \sigma_0 \qquad (61)$$
$$\times$$
$$H_1: \sigma > \sigma_0$$

Na expressão, σ_0 representa um particular valor do parâmetro, o valor de teste. A estatística de teste é dada por:

$$u_0 = \frac{(n-1)\hat{s}^2}{\sigma_0^2}, \qquad (62)$$

que, conforme já salientado, segue uma distribuição Qui-quadrado com $n - 1$ graus de liberdade. O valor p correspondente ao teste pode ser determinado por:

$$\text{valor } p = P(U > u_0) = 1 - P(U \leq u_0) = 1 - F_{\chi^2(n-1)}(u_0). \qquad (63)$$

Para um teste unilateral à esquerda, isto é:

$$H_0: \sigma = \sigma_0 \qquad (64)$$
$$\times$$
$$H_1: \sigma < \sigma_0$$

O valor p é dado por:

$$\text{valor } p = P(U < u_0) = F_{\chi^2(n-1)}(u_0). \qquad (65)$$

Para um teste bilateral, isto é:

$$H_0: \sigma = \sigma_0 \qquad (66)$$
$$\times$$
$$H_1: \sigma \neq \sigma_0$$

O valor p é de obtenção um pouco mais complicada, pois a distribuição Qui-quadrado não é simétrica como a distribuição Normal ou a distribuição t de Student. Especificamente, tem-se

$$\text{valor } p = 2 \times \min(F_{\chi^2(n-1)}(u_0), 1 - F_{\chi^2(n-1)}(u_0)). \tag{67}$$

A decisão, como sempre, é tomada com base na comparação do valor p com o nível de significância desejado para o teste, α, conforme a regra estabelecida na expressão 22.

Intervalo de confiança para σ (μ conhecido)

Quando se conhece o valor de μ (mas não o de σ), o procedimento de inferência sobre σ pode ser melhorado, pois se pode usar s^2 como estimativa não viesada de σ^2 em vez de utilizar $\hat{s}^2$. A diferença é sutil: $\hat{s}^2$ utiliza a média da amostra, $\bar{X}$ para calcular os desvios usados na estimativa, pois $\hat{s}^2 = \frac{\sum_{i=1}^{n}(X_i - \bar{X})^2}{n-1}$, perdendo um grau de liberdade, enquanto s^2 utiliza o conhecimento de μ para calcular os desvios usados na estimativa, pois $s^2 = \frac{\sum_{i=1}^{n}(X_i - \mu)^2}{n}$, contando com todos os n graus de liberdade contidos na amostragem não viciada. Zhang (1996) mostra a superioridade do processo, que, entretanto, tende a desaparecer com o aumento do tamanho da amostra.

Parte-se da constatação que a variável $Y = \sum_{i=1}^{n} \left(\frac{X_i - \mu}{\sigma}\right)^2$ se distribui como uma distribuição Qui-quadrado com n graus de liberdade. A variável pode ser escrita como

$$Y = \frac{ns^2}{\sigma^2} \tag{68}$$

e a construção do intervalo de confiança segue passos semelhantes aos utilizados no desenvolvimento anterior, a partir da Equação 57 à Equação 60.

Mais formalmente, tem-se que o intervalo de confiança para σ^2 é

$$P\left(\frac{ns^2}{F^{-1}_{\chi^2(n)}\left(1 - \frac{\alpha}{2}\right)} \leq \sigma^2 \leq \frac{ns^2}{F^{-1}_{\chi^2(n)}\left(\frac{\alpha}{2}\right)}\right) = 1 - \alpha. \tag{69}$$

O correspondente intervalo de confiança para σ é dado por

$$P\left(\sqrt{\frac{ns^2}{F^{-1}_{\chi^2(n)}\left(1 - \frac{\alpha}{2}\right)}} \leq \sigma \leq \sqrt{\frac{ns^2}{F^{-1}_{\chi^2(n)}\left(\frac{\alpha}{2}\right)}}\right) = 1 - \alpha. \tag{70}$$

Exemplo 8

Suponha que nossa variável de interesse seja Normalmente distribuída, com parâmetros μ e σ. Suponha ainda que $\mu = 28$ e que não se conheça o valor de σ. Retira-se uma amostra não viciada de tamanho $n = 20$, cujos dados sejam os já apresentados no Exemplo 6. O que se pode inferir sobre o valor de σ?

A suposição de Normalidade da variável de interesse, X, combinada com a suposição de ausência de viés no procedimento de amostragem induz uma distribuição Qui-quadrado com n graus de liberdade para a variável $Y = \frac{ns^2}{\sigma^2}$, suficiente para estabelecer um intervalo de confiança para σ. Computando-se os desvios dos valores amostrados em relação ao valor $\mu = 28$, tem-se que $s^2 = 14{,}25$.[24] A função INV.QUIQUA do Microsoft Excel© nos informa que $F^{-1}_{\chi^2(20)}(0{,}025) = 9{,}59$ e que $F^{-1}_{\chi^2(20)}(0{,}975) = 34{,}17$. Compondo esses valores na Equação 70, tem-se que $P\left(\sqrt{\frac{20 \times 14{,}25}{34{,}17}} \leq \sigma \leq \sqrt{\frac{20 \times 14{,}25}{9{,}59}}\right) = 0{,}95$. Ou seja, há 95% de confiança (probabilística) de que o valor de σ está contido no intervalo (2,89; 5,45).

Teste de hipótese sobre σ (μ conhecido)

Já mostramos como se pode desenvolver o teste sobre σ a partir da variável definida pela Equação 43 quando μ não é conhecido (Equações 61 a 67). Quando μ é conhecido, o teste pode ser melhorado, ganhando-se um grau de liberdade na distribuição Qui-quadrado, utilizando-se a variável definida pela Equação 68. Como já salientado, a variável distribui-se segundo a distribuição Qui-quadrado com n graus de liberdade. Os aspectos formais do teste são exatamente iguais, exceto que a estatística de teste é agora definida por

$$y_0 = \frac{(n-1)s^2}{\sigma_0^2} \quad (71)$$

Para um teste unilateral à direita, isto é

$$H_0: \sigma = \sigma_0 \quad (72)$$
$$\times$$
$$H_1: \sigma > \sigma_0$$

o valor p correspondente ao teste é

$$\text{valor } p = P(Y > y_0) = 1 - P(Y \leq y_0) = 1 - F_{\chi^2(n)}(y_0). \quad (73)$$

Para um teste unilateral à esquerda, isto é

$$H_0: \sigma = \sigma_0 \quad (74)$$
$$\times$$
$$H_1: \sigma < \sigma_0$$

o valor p é dado por

$$\text{valor } p = P(Y < y_0) = F_{\chi^2(n)}(y_0). \quad (75)$$

E para um teste bilateral, isto é

$$H_0: \sigma = \sigma_0 \quad (76)$$
$$\times$$
$$H_1: \sigma \neq \sigma_0$$

---

[24] Note que os pacotes computacionais, em geral, não oferecem essa opção de cálculo automaticamente, isto é, computam variâncias implicitamente gerando desvios em relação à média amostral, não dando ao usuário a opção de informar um valor externamente.

o valor p é dado por

$$\text{valor } p = 2 \times \min(F_{\chi^2(n)}(y_0), 1 - F_{\chi^2(n)}(y_0)). \tag{77}$$

A decisão, como sempre, é tomada com base na comparação do valor p com o nível de significância desejado para o teste, α, conforme a regra estabelecida na expressão 22.

AMOSTRAGEM DE VARIÁVEL DISTRIBUÍDA NORMALMENTE – RESUMO

As **Tabelas 8** e **9** resumem os intervalos de confiança para μ e σ, quando a variável de interesse na população é distribuída Normalmente. Especificamente, a **Tabela 8** apresenta os intervalos de confiança para μ nos casos em que σ é conhecido e em que σ é desconhecido, enquanto a **Tabela 9** apresenta os intervalos de confiança para σ nos casos em que μ é conhecido e em que μ é desconhecido.

A **Tabela 10** e a **Tabela 11** resumem os testes de hipóteses sobre μ e σ, quando a variável de interesse na população é distribuída Normalmente. Especificamente, a **Tabela 10** apresenta os testes de hipóteses sobre μ nos casos em que σ é conhecido e em que σ é desconhecido, enquanto a **Tabela 11** apresenta os testes de hipóteses sobre σ nos casos em que μ é conhecido e em que μ é desconhecido.

TABELA 8 Limites inferiores e superiores dos intervalos de confiança para μ
$P(l_i \leq \mu \leq l_s) = 1 - \alpha; X \sim N(\mu, \sigma)$; amostras de tamanho n

	l_i	l_s
σ conhecido	$\bar{X} - \dfrac{\sigma}{\sqrt{n}} \Phi^{-1}\left(1 - \dfrac{\alpha}{2}\right)$	$\bar{X} + \dfrac{\sigma}{\sqrt{n}} \Phi^{-1}\left(1 - \dfrac{\alpha}{2}\right)$
σ desconhecido	$\bar{X} - \dfrac{\hat{s}}{\sqrt{n}} F^{-1}_{t(n-1)}\left(1 - \dfrac{\alpha}{2}\right)$	$\bar{X} + \dfrac{\hat{s}}{\sqrt{n}} F^{-1}_{t(n-1)}\left(1 - \dfrac{\alpha}{2}\right)$

Fonte: Elaborada pelo autor.

TABELA 9 Limites inferiores e superiores dos intervalos de confiança para σ
$P(l_i \leq \sigma \leq l_s) = 1 - \alpha; X \sim N(\mu, \sigma)$; amostras de tamanho n

	l_i	l_s
μ conhecido	$\sqrt{\dfrac{ns^2}{F^{-1}_{\chi^2(n)}\left(1 - \dfrac{\alpha}{2}\right)}}$	$\sqrt{\dfrac{ns^2}{F^{-1}_{\chi^2(n)}\left(\dfrac{\alpha}{2}\right)}}$
μ desconhecido	$\sqrt{\dfrac{(n-1)\hat{s}^2}{F^{-1}_{\chi^2(n-1)}\left(1 - \dfrac{\alpha}{2}\right)}}$	$\sqrt{\dfrac{(n-1)\hat{s}^2}{F^{-1}_{\chi^2(n-1)}\left(\dfrac{\alpha}{2}\right)}}$

Fonte: Elaborada pelo autor.

TABELA 10 Testes de hipóteses sobre μ – H_0: $\mu = \mu_0$; $X \sim N(\mu, \sigma)$; amostras de tamanho n

	estatística de teste	valor p teste bilateral $H_1: \mu \neq \mu_0$	valor p teste unilateral $H_1: \mu > \mu_0$	$H_1: \mu < \mu_0$
σ conhecido	$z = \dfrac{\sqrt{n}(\bar{X} - \mu_0)}{\sigma}$	$2(1 - \Phi(|z|))$	$1 - \Phi(z)$	$\Phi(z)$
σ desconhecido	$t = \dfrac{\sqrt{n}(\bar{X} - \mu_0)}{\hat{s}}$	$2(1 - F_{t(n-1)}(|t|))$	$1 - F_{t(n-1)}(t)$	$F_{t(n-1)}(t)$

Fonte: Elaborada pelo autor.

TABELA 11 Testes de hipóteses sobre σ – H_0: $\sigma = \sigma_0$; $X \sim N(\mu, \sigma)$; amostras de tamanho n

	estatística de teste	valor p teste bilateral $H_1: \sigma \neq \sigma_0$	valor p teste unilateral $H_1: \sigma > \sigma_0$	$H_1: \sigma < \sigma_0$
μ conhecido	$\chi^2 = \dfrac{ns^2}{\sigma_0^2}$	$2 \times \min(F_{\chi^2(n)}(u_0), 1 - F_{\chi^2(n)}(u_0))$	$1 - F_{\chi^2(n)}(\chi^2)$	$F_{\chi^2(n)}(\chi^2)$
μ desconhecido	$\chi^2 = \dfrac{(n-1)\hat{s}^2}{\sigma_0^2}$	$2 \times \min(F_{\chi^2(n-1)}(u_0), 1 - F_{\chi^2(n-1)}(u_0))$	$1 - F_{\chi^2(n-1)}(\chi^2)$	$F_{\chi^2(n-1)}(\chi^2)$

Fonte: Elaborada pelo autor.

AMOSTRAGEM DE VARIÁVEL NÃO NORMAL – INFERÊNCIAS SOBRE $E(X)$

Na seção anterior, evidenciamos o processo de inferência a respeito do parâmetro μ da distribuição Normal. O processo é bem-comportado e exato, dada a estrutura formal da distribuição Normal. Entretanto, a suposição de que a variável de interesse seja Normalmente distribuída é um tanto quanto restritiva, pois muitos fenômenos não seguem tal distribuição. O que fazer nesses casos? Há vários caminhos a seguir, sendo o mais relevante o determinado pelo teorema do limite central, que põe em evidência toda a força da distribuição Normal.

Teorema do limite central

Em 1733, de Moivre foi o primeiro matemático a formalizar o evidente processo de convergência de distribuições não Normais para a distribuição Normal. Segundo Gnedenko (1969), de Moivre trabalhou com o caso especial da distribuição de Bernoulli com parâmetro $p = \frac{1}{2}$, o que foi, mais tarde, em 1812, generalizado por Laplace para qualquer valor do parâmetro p. O chamado teorema de De Moivre--Laplace inspirou o surgimento de uma linha de investigação em teoria de probabilidades, procurando generalizar seus resultados. De fato o teorema é válido para quaisquer distribuições (não apenas para distribuições de Bernoulli) satisfazendo condições bastante gerais. A formulação dada pelo matemático finlandês

Jarl Waldemar Lindeberg (1876-1932) é considerada a mais genérica até hoje produzida (Gnedenko, 1969). O teorema é considerado um dos pilares da teoria de probabilidades.

O teorema, em sua forma clássica, é enunciado como segue (Gnedenko, 1969). Suponha-se que $X_1, X_2, \ldots, X_n$ sejam variáveis aleatórias independentes e identicamente distribuídas, com $V(X_i) \neq 0$ finita. Então

$$\lim_{n \uparrow \infty} P\left(\sum_{i=1}^n \left(\frac{X_i - E(X_i)}{\sqrt{nV(X_i)}}\right) \leq x\right) = \frac{1}{\sqrt{2\pi}} \int_{-\infty}^x e^{-\frac{z^2}{2}} dz. \qquad (78)$$

Ou seja, a distribuição da variável aleatória $Y = \sum_{i=1}^n \left(\frac{X_i - E(X_i)}{\sqrt{nV(X_i)}}\right)$ converge para a distribuição Normal padrão na medida em que o número de parcelas da soma, n, aumenta indefinidamente. Lindeberg (1922) mostra uma condição ainda mais genérica do que a enunciada, em que as variáveis não necessariamente precisam ser identicamente distribuídas. Para inferências baseadas em amostragens, entretanto, a forma clássica apresentada é suficiente.

Jarl Waldemar Lindeberg (1876-1932)

A **Figura 19** ilustra o teorema, utilizando a distribuição de Bernoulli com parâmetro $p = 0{,}4$. Mostra-se o efeito do número de variáveis consideradas, n.

A ilustração na **Figura 19** usa uma particular distribuição discreta e assimétrica, mas o teorema é válido para **quaisquer distribuições**, sejam elas discretas ou contínuas, sejam elas simétricas ou não. É isso que torna o teorema tão interessante e útil. Não importa a forma da distribuição, a convergência da FDA da variável $Y = \sum_{i=1}^n \left(\frac{X_i - E(X_i)}{\sqrt{nV(X_i)}}\right)$ para a FDA da variável Normal padrão é **inescapável**, desde que as variáveis X_i sejam independentes e identicamente distribuídas, com $V(X_i) \neq 0$ finita.

É interessante notar que embora o número de parcelas da variável Y aumente, há uma espécie de "compensação", pois as parcelas somadas são desvios das variáveis X_i em torno de seu valor esperado, divididas por $\sqrt{nV(X_i)}$, algumas parcelas sendo, portanto, positivas, enquanto outras serão negativas. Por outro lado, a variabilidade de Y permanece "travada" pela presença do fator $\sqrt{n}$ em seu denominador. De fato,

$$E(Y) = E\left(\sum_{i=1}^n \left(\frac{X_i - E(X_i)}{\sqrt{nV(X_i)}}\right)\right) = \sum_{i=1}^n \left(\frac{E(X_i) - E(X_i)}{\sqrt{nV(X_i)}}\right) = 0 \qquad (79)$$

e

$$V(Y) = V\left(\sum_{i=1}^n \left(\frac{X_i - E(X_i)}{\sqrt{nV(X_i)}}\right)\right) = \sum_{i=1}^n \left(\frac{V(X_i)}{nV(X_i)}\right) = n \times \frac{1}{n} = 1. \qquad (80)$$

O que não é nada óbvio é a emergência da FDA da distribuição Normal no processo de convergência da FDA da variável Y, o que, de certa forma, explica a reverência universal à distribuição Normal, que tanto fascina a humanidade. O teorema nada diz sobre a "velocidade" de convergência, mas pode ser evidenciado empiricamente que a convergência é mais rápida se as distribuições forem simétricas e contínuas.

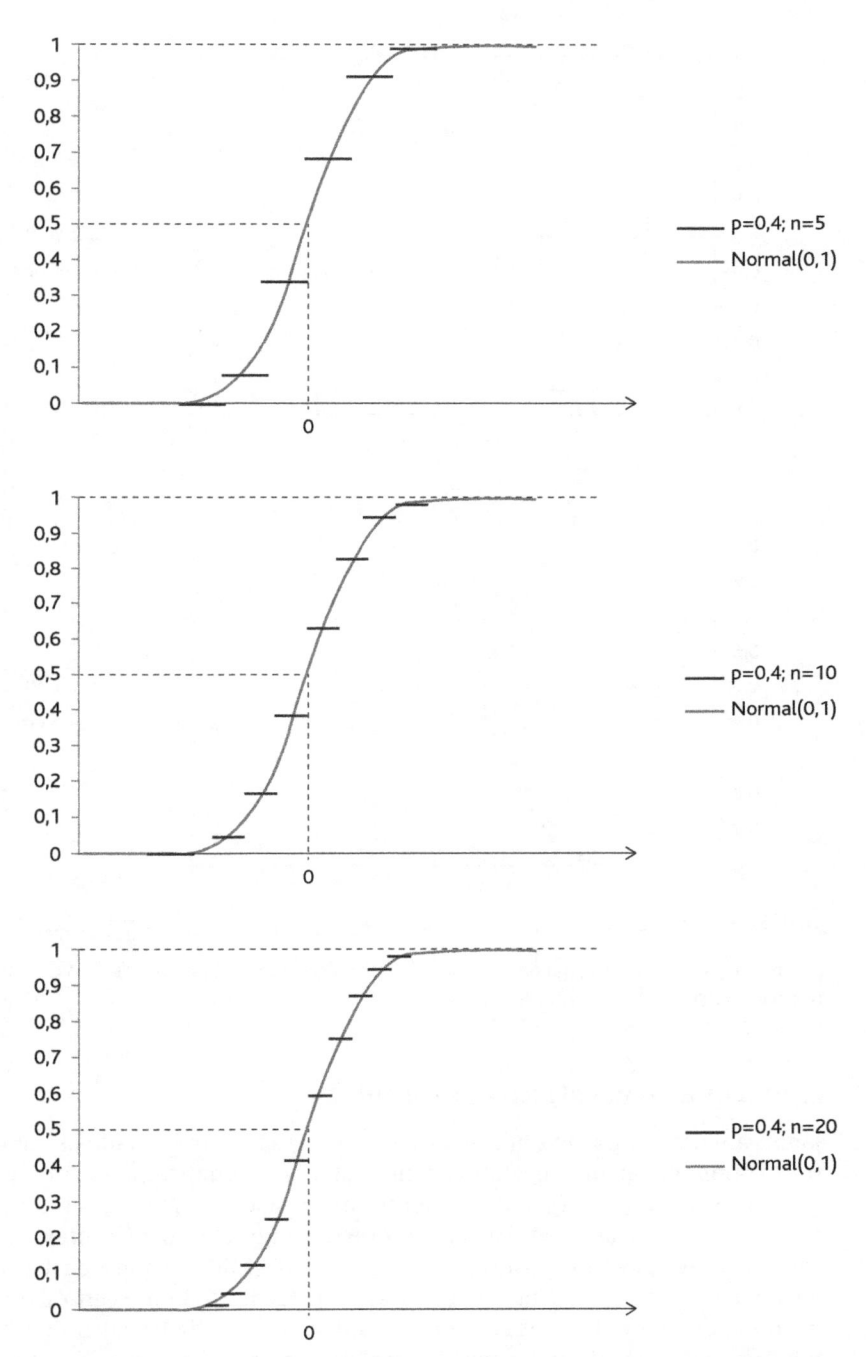

FIGURA 19 Teorema do limite central em ação: a FDA da variável $Y = \sum_{i=1}^{n}\left(\frac{X_i - E(X_i)}{\sqrt{nV(X_i)}}\right)$, onde $X_i \sim \text{Bernoulli}(0,4)$ converge para a FDA da distribuição Normal padrão na medida em que o número de parcelas, n, aumenta. *(Continua)*
Fonte: Elaborada pelo autor.

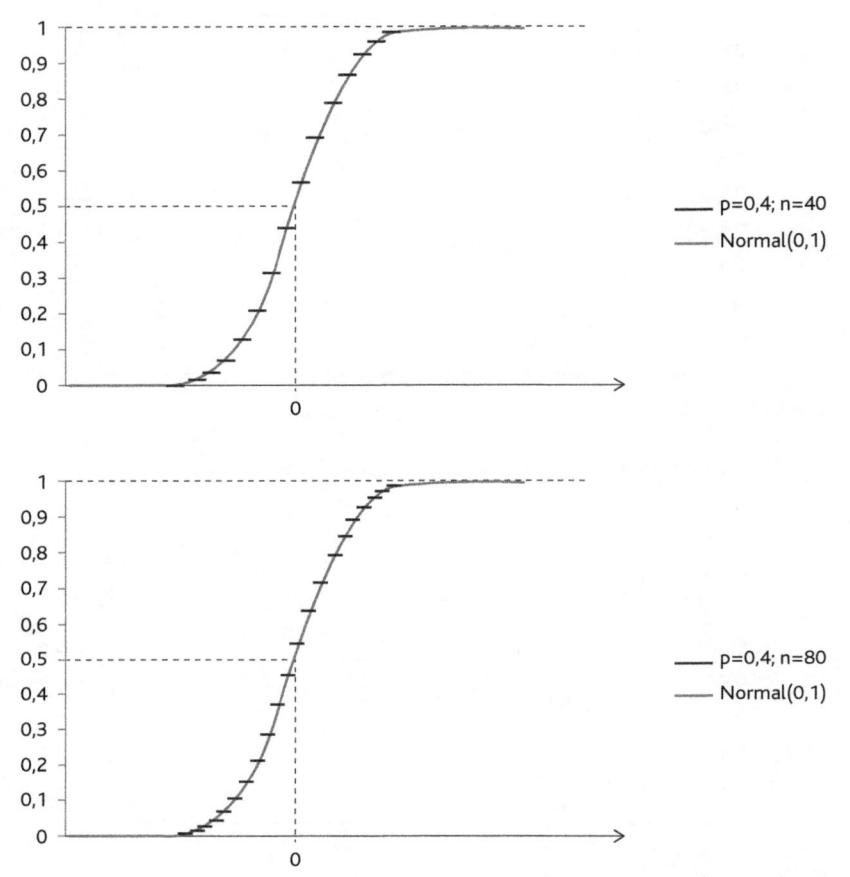

FIGURA 19 Teorema do limite central em ação: a FDA da variável $Y = \sum_{i=1}^{n}\left(\frac{X_i - E(X_i)}{\sqrt{nV(X_i)}}\right)$, onde $X_i \sim$ Bernoulli(0,4) converge para a FDA da distribuição Normal padrão na medida em que o número de parcelas, n, aumenta. *(Continuação)*
Fonte: Elaborada pelo autor.

Aplicações à estatística inferencial

Já foi salientado que em um contexto de amostragem não viciada os valores amostrados podem ser interpretados como valores de uma sequência de n variáveis aleatórias, $X_1, X_2, \ldots, X_n$, independentes entre si, cada uma delas distribuídas segundo a distribuição da variável de interesse na população de interesse, X. Ou seja, são variáveis *iid*. Se a suposição de que $V(X) \neq 0$ é finita (o que é bastante razoável em aplicações científicas ou tecnológicas), o teorema do limite central pode ser utilizado, independentemente da forma da distribuição da variável de interesse na população. Libertamo-nos, assim, da restritiva suposição de que $X \sim N(\mu, \sigma)$.

Repare que a variável $Y = \sum_{i=1}^{n}\left(\frac{X_i - E(X_i)}{\sqrt{nV(X_i)}}\right)$ é equivalente a:

$$Y = \frac{n}{n}Y = \frac{n}{n}\sum_{i=1}^{n}\left(\frac{X_i - E(X_i)}{\sqrt{nV(X_i)}}\right) = \frac{n}{\sqrt{nV(X)}} \times \frac{\left(\sum_{i=1}^{n} X_i - nE(X)\right)}{n} = \frac{\bar{X} - E(X)}{\sqrt{\frac{V(X)}{n}}}. \quad (81)$$

Ou seja, a variável Y nada mais é do que a padronização da variável $\bar{X}$, pois, conforme já salientado anteriormente, $E(\bar{X}) = E(X)$ e $V(\bar{X}) = \frac{V(X)}{n}$.

Como não temos a informação de que a variável de interesse na população de interesse, X, seja Normalmente distribuída, não podemos argumentar que a variável $\bar{X}$ seja Normalmente distribuída. Mas o teorema do limite central pode ser aplicado, podendo-se interpretar que a distribuição da variável $\bar{X}$ será aproximadamente Normal, desde que o tamanho da amostra seja grande. Assim, podem-se construir intervalos de confiança (aproximados) para o valor esperado de X, $E(X)$, assim como desenvolver testes de hipóteses a respeito, da mesma forma que fizemos na seção anterior.

Intervalo de confiança para $E(X)$ ($V(X)$ conhecido)

Um intervalo de confiança aproximado (com probabilidade $1 - \alpha$) para $E(X)$, supondo $V(X)$ conhecido é dado por:

$$P\left(\bar{X} - \sqrt{\frac{V(X)}{n}}\Phi^{-1}\left(1 - \frac{\alpha}{2}\right) \leq E(X) \leq \bar{X} + \sqrt{\frac{V(X)}{n}}\Phi^{-1}\left(1 - \frac{\alpha}{2}\right)\right) \approx 1 - \alpha. \quad (82)$$

A aproximação é tanto melhor quanto maior o tamanho da amostra, n.

Note a semelhança estrutural entre as Equações 9 e 82. A Equação 9 é exata e supõe que a variável de interesse, X, seja Normalmente distribuída. A Equação 82 é aproximada, e não supõe nada a respeito da distribuição de X, a não ser que tenha variância conhecida (não nula e finita).

Teste de hipótese para $E(X)$ ($V(X)$ conhecido)

A partir da variável definida pela Equação 81, cuja distribuição se aproxima da distribuição Normal na medida em que o tamanho da amostra aumenta, segundo o teorema do limite central, pode-se desenvolver um teste de hipótese sobre o parâmetro populacional $E(X)$ no presente contexto ($V(X)$ conhecido), da mesma forma que fizemos anteriormente para distribuições Normais, seguindo a lógica do desenvolvimento anterior, apenas trocando as FDA envolvidas.

Deseja-se testar o valor do parâmetro populacional, $E(X)$, formulando-se uma hipótese nula e uma hipótese alternativa, em geral, a negação da hipótese nula, caracterizando um teste bilateral:

$$H_0: E(X) = \mu_0 \quad (83)$$
$$\times$$
$$H_1: E(X) \neq \mu_0$$

Na expressão, μ_0 representa um particular valor do parâmetro, o valor de teste.

Para testar H_0, toma-se uma amostra não viciada da população cujo parâmetro ($E(X)$) está sendo testado, calculando-se uma estatística de teste (no contexto apresentado, $\frac{\bar{X}-\mu_0}{\sqrt{\frac{V(X)}{n}}}$, que corresponde ao parâmetro populacional testado). A ausência de viés na amostra permite tratar a estatística como uma variável aleatória (lembre-se: variabilidade entre as possíveis amostras). De acordo com o teorema do limite central, se o tamanho da amostra for suficientemente grande, a distribuição da variável $\frac{\bar{X}-\mu_0}{\sqrt{\frac{V(X)}{n}}}$ será aproximadamente Normal padrão (se H_0 for verdadeira). Dessa forma, pode-se determinar aproximadamente a probabilidade de quaisquer eventos envolvendo a variável $\frac{\bar{X}-\mu_0}{\sqrt{\frac{V(X)}{n}}}$. Em particular, de acordo com a Equação 78,

$$P\left(\frac{\bar{X}-\mu_0}{\sqrt{\frac{V(X)}{n}}} \leq x\right) \approx \Phi(x). \tag{84}$$

Denotando-se a estatística de teste por:

$$z = \frac{\sqrt{n}(\bar{X}-\mu_0)}{\sqrt{V(X)}}, \tag{85}$$

o valor p correspondente ao teste pode ser determinado por:

$$\text{valor } p \approx P(|Z| > |z|) = 2(1 - \Phi(|z|)). \tag{86}$$

Se estruturássemos o teste como unilateral à direita, isto é, se:

$$H_0: E(X) = \mu_0 \tag{87}$$
$$\times$$
$$H_1: E(X) > \mu_0$$

o valor p seria dado por:

$$\text{valor } p \approx 1 - \Phi(z). \tag{88}$$

E se estruturássemos o teste como unilateral à esquerda, isto é, se:

$$H_0: E(X) = \mu_0 \tag{89}$$
$$\times$$
$$H_1: E(X) < \mu_0$$

o valor p seria dado por:

$$\text{valor } p \approx \Phi(z). \tag{90}$$

A decisão, como sempre, é tomada com base na comparação do valor p com o nível de significância desejado para o teste, α, conforme a regra estabelecida na expressão 22.

Exemplo 9

Um vitivinicultor compra regularmente rolhas para envasar seus vinhos. O fornecedor afirma que suas rolhas são produzidas dentro de padrões internacionais, garantindo que seu diâmetro médio é de 20 mm, com desvio-padrão igual a 0,3 mm. A cada safra, recebido o lote de rolhas do fornecedor, o vitivinicultor testa algumas delas para avaliar a qualidade do material. Se o diâmetro médio das rolhas não for efetivamente igual a 20 mm ele terá problemas com seu processo de envase. Rolhas com diâmetro maior do que 20 mm poderão "emperrar" a máquina enrolhadora, fazendo com que o processo de envase demore mais do que o necessário, com perda de material. E rolhas com diâmetro menor do que 20 mm poderão não oferecer o lacre adequado do vinho dentro da garrafa, comprometendo sua guarda por muito tempo. O vinicultor adota um protocolo rigoroso de seleção das rolhas para testagem, incluindo seleção aleatória de determinadas caixas de rolhas no lote recebido, selecionando a esmo algumas rolhas de cada caixa selecionada. Cada rolha selecionada tem suas principais características verificadas rigorosamente, incluindo seu diâmetro. A seleção de 100 rolhas para teste nessa safra evidenciou os seguintes diâmetros, apresentados no **Quadro 2**.

QUADRO 2 Diâmetros (mm) de 100 rolhas testadas (dados fictícios)

20,37 19,93 20,08 19,87 19,86 20,21 19,92 20,08 20,08 20,23 20,41 20,29 19,82 19,31
19,88 19,29 19,99 20,38 20,09 20,19 19,91 19,57 19,43 20,32 20,25 19,82 20,51 20,09
19,97 20,10 20,20 19,97 19,98 19,81 20,42 20,05 19,99 19,88 19,09 19,61 19,81 20,03
20,52 19,76 20,19 19,92 19,89 19,96 20,06 20,09 20,47 20,06 20,12 19,99 19,90 19,96
19,72 20,17 19,54 19,47 19,75 20,00 19,47 19,91 19,93 20,05 19,94 19,39 20,24 20,04
19,56 19,67 19,93 19,71 20,27 19,88 20,04 20,31 20,08 19,92 20,10 20,10 20,04 19,51
19,60 19,92 20,38 19,62 20,14 19,82 20,65 20,70 20,13 20,01 19,76 19,36 19,53 19,53
20,27 20,00

Fonte: Elaborado pelo autor.

Com base nesses dados, pode-se testar a hipótese alardeada pelo fornecedor, qual seja a de que a média dos diâmetros de suas rolhas é igual a 20 mm. Mais formalmente, tem-se:

$$H_0: E(X) = 20$$
$$\times$$
$$H_1: E(X) \neq 20$$

A função MÉDIA do Microsoft Excel© aplicada aos dados apresentados no **Quadro 2** nos informa que $\bar{X} = 19,96$, que, colocada na Equação 85, nos dá a estatística de teste: $Z \frac{|\bar{X}-\mu_0|}{\sqrt{\frac{V(X)}{n}}} = \frac{|19,96-20|}{\sqrt{\frac{0,3^2}{100}}} = 1,33$. A função DIST.NORMP.N do Microsoft Excel© nos informa que $\Phi(-1,33) = 0,091$, que, colocada na Equação 86, nos dá a probabilidade associada à estatística de teste: $\alpha = 2 * 0,091 = 0,182$. Ou seja, a probabilidade de uma amostra não viciada produzir um valor tão ou mais extremo do que o valor encontrado, sob H_0 (isto é, se H_0 é verdadeira), é de aproximadamente 18,2%. O valor $\alpha = 0,182$ não pode ser considerado pequeno: espera-se que tal valor emerja ao acaso a cada cinco ou seis tentativas ($\frac{1}{0,182} = 5,48$), se o processo de amostragem fosse repetido independentemente várias vezes. E se α não é pequeno, não há evidências suficientes para rejeitar H_0 e a hipótese é aceita.[25] Nosso vinicultor pode aceitar o lote sem tanto medo assim...

As suposições fundamentais de nossos cálculos são: a variável X tem variância distinta de zero e finita, igual a 0,09 (isto é, o quadrado do desvio-padrão, informação fornecida pelo fornecedor), e a amostra retirada não contém vícios, o que é bastante plausível em situações como a descrita, desde que o vinicultor saiba o que está fazendo...

Intervalo de confiança para $E(X)$ ($V(X)$ desconhecido)

Se $V(X)$ não é conhecido, como na maioria das aplicações, e a amostra é grande, a estatística $\hat{s}^2$, definida pela Equação 46, é uma boa aproximação de $V(X)$, podendo-se obter um intervalo de confiança aproximado (com probabilidade $1 - \alpha$) para $E(X)$, simplesmente substituindo $V(X)$ por $\hat{s}^2$ na Equação 82, obtendo:

$$P\left(\bar{X} - \frac{\hat{s}}{\sqrt{n}}\Phi^{-1}\left(1 - \frac{\alpha}{2}\right) \leq E(X) \leq \bar{X} + \frac{\hat{s}}{\sqrt{n}}\Phi^{-1}\left(1 - \frac{\alpha}{2}\right)\right) \approx 1 - \alpha. \quad (91)$$

A aproximação é tanto melhor quanto maior o tamanho da amostra, n.

Exemplo 10

As respostas dadas pelos 411 indivíduos questionados em uma enquete com funcionários de um grande banco brasileiro (Pereira; Becker; Lunardi, 2007), já referida na **Figura 2** do Capítulo 1, à primeira pergunta da parte D do questionário (veja a **Figura 3** do Capítulo 1), formulada como uma escala Likert (1 a 5), já codificadas (1 a 5: escala de intensidade; 9: sem resposta) são apresentadas no **Quadro 3** a seguir.

QUADRO 3 Resposta à pergunta: "este aplicativo melhora o serviço ao cliente" de 411 indivíduos (1 a 5: escala de intensidade; 9: sem resposta)

```
3, 3, 3, 3, 5, 5, 3, 4, 4, 4, 5, 5, 4, 4, 4, 5, 3, 5, 3, 5, 4, 3, 5, 4, 5, 4, 4, 4, 4, 3, 4, 4, 3, 4, 4, 4,
5, 4, 5, 4, 4, 4, 5, 1, 5, 4, 1, 5, 4, 4, 4, 4, 5, 4, 5, 4, 4, 5, 5, 4, 4, 4, 4, 5, 2, 4, 5, 4, 4, 5, 5, 5,
4, 5, 3, 4, 5, 4, 5, 4, 4, 2, 4, 5, 4, 3, 4, 4, 4, 4, 1, 5, 5, 4, 3, 5, 5, 4, 5, 4, 3, 4, 5, 1, 4, 5, 4, 4,
4, 4, 5, 5, 4, 4, 4, 5, 3, 4, 4, 5, 4, 5, 4, 4, 4, 4, 4, 5, 4, 4, 2, 4, 4, 3, 5, 4, 4, 4, 2, 3, 4, 4, 4,
1, 5, 5, 4, 1, 3, 5, 5, 4, 4, 4, 5, 5, 4, 5, 4, 5, 4, 5, 4, 4, 5, 5, 4, 5, 2, 4, 4, 3, 4, 5, 4, 5, 1, 4, 4,
4, 5, 3, 4, 4, 3, 4, 4, 4, 4, 2, 4, 4, 4, 5, 4, 5, 4, 3, 5, 4, 5, 3, 4, 5, 4, 4, 5, 5, 9, 4, 2, 4, 4, 5, 5,
1, 4, 5, 4, 5, 4, 4, 4, 4, 3, 4, 4, 5, 4, 2, 4, 5, 5, 4, 5, 3, 4, 3, 5, 4, 5, 4, 4, 4, 5, 4, 5, 5, 4, 5, 1,
4, 4, 4, 4, 4, 5, 5, 4, 4, 5, 4, 9, 5, 4, 4, 3, 3, 5, 4, 5, 5, 4, 3, 5, 5, 5, 4, 5, 4, 5, 4, 5, 4, 5, 2, 4,
4, 4, 4, 4, 5, 2, 4, 4, 4, 3, 4, 4, 3, 4, 3, 5, 4, 5, 5, 4, 5, 4, 4, 4, 4, 2, 5, 5, 4, 3, 4, 4, 5, 4, 5,
4, 4, 5, 4, 3, 4, 4, 4, 5, 3, 4, 4, 4, 4, 4, 4, 5, 4, 4, 3, 2, 5, 4, 5, 5, 4, 5, 3, 3, 4, 5, 5, 5, 4, 4, 4,
5, 4, 4, 4, 5, 4, 4, 4, 5, 5, 5, 5, 4, 5, 3, 4, 4, 2, 1, 5, 5, 5, 4, 4, 3, 4, 5, 4, 1, 4, 3, 4, 4, 4, 4, 4,
4, 5, 4, 1, 4, 4, 4, 4, 4, 3, 3, 4, 4, 4, 3.
```

Fonte: Arquivo do autor.

O que se pode dizer da média da variável na população de interesse?

---

[25] O réu é julgado inocente...

Removendo-se as duas respostas inválidas (codificadas como 9 no **Quadro 3**), tem-se que $n = 409$, $\bar{X} = 4{,}04$, $\hat{s}^2 = 0{,}7997$ e $\Phi^{-1}(0{,}975) = 1{,}96$, de modo que um intervalo de confiança aproximado $(1 - \alpha = 0{,}95)$ para $E(X)$ pode ser obtido a partir da Equação 82: $(\bar{X} - 0{,}09; \bar{X} + 0{,}09) = (4{,}04 - 0{,}09; 4{,}04 + 0{,}09) = (3{,}95; 4{,}13)$. Isto é, a probabilidade de que o valor $E(X)$ esteja entre 3,95 e 4,13 é de aproximadamente 95%.

As suposições fundamentais de nossos cálculos são: a variável X tem variância distinta de zero e finita, e a (grande) amostra retirada da população não contém vícios, o que é bastante plausível em situações como a descrita, desde que o pesquisador saiba o que está fazendo...[26]

Há uma sutil suposição adicional embutida em nossos cálculos do Exemplo 10, que não faz, de fato, muita diferença, dado o presumivelmente grande tamanho da população de interesse. Trata-se da constatação de que as variáveis $X_1, X_2, \ldots, X_n$ que representam os dados amostrais não são exatamente identicamente distribuídas, pois a população de interesse é finita (como é o caso na maioria das aplicações) e a amostragem foi realizada sem reposição. Tais condições implicam que cada elemento de amostragem a partir do primeiro, seja retirado de uma população igual à população inicial menos os elementos já amostrados anteriormente. Entretanto, como já salientado, as condições do teorema do limite central são válidas mesmo que as variáveis $X_1, X_2, \ldots, X_n$ não sejam identicamente distribuídas (Lindeberg, 1922). Além disso, se a população de interesse é grande (embora finita), a amostragem sem reposição produz variáveis aproximadamente identicamente distribuídas.

Em geral, os intervalos de confiança gerados pela Equação 91, embora aproximados, produzem uma boa estimativa do parâmetro populacional $E(X)$, mesmo utilizando amostras modestas. O teorema do limite central nada informa a respeito da velocidade de convergência, de modo que resta apenas o recurso de uma análise empírica para verificar tal processo. A qualidade da convergência depende, evidentemente, da forma da distribuição da variável X na população, o que está, em geral, fora de controle do investigador (a suposição fundamental é de que não seja Normal).

Uma análise empírica interessante pode ser realizada por simulação. Isto é, supõe-se uma determinada forma para a distribuição da variável X e simulam-se várias amostragens de tamanho fixo, estimando empiricamente a probabilidade de que o intervalo gerado pela Equação 91 contenha o verdadeiro valor do parâmetro populacional (suposto conhecido, mas não usado na Equação 91). Busca-se verificar em que medida a probabilidade assim estimada se compara com a probabilidade teoricamente embutida na Equação 91. A **Tabela 12** e a **Figura 20** a seguir ilustram o procedimento, apresentando o resultado de algumas simulações com as distribuições $U(0,1)$ e Expon(0,5), com amostras de tamanho $n = 5, n = 10, n = 20, n = 40, n = 80, n = 160$ e $n = 320$.

---

[26] De qualquer forma, vale a pena checar nos documentos publicados a descrição do procedimento de amostragem utilizado, para verificar se "compramos o argumento" de ausência de viés no processo.

TABELA 12 Ilustração (por simulação) da confiança empírica dos intervalos de confiança $(1 - \alpha = 0{,}95)$ para $E(X)$ quando $V(X)$ é desconhecido para variáveis não Normais

n	$1 - \hat{\alpha}$	
	$U(0,1)$	Expon(0,5)
5	0,875	0,801
10	0,924	0,866
20	0,941	0,895
40	0,942	0,928
80	0,945	0,937
160	0,948	0,948
320	0,948	0,948

Fonte: Elaborada pelo autor.

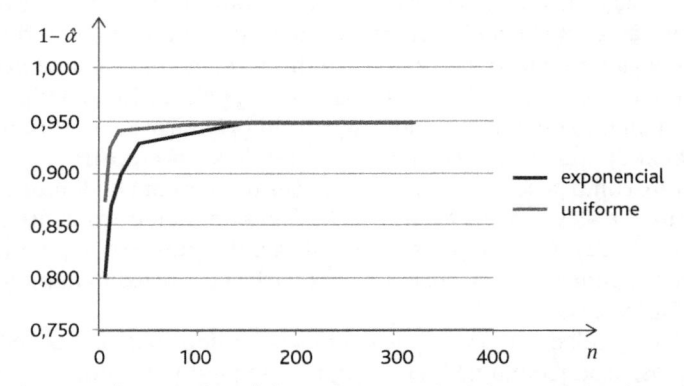

FIGURA 20 Ilustração (por simulação) da confiança empírica dos intervalos de confiança $(1 - \alpha = 0{,}95)$ para $E(X)$ quando $V(X)$ é desconhecido para variáveis não Normais.
Fonte: Elaborada pelo autor.

Tem-se que $E(X) = 0{,}5$, se $X \sim U(0,1)$ e $E(X) = 2$, se $X \sim \text{Expon}(0,5)$. Simularam-se independentemente 4.000 intervalos de confiança $(1 - \alpha = 0{,}95)$ para cada combinação de distribuição e tamanho de amostra, estimando-se empiricamente a probabilidade de que $E(X)$ esteja contido no intervalo calculado (isto é, $1 - \hat{\alpha} = \frac{\text{número de intervalos que contêm } E(X)}{4.000}$).[27] Repare como a confiança empiricamente determinada $(1 - \hat{\alpha})$ converge para o valor teórico $1 - \alpha = 0{,}95$ na medida em que o tamanho da amostra aumenta. Para amostras muito pequenas, de tamanho $n = 5$, por exemplo, a confiança efetiva é bem menor do que a confiança teórica (80,1% e 87,5% para as distribuições exponencial e uniforme, respectivamente, ambas distantes do valor 95%), evidenciando a fragilidade da Equação 91 nesses

---

[27] A simulação da distribuição $U(0,1)$ foi realizada usando-se a função ALEATORIO() do Microsoft Excel©. Ou seja, se X = ALEATORIO(), então $X \sim U(0,1)$. A simulação da distribuição Expon(0,5) foi realizada usando-se a mesma função, transformada pela equação $-\frac{\ln(\text{ALEATORIO}())}{0{,}5}$. Ou seja, se $X = -\frac{\ln(\text{ALEATORIO}())}{0{,}5}$, então $X \sim \text{Expon}(0,5)$.

casos. Repare, entretanto, que para amostras não tão pequenas, mas ainda relativamente pequenas, de tamanho $n = 40$, por exemplo, os valores já são bastante próximos da confiança teórica de 95% (92,8% e 94,2% para as distribuições exponencial e uniforme, respectivamente). Repare também o efeito da simetria da distribuição da variável na população de interesse. A distribuição Uniforme(0,1) é simétrica, enquanto a distribuição Exponencial(0,5) é marcadamente assimétrica, com coeficiente de assimetria igual a 2. Pode-se observar que a velocidade de convergência é maior para a distribuição simétrica. Conclui-se que distribuições assimétricas necessitarão amostras maiores para que o intervalo de confiança tenha efetivamente a confiança calculada teoricamente.

Teste de hipótese sobre $E(X)$ ($V(X)$ desconhecido)

A mesma argumentação válida para produzir o intervalo de confiança para $E(X)$ quando $V(X)$ é desconhecido dado pela Equação 91 pode ser usada para produzir um teste de hipótese sobre $E(X)$ quando $V(X)$ é desconhecido. Simplesmente substitui-se $V(X)$ por sua estimativa não viesada $\hat{s}^2$ na Equação 85, produzindo a estatística de teste

$$z = \frac{\sqrt{n}(\bar{X}-\mu_0)}{\hat{s}} \qquad (92)$$

O valor p é dado pelas mesmas Equações 86, 88 e 90, dependendo do tipo de teste, se bilateral, unilateral à direita ou unilateral à esquerda, respectivamente. A decisão, como sempre, será baseada na regra definida pela expressão 22.

Intervalo de confiança para proporções (populações infinitas)

O teorema do limite central pode também ser aplicado para o caso de variáveis dicotômicas. Se a variável de interesse na população de interesse é dicotômica, a informação relevante que em geral se busca estimar é a proporção p de elementos na população que apresentam uma determinada característica (uma das duas possíveis, pois a variável é dicotômica). Nesse caso, pode-se representar o processo de amostragem não viciado como uma sequência *iid* de variáveis de Bernoulli, ou seja, os valores amostrados podem ser interpretados como valores de uma sequência de n variáveis aleatórias, $X_1, X_2, \dots, X_n$, independentes entre si, cada uma delas distribuídas segundo a distribuição de Bernoulli com parâmetro p (com codificação 1 se o elemento amostrado apresenta a característica de interesse e 0 caso contrário). Sob a suposição de que $0 < p < 1$ (o que é bastante razoável em aplicações científicas ou técnicas), o teorema do limite central pode ser utilizado.

Nesse caso, $((X_i \sim \text{Bernoulli}(p))$, tem-se que $E(X) = p$, $V(X) = p(1-p)$ e $\bar{X} = \frac{\sum_{i=1}^{n} X_i}{n} = \frac{n_1}{n} = \hat{p}$, onde n_1 é o número de variáveis X_i iguais a 1 (ou seja, o número de casos na amostra com a característica de interesse) e a Equação 91 pode ser adaptada, fornecendo um intervalo de confiança aproximado (com probabilidade $1 - \alpha$) para p, simplesmente substituindo $E(X)$ por p, $\hat{s}$ por $\sqrt{\hat{p}(1-\hat{p})}$ e $\bar{X}$ por $\hat{p}$, obtendo-se:

$$P\left(\hat{p} - \sqrt{\frac{\hat{p}(1-\hat{p})}{n}}\,\Phi^{-1}\left(1-\frac{\alpha}{2}\right) \leq p \leq \hat{p} + \sqrt{\frac{\hat{p}(1-\hat{p})}{n}}\,\Phi^{-1}\left(1-\frac{\alpha}{2}\right)\right) \approx 1-\alpha. \qquad (93)$$

A aproximação é tanto melhor quanto maior o tamanho da amostra, n.

A notação utilizada para a confiança dos intervalos de confiança, utilizando a notação $1 - \alpha$, fica agora plenamente justificada, pois, do contrário, haveria confusão entre o símbolo do parâmetro populacional p estimado pelo intervalo e o símbolo da confiança probabilística.

Exemplo 11

Um processo industrial produz componentes eletrônicos com taxa de defeitos supostamente estável ao longo tempo. Seleciona-se uma amostra supostamente não viciada de 10 mil peças, encontrando-se apenas 6 peças defeituosas. O que se pode dizer sobre a taxa de defeitos de tal processo industrial?

As peças produzidas (no passado e no futuro) pelo processo industrial podem ser interpretadas como fazendo parte de uma população infinita (afinal, o processo continua indefinidamente...), e a suposta estabilidade de produção de defeitos pode ser interpretada como um parâmetro populacional fixo, embora desconhecido, p (taxa de defeitos na população). Dada a suposta ausência de vício no processo de amostragem, cada elemento amostrado pode ser interpretado, então, como uma variável aleatória com distribuição de Bernoulli com parâmetro p (a probabilidade de que a peça contenha algum defeito é igual a p). A amostra de tamanho $n = 10.000$ produz a estatística $\hat{p} = \frac{6}{10.000} = 0,0006$. Tem-se, então, que $\sqrt{\frac{\hat{p}(1-\hat{p})}{n}} \Phi^{-1}\left(1 - \frac{\alpha}{2}\right) = \sqrt{\frac{0,0006 \times 0,9994}{10.000}} \times 1,96 = 0,00048$, de modo que a Equação 93 nos informa que há 95% de confiança que a taxa de defeitos do processo esteja entre 0,00012 e 0,00108.

É fácil perceber que a Equação 93 produz uma solução degenerada, e, portanto, errada, do ponto de vista probabilístico, quando a proporção amostral da característica de interesse, $\hat{p} = 0$, independente do tamanho da amostra. Ou seja, quando o fenômeno de interesse é extremamente raro, a ponto de não haver nenhum elemento na amostra com a característica de interesse (pois $\hat{p} = 0$), a informação fornecida pela Equação 93 é absolutamente inútil. O mesmo pode ser dito se $\hat{p} = 1$. Ou seja, quando o fenômeno de interesse é extremamente popular (sua ausência é que é extremamente rara), a ponto de não haver nenhum elemento na amostra sem a característica de interesse (pois $\hat{p} = 1$), a informação fornecida pela Equação 93 também é inútil.

Por outro lado, para valores pequenos de $\hat{p}$, embora não nulos (quando $\hat{p} < \sqrt{\frac{\hat{p}(1-\hat{p})}{n}} \Phi^{-1}\left(1 - \frac{\alpha}{2}\right)$), a aproximação da confiança ao valor $1 - \alpha$ não será adequada, pois o limite inferior do intervalo definido pela Equação 93 será negativo, e a utilização da distribuição Normal atribuirá probabilidade positiva a valores negativos de p, o que é nitidamente um erro. Afinal, p é a proporção de elementos na população de interesse com a característica de interesse, não podendo, obviamente, ser negativo. O mesmo pode ser observado para valores grandes de $\hat{p}$, embora não iguais à unidade (quando $\hat{p} > 1 - \sqrt{\frac{\hat{p}(1-\hat{p})}{n}} \Phi^{-1}\left(1 - \frac{\alpha}{2}\right)$). Nesse caso, a aproximação da confiança ao valor $1 - \alpha$ também não será adequada, pois o limite superior do intervalo definido pela Equação 93 será maior do que 1, e a utilização da distribuição Normal atribuirá probabilidade positiva a valores de $p > 1$, o que é nitidamente um erro. A proporção de elementos na população de interesse com a característica de interesse não pode, obviamente, ser superior à unidade. Conclui-se que a Equação 93 não é válida para valores extremamente pequenos ou extremamente grandes de $\hat{p}$.

O valor de $\hat{p}$, evidentemente, está fora do controle do pesquisador, mas o problema pode ser atenuado usando-se amostras suficientemente grandes, de modo que

$$\sqrt{\frac{\hat{p}(1-\hat{p})}{n}} \Phi^{-1}\left(1 - \frac{\alpha}{2}\right) < \hat{p} \tag{94}$$

para valores pequenos de $\hat{p}$, ou que

$$1 - \sqrt{\frac{\hat{p}(1-\hat{p})}{n}} \Phi^{-1}\left(1 - \frac{\alpha}{2}\right) > \hat{p} \tag{95}$$

para valores grandes de $\hat{p}$. Dessa forma, a utilização da distribuição Normal não atribuirá probabilidade positiva a valores de p fora do intervalo $(0,1)$, dando plena validade à Equação 93.

Tomando o quadrado da Equação 94, tem-se que ela é equivalente a

$$\frac{\hat{p}(1-\hat{p})}{n}\left(\Phi^{-1}\left(1 - \frac{\alpha}{2}\right)\right)^2 < \hat{p}^2, \tag{96}$$

que, cancelando-se o valor $\hat{p}$, é equivalente a

$$\frac{(1-\hat{p})}{n}\left(\Phi^{-1}\left(1 - \frac{\alpha}{2}\right)\right)^2 < \hat{p}, \tag{97}$$

que é equivalente a

$$(1 - \hat{p})\left(\Phi^{-1}\left(1 - \frac{\alpha}{2}\right)\right)^2 < n\hat{p}. \tag{98}$$

Para valores muito pequenos de $\hat{p}$, $(1 - \hat{p}) \approx 1$, de modo que a Equação 98 é "quase" equivalente a

$$\left(\Phi^{-1}\left(1 - \frac{\alpha}{2}\right)\right)^2 < n\hat{p}. \tag{99}$$

Normalmente, utilizam-se intervalos de confiança com $1 - \alpha = 0{,}05$, para os quais $\Phi^{-1}\left(1 - \frac{\alpha}{2}\right) = 1{,}96$, de modo que se tomarmos $n\hat{p} > 5$, a Equação 98 (e então a equivalente Equação 94) estará satisfeita com certa folga, pois

$$(1 - \hat{p})\left(\Phi^{-1}\left(1 - \frac{\alpha}{2}\right)\right)^2 < \left(\Phi^{-1}\left(1 - \frac{\alpha}{2}\right)\right)^2 = 3{,}84 < 5 < n\hat{p}. \tag{100}$$

Da mesma forma, no caso de valores grandes de $\hat{p}$ (próximos a 1), pode ser evidenciado que se tomarmos $n(1 - \hat{p}) > 5$, a Equação 95 também será satisfeita com certa folga (para intervalos de confiança com $1 - \alpha = 0,05$). Esta é a origem da frequentemente citada regra empírica de adequabilidade da Equação 93: se

$$n\hat{p} > 5 \text{ e } n(1 - \hat{p}) > 5, \tag{101}$$

então a Equação 93 é válida.

Deve ser ressaltado, entretanto, que a condição deve ser mais restrita para confianças maiores. Por exemplo, para $1 - \alpha = 0,99$, tem-se $\left(\Phi^{-1}\left(1 - \frac{\alpha}{2}\right)\right)^2 = 6,63$, sendo prudente tomar $n\hat{p} > 7$ e $n(1 - \hat{p}) > 7$ para assegurar validade à Equação 93.

Repare que a Equação 101 é satisfeita para os dados do Exemplo 11, $n\hat{p}$ sendo o número de defeitos encontrados na amostra, igual a 6. Para ter uma ideia mais precisa das agruras impostas ao pesquisador pela Equação 93 e pela Equação 101 quando a característica de interesse é rara, ou, por simetria, quando ela é extremamente frequente, suponha-se que a verdadeira taxa de defeitos do processo do Exemplo 11 seja efetivamente $p = 0,0006$. Nesse caso, a chance de que uma amostragem de tamanho $n = 10.000$ não satisfaça à Equação 101, sendo considerada, portanto, insuficiente, é de 44,56%.[28] Ou seja, em 44,56% das vezes, o responsável pelo controle do processo industrial seria levado a aumentar o tamanho da amostra, de modo a poder confiar nos resultados da Equação 93.

Mas aumentar o tamanho da amostra tem lá seus custos, de modo que muitas vezes é melhor abandonar completamente a Equação 93, baseada no teorema do limite central, e, portanto, na aproximação da distribuição da média de variáveis Bernoulli à distribuição Normal, e trabalhar com intervalos de confiança mais precisos, baseados diretamente na distribuição da média de variáveis Bernoulli. O problema é analiticamente mais complicado, mas tratável, como evidencia a vasta literatura técnica (Reiczigel, 2003), envolvendo combinatórias, devido à integralidade das variáveis. O tratamento formal do assunto foge, entretanto, do escopo deste livro. Fica apenas a conclusão de que se a proporção populacional for muito pequena ou muito grande é melhor tratar o assunto de forma alternativa à Equação 93.

AMOSTRAGEM DE VARIÁVEL NÃO NORMAL – OUTRAS INFERÊNCIAS

Percebe-se, no desenvolvimento das seções anteriores, que as inferências sobre $E(X)$ quando a variável de interesse na população não se distribui conforme a distribuição Normal são quase idênticas às inferências sobre μ quando a variável de interesse na população se distribui conforme a distribuição Normal. Basta comparar, por exemplo, as Equações 9 e 82, assim como as Equações 49 e 91. O teorema do limite central assegura que os processos de inferência sobre μ para distribuições Normais são válidos aproximadamente mesmo quando as distribuições não

---

[28] A probabilidade é dada por $F_{binomial_{n,p}}(5)$, com $n = 10.000$ e $p = 0,0006$, onde $F_{binomial_{n,p}}$ é a FDA da distribuição Binomial com parâmetros n e p. A função DISTR.BINOM do Microsoft Excel© nos informa que para $n = 10.000$ e $p = 0,0006$, $F_{binomial_{n,p}}(5) = 0,4456$.

são Normais, bastando tomar amostras grandes, como ilustrado na **Figura 20**. A constatação deu origem ao termo **robustez** do processo de estimação, cunhado por George E.P. Box para designar processos que apresentam resultados válidos aproximadamente, mesmo quando alguns de seus pressupostos fundamentais são relaxados (Box, 1953; Huber, 1972; Stigler, 1973).

Deve ser ressaltado, entretanto, que nem todos os processos de inferência são robustos ao relaxamento da suposição de Normalidade da variável de interesse na população. De modo particular, é bem documentado na literatura que os intervalos de confiança para σ definidos pelas Equações 60 e 70 e os testes de hipóteses sobre σ definidos pelas Equações 62 e 71 para distribuições Normais não são robustos, de modo que sua utilização deve ser realizada com cuidado, pois seus resultados não são válidos quando a distribuição da variável de interesse na população não se ajusta à distribuição Normal. Como aponta Huber (1972, p. 1044):

> E.S. Pearson (1931) talvez tenha sido o primeiro a notar a alta sensibilidade de alguns procedimentos corriqueiros (testes sobre igualdade de variâncias) a desvios da Normalidade; incidentalmente, em conexão com os mesmos problemas, G.E.P. Box mais tarde cunhou o termo 'robustez' (Box, 1953) (Huber, 1972, p. 1044).

Para compreender melhor o problema a ser enfrentado, considere a **Tabela 13** e a **Figura 21** a seguir, que apresentam os resultados de algumas simulações da Equação 59 com as distribuições $N(0, \sqrt{1,4})$, $U(-\sqrt{4,2}, \sqrt{4,2})$, $\text{Triang}(-\sqrt{8,4}, \sqrt{8,4}, 0)$, $\text{Expon}(\sqrt{1,4}) - \sqrt{1,4}$ e $t(7)$ com amostras de tamanho $n = 5, n = 10, n = 20, n = 40, n = 80, n = 160$ e $n = 320$.

As distribuições de teste foram escolhidas de modo que todas tenham valor esperado igual a 0 e variância igual a $\frac{7}{5} = 1,4$, para controlar possíveis efeitos de $E(X)$ e de $V(X)$ no desempenho dos intervalos de confiança determinados pela Equação 59.[29] Simularam-se independentemente 4 mil intervalos de confiança $(1 - \alpha = 0,90)$ para cada combinação de distribuição e tamanho de amostra, estimando-se empiricamente a probabilidade de que $V(X)$ esteja contido no intervalo calculado (isto é, $1 - \hat{\alpha} = \frac{\text{número de intervalos que contêm } V(X)}{4.000}$).[30]

Repare como a confiança empiricamente determinada $(1 - \hat{\alpha})$ é quase idêntica ao valor teórico $1 - \alpha = 0,90$ no caso da distribuição Normal, independentemente do tamanho da amostra tomada. Eventuais flutuações devem ser debitadas à conta do processo de geração de números aleatórios, que não é perfeito.

---

[29] Note a translação da distribuição exponencial à esquerda, para que o valor esperado da variável utilizada se ajuste ao valor 0.

[30] A simulação da distribuição $N(0, \sqrt{1,4})$ foi realizada usando-se a função ALEATORIO() do Microsoft Excel© como parâmetro "probabilidade" da função INV.NORM.N do mesmo pacote computacional. A simulação da distribuição $U(-\sqrt{4,2}, \sqrt{4,2})$ foi realizada usando-se a mesma função, transformada pela equação $\sqrt{4,2}(-1 + 2 \times \text{ALEATORIO}())$. Ou seja, se $X = \sqrt{4,2}(-1 + 2 \times \text{ALEATORIO}())$, então $X \sim U(-\sqrt{4,2}, \sqrt{4,2})$. A simulação da distribuição $\text{Triang}(-\sqrt{8,4}, \sqrt{8,4}, 0)$ foi realizada usando-se a equação $\sqrt{8,4}(-1 + \sqrt{2 \times \text{ALEATORIO}()})$ ou a equação $\sqrt{8,4}(1 - \sqrt{2 \times (1 - \text{ALEATORIO}())})$, se ALEATORIO() $< 0,5$ ou ALEATORIO() $> 0,5$, respectivamente. A simulação da distribuição $\text{Expon}(\sqrt{1,4}) - \sqrt{1,4}$ foi realizada usando-se a equação $\sqrt{1,4}(-\ln(\text{ALEATORIO}()) - 1)$. A simulação da distribuição $t(7)$ foi realizada usando-se a função ALEATORIO() como parâmetro "probabilidade" da função INV.T.

TABELA 13 Ilustração (por simulação) da confiança empírica dos intervalos de confiança $(1 - \alpha = 0{,}90)$ para $V(X)$ quando $E(X)$ é desconhecido para variáveis não Normais

n	$1 - \hat{\alpha}$				
	$N(0,\sqrt{1{,}4})$	$U(-\sqrt{4{,}2},\sqrt{4{,}2})$	$\text{Triang}(-\sqrt{8{,}4},\sqrt{8{,}4},0)$	$\text{Expon}(\sqrt{1{,}4}) - \sqrt{1{,}4}$	$t(7)$
5	0,900	0,965	0,931	0,742	0,857
10	0,893	0,978	0,937	0,684	0,838
20	0,904	0,986	0,944	0,650	0,819
40	0,897	0,992	0,948	0,622	0,794
80	0,897	0,991	0,950	0,613	0,779
160	0,896	0,989	0,947	0,607	0,774
320	0,906	0,990	0,952	0,605	0,778

Fonte: Elaborada pelo autor.

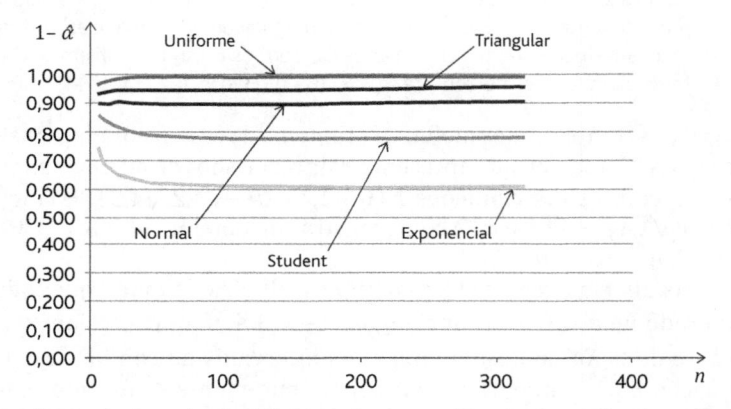

FIGURA 21 Ilustração (por simulação) da confiança empírica dos intervalos de confiança $(1 - \alpha = 0{,}90)$ para $V(X)$ quando $E(X)$ é desconhecido para variáveis não Normais.
Fonte: Elaborada pelo autor.

Entretanto, para as demais distribuições, a confiança empiricamente determinada $(1 - \hat{\alpha})$ é sistematicamente distinta do valor teórico $1 - \alpha = 0{,}90$, deixando claro que o intervalo de confiança determinado pela Equação 59 é absolutamente inadequado. Ou há excesso de confiança teórica, isto é, a confiança averiguada empiricamente é menor do que a confiança estipulada teoricamente, como ilustrado pela distribuição exponencial (marcadamente assimétrica) e pela distribuição de Student (perfeitamente simétrica, mas leptocúrtica, com caudas mais densas do que as da distribuição Normal), ou a confiança teórica é subestimada, isto é, a confiança averiguada empiricamente é maior do que a confiança estipulada teoricamente, como ilustrado pela distribuição uniforme e pela distribuição triangular. E, sobretudo, não parece haver sensibilidade ao aumento do tamanho da amostra. Isto é, nesses casos, a Equação 59 é **inapropriada** para qualquer tamanho de amostra, mesmo grandes!

Dada a relação entre intervalos de confiança e testes de hipóteses, já mencionada em seção anterior (veja Equação 42), a um excesso de confiança teórica para o intervalo de confiança corresponde uma subestimativa teórica do erro tipo I para o correspondente teste de hipótese. Ou seja, a utilização da Equação 62 e da Equação 67 em um teste bilateral sobre $V(X)$ leva, inexoravelmente, a decisões que podem estar completamente equivocadas, com risco de erro muito maior do que fixado em teoria. Como ilustrado na **Figura 21**, a probabilidade de erro tipo I para o caso da distribuição exponencial pode chegar a 40%, em vez dos 10% estipulados em tese.

E a uma subestimativa de confiança teórica para o intervalo de confiança corresponde uma superestimativa teórica do erro tipo I para o correspondente teste de hipótese. Ou seja, a utilização da Equação 62 e da Equação 67 em um teste bilateral sobre $V(X)$ leva a decisões mais conservadoras do que gostaríamos, pois o risco de erro tipo I é de fato menor do que o estipulado teoricamente. Como ilustrado na **Figura 21**, a probabilidade de erro tipo I para o caso da distribuição uniforme pode ser tão pequeno quanto 1%, em vez dos 10% estipulados em tese. Dada a relação entre os erros tipo I e tipo II, essa situação leva a uma perda de potência do teste, deixando-se de rejeitar a hipótese nula algumas vezes quando esta deveria ser rejeitada, dado o nível de significância estipulado.

Em conclusão, as fórmulas válidas para inferências sobre σ^2 (ou σ) em distribuições Normais **não** devem ser usadas se a distribuição da variável de interesse na população não se ajustar a uma distribuição Normal.

E o que fazer nesses casos? Se houver informação a respeito da distribuição da variável de interesse na população, é melhor desenvolver procedimentos específicos para a correspondente distribuição, como o realizado por Wu (2002) e por Jiang e Wong (2012), por exemplo. Como opção, podem-se utilizar procedimentos ditos robustos, como o desenvolvido por Bonett (2006).

Intervalo de confiança para $V(X)$

Bonett (2006) apresenta o seguinte intervalo de confiança aproximado (com probabilidade $1 - \alpha$) para a variância populacional:

$$P\left(c_\alpha \hat{s}^2 e^{-c_\alpha \sqrt{\frac{\hat{\gamma} + \frac{2n+3}{n}}{n-1}} \Phi^{-1}\left(1-\frac{\alpha}{2}\right)} \leq V(X) \leq c_\alpha \hat{s}^2 e^{c_\alpha \sqrt{\frac{\hat{\gamma} + \frac{2n+3}{n}}{n-1}} \Phi^{-1}\left(1-\frac{\alpha}{2}\right)}\right) \approx 1 - \alpha, \quad (102)$$

onde

$$c_\alpha = \frac{n}{n - \Phi^{-1}\left(1-\frac{\alpha}{2}\right)}, \quad (103)$$

$$\hat{\gamma} = \frac{n \sum_{i=1}^{n}(x_i - m_T)^4}{\left((n-1)\hat{s}^2\right)^2} - 3 \text{ e} \quad (104)$$

m_T é a média truncada da amostra (*trimmed mean*) com proporção de corte (em cada cauda da distribuição) igual a $\frac{1}{2\sqrt{n-4}}$.

A Equação 104 oferece uma estimativa amostral (pontual) da curtose da distribuição de X na população, enquanto a Equação 103 representa um ajuste para amostras pequenas, determinado empiricamente por Bonett (2006). A média truncada da amostra é obtida desprezando-se tanto os menores valores quanto os maiores valores da amostra, na proporção de corte estipulada (a proporção de corte é aplicada em ambos os lados da distribuição), calculando-se a média aritmética das observações restantes. A média truncada oferece uma estimativa pontual de $E(X)$, que, embora viciada, é menos afetada por valores extremos (*outliers*) eventualmente encontrados na amostra, sendo, portanto, útil especialmente em distribuições assimétricas e leptocúrticas.

As suposições para a validade da Equação 102 são bastante genéricas, exigindo-se apenas que a variável de interesse na população, X, seja contínua, com variância finita e não nula, assim como tendo momento central de ordem 4 finito (isto é, $E(X^4) < \infty$).

Exemplo 12

O **Quadro 3** do Capítulo 3 (Exemplo 4) apresenta as respostas a uma das perguntas formuladas de forma fechada em uma enquete com 411 indivíduos, correspondente à idade do respondente, em anos completos.

O que se pode inferir sobre o valor de $V(X)$?

A suposição de Normalidade da variável de interesse, X, não parece adequada (veja a **Figura 9** do Capítulo 2), mas a variável, embora medida discretamente (anos completos), é claramente contínua, de modo que a Equação 102 pode ser utilizada. Tem-se que $n = 411$, de modo que devemos primeiro calcular a média truncada, m_T, com proporção de corte igual a $\frac{1}{2\sqrt{n-4}} = \frac{1}{2\sqrt{411-4}} = 0{,}025$. Ou seja, deve-se desprezar $411 \times 0{,}025 = 10{,}19 \approx 10$ observações em cada cauda da distribuição amostral.[31] A função MÉDIA.INTERNA do Microsoft Excel$^{©}$[32] nos informa que $m_T = 38{,}37$.[33] A função VAR.A do Microsoft Excel$^{©}$ nos informa que $\hat{s}^2 = 62{,}0323$, de modo que

$$\hat{\gamma} = \frac{n\sum_{i=1}^{n}(x_i - m_T)^4}{((n-1)\hat{s}^2)^2} - 3 = \frac{411 \times \sum_{i=1}^{411}(x_i - 38{,}37)^4}{(410 \times 62{,}0323)^2} - 3 = \frac{411 \times 3{.}667{.}945}{(410 \times 62{,}0323)^2} - 3 = -0{,}6694.$$[34] A

função INV.NORMP.N do Microsoft Excel$^{©}$ nos informa que $\Phi^{-1}(0{,}975) = 1{,}96$, de modo que $c_{0{,}05} = \frac{n}{n - \Phi^{-1}\left(1 - \frac{\alpha}{2}\right)} = \frac{411}{411 - 1{,}96} = 1{,}0048$, e o intervalo de confiança aproximado (95%) é dado por:

---

[31] Sendo um pouco mais detalhistas, poder-se-ia calcular duas médias truncadas, uma com a eliminação de 10 observações em cada cauda e outra com a eliminação de 11 observações em cada cauda, tomando a média ponderada (com pesos $1 - 0{,}1863 = 0{,}9137$ e $0{,}1863$, respectivamente) entre as duas como estimativa de $E(X)$.

[32] A função MÉDIA.INTERNA do Microsoft Excel© deve ser usada fixando o parâmetro de porcentagem igual a $\frac{1}{\sqrt{n-4}}$, pois sua rotina de cálculo divide a quantidade de valores excluídos entre as duas caudas.

[33] Aplicando o procedimento mais detalhista, encontra-se $m_{T_{10}} = 38{,}3657$, $m_{T_{11}} = 38{,}3753$ e $m_T = 0{,}9137 \times 38{,}3657 + 0{,}1863 \times 38{,}3657 = 38{,}3675$.

[34] Aplicando o procedimento mais detalhista, encontra-se $\hat{\gamma} = -0{,}6690$.

$$\left(c_\alpha \hat{s}^2 e^{-c_\alpha \sqrt{\frac{\hat{\gamma}+\frac{2n+3}{n}}{n-1}}\Phi^{-1}\left(1-\frac{\alpha}{2}\right)}, c_\alpha \hat{s}^2 e^{c_\alpha \sqrt{\frac{\hat{\gamma}+\frac{2n+3}{n}}{n-1}}\Phi^{-1}\left(1-\frac{\alpha}{2}\right)}\right) = \left(1{,}0048 \times 62{,}0323 \times\right.$$

$$\left. e^{-1{,}0048 \times \sqrt{\frac{-0{,}6694+\frac{2 \times 411+3}{411}}{410}} \times 1{,}96}, 1{,}0048 \times 62{,}0323 \times e^{1{,}0048 \times \sqrt{\frac{-0{,}6694+\frac{2 \times 411+3}{411}}{410}} \times 1{,}96}\right) =$$

(55,6863; 69,7654).[35]

Ou seja, a probabilidade de que a variância da variável de interesse na população de interesse situe-se entre 55,6863 e 69,7654 é de, aproximadamente, 95%.

Como elemento de comparação com a estimativa não robusta dada pela Equação 59, considere a **Tabela 14** e a **Figura 22** a seguir, que apresentam os resultados de algumas simulações da Equação 102 com as distribuições $N(0, \sqrt{1{,}4})$, $U(-\sqrt{4{,}2}, \sqrt{4{,}2})$, Triang$(-\sqrt{8{,}4}, \sqrt{8{,}4}, 0)$, Expon$(\sqrt{1{,}4}) - \sqrt{1{,}4}$ e $t(7)$ com amostras de tamanho $n = 10, n = 20, n = 40, n = 80, n = 160$ e $n = 320$.

Como anteriormente, simularam-se independentemente 4.000 intervalos de confiança $(1 - \alpha = 0{,}90)$ para cada combinação de distribuição e tamanho de amostra, estimando-se empiricamente a probabilidade de que $V(X)$ esteja contido no intervalo calculado (isto é, $\hat{\alpha} = \frac{\text{número de intervalos que contêm } V(X)}{4.000}$). As diferenças entre os gráficos apresentados na **Figura 21** e na **Figura 22** são marcantes. Repare na **Figura 22** como a confiança empiricamente determinada $(1 - \alpha)$ converge para o valor teórico $1 - \alpha = 0{,}90$ para todas as distribuições simuladas, mesmo para a distribuição exponencial, marcadamente assimétrica, e pela distribuição de Student, perfeitamente simétrica, mas leptocúrtica, com caudas mais densas do que as da distribuição Normal. Eventuais flutuações devem ser debitadas à conta do processo de geração de números aleatórios, que não é perfeito. Também não há subestimação teórica da confiança como observado na **Figura 21** para as distribuições uniforme e triangular.

TABELA 14 Ilustração (por simulação) da confiança empírica dos intervalos de confiança $(1 - \alpha = 0{,}90)$ de Bonett (2006) para $V(X)$ quando $E(X)$ é desconhecido

n	$1 - \hat{\alpha}$				
	$N(0, \sqrt{1{,}4})$	$U(-\sqrt{4{,}2}, \sqrt{4{,}2})$	Triang$(-\sqrt{8{,}4}, \sqrt{8{,}4}, 0)$	Expon$(\sqrt{1{,}4}) - \sqrt{1{,}4}$	$t(7)$
10	0,914	0,939	0,924	0,822	0,893
20	0,897	0,917	0,907	0,823	0,867
40	0,891	0,912	0,905	0,833	0,865
80	0,889	0,899	0,898	0,859	0,875
160	0,890	0,900	0,896	0,870	0,876
320	0,906	0,908	0,908	0,884	0,892

Fonte: Elaborada pelo autor.

---

[35] Aplicando-se o procedimento mais detalhista, encontra-se o intervalo (55,6852;69,7667).

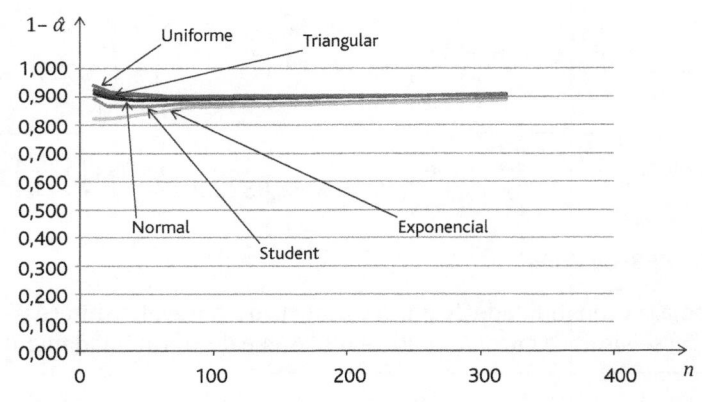

FIGURA 22 Ilustração (por simulação) da confiança empírica dos intervalos de confiança $(1 - \alpha = 0{,}90)$ de Bonett (2006) para $V(X)$ quando $E(X)$ é desconhecido.
Fonte: Elaborada pelo autor.

A Equação 102 pode também ser utilizada para determinar um intervalo de confiança para o desvio-padrão da distribuição, bastando apenas extrair a raiz quadrada de seus limites inferior e superior. Ou seja,

$$P\left(\hat{s}\sqrt{c_\alpha e^{-c_\alpha\sqrt{\frac{\hat{\gamma}+\frac{2n+3}{n}}{n-1}}\Phi^{-1}\left(1-\frac{\alpha}{2}\right)}} \leq \sqrt{V(X)} \leq \hat{s}\sqrt{c_\alpha e^{c_\alpha\sqrt{\frac{\hat{\gamma}+\frac{2n+3}{n}}{n-1}}\Phi^{-1}\left(1-\frac{\alpha}{2}\right)}}\right) \approx 1 - \alpha, \quad (105)$$

onde c_α e $\hat{\gamma}$ são dados pelas Equações 103 e 104, e m_T é a média truncada da amostra com proporção de corte (em cada cauda da distribuição) igual a $\frac{1}{2\sqrt{n-4}}$.

Assim, para os dados do Exemplo 12, a probabilidade de que o desvio padrão da variável de interesse na população de interesse situe-se entre 7,43 e 8,35 é de, aproximadamente, 95%.

Teste de hipótese sobre $V(X)$

A partir da Equação 102, é possível desenvolver um teste de hipóteses sobre $V(X)$ com nível de significância aproximado α, seguindo a argumentação já apresentada em seção anterior (Equação 42). Mais especificamente, para um teste bilateral, isto é:

$$H_0: V(X) = V_0 \qquad (106)$$
$$\times$$
$$H_1: V(X) \neq V_0$$

rejeita-se H_0 se, e somente se, $V_0 \geq c_\alpha \hat{s}^2 e^{c_\alpha\sqrt{\frac{\hat{\gamma}+\frac{2n+3}{n}}{n-1}}\Phi^{-1}\left(1-\frac{\alpha}{2}\right)}$ ou $V_0 \leq$

$c_\alpha \hat{s}^2 e^{-c_\alpha\sqrt{\frac{\hat{\gamma}+\frac{2n+3}{n}}{n-1}}\Phi^{-1}\left(1-\frac{\alpha}{2}\right)}$, onde c_α e $\hat{\gamma}$ são dados pelas Equações 103 e 104 e m_T é a média truncada da amostra com proporção de corte (em cada cauda da distribuição) igual a $\frac{1}{2\sqrt{n-4}}$.

Para um teste unilateral à esquerda, isto é:

$$H_0: V(X) = V_0$$
$$\times$$
$$H_1: V(X) < V_0$$

rejeita-se H_0 se, e somente se, $V_0 \leq c_{2\alpha}\hat{s}^2 e^{-c_{2\alpha}\sqrt{\frac{\hat{\gamma}+\frac{2n+3}{n}}{n-1}}\Phi^{-1}(1-\alpha)}$, onde c_α e $\hat{\gamma}$ são dados pelas Equações 103 e 104, e m_T é a média truncada da amostra com proporção de corte (em cada cauda da distribuição) igual a $\frac{1}{2\sqrt{n-4}}$.[36]

Para um teste unilateral à direita, isto é:

$$H_0: V(X) = V_0$$
$$\times$$
$$H_1: V(X) > V_0$$

rejeita-se H_0 se, e somente se, $V_0 \geq c_{2\alpha}\hat{s}^2 e^{c_{2\alpha}\sqrt{\frac{\hat{\gamma}+\frac{2n+3}{n}}{n-1}}\Phi^{-1}(1-\alpha)}$, onde c_α e $\hat{\gamma}$ são dados pelas Equações 103 e 104, e m_T é a média truncada da amostra com proporção de corte (em cada cauda da distribuição) igual a $\frac{1}{2\sqrt{n-4}}$.

Testes não paramétricos

Rotulam-se **testes** de hipóteses como **paramétricos** quando a hipótese nula toma a forma $H_0: \theta = \theta_0$, onde θ é algum parâmetro populacional de interesse. É o caso de todas as ilustrações apresentadas até agora. Há, entretanto, situações em que a hipótese nula toma uma forma mais genérica, não necessariamente envolvendo parâmetros populacionais, especialmente quando se comparam variáveis em duas ou mais subpopulações.

Por exemplo, pode-se estar interessado em verificar se as distribuições de salários entre homens e mulheres em uma determinada empresa são distintas ou não. Pode-se prover alguma informação se testarmos a igualdade de médias entre as duas subpopulações, supondo que a distribuição de salários nas duas subpopulações seja Normal. Nesse caso, a hipótese nula tomaria a forma $H_0: \mu_h = \mu_m$, onde μ_h e μ_m representam, respectivamente, as médias nas duas subpopulações de homens e de mulheres (supostas desconhecidas). Um teste paramétrico, portanto.

A suposição de Normalidade das distribuições pode ser um tanto quanto frágil, pois a distribuição de renda é sabidamente assimétrica. Poder-se-ia, como alternativa, partir da suposição de que a distribuição de renda nas duas subpopulações segue uma distribuição de Pareto, por exemplo, testando a igualdade de sua moda, na medida em que a distribuição de Pareto tem dois parâmetros, m e α, como apresentado no Capítulo 6, sendo sua moda igual a m. Nesse caso, a hipótese nula

---

[36] Observe o ajuste para amostras pequenas utilizado, $c_{2\alpha}$, cujo valor é dado por $c_{2\alpha} = \frac{n}{n-\Phi^{-1}(1-\alpha)}$.

tomaria a forma H_0: $m_h = m_m$, onde m_h e m_m representam, respectivamente, as modas nas duas subpopulações de homens e de mulheres (supostas desconhecidas). Outro teste paramétrico, portanto.

Como alternativa, pode-se desenvolver um **teste não paramétrico**, que não faça uso de qualquer informação sobre a forma das distribuições, não testando, portanto, o valor de seus parâmetros. Nesse caso, a hipótese nula tomaria a forma H_0: distribuição$_h$ = distribuição$_m$, onde distribuição$_h$ e distribuição$_m$ representam, respectivamente, as distribuições de renda nas duas subpopulações de homens e de mulheres (supostas desconhecidas). Um teste não paramétrico, portanto.

Testes não paramétricos representam uma alternativa interessante ao pesquisador, pois não supõem nada a respeito da forma da distribuição da variável de interesse na população de interesse, de modo que seu campo de aplicação é bastante amplo, especialmente nas ciências sociais aplicadas, em que as mensurações não são tão precisas quanto nas ciências mais "duras" (Siegel; Castellan Jr., 2006). São também chamados de **testes livres de distribuição** (*distribution-free tests*) por essa razão. Veremos mais adiante vários exemplos e várias aplicações de testes não paramétricos.

Testando a aderência a distribuições teóricas

As seções anteriores põem em evidência a importância da distribuição Normal para a estatística inferencial. Na medida em que a maioria dos testes disponíveis para o usuário (e os mais populares, embutidos nos pacotes estatísticos) faz uso em maior ou menor grau da suposição de Normalidade da distribuição da variável de interesse na população de interesse, é importante poder discernir se os dados empiricamente coletados provêm ou não de uma distribuição Normal. Em outras palavras, dada uma amostra, há informação suficiente para aceitar a suposição de Normalidade ou não?

A questão facilmente se estende a outras distribuições teóricas, em contextos específicos. A questão geral pode ser então formulada nos seguintes termos: dado um modelo probabilístico teórico para alguma variável de interesse, representado por uma FDA F_0, os dados empiricamente coletados em uma determinada amostra são ou não consistentes com tal modelo? Expressando de outra forma: há informação na amostra para aceitar a suposição de que os dados provêm de uma distribuição cuja FDA é F_0 ou não?

Os testes estatísticos desenvolvidos para responder a essa indagação recebem o nome de testes de aderência a distribuições ou ainda testes de ajustamento de distribuições (em inglês, *goodness of fit tests*). Mais formalmente, o ajustamento é testado cotejando-se as hipóteses nula e alternativa:

$$H_0\text{: a FDA de } X \text{ é } F_0 \quad (107)$$
$$\times$$
$$H_1\text{: a FDA de } X \text{ não é } F_0$$

Um dos primeiros testes usados com tal propósito é o teste qui-quadrado para uma amostra, proposto por Pearson (1900).

Teste qui-quadrado de aderência

Trata-se de um teste não paramétrico que compara frequências observadas na amostra, convenientemente classificadas ou categorizadas em k categorias, com frequências esperadas segundo o modelo teórico dado por F_0. Se a amostra não contém vícios e H_0 é verdadeira, admitir-se-iam flutuações dos valores observados em torno desses valores esperados, evidentemente, pois diferentes amostras poderiam apresentar distintos valores para as frequências observadas. Desvios muito pronunciados entre as frequências observadas e as frequências esperadas, entretanto, conteriam indícios desfavoráveis a H_0. Como a categorização contém k categorias, é conveniente resumir a informação, tomando uma medida global de comparação entre o esperado e o observado, dada pela estatística de teste:

$$\chi^2 = \sum_{i=1}^{k} \frac{(fo_i - fe_i)^2}{fe_i} \qquad (108)$$

onde fo_i e fe_i são, respectivamente, a frequência observada e a frequência esperada (sob H_0, isto é, com base na FDA F_0) na i-ésima categoria considerada.

Pode ser demonstrado, pelo teorema do limite central, que a distribuição da estatística de teste, χ^2, sob H_0, converge para a distribuição qui-quadrado com $(k-1)$ graus de liberdade na medida em que o tamanho da amostra aumenta indefinidamente (Agresti, 2002; Cochran, 1952), de modo que se pode estimar aproximadamente o valor p do teste:

$$\text{valor } p \approx 1 - F_{\chi^2((k-1))}(\chi^2). \qquad (109)$$

Fixado o nível de significância para o teste, a decisão de aceitação ou rejeição de H_0 pode, então, ser tomada, com base na regra definida pela expressão 22.

O teste precisa ser usado com certo cuidado, pois a distribuição da estatística de teste não é exata, é **aproximada** pela distribuição Qui-quadrado, a aproximação sendo mais precisa para grandes amostras. Lewis e Burke (1949), assim como Cochran (1952), mencionam ser costumeira a recomendação de que a menor frequência esperada em cada categoria considerada deve ser no mínimo 10 (alguns autores mencionam 5). Se a condição não for satisfeita pela classificação original, é recomendável trocar o esquema de categorização, talvez combinando categorias semelhantes ou próximas entre si (na classificação originalmente utilizada) até que a condição seja satisfeita. Mas, concede Cochran, os números mencionados são arbitrários, não havendo qualquer suporte teórico para a recomendação.

Exemplo 13

As respostas dadas pelos 411 indivíduos questionados em uma enquete com funcionários de um grande banco brasileiro (Pereira; Becker; Lunardi, 2007), já referida na **Figura 5** do Capítulo 2, à vigésima pergunta da parte D do questionário (veja a **Figura 2** do Capítulo 1), formulada como uma escala Likert (1 a 5), já codificadas (1 a 5: escala de intensidade; 9: sem resposta) são apresentadas no **Quadro 4** a seguir.

QUADRO 4 Resposta à pergunta: "este aplicativo me ajuda a criar novas ideias" de 411 indivíduos (1 a 5: escala de intensidade; 9: sem resposta)

```
3, 3, 3, 3, 2, 5, 4, 2, 4, 3, 9, 4, 3, 1, 4, 3, 3, 4, 4, 4, 5, 3, 3, 3, 3, 2, 4, 3, 5, 4, 3, 3, 4, 4, 4, 2, 1, 9, 2, 3, 4, 3, 3, 3,
3, 3, 3, 2, 2, 4, 3, 4, 2, 2, 2, 2, 3, 3, 2, 4, 5, 4, 3, 2, 3, 3, 3, 1, 3, 3, 5, 4, 3, 3, 4, 3, 3, 2, 4, 1, 4, 3, 2, 3, 3, 3, 9, 3,
3, 2, 3, 2, 2, 4, 2, 2, 4, 3, 2, 4, 3, 5, 3, 4, 4, 3, 3, 3, 3, 3, 3, 3, 4, 4, 3, 5, 3, 3, 2, 2, 5, 2, 2, 5, 3, 4, 3, 4, 3, 3, 3,
4, 3, 3, 2, 3, 5, 3, 3, 3, 4, 3, 2, 4, 3, 1, 3, 2, 2, 3, 2, 4, 4, 3, 3, 1, 3, 4, 4, 3, 3, 3, 4, 2, 2, 3, 2, 3, 3, 3, 2, 4, 3, 3, 3,
4, 4, 3, 1, 3, 3, 3, 4, 2, 2, 3, 1, 3, 3, 3, 2, 4, 4, 2, 4, 3, 4, 4, 3, 2, 4, 4, 2, 4, 4, 3, 4, 3, 2, 3, 3, 4, 1, 1, 2, 4, 3, 4, 4,
1, 2, 4, 3, 2, 2, 3, 3, 2, 1, 3, 3, 1, 4, 1, 4, 4, 2, 2, 4, 3, 3, 2, 2, 3, 3, 5, 3, 3, 3, 5, 1, 1, 3, 2, 2, 3, 4, 3, 4, 4, 3, 3, 2, 4,
4, 3, 4, 4, 3, 2, 4, 4, 2, 2, 1, 2, 3, 2, 3, 3, 3, 2, 3, 3, 4, 2, 2, 4, 9, 1, 3, 4, 3, 2, 3, 2, 4, 2, 3, 3, 3, 4, 3, 3, 3, 2, 3, 4,
2, 4, 3, 3, 4, 3, 2, 3, 1, 4, 3, 3, 3, 3, 2, 3, 3, 3, 3, 3, 1, 4, 1, 5, 4, 4, 4, 2, 3, 2, 4, 4, 2, 4, 4, 3, 1, 3, 4, 4, 3, 4, 1,
4, 4, 4, 5, 3, 2, 3, 4, 3, 3, 3, 3, 2, 4, 4, 3, 3, 4, 4, 4, 2, 4, 4, 4, 2, 3, 2, 3, 1, 4, 2, 3, 1, 4, 4, 3, 4, 1, 4, 3, 2, 3, 4, 2, 3,
3, 3, 4, 3, 3, 1, 2, 4, 3, 5, 4, 2, 3, 4, 3.
```
Fonte: Arquivo do autor.

Removendo-se as quatro respostas inválidas (codificadas como 9 no **Quadro 4**), tem-se que $n = 407$, $\bar{X} = 3{,}020$ e $\hat{s} = 0{,}941$. Um histograma da variável, juntamente com o gráfico da fdp da distribuição $N(3{,}02; 0{,}941)$ é apresentado na **Figura 23**.[37] Pode-se afirmar que a variável distribui-se Normalmente na população de interesse?

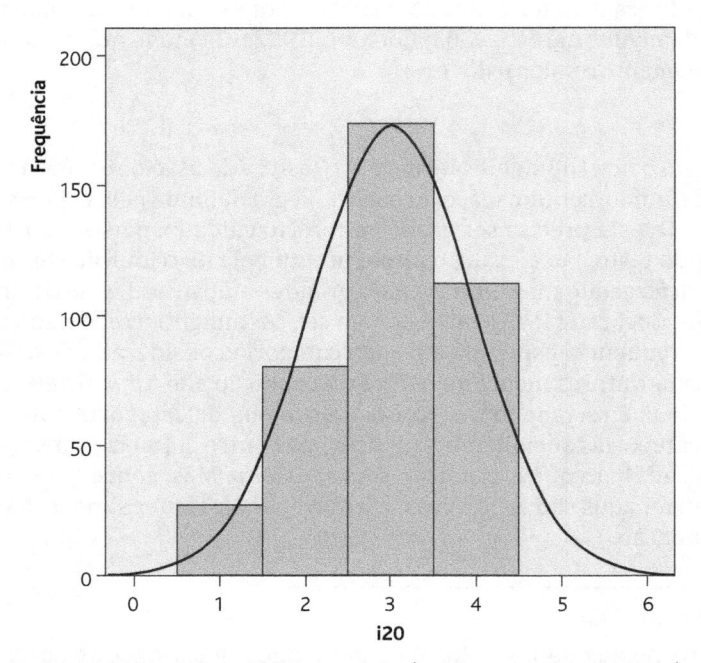

FIGURA 23 Histograma da variável I20 (1 a 5: escala de intensidade).
Fonte: Arquivo do autor.

Para informar nossa decisão, pode-se efetuar um teste qui-quadrado de aderência. Para tanto, necessita-se preliminarmente escolher as categorias que serão

---

[37] O histograma foi obtido usando a rotina Frequencies disponível no pacote SPSS©.

utilizadas. Como as respostas foram obtidas por uma escala tipo Likert de 5 pontos, é conveniente utilizar como categorias os intervalos $(-\infty; 1,5)$, $(1,5; 2,5)$, $(2,5; 3,5)$, $(3,5; 4,5)$ e $(4,5; \infty)$, que são os intervalos contínuos correspondentes aos valores 1, 2, 3, 4 e 5 da escala. As frequências esperadas são, respectivamente, $F_{N(3,02;\,0,941)}(1,5)$, $F_{N(3,02;0,941)}(2,5) - F_{N(3,02;0,941)}(1,5)$, $F_{N(3,02;\,0,941)}(3,5) - F_{N(3,02;\,0,941)}(2,5)$, $F_{N(3,02;\,0,941)}(3,5) - F_{N(3,02;\,0,941)}(3,5)$ e $1 - F_{N(3,02;\,0,941)}(4,5)$. A **Tabela 15** resume as informações relevantes, incluindo as frequências observadas e os cálculos auxiliares.

TABELA 15 Frequências esperadas e observadas nas categorias e estatística qui-quadrado

Escala	Categorias					
	1	2	3	4	5	
Intervalo contínuo	$(-\infty; 1,5)$	$(1,5; 2,5)$	$(2,5; 3,5)$	$(3,5; 4,5)$	$(4,5; \infty)$	Soma
f_o	27	80	173	112	15	407
f_e	21,67	96,56	164,66	100,54	23,58	407
$\dfrac{(f_o - f_e)^2}{f_e}$	1,311	2,839	0,422	1,307	3,120	8,998

Fonte: Elaborada pelo autor.

A Equação 108 nos dá, então, $\chi^2 = 8,998$, que se distribui aproximadamente conforme a distribuição Qui-quadrado com 4 graus de liberdade. A função DIST.QUIQUA do Microsoft Excel© nos informa que $F_{\chi^2(4)}(8,998) = 0,9389$, de modo que a Equação 109 nos oferece valor $p = 0,0611$, sendo prudente aceitar a hipótese nula, isto é, aceitar que a variável se distribua Normalmente na população. Se a distribuição da variável na população for efetivamente Normal (mais precisamente, $N(3,02; 0,941)$), há 6,11% de chance de encontrarmos por acaso um histograma como o encontrado. No jargão de ajustamento de dados, diz-se que os dados ajustam-se à distribuição Normal.

Teste de Kolmogorov-Smirnov – KS

Segundo Massey Jr. (1951), o teste de Kolmogorov-Smirnov foi proposto pioneiramente pelo matemático russo Andrey Nikolaevich Kolmogorov em 1933 em um artigo publicado no *Giornale dell'Instituto Italiano degli Attuari*. Uma tabela da distribuição limite da estatística amostral foi pioneiramente publicada pelo matemático russo Nikolai Vasilyevich Smirnov (1900-1966) em 1939, e o teste passou a ser conhecido como teste de Kolmogorov-Smirnov (teste KS).

Trata-se de um teste não paramétrico que compara a curva de frequências relativas acumuladas da amostra, com a FDA teórica, F_0. Se a amostra não contém vícios e H_0 é verdadeira, admi-

Nikolai Vasilyevich Smirnov (1900-1966)

tir-se-iam pequenas diferenças entre os valores nas duas curvas, evidentemente, pois diferentes amostras poderiam apresentar distintos valores para a distribuição acumulada empírica. Desvios muito pronunciados entre as duas distribuições, entretanto, conteriam indícios desfavoráveis a H_0.

Para uma amostra de tamanho n, têm-se n observações $x_1, x_2, \ldots, x_n$, e a curva de frequências relativas acumuladas é dada pela função escada:

$$S(x) = \frac{\sum_{i=1}^{n} I_{x_i \leq x}}{n},$$

onde $I_{x_i \leq x}$ é a função indicadora do conjunto de observações menores ou igual a x, isto é,

$$I_{x_i \leq x} = \begin{cases} 1 \text{ se } x_i \leq x \\ 0 \text{ se } x_i > x \end{cases}$$

O leitor atento observará as descontinuidades da função $S(x)$ em cada ponto correspondente a algum valor observado, fazendo justiça ao adjetivo usado para caracterizá-la (função escada).

A estatística de teste é

$$D = \sup_{x} |S(x) - F_0(x)|\,[38]$$

Pode ser demonstrado que se F_0 é contínua, a distribuição amostral de D não depende de F_0 (Kolmogorov, 1941; Massey Jr., 1951) e $P(\sqrt{n}D \leq z)$ converge a para a função

$$F_{\text{Kolmogorov}}(z) = 1 - 2\sum_{k=1}^{\infty}(-1)^{k-1}e^{-k^2 z^2} = \frac{\sqrt{2\pi}}{z}\sum_{k=1}^{\infty} e^{-\frac{(2k-1)^2 \pi^2}{8z^2}}$$

uniformemente em z quando $n \uparrow \infty$ (Kolmogorov, 1941; Smirnov, 1948). A FDA $F_{\text{Kolmogorov}}(z)$ é a FDA da distribuição conhecida como distribuição de Kolmogorov e pode ser usada para estimar aproximadamente o valor p do teste:

$$\text{valor } p \approx 1 - F_{\text{Kolmogorov}}(\sqrt{n}D).$$

Fixado o nível de significância para o teste, a decisão de aceitação ou rejeição de H_0 pode, então, ser tomada com base na regra definida pela expressão 22.

O teste precisa ser usado com certo cuidado, pois a distribuição da estatística de teste não é exata, é **aproximada** pela distribuição de Kolmogorov, a aproximação sendo mais precisa para grandes amostras. Para pequenas amostras, Massey Jr. (1951, p. 70) oferece uma tabela com valores críticos da distribuição exata de D para diversos níveis de significância, reproduzida na **Tabela 16**.

A tabela se aplica a testes sobre qualquer distribuição teórica contínua com FDA F_0, desde que ela seja **completamente** explicitada *a priori*. Em outras palavras, a amostra de teste não pode ser usada para estimar quaisquer de seus parâmetros. Se a amostra é usada para estimar algum parâmetro da distribuição, outros

---

[38] O supremo de um conjunto de números reais C, denotado por $\sup(C)$, é definido como o menor número real maior ou igual a todos os elementos de C. O ínfimo de um conjunto de números reais C, denotado por $\inf(C)$, é definido como o maior número real menor ou igual a todos os elementos de C. Se C possui um máximo, $\max(C)$, então $\sup(C) = \max(C)$. Da mesma forma, se C possui um mínimo, $\min(C)$, então $\inf(C) = \min(C)$. Portanto, se o número de elementos em C é finito, $\sup(C) = \max(C)$ e $\inf(C) = \min(C)$.

TABELA 16 Valores críticos da estatística D

Tamanho da amostra (n)	Nível de significância				
	0,20	0,15	0,10	0,05	0,01
1	0,900	0,925	0,950	0,975	0,995
2	0,684	0,726	0,776	0,842	0,929
3	0,565	0,597	0,642	0,708	0,828
4	0,494	0,525	0,564	0,624	0,733
5	0,446	0,474	0,510	0,565	0,669
6	0,410	0,436	0,470	0,521	0,618
7	0,381	0,405	0,438	0,486	0,577
8	0,358	0,381	0,411	0,457	0,543
9	0,339	0,360	0,388	0,432	0,514
10	0,322	0,342	0,368	0,410	0,490
11	0,307	0,326	0,352	0,391	0,468
12	0,295	0,313	0,338	0,375	0,450
13	0,284	0,302	0,325	0,361	0,433
14	0,274	0,292	0,314	0,349	0,418
15	0,266	0,283	0,304	0,338	0,404
16	0,258	0,274	0,295	0,328	0,392
17	0,250	0,266	0,286	0,318	0,381
18	0,244	0,259	0,278	0,309	0,371
19	0,237	0,252	0,272	0,301	0,363
20	0,231	0,246	0,264	0,294	0,356
25	0,21	0,22	0,24	0,27	0,32
30	0,19	0,20	0,22	0,24	0,29
35	0,18	0,19	0,21	0,23	0,27
maior do que 35	$\dfrac{1,07}{\sqrt{N}}$	$\dfrac{1,14}{\sqrt{N}}$	$\dfrac{1,22}{\sqrt{N}}$	$\dfrac{1,36}{\sqrt{N}}$	$\dfrac{1,63}{\sqrt{N}}$

Fonte: Massey Jr. (1951, p. 70).

valores críticos devem ser usados. Conforme salienta Massey Jr. (1951), o efeito de estimar os parâmetros da distribuição teórica que está sendo testada com a mesma amostra utilizada no teste seria uma redução nos valores críticos, tornando a tabela apresentada na **Tabela 16** conservadora.

Lilliefors (1967, p. 400), usando métodos de simulação, desenvolve uma tabela de valores críticos da distribuição de D para diversos níveis de significância, quando o objetivo é testar o ajustamento a uma distribuição Normal com parâmetros desconhecidos, e sua média e sua variância precisam ser estimadas pela amostra de teste. Sua tabela é reproduzida na **Tabela 17**.

Na maioria das aplicações, pelo menos nas pesquisas exploratórias, esta é a condição reinante: desconhecem-se os parâmetros da distribuição teórica cujo ajustamento se deseja testar. Assim, a tabela de valores críticos recomendada (e embutida na maioria dos pacotes computacionais) para testar se os dados se ajustam a uma distribuição Normal é a tabela da **Tabela 17**.

Deve-se ressaltar, entretanto, que a tabela não é de aplicação genérica, servindo especificamente e tão somente para a distribuição Normal. Lilliefors (1969) apresenta outra tabela desenvolvida com a mesma metodologia aplicável para testar ajustamentos da distribuição exponencial quando seu parâmetro é

TABELA 17 Valores críticos da estatística D para testar o ajustamento a uma distribuição Normal com parâmetros desconhecidos e estimados pela mesma amostra de teste

Tamanho da amostra (n)	Nível de significância				
	0,20	0,15	0,10	0,05	0,01
4	0,300	0,319	0,352	0,381	0,417
5	0,285	0,299	0,315	0,337	0,405
6	0,265	0,277	0,294	0,319	0,364
7	0,247	0,258	0,276	0,300	0,348
8	0,233	0,244	0,261	0,285	0,331
9	0,223	0,233	0,249	0,271	0,311
10	0,215	0,224	0,239	0,258	0,294
11	0,206	0,217	0,230	0,249	0,284
12	0,199	0,212	0,223	0,242	0,275
13	0,190	0,202	0,214	0,234	0,268
14	0,183	0,194	0,207	0,227	0,261
15	0,177	0,187	0,201	0,220	0,257
16	0,173	0,182	0,195	0,213	0,250
17	0,169	0,177	0,189	0,206	0,245
18	0,166	0,173	0,184	0,200	0,239
19	0,163	0,169	0,179	0,195	0,235
20	0,160	0,166	0,174	0,190	0,231
25	0,149	0,153	0,165	0,180	0,203
30	0,131	0,136	0,144	0,161	0,187
maior do que 30	$\dfrac{0{,}736}{\sqrt{N}}$	$\dfrac{0{,}768}{\sqrt{N}}$	$\dfrac{0{,}805}{\sqrt{N}}$	$\dfrac{0{,}886}{\sqrt{N}}$	$\dfrac{1{,}031}{\sqrt{N}}$

Fonte: Lilliefors (1967, p. 400).

desconhecido e deve ser estimado a partir da amostra de teste. Na medida em que os recursos computacionais avançam, tabelas específicas para distintas distribuições têm emergido na literatura especializada e vão sendo embutidas nos principais pacotes estatísticos, muitas delas usando métodos empíricos baseados em simulação.

Exemplo 14

Vamos ilustrar a aplicação do teste de Lilliefors usando os dados já apresentados no exemplo anterior, apresentadas no **Quadro 4**. Removendo-se as quatro respostas inválidas, tem-se que $n = 407$, $\bar{X} = 3{,}020$ e $\hat{s} = 0{,}941$. Pode-se afirmar que a variável distribui-se Normalmente na população de interesse?

Para informar nossa decisão, efetuemos um teste de Lilliefors. Para tanto, necessita-se preliminarmente ordenar os dados coletados, visando à obtenção da curva de frequências relativas acumuladas da amostra, $S(x)$. A **Tabela 18** a seguir resume as informações relevantes, incluindo a distribuição de frequências observadas, a distribuição de frequências acumuladas, os valores relevantes da curva da função escada de frequências relativas acumuladas (observe a notação utilizada, com dois valores para cada valor da escala, $S(x^-)$ e $S(x^+)$, representando os limites à esquerda e à direita de cada degrau da função $S(x)$), os valores da FDA da distribuição Normal com média igual a 3,020 e desvio-padrão igual a 0,941, bem como os valores auxiliares para determinação da estatística D.

TABELA 18 Frequências observadas e acumuladas, absolutas e relativas, e valor da FDA da distribuição Normal com média 3,020 e desvio-padrão 0,941

x	1	2	3	4	5
Frequência	27	80	173	112	15
$\sum_{i=1}^{n} I_{x_i \leq x}$	27	107	280	392	407
$S(x^-)$	0	0,066	0,263	0,688	0,963
$S(x^+)$	0,066	0,263	0,688	0,963	1
$F_0(x)$	0,016	0,139	0,492	0,851	0,982
$|S(x^-) - F_0(x)|$	0,016	0,073	0,229	0,163	0,019
$|S(x^+) - F_0(x)|$	0,050	0,124	0,196	0,112	0,018

Fonte: Elaborada pelo autor.

As duas últimas linhas da **Tabela 16** representam os cálculos auxiliares necessários para determinar a estatística D, igual ao maior valor dentre seus elementos. O valor da estatística é, portanto, 0,229. A **Figura 24** mostra os gráficos de $S(x)$ e de $F_0(x)$, evidenciando a estatística $D = 0,229$.

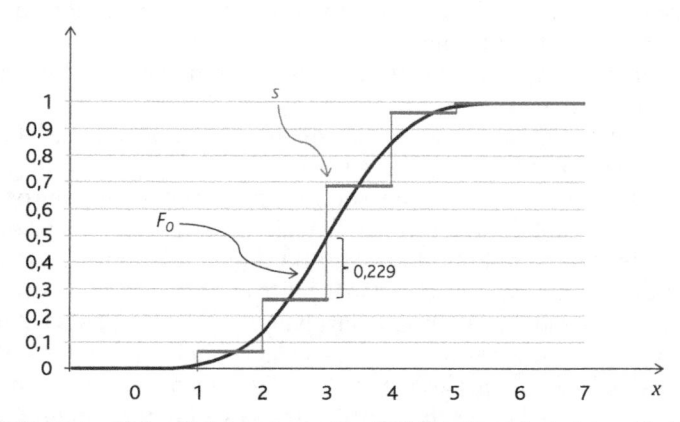

FIGURA 24 $S(x)$ e $F_0(x)$ para a variável I20 (1 a 5: escala de intensidade).
Fonte: Arquivo do autor.

A tabela reproduzida na **Tabela 17** nos dá o valor crítico do teste para o nível de significância de 5%, $\frac{0,886}{\sqrt{n}} = \frac{0,886}{\sqrt{407}} = 0,044$. Como $D = 0,229 > 0,044$, devemos rejeitar H_0 ao nível de significância de 5%. A hipótese de Normalidade dos dados não é sustentável, portanto.

Repare como o teste KS é mais sensível (portanto, mais poderoso) do que o teste qui-quadrado, ilustrado no exemplo anterior.

Outros testes
Vários outros testes são mencionados na literatura, como os testes de Cramér-von Mises e de Anderson-Darling (Anderson; Darling, 1952; Darling, 1957), que utilizam a distância quadrática média entre as funções S e F_0, esta definida teoricamente sob H_0 e aquela determinada empiricamente. Usam a mesma base de argumentação do teste de Kolmogorov-Smirnov, mudando a definição de distância entre as curvas empírica e teórica. Diferenciam-se somente porque o teste de Kolmogorov-Smirnov utiliza como distância entre duas funções a maior diferença absoluta entre os pontos duas curvas. O teste de Jarque-Bera (Jarque; Bera, 1980) testa a Normalidade da distribuição comparando o terceiro e o quarto momentos da distribuição empírica com os momentos teóricos da distribuição Normal. O teste de Shapiro-Wilk (Shapiro; Wilk, 1965) testa a Normalidade da distribuição a partir da estrutura de covariâncias entre as estatísticas de ordem da distribuição Normal. Alguns desses testes são embutidos nos principais pacotes estatísticos disponíveis.

Filliben (1975) usa como estatística de teste o coeficiente de correlação linear entre os quantis da distribuição empírica e os quantis da distribuição teórica sob teste. O autor sugere a utilização do coeficiente de correlação linear como critério de escolha da distribuição teórica que melhor se ajusta a um determinado conjunto de dados empíricos. Quando os quantis empíricos e teóricos são colocados em um gráfico tipo X-Y, tem-se um gráfico Q-Q (*Q-Q plot*), bastante útil para verificar se os dados observados se ajustam a uma determinada distribuição. Um ajustamento perfeito seria representado por uma linha reta (formando ângulo de 45° com os eixos coordenados). A variabilidade amostral produz gráficos aproximadamente lineares, entretanto, que podem ser testados pelo coeficiente de correlação linear.

Embora haja algumas variações apresentadas na literatura, em geral, um gráfico Q-Q é obtido cotejando a série de valores $x_{(i:n)}$ contra a série $F^{-1}(loc_{i:n})$ em um gráfico cartesiano, ou seja, representando os pontos de coordenadas $(F^{-1}(loc_{i:n}), x_{(i:n)})$ em um gráfico cartesiano, onde $x_{(i:n)}$ é a estatística de ordem i da amostra de tamanho n, $F(x)$ é a FDA do modelo teórico especificado e $loc_{i:n}$ é uma medida de localização da variável $U_{(i:n)}$, estatística de ordem i da distribuição $U(0,1)$ tomada a partir de n variáveis iid $U_i \sim U(0,1)$. As estatísticas de ordem $x_{(1:n)}, x_{(2:n)}, \ldots, x_{(n:n)}$ representam os n valores empiricamente observados, ordenados do menor ao maior. Ou seja, $x_{(i:n)}$ é a i-ésima observação ordenada.

As medidas ($loc_{i:n}$) mais utilizadas são a média, a mediana e a moda, como no estudo de Yu e Huang (2001). Tem-se que as estatísticas de ordem da distribuição $U(0,1)$ se distribuem de acordo com distribuições Beta (Jones, 2009), mais precisamente, $U_{(i:n)} \sim \text{Beta}(i, n+1-i)$, de modo que se escolhermos a média como medida de localização, teremos $loc_{i:n} = \frac{i}{n+1}$, pois, conforme apresentado no Capítulo 6, $E(X) = \frac{\alpha}{\alpha+\beta}$, se $X \sim \text{Beta}(\alpha, \beta)$. Se escolhermos a moda como medida de localização, teremos $loc_{i:n} = \frac{i-1}{n-1}$, pois, conforme apresentado no Capítulo 6, $\text{moda}(X) = \frac{\alpha-1}{\alpha+\beta-2}$, se $X \sim \text{Beta}(\alpha, \beta)$. Filliben (1975) utilizou a mediana, estimando-as por

$$loc_{i:n} = \begin{cases} 1 - \left(\frac{1}{2}\right)^{\frac{1}{n}} & \text{para} \quad i = 1 \\ \frac{1-0,3175}{n+0,365} & \text{para} \quad 2 \leq i \leq n-1 \\ \left(\frac{1}{2}\right)^{\frac{1}{n}} & \text{para} \quad i = n \end{cases} \quad (110)$$

O valor escolhido como posição de plotagem tem sido expresso na forma $loc_{i:n} = \frac{i-a}{n+1-2a}$ (Cunnane, 1978), de certa forma, generalizando as escolhas anteriormente feitas. Mas a escolha determina características estatísticas relevantes para as estimativas feitas, desejáveis ou não, que, em geral, dependem da particular distribuição sob teste, de modo que não é surpresa encontrar várias propostas alternativas na literatura técnica. Com $a = 1$, tem-se a moda como ponto de referência; com $a = 0$, tem a média como ponto de referência; com $a = 0,3175$, tem-se a escolha feita por Filliben (1975), a menos dos valores escolhidos para a primeira e última estatísticas de ordem (isto é, para $i = 1$ e $i = n$). Tukey (1962) menciona o uso de $a = 0,5$ e $a = 0$, propondo $a = \frac{1}{3}$ como uma adequada aproximação quando a distribuição testada é a distribuição Normal. Reconhece, entretanto, que as diferenças entre as várias escolhas provavelmente não são importantes. Cunnane (1978) recomenda $a = 0,4$. Conforme Yu a Huang (2001), diversos autores utilizaram distintos valores para o parâmetro a dependendo da distribuição de interesse, como $a = 0,25$, $a = 0,3$, $a = 0,31$, $a = 0,375$, $a = 0,44$, $a = 1$, eles próprios recomendando $a = 0,326$. Os efeitos das diferentes escolhas tendem a desaparecer com o aumento do tamanho da amostra.

Um exemplo ajuda a entender o conceito.

Exemplo 15

Vamos ilustrar a elaboração do gráfico Q-Q usando os dados já apresentados no Exemplo 9, apresentadas no **Quadro 2**. Tem-se que $n = 100$, $\bar{X} = 19,96$ e $\hat{s} = 0,305$. Pode-se afirmar que a variável distribui-se Normalmente na população de interesse?

Um histograma dos dados é apresentado na **Figura 25**.

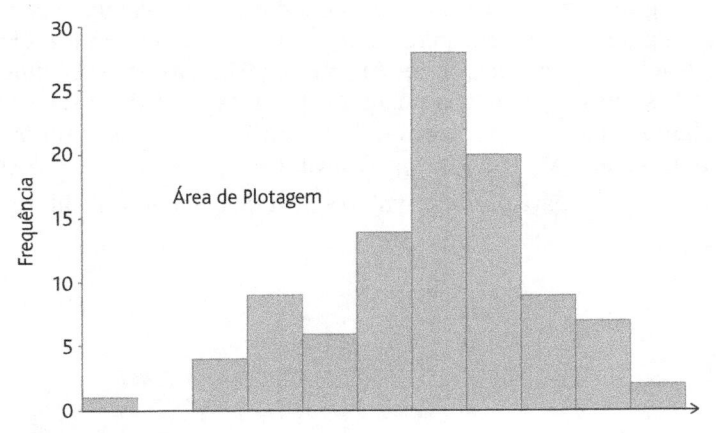

FIGURA 25 Histograma dos dados do Quadro 2.
Fonte: Arquivo do autor.

Para melhor informar nossa decisão, ilustrando-a graficamente com gráficos Q-Q, necessita-se preliminarmente ordenar os dados coletados, gerando as estatísticas $x_{(i:n)}$, para $i = 1,2, \ldots, n$, com $n = 100$. Não é muito difícil organizar os dados em uma planilha como a oferecida pelo pacote Microsoft Excel©. A **Figura 26** apresenta o gráfico obtido com as séries $(F^{-1}(loc_{i:n}), x_{(i:n)})$ usando a definição da posição de plotagem, $loc_{i:n} = \frac{i}{n+1}$, a mais referida na literatura. Para determinar $F^{-1}(loc_{i:n})$ usou-se a função INV.NORM.N disponível no pacote Microsoft Excel©, com os parâmetros $x_{(i:n)}, \bar{X} = 19{,}96$ e $\hat{s} = 0{,}305$.

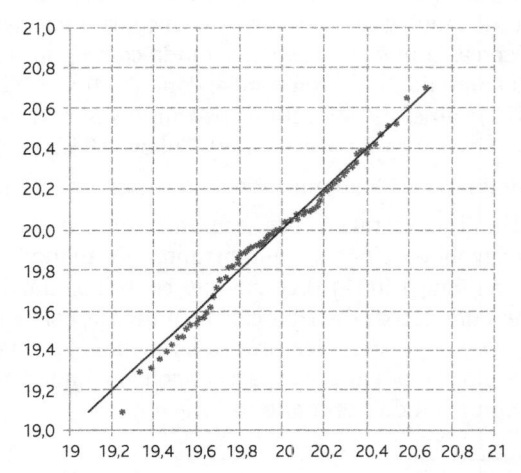

FIGURA 26 Gráfico Q-Q (distribuição Normal) dos dados do Quadro 2.
Fonte: Arquivo do autor.

O gráfico se apresenta razoavelmente linear, com algumas imperfeições a revelar alguma assimetria, já revelada no histograma da **Figura 25**. O coeficiente de correlação entre as duas séries é igual a 0,9913, bastante próximo de 1.

E se usarmos outras posições de plotagem? Os resultados são muito semelhantes, como se depreende da **Figura 27**, que apresenta os gráficos obtidos com as séries $(F^{-1}(loc_{i:n}), x_{(i:n)})$ usando a definição das posições de plotagem $loc_{i:n} = \frac{i-a}{n+1-2a}$ para os vários valores de a mencionados na literatura.

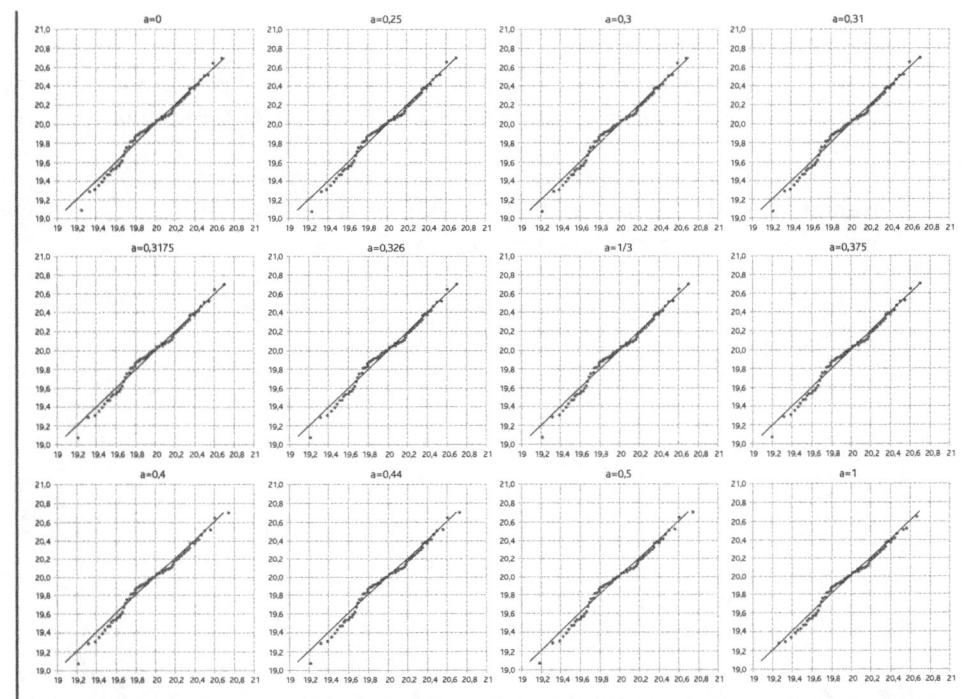

FIGURA 27 Gráficos Q-Q (distribuição Normal) dos dados do Quadro 2 para distintas posições de plotagem.
Fonte: Arquivo do autor.

As diferentes definições das posições de plotagem, embora alterem os cálculos, não alteram tanto assim a informação colhida a partir da amostra, conforme já observara Tukey (1962). Os coeficientes de correlação entre as séries plotadas variam de 0,9913 a 0,9924.

Repare que os coeficientes de correlação encontrados no Exemplo 15 são todos muito próximos da unidade, embora o teste realizado no Exemplo 14 tenha apontado para a rejeição da hipótese de normalidade dos dados. A situação ilustra bem a fragilidade de uma análise apenas visual dos dados. Confia-se mais no teste de Lilliefors apresentado no Exemplo 14.

Gráficos Q-Q são mais úteis para destacar distribuições que não se ajustam aos dados, como se depreende do Exemplo 16.

Exemplo 16

A título de ilustração do poder da análise do ajustamento pelo gráfico Q-Q, experimentemos o ajuste com distribuições distintas, usando os mesmos dados do exemplo 15.

A **Figura 28** apresenta os gráficos obtidos com as séries $(F^{-1}(loc_{i:n}), x_{(i:n)})$ usando diferentes definições de F^{-1}, conforme as distintas distribuições. Usou-se a definição da posição de plotagem, $loc_{i:n} = \dfrac{i}{n+1}$.

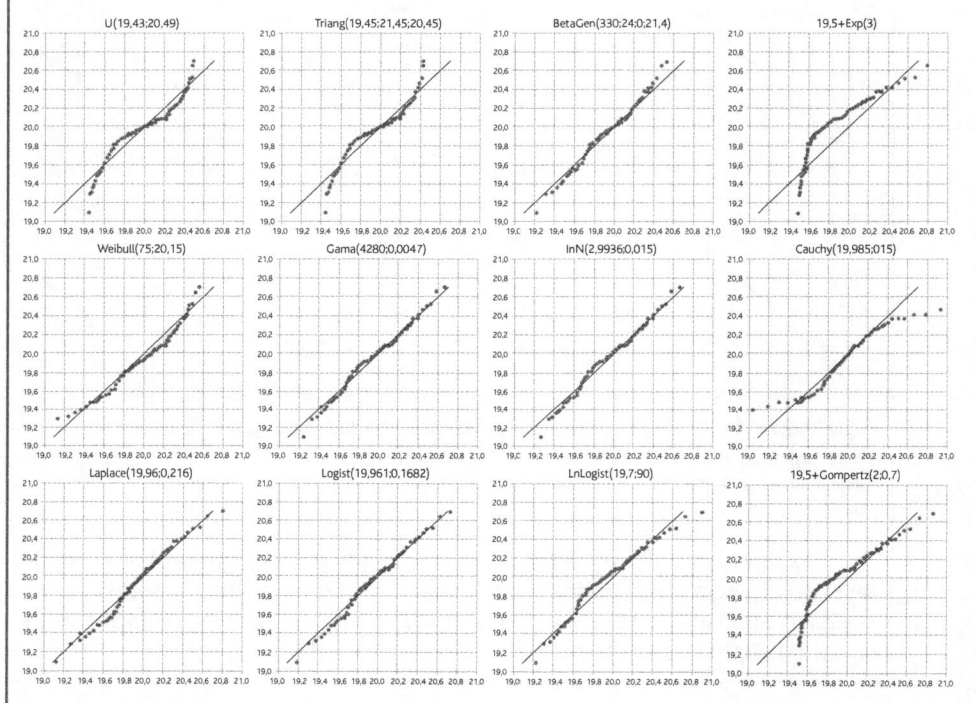

FIGURA 28 Gráficos Q-Q dos dados do Quadro 2 para distintas distribuições teóricas
Fonte: Arquivo do autor.

Percebe-se mais claramente as distribuições que **não** se ajustam bem aos dados, como é o caso das distribuições Uniforme, Triangular, Exponencial, e outras. É mais difícil, porém, discernir entre distribuições que se amoldam razoavelmente aos dados observados, como é o caso das distribuições Beta Generalizada, Gama, LogNormal, Logística, e possivelmente outras. Qual é a distribuição que **melhor** se ajusta aos dados? A resposta é controversa, pois várias distribuições ajustam-se bem aos dados. Se houver alguma suposição teórica que sustente a utilização de uma determinada distribuição teórica, esta deve ser usada, ainda que apresente um gráfico Q-Q não tão bom comparativamente com outras distribuições, confiando-se mais em resultados de testes estatísticos mais rigorosos, como o teste de Kolmogorov-Smirnov ou o teste de Lilliefors para distribuições Normais.

A título de ilustração, os coeficientes de correlação linear entre as séries plotadas variam de 0,7972 (Cauchy) a 0,9938 (Logística). Como já salientado, Filliben (1975) sugere a utilização do coeficiente de correlação linear como critério de escolha da distribuição teórica que melhor se ajusta a um determinado conjunto de dados empíricos. Com base nesse critério, elegeríamos, portanto, a distribuição Logística como a distribuição que melhor se ajusta aos dados coletados, dentre as distribuições apresentadas na **Figura 28**. Mas o critério é frágil, carecendo de bases teóricas mais sólidas. A título de ilustração, o coeficiente de correlação linear para a distribuição Beta Generalizada é de 0,9932, seis décimos de milésimos menor do que o da distribuição Logística. Isso deveria ser tomado como relevante a ponto de decidir a escolha da distribuição Logística em detrimento da distribuição Beta Generalizada? A diferença não poderia ser explicada por flutuações na estatística decorrente de variabilidades amostrais? Como se percebe, as agruras de quem se incumbe de ajustar distribuições teóricas a dados empíricos são enormes...

EXERCÍCIOS

1. Considere os dados relativos à rentabilidade diária das ações preferenciais nominativas da Petrobrás apresentada no Exemplo 3 do Capítulo 3 (primeiros valores de cada par de valores apresentados no **Quadro 1** do Capítulo 3). Considere que os 247 valores representam nossa população de interesse.
    1.1. Qual é o valor da média da variável na população?
    1.2. Selecione aleatoriamente 200 amostras de tamanho 5; quais são os valores da média da variável nas diferentes amostras colhidas?
    1.3. Represente as 200 médias amostrais em um histograma; qual é o valor da média das médias?
    1.4. Selecione aleatoriamente 200 amostras de tamanho 10; quais são os valores da média da variável nas diferentes amostras colhidas?
    1.5. Represente as 200 médias amostrais em um histograma; qual é o valor da média das médias?
    1.6. Selecione aleatoriamente 200 amostras de tamanho 20; quais são os valores da média da variável nas diferentes amostras colhidas?
    1.7. Represente as 200 médias amostrais em um histograma; qual é o valor da média das médias?
    1.8. Qual dos valores é o melhor estimador da média da população? Por quê?
2. Antes de tomar a decisão de modificar o sabor da Coca-Cola em 1985, a companhia testou os sabores alternativos com aproximadamente 190 mil consumidores em várias cidades americanas (Pendergrast, 1993, p. 324). Sem qualquer marca de identificação (teste cego), 55% preferiram a nova fórmula à anterior. Há boa confiança de que os 190 mil consumidores constituem uma amostra representativa da população de consumidores de refrigerantes tipo "cola".
    2.1 Descreva a distribuição amostral de $\hat{p}$.
    2.2 Encontre a probabilidade de que $\hat{p}$ se localize a menos de 0,005 da proporção populacional dos consumidores que preferem o novo sabor.
    2.2. A companhia esperava recuperar o primeiro lugar no índice Nielsen de vendas em supermercados, perdido para a Pepsi-Cola há cerca de um ano.

> Durante 20 anos, a fatia de mercado da bebida mais famosa do mundo declinara ininterruptamente. Em 1984, a Coca-Cola perdeu 1% de sua parcela de mercado, enquanto a Pepsi-Cola subia 1,5 ponto percentual. A companhia tentara tudo – publicidade maciça, eficaz; marketing dinâmico; promoções de preços; distribuição quase universal – e nada detivera a queda gradual. Era difícil evitar a conclusão de que, exatamente como afirmara o Desafio da Pepsi, o problema real estava no sabor do produto. As pessoas não apreciavam mais o travo da Coca-Cola. Queriam uma bebida mais doce (Pendergrast, 1993, p. 320).

Apesar do lançamento em grande estilo e da enorme capacidade promocional da companhia (afinal, a Coca-Cola é a responsável pela cor vermelha do papai-noel, introduzida na campanha publicitária de 1925!), a *New Coke* foi um fracasso junto ao público. No primeiro mês após o lançamento, as vendas despencaram, enquanto estoques da "velha" *Coke* eram vendidos com ágio. Tudo leva a crer que os consumidores sentiram-se traídos pela companhia. Milhares de telefonemas e cartas indignadas chegavam diariamente à sede da companhia. A revista Newsweek estampou a manchete "a *Coke* falsifica o sucesso", identificando o velho refrigerante como "o caráter americano dentro de uma lata". Parece, efetivamente, que a Coca-Cola é um símbolo americano, tão forte quanto a estátua da liberdade ou as listras e estrelas de sua bandeira. "Incrivelmente, ninguém examinara as repercussões psicológicas da retirada da velha fórmula" (Pendergrast, 1993, p. 325). Três meses depois de seu lançamento, a velha fórmula foi relançada como *Classic Coke*. A *New Coke* nunca foi vendida fora dos Estados Unidos. Em 1987, a companhia gastou mais de 21 milhões de dólares promovendo a *New Coke*, contra 36 milhões destinados à promoção da *Classic Coke*, apesar da fatia de mercado daquela ser menor do que 3% (a fatia de mercado da *Classic Coke* já era maior do que 27%). A *New Coke* foi reposicionada no início da década de 1990 no mercado americano como *Coke* II. Pouco depois, sua produção foi interrompida.

O que teria acontecido? A informação colhida pela pesquisa não está correta? A confiança (probabilista) nos resultados não está correta?

Capítulo 8
Inferência estatística: análise bivariada

A compreensão de qualquer fenômeno passa, essencialmente, pela percepção de relações entre suas variáveis relevantes. Dizendo de outra forma, como se tem insistentemente enfatizado ao longo deste texto, o conhecimento evolui quando se percebe alguma relação relevante, ainda não percebida ou bem entendida, entre duas ou mais variáveis. Quando se busca informação em uma base de dados, buscam-se, fundamentalmente, relações entre variáveis. E a mais primária das relações entre variáveis é a relação entre duas variáveis. A estatística, buscando auxiliar o processo de transformação de dados em informação, trata o tema sob o rótulo de análise de dados bivariados.

Sob a ótica da estatística inferencial, a base de dados será tratada como uma amostra representativa de alguma população de interesse, decorrente da suposta ausência de viés no processo de escolha de seus indivíduos, e as relações percebidas na base de dados (na amostra) deverão ser passíveis de generalização para a população de interesse. A principal estrutura lógica de generalização toma a forma de testes de hipóteses. Com o ceticismo e a prudência que caracterizam a ciência, formula-se uma hipótese nula, a de que **não** há relação entre as variáveis investigadas, buscando-se na base de dados (na amostra) evidências do contrário, isto é, que sustentem a rejeição da hipótese nula em favor da hipótese alternativa, de que há, de fato, alguma relação entre as variáveis.

Neste capítulo, apresentamos os principais testes de hipóteses relacionados à busca de relações entre duas variáveis. São os testes bivariados, alguns deles podem ser generalizados para testes multivariados, conforme se observa na literatura.

Estabelecer uma relação entre duas variáveis é fundamentalmente reconhecer variabilidades conjuntas, o que vai depender, é claro, da forma como cada uma delas foi mensurada. Assim, o entendimento dos testes bivariados passa pelo reconhecimento inicial do nível de mensuração das variáveis envolvidas. Iniciamos nossa discussão pelos níveis mais elementares de mensuração, isto é, analisando a relação entre duas variáveis categóricas.

DUAS VARIÁVEIS CATEGÓRICAS – TESTE QUI-QUADRADO

Como já salientado no Capítulo 3, a variabilidade conjunta de duas variáveis categóricas é normal e facilmente representada usando-se tabelas de contingência e matrizes de correspondência. Digamos que se tenham duas variáveis definidas na população de interesse, X e Y, ambas mensuradas categoricamente, X com a categorias possíveis e Y com b categorias possíveis. Seleciona-se uma amostra não viciada e coleta-se a informação conjunta das duas variáveis, representando os dados da amostra em uma tabela de contingência como definida na **Figura 1** do Capítulo 3, aqui reproduzida:

		colunas (Y)			
		1	2	... b	Total da linha
linhas (X)	1	n_{11}	n_{12}	... n_{1b}	$n_{1.}$
	2	n_{21}	n_{22}	... n_{2b}	$n_{2.}$
	...	...	...	...	...
	a	n_{a1}	n_{a2}	... n_{ab}	$n_{a.}$
Total da coluna		$n_{.1}$	$n_{.2}$	... $n_{.b}$	n

FIGURA 1 Representação abstrata de uma tabela de contingência com a linhas e b colunas.
Fonte: Elaborada pelo autor.

A relação entre as duas variáveis é testada cotejando-se as hipóteses nula e alternativa:

$$H_0: X \text{ e } Y \text{ são independentes} \quad (1)$$
$$\times$$
$$H_1: X \text{ e } Y \text{ não são independentes}$$

Sob H_0, isto é, supondo que as variáveis são de fato independentes, esperar-se-iam frequências em cada célula da tabela iguais ao produto das respectivas frequências marginais dividido pelo tamanho da amostra, isto é,

$$fe_{ij} = \frac{n_i n_{.j}}{n} \quad (2)$$

para $i = 1,2, \ldots, a$ e $j = 1,2, \ldots b$. Se a amostra não contém vícios e H_0 é verdadeira, admitir-se-iam flutuações em torno desses valores esperados, evidentemente, pois diferentes amostras poderiam apresentar distintos valores para as frequências observadas, n_{ij}. Desvios muito pronunciados entre as frequências observadas e as frequências esperadas, entretanto, conteriam indícios desfavoráveis a H_0. Como a tabela contém diversas células, é conveniente resumir a informação, tomando uma medida global de comparação entre o esperado e o observado, dada pela estatística de teste:

$$\chi^2 = \sum_{i=1}^{a} \sum_{j=1}^{b} \frac{(n_{ij} - fe_{ij})^2}{fe_{ij}} \quad (3)$$

Pode ser demonstrado, pelo teorema do limite central, que a distribuição da estatística de teste, χ^2, sob H_0, converge para a distribuição Qui-quadrado com $(a - 1) \times (b - 1)$ graus de liberdade na medida em que o tamanho da amostra aumenta indefinidamente (Agresti, 2002; Cochran, 1952), de modo que se pode estimar, aproximadamente, o valor p do teste:

$$\text{valor } p \approx 1 - F_{\chi^2((a-1)\times(b-1))}(\chi^2). \quad (4)$$

Fixado o nível de significância para o teste, a decisão de aceitação ou rejeição de H_0 pode, então, ser tomada com base na regra definida pela expressão 22 do Capítulo 7.

Exemplo 1

O Exemplo 1 do Capítulo 3 apresenta a seguinte tabela de contingência com os dados referentes ao sexo e ao local de trabalho de 406 indivíduos, aqui reproduzida.

TABELA 1 Local de trabalho x Sexo – somente respostas válidas

Local de trabalho	Sexo		Total da linha
	1 feminino	2 masculino	
1 direção geral	13	28	41
2 superintendências	24	33	57
3 agências	89	136	225
4 órgãos regionais	33	50	83
Total da coluna	159	247	406

Fonte: Arquivo do autor.

Pode-se testar a hipótese de independência entre as duas variáveis realizando um teste qui-quadrado. Mais especificamente, testa-se:

H_0: as variáveis sexo e local de trabalho são independentes
×
H_1: as variáveis sexo e local de trabalho não são independentes

Para calcular a estatística de teste, determinam-se as frequências esperadas sob H_0, definidas pela Equação 2, apresentadas na **Tabela 2**.

TABELA 2 Frequências esperadas sob a hipótese de independência entre as variáveis Local de trabalho e Sexo

Local de trabalho	Sexo		Total da linha
	1 feminino	2 masculino	
1 direção geral	16,06	24,94	41
2 superintendências	22,32	34,68	57
3 agências	88,12	136,88	225
4 órgãos regionais	32,50	50,50	83
Total da coluna	159	247	406

Fonte: Elaborada pelo autor.

A estatística de teste é, então, $\chi^2 = 1,1906$. A função DIST.QUIQUA do Microsoft Excel© nos informa que $F_{\chi^2(3)}(1,1906) = 0,2447$, de modo que valor $p \approx 0,7553$, sendo prudente aceitar H_0. De fato, as discrepâncias entre as frequências observadas e as frequências esperadas não são tão grandes assim, podendo ser atribuídas a flutuações aleatórias em decorrência do processo de amostragem. Se as variáveis forem efetivamente independentes, há 75,53% de chance de tais discrepâncias ocorrerem ao acaso.

A estatística de teste foi proposta por Pearson (1900) para testar o ajustamento de distribuições teóricas de probabilidades a dados empiricamente verificados, mais tarde utilizados para testar a independência de variáveis categóricas com dados empíricos organizados em tabelas de contingência, como aqui apresentado (Pearson, 1904). Pearson, entretanto, cometeu um engano ao estimar os graus de liberdade das tabelas de contingência, o que acabou causando alguma confusão e controvérsia nas primeiras aplicações práticas do teste, somente corrigida quase 20 anos mais tarde por Fisher (1922a, 1924) e Yule (1922) (Cochran, 1952; Yates, 1934).

Atenção para pequenas amostras

Além da controvérsia sobre os graus de liberdade, o teste precisa ser usado com certo cuidado, pois a distribuição da estatística de teste não é exata, sendo **aproximada** pela distribuição Qui-quadrado, a aproximação sendo mais precisa para grandes amostras. Lewis e Burke (1949), assim como Cochran (1952), mencionam ser costumeira a recomendação de que a menor frequência esperada da tabela deve ser no mínimo 10 (alguns autores mencionam 5). Se a condição não for satisfeita pela classificação original, é recomendável a combinação de categorias com algum sentido de semelhança até que a condição seja satisfeita. Mas, concede Cochran, os números mencionados são arbitrários, não havendo qualquer suporte teórico para a recomendação.

É possível seguir a recomendação de combinação de categorias apenas em tabelas de contingência maiores, com mais de um grau de liberdade, não havendo possibilidade de redução de uma tabela de contingência 2 × 2 (isto é, com duas linhas e duas colunas). E, como salienta Kempthorne (1979 *apud* Campbell, 2007), não há exagero em ressaltar a importância do assunto, pois tabelas de contingência 2 × 2 são as estruturas mais elementares que levam à ideia de associação entre duas variáveis. A comparação de dois parâmetros binomiais permeia todas as ciências. De modo que é importante desenvolver alternativas confiáveis para o caso de tabelas de contingência 2 × 2 quando se tem à mão apenas amostras pequenas e o custo de amostragem seja muito alto.

Tabelas 2 × 2 – correção de Yates

Para tabelas contingência 2 × 2 existem algumas alternativas a usar quando o pesquisador não tem uma grande amostra à disposição ou quando sua tabela de contingência contém frequências esperadas pequenas, incluindo o teste exato de Fisher, mais adiante apresentado. Em 1934, o matemático e estatístico britânico Frank Yates (1902-1994) sugere o uso de uma correção de continuidade na estatística de teste, argumentando que a estatística de teste, sendo baseada em frequências observadas em tabelas de contingência, é necessariamente discreta, sendo aproximada pela distribuição Qui-quadrado, que é uma distribuição contínua (Yates, 1934).

Frank Yates (1902-1994)

A correção é, para Yates, mais importante para situações de amostras pequenas. A estatística de teste, incluindo a correção de Yates, é (Hitchcock, 2009):

$$\chi^2_{\text{Yates}} = \sum_{i=1}^{a} \sum_{j=1}^{b} \frac{\left(|n_{ij}-fe_{ij}|-\frac{1}{2}\right)^2}{fe_{ij}}. \quad (5)$$

Tabelas 2 × 2 – correção de Pearson

Em 1947, o estatístico britânico Egon Sharpe Pearson (1895-1980), filho de Karl Pearson, sugere outra correção na fórmula originalmente desenvolvida por seu pai, baseada em argumentos teoricamente mais sólidos (Pearson, 1947).

Conforme Campbell (2007), o argumento crucial de Pearson é o fato de que embora $\hat{p}$ seja um estimador não enviesado para o parâmetro p de uma distribuição de Bernoulli, $\hat{p}(1-\hat{p})$ é um estimador enviesado para sua variância. Para obter uma estimativa não enviesada da variância, é necessário ajustar o estimador, multiplicando-o por $\frac{n}{n-1}$, ou seja, usar $\hat{p}(1-\hat{p})\frac{n}{n-1}$ como estimador. A correção de Pearson (1947) é, então:

Egon Sharpe Pearson
(1895-1980)

$$\chi^2_{\text{ERPearson}} = \frac{n-1}{n}\sum_{i=1}^{a}\sum_{j=1}^{b}\frac{\left(n_{ij}-fe_{ij}\right)^2}{fe_{ij}}. \quad (6)$$

Campbell (2007) analisa as alternativas existentes ao teste qui quadrado concluindo que a fórmula de Pearson (Equação 6) é superior à de Yates (Equação 5). Como veremos a seguir, o teste exato de Fisher é ainda mais adequado, pois determina exatamente a probabilidade de erro tipo I, baseada na distribuição hipergeométrica, enquanto o teste qui-quadrado, com ou sem correções, determina tal probabilidade aproximadamente. Ao tempo das proposições das duas alternativas (décadas de 1930 e 1940), entretanto, a fórmula de cálculo do teste exato de Fisher era de difícil aplicação, dados os recursos computacionais então existentes. Mas sempre representou um *benchmark* teórico, contra o qual os testes alternativos podem ser comparados. Com os recursos computacionais de hoje, não há justificativa para não usar o teste exato de Fisher em tabelas de contingência 2 × 2.

Tabelas 2 × 2 – teste exato de Fisher

Quando as duas variáveis sob análise são dicotômicas, a tabela de contingência reduz-se à dimensão 2 × 2:

		colunas (Y)		
		1	2	Total da linha
linhas (X)	1	n_{11}	n_{12}	$n_{1.}$
	2	n_{21}	n_{22}	$n_{2.}$
Total da coluna		$n_{.1}$	$n_{.2}$	n

FIGURA 2 Representação abstrata de uma tabela de contingência 2 × 2 – duas variáveis dicotômicas.
Fonte: Elaborada pelo autor.

Para uma amostra de tamanho n, fixados os totais marginais, há apenas um grau de liberdade na tabela, pois $(2-1) \times (2-1) = 1$. Pode-se bem compreender o termo grau de liberdade, pois o valor de uma única célula determina os valores das demais células. Assim, escolhido, por exemplo, o valor n_{11}, o valor n_{12} é determinado pela equação $n_{12} = n_{1.} - n_{11}$, o valor n_{21} é determinado pela equação $n_{21} = n_{.1} - n_{11}$ e o valor n_{22} é determinado pela equação $n_{22} = n_{2.} - n_{21} = n_{2.} - (n_{.1} - n_{11}) = n_{2.} - n_{.1} + n_{11}$ (lembre que os totais marginais foram fixados). Se iniciássemos escolhendo o valor n_{12} poder-se-ia determinar os demais com equações semelhantes. Ou seja, embora haja quatro números na tabela, há apenas uma liberdade de escolha de seus números.

Yates (1934) argumenta que o valor p correspondente ao teste de independência entre as duas variáveis pode ser determinado precisamente, por meio da distribuição hipergeométrica, creditando a ideia a Ronald Aylmer Fisher. O teste passa à história com o nome de teste exato de Fisher.

Sem perda de generalidade, pode-se focalizar o valor n_{11}. Observa-se que n_{11} pode variar de $\max(0, n_{1.} + n_{.1} - n)$ a $\min(n_{1.}, n_{.1})$, variando entre amostras de mesmo tamanho e mesma estrutura marginal. Impondo uma estrutura probabilística à variável n_{11} decorrente do processo de amostragem não viciado, pode-se interpretá-la como uma variável distribuída conforme a distribuição hipergeométrica. Tem-se um grupo de n indivíduos, dos quais $n_{1.}$ apresentam uma determinada característica (ser classificado na primeira categoria da variável X) e $n - n_{1.} = n_{2.}$ não a apresentam (pois são classificados na segunda categoria da variável X). Olha-se agora para uma parte desse grupo, com $n_{.1}$ indivíduos, todos classificados na primeira categoria da variável Y, como se tomássemos uma subamostra de tamanho $n_{.1}$. Se as variáveis X e Y são independentes, o número de indivíduos nessa subamostra que apresentam a característica inicial, ser classificado na primeira categoria da variável X (ou seja, tais indivíduos são classificados na primeira categoria tanto da variável X como da variável Y), segue uma distribuição hipergeométrica com parâmetros n, $n_{.1}$ e $n_{1.}$. Ou seja, $n_{11} \sim$ HiperGeom$(n, n_{1.}, n_{.1})$, e então:

$$P(n_{11} = k) = \frac{C_{n_{1.}}^{k} \times C_{n - n_{1.}}^{n_{.1} - k}}{C_n^{n_{.1}}}. \tag{7}$$

Conforme já apresentado no Capítulo 7, o valor esperado da variável n_{11} é dado por $\frac{n_{1.} \times n_{.1}}{n}$, consistente com a Equação 2.

Pode-se, então, decidir sobre a aceitação ou não da hipótese de independência entre X e Y usando estatística de teste $et = n_{11}$, distribuída segundo a distribuição hipergeométrica. O valor p é dado por:

$$\text{valor } p = \max\left(2 \times \min\left(F_{\text{HiperGeom}(n, n_{1.}, n_{.1})}(n_{11_a}), 1 - F_{\text{HiperGeom}(n, n_{1.}, n_{.1})}(n_{11_a})\right), 1\right) \tag{8}$$

onde $F_{\text{HiperGeom}(n, n1., n.1)}$ representa a FDA da distribuição hipergeométrica com parâmetros n, $n_{1.}$ e $n_{.1}$, e n_{11_a} é o valor da estatística de teste para a particular amostra examinada. Fixado o nível de significância para o teste, a decisão de aceitação ou rejeição de H_0 pode, então, ser tomada com base na regra definida pela expressão 22 do Capítulo 7. Um exemplo ajuda a entender o conceito.

Exemplo 2

Em um estudo sobre o comportamento empreendedor, Chagas (2000) selecionou uma amostra de administradores das micro, pequenas e médias empresas sediadas em Santo Ângelo-RS com mais de dois funcionários e filiadas ao Serviço Brasileiro de Apoio às Micro e Pequenas Empresas (SEBRAE), classificando-os como empreendedores ou não empreendedores.[1] A seguinte tabela de contingência apresenta os dados classificados por sexo.

TABELA 3 Classificação de administradores segundo o comportamento empreendedor e o sexo

comportamento empreendedor	Sexo		Total da linha
	feminino	masculino	
sim	6	22	28
não	19	38	57
Total da coluna	25	60	85

Fonte: Adaptado de Chagas (2000).

Os dados apresentam algum indício de que o comportamento empreendedor é uma característica masculina?

Admitindo que não haja vícios no processo de amostragem,[2] pode-se testar a hipótese de independência entre as duas variáveis realizando um teste exato de Fisher. Mais especificamente, testa-se:

H_0: as variáveis sexo e comportamento empreendedor são independentes
×
H_1: as variáveis sexo e comportamento empreendedor não são independentes

A estatística de teste é o número de mulheres empreendedoras, 6, e o valor p é dado pela Equação 8. A função DIST.HIPERGEOM.N do Microsoft Excel© nos informa que $F_{\text{HiperGeom}(85,28,25)}(6) = 0{,}1907$, de modo que valor $p = 2 \times 0{,}1907 = 0{,}3814$, sendo prudente aceitar H_0, pois o risco de erro ao rejeitá-la é muito elevado. Ainda que pareça à primeira vista muito elevada, a discrepância entre a proporção de mulheres empreendedoras ($\frac{6}{25} = 0{,}2400$) e de homens empreendedores ($\frac{22}{60} = 0{,}3667$) encontrada na amostra pode ser atribuída a flutuações aleatórias em decorrência do processo de amostragem. Se as variáveis forem efetivamente independentes, há 38,14% de chance de tais discrepâncias ocorrerem ao acaso.

Para comparar o teste exato com os testes aproximados, note que a Equação 3 produz a estatística de teste $\chi^2 = 1{,}2817$ e a função DIST.QUIQUA do Microsoft Excel© nos informa que $F_{\chi^2(1)}(1{,}2817) = 0{,}7424$, de modo que valor $p \approx 0{,}2576$, sendo prudente aceitar H_0. A decisão é a mesma, mas o valor p é bem distinto, subestimando o risco de erro tipo I.

---

[1] A classificação original do instrumento de avaliação, proposto por Mancuso (1994), compreende várias categorizações, reagrupadas por simplicidade para duas categorias nesse exemplo.

[2] Chagas (2000) não menciona haver utilizado qualquer método de controle de não respondentes.

A Equação 5 produz a estatística de teste $\chi^2_{Yates} = 0{,}7725$ e a função DIST.QUI-QUA do Microsoft Excel© nos informa que $F_{\chi^2(1)}(0{,}7725) = 0{,}6205$, de modo que valor $p \approx 0{,}3795$, sendo prudente aceitar H_0. Note a boa aproximação do valor p ao seu verdadeiro valor (0,3814, segundo a distribuição hipergeométrica).

A Equação 6 produz a estatística de teste $\chi^2_{ERPearson} = 1{,}2667$ e a função DIST.QUIQUA do Microsoft Excel© nos informa que $F_{\chi^2(1)}(1{,}2667) = 0{,}7396$, de modo que valor $p \approx 0{,}2604$, sendo prudente aceitar H_0. A decisão é a mesma, mas o valor p é menor do que seu verdadeiro valor, subestimando o risco de erro tipo I.

UMA VARIÁVEL CATEGÓRICA E UMA VARIÁVEL MÉTRICA

Como salientado no Capítulo 3, a variabilidade conjunta entre uma variável categórica e uma variável mensurada em escala métrica (intervalar ou de razão) pode ser analisada comparando-se as distribuições da variável métrica em subamostras representadas pelas categorias da variável categórica.

Digamos que se tenha uma população de interesse Ω cujos indivíduos possam ser mensurados em uma escala intervalar ou de razão com respeito a uma variável, digamos, X, e classificados segundo uma variável categórica, digamos, Y, com k categorias. A variável Y, com suas k categorias, induz uma partição na população, com k subpopulações disjuntas, digamos, $\Omega_1, \Omega_2, \ldots, \Omega_k$, cuja união é a amostra completa, isto é, $\Omega_i \cap \Omega_j = \emptyset$, para $i = 1, \ldots, k, j = 1, \ldots, k$, com $i \neq j$ e $\bigcup_{i=1}^{k} \Omega_i = \Omega$. Pode-se, então, testar eventuais diferenças entre as distintas subpopulações. Se alguma diferença for detectada, pode-se concluir que as variáveis X e Y não são independentes entre si. Se nenhuma diferença for detectada, não há razão para "desconfiar" da suposição de independência entre X e Y.

Testando diferenças entre dois grupos

Trata-se do caso mais simples, em que a variável Y é dicotômica, induzindo uma partição da população em duas subpopulações. A variável X, então, se decompõe em duas subvariáveis, X_1 e X_2, uma em cada uma das duas subpopulações de interesse.

Testes de diferença de médias entre dois grupos – amostras independentes
Trata-se de um teste sobre a igualdade (ou não) dos valores esperados (médias) da variável de interesse nas duas subpopulações de interesse. Mais formalmente, a variável X é decomposta em duas subvariáveis, X_1 e X_2, uma em cada uma das duas subpopulações de interesse, com respectivos valores esperados $E(X1)$ e $E(X2)$. Deseja-se testar

$$H_0: E(X_1) = E(X_2) \qquad (9)$$
$$\times$$
$$H_1: E(X_1) \neq E(X_2)$$

A estatística de teste dependerá das suposições adicionais que forem feitas a respeito das variáveis X_1 e X_2 (por exemplo, X_1 e X_2 são Normais?, as variâncias $V(X_1)$ e $V(X_2)$ são conhecidas?, são iguais?, etc.). Inicia-se com os casos mais desenvolvidos e conhecidos na literatura, supondo Normalidade das distribuições de interesse.

Teste z – $X_1 \sim N(\mu_1, \sigma)$ e $X_2 \sim N(\mu_2, \sigma)$, com σ conhecido

Se as distribuições forem Normais em cada subpopulação, com variâncias iguais, isto é, se $X_1 \sim N(\mu_1, \sigma)$ e $X_2 \sim N(\mu_2, \sigma)$, com σ conhecido, distinguindo-se tão somente pelos parâmetros μ_1 e μ_2, o teste toma a forma

$$H_0: \mu_1 = \mu_2 \qquad (10)$$
$$\times$$
$$H_1: \mu_1 \neq \mu_2$$

Sob H_0 (isto é, se H_0 é verdadeira), as duas distribuições são idênticas, ou seja, a segmentação da população em duas subpopulações no que diz respeito à variável X não faz sentido, de modo que é melhor tratá-las como uma única população homogênea.

Se o processo de amostragem é não viciado, as estatísticas amostrais $\bar{X}_1$ e $\bar{X}_2$ distribuem-se Normalmente, isto é, $\bar{X}_1 \sim N\left(\mu_1, \frac{\sigma}{\sqrt{n_1}}\right)$ e $\bar{X}_2 \sim N\left(\mu_2, \frac{\sigma}{\sqrt{n_2}}\right)$ de acordo com as Equações 2 e 4 do Capítulo 7 (lembre-se: são variáveis aleatórias, variando entre amostras possíveis tomadas em cada subpopulação). A independência das amostras induz a independência entre as variáveis $\bar{X}_1$ e $\bar{X}_2$, de modo que a variável $\bar{X}_1 - \bar{X}_2 \sim N\left(\mu_1 - \mu_2, \sqrt{\frac{\sigma^2}{n_1} + \frac{\sigma^2}{n_2}}\right) = N\left(\mu_1 - \mu_2, \sigma\sqrt{\frac{1}{n_1} + \frac{1}{n_2}}\right)$, conforme explicitado no Capítulo 5. Sob H_0 (isto é, se H_0 é verdadeira), o valor esperado da variável $\bar{X}_1 - \bar{X}_2$ é igual a zero (pois $\mu_1 = \mu_2$), de modo que a variável $Z = \frac{\bar{X}_1 - \bar{X}_2}{\sigma\sqrt{\frac{1}{n_1} + \frac{1}{n_2}}} \sim N(0,1)$. A estatística de teste é, então:

$$z = \frac{\bar{X}_1 - \bar{X}_2}{\sigma\sqrt{\frac{1}{n_1} + \frac{1}{n_2}}} \qquad (11)$$

e

$$\text{valor } p = P(|Z| > |z|) = 2(1 - \Phi(|z|)). \qquad (12)$$

Fixado o nível de significância para o teste, a decisão de aceitação ou rejeição de H_0 pode, então, ser tomada com base na regra definida pela expressão 22 do Capítulo 7.

Teste z – $X_1 \sim N(\mu_1, \sigma_1)$ e $X_2 \sim N(\mu_2, \sigma_2)$, com σ_1 e σ_2 conhecidos

Se as distribuições forem Normais em cada subpopulação, mas com variâncias distintas e conhecidas, isto é, se $X_1 \sim N(\mu_1, \sigma_1)$ e $X_2 \sim N(\mu_2, \sigma_2)$, com σ_1 e σ_2 conhecidos, uma leve modificação no argumento deve ser feita.

Se o processo de amostragem é não viciado, as estatísticas amostrais $\bar{X}_1$ e $\bar{X}_2$ distribuem-se Normalmente, mas com variâncias distintas, isto é, $\bar{X}_1 \sim N\left(\mu_1, \frac{\sigma_1}{\sqrt{n_1}}\right)$ e $\bar{X}_2 \sim N\left(\mu_2, \frac{\sigma_2}{\sqrt{n_2}}\right)$ de acordo com as Equações 2 e 4 do Capítulo 7 (lembre-se: são variáveis aleatórias, variando entre amostras possíveis tomadas em cada subpopulação). A independência das amostras induz a independência entre as variáveis $\bar{X}_1$ e $\bar{X}_2$, de modo que a variável $\bar{X}_1 - \bar{X}_2 \sim N\left(\mu_1 - \mu_2, \sqrt{\frac{\sigma_1^2}{n_1} + \frac{\sigma_2^2}{n_2}}\right)$, conforme explicitado no Capítulo 5. Sob H_0 (isto é, se H_0 é verdadeira), o valor esperado da variável $\bar{X}_1 - \bar{X}_2$ é igual a zero (pois $\mu_1 = \mu_2$), de modo que a variável $Z = \frac{\bar{X}_1 - \bar{X}_2}{\sqrt{\frac{\sigma_1^2}{n_1} + \frac{\sigma_2^2}{n_2}}} \sim N(0,1)$. A estatística de teste é, então:

$$z = \frac{\bar{X}_1 - \bar{X}_2}{\sqrt{\frac{\sigma_1^2}{n_1} + \frac{\sigma_2^2}{n_2}}} \qquad (13)$$

e o valor p é dado pela Equação 12. Fixado o nível de significância para o teste, a decisão de aceitação ou rejeição de H_0 pode, então, ser tomada com base na regra definida pela expressão 22 do Capítulo 7.

Teste t – $X_1 \sim N(\mu_1, \sigma)$ e $X_2 \sim N(\mu_2, \sigma)$, com σ desconhecido
Se $X_1 \sim N(\mu_1, \sigma)$ e $X_2 \sim N(\mu_2, \sigma)$, com σ desconhecido, o valor do parâmetro σ deve ser estimado a partir das amostras tomadas nas duas subpopulações. Tomando-se cada amostra separadamente, pode-se demonstrar que as variáveis $\frac{(n_1-1)\hat{s}_1^2}{\sigma^2}$ e $\frac{(n_2-1)\hat{s}_2^2}{\sigma^2}$ se distribuem como distribuições Qui-quadrado, respectivamente, com $n_1 - 1$ e $n_2 - 1$ graus de liberdade, sendo independentes, respectivamente, das variáveis $\bar{X}_1$ e $\bar{X}_2$ (Cochran, 1934). Por outro lado, a independência das amostras induz a independência entre os pares de variáveis $\frac{(n_1-1)\hat{s}_1^2}{\sigma^2}$ e $\frac{(n_2-1)\hat{s}_2^2}{\sigma^2}$, $\bar{X}_1$ e $\bar{X}_2$, $\frac{(n_1-1)\hat{s}_1^2}{\sigma^2}$ e $\bar{X}_2$, $\bar{X}_1$ e $\frac{(n_2-1)\hat{s}_2^2}{\sigma^2}$, de modo que a variável $\frac{(n_1-1)\hat{s}_1^2}{\sigma^2} + \frac{(n_2-1)\hat{s}_2^2}{\sigma^2}$ também se distribui como uma distribuição Qui-quadrado com $n_1 + n_2 - 2$ graus de liberdade, conforme argumentado no Capítulo 6, sendo independente da variável $\frac{\bar{X}_1 - \bar{X}_2}{\sigma\sqrt{\frac{1}{n_1} + \frac{1}{n_2}}}$. Isto é, $\frac{(n_1-1)\hat{s}_1^2}{\sigma^2} + \frac{(n_2-1)\hat{s}_2^2}{\sigma^2} = \frac{(n_1-1)\hat{s}_1^2 + (n_2-1)\hat{s}_2^2}{\sigma^2} \sim \chi^2(n_1 + n_2 - 2)$ é independente de $\frac{\bar{X}_1 - \bar{X}_2}{\sigma\sqrt{\frac{1}{n_1} + \frac{1}{n_2}}} \sim N(0,1)$. Como salientado no Capítulo 6, a razão entre duas variáveis independentes, uma Normal padrão, e outra, a raiz quadrada da razão entre uma variável distribuída segundo a distribuição Qui-quadrado e seus graus de liberdade, distribui-se segundo a distribuição t de Student. Ou seja, a variável

$$\frac{\frac{\bar{X}_1 - \bar{X}_2}{\sigma\sqrt{\frac{1}{n_1} + \frac{1}{n_2}}}}{\sqrt{\frac{(n_1-1)\hat{s}_1^2 + (n_2-1)\hat{s}_2^2}{\sigma^2}}{n_1+n_2-2}}} = \frac{\bar{X}_1 - \bar{X}_2}{\sqrt{\left(\frac{1}{n_1} + \frac{1}{n_2}\right)\frac{(n_1-1)\hat{s}_1^2 + (n_2-1)\hat{s}_2^2}{n_1+n_2-2}}} \sim t(n_1 + n_2 - 2).$$

A estatística de teste é, então:

$$t = \frac{\bar{X}_1 - \bar{X}_2}{\hat{s}_m\sqrt{\frac{1}{n_1} + \frac{1}{n_2}}}, \qquad (14)$$

onde

$$\hat{s}_m{}^2 = \frac{(n_1-1)\hat{s}_1^2 + (n_2-1)\hat{s}_2^2}{n_1+n_2-2} \quad (15)$$

é uma estimativa não viciada de σ^2, e

$$\text{valor } p = P(|T| > |t|) = 2(1 - F_{t(n_1+n_2-2)}(|t|)). \quad (16)$$

Como sempre, fixado o nível de significância para o teste, a decisão de aceitação ou rejeição de H_0 pode ser tomada com base na regra definida pela expressão 22 do Capítulo 7. Note a semelhança estrutural entre os pares de Equações 11 e 12 e 14 e 16.

Teste de Welch-Aspin – $X_1 \sim N(\mu_1, \sigma_1)$ e $X_2 \sim N(\mu_2, \sigma_2)$, com σ_1 e σ_2 desconhecidos

Se as distribuições forem Normais em cada subpopulação, mas com variâncias distintas, isto é, se $X_1 \sim N(\mu_1, \sigma_1)$ e $X_2 \sim N(\mu_2, \sigma_2)$, com $\sigma_1 \neq \sigma_2$, os argumentos acima desenvolvidos não são válidos, e necessita-se uma abordagem alternativa. A solução geralmente disponível nos pacotes estatísticos é o teste chamado de Welch-Aspin (Sawilowski, 2002), desenvolvido com contribuições pioneiramente de Welch (1938, 1947) e refinado e tabulado por Aspin (1948, 1949).

Tomadas uma amostra em cada subpopulação, de tamanhos n_1 e n_2, respectivamente, a estatística de teste é:

$$t = \frac{\bar{X}_1 - \bar{X}_2}{\sqrt{\frac{s_1^2}{n_1} + \frac{s_2^2}{n_2}}}, \quad (17)$$

que segue uma distribuição t com, aproximadamente,

$$\nu = \frac{\left(\frac{\sigma_1^2}{n_1} + \frac{\sigma_2^2}{n_2}\right)^2}{\frac{\sigma_1^4}{n_1^2(n_1-1)} + \frac{\sigma_2^4}{n_2^2(n_2-1)}} \quad (18)$$

graus de liberdade. Tem-se, então,

$$\text{valor } p = P(|T| > |t|) = 2(1 - F_{t(\nu)}(|t|)). \quad (19)$$

Como sempre, fixado o nível de significância para o teste, a decisão de aceitação ou rejeição de H_0 pode ser tomada com base na regra definida pela expressão 22 do Capítulo 7.

Teste de diferença de variâncias entre dois grupos – amostras independentes
Depreende-se das seções anteriores que um aspecto de fundamental importância prática é a suposição de igualdade de variâncias das distribuições nos dois grupos envolvidos no processo de comparação de médias. A suposição de igualdade de variâncias leva ao teste definido pelas Equações 14 e 16, mas se as variâncias não forem iguais, o teste definido pelas Equações 17 e 19 é o que deve ser utilizado.

É recomendável, pois, que se realize um teste de igualdade de variâncias antecipadamente, para guiar a decisão sobre qual teste de igualdade de médias utilizar. Embora vários testes tenham sido desenvolvidos com esse propósito (Brown; Forsythe, 1974), o teste de igualdade de variâncias mais utilizado, estando embutido em quase todos os pacotes estatísticos populares, é o teste de Levene, desenvolvido pelo estatístico americano H. Levene (Levene, 1960 *apud* Brown; Forsythe, 1974). Uma das vantagens do teste de Levene é sua robustez a desvios de normalidade das distribuições.

Para dois grupos, o teste toma a forma

$$H_0: \sigma_1 = \sigma_2 \qquad (20)$$
$$\times$$
$$H_1: \sigma_1 \neq \sigma_2$$

Tomam-se amostras independentes em cada um dos grupos, de tamanhos n_1 e n_2, respectivamente. Têm-se, então, n_1 observações no primeiro grupo, digamos que rotuladas como $x_{11}, x_{21}, \ldots, x_{n_1 1}$ e n_2 observações no segundo grupo, rotuladas como $x_{12}, x_{22}, \ldots, x_{n_1 2}$. Levene usa os desvios absolutos médios em cada grupo, ou seja,

$$z_{ij} = |x_{ij} - \bar{X}_j|, j = 1,2 \text{ e } i = 1,2, \ldots, n_j. \qquad (21)$$

A estatística de teste é

$$W = (n_1 + n_2 - 2) \times \frac{n_1(\bar{Z}_1 - \bar{\bar{Z}})^2 + n_2(\bar{Z}_2 - \bar{\bar{Z}})^2}{\sum_{i=1}^{n_1}(z_{i1} - \bar{Z}_1)^2 + \sum_{i=1}^{n_2}(z_{i2} - \bar{Z}_2)^2} \qquad (22)$$

onde $\bar{Z}_j = \frac{\sum_{i=1}^{n_j} z_{ij}}{n_j}$, com $j = 1,2$ e $\bar{\bar{Z}} = \frac{\sum_{j=1}^{2} \sum_{i=1}^{n_j} z_{ij}}{n_1 + n_2} = \frac{\sum_{j=1}^{2} n_j \bar{Z}_j}{n_1 + n_2}$. [3]

Levene argumenta que a distribuição de W é, aproximadamente, uma distribuição F com 1 e $n_1 + n_2 - 2$ graus de liberdade, de modo que

$$\text{valor } p \approx P(F > W) = 1 - F_{F(1, n1 + n2 - 2)}(W). \qquad (23)$$

Como sempre, fixado o nível de significância para o teste, a decisão de aceitação ou rejeição de H_0 pode ser tomada com base na regra definida pela expressão 22 do Capítulo 7.

Testes quando a variável não é Normal

Quando a distribuição da variável de interesse na população de interesse não é Normal, os testes poderão ser utilizados desde que os tamanhos das amostras sejam suficientemente grandes (em ambos os grupos). O teorema do limite central assegura que os resultados das Equações 12, 16 e 19 serão, aproximadamente, válidos. Deve ser ressaltado, entretanto, que o teorema assegura convergência das distribuições no limite ao infinito, nada mencionando sobre a velocidade de con-

---

[3] $\bar{\bar{Z}}$ é chamada grande média, sendo igual à média das médias de cada amostra, ponderadas por seus respectivos tamanhos.

vergência. Assim, o tamanho da amostra tomado como suficiente em um determinado caso pode não ser considerado suficiente em outros. Há evidências empíricas baseadas em simulação demonstrando que a velocidade de convergência é menor para distribuições marcadamente assimétricas. Conclui-se que quanto mais assimétrica for a distribuição, maiores devem ser os tamanhos das amostras para garantir validade às aproximações das fórmulas.

Exemplo 3

As médias das respostas dadas pelos 411 indivíduos questionados em uma enquete com funcionários de um grande banco brasileiro (já referida na **Figura 2** do Capítulo 1) às perguntas 11, 15 e 23 da parte D do questionário (veja a **Figura 3** do Capítulo 1), formuladas como escalas Likert (1 a 5) e correspondendo à variável composta produtiv, são apresentadas no **Quadro 1** a seguir, segmentadamente com respeito à variável sexo.

QUADRO 1 Médias das respostas às perguntas: "este aplicativo me ajuda a economizar tempo", "este aplicativo me ajuda a realizar mais trabalho do que seria possível sem ele" e "este aplicativo aumenta minha produtividade" de 411 indivíduos, segmentadas segundo o sexo dos respondentes (1 a 5: escala de intensidade; 9: sem resposta)

Sexo = 1 (feminino)
3,33; 3,67; 4,00; 3,00; 5,00; 4,00; 4,00; 4,33; 4,00; 3,33; 5,00; 3,33; 4,00; 4,00; 2,33; 4,33; 5,00; 5,00; 4,00; 2,67; 4,00; 3,33; 5,00; 4,33; 4,33; 3,33; 4,00; 4,00; 3,67; 3,33; 1,67; 3,67; 3,00; 4,67; 4,00; 4,00; 4,00; 3,00; 4,33; 4,33; 3,67; 3,33; 4,00; 3,33; 3,33; 3,00; 4,00; 5,00; 5,00; 4,00; 4,33; 4,67; 4,33; 5,00; 4,33; 3,67; 4,00; 2,67; 5,00; 4,33; 2,67; 4,67; 3,67; 4,00; 2,33; 3,67; 4,00; 3,33; 3,67; 4,33; 4,00; 4,00; 3,67; 4,67; 5,00; 4,33; 5,00; 2,33; 4,33; 4,00; 3,33; 3,33; 3,67; 5,00; 3,00; 4,67; 4,33; 4,00; 4,00; 4,67; 4,00; 3,67; 4,00; 3,33; 5,00; 4,00; 4,67; 4,00; 5,00; 4,67; 4,00; 5,00; 4,00; 2,67; 4,67; 4,67; 5,00; 4,33; 5,00; 5,00; 3,00; 3,33; 3,67; 4,33; 3,33; 2,67; 4,00; 3,67; 4,67; 5,00; 4,67; 4,00; 2,33; 4,00; 5,00; 4,33; 4,33; 5,00; 4,00; 3,67; 3,00; 4,00; 4,00; 4,67; 5,00; 4,00; 4,67; 4,67; 2,67; 3,67; 3,67; 4,67; 5,00; 3,33; 4,00; 3,00; 4,00; 3,00; 4,67; 4,33; 4,00; 5,00; 5,00; 4,67; 3,67; 4,00; 3,33
Sexo = 2 (masculino)
3,67; 1,67; 4,67; 4,00; 4,00; 4,00; 4,67; 4,00; 4,00; 5,00; 4,00; 4,67; 2,67; 5,00; 4,00; 2,67; 5,00; 4,00; 3,67; 4,33; 4,00; 4,67; 4,33; 3,67; 5,00; 4,33; 4,00; 4,00; 4,00; 4,00; 4,33; 4,33; 4,33; 4,67; 4,33; 4,00; 4,00; 3,67; 4,00; 4,00; 4,33; 4,67; 4,00; 4,00; 4,33; 4,00; 4,67; 3,00; 4,00; 4,00; 4,67; 4,00; 5,00; 3,00; 3,33; 3,00; 4,00; 4,00; 3,67; 2,67; 3,67; 4,00; 4,33; 4,00; 4,67; 4,00; 4,00; 4,00; 2,33; 4,67; 4,33; 4,00; 3,67; 4,33; 4,67; 3,67; 4,00; 3,33; 4,00; 3,33; 4,67; 3,67; 4,33; 4,33; 3,67; 4,00; 4,00; 4,00; 4,33; 4,00; 4,00; 4,67; 5,00; 3,67; 4,33; 4,33; 4,33; 5,00; 4,00; 3,33; 4,67; 4,33; 4,67; 5,00; 3,67; 3,50; 3,33; 4,00; 3,67; 4,00; 4,67; 3,67; 4,00; 4,67; 4,00; 4,67; 2,67; 4,00; 4,00; 4,00; 4,00; 2,33; 4,67; 4,00; 3,67; 5,00; 3,67; 3,67; 4,33; 4,00; 3,67; 5,00; 4,67; 3,67; 5,00; 4,00; 2,00; 2,33; 4,00; 4,33; 3,33; 3,67; 4,33; 4,67; 4,00; 4,00; 4,33; 4,33; 4,00; 4,00; 4,67; 4,67; 3,67; 3,00; 4,00; 3,67; 4,33; 5,00; 4,33; 4,00; 4,00; 2,67; 3,67; 4,67; 4,00; 4,00; 5,00; 4,00; 4,67; 4,00; 5,00; 3,00; 4,00; 4,00; 4,00; 4,67; 4,00; 4,00; 4,33; 4,33; 3,00; 4,33; 2,67; 4,00; 2,00; 4,33; 5,00; 3,00; 5,00; 5,00; 3,67; 4,00; 3,67; 3,00; 5,00; 4,00; 4,67; 4,00; 3,00; 4,67; 4,00; 5,00; 4,00; 2,67; 4,33; 5,00; 4,67; 5,00; 3,00; 4,67; 4,00; 2,00; 4,67; 5,00; 5,00; 4,00; 3,33; 4,00; 3,00; 4,67; 4,33; 4,33; 5,00; 5,00; 2,67; 4,00; 4,33; 4,67; 4,33; 4,00; 4,00; 5,00; 3,67; 5,00; 4,00; 3,67; 3,00; 4,67; 4,00; 4,00; 4,00; 2,67; 4,33; 5,00; 3,33; 3,67; 3,33; 4,00; 3,00
Sexo= 9 (sem resposta)
4,33; 3,00; 4,00; 5,00

Fonte: Arquivo do autor.

Os dados apresentam algum indício de que o impacto da TI na produtividade do trabalho bancário seja percebido diferentemente por homens e mulheres?

Admitindo que não haja vícios no processo de amostragem, pode-se testar a hipótese de igualdade de médias da variável nos dois grupos de respondentes. Mais especificamente, testa-se:

$$H_0: \mu_1 = \mu_2$$
$$\times$$
$$H_1: \mu_1 \neq \mu_2$$

A estatística de teste depende da suposição sobre a variância da variável nas duas subpopulações de interesse: são elas iguais ou desiguais (embora desconhecidas)? Mais operacionalmente, deve-se utilizar a estatística de teste dada pela Equação 14 ou pela Equação 17? Para responder a essa indagação preliminar, vamos testar a hipótese de igualdade de variâncias da variável nos dois grupos de respondentes, utilizando o teste de Levene, definido pelas Equações 22 e 23. De modo mais específico, testa-se preliminarmente:

$$H_0: \sigma_1 = \sigma_2$$
$$\times$$
$$H_1: \sigma_1 \neq \sigma_2$$

Para os dados apresentados no **Quadro 1**, tem-se $n_1 = 159$, $n_2 = 248$, $\bar{X}_1 = 4{,}002$, $\bar{X}_2 = 4{,}035$, $\hat{s}_{1^2} = 0{,}515754$ e $\hat{s}_{2^2} = 0{,}441057$.[4] Aplicando a equação 21 e tomando as médias em cada grupo, tem-se $\bar{Z}_1 = 0{,}547$ e $\bar{Z}_2 = 0{,}478$, e a grande média é $\bar{\bar{Z}} = 0{,}505$. Tem-se ainda $\sum_{i=1}^{n_1}(z_{i1} - \bar{Z}_1)^2 = 33{,}829947$ e $\sum_{i=1}^{n_2}(z_{i2} - \bar{Z}_2)^2 = 52{,}281877$. A Equação 22 nos fornece, então, $W = (159 + 248 - 2) \times \frac{159 \times (0{,}547 - 0{,}505)^2 + 248 \times (0{,}478 - 0{,}505)^2}{33{,}829947 + 52{,}281877} = 2{,}201$ e a Equação 23 nos dá o valor $p \approx 1 - F_{F(1;405)}(2{,}201) = 0{,}1387$, sendo prudente aceitar a hipótese de igualdade de variâncias, pois o risco de erro ao rejeitá-la é muito elevado. A diferença entre as variâncias das duas subamostras pode ser atribuída a flutuações aleatórias em função do processo de amostragem. Se as variâncias populacionais forem efetivamente iguais, há 13,87% de chance de tal diferença ocorrer ao acaso. Consistentemente com essa decisão, o teste de igualdade de médias deve ser realizado com a Equação 14. A Equação 15 nos dá $\hat{s}_m^2 = \frac{(159-1) \times 0{,}515754 + (248-1) \times 0{,}441057}{159+248-2} = 0{,}470198$, a Equação 14 nos oferece $t = \frac{4{,}002 - 4{,}035}{\sqrt{0{,}470198} \times \sqrt{\frac{1}{159} + \frac{1}{248}}} = -0{,}458$ e a Equação 16 nos dá valor $p = 2 \times (1 - F_{t(405)}(0{,}458)) = 0{,}6472$, sendo prudente aceitar a hipótese de igualdade de médias, pois o risco de erro ao rejeitá-la é grande. A (pequena) diferença entre as médias dos escores da variável de interesse nas subamostras de mulheres e homens pode ser atribuída a flutuações em função do processo de amostragem. Ainda que as médias populacionais fossem iguais, haveria uma chance de 64,72% de ocorrência de tal diferença.

---

[4] Observe que desprezamos quatro observações, correspondendo aos quatro respondentes que não informaram seu sexo.

A interpretação final parece muito clara: não há indícios de que o impacto da tecnologia da informação no trabalho bancário seja percebido diferentemente por homens e mulheres.

Testes de diferença de médias entre duas variáveis – amostras emparelhadas
Visando maior controle da variabilidade entre amostras, alguns desenhos experimentais utilizam esquemas de amostragem emparelhada. É o caso, por exemplo, de estudos feitos com pares de gêmeos univitelinos, biologicamente idênticos (Gilbertson et al., 2006; Turnbaugh et al., 2009), ou em estudos de comparação entre situações antes e depois de um tratamento experimental (Lee et al., 2010) ou de alguma intervenção qualquer (Gupta, 2011), ou, ainda, em estudos em que os elementos amostrados guardem alguma relação entre si. Nesse caso, as amostras retiradas das duas populações não são independentes e os procedimentos anteriormente mencionados, desenvolvidos para amostras independentes, podem ser melhorados substancialmente. Como as amostras são emparelhadas, o que se deseja testar efetivamente é a diferença ou, em alguns casos, a razão entre os valores da variável de interesse entre as duas situações, se o nível de mensuração das variáveis assim o permitir (isto é, intervalar ou de razão). Ou seja, testa-se a variável $D = X_1 - X_2$ ou a variável $R = \frac{X_1}{X_2}$, onde X_1 e X_2 representam a variável de interesse em cada um dos dois grupos investigados. Assim, deseja-se testar

$$H_0: E(D) = 0$$
$$\times$$
$$H_1: E(D) \neq 0 \quad (24)$$

ou

$$H_0: E(R) = 1 \quad (25)$$
$$\times$$
$$H_1: E(R) \neq 1$$

A situação se reduz ao caso de testes de uma única variável, e todos os testes anteriormente apresentados para testar o valor esperado de uma variável podem ser utilizados, dependendo das suposições adicionais que forem feitas a respeito das variáveis X_1 e X_2 e de sua diferença, D, ou ainda de sua razão, R (por exemplo, D, ou se for o caso, R, se distribui Normalmente?, sua variância é conhecida?, etc.).

Exemplo 4

As médias das respostas dadas pelos 410 indivíduos questionados em uma enquete com funcionários de um grande banco brasileiro (já referida na **Figura 2** do Capítulo 1) às perguntas 11, 15 e 23 da parte D do questionário (correspondendo à variável composta produtiv) e as médias das respostas às perguntas 5, 16 e 20 (correspondendo à variável composta inovação) (veja a **Figura 3** do Capítulo 1), formuladas como escalas Likert (1 a 5), são apresentadas no **Quadro 2** a seguir.

QUADRO 2 Médias das respostas às perguntas: "este aplicativo me ajuda a economizar tempo", "este aplicativo me ajuda a realizar mais trabalho do que seria possível sem ele" e "este aplicativo aumenta minha produtividade" e médias das respostas às perguntas "este aplicativo me ajuda a ter novas ideias", "este aplicativo me ajuda a ter novas ideias" e "este aplicativo me ajuda a explorar ideias inovadoras" de 410 indivíduos (escala de intensidade: 1 a 5)

3,33 – 2,67; 3,67 – 3,67; 4,00 – 3,33; 3,00 – 2,00; 5,00 – 2,00; 4,00 – 4,33; 4,00 – 3,00;
4,33 – 2,67; 4,00 – 4,00; 3,33 – 3,00; 5,00 – 3,67; 3,33 – 3,00; 4,00 – 3,33; 4,00 – 4,00;
2,33 – 2,67; 4,33 – 3,33; 5,00 – 2,67; 5,00 – 4,00; 4,00 – 4,67; 2,67 – 2,67; 4,00 – 3,00;
3,33 – 4,00; 5,00 – 3,50; 4,33 – 3,33; 4,33 – 3,00; 3,33 – 3,67; 4,00 – 4,00; 4,00 – 2,33;
3,67 – 3,00; 3,33 – 3,00; 1,67 – 3,33; 3,67 – 2,67; 3,00 – 3,00; 4,67 – 3,33; 4,00 – 4,00;
4,00 – 3,00; 4,00 – 4,00; 3,00 – 2,00; 4,33 – 4,00; 4,33 – 2,67; 3,67 – 3,67; 3,33 – 2,67;
4,00 – 5,00; 3,33 – 3,00; 3,33 – 2,67; 3,00 – 2,00; 4,00 – 3,00; 5,00 – 3,00; 5,00 – 2,00;
4,00 – 4,67; 4,33 – 2,00; 4,67 – 2,33; 4,33 – 4,33; 5,00 – 2,00; 4,33 – 3,67; 3,67 – 3,00;
4,00 – 3,33; 2,67 – 1,67; 5,00 – 4,67; 4,33 – 3,67; 2,67 – 2,67; 4,67 – 3,00; 3,67 – 2,00;
4,00 – 3,00; 2,33 – 2,33; 3,67 – 3,67; 4,00 – 2,33; 3,33 – 1,33; 3,67 – 3,00; 4,33 – 3,00;
4,00 – 3,00; 4,00 – 1,67; 3,67 – 3,00; 4,67 – 4,33; 5,00 – 3,67; 4,33 – 3,67; 5,00 – 1,33;
2,33 – 1,33; 4,33 – 3,00; 4,00 – 2,00; 3,00 – 3,00; 4,33 – 3,00; 3,33 – 2,33; 3,67 – 2,00;
5,00 – 3,00; 3,00 – 2,67; 4,67 – 3,00; 4,33 – 4,00; 4,00 – 4,00; 4,00 – 3,33; 4,00 – 3,00;
4,67 – 3,00; 4,00 – 2,00; 3,67 – 3,67; 4,00 – 2,00; 3,33 – 3,33; 5,00 – 1,67; 4,00 – 3,00;
4,67 – 2,00; 4,00 – 3,00; 5,00 – 3,00; 4,67 – 3,67; 4,00 – 2,67; 5,00 – 3,50; 4,00 – 3,33;
2,67 – 1,67; 4,67 – 4,33; 4,67 – 3,67; 5,00 – 4,00; 4,33 – 3,33; 5,00 – 2,33; 5,00 – 2,67;
3,00 – 3,00; 3,33 – 3,00; 3,67 – 3,33; 4,33 – 2,00; 3,33 – 2,67; 2,67 – 3,33; 4,00 – 2,00;
3,67 – 1,33; 4,67 – 3,00; 5,00 – 3,00; 4,67 – 5,00; 4,00 – 4,00; 2,33 – 4,00; 4,00 – 3,00;
5,00 – 3,33; 4,33 – 3,33; 4,33 – 2,67; 5,00 – 3,67; 4,00 – 3,00; 3,67 – 3,50; 3,00 – 2,67;
4,00 – 3,00; 4,00 – 3,67; 4,67 – 4,67; 5,00 – 4,00; 4,00 – 3,33; 4,67 – 1,33; 4,67 – 3,67;
2,67 – 3,00; 3,67 – 3,00; 3,67 – 3,33; 4,67 – 3,33; 5,00 – 3,00; 3,33 – 3,00; 4,00 – 3,67;
3,00 – 3,00; 4,00 – 3,33; 3,00 – 2,00; 4,67 – 3,67; 4,33 – 3,00; 4,00 – 3,67; 5,00 – 1,00;
5,00 – 3,67; 4,67 – 2,67; 3,67 – 2,67; 4,00 – 3,33; 3,33 – 2,00; 3,67 – 2,00; 1,67 – 2,00;
4,67 – 4,00; 4,00 – 4,00; 4,00 – 2,33; 4,00 – 3,33; 4,67 – 4,00; 4,00 – 2,67; 4,00 – 3,67;
5,00 – 2,00; 4,00 – 2,00; 4,67 – 4,00; 2,67 – 3,33; 5,00 – 3,67; 4,00 – 3,67; 2,67 – 2,33;
5,00 – 2,33; 4,00 – 4,00; 3,67 – 2,67; 4,00 – 2,33; 4,67 – 3,00; 4,33 – 3,33; 3,67 – 4,00;
5,00 – 3,33; 4,33 – 2,67; 4,00 – 4,00; 4,00 – 4,00; 4,00 – 3,33; 4,00 – 3,00; 4,33 – 4,00;
4,33 – 4,00; 4,33 – 2,00; 4,67 – 4,33; 4,33 – 4,67; 4,00 – 4,00; 4,00 – 4,00; 3,67 – 3,00;
4,00 – 3,33; 4,00 – 3,67; 4,33 – 2,67; 4,67 – 3,00; 4,00 – 4,00; 4,00 – 3,00; 4,33 – 2,33;
4,00 – 3,00; 4,67 – 3,33; 3,00 – 2,00; 4,00 – 4,00; 4,00 – 3,00; 4,67 – 3,67; 4,00 – 2,67;
5,00 – 3,00; 3,00 – 1,67; 3,33 – 3,33; 3,00 – 3,33; 4,00 – 4,00; 4,00 – 2,67; 3,67 – 2,67;
2,67 – 4,00; 3,67 – 1,33; 4,00 – 1,33; 4,33 – 3,67; 4,00 – 4,00; 4,67 – 1,67; 4,00 – 3,67;
4,00 – 4,33; 2,33 – 2,67; 4,67 – 3,67; 4,33 – 4,00; 4,00 – 3,33; 3,67 – 4,33; 4,33 – 4,00;
4,67 – 3,00; 3,67 – 1,67; 4,00 – 1,00; 3,33 – 1,67; 4,00 – 3,33; 3,33 – 4,00; 4,67 – 3,00;
3,67 – 4,00; 4,33 – 3,00; 4,33 – 3,33; 3,67 – 3,33; 4,00 – 3,33; 4,00 – 3,00; 4,00 – 3,33;
4,33 – 3,00; 4,00 – 2,00; 4,00 – 3,33; 4,67 – 3,33; 5,00 – 4,00; 3,67 – 3,67; 4,33 – 2,67;
4,33 – 3,33; 4,33 – 3,67; 5,00 – 4,00; 4,00 – 1,33; 3,33 – 2,33; 4,67 – 3,33; 4,33 – 3,00;
4,67 – 2,00; 5,00 – 1,00; 3,67 – 4,00; 3,50 – 3,33; 3,33 – 2,00; 4,00 – 3,67; 3,67 – 2,00;
4,00 – 3,00; 4,67 – 1,67; 3,67 – 3,00; 4,00 – 3,00; 4,67 – 2,00; 4,00 – 3,67; 4,67 – 3,33;
2,67 – 1,67; 4,00 – 3,00; 4,00 – 3,67; 4,00 – 4,33; 4,00 – 3,67; 2,33 – 2,00; 4,67 – 4,33;
4,00 – 3,00; 3,67 – 4,00; 5,00 – 4,00; 3,67 – 3,33; 3,67 – 3,50; 4,33 – 3,33; 4,00 – 3,33;
3,67 – 3,00; 5,00 – 1,67; 4,67 – 2,00; 3,67 – 4,00; 5,00 – 2,33; 4,00 – 2,00; 2,00 – 1,67;
2,33 – 2,00; 4,00 – 3,00; 4,33 – 2,67; 3,33 – 3,33; 3,67 – 2,67; 4,33 – 3,67; 4,67 – 1,33;
4,00 – 2,67; 4,00 – 3,33; 4,33 – 3,33; 4,33 – 3,67; 4,00 – 2,33; 4,00 – 2,33; 4,67 – 3,00;
4,67 – 4,00; 3,67 – 3,67; 3,00 – 1,67; 4,00 – 3,00; 3,67 – 2,33; 4,33 – 2,67; 5,00 – 4,33;
4,33 – 3,67; 4,00 – 2,67; 4,00 – 3,33; 2,67 – 1,33; 3,67 – 3,00; 4,67 – 3,33; 4,00 – 3,00;
4,00 – 4,33; 5,00 – 5,00; 4,00 – 4,00; 4,67 – 4,33; 4,00 – 3,00; 5,00 – 3,33; 3,00 – 2,33;
4,00 – 4,00; 4,00 – 1,00; 4,00 – 2,33; 4,67 – 4,33; 4,00 – 4,33; 4,00 – 3,33; 4,33 – 4,33;
4,33 – 3,00; 3,00 – 2,67; 4,33 – 3,00; 2,67 – 3,00; 4,00 – 4,00; 2,00 – 2,33; 4,33 – 4,67;

5,00 - 3,33; 3,00 - 3,33; 5,00 - 2,33; 5,00 - 3,67; 3,67 - 1,00; 4,00 - 1,33; 3,67 - 3,67;
3,00 - 2,67; 5,00 - 3,33; 4,00 - 4,00; 4,67 - 3,67; 4,00 - 1,67; 3,00 - 3,00; 4,67 - 3,00;
4,00 - 3,00; 5,00 - 3,67; 4,00 - 3,00; 2,67 - 3,33; 4,33 - 3,67; 5,00 - 1,00; 4,67 - 3,00;
5,00 - 4,33; 3,00 - 3,00; 4,67 - 3,00; 4,00 - 2,67; 2,00 - 3,00; 4,67 - 3,33; 5,00 - 4,00;
5,00 - 4,33; 4,00 - 3,00; 3,33 - 3,33; 4,00 - 4,00; 3,00 - 2,67; 4,67 - 2,67; 4,33 - 3,00;
4,33 - 3,00; 5,00 - 2,67; 5,00 - 3,00; 2,67 - 3,00; 4,00 - 3,33; 4,33 - 4,33; 4,67 - 3,33;
4,33 - 4,00; 4,00 - 4,00; 4,00 - 4,00; 5,00 - 4,00; 3,67 - 3,33; 5,00 - 5,00; 4,00 - 3,67;
3,67 - 2,00; 3,00 - 3,00; 4,67 - 4,33; 4,00 - 2,67; 4,00 - 3,00; 4,00 - 3,67; 2,67 - 2,00;
4,33 - 3,33; 5,00 - 3,00; 3,33 - 3,33; 3,67 - 3,67; 3,33 - 4,00; 4,00 - 2,33; 3,00 - 3,67;
4,33 - 3,67; 3,00 - 3,00; 4,00 - 2,67; 5,00 - 4,33

Fonte: Arquivo do autor.

Os dados apresentam algum indício de que o impacto da TI na produtividade do trabalho bancário seja percebido mais ou menos intensamente do que o impacto da TI na inovação no trabalho bancário?

Admitindo que não haja vícios no processo de amostragem, pode-se testar a hipótese de igualdade de médias das duas variáveis na população de respondentes. As mesmas pessoas expressaram sua percepção sobre o impacto da TI nas duas variáveis, de modo que estamos diante de um esquema de amostragem emparelhada, e a primeira providência a tomar é considerar a (nova) variável diferença entre os escores das duas variáveis analisadas inicialmente, apresentadas no **Quadro 3** a seguir.

QUADRO 3 Diferenças dos escores das variáveis produtiv e inovação de 410 indivíduos (escala de intensidade: 1 a 5)

0,66; 0,00; 0,67; 1,00; 3,00; -0,33; 1,00; 1,66; 0,00; 0,33; 1,33; 0,33; 0,67; 0,00; -0,34; 1,00; 2,33; 1,00;
-0,67; 0,00; 1,00; -0,67; 1,50; 1,00; 1,33; -0,34; 0,00; 1,67; 0,67; 0,33; -1,66; 1,00; 0,00; 1,34; 0,00;
1,00; 0,00; 1,00; 0,33; 1,66; 0,00; 0,66; -1,00; 0,33; 0,66; 1,00; 1,00; 2,00; 3,00; -0,67; 2,33; 2,34; 0,00;
3,00; 0,66; 0,67; 0,67; 1,00; 0,33; 0,66; 0,00; 1,67; 1,67; 1,00; 0,00; 0,00; 1,67; 2,00; 0,67; 1,33; 1,00;
2,33; 0,67; 0,34; 1,33; 0,66; 3,67; 1,00; 1,33; 2,00; 0,00; 1,33; 1,00; 1,67; 2,00; 0,33; 1,67; 0,33; 0,00;
0,67; 1,00; 1,67; 2,00; 0,00; 2,00; 0,00; 3,33; 1,00; 2,67; 1,00; 2,00; 1,00; 1,33; 1,50; 0,67; 1,00; 0,34;
1,00; 1,00; 1,00; 2,67; 2,33; 0,00; 0,33; 0,34; 2,33; 0,66; -0,66; 2,00; 2,34; 1,67; 2,00; -0,33; 0,00; -1,67;
1,00; 1,67; 1,00; 1,66; 1,33; 1,00; 0,17; 0,33; 1,00; 0,33; 0,00; 1,00; 0,67; 3,34; 1,00; -0,33; 0,67; 0,34;
1,34; 2,00; 0,33; 0,33; 0,00; 0,67; 1,00; 1,00; 1,33; 0,33; 4,00; 1,33; 2,00; 1,00; 0,67; 1,33; 1,67; -0,33;
0,67; 0,00; 1,67; 0,67; 0,67; 1,33; 0,33; 3,00; 2,00; 0,67; -0,66; 1,33; 0,33; 0,34; 2,67; 0,00; 1,00; 1,67;
1,67; 1,00; -0,33; 1,67; 1,66; 0,00; 0,00; 0,67; 1,00; 0,33; 0,33; 2,33; 0,34; -0,34; 0,00; 0,00; 0,67; 0,67;
0,33; 1,66; 1,67; 0,00; 1,00; 2,00; 1,00; 1,34; 1,00; 0,00; 1,00; 1,33; 2,00; 1,33; 0,00; -0,33; 0,00;
1,33; 1,00; -1,33; 2,34; 2,67; 0,66; 0,00; 3,00; 0,33; -0,33; -0,34; 1,00; 0,33; 0,67; -0,66; 0,33; 1,67;
2,00; 3,00; 1,66; 0,67; -0,67; 1,67; -0,33; 1,33; 1,00; 0,34; 0,67; 1,00; 0,67; 1,33; 2,00; 0,67; 1,34; 1,00;
0,00; 1,66; 1,00; 0,66; 1,00; 2,67; 1,00; 1,34; 1,33; 2,67; 4,00; -0,33; 0,17; 1,33; 0,33; 1,67; 1,00; 3,00;
0,67; 1,00; 2,67; 0,33; 1,34; 1,00; 1,00; 0,33; -0,33; 0,33; 0,33; 0,34; 1,00; -0,33; 1,00; 0,34; 0,17; 1,00;
0,67; 0,67; 3,33; 2,67; -0,33; 2,67; 2,00; 0,33; 0,33; 1,00; 1,66; 0,00; 1,00; 0,66; 3,34; 1,33; 0,67; 1,00;
0,66; 1,67; 1,67; 1,67; 0,67; 0,00; 1,33; 1,00; 1,34; 1,66; 0,67; 0,66; 1,33; 0,67; 1,34; 0,67; 1,34; 1,00;
-0,33; 0,00; 0,00; 0,34; 1,00; 1,67; 0,67; 0,00; 3,00; 1,67; 0,34; -0,33; 0,67; 0,00; 1,33; 0,33; 1,33; -0,33;
0,00; -0,33; -0,34; 1,67; -0,33; 2,67; 1,33; 2,67; 2,67; 0,00; 0,33; 1,67; 0,00; 1,00; 2,33; 0,00; 1,67; 1,00;
1,33; 1,00; -0,66; 0,66; 4,00; 1,67; 0,67; 0,00; 1,67; 1,33; -1,00; 1,34; 1,00; 0,67; 1,00; 0,00; 0,00; 0,33;
2,00; 1,33; 1,33; 2,33; 2,00; -0,33; 0,67; 0,00; 1,34; 0,33; 0,00; 0,00; 1,00; 0,34; 0,00; 0,33; 1,67; 0,00;
0,34; 1,33; 1,00; 0,33; 0,67; 1,00; 2,00; 0,00; 0,00; -0,67; 1,67; -0,67; 0,66; 0,00; 1,33; 0,67

Fonte: Arquivo do autor.

A partir desses dados, pode-se testar se a média da diferença entre os escores é nula ou não, isto é

$$H_0: \mu = 0$$
$$\times$$
$$H_1: \mu \neq 0$$

A estatística de teste é dada pela Equação 51 do Capítulo 7. Para os dados do **Quadro 3**, tem-se $n = 410$, $\bar{X} = 0{,}92$ e $\hat{s} = 0{,}94$, e a referida equação nos dá $t = \frac{\sqrt{410} \times (0{,}92 - 0)}{0{,}94} = 19{,}86$. A Equação 52 do Capítulo 7 nos dá o valor $p \approx 2 \times (1 - \Phi(|19{,}86|)) = 0$, evidenciando a implausibilidade da hipótese nula, levando à conclusão de que há diferença significativa entre as percepções dos impactos da tecnologia da informação na produtividade do trabalho bancário e na inovação no trabalho bancário. Seria virtualmente impossível verificar uma diferença média como a encontrada na amostra se as diferenças entre os escores das duas variáveis fossem nulas na população. Como a média da diferença de escores é positiva, pode-se argumentar que o impacto da tecnologia da informação é mais intensamente percebido na produtividade do que na inovação do trabalho bancário. Pereira, Becker e Lunardi (2007) argumentam que esses achados também emergem em outros trabalhos semelhantes realizados no Brasil.

Testando diferenças entre k grupos independentes ($k > 2$)

No caso em que a variável categórica Y contenha mais de duas categorias (digamos, k categorias, com $k > 2$), ela induz uma partição da população em k subpopulações. A variável X, então, se decompõe em k subvariáveis, $X_1, X_2, \ldots, X_k$, uma em cada uma das k subpopulações de interesse. Eventuais diferenças entre as subpopulações podem ser testadas tomando-as duas a duas e utilizando os testes de diferenças entre dois grupos já apresentados na seção anterior. Se houver alguma subpopulação a destacar, esta será pinçada pelos testes comparativos dela com as demais. Não havendo nenhuma subpopulação a destacar, todos os testes deveriam ser não significativos.

O leitor atento observará, entretanto, a natureza combinatória do procedimento, podendo acarretar um número elevado de comparações. De fato, o número total de testes a realizar é igual a $C_k^2 = \frac{k(k-1)}{2}$.[5] Ainda que os modernos pacotes computacionais possam atenuar o ônus computacional do processo, há um problema mais sutil, relacionado ao controle do nível de significância da combinação de testes, pois a probabilidade de erros (tipo I e tipo II) se acumula combinatoriamente. Assim, se cada teste for realizado com um nível de significância de, digamos, 5%, a testagem global entre as k subpopulações terá, necessariamente, um nível de significância maior do que 5% (em geral, muito maior). De forma que será convenien-

---

[5] Para cinco subpopulações, seriam necessários 10 testes; para 10 subpopulações, seriam necessários 45 testes.

te desenvolver procedimentos para testar a diferença entre k grupos globalmente, com um único teste estatístico.

ANOVA – $X_1 \sim N(\mu_1, \sigma), X_2 \sim N(\mu_2, \sigma), \ldots, X_k \sim N(\mu_k, \sigma)$
Trata-se de um teste sobre a igualdade (ou não) dos valores esperados (médias) da variável de interesse nas k subpopulações de interesse. Mais formalmente, a variável X é decomposta em k subvariáveis, $X_1, X_2, \ldots, X_k$, uma em cada uma das k subpopulações de interesse, com respectivos valores esperados $E(X_1), E(X_2), \ldots, E(X_k)$. Deseja-se testar

$$H_0: E(X_1) = E(X_2) = \cdots = E(X_k) \tag{26}$$
$$\times$$
$$H_1: \text{alguma } E(X_j) \text{ é distinta das demais}, j = 1,2, \ldots, k$$

A estatística de teste dependerá das suposições adicionais que forem feitas a respeito das variáveis $X_1, X_2, \ldots, X_k$. O procedimento descrito a seguir supõe que as variáveis $X_1, X_2, \ldots, X_k$ são Normais, com variâncias $V(X_1), V(X_2), \ldots, V(X_k)$ iguais. Como sempre, inicia-se com os casos mais bem desenvolvidos, que supõem Normalidade das distribuições de interesse.

A expressão análise de variância – ANOVA (do inglês, *analysis of variance*) – se refere a um grupo de técnicas estatísticas desenvolvidas para analisar dados experimentais, popularizada pelo matemático britânico Ronald Aymler Fisher (1890-1962) em seu clássico livro (Fisher, 1925). Nesta seção, introduz-se a técnica em sua forma mais elementar[6] para testar diferenças de médias entre k subpopulações de uma variável distribuída Normalmente, supondo que a variabilidade da variável seja homogênea nas diversas subpopulações.[7] Mais especificamente, supõe-se $X_1 \sim N(\mu_1, \sigma), X_2 \sim N(\mu_2, \sigma), \ldots, X_k \sim N(\mu_k, \sigma)$, com σ desconhecido, desejando-se testar

$$H_0: \mu_1 = \mu_2 = \cdots = \mu_k \tag{27}$$
$$\times$$
$$H_1: \text{algum } \mu_j \text{ é distinto dos demais}, j = 1,2, \ldots, k$$

Tomam-se k amostras independentes, uma em cada uma das subpopulações, com respectivos tamanhos $n_1, n_2, \ldots, n_k$. É conveniente rotularem-se as observações com duplo índice, x_{ij}, com o segundo índice, j ($j = 1,2, \ldots, k$), representando a particular amostra em que a observação foi tomada, e o primeiro índice, i ($i = 1,2, \ldots, n_k$), representando a ordem da observação na sua respectiva amostra. A **Tabela 4** a seguir ilustra a correspondente estrutura de dados.

O teste é construído comparando-se duas estimativas independentes de σ^2 a partir das k amostras, daí o seu nome, análise de variância. Sob H_0 (isto é, supondo que H_0 seja verdadeira), a composição das amostras de todos os grupos pode ser

---

[6] Algumas vezes chamada de *one-way* ANOVA (Johnson; Leone, 1964), em que se comparam níveis de um único fator (as diferentes categorias da variável categórica Y) e a mesma característica é mensurada em cada indivíduo (a variável intervalar X).

[7] Utiliza-se o termo homoscedasticidade (horrível, não?).

TABELA 4 Estrutura de dados – comparação entre k grupos independentes

Grupos			
1	2	...	k
x	x		x
x	x		x
x	x		x
	x		x
	x		
n_1	n_2	...	n_k

Fonte: Elaborada pelo autor.

considerada uma única amostra (de tamanho $n = \sum_{j=1}^{k} n_j$) representativa da população, e $\bar{\bar{X}} = \frac{\sum_{j=1}^{k}\sum_{i=1}^{n_j} x_{ij}}{n} = \frac{\sum_{j=1}^{k} n_j \bar{X}_j}{n}$ é uma estimativa não viesada da média populacional μ (sob H_0, $\mu = \mu_1 = \mu_2 = \cdots = \mu_k$).[8] Da mesma forma, $\hat{s}_T^2 = \frac{\sum_{j=1}^{k}\sum_{i=1}^{n_j}(x_{ij}-\bar{\bar{X}})^2}{n-1}$ é uma estimativa não viesada da variância populacional σ^2.

O numerador da expressão de $\hat{s}_T^2$ é chamado de soma de quadrados total – SQT. Tem-se que

$$
\begin{aligned}
\text{SQT} &= \sum_{j=1}^{k}\sum_{i=1}^{n_j}(x_{ij}-\bar{\bar{X}})^2 \quad &(28)\\
&= \sum_{j=1}^{k}\sum_{i=1}^{n_j}(x_{ij}-\bar{\bar{X}}+\bar{X}_j-\bar{X}_j)^2\\
&= \sum_{j=1}^{k}\sum_{i=1}^{n_j}\left((\bar{X}_j-\bar{\bar{X}})^2 + 2(\bar{X}_j-\bar{\bar{X}})(x_{ij}-\bar{X}_j) + (x_{ij}-\bar{X}_j)^2\right)\\
&= \sum_{j=1}^{k}\sum_{i=1}^{n_j}(\bar{X}_j-\bar{\bar{X}})^2 + \sum_{j=1}^{k}\sum_{i=1}^{n_j}(x_{ij}-\bar{X}_j)^2\\
&= \sum_{j=1}^{k} n_j(\bar{X}_j-\bar{\bar{X}})^2 + \sum_{j=1}^{k}\sum_{i=1}^{n_j}(x_{ij}-\bar{X}_j)^2,
\end{aligned}
$$

pois

$$\sum_{j=1}^{k}\sum_{i=1}^{n_j}(\bar{X}_j-\bar{\bar{X}})(x_{ij}-\bar{X}_j) = \sum_{j=1}^{k}(\bar{X}_j-\bar{\bar{X}})\sum_{i=1}^{n_j}(x_{ij}-\bar{X}_j) = \sum_{j=1}^{k}(\bar{X}_j-\bar{\bar{X}}) \times 0 = 0. \quad (29)$$

Ou seja, SQT decompõe-se em duas somas de quadrados, a primeira delas na forma de uma soma de quadrados entre os grupos, e outra na forma de uma soma de quadrados dentro dos grupos. A primeira expressa eventuais diferenças **entre** os grupos, mais precisamente desvios entre as estimativas das médias das subpopulações, $\mu_1, \mu_2, \ldots, \mu_k$ e a estimativa da média populacional μ. A segunda expressa diferenças **dentro** dos grupos, mais precisamente desvios entre as observações e a média amostral de seu respectivo grupo, atribuíveis, portanto, a flutuações aleatórias, ou erros, decorrentes do processo de amostragem. Rotulam-se tais somas

---

[8] $\bar{\bar{X}}$ é chamada grande média, sendo igual à média das médias de cada amostra, ponderadas por seus respectivos tamanhos.

de quadrados por soma de quadrados entre grupos – SQG, e soma de quadrados de erros – SSE, ou seja,

$$\text{SQG} = \sum_{j=1}^{k} n_j (\bar{X}_j - \bar{\bar{X}})^2 \tag{30}$$

e

$$\text{SQE} = \sum_{j=1}^{k} \sum_{i=1}^{n_j} (x_{ij} - \bar{X}_j)^2, \tag{31}$$

de modo que

$$\text{SQT} = \text{SQG} + \text{SQE}. \tag{32}$$

O número de graus de liberdade de SQG é $k - 1$, correspondendo a k desvios das médias amostrais em relação à grande média, havendo perda de um grau de liberdade em decorrência da utilização da amostra para determinar a grande média. O número de graus de liberdade de SQE é $n - k$, correspondendo a n desvios das observações em relação à média de seu respectivo grupo, havendo perda de k graus de liberdade em decorrência da utilização da amostra para determinar as médias de cada grupo.

A soma de quadrados SQE dividida por seus graus de liberdade, $n - k$, fornece uma estimativa não viciada de σ^2, pois

$$\begin{aligned}
E(\text{SQE}) &= E\left(\sum_{j=1}^{k} \sum_{i=1}^{n_j} (x_{ij} - \bar{X}_j)^2\right) \tag{33}\\
&= \sum_{j=1}^{k} E\left(\sum_{i=1}^{n_j} (x_{ij} - \bar{X}_j)^2\right)\\
&= \sum_{j=1}^{k} E\left(\sum_{i=1}^{n_j} \left(x_{ij}^2 - 2x_{ij}\bar{X}_j + \bar{X}_j^2\right)\right)\\
&= \sum_{j=1}^{k} E\left(\sum_{i=1}^{n_j} x_{ij}^2 - 2\bar{X}_j \sum_{i=1}^{n_j} x_{ij} + n_j \bar{X}_j^2\right)\\
&= \sum_{j=1}^{k} E\left(\sum_{i=1}^{n_j} x_{ij}^2 - n_j \bar{X}_j^2\right)\\
&= \sum_{j=1}^{k} \left(\sum_{i=1}^{n_j} E(x_{ij}^2) - n_j E\left(\bar{X}_j^2\right)\right)\\
&= \sum_{j=1}^{k} \left(\sum_{i=1}^{n_j} (\sigma^2 + \mu_j^2) - n_j \left(\frac{\sigma^2}{n_j} + \mu_j\right)\right)\\
&= \sum_{j=1}^{k} \left(n_j(\sigma^2 + \mu_j^2) - \sigma^2 + n_j \mu_j\right)\\
&= \sum_{j=1}^{k} (n_j - 1)\sigma^2\\
&= \sigma^2 \sum_{j=1}^{k} (n_j - 1)\\
&= \sigma^2 (n - k).
\end{aligned}$$

Logo,

$$E\left(\frac{\text{SQE}}{n-k}\right) = \sigma^2, \tag{34}$$

evidenciando que $\frac{\text{SQE}}{n-k}$ é uma estimativa não viciada de σ^2.

Sob H_0 (isto é, supondo que H_0 é verdadeira, ou seja, $\mu_1 = \mu_2 = \cdots = \mu_k = \mu$), a soma de quadrados SQG dividida por seus graus de liberdade, $k - 1$, também fornece uma estimativa não viciada de σ^2, pois

$$\begin{aligned} E(\text{SQG}) &= E\left(\sum_{j=1}^{k} n_j(\bar{X}_j - \bar{\bar{X}})^2\right) \hspace{2cm} (35)\\ &= E\left(\sum_{j=1}^{k} n_j\left(\bar{X}_j^{\,2} - 2\bar{X}_j\bar{\bar{X}} + \bar{\bar{X}}^2\right)\right)\\ &= E\left(\sum_{j=1}^{k} \left(n_j\bar{X}_j^{\,2} - 2n_j\bar{X}_j\bar{\bar{X}} + n_j\bar{\bar{X}}^2\right)\right)\\ &= E\left(\sum_{j=1}^{k} n_j\bar{X}_j^{\,2} - 2\bar{\bar{X}}\sum_{j=1}^{k} n_j\bar{X}_j + \bar{\bar{X}}^2 \sum_{j=1}^{k} n_j\right)\\ &= E\left(\sum_{j=1}^{k} n_j\bar{X}_j^{\,2} - 2\bar{\bar{X}}n\bar{\bar{X}} + \bar{\bar{X}}^2 n\right)\\ &= E\left(\sum_{j=1}^{k} n_j\bar{X}_j^{\,2} - n\bar{\bar{X}}^2\right)\\ &= \sum_{j=1}^{k} n_j E\left(\bar{X}_j^{\,2}\right) - n E(\bar{\bar{X}}^2)\\ &= \sum_{j=1}^{k} n_j \left(V(\bar{X}_j) + \left(E(\bar{X}_j)\right)^2\right) - n\left(V(\bar{\bar{X}}) + \left(E(\bar{\bar{X}})\right)^2\right)\\ &= \sum_{j=1}^{k} n_j \left(\frac{\sigma^2}{n_j} + \mu^2\right) - n\left(\frac{\sigma^2}{n} + \mu^2\right)\\ &= \sum_{j=1}^{k} \sigma^2 + \mu^2 \sum_{j=1}^{k} n_j - \sigma^2 - n\mu^2\\ &= k\sigma^2 + \mu^2 n - \sigma^2 - n\mu^2\\ &= \sigma^2(k-1). \end{aligned}$$

Logo,

$$E\left(\frac{\text{SQG}}{k-1}\right) = \sigma^2 \hspace{2cm} (36)$$

evidenciando que $\frac{\text{SQG}}{k-1}$ é uma estimativa não viciada de σ^2.

Se H_0 é verdadeira, têm-se, então, duas estimativas não viciadas e independentes de σ^2, com distintos graus de liberdade. Com as suposições de Normalidade da distribuição da variável X em cada subpopulação de interesse e de independência do processo de amostragem em relação às subpopulações, pode ser demonstrado que a razão entre $\frac{\text{SQG}}{k-1}$ e $\frac{\text{SQE}}{n-k}$, sob H_0, segue uma distribuição F com $k-1$ e $n-k$ graus de liberdade (Irwin, 1931). Conforme salientado no Capítulo 6, somas de quadrados de distribuições Normais padronizadas independentes seguem distribuições χ^2 e a razão entre duas distribuições χ^2, ponderadas por seus respectivos graus de liberdade, segue uma distribuição F. A estatística de teste é, então:

$$F_0 = \frac{\text{SQG}}{k-1} \times \frac{n-k}{\text{SQE}}, \hspace{2cm} (37)$$

que segue uma distribuição $F(k-1, n-k)$. Tem-se, então,

$$\text{valor } p = P(F > F_0) = 1 - F_{F(k-1, n-k)}(F_0). \hspace{2cm} (38)$$

Como sempre, fixado o nível de significância para o teste, a decisão de aceitação ou rejeição de H_0 pode ser tomada com base na regra definida pela expressão 22 do Capítulo 7.

Teste de diferença de variâncias entre k grupos ($k > 2$) – teste de Levene

O teste de Levene anteriormente apresentado é um caso particular do teste desenvolvido originalmente por Levene (Levene, 1960 *apud* Brown; Forsythe, 1974), quando se comparam as variâncias entre apenas dois grupos. Em sua forma generalizada, o teste toma a forma

$$H_0: \sigma_1 = \sigma_2 = \cdots = \sigma_k \qquad (39)$$
$$\times$$
$$H_1: \text{algum } \sigma_j \text{ é distinto dos demais}, j = 1,2, \ldots, k$$

Tomam-se amostras independentes em cada um dos grupos, de tamanhos $n_1, n_2, \ldots n_k$, respectivamente. Têm-se, então, n_j observações no j-ésimo grupo, digamos que rotuladas como $x_{1j}, x_{2j}, \ldots, x_{n_jj}$. O teste faz uso dos desvios absolutos médios em cada grupo, ou seja,

$$z_{ij} = |x_{ij} - \bar{X}_j|, j = 1,2, \ldots, k \text{ e } i = 1,2, \ldots, n_j. \qquad (40)$$

A estatística de teste é

$$W = \frac{\sum_{j=1}^{k} n_j - k}{k-1} \frac{\sum_{j=1}^{k} n_j (\bar{Z}_j - \bar{\bar{Z}})^2}{\sum_{j=1}^{k} \sum_{i=1}^{n_j} (z_{ij} - \bar{Z}_j)^2}, \qquad (41)$$

onde $\bar{Z}_j = \frac{\sum_{i=1}^{n_j} z_{ij}}{n_j}$, com $j = 1,2, \ldots k$ e $\bar{\bar{Z}} = \frac{\sum_{j=1}^{k} n_j \bar{Z}_j}{\sum_{j=1}^{k} n_j}$.

A distribuição de W é aproximada por uma distribuição F com $k - 1$ e $\sum_{j=1}^{k} n_j - k$ graus de liberdade, de modo que

$$\text{valor } p \approx P(F > W) = 1 - F_{F\left(k-1, \sum_{j=1}^{k} n_j - k\right)}(W). \qquad (42)$$

Como sempre, fixado o nível de significância para o teste, a decisão de aceitação ou rejeição de H_0 pode ser tomada com base na regra definida pela expressão 22 do Capítulo 7.

Substituindo-se as expressões 30 e 31 na Equação 37, chega-se a uma expressão equivalente para a estatística de teste do procedimento ANOVA:

$$F_0 = \frac{\sum_{j=1}^{k} n_j (\bar{X}_j - \bar{X})^2}{k-1} \times \frac{n-k}{\sum_{j=1}^{k} \sum_{i=1}^{n_j} (x_{ij} - \bar{X}_j)^2} \qquad (43)$$

Uma comparação desta equação com a Equação 41 permite concluir que o teste de Levene nada mais é do que uma ANOVA realizada na variável transformada Z, definida pela Equação 40.

Testes quando a variável não é Normal

É bem documentado na literatura (Box; Andersen, 1955; Harwell, 2003) que a técnica ANOVA é robusta a desvios de Normalidade da distribuição da variável de interesse especialmente se as amostras tomadas forem grandes. O procedimento **não** é robusto, entretanto, a desvios na suposição de igualdade de variâncias entre os grupos, de modo que é recomendável algum teste preliminar de igualdade de variâncias entre os grupos para orientar a decisão de utilização da técnica. Se as variâncias forem distintas, é recomendável a utilização de procedimentos não paramétricos, como o teste de Kruskal-Wallis, explicitado mais adiante.

Exemplo 5

As médias das respostas dadas pelos 411 indivíduos questionados em uma enquete com funcionários de um grande banco brasileiro (já referida na **Figura 2** do Capítulo 1) às perguntas 11, 15 e 23 da parte D do questionário (veja a **Figura 3** do Capítulo 1), formuladas como escalas Likert (1 a 5) e correspondendo à variável composta produtiv, são apresentadas no **Quadro 4** a seguir, segmentadamente com respeito à variável escolari.

QUADRO 4   Médias das respostas às perguntas: "este aplicativo me ajuda a economizar tempo", "este aplicativo me ajuda a realizar mais trabalho do que seria possível sem ele" e "este aplicativo aumenta minha produtividade" de 411 indivíduos, segmentadas segundo a escolaridade dos respondentes (1 a 5: escala de intensidade; 9: sem resposta)

Escolari = 2 (Primário)
3,33; 5,00; 4,00; 5,00; 3,00; 4,00; 4,00; 4,00; 3,67; 4,67; 4,33; 3,67; 5,00; 5,00; 4,00; 4,00; 4,00; 4,33; 4,00; 4,33; 4,00

Escolari = 3 (Médio)
3,67; 4,00; 4,33; 3,33; 2,33; 4,33; 5,00; 4,00; 3,33; 3,67; 3,67; 4,67; 4,00; 4,33; 3,00; 3,33; 5,00; 4,00; 4,67; 4,00; 3,67; 3,00; 3,67; 5,00; 3,33; 4,00; 1,67; 4,00; 4,00; 4,00; 4,00; 2,67; 5,00; 3,67; 4,00; 4,67; 5,00; 4,33; 4,33; 4,33; 4,00; 4,00; 4,33; 4,67; 4,00; 4,00; 3,00; 3,33; 2,33; 4,67; 4,33; 4,00; 4,00; 3,33; 4,33; 4,00; 4,00; 5,00; 4,67; 3,67; 3,50; 4,67; 4,00; 4,67; 3,67; 3,67; 4,00; 3,67; 4,67; 4,00; 4,33; 4,33; 4,00; 3,67; 4,33; 5,00; 3,67; 3,00; 4,00; 4,33; 4,33; 5,00; 4,00; 5,00; 4,67; 2,00; 4,67; 4,33; 5,00; 5,00; 4,00; 4,67; 4,00; 5,00; 3,67; 5,00; 4,00; 4,00; 2,67; 3,00; 5,00

Escolari = 4 (Superior)
3,00; 5,00; 4,00; 4,00; 5,00; 4,00; 4,00; 4,33; 1,67; 3,00; 4,00; 4,00; 3,33; 4,33; 3,67; 5,00; 2,67; 4,67; 4,00; 3,67; 4,33; 4,00; 3,67; 4,33; 5,00; 3,00; 3,33; 3,67; 5,00; 4,67; 4,33; 4,00; 4,00; 4,67; 5,00; 4,67; 4,67; 5,00; 4,33; 5,00; 3,33; 3,67; 4,33; 3,33; 2,67; 4,00; 4,67; 5,00; 4,00; 4,33; 5,00; 4,00; 4,00; 4,00; 4,67; 5,00; 4,00; 4,67; 4,67; 2,67; 3,67; 4,00; 3,00; 4,00; 4,33; 5,00; 5,00; 4,67; 3,67; 3,33; 4,00; 4,67; 5,00; 4,67; 2,67; 4,00; 4,00; 4,33; 4,33; 4,67; 4,00; 3,00; 4,00; 4,67; 4,00; 4,00; 3,67; 4,00; 4,33; 4,67; 4,33; 3,67; 4,00; 4,33; 4,00; 4,67; 4,33; 5,00; 4,00; 3,33; 4,67; 4,33; 3,33; 3,67; 4,00; 3,67; 4,67; 2,67; 4,00; 4,33; 5,00; 3,67; 5,00; 4,00; 4,33; 4,00; 4,67; 4,67; 3,67; 4,00; 4,00; 4,67; 4,00; 5,00; 4,00; 3,00; 3,00; 5,00; 3,67; 4,00; 3,67; 4,67; 4,00; 4,67; 5,00; 4,00; 3,33; 4,00; 3,00; 4,33; 3,67; 4,67; 4,00; 5,00; 3,33; 3,00; 4,33; 4,00

Escolari = 5 (Pós-graduação incompleta)
4,00; 4,00; 3,33; 3,67; 2,33; 4,00; 3,33; 5,00; 4,67; 3,67; 4,00; 4,33; 4,67; 3,67; 4,00; 4,00; 4,00; 4,33; 2,67; 2,00; 3,00; 4,33; 4,33; 4,00

Escolari = 6 (Pós-graduação)
3,33; 2,67; 3,33; 4,33; 4,00; 3,33; 4,33; 3,67; 3,33; 4,00; 5,00; 5,00; 4,67; 4,33; 5,00; 4,33; 4,00; 2,67; 4,33; 2,33; 4,00; 3,67; 4,00; 4,67; 5,00; 4,33; 4,33; 4,00; 4,00; 4,00; 4,00; 5,00; 4,67; 4,00; 2,67; 3,00; 3,67; 4,67; 2,33; 5,00; 4,33; 3,00; 4,00; 3,67; 4,67; 4,00; 4,00; 5,00; 4,00; 4,33; 4,00; 4,00; 4,00; 4,00; 3,00; 4,00; 2,67; 3,67; 4,00; 4,00; 4,00; 3,67; 4,67; 3,33; 4,67; 3,67; 4,00; 4,33; 3,67; 4,33; 4,33; 4,00; 4,00; 4,00; 4,00; 4,00; 2,33; 4,67; 3,67; 5,00; 2,00; 2,33; 3,33; 3,67; 4,67; 4,33; 3,00; 4,00; 2,67; 4,00; 4,67; 5,00; 4,00; 4,00; 4,67; 4,33; 5,00; 5,00; 4,67; 4,00; 3,00; 4,67; 4,00; 5,00; 4,00; 2,67; 5,00; 3,00; 5,00; 2,67; 4,33; 4,00; 3,00; 3,33; 3,67

Escolari = 9 (sem resposta)
3,00

Fonte: Arquivo do autor.

Os dados apresentam algum indício de que o impacto da TI na produtividade do trabalho bancário seja percebido diferentemente por pessoas de distintas escolaridades?

Admitindo que não haja vícios no processo de amostragem, pode-se testar a hipótese de igualdade de médias da variável nos diversos grupos de respondentes. Mais especificamente, testa-se:

$$H_0: \mu_2 = \mu_3 = \mu_4 = \mu_5 = \mu_6$$
$$\times$$
$$H_1: \text{algum } \mu_j \text{ é distinto dos demais}, j = 2,3,4,5,6$$

A validade da ANOVA depende da suposição sobre a variância da variável nas cinco subpopulações de interesse: são elas iguais ou desiguais (embora desconhecidas)? Para responder a essa indagação preliminar, vamos testar a hipótese de igualdade de variâncias da variável nos cinco grupos de respondentes, utilizando o teste de Levene, definido pelas Equações 41 e 42. De modo mais específico, testa-se preliminarmente:

$$H_0: \sigma_2 = \sigma_3 = \sigma_4 = \sigma_5 = \sigma_6$$
$$\times$$
$$H_1: \text{algum } \sigma_j \text{ é distinto dos demais}, j = 2,3,4,5,6$$

Para os dados apresentados no **Quadro 4**, tem-se $n_2 = 21$, $n_3 = 101$, $n4 = 148$, $n_5 = 24$, $n_6 = 116$, $\bar{X}_2 = 4{,}159$, $\bar{X}_3 = 4{,}028$, $\bar{X}_4 = 4{,}097$, $\bar{X}_5 = 3{,}805$, $\bar{X}_6 = 3{,}951$, $\hat{s}_2^2 = 0{,}295713$, $\hat{s}_3^2 = 0{,}488435$, $\hat{s}_4^2 = 0{,}419105$, $\hat{s}_5^2 = 0{,}530739$ e $\hat{s}_6^2 = 0{,}522366$. Aplicando a Equação 40 e tomando as médias em cada grupo, tem-se $\bar{Z}_2 = 0{,}418$, $\bar{Z}_3 = 0{,}512$, $\bar{Z}_4 = 0{,}505$, $\bar{Z}_5 = 0{,}548$, $\bar{Z}_6 = 0{,}543$ e a grande média é $\bar{\bar{Z}} = 0{,}515$. Tem-se, ainda, $\sum_{i=1}^{n_2}(z_{i2} - \bar{Z}_2)^2 = 2{,}240991$, $\sum_{i=1}^{n_3}(z_{i3} - \bar{Z}_3)^2 = 22{,}413876$, $\sum_{i=1}^{n_4}(z_{i4} - \bar{Z}_4)^2 = 23{,}884725$, $\sum_{i=1}^{n_5}(z_{i5} - \bar{Z}_5)^2 = 4{,}993671$ e $\sum_{i=1}^{n_6}(z_{i6} - \bar{Z}_6)^2 = 25{,}839544$. A Equação 41 nos fornece, então, $W = \frac{21+101+148+24+116-5}{5-1} \times$

$$\frac{21\times(0{,}418-0{,}515)^2+101\times(0{,}512-0{,}515)^2+148\times(0{,}502-0{,}515)^2+24\times(0{,}548-0{,}515)^2+116\times(0{,}543-0{,}515)^2}{2{,}240991+22{,}413876+23{,}884725+4{,}993671+25{,}839544} =$$

0,423, e a Equação 42 nos dá valor $p \approx 1 - F_{F(4;\,405)}(0{,}423) = 0{,}7917$, sendo prudente aceitar a hipótese de igualdade de variâncias, pois o risco de erro ao rejeitá-la é muito elevado. A diferença entre as variâncias das cinco subamostras pode ser atribuída a flutuações aleatórias em função do processo de amostragem. Se as variâncias populacionais forem efetivamente iguais, há 79,17% de chance de tal diferença ocorrer ao acaso.

Consistentemente com essa decisão, o teste ANOVA pode, então, ser aplicado.[9]

Para os dados apresentados no **Quadro 4**, tem-se que a grande média dos escores válidos é $\bar{\bar{X}} = 4{,}025$, $\sum_{i=1}^{n_2}(x_{i2} - \bar{X}_2)^2 = (n_2 - 1)\hat{s}_2^2 = 20 \times 0{,}295713 = 5{,}914257$, $\sum_{i=1}^{n_3}(x_{i3} - \bar{X}_3)^2 = (n_3 - 1)\hat{s}_3^2 = 100 \times 0{,}488435 = 48{,}843479$, $\sum_{i=1}^{n_4}(x_{i4} - \bar{X}_4)^2 =$

---

[9] Seria prudente ainda testar a hipótese de normalidade das distribuições em cada um dos cinco grupos, o que poderia ser realizado com testes de aderência de distribuições, como o teste Kolmogorov-Smirnov. Nesse exemplo, entretanto, confiamos no teorema do limite central e na robustez da ANOVA a desvios de normalidade das distribuições.

$(n_4 - 1)\hat{s}_4^2 = 145 \times 0{,}419105 = 61{,}608364$, $\sum_{i=1}^{n_5}(x_{i5} - \bar{X}_5)^2 = (n_5 - 1)\hat{s}_5^2 = 23 \times 0{,}530739 = 12{,}206996$ e $\sum_{i=1}^{n_6}(x_{i6} - \bar{X}_6)^2 = (n_6 - 1)\hat{s}_6^2 = 115 \times 0{,}522366 = 60{,}072106$. As Equações 27 e 28 nos dão SQG $= 21 \times (4{,}159 - 4{,}025)^2 + 101 \times (4{,}028 - 4{,}025)^2 + 148 \times (4{,}097 - 4{,}025)^2 + 24 \times (3{,}805 - 4{,}025)^2 + 116 \times (3{,}951 - 4{,}025)^2 = 2{,}935248$ e SQE $= 5{,}914257 + 48{,}843479 + 61{,}608364 + 12{,}206996 + 60{,}072106 = 188{,}645202$. A Equação 37 nos oferece a estatística de teste, $F_0 = \frac{2{,}935248}{4} \times \frac{410-5}{188{,}645202} = 1{,}575$ e a Equação 38 nos dá o valor $p = 2 \times (1 - F_{F(4,405)}(1{,}575)) = 0{,}1800$, sendo prudente aceitar a hipótese de igualdade de médias, pois o risco de erro ao rejeitá-la é grande. A (pequena) diferença entre as médias dos escores da variável de interesse nas subamostras de pessoas com diferentes escolaridades pode ser atribuída a flutuações em função do processo de amostragem. Ainda que as médias populacionais fossem iguais, haveria uma chance de 18,00% de ocorrência de tal diferença.

A interpretação final parece muito clara: não há indícios de que o impacto da tecnologia da informação no trabalho bancário seja percebido diferentemente por indivíduos com distintas escolaridades.

UMA VARIÁVEL CATEGÓRICA E UMA VARIÁVEL ORDINAL

A variabilidade conjunta entre uma variável categórica e uma variável mensurada em escala ordinal é analisada de forma semelhante ao que se faz para analisar a relação entre uma variável categórica e uma variável métrica, isto é, comparam-se as distribuições da variável ordinal nas subamostras representadas pelas categorias da variável categórica. Adaptam-se os procedimentos, no que couber, para realizar a análise. Assim, por exemplo, não há muito sentido em comparar médias ou variâncias, pois uma variável ordinal não tem valores numéricos associados a procedimentos estritos de mensuração. Números, se existirem, tão somente representarão ordens relativas. Mas é possível comparar as distribuições da variável ordinal entre as subamostras definidas pelas categorias da variável categórica. Também faz sentido analisar comparativamente as diversas medidas utilizadas para caracterizar variáveis ordinais apresentadas no Capítulo 3.

Alternativamente, podem-se utilizar as técnicas sugeridas para analisar duas variáveis categóricas, tratando a variável ordinal como se categórica fosse. Lembre que o esquema de classificação de níveis de mensuração é hierárquico, de modo que uma variável ordinal pode ser tratada como uma variável categórica. Assim, podem-se representar as duas variáveis conjuntamente por meio de tabelas de contingência, por exemplo, efetuando testes qui-quadrado para testar a independência das variáveis.

Testando diferenças entre dois grupos – amostras independentes – teste U de Mann-Whitney

Trata-se do caso mais simples, em que a variável Y é dicotômica, induzindo uma partição da população em duas subpopulações. A variável X, então, se decompõe em duas subvariáveis, X_1 e X_2, uma em cada uma das duas subpopulações de interesse. O teste U de Mann-Whitney é recomendado como alternativa aos testes de médias quando a suposição de Normalidade das distribuições não for válida (Siegel; Castellan Jr, 2006). Trata-se de um teste não paramétrico utilizado para comparar diretamente duas distribuições de uma variável ordinal contínua em amostras independentes. O teste foi desenvolvido pelo estatístico austríaco Henry Berthold Mann (1905-2000) e um de seus estudantes de doutorado, Donald Ransom Whitney (Mann; Whitney, 1947).

O teste generaliza o que foi anteriormente proposto pelo estatístico irlandês Frank Wilcoxon (1892-1965), algumas vezes referido como teste de Mann-Whitney-Wilcoxon (Wilcoxon, 1945).

Henry Berthold Mann
(1905-2000)

Especificamente, testa-se a igualdade entre as FDA da variável nos dois grupos de interesse contra a hipótese de que uma das distribuições domine estocasticamente a outra.[10] Para um teste unilateral, tem-se, então:

$$H_0: F_1 = F_2 \quad (44)$$
$$\times$$
$$H_1: F_1 \succ F_2$$

Para um teste bilateral, tem-se:

Frank Wilcoxon
(1892-1965)

$$H_0: F_1 = F_2 \quad (45)$$
$$\times$$
$$H_1: F_1 \succ F_2 \text{ ou } F_2 \succ F_1$$

Sob H_0, as observações nas duas amostras, digamos, de tamanhos n_1 e n_2, são provenientes da mesma distribuição, podendo, então, ser tomadas como uma única amostra representativa da população de interesse, de tamanho $n_1 + n_2$. As observações são ordenadas em ordem crescente, à menor delas atribuindo-se o posto 1 e à maior o posto $n_1 + n_2$. Se houver algum subgrupo de indivíduos empatados, deve-se atribuir a todos os indivíduos do subgrupo a média dos postos que seriam atribuídos caso eles não estivessem empatados, como argumentado no Capítulo 3, quando se apresentou o coeficiente de correlação por postos de Spearman. Mann e Whitney (1947) definem a estatística de teste, U, pelo número de vezes que alguma observação do grupo 2 precede alguma observação do grupo 1. Para o teste unilateral definido pela Equação 44, valores baixos para U representam indícios contra a hipótese nula, favorecendo a hipótese de que $F_1 \succ F_2$.

Os autores argumentam que a estatística pode ser definida em função da soma de postos ocupados pelos indivíduos pertencentes a cada uma das duas amostras, denotadas por W_1 e W_2, respectivamente, estatística utilizada originalmente por

---

[10] Diz-se que F_1 domina estocasticamente F_2, ou que é estocasticamente maior do que F_2, denotando-se $F_1 \succ F_2$, se $F_1(x) \leq F_2(x)$ para qualquer $x \in \mathbb{R}$, a desigualdade sendo estrita para pelo menos algum $x \in \mathbb{R}$. Deve ser ressaltado que a ordem imposta às FDA pela definição acima é uma ordem parcial, isto é, nem todas as FDA serão ordenadas pela relação de dominância estocástica, havendo casos em que nem $F_1 \succ F_2$ nem $F_2 \succ F_1$.

Wilcoxon (1945). De modo mais específico, para testes bilaterais, como definido pela Equação 45, a estatística de teste é

$$U = \min(U_1, U_2), \qquad (46)$$

onde

$$U_1 = n_1 n_2 + \frac{n_1(n_1+1)}{2} - W_1 \text{ e } U_2 = n_1 n_2 + \frac{n_2(n_2+1)}{2} - W_2. \qquad (47)$$

Tem-se ainda que

$$U_1 + U_2 = n_1 n_2, \qquad (48)$$

de modo que não há necessidade de computar ambos os valores (U_1 e U_2).

FDA de U

Mann e Whitney (1947) desenvolvem a distribuição de probabilidades da estatística U, sob H_0, parametrizada pelos tamanhos amostrais n_1 e n_2. Trata-se de problema de natureza eminentemente combinatória. Sob H_0, cada uma das $\frac{(n_1+n_2)!}{n_1!n_2!}$ sequências de observações ordenadas são igualmente prováveis, e se $p_{n_1;\,n_2}(u)$ representar a probabilidade de uma amostra ordenada apresentar u precedências de observações do grupo 2 em relação a observações do grupo 1, tem-se que

$$p_{n_1;n_2}(u) = \frac{n_1}{n_1+n_2} p_{n_1-1;n_2}(u - n_2) + \frac{n_2}{n_1+n_2} p_{n_1;n_2-1}(u) \qquad (49)$$

A distribuição de U é perfeitamente simétrica, com domínio $\{0,1,2,\ldots, n_1 \times n_2\}$, satisfazendo ainda $p_{n_1;\,n_2}(u) = p_{n_2;\,n_1}(u)$, $p_{n_1;0}(u) = 0$ se $u \neq 0$ e $p_{n_1;0}(0) = 1$.[11]

Com essas definições, pode-se determinar a FDA da distribuição da estatística de teste, U, como apresentado nos **Quadros 5** e **6** a seguir, para alguns valores de n_1 e n_2 (sem perda de generalidade, pode-se assumir que $n_2 \leq n_1$).

QUADRO 5 Teste U de Mann-Whitney – FDA da estatística de teste U para alguns tamanhos de amostras n_1 e n_2

U	$n_1 = 4$ $n_2 = 4$	$n_1 = 5$ $n_2 = 3$	$n_1 = 5$ $n_2 = 4$	$n_1 = 5$ $n_2 = 5$	$n_1 = 6$ $n_2 = 3$	$n_1 = 6$ $n_2 = 4$	$n_1 = 6$ $n_2 = 5$	$n_1 = 6$ $n_2 = 6$	$n_1 = 7$ $n_2 = 3$	$n_1 = 7$ $n_2 = 4$
0	0,0143	0,0179	0,0079	0,0040	0,0119	0,0048	0,0022	0,0011	0,0083	0,0030
1	0,0286	0,0357	0,0159	0,0079	0,0238	0,0095	0,0043	0,0022	0,0167	0,0061
2	0,0571	0,0714	0,0317	0,0159	0,0476	0,0190	0,0087	0,0043	0,0333	0,0121
3	0,1000	0,1250	0,0556	0,0278	0,0833	0,0333	0,0152	0,0076	0,0583	0,0212
4	0,1714	0,1964	0,0952	0,0476	0,1310	0,0571	0,0260	0,0130	0,0917	0,0364
5	0,2429	0,2857	0,1429	0,0754	0,1905	0,0857	0,0411	0,0206	0,1333	0,0545
6	0,3429	0,3929	0,2063	0,1111	0,2738	0,1286	0,0628	0,0325	0,1917	0,0818

(continua)

---

[11] O leitor atento observará que essa é a distribuição da variável aleatória definida no Exercício 6 do Capítulo 5.

QUADRO 5 *(Continuação)*

U	$n_1=4$ $n_2=4$	$n_1=5$ $n_2=3$	$n_1=5$ $n_2=4$	$n_1=5$ $n_2=5$	$n_1=6$ $n_2=3$	$n_1=6$ $n_2=4$	$n_1=6$ $n_2=5$	$n_1=6$ $n_2=6$	$n_1=7$ $n_2=3$	$n_1=7$ $n_2=4$
7	0,4429	0,5000	0,2778	0,1548	0,3571	0,1762	0,0887	0,0465	0,2583	0,1152
8	0,5571	0,6071	0,3651	0,2103	0,4524	0,2381	0,1234	0,0660	0,3333	0,1576
9	0,6571	0,7143	0,4524	0,2738	0,5476	0,3048	0,1645	0,0898	0,4167	0,2061
10	0,7571	0,8036	0,5476	0,3452	0,6429	0,3810	0,2143	0,1201	0,5000	0,2636
11	0,8286	0,8750	0,6349	0,4206	0,7262	0,4571	0,2684	0,1548	0,5833	0,3242
12	0,9000	0,9286	0,7222	0,5000	0,8095	0,5429	0,3312	0,1970	0,6667	0,3939
13	0,9429	0,9643	0,7937	0,5794	0,8690	0,6190	0,3961	0,2424	0,7417	0,4636
14	0,9714	0,9821	0,8571	0,6548	0,9167	0,6952	0,4654	0,2944	0,8083	0,5364
15	0,9857	1,0000	0,9048	0,7262	0,9524	0,7619	0,5346	0,3496	0,8667	0,6061
16	1,0000		0,9444	0,7897	0,9762	0,8238	0,6039	0,4091	0,9083	0,6758
17			0,9683	0,8452	0,9881	0,8714	0,6688	0,4686	0,9417	0,7364
18			0,9841	0,8889	1,0000	0,9143	0,7316	0,5314	0,9667	0,7939
19			0,9921	0,9246		0,9429	0,7857	0,5909	0,9833	0,8424
20			1,0000	0,9524		0,9667	0,8355	0,6504	0,9917	0,8848
21				0,9722		0,9810	0,8766	0,7056	1,0000	0,9182
22				0,9841		0,9905	0,9113	0,7576		0,9455
23				0,9921		0,9952	0,9372	0,8030		0,9636
24				0,9960		1,0000	0,9589	0,8452		0,9788
25				1,0000			0,9740	0,8799		0,9879
26							0,9848	0,9102		0,9939
27							0,9913	0,9340		0,9970
28							0,9957	0,9535		1,0000
29							0,9978	0,9675		
30							1,0000	0,9794		
31								0,9870		
32								0,9924		
33								0,9957		
34								0,9978		
35								0,9989		
36								1,0000		

Fonte: Elaborado pelo autor.

QUADRO 6 Teste U de Mann-Whitney – FDA da estatística de teste U para outros tamanhos de amostras n_1 e n_2

U	$n_1=7$ $n_2=5$	$n_1=7$ $n_2=6$	$n_1=7$ $n_2=7$	$n_1=8$ $n_2=2$	$n_1=8$ $n_2=3$	$n_1=8$ $n_2=4$	$n_1=8$ $n_2=5$	$n_1=8$ $n_2=6$	$n_1=8$ $n_2=7$	$n_1=8$ $n_2=8$
0	0,0013	0,0006	0,0003	0,0222	0,0061	0,0020	0,0008	0,0003	0,0002	0,0001
1	0,0025	0,0012	0,0006	0,0444	0,0121	0,0040	0,0016	0,0007	0,0003	0,0002
2	0,0051	0,0023	0,0012	0,0889	0,0242	0,0081	0,0031	0,0013	0,0006	0,0003

(continua)

QUADRO 6 *(Continuação)*

U	$n_1=7$ $n_2=5$	$n_1=7$ $n_2=6$	$n_1=7$ $n_2=7$	$n_1=8$ $n_2=2$	$n_1=8$ $n_2=3$	$n_1=8$ $n_2=4$	$n_1=8$ $n_2=5$	$n_1=8$ $n_2=6$	$n_1=8$ $n_2=7$	$n_1=8$ $n_2=8$
3	0,0088	0,0041	0,0020	0,1333	0,0424	0,0141	0,0054	0,0023	0,0011	0,0005
4	0,0152	0,0070	0,0035	0,2000	0,0667	0,0242	0,0093	0,0040	0,0019	0,0009
5	0,0240	0,0111	0,0055	0,2667	0,0970	0,0364	0,0148	0,0063	0,0030	0,0015
6	0,0366	0,0175	0,0087	0,3556	0,1394	0,0545	0,0225	0,0100	0,0047	0,0023
7	0,0530	0,0256	0,0131	0,4444	0,1879	0,0768	0,0326	0,0147	0,0070	0,0035
8	0,0745	0,0367	0,0189	0,5556	0,2485	0,1071	0,0466	0,0213	0,0103	0,0052
9	0,1010	0,0507	0,0265	0,6444	0,3152	0,1414	0,0637	0,0296	0,0145	0,0074
10	0,1338	0,0688	0,0364	0,7333	0,3879	0,1838	0,0855	0,0406	0,0200	0,0103
11	0,1717	0,0903	0,0487	0,8000	0,4606	0,2303	0,1111	0,0539	0,0270	0,0141
12	0,2159	0,1171	0,0641	0,8667	0,5394	0,2848	0,1422	0,0709	0,0361	0,0190
13	0,2652	0,1474	0,0825	0,9111	0,6121	0,3414	0,1772	0,0906	0,0469	0,0249
14	0,3194	0,1830	0,1043	0,9556	0,6848	0,4040	0,2176	0,1142	0,0603	0,0325
15	0,3775	0,2226	0,1297	0,9778	0,7515	0,4667	0,2618	0,1412	0,0760	0,0415
16	0,4381	0,2669	0,1588	1,0000	0,8121	0,5333	0,3108	0,1725	0,0946	0,0524
17	0,5000	0,3141	0,1914		0,8606	0,5960	0,3621	0,2068	0,1159	0,0652
18	0,5619	0,3654	0,2279		0,9030	0,6586	0,4165	0,2454	0,1405	0,0803
19	0,6225	0,4178	0,2675		0,9333	0,7152	0,4716	0,2864	0,1678	0,0974
20	0,6806	0,4726	0,3100		0,9576	0,7697	0,5284	0,3310	0,1984	0,1172
21	0,7348	0,5274	0,3552		0,9758	0,8162	0,5835	0,3773	0,2317	0,1393
22	0,7841	0,5822	0,4024		0,9879	0,8586	0,6379	0,4259	0,2679	0,1641
23	0,8283	0,6346	0,4508		0,9939	0,8929	0,6892	0,4749	0,3063	0,1911
24	0,8662	0,6859	0,5000		1,0000	0,9232	0,7382	0,5251	0,3472	0,2209
25	0,8990	0,7331	0,5492			0,9455	0,7824	0,5741	0,3894	0,2527
26	0,9255	0,7774	0,5976			0,9636	0,8228	0,6227	0,4333	0,2869
27	0,9470	0,8170	0,6448			0,9758	0,8578	0,6690	0,4775	0,3227
28	0,9634	0,8526	0,6900			0,9859	0,8889	0,7136	0,5225	0,3605
29	0,9760	0,8829	0,7325			0,9919	0,9145	0,7546	0,5667	0,3992
30	0,9848	0,9097	0,7721			0,9960	0,9363	0,7932	0,6106	0,4392
31	0,9912	0,9312	0,8086			0,9980	0,9534	0,8275	0,6528	0,4796
32	0,9949	0,9493	0,8412			1,0000	0,9674	0,8588	0,6937	0,5204
33	0,9975	0,9633	0,8703				0,9775	0,8858	0,7321	0,5608
34	0,9987	0,9744	0,8957				0,9852	0,9094	0,7683	0,6008
35	1,0000	0,9825	0,9175				0,9907	0,9291	0,8016	0,6395
36		0,9889	0,9359				0,9946	0,9461	0,8322	0,6773
37		0,9930	0,9513				0,9969	0,9594	0,8595	0,7131
38		0,9959	0,9636				0,9984	0,9704	0,8841	0,7473
39		0,9977	0,9735				0,9992	0,9787	0,9054	0,7791
40		0,9988	0,9811				1,0000	0,9853	0,9240	0,8089
41		0,9994	0,9869					0,9900	0,9397	0,8359

(continua)

QUADRO 6 *(Continuação)*

U	$n_1=7$ $n_2=5$	$n_1=7$ $n_2=6$	$n_1=7$ $n_2=7$	$n_1=8$ $n_2=2$	$n_1=8$ $n_2=3$	$n_1=8$ $n_2=4$	$n_1=8$ $n_2=5$	$n_1=8$ $n_2=6$	$n_1=8$ $n_2=7$	$n_1=8$ $n_2=8$
42		1,0000	0,9913					0,9937	0,9531	0,8607
43			0,9945					0,9960	0,9639	0,8828
44			0,9965					0,9977	0,9730	0,9026
45			0,9980					0,9987	0,9800	0,9197
46			0,9988					0,9993	0,9855	0,9348
47			0,9994					0,9997	0,9897	0,9476
48			0,9997					1,0000	0,9930	0,9585
49			1,0000						0,9953	0,9675
50									0,9970	0,9751
51									0,9981	0,9810
52									0,9989	0,9859
53									0,9994	0,9897
54									0,9997	0,9926
55									0,9998	0,9948
56									1,0000	0,9965
57										0,9977
58										0,9985
59										0,9991
60										0,9995
61										0,9997
62										0,9998
63										0,9999
64										1,0000

Fonte: Elaborado pelo autor.

A FDA da estatística de teste permite determinar o valor p do teste de acordo com a Equação 21 do Capítulo 7 para um teste unilateral ou de acordo com a Equação 34 do mesmo Capítulo 7 para um teste bilateral. Fixado o nível de significância do teste, a decisão de aceitação ou rejeição de H_0 será baseada, como sempre, pela regra de decisão dada pela expressão 22 do Capítulo 7.

Valores críticos do teste U

A partir das FDA de U pode-se determinar valores críticos de rejeição de H_0 para níveis de significância selecionados, conforme apresentado nos **Quadros 7 a 10** a seguir, elaborados para os níveis de significância mais utilizados em ciências sociais aplicadas (sem perda de generalidade, pode-se assumir que $n_2 \leq n_1$).

QUADRO 7 Teste U de Mann-Whitney – valores críticos para U – testes unilaterais ao nível de significância de 5% (o símbolo "-" indica não haver suficiente informação para rejeição de H_0 ao nível de significância estabelecido)

n_2 \ n_1	1	2	3	4	5	6	7	8	9	10	11	12	13	14	15	16	17	18	19	20
1	-	-	-	-	-	-	-	-	-	-	-	-	-	-	-	-	-	-	0	0
2	-	-	-	0	0	0	1	1	1	1	2	2	1	1	1	1	4	4	4	4
3		0	0	1	2	2	3	4	4	5	5	6	7	7	8	9	9	10	11	
4			1	2	3	4	5	6	7	8	9	10	11	12	14	15	16	17	18	
5				4	5	6	8	9	11	12	13	15	16	18	19	20	22	23	25	
6					7	8	10	12	14	16	17	19	21	23	25	26	28	30	32	
7						11	13	15	17	19	21	24	26	28	30	33	35	37	39	
8							15	18	20	23	26	28	31	33	36	39	41	44	47	
9								21	24	27	30	33	36	39	42	45	48	51	54	
10									27	31	34	37	41	44	48	51	55	58	62	
11										34	38	42	46	50	54	57	61	65	69	
12											42	47	51	55	60	64	68	72	77	
13												51	56	61	65	70	75	80	84	
14													61	66	71	77	82	87	92	
15														72	77	83	88	94	100	
16															83	89	95	101	107	
17																96	102	109	115	
18																	109	116	123	
19																		123	130	
20																			138	

Fonte: Elaborado pelo autor.

QUADRO 8 Teste U de Mann-Whitney – valores críticos para U – testes unilaterais ao nível de significância de 1% (o símbolo "-" indica não haver suficiente informação para rejeição de H_0 ao nível de significância estabelecido)

n_2 \ n_1	1	2	3	4	5	6	7	8	9	10	11	12	13	14	15	16	17	18	19	20
1	-	-	-	-	-	-	-	-	-	-	-	-	-	-	-	-	-	-	-	-
2		-	-	-	-	-	-	-	-	-	0	0	0	0	0	0	0	0	1	1
3			-	-	-	0	0	1	1	1	2	2	2	3	3	4	4	4	5	
4				-	0	1	1	2	3	3	4	5	5	6	7	7	8	9	9	10
5					1	2	3	4	5	6	7	8	9	10	11	12	13	14	15	16
6						3	4	6	7	8	9	11	12	13	15	16	18	19	20	22
7							6	7	9	11	12	14	16	17	19	21	23	24	26	28
8								9	11	13	15	17	20	22	24	26	28	30	32	34
9									14	16	18	21	23	26	28	31	33	36	38	40
10										19	22	24	27	30	33	36	38	41	44	47
11											25	28	31	34	37	41	44	47	50	53
12												31	35	38	42	46	49	53	56	60
13													39	43	47	51	55	59	63	67
14														47	51	56	60	65	69	73
15															56	61	66	70	75	80
16																66	71	76	82	87
17																	77	82	88	93
18																		88	94	100
19																			101	107
20																				114

Fonte: Elaborado pelo autor.

QUADRO 9 Teste U de Mann-Whitney – valores críticos para U – testes bilaterais ao nível de significância de 5% (o símbolo "-" indica não haver suficiente informação para rejeição de H_0 ao nível de significância estabelecido)

n_2 \ n_1	1	2	3	4	5	6	7	8	9	10	11	12	13	14	15	16	17	18	19	20
1	-	-	-	-	-	-	-	-	-	-	-	-	-	-	-	-	-	-	-	-
2		-	-	-	-	-	-	-	-	-	-	-	0	0	0	0	1	1	1	1
3			-	-	-	-	0	0	1	1	1	2	2	2	2	3	3		1	2
4				-	-	0	0	1	1	2	2	3	3	4	5	5	6	6	7	8
5					0	1	1	2	3	4	5	6	7	7	8	9	10	11	12	13
6						2	3	4	5	6	7	9	10	11	12	13	15	16	17	18
7							4	6	7	9	10	12	13	15	16	18	19	21	22	24
8								7	9	11	13	15	17	18	20	22	24	26	28	30
9									11	13	16	18	20	22	24	27	29	31	33	36
10										16	18	21	24	26	29	31	34	37	39	42
11											21	24	27	30	33	36	39	42	45	48
12												27	31	34	37	41	44	47	51	54
13													34	38	42	45	49	53	57	60
14														42	46	50	54	58	63	67
15															51	55	60	64	69	73
16																60	65	70	74	79
17																	70	75	81	86
18																		81	87	92
19																			93	99
20																				105

Note: values in table for Quadro 9 (5%):

n_2 \ n_1	1	2	3	4	5	6	7	8	9	10	11	12	13	14	15	16	17	18	19	20
1	-	-	-	-	-	-	-	-	-	-	-	-	-	-	-	-	-	-	-	-
2		-	-	-	-	-	-	0	0	0	0	1	1	1	1	1	2	2	2	2
3			-	-	0	1	1	2	2	3	3	4	4	5	5	6	6	7	7	8
4				0	1	2	3	4	4	5	6	7	8	9	10	11	11	12	13	14
5					2	3	5	6	7	8	9	11	12	13	14	15	17	18	19	20
6						5	6	8	10	11	13	14	16	17	19	21	22	24	25	27
7							8	10	12	14	16	18	20	22	24	26	28	30	32	34
8								13	15	17	19	22	24	26	29	31	34	36	38	41
9									17	20	23	26	28	31	34	37	39	42	45	48
10										23	26	29	33	36	39	42	45	48	52	55
11											30	33	37	40	44	47	51	55	58	62
12												37	41	45	49	53	57	61	65	69
13													45	50	54	59	63	67	72	76
14														55	59	64	69	74	78	83
15															64	70	75	80	85	90
16																75	81	86	92	98
17																	87	93	99	105
18																		99	106	112
19																			113	119
20																				127

Fonte: Elaborado pelo autor.

QUADRO 10 Teste U de Mann-Whitney – valores críticos para U – testes bilaterais ao nível de significância de 1% (o símbolo "-" indica não haver suficiente informação para rejeição de H_0 ao nível de significância estabelecido)

n_2 \ n_1	1	2	3	4	5	6	7	8	9	10	11	12	13	14	15	16	17	18	19	20
1	-	-	-	-	-	-	-	-	-	-	-	-	-	-	-	-	-	-	-	-
2		-	-	-	-	-	-	-	-	-	-	-	-	-	-	-	-	-	0	0
3			-	-	-	-	-	-	0	0	0	1	1	1	2	2	2	2	3	3
4				-	-	0	0	1	1	2	2	3	3	4	5	5	6	6	7	8
5					0	1	1	2	3	4	5	6	7	7	8	9	10	11	12	13
6						2	3	4	5	6	7	9	10	11	12	13	15	16	17	18
7							4	6	7	9	10	12	13	15	16	18	19	21	22	24
8								7	9	11	13	15	17	18	20	22	24	26	28	30
9									11	13	16	18	20	22	24	27	29	31	33	36
10										16	18	21	24	26	29	31	34	37	39	42
11											21	24	27	30	33	36	39	42	45	48
12												27	31	34	37	41	44	47	51	54
13													34	38	42	45	49	53	57	60
14														42	46	50	54	58	63	67
15															51	55	60	64	69	73
16																60	65	70	74	79
17																	70	75	81	86
18																		81	87	92
19																			93	99
20																				105

Fonte: Elaborado pelo autor.

Aproximação para grandes amostras

Os **Quadros 5** e **6** apresentam a FDA da estatística de teste para amostras pequenas, até 8 elementos em cada um dos grupos. Amostras muito pequenas não são apresentadas por não conterem suficiente informação para rejeição de H_0 ao nível de significância de 5% em teste bilaterais. Os **Quadros 7** a **10** apresentam valores críticos para rejeição de H_0 em testes unilaterais e bilaterais aos níveis de significância de 1% e de 5% para amostras de até 20 elementos em cada um dos grupos. Para amostras maiores, uma aproximação da distribuição de U pela curva Normal pode ser utilizada.

Mann e Whitney (1947) mostram que a distribuição de U é aproximada pela distribuição $N\left(\frac{n_1 n_2}{2}, \sqrt{\frac{n_1 n_2 (n_1 + n_2 + 1)}{12}}\right)$ quando tanto n_1 como n_2 aumentam indefinidamente. Assim, para grandes amostras (para os **dois** grupos sob comparação), o valor p do teste pode ser determinado pela FDA da distribuição Normal. A literatura recomenda um pequeno ajuste por conta da aproximação de uma distribuição discreta (a distribuição de U) por uma distribuição contínua (a distribuição Normal) e por conta de empates na atribuição de postos (Siegel; Castellan Jr., 2006). Assim, o valor p é dado por

$$\text{valor } p \approx \Phi\left(\frac{U - \frac{n_1 n_2}{2} + 0{,}5}{\sqrt{\frac{n_1 n_2 (n_1 + n_2 + 1)}{12} - \frac{n_1 n_2 \sum_{g=1}^{G}(t_g^3 - t_g)}{12(n_1 + n_2)(n_1 + n_2 - 1)}}}\right) \qquad (50)$$

para um teste unilateral ou

$$\text{valor } p \approx 2 \times \Phi\left(\frac{U - \frac{n_1 n_2}{2} + 0{,}5}{\sqrt{\frac{n_1 n_2 (n_1 + n_2 + 1)}{12} - \frac{n_1 n_2 \sum_{g=1}^{G}(t_g^3 - t_g)}{12(n_1 + n_2)(n_1 + n_2 - 1)}}}\right) \qquad (51)$$

para um teste bilateral.

Nas Equações 50 e 51, G representa o número de distintos grupos de observações empatadas e t_g representa o número de observações empatadas no grupo g ($g = 1, 2, \ldots, G$). O valor $\frac{n_1 n_2 \sum_{g=1}^{G}(t_g^3 - t_g)}{12(n_1 + n_2)(n_1 + n_2 - 1)}$ subtraído da variância $\frac{n_1 n_2 (n_1 + n_2 + 1)}{12}$ no denominador da expressão representa uma correção necessária para observações empatadas, sendo mais importante para situações com muitos empates. Se não houver empates, o valor subtraído se reduz a zero, não havendo correção a fazer na variância da distribuição Normal tomada como aproximação da distribuição de U, como originalmente proposto por Mann e Whitney (1947).

Exemplo 6

Em sua dissertação de mestrado, Freitas (1989) investigou possíveis efeitos de uma intervenção técnico-administrativa em centros de informações, selecionando 40 seções de informática do Exército Brasileiro, 20 das quais receberam instruções específicas consubstanciadas em um manual operacional, denominado *vade-mecum*, as outras 20 servindo como grupo de controle, que não tomaram conhecimento do manual à época da pesquisa. Passados quatro meses da intervenção, novos dados foram coletados nas 40 seções de informática. Os resultados indicam resultados positivos na maioria das dimensões estudadas. Uma de tais dimensões diz respeito à quantidade de pessoas treinadas pela seção de informática. Mais especificamente, a **Tabela 5** a seguir apresenta a tabulação dessa variável.

TABELA 5 Distribuição das seções de informática segundo a quantidade de pessoas treinadas – Grupos de controle e experimental

Pessoas treinadas	GC	GE
nenhuma	16	9
de 1 a 5	3	1
de 6 a 20	0	5
mais de 20	1	5
Total	20	20

Fonte: Adaptado de Freitas (1989, p. 132).

Os dados apresentam algum indício de que as distribuições da variável nos dois grupos (experimental e de controle) sejam distintas?

Admitindo que não haja vícios no processo de amostragem, pode-se testar a hipótese de igualdade entre as FDA da variável nos dois grupos de interesse contra a hipótese de que a distribuição da variável no grupo experimental domine estocasticamente a distribuição da variável no grupo de controle usando o teste U de Mann-Whitney.[12] Mais especificamente, testa-se:

$$H_0: F_{GE} = F_{GC}$$
$$\times$$
$$H_1: F_{GE} \succ F_{GC}$$

Repare que a variável, embora numérica em sua origem, apresenta-se mensurada em escala ordinal. Tem-se $n_1 = n_2 = 20$, e os cálculos da estatística de teste iniciam-se com a atribuição de postos ao conjunto total de $n_1 + n_2 = 40$ observações. Há $16 + 9 = 25$ observações empatadas no posto mais baixo (menores observações, indistinguíveis entre si), e atribui-se o posto 13 (pois $\frac{1+2+\cdots+25}{25} = \frac{1+25}{2} = 13$) a cada uma delas. Seguindo o ordenamento, nota-se que há $3 + 1 = 4$ observações empatadas a seguir, e atribui-se o posto 27,5 (pois $\frac{26+27+28+29}{4} = \frac{26+29}{2} = 27,5$) a cada uma delas. Procede-se dessa maneira até que todas as observações sejam ordenadas. A **Tabela 6** a seguir resume os cálculos acessórios para a determinação da estatística de teste U.

---

[12] O teste unilateral é indicado nesses casos, pois se imagina que a distribuição da variável no grupo de controle não seria dominada estocasticamente pela distribuição da variável no grupo de controle. Ou seja, pressupõe-se que a intervenção não pioraria a situação das seções de informática.

TABELA 6 Cálculos acessórios para a determinação da estatística de teste U para os dados da Tabela 5

Pessoas treinadas	GC	GE	Total	posto
nenhuma	16	9	25	13
de 1 a 5	3	1	4	27,5
de 6 a 20	0	5	5	32
mais de 20	1	5	6	37,5
Total	20	20	40	

Fonte: Elaborada pelo autor.

Tem-se, então, que $W_{GC} = 9 \times 13 + 1 \times 27{,}5 + 5 \times 32 + 5 \times 37{,}5 = 492$, e a Equação 43 nos fornece a estatística de teste para o teste unilateral, $U = 20 \times 20 + \frac{20 \times 21}{2} - 492 = 118$. O **Quadro 7** nos informa que o valor crítico para a estatística de teste para o nível de significância de 5% com amostras de tamanhos 20 e 20 é 138. Como o valor encontrado na particular amostra estudada, 118, é menor do que o valor crítico, rejeita-se H_0 (ao nível de significância de 5%).

Portanto, há indícios de que a intervenção esteja relacionada a um aumento no número de pessoas treinadas pelas seções de informática do grupo experimental, relativamente às seções de informática do grupo de controle.

A título de ilustração, repare que a estatística de teste poderia ter sido determinada pelo número de observações do grupo experimental precedendo alguma observação do grupo de controle, como originalmente proposto por Mann e Whitney (1947). Tal número pode ser diretamente determinado pelos dados apresentados na **Tabela 5**, sendo igual a $9 \times \left(\frac{16}{2} + 3 + 1\right) + 1 \times \left(\frac{3}{2} + 1\right) + 5 \times 1 + 5 \times \frac{1}{2} = 118$.[13] Tem-se também que $W_{GE} = 16 \times 13 + 3 \times 27{,}5 + 1 \times 37{,}5 = 328$, e a Equação 47 nos fornece a estatística de teste para o teste unilateral, $U_1 = 20 \times 20 + \frac{20 \times 21}{2} - 328 = 282$. Observe a redundância embutida na Equação 48, pois $118 + 282 = 400 = 20 \times 20$.

Exemplo 7

Em um estudo sobre Doença de Parkinson em ratos, Silvestrin (2008) apresenta os seguintes dados referentes a perdas celulares observadas em dois grupos indepen-

---

[13] Note o ajustamento necessário por conta de observações empatadas. As primeiras nove observações do grupo experimental precedem estritamente as últimas quatro observações do grupo de controle. Como estão empatadas com as 16 primeiras observações do grupo de controle, considera-se que precedam também a $\frac{16}{2} = 8$ destas observações. O mesmo ajuste deve ser feito para cada uma das observações do grupo experimental, conforme se depreende da expressão apresentada, totalizando o valor de 118 para a estatística de teste.

dentes de cobaias, que (*i*) apresentaram atividade rotacional ipsilateral induzida pelo contexto (ARIICO) e que (*ii*) não apresentaram tal atividade, em termos de percentagem de células perdidas.

TABELA 7 Perdas celulares (%) de cobaias que apresentaram ou não atividade rotacional ipsilateral induzida pelo contexto (ARIICO)

Cobaias	sem ARIICO	com ARIICO
1	95	100
2	80	100
3	73	100
4	70	100
5	60	99
6	32	95
7	30	65

Fonte: Adaptado de Silvestrin (2008, p. 26).

Os dados apresentam algum indício de que perdas celulares estejam relacionadas à apresentação de atividade rotacional ipsilateral induzida pelo contexto (ARIICO)?

Com dados quantitativos dessa natureza, poderíamos ser tentados a utilizar um teste de diferença de médias entre duas amostras independentes, como o teste t de Student. Como já evidenciado, uma das suposições fundamentais do teste t é a Normalidade dos dados, de modo que seria prudente efetuar um teste de ajustamento dos dados à distribuição Normal. O teste de Lilliefors, ilustrado no Exemplo 14 do Capítulo 7, pode ser usado com tal propósito. Mais especificamente, testa-se:

$$H_0: \text{a FDA da variável é Normal}$$
$$\times$$
$$H_1: \text{a FDA da variável não é Normal}$$

Para tanto, necessita-se preliminarmente ordenar os dados coletados, visando à obtenção da curva de frequências relativas acumuladas da amostra, $S(x)$. A **Tabela 8** a seguir resume as informações relevantes, incluindo a distribuição de frequências observadas, a distribuição de frequências acumuladas, os valores relevantes da curva da função escada de frequências relativas acumuladas (observe a notação utilizada, com dois valores para cada valor da escala, $S(x^-)$ e $S(x^+)$, representando os limites à esquerda e à direita de cada degrau da função $S(x)$), os valores da FDA da distribuição Normal com média igual a 78,5 e desvio-padrão igual a 24,741 (determinados a partir da amostra), bem como os valores auxiliares para determinação da estatística D.

TABELA 8 Frequências observadas e acumuladas, absolutas e relativas, e valor da FDA da distribuição Normal com média 78,5 e desvio-padrão 24,741

x	Freq.	$\sum_{i=1}^{n} I_{x_i \leq x}$	$S(x^-)$	$S(x^+)$	$F_0(x)$	$\|S(x^-) - F_0(x)\|$	$\|S(x^+) - F_0(x)\|$
30	1	1	0	0,071	0,025	0,025	0,046
32	1	2	0,071	0,143	0,030	0,041	0,113
60	1	3	0,143	0,214	0,227	0,084	0,013
65	1	4	0,214	0,286	0,293	0,078	0,007
70	1	5	0,286	0,357	0,366	0,080	0,008
73	1	6	0,357	0,429	0,412	0,055	0,017
80	1	7	0,429	0,500	0,524	0,096	0,024
95	2	9	0,500	0,643	0,748	0,248	0,105
99	1	10	0,643	0,714	0,796	0,153	0,082
100	4	14	0,714	1	0,808	0,093	0,192

Fonte: Elaborada pelo autor.

As duas últimas colunas da **Tabela 8** apresentam os cálculos auxiliares necessários para determinar a estatística D, igual ao maior valor dentre seus elementos. O valor da estatística é, portanto, 0,248. A tabela reproduzida na **Figura 25** do Capítulo 7 nos dá o valor crítico do teste para o nível de significância de 5%, para $n = 14$: 0,227. Como $D = 0,248 > 0,227$, devemos rejeitar H_0 ao nível de significância de 5%. A hipótese de Normalidade dos dados não é sustentável, portanto, e o teste t não pode ser utilizado.

O teste U é uma alternativa ao teste t, pois não faz suposições tão severas a respeito da distribuição da variável de teste. Admitindo que não haja vícios no processo de amostragem, pode-se testar a hipótese de igualdade entre as FDA da variável nos dois grupos de interesse contra a hipótese de que a distribuição da variável em um dos grupos domine estocasticamente a distribuição da variável no outro grupo usando o teste U de Mann-Whitney.[14] Mais especificamente, testa-se:

$$H_0: F_{\text{com ARIICO}} = F_{\text{sem ARIICO}}$$
$$\times$$
$$H_1: F_{\text{com ARIICO}} > F_{\text{sem ARIICO}} \text{ ou } F_{\text{sem ARIICO}} > F_{\text{com ARIICO}}$$

Repare que a variável, numérica em sua origem, contém uma ordem implícita. Tem-se $n_1 = n_2 = 7$ e os cálculos da estatística de teste iniciam-se com a atribuição de postos ao conjunto total de $n_1 + n_2 = 14$ observações. Atribui-se o posto 1 ao valor 30, 2 ao valor 32 e assim sucessivamente. Repare que há duas observações empatadas com o valor 95, atribuindo-se a ambas o posto médio 8,5, havendo também quatro observações empatadas com o valor 100, às quais se atribui o posto médio 12,5. A **Tabela 9** a seguir resume os cálculos acessórios para a determinação da estatística de teste U.

---

[14] O teste unilateral poderia ser utilizado, se o pesquisador supusesse que a distribuição da variável no grupo com ARIICO não seria dominada estocasticamente pela distribuição da variável no grupo com ARIICO. Silvestrin (2008) não faz essa suposição, efetuando um teste bilateral.

TABELA 9 Postos atribuídos aos valores de perdas celulares de cobaias que apresentaram ou não atividade rotacional ipsilateral induzida pelo contexto (ARIICO)

Cobaias	sem ARIICO	com ARIICO
1	8,5	12,5
2	7	12,5
3	6	12,5
4	5	12,5
5	3	10
6	2	8,5
7	1	4
Total	32,5	72,5

Fonte: Elaborada pelo autor.

Tem-se, então, que $W_{\text{sem ARIICO}} = 32,5$, $W_{\text{com ARIICO}} = 72,5$ e a Equação 43 nos fornece a estatística de teste para o teste unilateral, o menor dos valores $U_1 = 7 \times 7 + \frac{7 \times 8}{2} - 32,5 = 44,5$ e $U_2 = 7 \times 7 + \frac{7 \times 8}{2} - 72,5 = 4,5$. Ou seja, $U = 4,5$. A quarta coluna do **Quadro 6** nos informa a FDA da estatística de teste sob H_0 para $n_1 = n_2 = 7$. Para o valor encontrado na amostra, $U = 4,5$, o valor da FDA deve ser maior do que 0,0055 (correspondente a $U = 4$) e menor do que 0,0055 (correspondente a $U = 5$). Note que a estatística de teste é fracionária devido à existência de observações empatadas, sendo usual nesses casos interpolar os valores correspondentes, produzindo um valor igual a $\frac{0,0035+0,0055}{2} = 0,0045$. De acordo com a Equação 34 do Capítulo 7, para um teste bilateral, o valor $p = 2 \times 0,0045 = 0,009$. Como tal valor é pequeno, rejeita-se H_0 (ao nível de significância de 1%).

Portanto, há indícios de que perdas celulares estejam relacionadas à apresentação de atividade rotacional ipsilateral induzida pelo contexto (ARIICO).

Observe mais uma vez a redundância embutida na Equação 48, pois $44,5 + 4,5 = 49 = 7 \times 7$.

Testando diferenças entre dois grupos – amostras relacionadas – teste dos sinais

Como já salientado anteriormente, alguns desenhos experimentais utilizam esquemas de amostragem emparelhada, objetivando maior controle da variabilidade entre amostras. É o caso, por exemplo, de estudos feitos com pares de gêmeos univitelinos, biologicamente idênticos (Gilbertson et al., 2006; Turnbaugh et al., 2009), ou em estudos de comparação entre situações antes e depois de um tratamento experimental (Lee et al., 2010) ou de alguma intervenção qualquer (Gupta, 2011), ou ainda, em estudos em que os elementos amostrados guardem alguma relação entre si. Neste caso, as amostras retiradas das duas populações não são independentes e o teste U de Mann-Whitney, desenvolvido para amostras independentes, pode ser melhorado substancialmente. Como as amostras são emparelhadas, o que se deseja testar efetivamente é a diferença entre os escores obtidos nas duas amostragens. Ou seja, testa-se a variável $D = X_1 - X_2$, onde X_1 e X_2 representam a variável de interesse em cada um dos dois grupos investigados. Com a suposição de que as variáveis X_1 e X_2 sejam mensuradas em nível ordinal, a variável D capta apenas a direção da diferença, para mais ou para menos, e pode-se comparar os dois grupos comparando-se a quantidade de diferenças positivas (para menos, isto é, $X_1 > X_2$) com a quantidade de diferenças negativas (para mais, isto é, $X_1 < X_2$). O procedimento toma o nome de teste dos sinais e suas origens remontam ao clássico livro de Fisher (1925), conforme Cochran (1937).

Especificamente, testa-se a hipótese de que a diferença entre as medianas das duas distribuições seja nula, ou, mais formalmente:

$$H_0: P(X_1 > X_2) = P(X_1 < X_2) = \frac{1}{2} \tag{52}$$
$$\times$$
$$H_1: (X_1 > X_2) > P(X_1 < X_2)$$

para um teste unilateral, e

$$H_0: P(X_1 > X_2) = P(X_1 < X_2) = \frac{1}{2} \tag{53}$$
$$\times$$
$$H_1: (X_1 > X_2) \neq P(X_1 < X_2)$$

para um teste bilateral.

Focaliza-se o sinal da diferença entre os indivíduos emparelhados nas duas amostras, positivo ou negativo. Pares com o mesmo escore não são informativos, sendo eliminados da amostra. Sob H_0, esperar-se-ia igual quantidade de sinais positivos e negativos, e a predominância de um dos sinais em relação ao outro seria um indício contra H_0.

Para o teste unilateral da expressão 52, a estatística de teste é:

$$x = \text{número de sinais +} \tag{54}$$

Sob H_0, a distribuição de probabilidades da estatística de teste, x, é a distribuição binomial com parâmetros n (tamanho das amostras emparelhadas) e $p = \frac{1}{2}$, de modo que o valor p do teste é dado por:

$$\text{valor } p = F_{\text{Binomial}\left(n, \frac{1}{2}\right)}(x) \tag{55}$$

Para o teste bilateral da expressão 53, a estatística de teste é:

$$x = \min(\text{número de sinais +}, \text{número de sinais −}) \tag{56}$$

e o valor p do teste é dado por:

$$\text{valor } p = 2 \times F_{\text{Binomial}\left(n, \frac{1}{2}\right)}(x) \tag{57}$$

Como sempre enfatizado, fixado o nível de significância para o teste, a decisão de aceitação ou rejeição de H_0 pode, então, ser tomada com base na regra definida pela expressão 22 do Capítulo 7.

Exemplo 8

Em sua dissertação de mestrado, Carvalho Sobrinho (2000) buscou avaliar o impacto da privatização no desempenho operacional e econômico-financeiro das empresas estatais. Para isso, o autor considerou o período vizinho ao advento da privatização, comparando as performances apresentadas antes e depois do evento. Foram examinados 59 processos de privatização ocorridos entre 1991 e 1997, dos quais 21 referentes à venda do controle de empresas estatais federais.[15] Dentre dezenas de indicadores utilizados, avaliados em pelo menos dois anos antes e dois anos após as privatizações, os autores constatam a existência de 16 diferenças positivas e cinco diferenças negativas no indicador Lucro operacional bruto como percentual das vendas ($LOBV_d - LOBV_a$).

Os dados apresentam algum indício de que a distribuição da variável $LOBV$ tenha se modificado de um momento a outro?

Admitindo que não haja vícios no processo de amostragem, pode-se testar a hipótese de que a diferença entre as medianas das duas distribuições seja nula, contra a hipótese de que a diferença seja distinta de zero, usando o teste dos sinais. Mais especificamente, testa-se:

$$H_0: P(LOBV_d > LOBV_a) = P(LOBV_d < LOBV_a) = \frac{1}{2}$$
$$\times$$
$$H_1: (LOBV_d > LOBV_a) \neq P(LOBV_d < LOBV_a)$$

Repare que a variável, embora numérica em sua origem, apresenta-se mensurada em escala ordinal, detectadas tão somente as diferenças havidas entre as situações antes ou depois do evento de privatização. Tem-se $n = 21$ e a estatística de teste $x = 5$. A função DISTR.BINOM do Microsoft Excel© nos informa que $F_{\text{Binomial}\left(21, \frac{1}{2}\right)}(5) = 0{,}0133$, de modo que pela Equação 57 valor $p = 2 \times 0{,}0133 = 0{,}0266$, sendo prudente rejeitar H_0 (ao nível de significância de 5%).

Portanto, há indícios de que o processo de privatização esteja associado a um aumento no indicador Lucro operacional bruto como percentual das vendas.

Testando diferenças entre k grupos independentes ($k > 2$) – teste de Kruskal-Wallis

No caso em que a variável categórica Y contenha mais de duas categorias (digamos, k categorias, com $k > 2$), ela induz uma partição da população em k subpopulações. A variável X, então, se decompõe em k subvariáveis, $X_1, X_2, \ldots, X_k$, uma em cada uma das k subpopulações de interesse. Eventuais diferenças entre as subpopulações podem ser testadas tomando-as duas a duas e utilizando o teste

---

[15] Outros processos de privatização investigados incluem a venda de participação em 22 empresas estatais federais, venda do controle de nove empresas estaduais e venda de participação em sete empresas estaduais. O estudo não investigou privatizações do setor financeiro ou decorrentes de processos de concessão e cisões.

U de Mann-Whitney apresentado na seção anterior. Se houver alguma subpopulação a destacar, esta será pinçada pelos testes comparativos dela com as demais. Não havendo nenhuma subpopulação a destacar, todos os testes deveriam ser não significativos.

Como já salientado anteriormente na discussão da técnica de Análise de Variância, o procedimento carrega em si um enorme ônus computacional devido à natureza combinatória do procedimento, o número total de testes a realizar sendo igual a $C_k^2 = \frac{k(k-1)}{2}$. Mais ainda, como também já salientado, enfrenta-se o sutil problema relacionado ao controle do nível de significância da combinação de testes, pois a probabilidade de erros (tipo I e tipo II) se acumula combinatoriamente. Assim, se cada teste for realizado com um nível de significância de, digamos, 5%, a testagem global entre as k subpopulações terá necessariamente um nível de significância maior do que 5% (em geral, muito maior). De forma que será conveniente desenvolver procedimentos para testar a diferença entre k grupos globalmente, com um único teste estatístico.

Como vimos anteriormente, quando a variável X é mensurada em escala métrica, utiliza-se o procedimento de Análise de Variância. E quando a variável X é mensurada em escala ordinal, usa-se o procedimento desenvolvido originalmente pelo matemático americano William Henry Kruskal e pelo economista americano Wilson Allen Wallis (Kruskal; Wallis, 1952).

William Henry Kruskal
(1919-2005)

Como Kruskal (1952) salienta, o teste é um teste não paramétrico, baseado em postos, análogo à *one-way* Análise de Variância. O teste de Kruskal-Wallis é o procedimento alternativo à Análise de Variância recomendado para pequenas amostras, quando a suposição de Normalidade das distribuições não for válida (Siegel; Castellan Jr., 2006). Para grandes amostras, como já salientado, aquele procedimento paramétrico é razoavelmente robusto a desvios da suposição de Normalidade.

Especificamente, testa-se a igualdade entre as FDA da variável nos k grupos de interesse contra a hipótese de que a FDA em pelo menos um dos grupos seja distinta das demais. Mais formalmente,

$$H_0: FDA_1 = FDA_2 = \cdots = FDA_k \tag{58}$$
$$\times$$
$$H_1: \text{alguma } FDA_j \text{ é distinta das demais}, j = 1, 2, \ldots, k$$

Wilson Allen Wallis
(1912-1998)

Sob H_0, as observações nas k amostras, digamos, de tamanhos $n_1, n_2, \ldots, n_k$, são provenientes da mesma distribuição, podendo então ser tomadas como uma única amostra representativa da população de interesse, de tamanho $n = \sum_{j=1}^{k} n_j$. As observações são ordenadas em ordem crescente, atribuindo-se o posto 1 à menor delas e o posto n à maior. Kruskal e Wallis (1952) definem a estatística de teste, H:

$$H = \frac{12}{n(n+1)} \sum_{j=1}^{k} \frac{R_j^2}{n_j} - 3(n+1), \tag{59}$$

onde $n = \sum_{j=1}^{k} n_j$ e R_j é a soma dos postos da j-ésima amostra.[16] Kruskal (1952) mostra que sob H_0 a distribuição da estatística de teste converge para uma distribuição $\chi^2(k-1)$ na medida em que os tamanhos das amostras, n_j, aumentam indefinidamente.

Se houver empates na atribuição dos postos, atribui-se o posto médio a todas as observações empatadas, como usual, e a estatística H é ajustada para

$$H = \frac{\frac{12}{n(n+1)}\sum_{j=1}^{k}\frac{R_j^2}{n_j}-3(n+1)}{1-\frac{\sum_{g=1}^{G}(t_g^3-t_g)}{n^3-n}}, \tag{60}$$

onde G representa o número de distintos grupos de observações empatadas e t_g representa o número de observações empatadas no grupo g ($g = 1, 2, \ldots, G$). O denominador da expressão representa uma correção necessária para observações empatadas, sendo mais importante para situações com muitos empates. Se não houver empates, o denominador se reduz à unidade, e as Equações 59 e 60 tornam-se idênticas.

O valor p do teste é dado por

$$\text{valor } p \approx 1 - F_{\chi^2(k-1)}(H). \tag{61}$$

Fixado o nível de significância para o teste, a decisão de aceitação ou rejeição de H_0 pode, então, ser tomada com base na regra definida pela expressão 22 do Capítulo 7.

Atenção para pequenas amostras

Se os tamanhos das amostras forem pequenos, a aproximação dada pela Equação 61 não é razoável, havendo então necessidade de determinação da distribuição exata de probabilidades da estatística de teste, H. Essa não é uma tarefa fácil, dada a natureza combinatória da estatística de teste. Kruskal e Wallis (1952) apresentam tabelas contendo valores exatos de probabilidades em torno de 0,10, 0,05 e 0,01 para três grupos com até cinco elementos cada. Meyer e Seaman (2011) mostram como calcular tabelas exatas através de algoritmos recursivos, apresentando tabelas para três grupos com até 35 elementos cada (Meyer; Seaman, 2008) e para quatro grupos com até 10 elementos cada (Meyer; Seaman, 2012).

---

[16] Observe que R_j equivale à estatística W_j utilizada por Wilcoxon (1945) e Mann e Whitney (1947) e usadas na Equação 47. A literatura consagrou, entretanto, a soma de postos como R (do inglês, *rank*). Tem-se que $\sum_{j=1}^{k} R_j = \frac{n(n+1)}{2}$.

Exemplo 9

A tabulação cruzada das respostas dadas por 407 indivíduos questionados em uma enquete com funcionários de um grande banco brasileiro (já referida na **Figura 2** do Capítulo 1) às perguntas sobre sua escolaridade e o cargo exercido no banco é apresentada na **Tabela 10**.

TABELA 10 Tabulação cruzada das variáveis cargo ocupado no banco e escolaridade de 407 indivíduos

Escolaridade	Cargo			
	Administração	Gerência média	Assessoria/técnico	Execução
Primário	0	7	3	11
Médio	7	29	30	34
Superior	9	50	54	34
PG incompleto	4	6	11	2
PG	30	18	61	7
Total	50	110	159	88

Fonte: Arquivo do autor.

Os dados contém indícios de que o cargo ocupado no banco depende da escolaridade dos sujeitos?

Admitindo que não haja vícios no processo de amostragem, pode-se testar a hipótese de igualdade entre as FDA da variável escolaridade nos quatro grupos de cargos pesquisados contra a hipótese de que a distribuição da variável escolaridade não seja a mesma nos quatro grupos de cargos usando o teste de Kruskal-Wallis. Mais especificamente, testa-se:

$$H_0: F_A = F_{GM} = F_{AT} = F_E$$
$$\times$$
$$H_1: \text{alguma } F_j \text{ é distinta das demais}, j = A, GM, AT, E$$

Repare que a variável escolaridade apresenta-se mensurada em escala ordinal. Tem-se $n_1 = 50, n_2 = 110, n_3 = 159$ e $n_4 = 88$ e os cálculos da estatística de teste iniciam-se com a atribuição de postos ao conjunto total de $n = n_1 + n_2 + n_3 + n_4 = 407$ observações na variável escolaridade. Há $0 + 7 + 3 + 11 = 21$ observações empatadas no posto mais baixo (menores observações, correspondendo à escolaridade primária, indistinguíveis entre si), e atribui-se o posto 11 a cada uma delas, pois $\frac{1+2+\cdots+21}{21} = \frac{1+21}{2} = 11$. Seguindo o ordenamento, nota-se que há $7 + 29 + 30 + 34 = 100$ observações empatadas a seguir, e atribui-se o posto 71,5 a cada uma delas, pois $\frac{22+23+\cdots+121}{100} = \frac{22+121}{2} = 71,5$. Procede-se dessa maneira até que todas as observações sejam ordenadas. A **Tabela 11** a seguir resume os cálculos acessórios para a determinação da estatística de teste H.

TABELA 11 Cálculos acessórios para a determinação da estatística de teste H para os dados da Tabela 5

Escolaridade	Total	Posto
Primário	21	11
Médio	100	71,5
Superior	147	195
PG incompleto	23	280
PG	116	349,5
Total	407	

Fonte: Elaborada pelo autor.

Tem-se, então, que há $G = 5$ grupos de observações empatadas, com $t_1 = 21$, $t_2 = 100$, $t_3 = 147$, $t_4 = 23$ e $t_5 = 116$ observações em cada grupo, respectivamente, $R_A = 0 \times 11 + 7 \times 71{,}5 + 9 \times 195 + 4 \times 280 + 30 \times 349{,}5 = 13.860{,}5$, $R_{GM} = 7 \times 11 + 29 \times 71{,}5 + 50 \times 195 + 6 \times 280 + 18 \times 349{,}5 = 19.871{,}5$, $R_{AT} = 3 \times 11 + 30 \times 71{,}5 + 54 \times 195 + 11 \times 280 + 61 \times 349{,}5 = 37.107{,}5$ e $R_E = 11 \times 11 + 34 \times 71{,}5 + 34 \times 195 + 2 \times 280 + 7 \times 349{,}5 = 12.188{,}5$.[17] A Equação 60 nos fornece a estatística de teste para o teste unilateral, $H = \dfrac{\frac{12}{407(407+1)}\left(\frac{13.860{,}5^2}{50}+\frac{19.871{,}5^2}{110}+\frac{37.107{,}5^2}{159}+\frac{12.188{,}5^2}{88}\right)-3(407+1)}{1-\frac{21^3-21+100^3-100+147^3-147+23^3-23+116^3-116}{407^3-407}} = \dfrac{60{,}897}{0{,}915} = 66{,}584$. A função DIST. QUIQUA do Microsoft Excel© nos informa que $F_{\chi^2_{(3)}}(66{,}584) = 1{,}000$, de modo que valor $p \approx 0{,}000$, sendo prudente rejeitar H_0. De fato, comparando-se, por exemplo, os grupos de cargos de administração e executivos, nota-se uma grande discrepância entre suas escolaridades, pois 60% dos funcionários no cargo de administração possuem pós-graduação completa, contra apenas 2,3% dos funcionários em cargos executivos. Se as variáveis escolaridade e cargo ocupado fossem independentes, haveria 0% de chance de as discrepâncias observadas na **Tabela 10** ocorrerem ao acaso.

DUAS VARIÁVEIS MÉTRICAS

Como salientado no Capítulo 3, a relação entre duas variáveis métricas é analisada por meio de diagramas de dispersão, coeficiente de correlação linear e análise de regressão simples. Sob a ótica da estatística inferencial, os coeficientes (de correlação linear e os coeficientes linear e angular da reta de regressão) são tratados como estatísticas amostrais, admitindo-se que variem de amostra para amostra. São usados como estimativas dos correspondentes coeficientes populacionais. Assim,

---

[17] Observe que $R_A + R_{GM} + R_{AT} + R_E = 83.028 = \frac{407 \times 408}{2}$.

O coeficiente de correlação linear da amostra, r_{XY}, é tomado como estimador do coeficiente de correlação linear populacional, ρ_{XY}, e os coeficientes linear e angular a e b da reta de regressão da amostra $y_i = a + bx_i$, para $i = 1, \ldots, n$ são tomados como estimadores dos correspondentes coeficientes linear e angular α e β da reta de regressão da população.[18]

O conhecimento da distribuição amostral das estatísticas r_{XY}, a e b permite o desenvolvimento de intervalos de confiança para os parâmetros populacionais ρ_{XY}, α e β, assim como testes de hipóteses a respeito de seus valores.

Análise de regressão linear – suposições teóricas

As suposições teóricas básicas da análise de regressão linear que permitirão obter as distribuições amostrais de a e b são:

1. Tomada uma amostra representativa da população de interesse (considerada aleatória), de tamanho n, as variáveis aleatórias (independentes) $Y_1, Y_2, \ldots, Y_n$ são tais que

$$Y_i = \mu_i + \varepsilon_i, \qquad (62)$$

onde $\mu_i = E(Y_i)$ e $\varepsilon_1, \varepsilon_2, \ldots, \varepsilon_n$ são variáveis aleatórias *iid*, com $\varepsilon_i \sim N(0, \sigma^2)$, para $i = 1, 2, \ldots, n$.

2. Os valores μ_i satisfazem a relação linear

$$\mu_i = \alpha + \beta X_i, \text{ para } i = 1, 2, \ldots, n, \qquad (63)$$

onde α e β são parâmetros populacionais e $X_1, X_2, \ldots, X_n$ são valores fixos (fixados pelo desenho experimental utilizado) ou variáveis aleatórias *iid* (distribuídas segundo a distribuição de X) em casos de situações não experimentais.

3. ε_i e X_j são independentes, para $i = 1, 2, \ldots, n$ e $j = 1, 2, \ldots, n$.

A primeira suposição implica que os valores amostrados $Y_1, Y_2, \ldots, Y_n$ distribuam-se segundo a distribuição Normal, com valores esperados distintos, mas com variância idêntica,[19] ou seja, $Y_i \sim N(\mu_i, \sigma^2)$, para $i = 1, 2, \ldots, n$, pois os erros ε_i, para $i = 1, 2, \ldots, n$ (não diretamente observados), têm valor esperado nulo. A segunda suposição impõe a dependência linear entre as variáveis Y e X de uma maneira bastante específica, no valor esperado de Y, mas não em sua variância. Assim, os diferentes valores amostrados (ou fixados pelo desenho experimental utilizado) $X_1, X_2, \ldots, X_n$ são informativos apenas acerca do valor esperado da variável dependente Y, $E(Y|X)$. A variável Y flutuará para mais ou para menos em relação ao seu valor esperado (dependente de X), em função de erros (não diretamente observados) do processo de amostragem, independentes dos valores amostrados (ou fixados pelo desenho experimental utilizado) para a variável X, segundo a terceira suposição.

---

[18] Como já salientado, em geral, utilizam-se letras gregas para representar parâmetros populacionais.
[19] São homoscedásticas.

Compondo-se as Equações 62 e 63, tem-se

$$Y_i = \alpha + \beta X_i + \varepsilon_i, \text{ para } i = 1, 2, \ldots, n. \tag{64}$$

Percebe-se que o modelo tem três parâmetros: α e β, respectivamente, os coeficientes linear e angular da reta de regressão populacional, e σ^2, variância dos erros (não diretamente observados) populacionais. Todos deverão ser estimados a partir da amostra.

Estimativas dos parâmetros α e β

Nas condições teóricas postuladas, as estimativas de α e β obtidas pelo método dos mínimos quadrados (veja as Equações 60 e 61 do Capítulo 3) são estimativas não viciadas (isto é, $E(a) = \alpha$ e $E(b) = \beta$)). De fato, usando a notação matricial já definida no Capítulo 3 aos valores amostrados $X_1, X_2, \ldots, X_n$ e $Y_1, Y_2, \ldots, Y_n$, respectivamente, com

$$Y = \begin{bmatrix} Y_1 \\ \vdots \\ Y_n \end{bmatrix}, \boldsymbol{\mu} = \begin{bmatrix} \mu_1 \\ \vdots \\ \mu_n \end{bmatrix}, \boldsymbol{\varepsilon} = \begin{bmatrix} \varepsilon_1 \\ \vdots \\ \varepsilon_n \end{bmatrix} \text{ e } \mathbb{X} = \begin{bmatrix} 1 & X_1 \\ \vdots & \vdots \\ 1 & X_n \end{bmatrix},$$

têm-se as estimativas de mínimos quadrados dos coeficientes da reta de regressão, dadas pela Equação 52 do Capítulo 3, aqui reproduzida:

$$\begin{bmatrix} a \\ b \end{bmatrix} = (\mathbb{X}^T \mathbb{X})^{-1} \mathbb{X}^T Y. \tag{65}$$

Distribuição amostral dos estimadores de mínimos quadrados a e b

A Equação 65 evidencia que a distribuição amostral conjunta de a e de b, condicionada aos valores $X_1, X_2, \ldots, X_n$, é Normal, pois são somas ponderadas de distribuições Normais, as distribuições de Y_i com pesos dados pelas linhas da matriz $(\mathbb{X}^T \mathbb{X})^{-1} \mathbb{X}^T$, a primeira linha para a distribuição de a, a segunda para a distribuição de b, respectivamente. Outra forma conveniente de representação consiste em expressar a matriz $\begin{bmatrix} a \\ b \end{bmatrix}$ em termos dos erros não diretamente observados, ε_i, substituindo-se $Y = \mathbb{X} \begin{bmatrix} \alpha \\ \beta \end{bmatrix} + \boldsymbol{\varepsilon}$ na Equação 65, obtendo

$$\begin{aligned} \begin{bmatrix} a \\ b \end{bmatrix} &= (\mathbb{X}^T \mathbb{X})^{-1} \mathbb{X}^T \left(\mathbb{X} \begin{bmatrix} \alpha \\ \beta \end{bmatrix} + \boldsymbol{\varepsilon} \right) \\ &= (\mathbb{X}^T \mathbb{X})^{-1} \mathbb{X}^T \mathbb{X} \begin{bmatrix} \alpha \\ \beta \end{bmatrix} + (\mathbb{X}^T \mathbb{X})^{-1} \mathbb{X}^T \boldsymbol{\varepsilon} \\ &= \begin{bmatrix} \alpha \\ \beta \end{bmatrix} + (\mathbb{X}^T \mathbb{X})^{-1} \mathbb{X}^T \boldsymbol{\varepsilon}. \end{aligned} \tag{66}$$

Supondo conhecidos os valores X_k, para $k = 1, 2, \ldots, n$, tem-se

$$E\left(\begin{bmatrix} a \\ b \end{bmatrix} \Big| X_k\right) = \begin{bmatrix} \alpha \\ \beta \end{bmatrix} + (\mathbb{X}^T \mathbb{X})^{-1} \mathbb{X}^T E(\boldsymbol{\varepsilon} | X_k) = \begin{bmatrix} \alpha \\ \beta \end{bmatrix} + (\mathbb{X}^T \mathbb{X})^{-1} \mathbb{X}^T \mathbf{0}_n = \begin{bmatrix} \alpha \\ \beta \end{bmatrix}, \tag{67}$$

pois os erros não diretamente observados têm valor esperado zero.[20] Usando recursivamente as Equações 46 e 47 do Capítulo 5, tem-se

$$E\left(\begin{bmatrix}a\\b\end{bmatrix}\right) = E_n\left(...\left(E_2\left(E_1\left(E\left(\begin{bmatrix}a\\b\end{bmatrix}\bigg|X_k\right)\right)\right)\right)...\right) = E_n\left(...\left(E_2\left(E_1\left(\begin{bmatrix}\alpha\\\beta\end{bmatrix}\right)\right)\right)...\right) = \begin{bmatrix}\alpha\\\beta\end{bmatrix}, \tag{68}$$

evidenciando que a é um estimador não viciado de α e b é um estimador não viciado de β, independentemente dos valores assumidos pela variável X.

A matriz de variância e covariância de a e b condicionada aos valores de X_k, para $k = 1,2,...,n$, $\left(\Sigma_{\begin{bmatrix}a\\b\end{bmatrix}}\big|X_k\right)$, pode ser determinada a partir da Equação 66, pois

$$\begin{bmatrix}a\\b\end{bmatrix} - \begin{bmatrix}\alpha\\\beta\end{bmatrix} = (\mathbb{X}^T\mathbb{X})^{-1}\mathbb{X}^T\boldsymbol{\varepsilon}. \tag{69}$$

Logo,

$$\begin{aligned}\left(\Sigma_{\begin{bmatrix}a\\b\end{bmatrix}}\big|X_k\right) &= E\left(\left(\begin{bmatrix}a\\b\end{bmatrix} - \begin{bmatrix}\alpha\\\beta\end{bmatrix}\right)\left(\begin{bmatrix}a\\b\end{bmatrix} - \begin{bmatrix}\alpha\\\beta\end{bmatrix}\right)^T\bigg|X_k\right) \\ &= E\left((\mathbb{X}^T\mathbb{X})^{-1}\mathbb{X}^T\boldsymbol{\varepsilon}\left((\mathbb{X}^T\mathbb{X})^{-1}\mathbb{X}^T\boldsymbol{\varepsilon}\right)^T\bigg|X_k\right) \\ &= E\left((\mathbb{X}^T\mathbb{X})^{-1}\mathbb{X}^T\boldsymbol{\varepsilon}\boldsymbol{\varepsilon}^T\left((\mathbb{X}^T\mathbb{X})^{-1}\mathbb{X}^T\right)^T\bigg|X_k\right) \\ &= (\mathbb{X}^T\mathbb{X})^{-1}\mathbb{X}^T E(\boldsymbol{\varepsilon}\boldsymbol{\varepsilon}^T|X_k)\mathbb{X}\left((\mathbb{X}^T\mathbb{X})^{-1}\right)^T \\ &= (\mathbb{X}^T\mathbb{X})^{-1}\mathbb{X}^T \sigma^2 I_n \mathbb{X}\left((\mathbb{X}^T\mathbb{X})^T\right)^{-1} \\ &= \sigma^2(\mathbb{X}^T\mathbb{X})^{-1}\mathbb{X}^T\mathbb{X}(\mathbb{X}^T\mathbb{X})^{-1} \\ &= \sigma^2(\mathbb{X}^T\mathbb{X})^{-1}.\end{aligned} \tag{70}$$

Segundo a Equação 59 do Capítulo 3,

$$(\mathbb{X}^T\mathbb{X})^{-1} = \begin{bmatrix}n & \sum_{i=1}^n X_i \\ \sum_{i=1}^n X_i & \sum_{i=1}^n X_i^2\end{bmatrix}^{-1} = \frac{1}{n^2 s_X^2}\begin{bmatrix}\sum_{i=1}^n X_i^2 & -\sum_{i=1}^n X_i \\ -\sum_{i=1}^n X_i & n\end{bmatrix} = \frac{1}{n s_X^2}\begin{bmatrix}\frac{\sum_{i=1}^n X_i^2}{n} & -\bar{X} \\ -\bar{X} & 1\end{bmatrix}, \tag{71}$$

se $s_X^2 \neq 0$, de modo que

$$V(a|X_k) = \frac{\sigma^2}{n s_X^2} \times \frac{\sum_{i=1}^n X_i^2}{n}, \tag{72}$$

$$V(b|X_k) = \frac{\sigma^2}{n s_X^2} \tag{73}$$

---

[20] $\mathbf{0}_n$ representa a matriz coluna de ordem n com todos seus elementos iguais a 0.

e

$$C(a,b|X_k) = -\frac{\sigma^2}{ns_X{}^2}\bar{X}.$$ (74)

Estimativa do parâmetro σ

Fisher (1922b) pioneiramente evidenciou que as estimativas de α e β obtidas pelo método dos mínimos quadrados são estimativas não viciadas, sendo variáveis aleatórias (entre as distintas amostras possíveis) distribuídas Normalmente, se Y se distribui Normalmente na população de interesse. Fisher trabalhou com o modelo em que $\bar{X} = 0$. Nesse caso, conforme evidenciado pela Equação 74, a e b são linearmente independentes, pois sua covariância é nula. Também propôs a utilização da expressão

$$\hat{\sigma}^2 = \frac{\sum_{i=1}^n e_i{}^2}{n-2} = \frac{\sum_{i=1}^n (Y_i - (a+bX_i))^2}{n-2}$$ (75)

como a melhor estimativa do valor desconhecido σ^2 que pode ser obtida a partir da amostra. Aqui usamos a notação

$$e_i = Y_i - (a + bX_i), \text{ para } i = 1, 2, \ldots, n$$ (76)

para representar os resíduos observados na amostra, não os confundindo com os erros populacionais (não diretamente observados)

$$\varepsilon_i = Y_i - (\alpha + \beta X_i), \text{ para } i = 1, 2, \ldots, n$$ (77)

obtidos pela inversão da Equação 64. Em termos matriciais, com $\boldsymbol{e} = \begin{bmatrix} e_1 \\ \vdots \\ e_n \end{bmatrix}$, a Equação 76 pode ser escrita como

$$\boldsymbol{e} = \boldsymbol{Y} - \mathbb{X}\begin{bmatrix} a \\ b \end{bmatrix} = \boldsymbol{Y} - \mathbb{X}(\mathbb{X}^T\mathbb{X})^{-1}\mathbb{X}^T\boldsymbol{Y} = \left(I_n - \mathbb{X}(\mathbb{X}^T\mathbb{X})^{-1}\mathbb{X}^T\right)\boldsymbol{Y} = (I_n - \mathbb{H})\boldsymbol{Y},$$ (78)

em que se utilizou a matriz chapéu $\mathbb{H}$, definida pela Equação 55 do Capítulo 3.

A relação dos resíduos (observados) do modelo com os erros não diretamente observados é obtida substituindo-se $\boldsymbol{Y} = \mathbb{X}\begin{bmatrix} \alpha \\ \beta \end{bmatrix} + \boldsymbol{\varepsilon}$ na Equação 78, obtendo-se

$$\begin{aligned}
\boldsymbol{e} &= \left(I_n - \mathbb{X}(\mathbb{X}^T\mathbb{X})^{-1}\mathbb{X}^T\right)\left(\mathbb{X}\begin{bmatrix} \alpha \\ \beta \end{bmatrix} + \boldsymbol{\varepsilon}\right) \\
&= \mathbb{X}\begin{bmatrix} \alpha \\ \beta \end{bmatrix} + \boldsymbol{\varepsilon} - \mathbb{X}(\mathbb{X}^T\mathbb{X})^{-1}\mathbb{X}^T\mathbb{X}\begin{bmatrix} \alpha \\ \beta \end{bmatrix} - \mathbb{X}(\mathbb{X}^T\mathbb{X})^{-1}\mathbb{X}^T\boldsymbol{\varepsilon} \\
&= \mathbb{X}\begin{bmatrix} \alpha \\ \beta \end{bmatrix} + \boldsymbol{\varepsilon} - \mathbb{X}\begin{bmatrix} \alpha \\ \beta \end{bmatrix} - \mathbb{X}(\mathbb{X}^T\mathbb{X})^{-1}\mathbb{X}^T\boldsymbol{\varepsilon} \\
&= \boldsymbol{\varepsilon} - \mathbb{X}(\mathbb{X}^T\mathbb{X})^{-1}\mathbb{X}^T\boldsymbol{\varepsilon} \\
&= \left(I_n - \mathbb{X}(\mathbb{X}^T\mathbb{X})^{-1}\mathbb{X}^T\right)\boldsymbol{\varepsilon} \\
&= (I_n - \mathbb{H})\boldsymbol{\varepsilon}.
\end{aligned}$$ (79)

Depreende-se, pois, que a relação entre e e ε depende somente de $\mathbb{H}$ (e, portanto, somente de $\mathbb{X}$). Se os valores da matriz $\mathbb{H}$ são pequenos, e (vetor de resíduos observados na amostra) será um bom substituto para ε (vetor de erros do modelo, não observados diretamente).

A expressão do numerador da Equação 75 é equivalente a $\sum_{i=1}^{n} e_i^2 = e^T e$, de modo que

$$\hat{\sigma}^2 = \frac{e^T e}{n-2} = \frac{\left((I_n - \mathbb{H})\varepsilon\right)^T\left((I_n - \mathbb{H})\varepsilon\right)}{n-2} = \frac{\varepsilon^T (I_n - \mathbb{H})^T (I_n - \mathbb{H})\varepsilon}{n-2} = \frac{\varepsilon^T (I_n - \mathbb{H})^2 \varepsilon}{n-2} = \frac{\varepsilon^T (I_n - \mathbb{H})\varepsilon}{n-2}, \qquad (80)$$

pois as propriedades de simetria e de idempotência de $\mathbb{H}$ (evidenciadas nas Equações 56 e 57 do Capítulo 3) induzem as mesmas propriedades na matriz $I_n - \mathbb{H}$.

O leitor atento observará o ajuste no denominador da expressão 75 aos graus de liberdade perdidos em função da utilização das estimativas amostrais a e b no lugar dos parâmetros populacionais α e β. Perdem-se, assim, dois graus de liberdade. Tem-se que $\hat{\sigma}^2$ é um estimador não viciado de $\hat{\sigma}^2$.

De fato, supondo conhecidos os valores X_k, para $k = 1, 2, \ldots, n$,

$$\begin{aligned}
E(e^T e | X_k) &= E\left(\varepsilon^T (I_n - \mathbb{H}) \varepsilon | X_k\right) \qquad (81) \\
&= E\left(\sum_{j=1}^{n}\left(\sum_{i=1}^{n} \varepsilon_i (I_n - \mathbb{H})_{ij}\right) \varepsilon_j \big| X_k\right) \\
&= \sum_{j=1}^{n} \sum_{i=1}^{n} E\left(\varepsilon_i (I_n - \mathbb{H})_{ij} \varepsilon_j | X_k\right) \\
&= \sum_{j=1}^{n} \sum_{i=1}^{n} (I_n - \mathbb{H})_{ij} E(\varepsilon_i \varepsilon_j | X_k) \\
&= \sum_{j=1}^{n} (I_n - \mathbb{H})_{jj} E(\varepsilon_j^2 | X_k) \\
&= \sum_{j=1}^{n} (I_n - \mathbb{H})_{jj} \sigma^2 \\
&= \sigma^2 tr(I_n - \mathbb{H}),
\end{aligned}$$

onde $tr(I_n - \mathbb{H})$ é o traço da matriz $I_n - \mathbb{H}$.[21] No desenvolvimento acima, usou-se fortemente o fato de que os erros não observados são independentes entre si e independentes dos valores X_k, para $k = 1, 2, \ldots, n$, com variância igual a σ^2 (e, então, $E(\varepsilon_i \varepsilon_j | X_k) = 0$ para $i \neq j$ e $E(\varepsilon_i \varepsilon_j | X_k) = \sigma^2$ para $i = j$).

Tem-se que

$$tr(I_n - \mathbb{H}) = tr(I_n) - tr(\mathbb{H}) = n - tr(\mathbb{H}) \qquad (82)$$

e o elemento posicionado na i-ésima linha e j-ésima coluna de $\mathbb{H}$ é

$$\begin{aligned}
\mathbb{H}_{ij} &= \left(\mathbb{X}(\mathbb{X}^T \mathbb{X})^{-1} \mathbb{X}^T\right)_{ij} \qquad (83)\\
&= \frac{\frac{\sum_{l=1}^{n} X_l^2}{n} - X_i \bar{X} + X_j (X_i - \bar{X})}{n s_X^2} \\
&= \frac{s_X^2 + \bar{X}^2 - X_i \bar{X} + X_j (X_i - \bar{X})}{n s_X^2} \\
&= \frac{s_X^2 - (X_i - \bar{X})\bar{X} + X_j (X_i - \bar{X})}{n s_X^2} \\
&= \frac{s_X^2 + (X_i - \bar{X})(X_j - \bar{X})}{n s_X^2} \\
&= \frac{1}{n} + \frac{(X_i - \bar{X})(X_j - \bar{X})}{n s_X^2},
\end{aligned}$$

---

[21] Traço de uma matriz quadrada é a soma dos elementos de sua diagonal principal.

de modo que

$$tr(\mathbb{H}) = \sum_{i=1}^{n} \mathbb{H}_{ii} = \sum_{i=1}^{n}\left(\frac{1}{n} + \frac{(X_i - \bar{X})^2}{ns_X^2}\right) = n\frac{1}{n} + \frac{\sum_{i=1}^{n}(X_i - \bar{X})^2}{ns_X^2} = 1 + \frac{ns_X^2}{ns_X^2} = 1 + 1 = 2.$$
(84)

Assim, $E(e^T e | X_k) = (n-2)\sigma^2$ e, usando-se recursivamente as Equações 46 e 47 do Capítulo 5, tem-se

$$E(e^T e) = E_n\left(\ldots\left(E_2\left(E_1\left(E(e^T e | X_k)\right)\right)\right)\ldots\right) = E_n\left(\ldots\left(E_2\left(E_1((n-2)\sigma^2)\right)\right)\ldots\right) = (n-2)\sigma^2 \quad (85)$$

Logo,

$$E(\hat{\sigma}^2) = \sigma^2, \text{ independentemente dos valores assumidos pela variável } X. \quad (86)$$

Intervalos de confiança para os parâmetros α e β

Da estimativa de σ^2 dada pela Equação 75 podem-se obter estimativas para as variâncias das distribuições amostrais de a e de b, permitindo obter intervalos de confiança para os parâmetros populacionais α e β. Assim, $\frac{\hat{\sigma}^2}{ns_X^2} \times \frac{\sum_{i=1}^{n} X_i^2}{n}$ e $\frac{\hat{\sigma}^2}{ns_X^2}$ são estimativas não viciadas de $V(a|X_k)$ e de $V(b|X_k)$, respectivamente. Tem-se que $\frac{a-\alpha}{\sqrt{\frac{\hat{\sigma}^2}{ns_X^2} \times \frac{\sum_{i=1}^{n} X_i^2}{n}}}$ e $\frac{b-\beta}{\sqrt{\frac{\hat{\sigma}^2}{ns_X^2}}}$ seguem distribuições t com $n-2$ graus de liberdade (Breiman, 1969; Rencher, 2002). Assim, intervalos de confiança (com probabilidade $1-\gamma$) para α e β são dados, respectivamente, por

$$P\left(a - \frac{\hat{\sigma}\sqrt{\sum_{i=1}^{n} X_i^2}}{ns_X} F_{t(n-2)}^{-1}\left(1 - \frac{\gamma}{2}\right) \leq \alpha \leq a + \frac{\hat{\sigma}\sqrt{\sum_{i=1}^{n} X_i^2}}{ns_X} F_{t(n-2)}^{-1}\left(1 - \frac{\gamma}{2}\right)\right) = 1 - \gamma \quad (87)$$

e

$$P\left(b - \frac{\hat{\sigma}}{s_X\sqrt{n}} F_{t(n-2)}^{-1}\left(1 - \frac{\gamma}{2}\right) \leq \beta \leq b + \frac{\hat{\sigma}}{s_X\sqrt{n}} F_{t(n-2)}^{-1}\left(1 - \frac{\gamma}{2}\right)\right) = 1 - \gamma. \quad (88)$$

Testando o modelo de regressão linear

As Equações 64 a 67 do Capítulo 3 permitem interessantes interpretações. As equações são aqui reproduzidas:

$$\text{SQT} = \sum_{i=1}^{n}(Y_i - \bar{Y})^2, \quad (89)$$

$$\text{SQR} = \sum_{i=1}^{n}(\hat{Y}_i - \bar{Y})^2, \quad (90)$$

$$\text{SQE} = \sum_{i=1}^{n}(Y_i - \hat{Y}_i)^2 = \sum_{i=1}^{n} e_i^2 \quad (91)$$

e

$$SQT = SQR + SQE. \tag{92}$$

O leitor atento deve ter percebido a semelhança desta equação com a Equação 32 apresentada anteriormente, no contexto da Análise de Variância. Na Equação 92, o número de graus de liberdade de SQT é $n-1$ e de SQE é $n-2$, sobrando um grau de liberdade para SQR. Uma comparação entre as somas de quadrados, divididos pelos respectivos graus de liberdade nos permitirá testar o modelo de regressão.

Análise de variância
Mais especificamente, testa-se

$$H_0: \beta = 0 \tag{93}$$
$$\times$$
$$H_1: \beta \neq 0$$

ou seus correspondentes testes unilaterais. Repare que a aceitação de H_0 significa aceitar que a reta de regressão populacional definida pela Equação 64 seja uma constante, $Y_i = \alpha + \varepsilon_i$, para $i = 1, 2, \ldots, n$ (pois $\beta = 0$), ou seja, independente (linearmente) de X_i, não havendo, de fato, relação linear entre as variáveis X e Y na população de interesse.

Como já evidenciado pela Equação 75, a soma de quadrados SQE dividida por seus graus de liberdade, $n-2$, fornece uma estimativa não viciada de σ^2. Sob H_0 (isto é, supondo que H_0 seja verdadeira, ou seja, que $\beta = 0$), a soma de quadrados SQR dividida por seus graus de liberdade (igual a um) também fornece uma estimativa não viciada de σ^2, pois, supondo conhecidos os valores X_k, para $k = 1, 2, \ldots, n$,

$$\begin{aligned}
E(\text{SQR}|X_k) &= E(\textstyle\sum_{i=1}^{n}(a + bX_i - \bar{Y})^2 |X_k) \\
&= E(\textstyle\sum_{i=1}^{n}(\bar{Y} - \bar{X}b + bX_i - \bar{Y})^2 |X_k) \\
&= E(\textstyle\sum_{i=1}^{n} b^2 (X_i - \bar{X})^2 |X_k) \\
&= E(b^2 \textstyle\sum_{i=1}^{n}(X_i - \bar{X})^2 |X_k) \\
&= E(b^2 n s_X^2 |X_k) \\
&= n s_X^2 E(b^2|X_k) \\
&= n s_X^2 \left(V(b|X_k) + \left(E(b|X_k)\right)^2 \right) \\
&= n s_X^2 \left(\frac{\sigma^2}{n s_X^2} + \beta^2 \right) \\
&= \sigma^2 + n s_X^2 \beta^2 \\
&= \sigma^2 + n s_X^2 \times 0 \\
&= \sigma^2.
\end{aligned} \tag{94}$$

Usando recursivamente as Equações 46 e 47 do Capítulo 6, tem-se

$$E(\text{SQR}) = E_n(\ldots(E_2(E_1(E(\text{SQR}|X_k))))\ldots) = E_n(\ldots(E_2(E_1(\sigma^2)))\ldots) = \sigma^2, \tag{95}$$

independentemente dos valores assumidos pela variável X.

Se H_0 é verdadeira, têm-se, então, duas estimativas não viciadas e independentes de σ^2, com distintos graus de liberdade. Com as suposições de Normalidade da distribuição da variável Y e de ausência de vício no processo de amostragem, pode ser demonstrado que a razão entre $\frac{SQR}{1}$ e $\frac{SQE}{n-2}$, sob H_0, segue uma distribuição F com 1 e $n-2$ graus de liberdade (Irwin, 1931). Conforme salientado no Capítulo 6, somas de quadrados de distribuições Normais padronizadas independentes seguem distribuições χ^2 e a razão entre duas distribuições χ^2, ponderadas por seus respectivos graus de liberdade, segue uma distribuição F. A estatística de teste é, então:

$$F_0 = \frac{SQR}{1} \times \frac{n-2}{SQE}, \qquad (96)$$

que segue uma distribuição $F(1, n-2)$. Tem-se, então,

$$\text{valor } p = P(F > F_0) = 1 - F_{F(1, n-2)}(F_0). \qquad (97)$$

Como sempre, fixado o nível de significância para o teste, a decisão de aceitação ou rejeição de H_0 pode ser tomada com base na regra definida pela expressão 22 do Capítulo 7.

É praxe apresentar os resultados na forma de uma tabela, dispondo os resultados parciais da análise de variância realizada, como mostrado na **Figura 3**.

Na tabela apresentada na **Figura 3** as duas somas de quadrados do modelo de regressão (SQR) e de erros (SQE) são totalizadas na última linha, contendo a soma de quadrados total (SQT). Os graus de liberdade apresentados na terceira coluna da tabela também são totalizados. A quarta coluna é obtida dividindo-se os elementos da segunda coluna pelos correspondentes elementos da terceira. Não há sentido na totalização nesse caso. O segundo elemento da quarta coluna (média de quadrados dos erros, $\frac{SQE}{n-2}$) apresenta a estimativa não viciada da variância do modelo ($\hat{\sigma}^2$). A quinta coluna apresenta a estatística de teste, obtida dividindo-se o primeiro elemento da quarta coluna pelo segundo elemento da mesma coluna. E a sexta coluna contém o valor p, base para a decisão sobre a significância do modelo de regressão linear.

Fonte de variação	Soma de quadrados	Graus de liberdade	Média de quadrados	F	valor p
Regressão	SQR	1	$\frac{SQR}{1}$	$\frac{SQR}{1} \times \frac{n-2}{SQE}$	$1 - F_{F(1, n-2)}(F)$
Erro residual	SQE	$n-2$	$\frac{SQE}{n-2}$		
Total	SQT	$n-1$			

FIGURA 3 Representação abstrata da disposição de dados do teste de significância do modelo de regressão linear $Y = \alpha + \beta X + \varepsilon$ – teste F.
Fonte: Elaborada pelo autor.

Testando o coeficiente de correlação linear

O teste definido pela expressão 93 é equivalente ao teste

$$H_0: \rho_{XY} = 0 \qquad (98)$$
$$\times$$
$$H_1: \rho_{XY} \neq 0$$

conforme se depreende da equivalente populacional da Equação 62 do Capítulo 3, aqui reproduzida:

$$\beta = \rho_{XY} \frac{\sigma_Y}{\sigma_X}. \qquad (99)$$

A equação evidencia que $\rho_{XY} = 0$ se, e somente se, $\beta = 0$. A aceitação de H_0 na expressão 98 significa aceitar que não há relação linear entre as variáveis X e Y na população de interesse, pois o coeficiente de correlação linear é nulo.

Testando hipóteses sobre os parâmetros α e β

A argumentação utilizada para gerar intervalos de confiança para α e β evidencia que $\dfrac{a-\alpha}{\sqrt{\frac{\hat{\sigma}^2}{ns_X^2} \times \frac{\sum_{i=1}^n X_i^2}{n}}}$ e $\dfrac{b-\beta}{\sqrt{\frac{\hat{\sigma}^2}{ns_X^2}}}$ seguem distribuições t com $n-2$ graus de liberdade. O conhecimento dessas distribuições permite testar hipóteses a respeito dos coeficientes do modelo. Mais especificamente, testa-se o coeficiente linear α por

$$H_0: \alpha = \alpha_0 \qquad (100)$$
$$\times$$
$$H_1: \alpha \neq \alpha_0$$

A estatística de teste é

$$t_0 = \frac{ns_X(a-\alpha_0)}{\hat{\sigma}\sqrt{\sum_{i=1}^n X_i^2}}, \qquad (101)$$

que, conforme já salientado, segue uma distribuição t de Student com $n-2$ graus de liberdade. O valor p correspondente ao teste pode ser determinado por:

$$\text{valor } p = 2(1 - F_{t(n-2)}(|t_0|)). \qquad (102)$$

Como sempre, fixado o nível de significância para o teste, a decisão de aceitação ou rejeição de H_0 pode ser tomada com base na regra definida pela expressão 22 do Capítulo 7.

O teste do coeficiente angular β é dado por

$$H_0: \beta = \beta_0 \qquad (103)$$
$$\times$$
$$H_1: \beta \neq \beta_0$$

A correspondente estatística de teste é

$$t_0 = \frac{s_X\sqrt{n}(b-\beta_0)}{\hat{\sigma}}, \qquad (104)$$

que também segue uma distribuição t de Student com $n - 2$ graus de liberdade. O valor p correspondente ao teste é o mesmo dado pela Equação 102.

As Equações 100 a 104 descrevem testes genéricos, para quaisquer valores de α_0 e β_0. Os testes mais interessantes e usuais, entretanto, são os testes de nulidade dos coeficientes (ou seja, com $\alpha_0 = 0$ ou $\beta_0 = 0$). Nesses casos, a aceitação da hipótese nula carrega consigo a implicação de que o modelo pode ser simplificado. Para testes de nulidade dos coeficientes, é praxe apresentar os resultados na forma de uma tabela, dispondo os resultados parciais, como mostrado na **Figura 4**.

A primeira coluna contém os elementos da matriz $(\mathbb{X}^T\mathbb{X})^{-1}\mathbb{X}^T Y$, enquanto a segunda coluna contém a raiz quadrada dos produtos dos elementos da diagonal da matriz $(\mathbb{X}^T\mathbb{X})^{-1}$ por $\frac{\text{SQE}}{n-2}$. A terceira coluna mostra as estatísticas de teste, obtidas pela divisão dos elementos da primeira coluna pelos correspondentes elementos da segunda coluna. A quarta coluna contém o valor p de cada teste, base para a decisão sobre a nulidade (ou não) de cada um dos coeficientes do modelo de regressão linear.

O leitor atento deve ter percebido que o teste definido pela expressão 93 é um caso particular do teste definido pela expressão 103. As estatísticas de teste, entretanto, são distintas, aquela usando a distribuição F e esta usando a distribuição t. Como salientado no Capítulo 6, o quadrado de uma variável distribuída conforme a distribuição $t(\nu)$ distribui-se conforme a distribuição $F(1,\nu)$. De fato, as duas estatísticas de teste se equivalem, pois, tomando $\beta_0 = 0$, o quadrado da estatística de teste definida pela expressão 104 é

$$t_0^2 = \frac{ns_X^2 b^2}{\hat{\sigma}} = \frac{ns_X^2 b^2}{\frac{\text{SQE}}{n-2}} = \frac{\text{SQR}}{1} \times \frac{n-2}{\text{SQE}} = F_0, \qquad (105)$$

como na Equação 96. As estatísticas de teste estão de fato relacionadas e as Equações 97 e 102 são, evidentemente, equivalentes.

Variável preditora	Coeficiente	Erro padrão do coeficiente	t	valor p
Constante	a	$\dfrac{\hat{\sigma}\sqrt{\sum_{i=1}^n X_i^2}}{ns_X}$	$\dfrac{ns_X a}{\hat{\sigma}\sqrt{\sum_{i=1}^n X_i^2}}$	$2(1 - F_{t(n-2)}(|t|))$
X	b	$\dfrac{\hat{\sigma}}{s_X\sqrt{n}}$	$\dfrac{s_X\sqrt{n}\,b}{\hat{\sigma}}$	$2(1 - F_{t(n-2)}(|t|))$

FIGURA 4 Representação abstrata da disposição de dados dos testes de significância dos coeficientes do modelo de regressão linear $Y = \alpha + \beta X + \varepsilon$ – testes t.
Fonte: Elaborada pelo autor.

> **Exemplo 10**
> Considere os dados do Exemplo 3 do Capítulo 3, referentes à rentabilidade diária (dos 247 dias úteis do ano de 2010) das ações preferenciais nominativas da Petrobrás e da Companhia Vale do Rio Doce, respectivamente, com base nos preços de fechamento dos pregões. No Capítulo 3 já tínhamos determinado, por mínimos quadrados, a equação que relaciona os retornos financeiros das ações da Vale e da Petro como $\text{ret}_V = 0{,}0012 + 0{,}5168 \times \text{ret}_P$, onde ret_V e ret_P simbolizam, respectivamente, os retornos das ações da Vale e da Petro no ano de 2010. Ou seja, $a = 0{,}0012$ e $b = 0{,}5168$. Também se determinou $r = 0{,}51$. De fato, para os dados do exemplo, $n = 247$, e tomando-se $Y = \begin{bmatrix} \text{ret}_{V_1} \\ \vdots \\ \text{ret}_{V_n} \end{bmatrix}$ e $\mathbb{X} = \begin{bmatrix} 1 & \text{ret}_{P_1} \\ \vdots & \vdots \\ 1 & \text{ret}_{P_n} \end{bmatrix}$, tem-se que
>
> $\mathbb{X}^T\mathbb{X} = \begin{bmatrix} 247 & -0{,}2609 \\ -0{,}2609 & 0{,}08030 \end{bmatrix}$, $\mathbb{X}^T Y = \begin{bmatrix} 0{,}1590 \\ 0{,}04119 \end{bmatrix}$ e $(\mathbb{X}^T\mathbb{X})^{-1} = \begin{bmatrix} 0{,}004063 & 0{,}01320 \\ 0{,}01320 & 12{,}4968 \end{bmatrix}$,
>
> de modo que $\begin{bmatrix} a \\ b \end{bmatrix} = (\mathbb{X}^T\mathbb{X})^{-1}\mathbb{X}^T Y = \begin{bmatrix} 0{,}001190 \\ 0{,}5168 \end{bmatrix}$.[22] A função VAR.P do Microsoft Excel© nos informa que $s_{\text{ret}_V}^2 = 0{,}0003303$ e $s_{\text{ret}_P}^2 = 0{,}0003240$. As somas de quadrados total, da regressão e de erros relacionam-se segundo a Equação 92, tendo-se que $\text{SQT} = ns_{\text{ret}_V}^2 = 247 \times 0{,}0003303 = 0{,}08157$ e $\text{SQR} = b^2 n s_{\text{ret}_P}^2 = 0{,}5168^2 \times 247 \times 0{,}0003240 = 0{,}02137$, de modo que $\text{SQE} = 0{,}08157 - 0{,}02137 = 0{,}06020$. Assim, as Equações 69 e 70 do Capítulo 3 nos informam que $r^2 = \frac{0{,}02137}{0{,}08157} = 0{,}2620$ e $r = \sqrt{0{,}2620} = 0{,}51$. As Equações 96 e 97 permitem testar a significância do modelo. A estatística de teste é $F_0 = \frac{\text{SQR}}{1} \times \frac{n-2}{\text{SQE}} = 0{,}02137 \times \frac{245}{0{,}06020} = 86{,}9876$ e a função DIST.F do Microsoft Excel© nos informa que valor $p = 1 - F_{F(1;245)}(86{,}9876) = 0{,}0000$. Os dados estão dispostos na **Tabela 12**.

TABELA 12 Teste de significância do modelo de regressão linear $\text{ret}_V = \alpha + \beta\text{ret}_P + \varepsilon$

Fonte de variação	Soma de quadrados	Graus de liberdade	Média de quadrados	F	valor p
Regressão	0,02137	1	0,02137	86,9876	0,0000
Erro residual	0,06020	245	0,0002457		
Total	0,08157	246			

Fonte: Elaborada pelo autor.

Rejeita-se, assim, a hipótese (nula) de que as duas variáveis não estejam relacionadas linearmente. As Equações 100 a 104 permitem testar individualmente a nulidade dos valores dos coeficientes da reta de regressão linear. Os dados estão dispostos na **Tabela 13**.

---

[22] Todos os cálculos matriciais foram realizados com o auxílio das funções matriciais disponíveis no pacote Microsoft Excel©.

TABELA 13 Estimativas pontuais dos coeficientes do modelo de regressão linear $\text{ret}_V = \alpha + \beta \text{ret}_P + \varepsilon$ e respectivos testes de significância

Variável preditora	Coeficiente	Erro padrão do coeficiente	t	valor p
Constante	0,001190	0,0009991	1,1907	0,2349
ret_P	0,5168	0,05541	9,3267	0,0000

Fonte: Elaborada pelo autor.

Rejeita-se, assim, a hipótese de nulidade do coeficiente angular do modelo de regressão $\text{ret}_V = \alpha + \beta \text{ret}_P + \varepsilon$, consistentemente com a decisão do teste anteriormente realizado,[23] embora deva ser aceita a hipótese de nulidade de seu coeficiente linear. O modelo poderia ser simplificado, eliminando-se seu coeficiente linear.

Exemplo 11

Considere os dados do Exemplo 4 do Capítulo 3, referentes à expectativa de vida ao nascimento e à taxa de mortalidade infantil de 175 países. No Capítulo 3, já tínhamos determinado, por mínimos quadrados, a equação que relaciona as duas variáveis como EVN = 78,79 − 0,32 × TMI, onde EVN e TMI simbolizam, respectivamente, a expectativa de vida ao nascimento e a taxa de mortalidade infantil dos países analisados. Ou seja, $a = 78,79$ e $b = -0,32$. Também se determinou que $r = -0,93$. De fato, para os dados do exemplo $n = 175$, e tomando-se $Y = \begin{bmatrix} \text{EVN}_1 \\ \vdots \\ \text{EVN}_n \end{bmatrix}$ e $\mathbb{X} = \begin{bmatrix} 1 & \text{TMI}_1 \\ \vdots & \vdots \\ 1 & \text{TMI}_n \end{bmatrix}$, têm-se que $\mathbb{X}^T \mathbb{X} = \begin{bmatrix} 175 & 5412,40 \\ 5412,40 & 311601,92 \end{bmatrix}$, $\mathbb{X}^T Y = \begin{bmatrix} 12055,93 \\ 326723,59 \end{bmatrix}$ e $(\mathbb{X}^T \mathbb{X})^{-1} = \begin{bmatrix} 0,01235 & -0,0002145 \\ -0,0002145 & 0,000006934 \end{bmatrix}$, de modo que $\begin{bmatrix} a \\ b \end{bmatrix} = (\mathbb{X}^T \mathbb{X})^{-1} \mathbb{X}^T Y = \begin{bmatrix} 78,79 \\ -0,32 \end{bmatrix}$. A função VAR.P do Microsoft Excel© nos informa que $s_{\text{EVN}}^2 = 97,27$ e $s_{\text{TMI}}^2 = 824,04$. As somas de quadrados total, da regressão e de erros relacionam-se segundo a Equação 92, tendo-se que $\text{SQT} = n s_{\text{EVN}}^2 = 175 \times 97,27 = 17022,18$ e $\text{SQR} = b^2 n s_{\text{TMI}}^2 = (-0,32)^2 \times 175 \times 824,04 = 14764,12$, de modo que $\text{SQE} = 17022,18 - 14764,12 = 2258,06$. Assim, as Equações 69 e 70 do Capítulo 3 nos informam que $r^2 = \frac{14764,12}{17022,18} = 0,8673$ e $r = -\sqrt{0,8673} = -0,93$.[24] As Equações 96 e 97 permitem testar a significância do modelo. A estatística de teste é $F_0 = \frac{\text{SQR}}{1} \times \frac{n-2}{\text{SQE}} = 14764,12 \times \frac{173}{2258,06} = 1131,15$ e a função DIST.F do Microsoft Excel© nos informa que valor $p = 1 - F_{F(1,173)}(1131,15) = 0,0000$.

---

[23] O leitor atento deve ter percebido que $9,3267^2 = 86,9876$.
[24] O sinal negativo decorre da relação inversa entre as duas variáveis, dada pelo sinal de b.

Os dados estão dispostos na **Tabela 14**.

TABELA 14 Teste de significância do modelo de regressão linear $EVN = \alpha + \beta TMI + \varepsilon$

Fonte de variação	Soma de quadrados	Graus de liberdade	Média de quadrados	F	valor p
Regressão	14764,12	1	14764,12	1131,15	0,0000
Erro residual	2258,06	173	13,05		
Total	17022,18	174			

Fonte: Elaborada pelo autor.

Rejeita-se, assim, a hipótese (nula) de que as duas variáveis não estejam relacionadas linearmente. As Equações 100 a 104 permitem testar individualmente a nulidade dos valores dos coeficientes da reta de regressão linear. Os dados estão dispostos na **Tabela 15**.

TABELA 15 Estimativas pontuais dos coeficientes do modelo de regressão linear $EVN = \alpha + \beta TMI + \varepsilon$ e respectivos testes de significância

Variável preditora	Coeficiente	Erro padrão do coeficiente	t	valor p
Constante	78,7871	0,4015	196,2561	0,0000
ret$_P$	−0,32	0,009514	−33,6325	0,0000

Fonte: Elaborada pelo autor.

Rejeita-se, assim, tanto a hipótese de nulidade do coeficiente angular do modelo de regressão $EVN = \alpha + \beta TMI + \varepsilon$, consistentemente com a decisão do teste realizado antes, como a hipótese de nulidade de seu coeficiente linear.

Intervalos de confiança para $E(Y|X)$

De um modo genérico, a Equação 64 pode ser reescrita como

$$Y = \alpha + \beta X + \varepsilon, \tag{106}$$

resumindo a relação entre as variáveis Y e X. O valor esperado de Y, condicionado à variável X, é dado por

$$E(Y|X) = \alpha + \beta X = \mu_X, \tag{107}$$

pois $E(\varepsilon) = 0$. Tal valor pode ser estimado a partir das estimativas de α e β por

$$\hat{\mu}_X = a + bX. \tag{108}$$

A Equação 108 evidencia que a distribuição amostral de $\hat{\mu}_X$ (variável entre as possíveis amostras) é Normal, pois é uma combinação linear das variáveis aleatórias a e b, cuja distribuição conjunta é Normal, como já salientado. Seu valor esperado é dado por

$$E(\hat{\mu}_X) = E(a) + E(b)X = \alpha + \beta X = \mu_X, \qquad (109)$$

evidenciando que $\hat{\mu}_X$ é um estimador não viciado de μ_X. Sua variância é dada por

$$\begin{aligned}
V(\hat{\mu}_X) &= V(a) + V(b)X^2 + 2XC(a,b) \\
&= \frac{\sigma^2}{ns_X^2}\frac{\sum_{i=1}^n X_i^2}{n} + \frac{X^2\sigma^2}{ns_X^2} - \frac{2X\sigma^2}{ns_X^2}\bar{X} \\
&= \frac{\sigma^2}{ns_X^2}\left(\frac{\sum_{i=1}^n X_i^2}{n} + X^2 - 2X\bar{X}\right) \\
&= \frac{\sigma^2}{ns_X^2}\left(\frac{\sum_{i=1}^n X_i^2}{n} + (X - \bar{X})^2 - \bar{X}^2\right) \\
&= \frac{\sigma^2}{ns_X^2}(s_X^2 + (X - \bar{X})^2).
\end{aligned} \qquad (110)$$

Da estimativa de σ^2 dada pela Equação 75 pode-se obter uma estimativa para a variância da distribuição amostral de $\hat{\mu}_X$, permitindo obter intervalos de confiança para μ_X. Assim, $\frac{\hat{\sigma}^2}{ns_X^2}(s_X^2 + (X - \bar{X})^2) = \hat{\sigma}^2\left(\frac{1}{n} + \frac{(X-\bar{X})^2}{ns_X^2}\right)$ é uma estimativa não viciada de $V(\hat{\mu}_X)$ e $\frac{\hat{\mu}_X - \mu_X}{\hat{\sigma}\sqrt{\frac{1}{n} + \frac{(X-\bar{X})^2}{ns_X^2}}}$ segue uma distribuição t com $n - 2$ graus de liberdade (Breiman, 1969). Logo, um intervalo de confiança (com probabilidade $1 - \gamma$) para μ_X é dado por

$$P\left(\hat{\mu}_X - \hat{\sigma}\sqrt{\frac{1}{n} + \frac{(X-\bar{X})^2}{ns_X^2}} F^{-1}_{t(n-2)}\left(1 - \frac{\gamma}{2}\right) \leq \mu_X \leq \hat{\mu}_X + \hat{\sigma}\sqrt{\frac{1}{n} + \frac{(X-\bar{X})^2}{ns_X^2}} F^{-1}_{t(n-2)}\left(1 - \frac{\gamma}{2}\right)\right) = 1 - \gamma.$$
(111)

O leitor atento deve ter reparado a sutileza desse desenvolvimento, comparado com as Equações 90 e 91. As Equações 90 e 91 oferecem intervalos de confiança para cada um dos coeficientes do modelo, cada um assegurando uma confiança probabilística igual a $1 - \gamma$. Seu desenvolvimento, entretanto, foi feito separadamente, representando confianças avaliadas independentemente, e a confiança conjunta dos dois intervalos é menor do que a confiança de cada um dos intervalos. De fato, a confiança conjunta é dada por

$$(1 - \gamma)^2 = 1 - 2\gamma + \gamma^2 = 1 - \gamma - \gamma(1 - \gamma) < 1 - \gamma. \qquad (112)$$

A Equação 111, por outro lado, oferece um intervalo de confiança para o modelo de regressão como um todo, com seus dois coeficientes avaliados conjuntamente, levando em conta as variabilidades amostrais de ambos estimadores, a e b. Erros amostrais fazem a reta de regressão tanto flutuar verticalmente, para cima e para baixo, de acordo com as flutuações do estimador de seu coeficiente linear, como oscilar em torno do ponto médio $(\bar{X}, \bar{Y})$ (que, por sua vez, também oscila em torno de $(E(X), E(Y))$), de acordo com as flutuações do estimador de seu coeficiente angular. Trata-se, assim, de uma avaliação mais representativa do modelo como um todo. O exemplo a seguir ilustra o conceito.

Exemplo 12

A **Tabela 16** apresenta dados simulados de duas variáveis.

TABELA 16 Dados (fictícios) sobre duas variáveis

X	Y
1	142,46
2	150,24
3	197,93
4	208,29
5	158,57
6	267,17
7	282,43
8	159,04
9	188,55
10	266,18

Fonte: Elaborada pelo autor.

Os dados da variável Y foram obtidos por simulação do modelo $Y = \alpha + \beta X + \varepsilon$, fixando a variável X com números inteiros de 1 a 10, usando os valores dos parâmetros $\alpha = 200$, $\beta = 3$ e $\varepsilon \sim N(0, \sigma)$, com $\sigma = 40$. Para os dados apresentados, $n = 10$,

$$\mathbb{X}^T\mathbb{X} = \begin{bmatrix} 10 & 55 \\ 55 & 385 \end{bmatrix}, \mathbb{X}^T Y = \begin{bmatrix} 2020,85 \\ 11873,76 \end{bmatrix} \text{ e } (\mathbb{X}^T\mathbb{X})^{-1} = \begin{bmatrix} 0,4667 & -0,06667 \\ -0,06667 & 0,01212 \end{bmatrix}, \text{de}$$

modo que $\begin{bmatrix} a \\ b \end{bmatrix} = (\mathbb{X}^T\mathbb{X})^{-1}\mathbb{X}^T Y = \begin{bmatrix} 151,4777 \\ 9,2013 \end{bmatrix}$. A função VAR.P do Microsoft Excel© nos informa que $s_Y^2 = 2502{,}69$ e $s_X^2 = 8{,}25$. Tem-se SQT $= n s_Y^2 = 10 \times 2502{,}69 = 25026{,}90$ e SQR $= b^2 n s_X^2 = 9{,}2013^2 \times 10 \times 8{,}25 = 6984{,}72$, de modo que SQE $= 25026{,}90 - 6984{,}72 = 18042{,}18$. Assim, $r^2 = \frac{6984{,}72}{25026{,}90} = 0{,}2791$ e $r = \sqrt{0{,}2791} = 0{,}53$.

A **Figura 5** apresenta o gráfico de dispersão dos dados, juntamente com os intervalos de confiança para $\mu_X = \alpha + \beta X$, conforme a Equação 111.

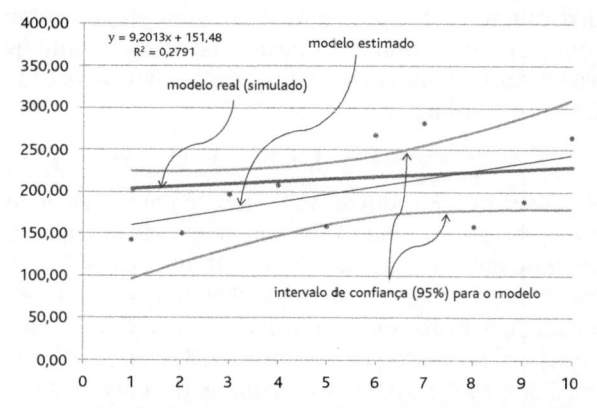

FIGURA 5 Gráfico de dispersão para os dados da Tabela 16, modelo real simulado ($Y = \alpha + \beta X + \varepsilon$), modelo estimado ($Y = 151{,}48 + 9{,}20 X$), e intervalos de confiança para $\mu_X = \alpha + \beta X$.
Fonte: Elaborada pelo autor.

Observe como os intervalos de confiança são mais largos para valores de X mais afastados de sua média amostral, $\bar{X}$. De fato, de acordo com a Equação 110, $V(\hat{\mu}_X)$ é mínimo quando $X = \bar{X}$. O gráfico nos mostra que a verdadeira reta de regressão (no exemplo dado, representada por linha mais grossa, para a particular amostra considerada) deve estar contida na faixa entre as duas curvas parabólicas, com a confiança estipulada (no exemplo dado, de 95%).

Intervalos de confiança para Y dado X

Uma das aplicações mais comuns dos modelos de regressão linear trata de estabelecer previsões para a variável dependente Y a partir de valores conhecidos da variável independente X. A estimativa $\hat{\mu}_X$ de μ_X dada pela Equação 108 oferece uma estimativa pontual para Y condicionado a X, embora com variância um tanto quanto maior, levando em conta a variabilidade populacional de Y em torno de seu valor esperado μ_X. De fato, conforme as Equações 105 e 107, tem-se

$$Y = \mu X + \varepsilon, \qquad (113)$$

evidenciando que um intervalo de confiança para Y, condicionado aos valores da variável X, é facilmente obtido a partir do intervalo de confiança para μ_X incorporando a variabilidade adicional da variável de erro. Tem-se, pois

$$V(\hat{Y}|X) = V(\hat{\mu}_X) + V(\varepsilon|X) = \sigma^2 \left(\frac{1}{n} + \frac{(X-\bar{X})^2}{ns_X^2}\right) + \sigma^2 = \sigma^2 \left(1 + \frac{1}{n} + \frac{(X-\bar{X})^2}{ns_X^2}\right). \qquad (114)$$

O leitor atento deve ter observado as semelhanças (e as diferenças) entre as Equações 110 e 114, esta diferenciando-se daquela pela introdução de uma unidade na expressão entre parênteses. $V(\hat{Y}|X)$ é, assim, bastante maior do que $V(\hat{\mu}_X)$, especialmente se o tamanho da amostra for grande. Da estimativa de σ^2 dada pela Equação 75 pode-se obter uma estimativa para a variância da distribuição amostral de $\hat{Y}$, condicionada aos valores da variável X, permitindo obter intervalos de confiança para Y. Assim, $\hat{\sigma}^2 \left(1 + \frac{1}{n} + \frac{(X-\bar{X})^2}{ns_X^2}\right)$ é uma estimativa não viciada de $V(\hat{Y}|X)$ e $\dfrac{\hat{\mu}_X - Y}{\hat{\sigma}\sqrt{1 + \frac{1}{n} + \frac{(X-\bar{X})^2}{ns_X^2}}}$ segue uma distribuição t com $n - 2$ graus de liberdade. Logo, um intervalo de confiança (com probabilidade $1 - \gamma$) para Y é dado por

$$P\left(\hat{\mu}_X - \hat{\sigma}\sqrt{1 + \tfrac{1}{n} + \tfrac{(X-\bar{X})^2}{ns_X^2}}\, F^{-1}_{t(n-2)}\!\left(1 - \tfrac{\gamma}{2}\right) \le Y \le \hat{\mu}_X + \hat{\sigma}\sqrt{1 + \tfrac{1}{n} + \tfrac{(X-\bar{X})^2}{ns_X^2}}\, F^{-1}_{t(n-2)}\!\left(1 - \tfrac{\gamma}{2}\right)\right) = 1 - \gamma.$$

(115)

Exemplo 13

Agora, vamos simular o modelo $Y = \alpha + \beta X + \varepsilon$, usando os mesmos valores dos parâmetros do exemplo anterior, isto é, $\alpha = 200$, $\beta = 3$ e $\varepsilon \sim N(0, \sigma)$, com $\sigma = 40$, mas com uma amostra de tamanho $n = 100$ (isto é, fixando a variável X com números inteiros de 1 a 100). Os correspondentes dados são apresentados no **Quadro 11**.

QUADRO 11 Dados (fictícios) sobre duas variáveis

1 – 189,77; 2 – 263,34; 3 – 182,53; 4 – 224,97; 5 – 207,49; 6 – 284,30; 7 – 206,08; 8 – 214,72; 9 – 243,69; 10 – 273,58; 11 – 242,66; 12 – 242,55; 13 – 269,74; 14 – 161,64; 15 – 337,87; 16 – 192,26; 17 – 231,59; 18 – 304,63; 19 – 273,34; 20 – 252,39; 21 – 257,42; 22 – 326,53; 23 – 236,85; 24 – 234,45; 25 – 264,94; 26 – 303,51; 27 – 295,04; 28 – 243,50; 29 – 280,34; 30 – 238,07; 31 – 221,08; 32 – 318,70; 33 – 298,23; 34 – 321,37; 35 – 294,38; 36 – 270,96; 37 – 323,37; 38 – 342,29; 39 – 336,31; 40 – 366,24; 41 – 346,09; 42 – 320,03; 43 – 314,59; 44 – 277,78; 45 – 380,34; 46 – 350,69; 47 – 337,97; 48 – 417,10; 49 – 346,33; 50 – 316,84; 51 – 362,31; 52 – 375,54; 53 – 294,96; 54 – 320,20; 55 – 383,39; 56 – 374,98; 57 – 353,58; 58 – 403,47; 59 – 411,72; 60 – 369,58; 61 – 390,07; 62 – 370,08; 63 – 388,53; 64 – 396,40; 65 – 394,24; 66 – 429,92; 67 – 487,96; 68 – 402,40; 69 – 419,63; 70 – 459,11; 71 – 391,48; 72 – 391,12; 73 – 404,46; 74 – 432,23; 75 – 360,24; 76 – 376,63; 77 – 462,67; 78 – 388,56; 79 – 422,21; 80 – 438,98; 81 – 477,66; 82 – 427,78; 83 – 419,19; 84 – 455,94; 85 – 376,63; 86 – 475,17; 87 – 467,70; 88 – 507,07; 89 – 443,53; 90 – 479,96; 91 – 455,24; 92 – 482,31; 93 – 457,08; 94 – 492,06; 95 – 419,48; 96 – 522,25; 97 – 487,18; 98 – 532,28; 99 – 504,45; 100 – 482,25.

Fonte: Elaborado pelo autor.

Para os dados apresentados, $n = 100$, $\mathbb{X}^T\mathbb{X} = \begin{bmatrix} 100 & 5050 \\ 5050 & 338350 \end{bmatrix}$,

$\mathbb{X}^T Y = \begin{bmatrix} 35202,32 \\ 2018487,11 \end{bmatrix}$ e $(\mathbb{X}^T\mathbb{X})^{-1} = \begin{bmatrix} 0,04061 & -0,0006061 \\ -0,0006061 & 0,00001200 \end{bmatrix}$, de modo que

$\begin{bmatrix} a \\ b \end{bmatrix} = (\mathbb{X}^T\mathbb{X})^{-1}\mathbb{X}^T Y = \begin{bmatrix} 206,1020 \\ 2,8895 \end{bmatrix}$. A função VAR.P do Microsoft Excel© nos informa que $s_Y^2 = 8152,08$ e $s_X^2 = 833,25$. Tem-se SQT $= ns_Y^2 = 100 \times 8152,08 = 81$ 5208,23 e SQR $= b^2 ns_X^2 = 2,8895^2 \times 100 \times 833,25 = 695712,01$, de modo que SQE $= 815208,23 - 695712,01 = 119496,22$. Assim, $r^2 = \frac{695712,01}{815208,23} = 0,8534$ e $r = \sqrt{0,8534} = 0,92$. A **Figura 6** apresenta o gráfico de dispersão dos dados, juntamente com os intervalos de confiança para $\mu_X = \alpha + \beta X$, conforme a Equação 111, e os intervalos de confiança para Y dado X, conforme a Equação 115.

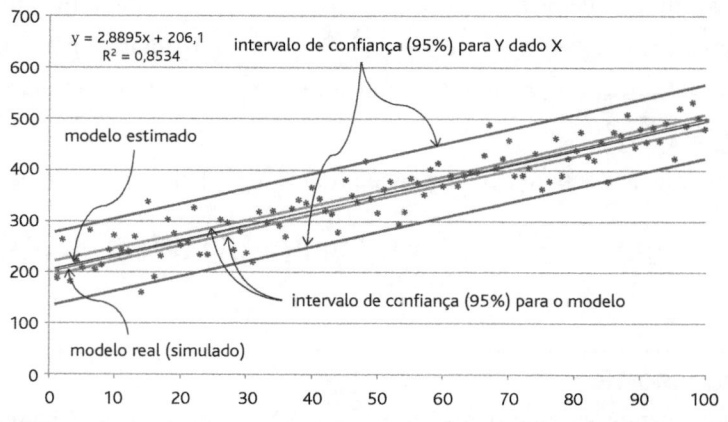

FIGURA 6 Gráfico de dispersão para os dados do Quadro 11, modelo real simulado ($Y = \alpha + \beta X + \varepsilon$), modelo estimado ($Y = 206,10 + 2,89X$), intervalos de confiança para $\mu_X = \alpha + \beta X$ e intervalos de confiança para Y dado X.
Fonte: Elaborada pelo autor.

> Observe como os intervalos de confiança para Y dado X são mais amplos do que os intervalos de confiança para μ_X. O gráfico nos mostra que os verdadeiros valores de Y (no exemplo dado, representados pelos pontos, para a particular amostra considerada) devem estar contidos na faixa entre as duas curvas mais afastadas, com a confiança estipulada (no exemplo dado, de 95%).

Análise de resíduos

Uma das suposições fundamentais da análise de regressão, que permite estabelecer todos os processos inferenciais sobre seus parâmetros, anteriormente apresentados, refere-se à Normalidade dos erros, induzindo Normalidade à variável dependente Y. Tal suposição pode ser checada analisando-se o comportamento dos resíduos do processo de mínimos quadrados. Os resíduos distribuem-se Normalmente em torno de zero, como veremos a seguir, mas não são independentes nem identicamente distribuídos, havendo maior variabilidade para resíduos correspondentes a valores da variável X afastados de sua média amostral $\bar{X}$.

A Equação 79 evidencia que a distribuição amostral conjunta dos resíduos do modelo de regressão obtido pelo método dos mínimos quadrados, condicionada aos valores $X_1, X_2, \dots, X_n$, é Normal, pois são somas ponderadas de distribuições Normais, as distribuições de ε_i com pesos dados pelas linhas da matriz $I_n - \mathbb{H}$.

Supondo conhecidos os valores X_k, para $k = 1, 2, \dots, n$, tem-se

$$E(e|X_k) = E((I_n - \mathbb{H})\boldsymbol{\varepsilon}|X_k) = (I_n - \mathbb{H})E(\boldsymbol{\varepsilon}|X_k) = (I_n - \mathbb{H})\mathbf{0}_n = \mathbf{0}_n. \quad (116)$$

Usando recursivamente as Equações 46 e 47 do Capítulo 5, tem-se

$$E(\boldsymbol{e}) = E_n\left(\dots\left(E_2\left(E_1(E(\boldsymbol{e}|X_k))\right)\right)\dots\right) = E_n\left(\dots\left(E_2(E_1(\mathbf{0}_n))\right)\dots\right) = \mathbf{0}_n, \quad (117)$$

evidenciando que o valor esperado de cada resíduo é zero, independentemente dos valores assumidos pela variável X.

A matriz de variância e covariância dos resíduos condicionada aos valores de X_k, para $k = 1, 2, \dots, n$, $(\Sigma_e|X_k)$, pode ser determinada a partir da constatação de que

$$\boldsymbol{ee}^\mathrm{T} = (I_n - \mathbb{H})\boldsymbol{\varepsilon}((I_n - \mathbb{H})\boldsymbol{\varepsilon})^\mathrm{T} = (I_n - \mathbb{H})\boldsymbol{\varepsilon}\boldsymbol{\varepsilon}^\mathrm{T}(I_n - \mathbb{H})^\mathrm{T} = (I_n - \mathbb{H})\boldsymbol{\varepsilon}\boldsymbol{\varepsilon}^\mathrm{T}(I_n - \mathbb{H}),$$
$$(118)$$

pois a simetria de $\mathbb{H}$ induz a simetria de $I_n - \mathbb{H}$. Logo,

$$
\begin{aligned}
(\Sigma_e|X_k) &= E(\boldsymbol{ee}^\mathrm{T}|X_k) \\
&= E\left((I_n - \mathbb{H})\boldsymbol{\varepsilon}\boldsymbol{\varepsilon}^\mathrm{T}(I_n - \mathbb{H})\big|X_k\right) \\
&= (I_n - \mathbb{H})E(\boldsymbol{\varepsilon}\boldsymbol{\varepsilon}^\mathrm{T}|X_k)(I_n - \mathbb{H}) \\
&= (I_n - \mathbb{H})\sigma^2 I_n(I_n - \mathbb{H}) \\
&= \sigma^2(I_n - \mathbb{H})(I_n - \mathbb{H}) \\
&= \sigma^2(I_n - \mathbb{H}),
\end{aligned}
\quad (119)
$$

pois $(I_n - \mathbb{H})(I_n - \mathbb{H}) = I_n - \mathbb{H} - \mathbb{H} + \mathbb{H}^2 = I_n - \mathbb{H}$ (a idempotência de $\mathbb{H}$ induz a idempotência de $I_n - \mathbb{H}$). A Equação 83 mostra que o elemento posicionado na i-ésima linha e j-ésima coluna de $\mathbb{H}$ é

$$\mathbb{H}_{ij} = \frac{1}{n} + \frac{(X_i - \bar{X})(X_j - \bar{X})}{n s_X^2}. \tag{120}$$

Assim, a covariância entre e_i e e_j, para $i \neq j$, condicionada aos valores de X_k, para $k = 1, 2, \ldots, n$, dada pelos valores fora da diagonal principal de $(\Sigma_e | X_k) = \sigma^2 (I_n - \mathbb{H})$, é

$$C(e_i, e_j | X_k) = \sigma^2 (0 - \mathbb{H}_{ij}) = -\sigma^2 \left(\frac{1}{n} + \frac{(X_i - \bar{X})(X_j - \bar{X})}{n s_X^2} \right). \tag{121}$$

Em geral, $\frac{1}{n} + \frac{(X_i - \bar{X})(X_j - \bar{X})}{n s_X^2} \neq 0$, de modo que $C(e_i, e_j | X_k) \neq 0$, evidenciando que os resíduos **não** são independentes.

A variância de e_i, condicionada aos valores de X_k, para $k = 1, 2, \ldots, n$, é dada pelo i-ésimo elemento da diagonal principal de $(\Sigma_e | X_k) = \sigma^2 (I_n - \mathbb{H})$, ou seja,

$$V(e_i | X_k) = \sigma^2 (1 - \mathbb{H}_{ii}) = \sigma^2 \left(1 - \left(\frac{1}{n} + \frac{(X_i - \bar{X})^2}{n s_X^2} \right) \right). \tag{122}$$

Claramente, distintos resíduos possuem distintas variâncias, pois $\frac{1}{n} + \frac{(X_i - \bar{X})^2}{n s_X^2}$ não é constante, de modo que as distribuições dos distintos resíduos **não** são idênticas, embora sejam Normais, como evidenciado pela Equação 79.

A implicação dessas constatações é que o teste de Normalidade de resíduos não pode ser realizado trivialmente, pois os testes, em geral, exigem amostras independentes e identicamente distribuídas, como o teste de Lilliefors apresentado no Capítulo 7. Normalmente apenas uma checagem visual é realizada utilizando-se gráficos bidimensionais mostrando a magnitude dos resíduos correspondentes a cada observação. Deve ser ressaltado que uma análise mais apropriada será obtida padronizando-se os resíduos, para que tenham variância unitária.

Resíduos transformados

Para contornar ao menos parcialmente as indesejáveis características das distribuições dos resíduos, anteriormente apresentadas (não independência entre si e com distintas variâncias), diversas transformações nos dados têm sido sugeridas na literatura, a mais difundida delas é o procedimento rotulado por **studentização** dos resíduos. O procedimento obtém um novo conjunto de resíduos, ainda dependentes entre si, mas com variâncias iguais e unitárias.

Studentização interna

Da estimativa de σ^2 dada pela Equação 75 podem-se obter estimativas para as variâncias dos resíduos, condicionais aos valores X_k, para $k = 1, 2, \ldots, n$, definidas pela Equação 122, que são então usadas para padronizar os resíduos. Mais especificamente, definem-se os resíduos padronizados (studentizados internamente) por

$$r_i = \frac{e_i}{\hat{\sigma}\sqrt{1-\mathbb{H}_{ii}}}, \text{ para } i = 1, 2, \ldots, n. \tag{123}$$

Cook e Weisberg (1982) mostram que $\frac{r_i^2}{n-2}$ segue uma distribuição Beta $\left(\frac{1}{2}, \frac{n-3}{2}\right)$,

$E(r_i) = 0, V(r_i) = 1 \text{ e } C(r_i, r_j | X_k) = -\frac{\mathbb{H}_{ij}}{\sqrt{(1-\mathbb{H}_{ii})(1-\mathbb{H}_{jj})}}$, para $i \neq j$.

Studentização externa

Outro procedimento mais sofisticado consiste em utilizar uma estimativa de σ^2 independente de e_i, para cada $i = 1, 2, \ldots, n$. O procedimento é, algumas vezes, chamado de "deixe um de fora" (do inglês, *leave one out*). Deixa-se de lado o i-ésimo caso (as observações X_i e Y_i), reduzindo-se o tamanho da amostra para $n - 1$. Obviamente, a amostra assim reduzida satisfaz as três premissas fundamentais estabelecidas para o modelo de regressão, anteriormente apresentadas. Reestimam-se os parâmetros do modelo reduzido, adequando as equações no que couber. Tomem-se, por exemplo, as matrizes

$$Y_{(i)} = \begin{bmatrix} Y_1 \\ \vdots \\ Y_{i-1} \\ Y_{i+1} \\ \vdots \\ Y_n \end{bmatrix}, \boldsymbol{\mu}_{(i)} = \begin{bmatrix} \mu_1 \\ \vdots \\ \mu_{i-1} \\ \mu_{i+1} \\ \vdots \\ \mu_n \end{bmatrix}, \boldsymbol{\varepsilon}_{(i)} = \begin{bmatrix} \varepsilon_1 \\ \vdots \\ \varepsilon_{i-1} \\ \varepsilon_{i+1} \\ \vdots \\ \varepsilon_n \end{bmatrix} \text{ e } \mathbb{X}_{(i.)} = \begin{bmatrix} 1 & X_1 \\ \vdots & \vdots \\ 1 & X_{i-1} \\ 1 & X_{i+1} \\ \vdots & \vdots \\ 1 & X_n \end{bmatrix},$$

obtidas das correspondentes matrizes Y, $\boldsymbol{\mu}$, $\boldsymbol{\varepsilon}$ e $\mathbb{X}$, respectivamente, eliminando-se suas i-ésimas linhas.[25] Então, as estimativas de mínimos quadrados dos coeficientes da reta de regressão com base nos $n - 1$ casos restantes, após a eliminação da i-ésima observação, são dadas por:

$$\begin{bmatrix} \underset{(i\hookleftarrow)}{a} \\ \underset{(i\hookleftarrow)}{b} \end{bmatrix} = \left(\mathbb{X}_{(i.)}^T \mathbb{X}_{(i.)}\right)^{-1} \mathbb{X}_{(i.)}^T Y_{(i.)}. \tag{124}$$

Uma estimativa não viciada de σ^2 é dada por

$$\underset{(i\hookleftarrow)}{\hat{\sigma}^2} = \frac{\sum_{k \neq i} e_{k(i\hookleftarrow)}^2}{n-3} = \frac{\sum_{k \neq i}\left(Y_k - \left(\underset{(i\hookleftarrow)}{a} + \underset{(i\hookleftarrow)}{b} X_k\right)\right)^2}{n-3}, \tag{125}$$

---

[25] Mais genericamente, representemos por $C_{(i)}$ a matriz coluna obtida a partir da matriz coluna C removendo sua i-ésima linha, por $M_{(i.)}$ a matriz obtida a partir da matriz M removendo sua i-ésima linha, por $M_{(.j)}$ a matriz obtida a partir da matriz M removendo sua j-ésima coluna, e por $M_{(ij)}$ a matriz obtida a partir da matriz M removendo sua i-ésima linha e sua j-ésima coluna.

que nada mais é do que a Equação 75 aplicada aos resíduos obtidos pelas estimativas dos parâmetros a partir da amostra reduzida com a remoção da i-ésima observação.[26] Tem-se que $\hat{\sigma}^2_{(i\hookleftarrow)}$ e e_i são independentes, definindo-se os resíduos padronizados (studentizados externamente) por

$$t_i = \frac{e_i}{\hat{\sigma}_{(i\hookleftarrow)}\sqrt{1-\mathbb{H}_{ii}}}, \text{ para } i = 1,2,\ldots,n. \quad (126)$$

Cook e Weisberg (1982) mostram que t_i segue uma distribuição de Student com $n-3$ graus de liberdade.

Relação entre os resíduos studentizados interna e externamente
Os resíduos studentizados externamente, de definição mais complexa e sofisticada, podem ser obtidos a partir dos resíduos studentizados internamente, como se verá a seguir. A Equação 80, aplicada à totalidade dos casos, mostra que

$$\hat{\sigma}^2 = \frac{\boldsymbol{\varepsilon}^T(I_n-\mathbb{H})\boldsymbol{\varepsilon}}{n-2}. \quad (127)$$

A mesma equação, aplicada aos $n-1$ casos restantes, após a eliminação da i-ésima observação, nos dá

$$\hat{\sigma}^2_{(i\hookleftarrow)} = \frac{\boldsymbol{\varepsilon}_{(i)}^T\left(I_{n-1}-\underset{(i\hookleftarrow)}{\mathbb{H}}\right)\boldsymbol{\varepsilon}_{(i)}}{n-3}, \quad (128)$$

onde $\underset{(i\hookleftarrow)}{\mathbb{H}}$ é a matriz quadrada de ordem $(n-1)$ definida por

$$\underset{(i\hookleftarrow)}{\mathbb{H}} = \mathbb{X}_{(i.)}\left(\mathbb{X}_{(i.)}^T\mathbb{X}_{(i.)}\right)^{-1}\mathbb{X}_{(i.)}^T. \quad (129)$$

Observa-se que

$$\mathbb{X}_{(i.)}^T\mathbb{X}_{(i.)} = \mathbb{X}^T\mathbb{X} - \boldsymbol{x}_i\boldsymbol{x}_i^T, \quad (130)$$

onde $\boldsymbol{x}_i^T$ representa a matriz linha correspondente à i-ésima linha removida da matriz $\mathbb{X}$, ou seja,

$$\boldsymbol{x}_i = \begin{bmatrix} 1 \\ X_i \end{bmatrix}. \quad (131)$$

A inversa de $\mathbb{X}_{(i.)}^T\mathbb{X}_{(i.)}$ é dada por

$$\left(\mathbb{X}_{(i.)}^T\mathbb{X}_{(i.)}\right)^{-1} = \left(\mathbb{X}^T\mathbb{X}\right)^{-1} + \frac{(\mathbb{X}^T\mathbb{X})^{-1}\boldsymbol{x}_i\boldsymbol{x}_i^T(\mathbb{X}^T\mathbb{X})^{-1}}{1-\boldsymbol{x}_i^T(\mathbb{X}^T\mathbb{X})^{-1}\boldsymbol{x}_i}, \quad (132)$$

---

[26] Ressalte-se que $e_{k_{(i\hookleftarrow)}} \neq e_k$.

pois

$$\left(\mathbb{X}^T\mathbb{X} - x_i x_i^T\right)\left((\mathbb{X}^T\mathbb{X})^{-1} + \frac{(\mathbb{X}^T\mathbb{X})^{-1} x_i x_i^T (\mathbb{X}^T\mathbb{X})^{-1}}{1 - x_i^T (\mathbb{X}^T\mathbb{X})^{-1} x_i}\right) =$$

$$= \mathbb{X}^T\mathbb{X}(\mathbb{X}^T\mathbb{X})^{-1} + \mathbb{X}^T\mathbb{X}\frac{(\mathbb{X}^T\mathbb{X})^{-1} x_i x_i^T (\mathbb{X}^T\mathbb{X})^{-1}}{1 - x_i^T (\mathbb{X}^T\mathbb{X})^{-1} x_i} - x_i x_i^T (\mathbb{X}^T\mathbb{X})^{-1}$$

$$ -x_i x_i^T \frac{(\mathbb{X}^T\mathbb{X})^{-1} x_i x_i^T (\mathbb{X}^T\mathbb{X})^{-1}}{1 - x_i^T (\mathbb{X}^T\mathbb{X})^{-1} x_i}$$

$$= I_2 + \frac{x_i x_i^T (\mathbb{X}^T\mathbb{X})^{-1} - \left(1 - x_i^T (\mathbb{X}^T\mathbb{X})^{-1} x_i\right) x_i x_i^T (\mathbb{X}^T\mathbb{X})^{-1} - x_i x_i^T (\mathbb{X}^T\mathbb{X})^{-1} x_i x_i^T (\mathbb{X}^T\mathbb{X})^{-1}}{1 - x_i^T (\mathbb{X}^T\mathbb{X})^{-1} x_i}$$

$$= I_2 + \frac{x_i x_i^T (\mathbb{X}^T\mathbb{X})^{-1} - x_i x_i^T (\mathbb{X}^T\mathbb{X})^{-1} + \left(x_i^T (\mathbb{X}^T\mathbb{X})^{-1} x_i\right) x_i x_i^T (\mathbb{X}^T\mathbb{X})^{-1} - x_i x_i^T (\mathbb{X}^T\mathbb{X})^{-1} x_i x_i^T (\mathbb{X}^T\mathbb{X})^{-1}}{1 - x_i^T (\mathbb{X}^T\mathbb{X})^{-1} x_i}$$

$$= I_2 + \frac{x_i\left(x_i^T (\mathbb{X}^T\mathbb{X})^{-1} x_i\right) x_i^T (\mathbb{X}^T\mathbb{X})^{-1} - x_i x_i^T (\mathbb{X}^T\mathbb{X})^{-1} x_i x_i^T (\mathbb{X}^T\mathbb{X})^{-1}}{1 - x_i^T (\mathbb{X}^T\mathbb{X})^{-1} x_i}$$

$$= I_2 + \frac{x_i x_i^T (\mathbb{X}^T\mathbb{X})^{-1} x_i x_i^T (\mathbb{X}^T\mathbb{X})^{-1} - x_i x_i^T (\mathbb{X}^T\mathbb{X})^{-1} x_i x_i^T (\mathbb{X}^T\mathbb{X})^{-1}}{1 - x_i^T (\mathbb{X}^T\mathbb{X})^{-1} x_i}$$

$$= I_2. \qquad [27] \tag{133}$$

Observe-se também que

$$x_i^T (\mathbb{X}^T\mathbb{X})^{-1} x_i = \mathbb{H}_{ii}, \tag{134}$$

de modo que

$$\left(\mathbb{X}_{(i.)}^T \mathbb{X}_{(i.)}\right)^{-1} = (\mathbb{X}^T\mathbb{X})^{-1} + \frac{(\mathbb{X}^T\mathbb{X})^{-1} x_i x_i^T (\mathbb{X}^T\mathbb{X})^{-1}}{1 - \mathbb{H}_{ii}}. \tag{135}$$

Então,

$$\underset{(i \hookrightarrow)}{\mathbb{H}} = \mathbb{X}_{(i.)}\left((\mathbb{X}^T\mathbb{X})^{-1} + \frac{(\mathbb{X}^T\mathbb{X})^{-1} x_i x_i^T (\mathbb{X}^T\mathbb{X})^{-1}}{1 - \mathbb{H}_{ii}}\right)\mathbb{X}_{(i.)}^T \tag{136}$$

$$= \mathbb{X}_{(i.)}(\mathbb{X}^T\mathbb{X})^{-1} \mathbb{X}_{(i.)}^T + \frac{\mathbb{X}_{(i.)}(\mathbb{X}^T\mathbb{X})^{-1} x_i x_i^T (\mathbb{X}^T\mathbb{X})^{-1} \mathbb{X}_{(i.)}^T}{1 - \mathbb{H}_{ii}}$$

$$= \mathbb{H}_{(ii)} + \frac{\left(\mathbb{X}(\mathbb{X}^T\mathbb{X})^{-1}\right)_{(i.)} x_i x_i^T \left((\mathbb{X}^T\mathbb{X})^{-1} \mathbb{X}^T\right)_{(.i)}}{1 - \mathbb{H}_{ii}}$$

$$= \mathbb{H}_{(ii)} + \frac{\left(\mathbb{X}(\mathbb{X}^T\mathbb{X})^{-1} x_i x_i^T (\mathbb{X}^T\mathbb{X})^{-1} \mathbb{X}^T\right)_{(ii)}}{1 - \mathbb{H}_{ii}}.$$

Observe-se que

$$\mathbb{X}(\mathbb{X}^T\mathbb{X})^{-1} x_i = h_i, \tag{137}$$

onde h_i representa a matriz coluna correspondente à i-ésima coluna da matriz $\mathbb{H}$, ou seja, $h_i = \begin{bmatrix} \mathbb{H}_{1i} \\ \vdots \\ \mathbb{H}_{ni} \end{bmatrix}$. Transpondo a Equação 137, tem-se

$$h_i^T = \left(\mathbb{X}(\mathbb{X}^T\mathbb{X})^{-1} x_i\right)^T = x_i^T \left((\mathbb{X}^T\mathbb{X})^T\right)^{-1} \mathbb{X}^T = x_i^T (\mathbb{X}^T\mathbb{X})^{-1} \mathbb{X}^T, \tag{138}$$

de modo que

$$\underset{(i\hookrightarrow)}{\mathbb{H}} = \mathbb{H}_{(ii)} + \frac{(\boldsymbol{h}_i\boldsymbol{h}_i^{\mathrm{T}})_{(ii)}}{1-\mathbb{H}_{ii}} = \left(\mathbb{H} + \frac{\boldsymbol{h}_i\boldsymbol{h}_i^{\mathrm{T}}}{1-\mathbb{H}_{ii}}\right)_{(ii)}, \qquad (139)$$

evidenciando que $\underset{(i\hookrightarrow)}{\mathbb{H}}$ pode ser obtida diretamente de $\mathbb{H}$.

Observe-se que $\boldsymbol{h}_i\boldsymbol{h}_i^{\mathrm{T}}$ é uma matriz quadrada de ordem n cujos elementos são dados por

$$(\boldsymbol{h}_i\boldsymbol{h}_i^{\mathrm{T}})_{kj} = \mathbb{H}_{ik}\mathbb{H}_{ij}. \qquad (140)$$

Tem-se ainda que $\boldsymbol{h}_i\boldsymbol{h}_i^{\mathrm{T}}$ é simétrica, pois

$$(\boldsymbol{h}_i\boldsymbol{h}_i^{\mathrm{T}})_{jk} = \mathbb{H}_{ij}\mathbb{H}_{ik} = (\boldsymbol{h}_i\boldsymbol{h}_i^{\mathrm{T}})_{kj}. \qquad (141)$$

Então,

$$\begin{aligned}
I_{n-1} - \underset{(i\hookrightarrow)}{\mathbb{H}} &= I_{n-1} - \mathbb{H}_{(ii)} - \frac{(\boldsymbol{h}_i\boldsymbol{h}_i^{\mathrm{T}})_{(ii)}}{1-\mathbb{H}_{ii}} \\
&= \left(I_n - \mathbb{H} - \frac{\boldsymbol{h}_i\boldsymbol{h}_i^{\mathrm{T}}}{1-\mathbb{H}_{ii}}\right)_{(ii)}.
\end{aligned} \qquad (142)$$

Então,

$$\begin{aligned}
(n-3)\underset{(i\hookrightarrow)}{\hat{\sigma}^2} &= \boldsymbol{\varepsilon}_{(i)}^{\mathrm{T}}\left(I_{n-1} - \underset{(i\hookrightarrow)}{\mathbb{H}}\right)\boldsymbol{\varepsilon}_{(i)} \\
&= \boldsymbol{\varepsilon}_{(i)}^{\mathrm{T}}\left(I_n - \mathbb{H} - \frac{\boldsymbol{h}_i\boldsymbol{h}_i^{\mathrm{T}}}{1-\mathbb{H}_{ii}}\right)_{(ii)}\boldsymbol{\varepsilon}_{(i)} \\
&= \boldsymbol{\varepsilon}_{(i)}^{\mathrm{T}}(I_n - \mathbb{H})_{(ii)}\boldsymbol{\varepsilon}_{(i)} - \boldsymbol{\varepsilon}_{(i)}^{\mathrm{T}}\left(\frac{\boldsymbol{h}_i\boldsymbol{h}_i^{\mathrm{T}}}{1-\mathbb{H}_{ii}}\right)_{(ii)}\boldsymbol{\varepsilon}_{(i)}.
\end{aligned} \qquad (143)$$

Tem-se que, para qualquer matriz quadrada M simétrica de ordem n, com $\boldsymbol{m}_i$ representando a matriz coluna correspondente à sua i-ésima coluna, ou seja, $\boldsymbol{m}_i = \begin{bmatrix} M_{1i} \\ \vdots \\ M_{ni} \end{bmatrix}$,

$$\begin{aligned}
\boldsymbol{\varepsilon}_{(i)}^{\mathrm{T}} M_{(ii)} \boldsymbol{\varepsilon}_{(i)} &= \sum_{j=1; j\neq i}^{n}\left(\sum_{k=1; k\neq i}^{n} \varepsilon_k M_{kj}\right)\varepsilon_j \\
&= \sum_{j=1; j\neq i}^{n}\left(\sum_{k=1}^{n} \varepsilon_k M_{kj} - \varepsilon_i M_{ij}\right)\varepsilon_j \\
&= \sum_{j=1; j\neq i}^{n}\left(\sum_{k=1}^{n} \varepsilon_k M_{kj}\varepsilon_j - \varepsilon_i M_{ij}\varepsilon_j\right) \\
&= \sum_{j=1}^{n}\left(\sum_{k=1}^{n} \varepsilon_k M_{kj}\varepsilon_j - \varepsilon_i M_{ij}\varepsilon_j\right) - \left(\sum_{k=1}^{n} \varepsilon_k M_{ki}\varepsilon_i - \varepsilon_i M_{ii}\varepsilon_i\right) \\
&= \sum_{j=1}^{n}\left(\sum_{k=1}^{n} \varepsilon_k M_{kj}\right)\varepsilon_j - \sum_{j=1}^{n} \varepsilon_i M_{ij}\varepsilon_j - \sum_{k=1}^{n} \varepsilon_k M_{ki}\varepsilon_i + \varepsilon_i M_{ii}\varepsilon_i \\
&= \boldsymbol{\varepsilon}^{\mathrm{T}} M \boldsymbol{\varepsilon} - \varepsilon_i \sum_{j=1}^{n} M_{ij}\varepsilon_j - \varepsilon_i \sum_{k=1}^{n} \varepsilon_k M_{ki} + \varepsilon_i M_{ii}\varepsilon_i \\
&= \boldsymbol{\varepsilon}^{\mathrm{T}} M \boldsymbol{\varepsilon} - 2\varepsilon_i \sum_{j=1}^{n} M_{ij}\varepsilon_j + \varepsilon_i M_{ii}\varepsilon_i \\
&= \boldsymbol{\varepsilon}^{\mathrm{T}} M \boldsymbol{\varepsilon} - 2\varepsilon_i \boldsymbol{m}_i^{\mathrm{T}} \boldsymbol{\varepsilon} + \varepsilon_i M_{ii}\varepsilon_i.
\end{aligned}$$

$$(144)$$

Logo, com $\boldsymbol{\delta}_i$ denotando o vetor coluna correspondente à i-ésima coluna da matriz I_n, isto é, o vetor coluna de dimensão n cujo i-ésimo elemento é igual 1 e todos os demais elementos são nulos, tem-se

$$
\begin{aligned}
(n-3)\,\hat{\sigma}^2_{(i\hookrightarrow)} &= \boldsymbol{\varepsilon}^T(I_n - \mathbb{H})\boldsymbol{\varepsilon} - 2\varepsilon_i(\boldsymbol{\delta}_i - \boldsymbol{h}_i)^T\boldsymbol{\varepsilon} + \varepsilon_i(1 - \mathbb{H}_{ii})\varepsilon_i \\
&\quad - \left(\boldsymbol{\varepsilon}^T\frac{\boldsymbol{h}_i\boldsymbol{h}_i^T}{1-\mathbb{H}_{ii}}\boldsymbol{\varepsilon} - 2\varepsilon_i\left(\frac{\mathbb{H}_{ii}\boldsymbol{h}_i}{1-\mathbb{H}_{ii}}\right)^T\boldsymbol{\varepsilon} + \varepsilon_i\frac{\mathbb{H}_{ii}\mathbb{H}_{ii}}{1-\mathbb{H}_{ii}}\varepsilon_i\right) \\
&= (n-2)\hat{\sigma}^2 - 2\varepsilon_i\boldsymbol{\delta}_i^T\boldsymbol{\varepsilon} + 2\varepsilon_i\boldsymbol{h}_i^T\boldsymbol{\varepsilon} + (1-\mathbb{H}_{ii})\varepsilon_i^2 - \frac{\boldsymbol{\varepsilon}^T\boldsymbol{h}_i}{1-\mathbb{H}_{ii}}\boldsymbol{h}_i^T\boldsymbol{\varepsilon} \\
&\quad + 2\varepsilon_i\frac{\mathbb{H}_{ii}}{1-\mathbb{H}_{ii}}\boldsymbol{h}_i^T\boldsymbol{\varepsilon} - \frac{\mathbb{H}_{ii}^2}{1-\mathbb{H}_{ii}}\varepsilon_i^2 \\
&= (n-2)\hat{\sigma}^2 - 2\varepsilon_i^2 + 2\varepsilon_i\boldsymbol{h}_i^T\boldsymbol{\varepsilon} + (1-\mathbb{H}_{ii})\varepsilon_i^2 - \frac{\boldsymbol{h}_i^T\boldsymbol{\varepsilon}}{1-\mathbb{H}_{ii}}\boldsymbol{h}_i^T\boldsymbol{\varepsilon} \\
&\quad + 2\varepsilon_i\frac{\mathbb{H}_{ii}}{1-\mathbb{H}_{ii}}\boldsymbol{h}_i^T\boldsymbol{\varepsilon} - \frac{\mathbb{H}_{ii}^2}{1-\mathbb{H}_{ii}}\varepsilon_i^2 \\
&= (n-2)\hat{\sigma}^2 - \left(1 + \mathbb{H}_{ii} + \frac{\mathbb{H}_{ii}^2}{1-\mathbb{H}_{ii}}\right)\varepsilon_i^2 + \left(2\varepsilon_i\left(1 + \frac{\mathbb{H}_{ii}}{1-\mathbb{H}_{ii}}\right) - \frac{\boldsymbol{h}_i^T\boldsymbol{\varepsilon}}{1-\mathbb{H}_{ii}}\right)\boldsymbol{h}_i^T\boldsymbol{\varepsilon} \\
&= (n-2)\hat{\sigma}^2 - \frac{\varepsilon_i^2}{1-\mathbb{H}_{ii}} + \left(\frac{2\varepsilon_i - \boldsymbol{h}_i^T\boldsymbol{\varepsilon}}{1-\mathbb{H}_{ii}}\right)\boldsymbol{h}_i^T\boldsymbol{\varepsilon} \\
&= (n-2)\hat{\sigma}^2 - \frac{1}{1-\mathbb{H}_{ii}}\left(\varepsilon_i^2 - 2\varepsilon_i\boldsymbol{h}_i^T\boldsymbol{\varepsilon} + (\boldsymbol{h}_i^T\boldsymbol{\varepsilon})^2\right) \\
&= (n-2)\hat{\sigma}^2 - \frac{e_i^2}{1-\mathbb{H}_{ii}},
\end{aligned}
$$

(145)

pois, segundo a Equação 79, $\boldsymbol{e} = (I_n - \mathbb{H})\boldsymbol{\varepsilon}$, e, então,

$$e_i^2 = ((\boldsymbol{\delta}_i - \boldsymbol{h}_i)^T\boldsymbol{\varepsilon})^2 = (\varepsilon_i - \boldsymbol{h}_i^T\boldsymbol{\varepsilon})^2 = \varepsilon_i^2 - 2\varepsilon_i\boldsymbol{h}_i^T\boldsymbol{\varepsilon} + (\boldsymbol{h}_i^T\boldsymbol{\varepsilon})^2. \tag{146}$$

Logo,

$$\hat{\sigma}^2_{(i\hookrightarrow)} = \frac{(n-2)\hat{\sigma}^2 - \frac{e_i^2}{1-\mathbb{H}_{ii}}}{n-3} = \hat{\sigma}^2\left(\frac{n-2-r_i^2}{n-3}\right). \tag{147}$$

Finalmente, substituindo a Equação 147 na Equação 126, chega-se a

$$t_i = r_i\sqrt{\frac{n-3}{n-2-r_i^2}}, \tag{148}$$

evidenciando a relação entre os resíduos studentizados externamente e internamente. Em particular, t_i^2 é uma transformação monotônica de r_i^2. Ou seja, um aumento (ou diminuição) de r_i^2 é acompanhado de um aumento (ou diminuição) em t_i^2.

Utilização dos resíduos

Como já salientado, os resíduos dos modelos de regressão podem ser utilizados para checagem de seus pressupostos. Os resíduos brutos distribuem-se Normalmente em torno de zero, mas não são independentes nem identicamente distribuídos, havendo maior variabilidade para resíduos correspondentes a valores da variável X afastados de sua média amostral $\bar{X}$, o que dificulta a análise, pois observam-se resíduos com distribuições distintas. A padronização dos resíduos dá mais qualidade à análise, pois se passa a comparar resíduos com distribuições idênticas (mas não independentes), de modo que a preferência recai sobre a análise dos resíduos studentizados.

Os resíduos studentizados internamente têm esperança nula e variância unitária (mas, ressalte-se, não são independentes entre si), e seus quadrados, divididos pelos graus de liberdade do modelo, $n - 2$, distribuem-se conforme a distribuição Beta $\left(\frac{1}{2}, \frac{n-3}{2}\right)$. Os resíduos studentizados externamente também têm esperança nula, com variância aproximadamente unitária, igual a $\frac{n-3}{n-5}$, sendo simetricamente distribuídos (mas, ressalte-se mais uma vez, não são independentes entre si), distribuindo-se conforme a distribuição $t(n - 3)$. A preferência recai, obviamente, pela análise dos resíduos studentizados externamente.

Normalmente, a análise resume-se a uma avaliação visual ou gráfica dos resíduos, comparando-se, por exemplo, os histogramas dos resíduos observados com os gráficos das funções densidade de probabilidades das correspondentes distribuições teóricas, ou, melhor ainda, utilizando gráficos Q-Q.

Observações com resíduos muito destoantes podem ser consideradas *outliers*, quem sabe eliminadas da análise para não distorcer seus resultados. Deve ser ressaltado, entretanto, que a decisão de eliminação ou manutenção de observações destoantes é extremamente delicada, devendo ser tomada à luz de considerações teóricas e metodológicas, portanto, mais qualitativamente do que quantitativamente. Quase nunca a decisão de eliminação automática de observações destoantes é a mais sábia, havendo, em geral, grande potencial informacional nas observações destoantes.

Resíduos studentizados estão disponíveis nos melhores pacotes computacionais, devendo-se ressaltar sua ausência nas planilhas eletrônicas de maior popularidade, como o Microsoft Excel©, embora haja menção a resíduos padronizados na rotina de análise de regressão. Entretanto, o procedimento computacional utilizado é extremamente ingênuo, salvo melhor juízo, carecendo de suporte teórico como o aqui apresentado. Não é muito difícil, entretanto, calcularem-se os resíduos studentizados a partir dos resíduos brutos fornecidos pela planilha.

Exemplo 14

Retome-se a análise realizada no Exemplo 10 com os dados do Exemplo 3 do Capítulo 3, referentes à rentabilidade diária (dos 247 dias úteis do ano de 2010) das ações preferenciais nominativas da Petrobrás e da Companhia Vale do Rio Doce, respectivamente, com base nos preços de fechamento dos pregões. Já havíamos determinado a equação que relaciona os retornos financeiros das ações da Vale e da Petro como $ret_V = 0{,}0012 + 0{,}5168 \times ret_P$, onde ret_V e ret_P simbolizam, respectivamente, os retornos das ações da Vale e da Petro no ano de 2010. Façamos agora uma análise dos resíduos desse modelo de regressão. A partir da equação de regressão podem-se obter facilmente estimativas para os retornos financeiros da Vale, a partir dos retornos da Petro. Esses valores podem ser comparados com os valores efetivamente encontrados, obtendo-se a série de 247 resíduos brutos, de acordo com a

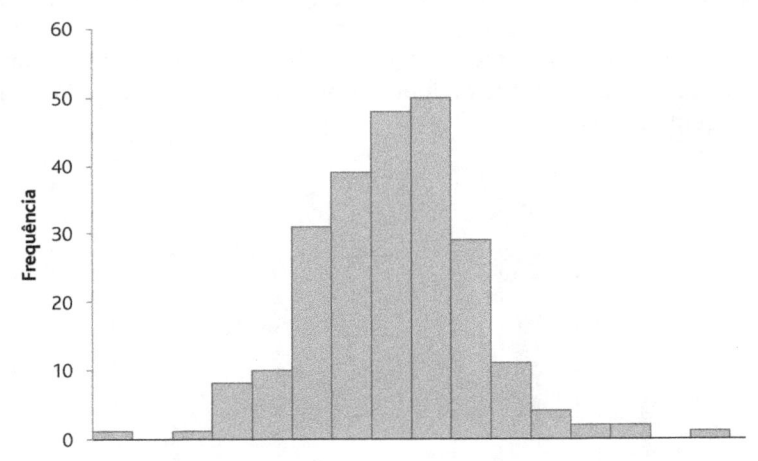

Equação 76. A **Figura 7** apresenta um histograma dos resíduos brutos, obtidos com o submenu histograma do menu análise de dados do Microsoft Excel©.

FIGURA 7 Histograma dos 247 resíduos brutos do modelo de regressão $ret_V = 0{,}0012 + 0{,}5168 \times ret_P$.
Fonte: Elaborada pelo autor.

O histograma é razoavelmente simétrico, como esperado teoricamente. A média dos 247 resíduos brutos é igual a 0,00000148 e seu desvio padrão é igual a 0,016. Este desvio padrão é uma estatística **inútil**, entretanto, já que, como vimos, diferentes resíduos têm desvios padrões distintos, dependendo dos valores correspondentes da variável independente.

Usando a Equação 123 obtém-se a série de 247 resíduos studentizados internamente, cujo histograma é apresentado na **Figura 8**.

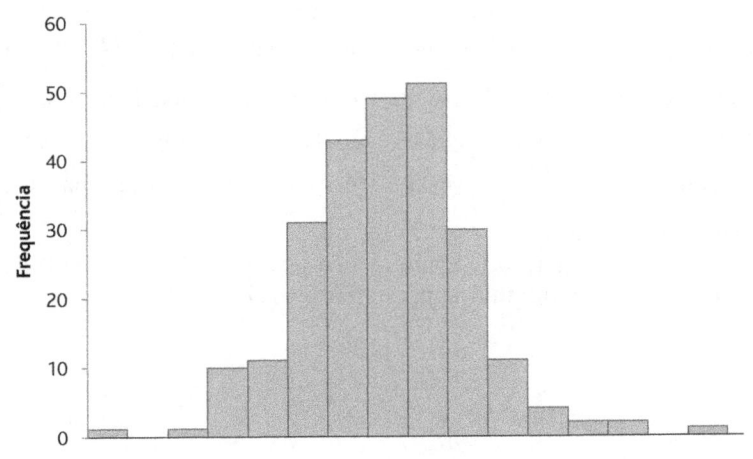

FIGURA 8 Histograma dos 247 resíduos studentizados internamente do modelo de regressão $ret_V = 0{,}0012 + 0{,}5168 \times ret_P$.
Fonte: Elaborada pelo autor.

O histograma é razoavelmente simétrico, como esperado teoricamente. A média dos 247 resíduos studentizados internamente é igual a $-0,000205$ e seu desvio padrão é igual a 1,0006. As estatísticas amostrais são compatíveis com os valores teóricos, iguais a zero e um, respectivamente.

Tomando os quadrados dos desvios studentizados internamente divididos pelos graus de liberdade do modelo ($n - 2 = 245$) pode-se formar o histograma apresentado na **Figura 9**.

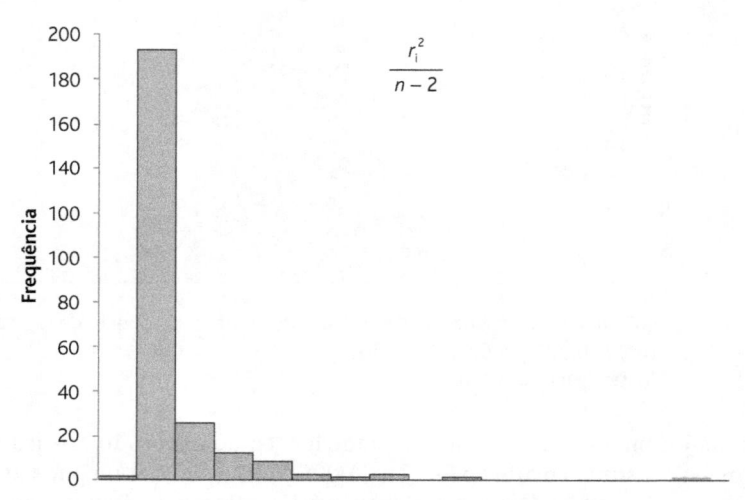

FIGURA 9 Histograma dos 247 quadrados dos resíduos studentizados internamente divididos pelos graus de liberdade do modelo de regressão $\text{ret}_V = 0,0012 + 0,5168 \times \text{ret}_P$.
Fonte: Elaborada pelo autor.

O histograma é bastante assimétrico, como esperado teoricamente, pois a distribuição teórica de tais resíduos é uma distribuição Beta $\left(\frac{1}{2}, 122\right)$. A média dos 247 valores é igual a 0,00409, compatível com o valor teórico, igual a $\frac{0,5}{122,5} = 0,00408$. O desvio padrão dos 247 valores é igual a 0,00764, um tanto afastado do valor teórico, igual a $\sqrt{\frac{61}{(122,5)^2 \times 123,5}} = 0,00574$, quiçá revelando alguma fragilidade nas premissas do modelo.

Usando a Equação 148 obtém-se a série de 247 resíduos studentizados externamente, cujo histograma é apresentado na **Figura 10**.

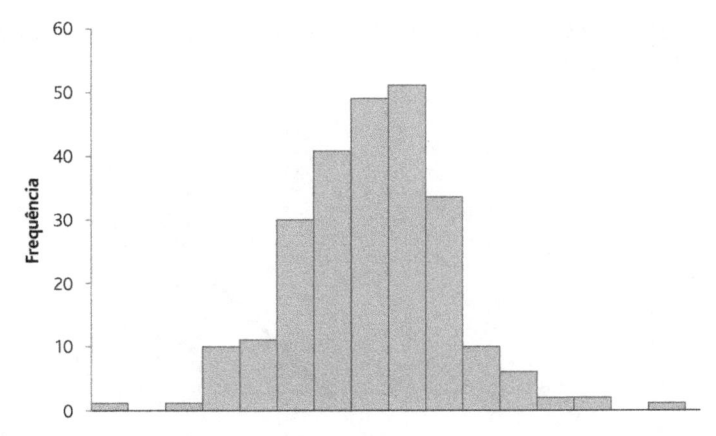

FIGURA 10 Histograma dos 247 resíduos studentizados externamente do modelo de regressão $ret_V = 0,0012 + 0,5168 \times ret_P$.
Fonte: Elaborada pelo autor.

O histograma é razoavelmente simétrico, como esperado teoricamente, pois a distribuição teórica de tais resíduos é uma distribuição $t(n - 3)$. A média dos 247 resíduos studentizados externamente é igual a $-0,000686$ e seu desvio padrão é igual a 0,9934. As estatísticas amostrais são compatíveis com os valores teóricos, iguais a zero e $\sqrt{\frac{244}{242}} = 1,004$, respectivamente.

Nas duas situações em que há distribuições teóricas tomadas como referência, ou seja, para a série de quadrados dos desvios studentizados internamente divididos pelos graus de liberdade, e para a série de desvios studentizados externamente, um gráfico de muita utilidade é o gráfico Q-Q (veja o Capítulo 7). A **Figura 11** apresenta o gráfico Q-Q (distribuição Beta) dos quadrados dos resíduos studentizados internamente divididos pelos graus de liberdade $(n - 2)$.

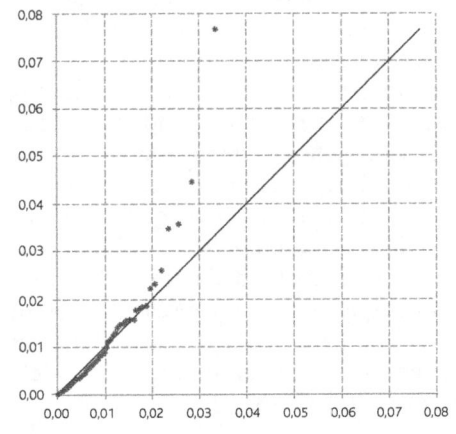

FIGURA 11 Gráfico Q-Q (distribuição Beta(0,5; 122)) dos 247 resíduos studentizados internamente divididos pelos graus de liberdade $(n - 2)$ do modelo de regressão $ret_V = 0,0012 + 0,5168 \times ret_P$.
Fonte: Elaborada pelo autor.

A **Figura 12** apresenta o gráfico Q-Q (distribuição t) dos resíduos studentizados externamente.

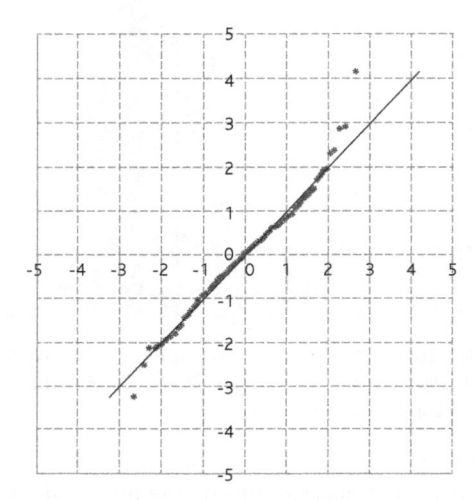

FIGURA 12 Gráfico Q-Q (distribuição $t(244)$) dos 247 resíduos studentizados externamente do modelo de regressão $ret_V = 0{,}0012 + 0{,}5168 \times ret_P$.
Fonte: Elaborada pelo autor.

Os gráficos mostram um razoável ajuste, exceto por alguns poucos pontos. Observe-se que os pontos destoantes são mais facilmente identificados na **Figura 11** (gráfico Q-Q da distribuição Beta). Tais pontos merecem uma consideração à parte, representando potenciais *outliers* no modelo. Analisando a base de dados, verifica-se que o ponto mais destoante corresponde aos retornos obtidos no dia 21/5/2010, quando a ação da Vale alcançou a rentabilidade de 7,17%, o máximo do ano de 2010, enquanto a ação da Petro se valorizava 0,54%. O segundo ponto mais destoante corresponde aos retornos obtidos no dia 4/6/2010, quando a ação da Vale caiu 4,77%, enquanto a ação da Petro se valorizava 0,51%. O terceiro ponto mais destoante corresponde aos retornos obtidos no dia 20/7/2010, quando a ação da Vale se valorizou 6,04%, o terceiro maior valor alcançado no ano de 2010, enquanto a ação da Petro se valorizava 2,56%. O quarto ponto mais destoante corresponde aos retornos obtidos no dia 27/5/2010, quando a ação da Vale se valorizou 6,09%, o segundo maior valor do ano de 2010, enquanto a ação da Petro se valorizava 2,77%. Uma análise mais aprofundada do ocorrido com o mercado nesses dias para firmar a convicção de que os pontos representam efetivamente *outliers* foge ao nosso escopo. Mas a título de ilustração, tratando tais pontos como *outliers*, eles deveriam ser eliminados da análise, refazendo-se o modelo. Os resultados são apresentados na **Tabela 17** e na **Tabela 18**.

TABELA 17 Teste de significância do modelo de regressão linear $\text{ret}_V = \alpha + \beta\text{ret}_P + \varepsilon$, com a eliminação de quatro observações tomadas como *outliers*

Fonte de variação	Soma de quadrados	Graus de liberdade	Média de quadrados	F	valor p
Regressão	0,01825	1	0,01825	90,4549	0,0000
Erro residual	0,04862	241	0,00020		
Total	0,06687	242			

Fonte: Elaborada pelo autor.

TABELA 18 Estimativas pontuais dos coeficientes do modelo de regressão linear $\text{ret}_V = \alpha + \beta\text{ret}_P + \varepsilon$ e respectivos testes de significância, com a eliminação de quatro observações tomadas como *outliers*

Variável preditora	Coeficiente	Erro padrão do coeficiente	t	valor p
Constante	0,000700	0,0009137	0,7670	0,4438
ret_P	0,4825	0,05073	9,5108	0,0000

Fonte: Elaborada pelo autor.

Rejeita-se, assim, mais uma vez, a hipótese (nula) de que as duas variáveis não estejam relacionadas linearmente. Também se aceita, mais uma vez, a hipótese de nulidade do coeficiente linear do modelo de regressão $\text{ret}_V = \alpha + \beta\text{ret}_P + \varepsilon$. O valor do coeficiente de determinação é $r^2 = 0{,}2729$, levemente superior ao encontrado anteriormente, igual a 0,2620.

A **Figura 13** apresenta o gráfico Q-Q (distribuição Beta) dos quadrados dos resíduos studentizados internamente divididos pelos graus de liberdade $(n - 2)$.

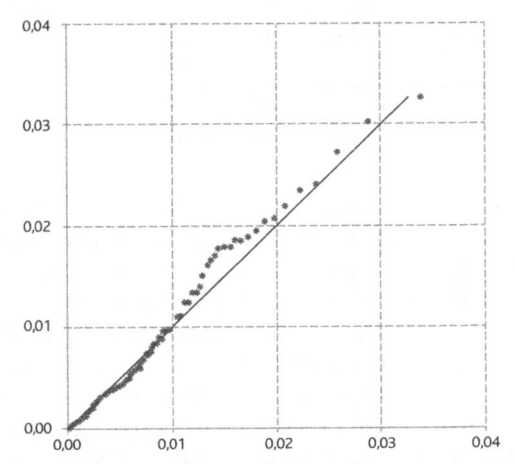

FIGURA 13 Gráfico Q-Q (distribuição Beta(0,5; 120)) dos 243 resíduos studentizados internamente divididos pelos graus de liberdade $(n - 2)$ do modelo de regressão $\text{ret}_V = 0{,}0007 + 0{,}4825 \times \text{ret}_P$.
Fonte: Elaborada pelo autor.

A **Figura 14** apresenta o gráfico Q-Q (distribuição *t*) dos resíduos studentizados externamente.

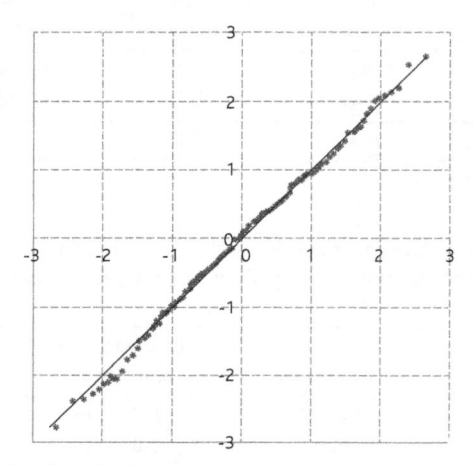

FIGURA 14 Gráfico Q-Q (distribuição $t(240)$) dos 243 resíduos studentizados externamente do modelo de regressão $ret_V = 0{,}0007 + 0{,}4825 \times ret_P$.
Fonte: Elaborada pelo autor.

Os gráficos mostram um razoável ajuste, especialmente se comparados aos gráficos anteriores, com a presença dos presumidos *outliers*. A média e o desvio padrão dos 243 quadrados dos desvios studentizados internamente divididos pelos graus de liberdade do modelo ($n - 2 = 241$) são iguais, respectivamente, a 0,00416 e 0,00588, compatíveis com os valores teóricos, iguais, respectivamente, a $\frac{0{,}5}{120{,}5} = 0{,}00415$ e $\sqrt{\frac{60}{(120{,}5)^2 \times 121{,}5}} = 0{,}00583$.

Exemplo 15

Retome-se a análise realizada no Exemplo 11 com os dados do Exemplo 4 do Capítulo 3, referentes à expectativa de vida ao nascimento e à taxa de mortalidade infantil de 175 países. Já havíamos determinado a equação que relaciona as duas variáveis como EVN = 78,79 − 0,32 × TMI, onde EVN e TMI simbolizam, respectivamente, a expectativa de vida ao nascimento e a taxa de mortalidade infantil dos países analisados. Façamos agora uma análise dos resíduos desse modelo de regressão. A partir da equação de regressão podem-se obter facilmente estimativas para as expectativas de vida ao nascimento, a partir das taxas de mortalidade infantil. Esses valores podem ser comparados com os valores efetivamente encontrados, obtendo-se a série de 175 resíduos brutos, de acordo com a Equação 76. A **Figura 15** apresenta um histograma dos resíduos brutos, obtidos com o submenu histograma do menu análise de dados do Microsoft Excel©.

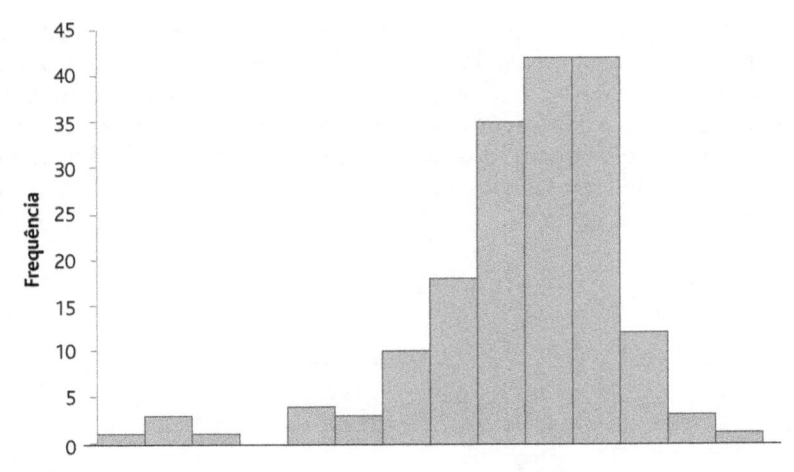

FIGURA 15 Histograma dos 175 resíduos brutos do modelo de regressão
$EVN = 78,79 - 0,32 \times TMI$.
Fonte: Elaborada pelo autor.

O histograma mostra alguma assimetria, em desacordo com o esperado teoricamente. Uma distribuição bimodal sugere haver dois subgrupos distintos de países tomados na amostra. Mas a média dos 175 resíduos brutos é igual a 0, como esperado.

Usando a Equação 123, obtém-se a série de 175 resíduos studentizados internamente, cujo histograma é apresentado na **Figura 16**.

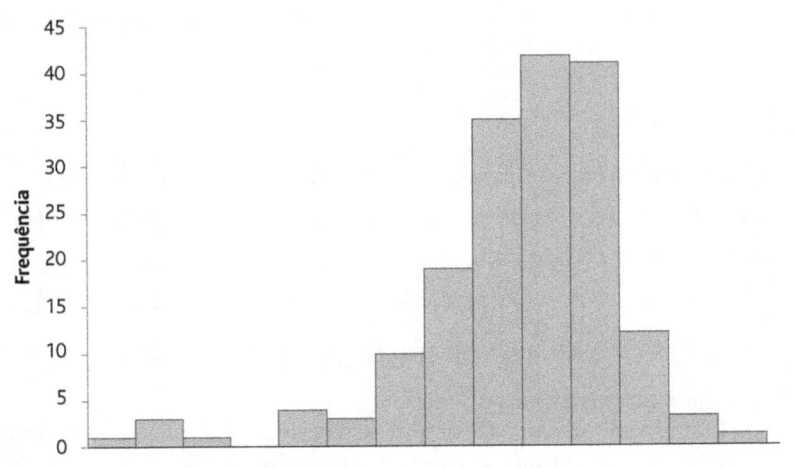

FIGURA 16 Histograma dos 175 resíduos studentizados internamente do modelo de regressão $EVN = 78,79 - 0,32 \times TMI$.
Fonte: Elaborada pelo autor.

O histograma retrata a assimetria já percebida, em desacordo com o esperado teoricamente. A média dos 175 resíduos studentizados internamente é igual a 0,000915 e seu desvio padrão é igual a 1,0002. As estatísticas amostrais são compatíveis com os valores teóricos, iguais a zero e um, respectivamente.

Tomando os quadrados dos desvios studentizados internamente divididos pelos graus de liberdade do modelo ($n - 2 = 173$) pode-se formar o histograma apresentado na **Figura 17**.

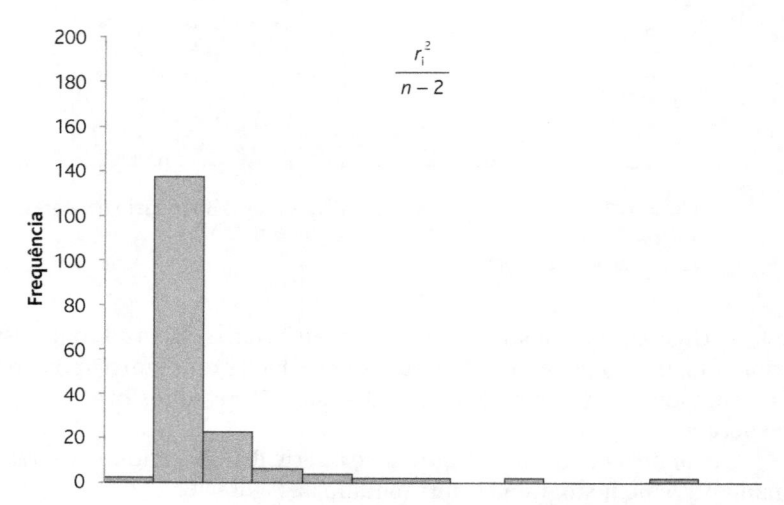

FIGURA 17 Histograma dos 175 quadrados dos resíduos studentizados internamente divididos pelos graus de liberdade do modelo de regressão EVN = 78,79 − 0,32 × TMI.
Fonte: Elaborada pelo autor.

O histograma é bastante assimétrico, como esperado teoricamente, pois a distribuição teórica de tais resíduos é uma distribuição Beta $\left(\frac{1}{2}, 86\right)$. A média dos 175 valores é igual a 0,00578, compatível com o valor teórico, que é igual a $\frac{0,5}{86,5} = 0,00578$. O desvio padrão dos 175 valores é igual a 0,01311, um tanto afastado do valor teórico, que é igual a $\sqrt{\frac{43}{(86,5)^2 \times 87,5}} = 0,00810$, quiçá revelando alguma fragilidade nas premissas do modelo.

Usando a Equação 148, obtém-se a série de 175 resíduos studentizados externamente, cujo histograma é apresentado na **Figura 18**.

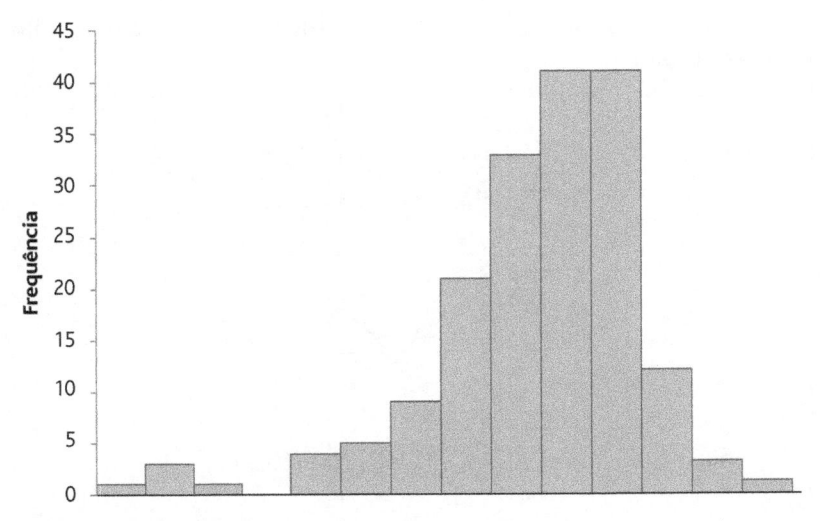

FIGURA 18 Histograma dos 175 resíduos studentizados externamente do modelo de regressão EVN = 78,79 − 0,32 × TMI.
Fonte: Elaborada pelo autor.

O histograma também retrata a assimetria já percebida, em desacordo com o esperado teoricamente. A média dos 175 resíduos studentizados externamente é igual a 0,004965 e seu desvio padrão é igual a 0,9851. As estatísticas amostrais são compatíveis com os valores teóricos, iguais a zero e $\sqrt{\frac{172}{170}} = 1,006$, respectivamente.

A **Figura 19** apresenta o gráfico Q-Q (distribuição Beta) dos quadrados dos resíduos studentizados internamente divididos pelos graus de liberdade $(n - 2)$.

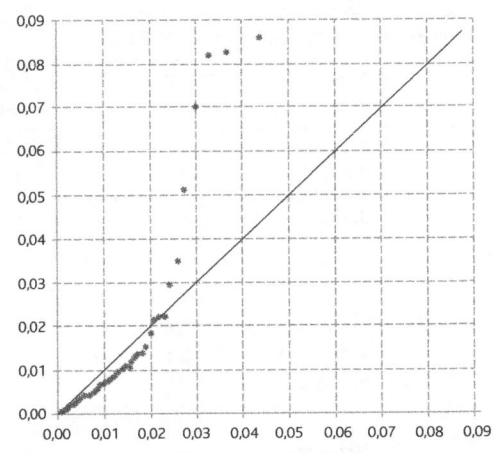

FIGURA 19 Gráfico Q-Q (distribuição Beta(0,5; 86)) dos 175 resíduos studentizados internamente divididos pelos graus de liberdade $(n - 2)$ do modelo de regressão EVN = 78,79 − 0,32 × TMI.
Fonte: Elaborada pelo autor.

A **Figura 20** apresenta o gráfico Q-Q (distribuição t) dos resíduos studentizados externamente.

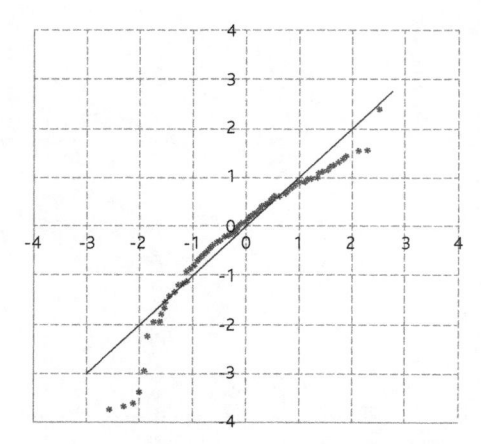

FIGURA 20 Gráfico Q-Q (distribuição $t(172)$) dos 175 resíduos studentizados externamente do modelo de regressão EVN = 78,79 − 0,32 × TMI.
Fonte: Elaborada pelo autor.

Os gráficos revelam alguns potenciais *outliers*. Analisando a base de dados, verifica-se que os cinco pontos mais destoantes correspondem aos países África do Sul, Botswana, Lesoto, Suazilândia e Zimbábue. Uma análise mais aprofundada das condições sociais, econômicas e culturais desses países foge ao nosso escopo, mas a título de ilustração, tratando tais pontos como *outliers*, eles deveriam ser eliminados da análise, refazendo-se o modelo. Os resultados são apresentados na **Tabela 19** e na **Tabela 20**.

TABELA 19 Teste de significância do modelo de regressão linear EVN = $\alpha + \beta$TMI + ε, com a eliminação de cinco observações tomadas como *outliers*

Fonte de variação	Soma de quadrados	Graus de liberdade	Média de quadrados	F	valor p
Regressão	13676,26	1	13676,26	1656,15	0,0000
Erro residual	1387,32	168	8,26		
Total	15063,58	169			

Fonte: Elaborada pelo autor.

TABELA 20 Estimativas pontuais dos coeficientes do modelo de regressão linear EVN = $\alpha + \beta$TMI + ε e respectivos testes de significância, com a eliminação de cinco observações tomadas como outliers

Variável preditora	Coeficiente	Erro padrão do coeficiente	t	valor p
Constante	78,8893	0,3198	246,7034	0,0000
ret$_P$	−0,31	0,007639	−40,6958	0,0000

Fonte: Elaborada pelo autor.

Rejeita-se, assim, mais uma vez, a hipótese (nula) de que as duas variáveis não estejam relacionadas linearmente. O valor do coeficiente de determinação é $r^2 = 0,9073$, um pouco superior ao encontrado anteriormente, igual a 0,8673.

A **Figura 21** apresenta o gráfico Q-Q (distribuição Beta) dos quadrados dos resíduos studentizados internamente divididos pelos graus de liberdade $(n - 2)$.

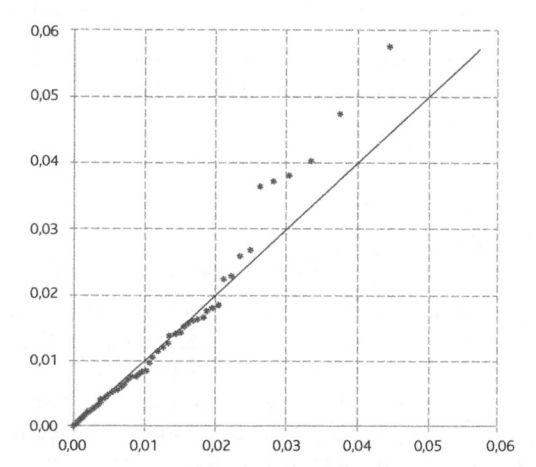

FIGURA 21 Gráfico Q-Q (distribuição Beta(0,5; 83,5)) dos 170 resíduos studentizados internamente divididos pelos graus de liberdade $(n - 2)$ do modelo de regressão EVN $= 78,79 - 0,31 \times$ TMI.
Fonte: Elaborada pelo autor.

A **Figura 14** apresenta o gráfico Q-Q (distribuição t) dos resíduos studentizados externamente.

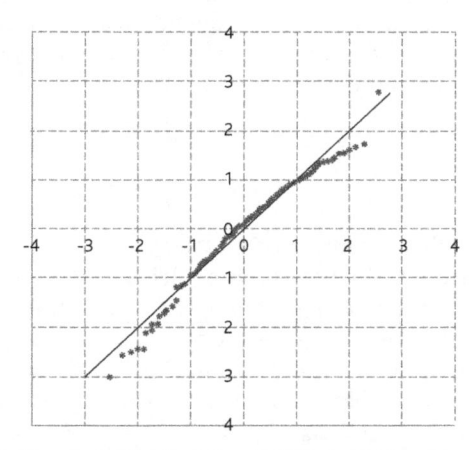

FIGURA 14 Gráfico Q-Q (distribuição $t(240)$) dos 243 resíduos studentizados externamente do modelo de regressão ret$_V = 0,0007 + 0,4825 \times$ ret$_P$.
Fonte: Elaborada pelo autor.

Os gráficos mostram um razoável ajuste, especialmente se comparados aos gráficos anteriores, com a presença dos presumidos *outliers*. A média e o desvio padrão dos 170 quadrados dos desvios studentizados internamente divididos pelos graus de liberdade do modelo ($n - 2 = 168$) são iguais, respectivamente, a 0,00596 e 0,00903, mais próximos dos valores teóricos, iguais, respectivamente, a $\frac{0,5}{84} = 0,00595$ e $\sqrt{\frac{41,75}{(84)^2 \times 85}} = 0,00834$. Outros pontos são agora identificados como novos possíveis *outliers*. A análise deveria em princípio ser repetida recursivamente até que o modelo seja considerado adequado. Deixa-se ao leitor a realização do processo, a título de exercício.

DUAS VARIÁVEIS ORDINAIS

Como já salientado no Capítulo 3, a relação entre duas variáveis mensuradas ordinalmente pode ser realizada com a utilização de coeficientes de correlação ordinais, como o coeficiente de correlação de Spearman e o coeficiente de correlação de Kendall e pela análise de regressão monotônica. Entretanto, a análise também é muitas vezes realizada utilizando-se as técnicas para analisar variáveis categóricas, com tabelas de contingência, mais populares e de maior apelo informacional, ignorando, de certa forma, a característica ordinal dos dados.

Sob a ótica da estatística inferencial, os coeficientes de correlação de Spearmann e de Kendall são tratados como estatísticas amostrais, admitindo-se que variem de amostra para amostra. São usados como estimativas dos correspondentes coeficientes populacionais. Assim, o coeficiente de correlação de Spearman, $r_{S_{XY}}$, é tomado como estimador do coeficiente de correlação populacional, $\rho_{S_{XY}}$, e o coeficiente de correlação de Kendall, τ_{XY}, é tomado como estimador do correspondente coeficiente da população.

Os testes de significância correspondem ao teste enunciado pela Equação 98, com os respectivos coeficientes de Spearman ou de Kendall. Assim, para o coeficiente de Spearman, tem-se

$$H_0: \rho_{S_{XY}} = 0 \qquad (149)$$
$$\times$$
$$H_1: \rho_{S_{XY}} \neq 0$$

A distribuição amostral de $r_{S_{XY}}$ sob H_0 não é de determinação muito fácil, pois envolve complicados cálculos combinatórios, a não ser que o tamanho de amostra seja pequeno. Por exemplo, para $n = 2$, há somente duas combinações de ordenações relativas entre as variáveis X e Y possíveis, ou perfeita e diretamente correlacionadas ou perfeita e inversamente correlacionadas, produzindo coeficientes com valores 1 ou -1. Correspondem às permutações entre os postos (1 ou 2) das observações da variável Y. Assim, sob H_0, ambas têm iguais chances de ocorrência, ou seja, $\frac{1}{2}$. Se $n = 3$, há seis combinações de ordenações relativas entre as variáveis X e Y possíveis, que correspondem às permutações entre os postos (1, 2 ou 3) das observações da variável Y, cada uma com iguais chances de ocorrência sob H_0, ou

TABELA 21 Permutações entre postos da variável Y e correspondentes valores de $r_{S_{XY}}$ para uma amostra de tamanho $n = 3$.

R_X	Permutações em R_Y					
	p_1	p_2	p_3	p_4	p_5	p_6
1	1	1	2	2	3	3
2	2	3	1	3	1	2
3	3	2	3	1	2	1
$r_{S_{XY}}$	1	0,5	0,5	−0,5	−0,5	−1

Fonte: Elaborada pelo autor.

seja, $\frac{1}{6}$. As permutações produzem coeficientes de correlação conforme detalhados na **Tabela 21**.

Observa-se que há apenas quatro valores possíveis para o coeficiente amostral, ± 1 e $\pm 0{,}5$, estes com probabilidade de ocorrência sob H_0 igual a $\frac{2}{6}$ e aqueles com probabilidade igual a $\frac{1}{6}$. Para $n = 4$, há 24 permutações (4! = 24) e os possíveis valores para o coeficiente de correlação são ± 1, $\pm 0{,}8$, $\pm 0{,}6$, $\pm 0{,}4$, $\pm 0{,}2$, e 0, com probabilidades de ocorrência sob H_0 iguais, respectivamente, a $\frac{1}{24}, \frac{3}{24}, \frac{1}{24}, \frac{4}{24}, \frac{2}{24}$ e $\frac{2}{24}$.[27]

As FDA da estatística amostral $r_{S_{XY}}$ sob H_0 para tamanhos de amostra até $n = 20$ podem ser obtidas no site de Luke Gustafson (c2009). A partir das FDA de $r_{S_{XY}}$ pode-se determinar valores críticos de rejeição de H_0 para níveis de significância selecionados (aqueles mais utilizados em ciências sociais aplicadas), conforme apresentado na **Tabela 22**.

Para amostras maiores, uma aproximação da distribuição de $r_{S_{XY}}$ pela curva Normal pode ser utilizada. Hotteling e Pabst (1936) mostram que, sob H_0, a distribuição de $r_{S_{XY}}$ é aproximada pela distribuição $N\left(0, \sqrt{\frac{1}{n-1}}\right)$ quando n aumenta indefinidamente. Assim, para grandes amostras, o valor p do teste pode ser determinado pela FDA da distribuição Normal, ou seja,

$$\text{valor } p \approx 1 - \Phi\left(r_{S_{XY}}\sqrt{n-1}\right) \tag{150}$$

TABELA 22 Teste do coeficiente de correlação de Spearman – valores críticos para $r_{S_{XY}}$ – testes bilaterais a níveis de significância selecionados (o símbolo "-" indica não haver suficiente informação para rejeição de H_0 ao nível de significância estabelecido)

NS	n															
	5	6	7	8	9	10	11	12	13	14	15	16	17	18	19	20
5%	0,9	0,829	0,750	0,714	0,683	0,636	0,609	0,580	0,555	0,534	0,518	0,500	0,485	0,470	0,458	0,445
1%	-	0,943	0,893	0,857	0,817	0,782	0,745	0,720	0,698	0,675	0,650	0,632	0,615	0,598	0,582	0,568

Fonte: Adaptada de Gustafson (c2009).

---

[27] Para valores pequenos de n é fácil representar todas as permutações em uma planilha como o Microsoft Excel© e organizar todas as contagens necessárias.

para um teste unilateral ou

$$\text{valor } p \approx 2 \times \left(1 - \Phi(r_{S_{XY}}\sqrt{n-1})\right) \tag{151}$$

para um teste bilateral.

> **Exemplo 16**
>
> Retome-se o Exemplo 6 do Capítulo 3, em que se determinou o coeficiente de correlação de Spearman entre as variáveis escolaridade e cargo ocupado na organização, a partir de respostas válidas oferecidas por 407 respondentes da enquete.
>
> Para os dados apresentados, tem-se que $r_s = 0{,}22$. Para esta amostra, a aproximação da curva Normal é bastante satisfatória, de modo que pode-se calcular o valor $p \approx 2 \times \left(1 - \Phi(r_{S_{XY}}\sqrt{n-1})\right) = 2 \times \left(1 - \Phi(0{,}22 \times \sqrt{406})\right) = 0{,}000$. Rejeita-se, assim, a hipótese (nula) de que as variáveis não estejam correlacionadas.

O tratamento dado ao coeficiente de correlação de Kendall é semelhante, apenas variando a FDA da estatística de teste. A FDA da estatística de teste é de obtenção mais fácil, entretanto, como Kendall (1938) argumenta em favor de sua criação, ao contrapor seu coeficiente ao coeficiente de Spearman, mais antigo e derivado do coeficiente de correlação linear de Pearson, como já salientado no Capítulo 3. O teste toma a forma

$$H_0: \tau_{XY} = 0$$
$$\times$$
$$H_1: \tau_{XY} \neq 0$$

As distribuições amostrais de τ_{XY} sob H_0 para distintos tamanhos de amostra podem ser determinadas por relações recursivas, como demonstrado por Kendall (1938). A partir das FDA de τ_{XY} pode-se determinar valores críticos de rejeição de H_0 para níveis de significância selecionados (aqueles mais utilizados em ciências sociais aplicadas), conforme apresentado na **Tabela 23**.

Para amostras maiores, uma aproximação da distribuição de τ_{XY} pela curva Normal pode ser utilizada. Kendall (1938) mostra que, sob H_0, a distribuição de

TABELA 23 Teste do coeficiente de correlação de Kendall – valores críticos para τ_{XY} – testes bilaterais a níveis de significância selecionados (o símbolo "-" indica não haver informação suficiente para rejeição de H_0 ao nível de significância estabelecido)

NS	n															
	5	6	7	8	9	10	11	12	13	14	15	16	17	18	19	20
5%	0,8	0,733	0,619	0,571	0,500	0,467	0,455	0,424	0,410	0,385	0,371	0,367	0,353	0,333	0,322	0,316
1%	-	0,867	0,810	0,714	0,667	0,600	0,564	0,545	0,538	0,495	0,486	0,467	0,456	0,438	0,427	0,411

Fonte: Elaborada pelo autor.

τ_{XY} é aproximada pela distribuição $N\left(0, \frac{1}{3}\sqrt{\frac{2(2n+5)}{n(n-1)}}\right)$ quando n aumenta indefinidamente. Assim, para grandes amostras, o valor p do teste pode ser determinado pela FDA da distribuição Normal, ou seja,

$$\text{valor } p \approx 1 - \Phi\left(3\tau_{XY}\sqrt{\frac{n(n-1)}{2(2n+5)}}\right) \tag{152}$$

para um teste unilateral ou

$$\text{valor } p \approx 2 \times \left(1 - \Phi\left(3\tau_{XY}\sqrt{\frac{n(n-1)}{2(2n+5)}}\right)\right) \tag{153}$$

para um teste bilateral.

Para os dados do Exemplo 6 do Capítulo 3, havíamos determinado que $\tau = 0{,}19$. Para a amostra tomada, com $n = 407$, a aproximação da curva Normal é bastante satisfatória, de modo que pode-se calcular o **valor** $p \approx 2 \times \left(1 - \Phi\left(3\tau_{XY}\sqrt{\frac{n(n-1)}{2(2n+5)}}\right)\right) = 2 \times \left(1 - \Phi\left(3 \times 0{,}19 \times \sqrt{\frac{407 \times 406}{2 \times 819}}\right)\right) = 0{,}000$. Rejeita-se, assim, a hipótese (nula) de que as variáveis não estejam correlacionadas.

UMA VARIÁVEL ORDINAL E UMA VARIÁVEL MÉTRICA

A análise da significância da relação entre uma variável ordinal e uma variável métrica pode ser levada a cabo utilizando-se os mesmos testes apresentados para analisar a relação entre duas variáveis ordinais, degradando, de certa forma, a informação contida no processo de mensuração da variável métrica. Lembre mais uma vez que o esquema de classificação de níveis de mensuração é hierárquico, de modo que uma variável métrica pode ser tratada como uma variável ordinal. Como alternativa, pode-se degradar a informação contida na ordenação da variável ordinal, tratando-a como se categórica fosse. Nesse caso, os testes apresentados para analisar a relação entre uma variável categórica e uma métrica podem ser todos utilizados.

QUADRO RESUMO

O **Quadro 12** apresenta um resumo dos testes recomendados para testar a significância da relação entre duas variáveis, rotuladas genericamente por V_1 e V_2, dependendo dos respectivos níveis de mensuração. As principais suposições teóricas dos testes sugeridos são também apresentadas, assim como procedimentos alternativos, caso as suposições teóricas não sejam válidas.

QUADRO 12 Testes recomendados para testar a significância da relação entre duas variáveis e respectivos níveis de mensuração, principais suposições teóricas e procedimentos alternativos

Variáveis e respectivos níveis de mensuração		Teste sugerido	Principais suposições	Alternativas
V_1	V_2			
Categórica	Categórica	Teste Qui-quadrado	Grandes amostras. Regra empírica: máximo 20% das células têm frequência menor ou igual a 5.	Reduzir categorias ou usar teste exato de Fisher para tabelas 2 x 2.
Categórica — Duas categorias	Intervalar	Teste t de Student	1. V_2 tem distribuição Normal nas duas categorias de V_1 (atenuante: grandes amostras); 2. V_2 tem variâncias iguais nas duas categorias de V_1.	Se a suposição 1 não é válida, usar teste U de Mann-Whitney. Se a suposição 2 não é válida (mas a suposição 1 é válida), usar teste de Welch-Aspin.
Categórica — $k > 2$ categorias	Intervalar	Análise de Variância – ANOVA	1. V_2 tem distribuição Normal nas categorias de V_1 (atenuante: grandes amostras); 2. V_2 tem variâncias iguais nas categorias de V_1.	Teste de Kruskal-Wallis
Categórica — Duas categorias	Ordinal	Teste U de Mann-Whitney	V_2 tem distribuição contínua.	Teste qui-quadrado
Categórica — $k > 2$ categorias	Ordinal	Teste de Kruskal-Wallis	V_2 tem distribuição contínua.	Teste qui-quadrado
Intervalar	Intervalar	Correlação de Pearson e análise de regressão linear	Erros têm distribuições Normais.	Correlação de Spearman ou de Kendall e análise de regressão ordinal.
Ordinal	Ordinal	Correlação de Spearman ou de Kendall e análise de regressão ordinal	V_1 e V_2 têm distribuições contínuas.	Teste qui-quadrado
Ordinal	Intervalar	Correlação de Spearman ou de Kendall e análise de regressão ordinal	V_1 e V_2 têm distribuições contínuas.	Teste qui-quadrado

Fonte: Elaborada pelo autor.

EXERCÍCIOS

Para cada um dos exercícios do Capítulo 4, efetue os correspondentes testes de hipóteses para testar a relação entre as variáveis envolvidas. Justifique a utilização de cada teste observando seus pressupostos teóricos.

Créditos das imagens

pág. 4: ARTIGAS. *Gottfried Achenwall*. [S.l.]: Artigas, c2011-2014. Disponível em: <http://artigas.deviantart.com/art/Gottfried-Achenwall-203730068>. Acesso em: 5 maio 2012.
pág. 11: UPPSALA UNIVERSITET. *Anders Celsius*: 1701-1744. Uppsala: Uppsala Universitet, c2014. Disponível em: <http://www.astro.uu.se/history/Celsius_eng.html>. Acesso em: 5 maio 2012.
Pág. 12: NATIONAL GEOGRAPHIC. *Linnaeus, the name giver*. Tampa: National Geographic Society, c2014. Disponível em: <http://ngm.nationalgeographic.com/2007/06/linnaeus-name-giver/helene-schmitz-photography>. Acesso em: 5 maio 2012.
Pág. 14: INTELEGANT. *Organization*. Malmö: Intelegant, [2014?]. Disponível em: <http://www.intelegant.org/iguru/organization.html>. Acesso em: 11 set. 2011.
Pág. 19: SCOTTISH SCIENCE HALL OF FAME. *Lord Kelvin (1824-1907)*. Edinburgh: National Library of Scotland, c2009. Disponível em: <http://digital.nls.uk/scientists/biographies/lord-kelvin/index.html>. Acesso em: 5 maio 2012.
Pág. 20: SEISMOLOGICAL SOCIETY OF AMERICA. *The Charles F. Richter early career award*. Albany: Seismological Society of America, 2014. Disponível em: <http://www.seismosoc.org/award s/richter_award.php>. Acesso em: 5 maio 2012.
Pág. 24: Fonte: http://www.gauss-centre.eu/gauss. Acessado em 5/5/2012.
Pág. 33: KUDER. *History and legacy*. Adel: Kuder, c2014. Disponível em: <http://www.kuder.com/about/history-of-kuder.html>. Acesso em: 21 set. 2011.
Pág. 33: STANFORD UNIVERSITY SCHOOL OF EDUCATION. *Lee J. Cronbach*. Stanford: Stanford University School of Education, 2001. Disponível em: <http://www.stanford.edu/dept/SUSE/news/leecronbach.htm>. Acesso em: 21 set. 2011.
Pág. 73: UNIVERSITY OF MINNESOTA. *John Wilder Tukey*. Minneapolis: University of Minnesota, 2013. Disponível em: <http://www.morris.umn.edu/~sungurea/introstat/history/w98/Tukey.html>. Acesso em: 3 nov. 2011.
Pág. 78: LEE, P. M. [*Karl Pearson*]. York: University of York, 2014. Disponível em: <http://www.york.ac.uk/depts/maths/histstat/people/pearson_k.gif>. Acesso em: 20 mar. 2011.
Pág. 96: LEE, P. M. [*Augustin-Louis Cauchy*]. York: University of York, 2014. Disponível em: <http://www.york.ac.uk/depts/maths/histstat/people/cauchy.gif>. Acesso em: 7 dez. 2011.
Pág. 100: GALTON.ORG. *Sir Francis Galton*. [S.l.]: Galton.org, [2014?]. Disponível em: <http://galton.org>. Acesso em: 26 out. 2011.
Pág. 114: LEE, P. M. [*Charles Edward Spearman*]. York: University of York, 2014. Disponível em: <http://www.york.ac.uk/depts/maths/histstat/people/spearman.gif>. Acesso em: 31 out. 2011.
Pág. 119: LEE, P. M. [*Sir Maurice George Kendall*]. York: University of York, 2014. Disponível em: <http://www.york.ac.uk/depts/maths/histstat/people/kendall_m_g.gif>. Acesso em: 1 nov. 2011.
Pág. 132: LEE, P. M. [*Leonard Jimmie Savage*]. York: University of York, 2014. Disponível em: <http://www.york.ac.uk/depts/maths/histstat/people/savage_l_j.gif>. Acesso em: 3 fev. 2014.
Pág. 135: THINKSTOCK. [*Banco de imagens*]. [S.l.]: Thinkstock, c2014. Disponível em: <http://www.thinkstockphotos.com/>. Acesso em: 13 maio 2014.
Pág. 135: BROCKMEYER, E.; HALSTRØM, H. L.; JENSEN, Arne. *The life and works of A. K. Erlang*. Copenhagen: Academy of Technical Sciences, 1948. p. 8.
Pág. 136: UNIVERSITY OF ST ANDREWS. *Pierre Fermat*. Scotland: University of St Andrews, 2008. Disponível em: <http://www-history.mcs.st-and.ac.uk/PictDisplay/Fermat.html>. Acesso em: 7 maio 2012.

Pág. 136: THINKSTOCK. [*Banco de imagens*]. [S.l.]: Thinkstock, c2014. Disponível em: <http://www.thinkstockphotos.com/>. Acesso em: 13 maio 2014.
Pág. 137: PROEVEN VAN VROEGER. *Christiaan Huygens*: universele wetenschapper? [S.l.]: Universiteit Utrecht, c2009. Disponível em: <http://proevenvanvroeger.nl/eindopdrachten/huygens/index.html>. Acesso em: 14 maio 2014.
Pág. 139: UNIVERSITY OF ST ANDREWS. *Girolamo Cardano*. Scotland: University of St Andrews, c1998. Disponível em: <http://www-history.mcs.st-andrews.ac.uk/Biographies/Cardan.html>. Acesso em: 7 maio 2012.
Pág. 139: THINKSTOCK. [*Banco de imagens*]. [S.l.]: Thinkstock, c2014. Disponível em: <http://www.thinkstockphotos.com/>. Acesso em: 13 maio 2014.
Pág. 140: LEE, P. M. [*Jakob Bernoulli*]. York: University of York, 2014. Disponível em: <http://www.york.ac.uk/depts/maths/histstat/people/bernoulli_ja.gif>. Acesso em: 15 nov. 2011.
Pág. 141: LEE, P. M. [*John Graunt*]. York: University of York, 2014. Disponível em: <http://www.york.ac.uk/depts/maths/histstat/people/graunt.gif>. Acesso em: 3 fev. 2014.
Pág. 141: LEE, P. M. [*Abraham de Moivre*]. York: University of York, 2014. Disponível em: <http://www.york.ac.uk/depts/maths/histstat/people/de_moivre.gif>. Acesso em: 16 nov. 2011.
Pág. 141: ITERATIVE PATH. *The A/B test is inconclusive. Now what?* [S.l.]: Iterative Path, 2010. Disponível em: <http://iterativepath.wordpress.com/2010/05/20/the-ab-test-is-inconclusive-now-what/>. Acesso em: 15 maio 2014.
Pág. 142: BRECHENMACHER, F. *La révolution*. [S.l.]: CNRS, 2013. Disponível em: <http://images.math.cnrs.fr/La-revolution.html>. Acesso em: 15 maio 2014.
Pág. 143: WIKIMEDIA COMMONS. *File:Pierre Simon Laplace AGE V04 1799.jpg*. [S.l.]: Wikimedia Commons, 2012. Disponível em: <http://commons.wikimedia.org/wiki/File:Pierre_Simon_Laplace_AGE_V04_1799.jpg>. Acesso em: 15 maio 2014.
Pág. 144: http://www.maa.org/publications/periodicals/convergence/whos-that-mathematician-paul-r-halmos-collectionpage-28. Acessado em 15/05/2014.
Pág. 142: BRECHENMACHER, F. *La révolution*. [S.l.]: CNRS, 2013. Disponível em: <http://images.math.cnrs.fr/La-revolution.html>. Acesso em: 15 maio 2014.
Pág. 144: NOBELPRIZE.ORG. *Werner Heisenberg*: biographical. [S.l.]: Nobelprize.org, 2014. Disponível em: <http://www.nobelprize.org/nobel_prizes/physics/laureates/1932/heisenberg-bio.html>. Acesso em: 21 nov. 2011.
Pág. 145: LYCÉE D'ARSONVAL SAINT MAUR. *Quelques mathématiciens célèbres*. [S.l.]: Lycée d'Arsonval Saint Maur, 2014. Disponível em: <http://psi.tlegay.info/>. Acesso em: 15 maio 2014.
Pág. 145: ENCYCLOPEDIA.COM. *Augustus De Morgan*. [S.l.]: Encyclopedia.com, 2008. Disponível em: <http://www.encyclopedia.com/topic/Augustus_De_Morgan.aspx>. Acesso em: 15 maio 2014.
Pág. 184: CORNELL UNIVERSITY LIBRARY. *Harald Cramér*. Ithaca: Cornell University, c2014. Disponível em: <http://dynkincollection.library.cornell.edu/biographies/823>. Acesso em: 7 maio 2012.
Pág. 255: LEE, P. M. [*Ernst Hjalmar Waloddi Weibull*]. York: University of York, 2014. Disponível em: <http://www.york.ac.uk/depts/maths/histstat/people/weibull.gif>. Acesso em: 22 fev. 2012.
Pág. 263: THE UNIVERSITY OF ADELAIDE. *R. A. Fisher digital archive*: [795]. Adelaide: The University of Adelaide, c2008. Disponível em: <http://digital.library.adelaide.edu.au/dspace/handle/2440/3860>. Acesso em: 25 fev. 2011.
Pág. 263: LEE, P. M. [*George Waddell Snedecor*]. York: University of York, 2014. Disponível em: <http://www.york.ac.uk/depts/maths/histstat/people/snedecor.gif>. Acesso em: 25 fev. 2011.
Pág. 265: LEE, P. M. [*William Sealy Gosset*]. York: University of York, 2014. Disponível em: <http://www.york.ac.uk/depts/maths/histstat/people/gosset.gif>. Acesso em: 28 fev. 2011.
Pág. 265: LEE, P. M. [*Jacob Lüroth*]. York: University of York, 2014. Disponível em: <http://www.york.ac.uk/depts/maths/histstat/people/lueroth.gif>. Acesso em: 28 fev. 2011.
Pág. 265: SEMILLERO. *Edgeworth*. San Francisco: Tangient LLC, c2014. Disponível em: <http://semillero-hpe.wikispaces.com/Edgeworth>. Acesso em: 15 maio 2014.
Pág. 268: KONINKLIJKE BIBLIOTHEEK. *Prof. dr. Hendrik Antoon Lorentz, Nederlands natuurkundige, portret...* [S.l.]: KB, [2014?]. Disponível em: <http://www.geheugenvannederland.nl/?/indonesie_onafhankelijk_-_fotos_1947-1953/items/SFA03:SFA001020327/&p=2&i=12&t=37&st=Natuurkundigen&sc=subject%20all%20%22Natuurkundigen%22/>. Acesso em: 15 maio 2014.
Pág. 278: NOBELPRIZE.ORG. *Lord Rayleigh*: facts. [S.l.]: Nobelprize.org, 2014. Disponível em: <http://www.nobelprize.org/nobel_prizes/physics/laureates/1904/strutt.html>. Acesso em: 6 mar. 2012.

Créditos das imagens

Pág. 280: JAMES CLERK MAXWELL FOUNDATION. *James Clerk Maxwell in his 30s*. Edinburgh: James Clerk Maxwell Foundation, [2014?]. Disponível em: <http://www.clerkmaxwellfoundation.org/html/picture_viewer_10.html>. Acesso em: 6 jun. 2014.
Pág. 282: ALEXANDER, J. *Vilfredo Pareto*: sociologist and philosopher. [S.l.]: CODOH, 1994. Disponível em: <http://codoh.com/library/document/2540/>. Acesso em: 15 maio 2014.
Pág. 285: LEE, P. M. [*Benjamin Gompertz*]. York: University of York, 2014. Disponível em: <http://www.york.ac.uk/depts/maths/histstat/people/gompertz.gif>. Acesso em: 8 mar. 2011.
Pág. 314: THINKSTOCK. [*Banco de imagens*]. [S.l.]: Thinkstock, c2014. Disponível em: <http://www.thinkstockphotos.com/>. Acesso em: 13 maio 2014.
Pág. 338: LEE, P. M. [*Jarl Waldemar Lindeberg*]. York: University of York, 2014. Disponível em: <http://www.york.ac.uk/depts/maths/histstat/people/lindeberg.gif>. Acesso em: 15 abr. 2012.
Pág. 376: LEE, P. M. [*Frank Yates*]. York: University of York, 2014. Disponível em: <http://www.york.ac.uk/depts/maths/histstat/people/yates.gif>. Acesso em: 16 maio 2012.
Pág. 377: BIOGRAPHY 13.3 Egon S. Pearson (1895 -1980). [S.l.]: South-Western, c2013. Disponível em: <http://www.swlearning.com/quant/kohler/stat/biographical_sketches/bio13.3.html>. Acesso em: 6 jun. 2014.
PÁG. 278: NOBELPRIZE.ORG. *Lord Rayleigh*: facts. [S.l.]: Nobelprize.org, 2014. Disponível em: <http://www.nobelprize.org/nobel_prizes/physics/laureates/1904/strutt.html>. Acesso em: 6 mar. 2012.
Pág. 282: UNIVERSITY OF ST ANDREWS. *Ludwig Boltzmann*. Scotland: University of St Andrews, 2008. Disponível em: <http://www-history.mcs.st-and.ac.uk/PictDisplay/Boltzmann.html>. Acesso em: 7 mar. 2012.
Pág. 284: WARD, B. Joseph Juran, expert on quality and efficiency, dies at 103. *Star Tribune*, 3 mar., 2008. Disponível em: <http://www.startribune.com/obituaries/16167002.html>. Acesso em: 27 out. 2014.
Pág. 361: UNIVERSITY OF OXFORD. Department of Statistics. *BS1*: applied statistics. Oxford: University of Oxford, 2007. Disponível em: <http://www.stats.ox.ac.uk/~dlunn/BS1_05/BS1_mt05.htm>. Acesso em: 6 jun. 2014.
Pág. 399: THE OHIO STATE UNIVERSITY. *Henry Berthold Mann*. Columbus: The Ohio State University, c2014. Disponível em: <http://math.osu.edu/about-us/history/henry-berthold-mann>. Acesso em: 16 abr. 2012.
Pág. 399: CITIZEN-STATISTICIAN. *An accidental statistician*. [S.l.]: Citizen-Statistician, 2013. Disponível em: <http://citizen-statistician.org/2013/06/06/an-accidental-statistician/>. Acesso em: 16 abr. 2012.
Pág. 414: LEE, P. M. [*William Henry Kruskal*]. York: University of York, 2014. Disponível em: <http://www.york.ac.uk/depts/maths/histstat/people/kruskal_w.gif>. Acesso em: 3 abr. 2013.
Pág. 414: UNIVERSITY OF ROCHESTER. *W. A. Wallis*. Rochester: University of Rochester, 2007. Disponível em: <http://www.wallis.rochester.edu/wallenwallis.html>. Acesso em: 3 abr. 2013.

Referências

A'HEARN, B.; PERACCHI, F.; VECCHI, G. Height and the normal distribution: evidence from Italian military data. *Demography*, v. 46, n. 1, p. 1-25, 2009.

ADELL, J. A.; JODRÁ, P. The median of the Poisson distribution. *Metrika*, v. 61, n. 3, p. 337-346, 2005.

AGRESTI, A. *Categorical data analysis*. 2. ed. Hoboken: John Wiley & Sons, 2002.

AHMAD, R.; KAMARUDDIN, S. An overview of time-based and condition-based maintenance in industrial application. *Computers & Industrial Engineering*, v. 63, n. 1, p. 135-149, 2012.

ALBERS, W. Improved binomial charts for high-quality processes. *Produção*, v. 21, n. 2, p. 209-216, 2011.

ALLENBY, G. M.; LEONE, R. R.; JEN, L. A dynamic model of purchase timing with application to direct marketing. *Journal of the American Statistical Association*, v. 94, n. 446, p. 365-374, 1999.

ANDERSON, S. R. *How many languages are there in the world?* Washington: Linguistic Society of America, 2010. Disponível em: <http://www.linguisticsociety.org/files/how-many-languages.pdf>. Acesso em: 9 set. 2011.

ANDERSON, T. W.; DARLING, D. A. Asymptotic theory of certain "goodness of fit" criteria based on stochastic processes. *Annals of Mathematical Statistics*, v. 23, n. 2, p. 193-212, 1952.

ARAÚJO, E. A. C. de; ANDRADE, D. F. de; BORTOLOTTI, S. Ligia V. Teoria da resposta ao item. *Revista da Escola de Enfermagem da USP*, v. 43, n. esp., p. 1000-1008, 2009.

ASLAM, M.; MUGHAL, A. R.; AHMAD, M. Comparison of GASP for Pareto distribution of the 2nd kind using Poisson and weighted Poisson distributions. *International Journal of Quality & Reliability Management*, v. 28, n. 8, p. 867-884, 2011.

ASPIN, A. A. An examination and further development of a formula arising in the problem of comparing two mean values. *Biometrika*, v. 35, n. 1/2, p. 88-96, 1948.

ASPIN, A. A. Tables for use in comparisons whose accuracy involves two variances, separately estimated. *Biometrika*, v. 36, n. 3/4, p. 290-296, 1949.

ASSIS, J. P. et al. Simulação estocástica de atributos do clima e da produtividade potencial de milho utilizando-se distribuição triangular. *Pesquisa Agropecuária Brasileira*, v. 41, n. 3, p. 539-543, 2006.

AYKROYD, R. G.; ZIMERAS, S. Inhomogeneous prior models for image reconstruction. *Journal of the American Statistical Association*, v. 94, n. 447, p. 934-946, 1999.

BAERT, K. et al. Evaluation of strategies for reducing patulin contamination of apple juice using a farm to fork risk assessment model. *International Journal of Food Microbiology*, v. 154, p. 119-129, 2012.

BAQUERO, C. et al. Extrema propagation: fast distributed estimation of sums and network sizes. *IEEE Transactions on Parallel and Distributed Systems*, v. 23, n. 4, p. 668-675, 2012.

BARRET, P. Beyond psychometrics: measurement, non-quantitative structure, and applied numerics. *Journal of Managerial Psychology*, v. 3, n. 18, p. 421-439, 2003.

BAYES, T. An essay towards solving a problem in the doctrine of chances. *Philosophical Transactions of the Royal Society of London*, v. 53, p. 370-418, 1763.

BENNETT, S. Log-logistic regression models for survival data. *Applied Statistics*, v. 32, n. 2, p. 165-171, 1983.

BERNOULLI, J. *Ars conjectandi, opus posthumum*. Basel: Impensis Thurnisiorum Fratrum, 1713.

BERNSTEIN, P. L. *Desafio aos deuses*: a fascinante história do risco. Rio de Janeiro: Campus, 1997.

BERTULANI, C. *Teoria cinética dos gases*. Rio de Janeiro: UFRJ, 1999. Disponível em: <http://www.if.ufrj.br/~bertu/fis2/teoria_cinetica/teoria_cinetica.html>. Acesso em: 29 ago. 2012.

BHOWMICK, D. et al. A Laplace mixture model for identification of differential expression in microarray experiments. *Biostatistics*, v. 7, n. 4, p. 630-641, 2006.

BIRCHENHALL, C. R. et al. Predicting U.S. business-cycle regimes. *Journal of Business & Economic Statistics*, v. 17, n. 3, p. 313-323, 1999.

BISI, A.; DADA, M.; TOKDAR, S. A censored-data multiperiod inventory problem with newsvendor demand distributions. *Manufacturing & Service Operations Management*, v. 13, n. 4, p. 525-533, 2011.

BONETT, D. G. Approximate confidence interval for standard deviation of nonnormal distributions. *Computational Statistics & Data Analysis*, v. 50, p. 775-782, 2006.

BORNA, S.; SHARMA, D. How much trust should risk managers place on "brownian motions" of financial markets? *International Journal of Emerging Markets*, v. 6, n. 1, p. 7-16, 2011.

BOSCH-DOMÈNECH, A. et al. A finite mixture analysis of beauty-contest data using generalized beta distributions. *Experimental Economics*, v. 13, n. 4, p. 461-475, 2010.

BOX, G. E. P. Non-normality and tests on variances. *Biometrika*, v. 40, n. 3/4, p. 318-335, 1953.

BOX, G. E. P.; ANDERSEN, S. L. Permutation theory in the derivation of robust criteria and the study of departures from assumptions. *Journal of the Royal Statistical Society. Series B (Methodological)*, v. 17, n. 1, p. 1-34, 1955.

BRASIL. Ministério da Saúde. *SIM-Sistema de Informações de Mortalidade*. Brasília, DF: Ministério da Saúde, c2008a. Disponível em: <http://www2.datasus.gov.br/DATASUS/index.php?area=060701>. Acesso em: 23 set. 2010.

BRASIL. Ministério da Saúde. *Sistema de Informações Hospitlares do SUS (SIH/SUS)*. Brasília, DF: Ministério da Saúde, c2008b. Disponível em: <http://tabnet.datasus.gov.br/cgi/tabcgi.exe?sih/cnv/nrRS.def>. Acesso em: 14 out. 2011.

BREALEY, R. A.; MYERS, S. C.; ALLEN, F. *Princípios de finanças corporativas*. 8. ed. São Paulo: McGraw-Hill Interamericana, 2008.

BREIMAN, L. *Statistics with a view toward applications*. Boston: Houghton Mifflin, 1969.

BRENNAN, M. J.; WANG, A. W. The mispricing return premium. *Review of Financial Studies*, v. 23, n. 9, p. 3437-3468, 2010.

BROWN, M. B.; FORSYTHE, A. B. Robust tests for the equality of variances. *Journal of the American Statistical Association*, v. 69, n. 346, p. 364-367, 1974.

BURR, I. W. Cumulative frequency functions. *Annals of Mathematical Statistics*, v. 13, n. 2, p. 215-232, 1942.

CAMPBELL, I. Chi-squared and Fisher-Irwin tests of two-by-two tables with small sample recommendations. *Statistics in Medicine*, v. 26, p. 3661-3675, 2007.

CARDANO, G. *The book on games of chance* (Liber de ludo aleae). New York: Holt, Rinehart and Winston, 1663.

CARIFIO, J.; PERLA, R. Resolving the 50-year debate around using and misusing Likert scales. *Medical Education*, v. 42, p. 1150-1152, 2008.

CARVALHO SOBRINHO, J. O. F. de. *A privatização de empresas estatais melhora sua performance? Evidências do caso brasileiro*. 2000. Dissertação (Mestrado)–Universidade Federal do Rio Grande do Sul, Porto Alegre, 2000.

CAUCHY, A-L. *Cours d'analyse de l'école royale polytechnique*. Paris: Debure, 1821. Disponível em : <http://gallica.bnf.fr/ark:/12148/bpt6k90195m/f379.image>. Acesso em: 7 dez. 2011.

CENTRE NATIONAL DE RESSOURCES TEXTUELLES ET LEXICALES. *Ortolang*. Nancy Cedex: CNRTL, c2012. Disponível em: <http://www.cnrtl.fr>. Acesso em: 31 ago. 2011.

CERN. *The Large Hadron Collider*. Geneva: CERN, c2014. Disponível em: <http://home.web.cern.ch/topics/large-hadron-collider>. Acesso em: 19 ago. 2014.

CHAGAS, J. de O. *A tomada de decisão segundo o comportamento empreendedor*: uma *survey* na Região das Missões/RS. 2000. Dissertação (Mestrado)–Universidade Federal do Rio Grande do Sul, Porto Alegre, 2000.

CHAMPERNOWNE, D. G. The graduation of income distributions. *Econometrica*, v. 20, n. 4, p. 591-615, 1952.

CHIPMAN, J. S. The ordering of portfolios in terms of mean and variance. *Review of Economic Studies*, v. 40, n. 2, p. 167-190, 1973.

CHO, S.; RUST, J. The flat rental puzzle. *Review of Economic Studies*, v. 77, n. 2, p. 560-594, 2010.

CLEMANS, K. G. Confidence limits in the case of the Geometric distribution. *Biometrika*, v. 46, n. 1/2, p. 260-264, 1959.

COCHRAN, W. G. The χ^2 test of goodness of fit. *Annals of Mathematical Statistics*, v. 25, p. 315-345, 1952.

COCHRAN, W. G. The distribution of quadratic forms in a normal system, with applications to the analysis of covariance. *Mathematical Proceedings of the Cambridge Philosophical Society*, v. 30, n. 2, p. 178-191, 1934.

COCHRAN, W. G. The efficiencies of the binomial series test of significance of a mean and of a correlation coefficient. *Journal of the Royal Statistical Society*, v. 100, n. 1, p. 69-73, 1937.

COOK, R. D.; WEISBERG, S. *Residuals and influence in regression*. New York: Chapman and Hall, 1982.

CORSINO, M.; GABRIELE, R.. Product innovation and firm growth: evidence from the integrated circuit industry. *Industrial and Corporate Change*, v. 20, n. 1, p. 29-56, 2010.

COX, M. A. A. Which is the appropriate triangular distribution to employ in the modified analytic hierarchy process? *IMA Journal of Management Mathematics*, v. 23, n. 3, p. 227-239, 2012.

CRAMÉR, H. Sur un nouveau théorème-limite de la théorie des probabilités. *Actualités Scientifiques et Industrielles*, v. 736, p. 5-23, 1938.

CRESSIE, N.; SEHEULT, A. Empirical Bayes estimation in sampling inspection. *Biometrika*, v. 72, n. 2, p. 451-458, 1985.

CRONBACH, L. J. Coefficient alpha and the internal structure of tests. *Psychometrika*, v. 16, n. 3, p. 297-334, 1951.

CROUCHLEY, R.; DASSIOS, A. Interpreting the beta geometric in comparative fecundability studies. *Biometrics*, v. 54, n. 1, p. 161-167, 1998.

CUNNANE, C. Unbiased plotting positions: a review. *Journal of Hydrology*, v. 37, p. 205-222, 1978.

DANIELS, P. T. The first civilizations. In: DANIELS, Peter T.; BRIGHT, William (Ed.). *The world's writing systems*. New York: Oxford University, 1996. p. 21-32.

DARLING, D. A. The Kolmogorov-Smirnov, Cramér-von Mises tests. *Annals of Mathematical Statistics*, v. 28, n. 4, p. 823-838, 1957.

DAVIS, C. G.; GILLESPIE, J. M. Factors affecting the selection of business arrangements by U.S. hog farmers. *Review of Agricultural Economics*, v. 29, n. 2, p. 331-348, 2007.

DAVIS, R. A.; DUNSMUIR, W. T. M.; STREETT, S. B. Observation-driven models for Poisson counts. *Biometrika*, v. 90, n. 4, p. 777-790, 2003.

DE KLERK, G. Classical test theory (CTT). In: BORN, M.; FOXCROFT, C. D.; BUTTER, R. (Ed.). *Online readings in testing and assessment*. [S.l.]: International Test Commission, 2008. Disponível em: <http://www.intestcom.org/Publications/ORTA/Classical+test+theory.php>. Acesso em: 20 set. 2011.

DE LEEUW, J. Correctness of Kruskal's algorithms for monotone regression with ties. *Psychometrika*, v. 42, n. 1, p. 141-144, 1977.

DE LEEUW, J. Monotonic regression. In: EVERITT, B. S.; HOWELL, D. C. (Ed.). *Encyclopedia of statistics in behavioral science*. New York: John Wiley & Sons, 2005. v. 3, p. 1260-1261.

DE LEEUW, J.; HORNIK, K.; MAIR, P. Isotone optimization in R: pool-adjacent-violators algorithm (PAVA) and active set methods. *Journal of Statistical Software*, v. 32, n. 5, p. 1-24, 2009.

DE MOIVRE, A. *The doctrine of chances*: or, a method of calculating the probability of events in play. Londres: Pearson, 1718.

DE MORGAN, A. *Formal logic*: or the calculus of inference, necessary and probable. Londres: Taylor and Walton, 1847. Disponível em: <http://books.google.com/books?id=HscAAAAMAAJ>. Acesso em: 22 nov. 2011.

DE WITT, J. *Waerdye van lyf-rente naer propor-tie van los-renten*. Hage: Jacobus Scheltus, 1671. Disponível em: <http://www.stat.

ucla.edu/history/dewitt.pdf>. Acesso em: 16 nov. 2011.

DHAENEA, J. et al. Some results on the CTE--based capital allocation rule. *Insurance: Mathematics and Economics*, v. 42, n. 2, p. 855-863, 2008.

DOWNHAM, D. Y. et al. Distribution of different fibre types in human skeletal muscles: a method for the detection of neurogenic disorders. *Mathematical Medicine and Biology*, v. 4, n. 1, p. 81-91, 1987.

DVDS SUPER RARO. *DVD O homem invisível dublado ano 1975 raridade.* [S.l.]: YouTube, 2008. Disponível em: <http://www.youtube.com/watch?v=yWGFPrcVguQ>. Acesso em: 7 set. 2011.

ECONOMATICA. [S.l.]: Economatica, c2012. Disponível em: <http://economatica.com/>. Acesso em: 20 ago. 2014.

EDGEWORTH, F. Y. The method of least squares. *Philosophical Magazine*, v. 16, p. 360-375, 1883.

EGGHE, L.; ROUSSEAU, R. Duality in information retrieval and the hypergeometric distribution. *Journal of Documentation*, v. 53, n. 5, p. 488-496, 1997.

EL-BASSIOUNY, N.; TAHER, A.; ABOU-AISH, E. An empirical assessment of the relationship between character/ethics education and consumer behavior at the tweens segment: the case of Egypt. *Young Consumers*, v. 12, n. 2, p. 159-170, 2011.

ELLAH, A. H. Abd. Bayesian one sample prediction bounds for the Lomax distribution. *Indian Journal of Pure and Applied Mathematics*, v. 34, n. 1, p. 101-109, 2003.

ELTOFT, T.; KIM, T.; LEE, T-W. On the multivariate Laplace distribution. *IEEE Signal Processing Letters*, v. 13, n. 5, p. 300-303, 2006.

EPIPHANIO, J. C. N.; LUIZ, A. J. B.; FORMAGGIO, A. R. Estimativa de áreas agrícolas municipais, utilizando sistema de amostragem simples sobre imagens de satélite. *Bragantia*, v. 61, n. 2, p. 187-197, 2002.

FALCK-ZEPEDA, J. B.; TRAXLER, G.; NELSON, R. G. Surplus distribution from the introduction of a biotechnology innovation. *American Journal of Agricultural Economics*, v. 82, p. 360-369, 2000.

FERNANDES, M.. *Millôr definitivo*: a bíblia do caos. Porto Alegre: L&PM, 2002.

FERNÁNDEZ, A. J. Bayesian estimation and prediction based on Rayleigh sample quantiles. *Quality and Quantity*, v. 44, n. 6, p. 1239-1248, 2010.

FETSCH, C. et al. Polypeptoids from N-substituted glycine N-carboxyanhydrides: hydrophilic, hydrophobic, and amphiphilic polymers with Poisson distribution. *Macromolecules*, v. 44, p. 6746-6758, 2011.

FILLIBEN, J. J. The probability plot correlation coefficient test for normality. *Technometrics*, v. 17, n. 1, p. 111-117, 1975.

FISHER, R. A. On the interpretation of χ^2 from contingency tables, and the calculation of p. *Journal of the Royal Statistical Society*, v. 85, n. 1, p. 87-94, 1922a.

FISHER, R. A. *Statistical methods for research workers*. Edinburgh: Oliver and Boyd, 1925.

FISHER, R. A. The conditions under which χ^2 measures the discrepancy between observation and hypothesis. *Journal of the Royal Statistical Society*, v. 87, n. 3, p. 442-450, 1924.

FISHER, R. A. The goodness of fit of regression formulae, and the distribution of regression coefficients. *Journal of the Royal Statistical Society*, v. 85, n. 4, p. 597-612, 1922b.

FISK, P. R. The graduation of income distributions. *Econometrica*, v. 29, n. 2, p. 171-185, 1961.

FREITAS, H. M. R. de. *Análise de uma intervenção técnico-administrativa em centros de informações.* 1989. Dissertação (Mestrado)– Universidade Federal do Rio Grande do Sul, Porto Alegre, 1989.

FRENZEN, C. L.; MURRAY, J. D. A cell kinetics justification for Gompertz' equation. *SIAM Journal on Applied Mathematics*, v. 46, n. 4, p. 614-629, 1986.

GALILEI, G. Sopra le scoperte dei dadi. In: FAVARO, A. *Le opere di Galileo Galilei*. Florença: Edizione Nazionale, Tipografia La Barbera, 1718. v. VIII, p. 591-594.

GALTON, F. *Memories of my life*. Londres: Methuen, 1908.

GALTON, F. Regression towards mediocrity in hereditary stature. *Journal of the Anthropological Institute*, v. 15, p. 246-263, 1886.

GALTON, F. Typical laws of heredity. *Proceedings of the Royal Institution*, v. 8, p. 282-301, 1877.

GATTY, R. Multivariate analysis for marketing research: an evaluation. *Applied Statistics*, v. 15, n. 3, p. 157-172, 1966.

GAUSS, C. F. Theoria combinationis observationum erroribus minimis obnoxiae: pars prior. *Göttingische Gelehrte Anzeigen*, v. 33, p. 321-327, 1821.

GAUSS, C. F. Theoria combinationis observationum erroribus minimis obnoxiae: suplementum. *Commentationes Societatis Regiae Scientiarum Gottingensis Recentiores*, v. 6, p. 55-93, 1826.

GILBERTSON, M. W. et al. Neurocognitive function in monozygotic twins discordant for combat exposure: relationship to posttraumatic stress disorder. *Journal of Abnormal Psychology*, v. 115, n. 3, p. 484-495, 2006.

GILLILAND, D. Using randomized confidence limits to balance risks: an application to Medicare investigations. *American Statistician*, v. 65, n. 3, p. 149-153, 2011.

GNEDENKO, B. V. *The theory of probability*. Moscou: MIR, 1969.

GÖB, R.; MCCOLLIN, C.; RAMALHOTO, M. F. Ordinal methodology in the analysis of Likert scales. *Quality & Quantity*, v. 41, p. 601-626, 2007.

GOMPERTZ, B. On the nature of the function expressive of the law of human mortality, and on a new mode of determining the value of life contingencies. *Philosophical Transactions of the Royal Society of London*, part I, p. 513-585, 1825. Disponível em: <http://visualiseur.bnf.fr/CadresFenetre?O=NUMM-55920&I=546&M=tdm>. Acesso em: 9 mar. 2012.

GOYAL, P. K.; DATTA, T. K.; VIJAY, V. K. Vulnerability of rural houses to cyclonic wind. *International Journal of Disaster Resilience in the Built Environment*, v. 3, n. 1, p. 20-41, 2012.

GRAUNT, J. *Natural and political observations mentioned in a following index, and made upon the bills of mortality*. Londres: [s.n.], 1662.

GUALTIERI, G.; SECCI, S. Methods to extrapolate wind resource to the turbine hub height based on power law: a 1-h wind speed vs. Weibull distribution extrapolation comparison. *Renewable Energy*, v. 43, p.183-200, 2012.

GUBAREVA, T. S. Types of probability distributions in the evaluation of extreme floods. *Water Resources*, v. 38, n. 7, p. 962-971, 2011.

GUIMARÃES, U. V. *Modelagem para análise da confiabilidade de produtos em garantia*. 2002. Dissertação (Mestrado)–Universidade Federal do Rio Grande do Sul, Porto Alegre, 2002.

GUO, H.; LIAO, H. Methods of reliability demonstration testing and their relationships. *IEEE Transactions on Reliability*, v. 61, n. 1, p. 231-237, 2012.

GUO, J. L.; FAN, C.; GUO, Z. H. Weblog patterns and human dynamics with decreasing interest. *European Physics Journal B*, v. 81, n. 3, p. 341-344, 2011.

GUPTA, R. Economic impacts of rural roads: a case study of Hoshiarpur District of Punjab. *International Journal of Business Economics and Management Research*, v. 2, n. 2, p. 19-32, 2011.

GUSTAFSON, L. *Spearman Rho null distribution*. [S.l.]: Luke Gustafson, c2009. Disponível em: <http://www.luke-g.com/math/spearman/index.html>. Acesso em: 27 jan. 2014.

HAIR, J. F. et al. *Análise multivariada de dados*. 6. ed. Porto Alegre: Bookman, 2009.

HALL, J. E.; GLASBEY, C. A. Analysis of size-grouped potato yield data using a bivariate normal distribution of tuber size and weight. *Journal of Agricultural Science*, v. 121, p. 193-198, 1993.

HALLEY, E. An estimate of the degrees of the mortality of mankind. *Philosophical Transactions*, v. 196, p. 596-610, 1692/1693. Disponível em: <http://www.pierre-marteau.com/editions/1693-mortality.html>. Acesso em: 29 ago. 2012.

HAMBLETON, R. K.; JONES, R. W. Comparison of classical test theory and item response theory and their applications to test development. *Educational Measurement*, p. 38-47, Fall 1993.

HARPER, D. *Online etymology dictionary*. [S.l.]: Douglas Harper, c2001-2014. Disponível em: <http://www.etymonline.com>. Acesso em: 31 ago. 2011.

HARWELL, M. Summarizing Monte Carlo results in methodological research: the single-factor, fixed-effects ANCOVA case. *Journal of Educational and Behavioral Statistics*, v. 28, n. 1, p. 45-70, 2003.

HASUMI, T.; AKIMOTO, T.; AIZAWA, Y. The Weibull-log Weibull distribution for interoccurrence times of earthquakes. *Physica A*, v. 388, p. 491-498, 2009.

HAUSER, M. D.; CHOMSKY, N.; FITCH, W. Tecumseh. The faculty of language: what is it, who has it, and how did it evolve? *Science*, v. 298, p. 1569-1579, 2005.

HAVLICEK, L. L.; PETERSON, N. L. Robustness of the Pearson correlation against violation of assumption. *Perceptual and Motor Skills*, v. 43, p. 1319-1334, 1976.

HENSHER, D. A. The signs of the times: imposing a globally signed condition on willingness to pay distributions. *Transportation*, v. 33, n. 3, p. 205-222, 2006.

HITCHCOCK, D. B. Yates and contingency tables: 75 years later. *Electronic Journ@l for History of Probability and Statistics*, v. 5, n. 2, 2009.

HOOPER, S. D. et al. Estimating DNA coverage and abundance in metagenomes using a gamma approximation. *Bioinformatics*, v. 26, n. 3, p. 295-301, 2010.

HOPPEN, N.; LAPOINTE, L.; MOREAU, E. Um guia para avaliação de artigos de pesquisa em sistemas de informação. *Read*, v. 2, n. 2, p. 1-34, 1996.

HOTTELING, H.; PABST, M. R. Rank correlation and tests of significance involving no assumption of normality. *The Annals of Mathematical Statistics*, v. 7, n. 1, p. 29-43, 1936.

HOWARTH, J. J. A commentary on the shape of loess particles assuming a spatial exponential distribution for the cracks in quartz. *Central European Journal of Geosciences*, v. 3, n. 3, p. 231-234, 2011.

HUANG, Y. M.; SHIAU, C-S. An optimal tolerance allocation model for assemblies with consideration of manufacturing cost, quality loss and reliability index. *Assembly Automation*, v. 29, n. 3, p. 220-229, 2009.

HUBER, P. J. The 1972 Wald lecture robust statistics: a review. *Annals of Mathematical Statistics*, v. 43, n. 4, p. 1041-1067, 1972.

HUMPHREY, A. S. SWOT analysis for management consulting. *SRI Alumni Association Newsletter*, Dec. 2005. Disponível em: <http://www.sri.com/sites/default/files/brochures/dec-05.pdf>. Acesso em: 14 fev. 2014.

HUYGENS, C. *De Ratiociniis in Aleae Ludo*. [S.l.]: Academia Lugduno-Batava, 1657.

IBRAGIMOV, R.; JAFFEE, D.; WALDEN, J. Nondiversification traps in catastrophe insurance markets. *Review of Financial Studies*, v. 22, n. 3, p. 959-993, 2009.

IFRAH, G. *A história universal dos algarismos*. Rio de Janeiro: Nova Fronteira, 1997. 2 v.

INMETRO. *Sistema Internacional de Unidades-SI*. 8. ed. Rio de Janeiro: Inmetro, 2007.

INTEGRATED Environmental Management. Gaithersburg: IEM, c1997-2014. Disponível em: <http://www.iem-inc.com/>. Acesso em: 7 nov. 2011.

IRWIN, J. O. Mathematical theorems involved in the analysis of variance. *Journal of the Royal Statistical Society*, v. 94, n. 2, p. 284-300, 1931.

IUDÍCIBUS, S. Existirá a contabilometria? *Revista Brasileira de Contabilidade*, v. 41, p. 44-46, 1982.

JAMES, B. R. *Probabilidade*: um curso em nível intermediário. 3. ed. Rio de Janeiro: IMPA, 2006.

JAMIESON, S. Likert scales: how to (ab)use them. *Medical Education*, v. 38, p. 1217-1218, 2004.

JARQUE, C. M.; BERA, A. K. Efficient tests for normality, homoscedasticity and serial independence of regression residuals. *Economics Letters*, v. 6, n. 3, p. 255-259, 1980.

JAUSSI, L. et al. Experimental evaluation of CDV impact on ATM resource management. *European Transactions on Telecommunications and Related Technologies*, v. 7, n. 5, p. 407-421, 1996.

JIANG, L.; WONG, A. C. M. Interval estimations of the two-parameter exponential distribution. *Journal of Probability and Statistics*, v. 2012, 2012.

JODRÁ, P. A closed-form expression for the quantile function of the Gompertz-Makeham distribution. *Mathematics and Computers in Simulation*, v. 79, p. 3069-3075, 2009.

JOHNSON, B. R. The search for submarine pingos in the Beaufort Sea: an unusual application of the binomial distribution. *Canadian Journal of Statistics*, v. 9, n. 2, p. 209-214, 1981.

JOHNSON, D. The triangular distribution as a proxy for the beta distribution in risk analysis. *The Statistician*, v. 46, n. 3, p. 387-398, 1997.

JOHNSON, N. L.; LEONE, F. C. *Statistics and experimental design in engineering and the physical sciences*: v. 2. New York: John Wiley & Sons, 1964.

JOHNSON, W. O. et al. Sample size calculations for surveys to substantiate freedom of populations from infectious agents. *Biometrics*, v. 60, n. 1, p. 165-171, 2004.

JOINT UNITED NATIONS PROGRAMME ON HIV/AIDS; WORLD HEALTH ORGANIZATION. *2007 Latin America AIDS Epidemic Update*: regional summary. Geneva: UNAIDS; WHO, 2008. Disponível em: <http://whqlibdoc.who.int/unaids/2008/9789291736706_eng.pdf>. Acesso em: 25 nov. 2011.

JONES, M. C. Kumaraswamy's distribution: a beta-type distribution with some tractability advantages. *Statistical Methodology*, v. 6, n. 1, p. 70-81, 2009.

JONES, M. J. The Dialogus de Scaccario (c.1179): the first western book on accounting? *Abacus*, v. 44, n. 4, p. 443-474, 2008.

JOSHI, A.; DO, M. H.; MUELLER, L. D. Poisson distribution of male mating success in laboratory populations of Drosophila melanogaster. *Genetical Research*, v. 73, p. 239-249, 1999.

JURAN GLOBAL. *Our legacy*. Boston: Juran Institute, c2014. Disponível em: <http://www.juran.com/our-legacy/>. Acesso em: 23 ago. 2013.

KAR, S.; SINOPOLI, B.; MOURA, J. M. F. Kalman filtering with intermittent observations: weak convergence to a stationary distribution. *IEEE Transactions on Automatic Control*, v. 57, n. 2, p. 405-420, 2012.

KENDAL, W. S. An exponential dispersion model for the distribution of human single nucleotide polymorphisms. *Molecular Biology and Evolution*, v. 20, n. 4, p. 579-590, 2003.

KENDALL, M. G. A new measure of rank correlation. *Biometrika*, v. 30, n. 1-2, p. 81-93, 1938.

KIM, C.; KWON, K.; CHANG, W. How to measure the effectiveness of online advertising in online marketplaces. *Expert Systems with Applications*, v. 38, n. 4, p. 4234-4243, 2011.

KLEBANER, F. C.; LANDSMAN, Z. Option pricing for log-symmetric distributions of returns. *Methodology and Computing in Applied Probability*, v. 11, n. 3, p. 339-357, 2009.

KLEBANER, F. C.; SAGITOV, S. The age of a Galton-Watson population with a geometric offspring distribution. *Journal of Applied Probability*, v. 39, n. 4, p. 816-828, 2002.

KNIGHT, F. H. *Risk, uncertainty, and profit*. Boston: Houghton Mifflin, 1921.

KOLMOGOROV, A. N. Confidence limits for an unknown distribution function. *Annals of Mathematical Statistics*, v. 12, n. 4, p. 461-463, 1941.

KOLMOGOROV, A. N. *Foundations of the theory of probability*. 2. ed. New York: Chelsea, 1956. Disponível em: <nhttp://www.mathematik.com/Kolmogorov/0001.html>. Acesso em: 21 nov. 2011.

KOTZ, S.; KOZUBOWSKI, T. J.; PODGÓRSKI, K. *The Laplace distribution and generalizations*: a revisit with applications to communications, economics, engineering, and finance. Boston: Birkhäuser, 2001.

KOVALENKOA, N.; KUZNETSOV, I. N. Evaluating the contribution of nonmonotone trajectories to the failure of a queuing system in a busy period. *Cybernetics and Systems Analysis*, v. 47, n. 4, p. 506-514, 2011.

KRISHNA, H.; MALIK, M. Reliability estimation in Maxwell distribution with type-II censored data. *International Journal of Quality & Reliability Management*, v. 26, n. 2, p. 184-195, 2009.

KRUSKAL, J. B. Multidimensional scaling by optimizing goodness of fit to a nonmetric hypothesis. *Psychometrika*, v. 29, n. 1, p. 1-27, 1964a.

KRUSKAL, J. B. Nonmetric multidimensional scaling: a numerical method. *Psychometrika*, v. 29, n. 2, p. 115-129, 1964b.

KRUSKAL, W. H. A nonparametric test for the several sample problem. *The Annals of Mathematical Statistics*, v. 23, n. 4, p. 525-540, 1952.

KRUSKAL, W. H; WALLIS, W. A. Use of ranks in one-criterion variance analysis. *Journal of the American Statistical Association*, v. 47, n. 260, p. 583-621, 1952.

KUDER, F. G.; RICHARDSON, M. W. The theory of estimation of test reliability. *Psychometrika*, v. 2, p. 151-160, 1937.

KUNDU, A.; CHAKRABARTI, T. A multi-product continuous review inventory system in stochastic environment with budget constraint. *Optimization Letters*, v. 6, n. 2, p. 299-313, 2012.

KUZON, W. M.; URBANCHEK, M. G.; McCABE, S. The seven deadly sins of statistical analysis. *Annals of Plastic Surgery*, v. 37, p. 265-272, 1996.

LAGRANGE, J. L. Mémoire sur l'utilité de la méthode de prendre le milieu entre les résultats de plusieurs observations, dans lequel on examine les avantajes de cette méthode par le calcul de probabilités, et ou l'on résout différents problèmes rélatifs a cette matiére. *Miscellanea Taurinensia*, v. 5, p. 167-232, 1770-1773.

LAPLACE, P. S. Mémoire sur la probabilité des causes par les événements. *Mémoires de l'Académie royale des Sciences de Paris*, v. 6, p. 621-659, 1774.

LAPLACE, P. S. *Théorie analytique des probabilités*. 3. ed. Paris: Courcier, 1820.

LEARNS TO ENJOY. *Treatise on arithmetical triangle*. [S.l.]: Cut-The-Knot.Org, c1996-2014. Disponível em: <http://www.cut-the-knot.org/arithmetic/combinatorics/PascalTriangle.shtml>. Acesso em: 10 nov. 2011.

LEE, J. et al. Identification and characterization of proteins in amniotic fluid that are differentially expressed before and after antenatal corticosteroid administration. *American Journal of Obstetrics and Gynecology*, v. 202, p. 388.e1-388.e10, 2010.

LEE, R.; RUNGIE, C.; WRIGHT, M. Regularities in the consumption of a subscription service. *Journal of Product & Brand Management*, v. 20, n. 3, p. 182-189, 2011.

LEE, W-C. et al. Assessing the lifetime performance index of Rayleigh products based on the Bayesian estimation under progressive type II right censored samples. *Journal of Computational and Applied Mathematics*, v. 235, n. 6, p. 1676-1688, 2011.

LENART, A. *The Gompertz distribution and maximum likelihood estimation of its parameters*: a revision. [S.l.]: Max Planck Institute for Demographic Research, 2012. Disponível em: <http://www.demogr.mpg.de/papers/working/wp-2012-008.pdf>. Acesso em: 29 ago. 2014.

LEWIS, D.; BURKE, C. J. The use and misuse of the chi-square test. *Psychological Bulletin*, v. 46, n. 6, p. 433-489, 1949.

LI, W.; BRAUN, W. J.; ZHAO, Y. Q. Stochastic scheduling on a repairable machine with Erlang uptime distribution. *Advances in Applied Probability*, v. 30, n. 4, p. 1073-1088, 1998.

LIKERT, R. A technique for the measurement of attitudes. *Archives of Psychology*, v. 140, p. 44-53, 1932.

LIKERT, R.; ROSLOW, S.; MURPHY, G. A simple and reliable method of scoring the Thurstone attitude scales. *Journal of Social Psychology*, v. 5, n. 2, p. 228-238, 1934.

LILLIEFORS, H. W. On the Kolmogorov-Smirnov test for normality with mean and variance unknown. *Journal of the American Statistical Association*, v. 62, n. 318, p. 399-402, 1967.

LILLIEFORS, H. W. On the Kolmogorov-Smirnov test for the exponential distribution with mean unknown. *Journal of the American Statistical Association*, v. 64, n. 325, p. 387-389, 1969.

LIM, D-H. et al. The endogenous siRNA pathway in Drosophila impacts stress resistance and lifespan by regulating metabolic homeostasis. *FEBS Letters*, v. 585, p. 3079-3085, 2011.

LIMPERT, E.; STAHEL, W. A.; ABBT, Markus. Log-normal distributions across the sciences: keys and clues. *Bioscience*, v. 51, n. 5, p. 341-352, 2001.

LINDEBERG, J. W. Eine neue herleitung des exponentialgesetzes in der wahrscheinlichkeitsrechnung. *Mathematische Zeitschrift*, v. 15, n. 1/2, p. 211-225, 1922.

LINDSEY, J. K. et al. Generalized nonlinear models for pharmacokinetic data. *Biometrics*, v. 56, n. 1, p. 81-88, 2000.

LORD, F. M.; NOVICK, M. R. *Statistical theories of mental test scores*. Reading: Addsion-Wesley, 1968.

LUNARDI, G. L.; BECKER, J. L.; MAÇADA, A. C. G. The financial impact of IT governance mechanisms adoption: an empirical analysis with Brazilian firms. In: HAWAII INTERNATIONAL CONFERENCE ON SYSTEMS SCIENCE, 42., 2009, Waikoloa. *Proceedings...* Waikoloa: IEEE Computer Society, 2009.

LÜROTH, J. Vergleichung von zwei werten des wahrscheinlichen fehlers. *Astron. Nachr.*, v. 87, p. 209-220, 1876.

MAÇADA, A. C. G. et al. IT business value model for information intensive organizations. *BAR*, v. 9, p. 44-65, 2012.

MACLENNAN, D. N.; MENZ, A. Interpretation of in situ target-strength data. *ICES Journal of Marine Science*, v. 53, n. 2, p. 233-236, 1996.

MAIA, C. E.; MORAIS, E. R.C. de; OLIVEIRA, M. de. Nível crítico pelo critério da distribuição normal reduzida: uma nova proposta para interpretação de análise foliar. *Revista Brasileira de Engenharia Agrícola e Ambiental*, v. 5, n. 2, p. 235-238, 2001.

MAKEHAM, W. M. On the law of mortality and the construction of annuity tables. *Journal of the Institute of Actuaries*, v. 8, n. 301-310, 1860.

MANCUSO, J. R. *Mid-career entrepreneur*: how to start a business and be your own boss. Chicago: Enterprise-Dearbon, 1994.

MANIATIS, P. Do the recession durations in the economy follow heavy-tailed distributions? the case of the USA 1791-2008. *Journal of Money, Investment and Banking*, v. 17, p. 62-88, 2010.

MANN, H. B.; WHITNEY, D. R. On a test of whether one of two random variables is stochastically larger than the other. *The Annals of Mathematical Statistics*, v. 18, n. 1, p. 50-60, 1947.

MANTOVANI, E. C. et al. Determining the deficit coefficient as a function of irrigation depth and distribution uniformity. *Revista Brasileira de Engenharia Agrícola e Ambiental*, v. 14, n. 3, p. 253-260, 2010.

MARTÍNEZ, V. J. Is the universe fractal? *Science*, v. 284, n. 5413, p. 445-446, Apr. 1999.

MASSEY JR., F. J. The Kolmogorov-Smirnov test for goodness of fit. *Journal of the American Statistical Association*, v. 46, n. 253, p. 68-78, 1951.

MATTHEWS, M. Metodologia e política em ciência: o destino da proposta de Huygens de 1673 para adoção do pêndulo de segundos como um padrão internacional de comprimento e algumas sugestões educacionais. *Caderno Catarinense de Ensino de Física*, v. 18, n. 1, p. 7-25, 2001.

MAY, M. et al. A coronary heart disease risk model for predicting the effect of potent antiretroviral therapy in HIV-1 infected men. *International Journal of Epidemiology*, v. 36, n. 6, p. 1309-1318, 2007.

MCLAUGHLIN, M. P. *Regress + appendix A*: a compendium of common probability distributions. [S.l.]: Michael P. McLaughlin, 2001. Disponível em: <http://www.causascientia.org/math_stat/Dists/Compendium.pdf>. Acesso em: 5 mar. 2012.

MEIMA, A. et al. Disappearance of leprosy from Norway: an exploration of critical factors using an epidemiological modelling approach. *International Journal of Epidemiology*, v. 31, n. 5, p. 991-1000, 2002.

MELKO, O. M.; MUSHEGIAN, A. R. Distribution of words with a predefined range of mismatches to a DNA probe in bacterial genomes. *Bioinformatics*, v. 20, n. 1, p. 67-74, 2004.

MELLO, M. R. et al. Sistema de informação para gestão de custos operacionais. *ABCustos*, v. 7, p. 64-84, 2012.

MENDENHALL, W. *Estadística para administradores*. México: Iberoamérica, 1990.

MESNARD, J. *Célébrations nationales 2004*. Paris: Direction des Archives de France, 2004. Disponível em: <http://www.culture.gouv.fr/culture/actualites/celebrations2004/pascal.htm>. Acesso em: 21 ago. 2014.

MEYER, J. P.; SEAMAN, M. A. *A comparison of the exact Kruskal-Wallis distribution to asymptotic approximations for all sample sizes up to 105*. [S.l.: s.n.], 2011. Disponível em: <http://faculty.virginia.edu/kruskal-wallis/paper/A%20comparison%20of%20the%20Exact%20Kruskal-v4.pdf>. Acesso em: 30 ago. 2014.

MEYER, J. P.; SEAMAN, M. A. *Expanded Kruskal-Wallis tables*. [S.l.: s.n.], 2012. Disponível em: <http://faculty.virginia.edu/kruskal-wallis/table/KW-expanded-tables-4groups.pdf>. Acesso em: 8 abr. 2013.

MEYER, J. P.; SEAMAN, M. A. *Expanded Kruskal-Wallis tables*: three groups. [S.l.: s.n.], 2008. Disponível em: <http://faculty.virginia.edu/kruskal-wallis/table/KW-expanded-tables-3groups.pdf>. Acesso em: 8 abr. 2013.

MILES, R. E. The complete amalgamation into blocks, by weighted means, of a finite set of real numbers. *Biometrika*, v. 46, n. 3/4, p. 317-327, 1959.

MISSAWA, N. A. et al. Comparison of capture methods for the diagnosis of adult anopheline populations from State of Mato Grosso, Brazil. *Revista da Sociedade Brasileira de Medicina Tropical*, v. 44, n. 5, p. 555-560, 2011.

MONTMORT, P. R. de. *Essay d'Analyse sur les Jeux de Hazard*. 2. ed. rev. Paris: Jacque Quillau, 1713.

MOOD, A. M. *Introduction to the theory of statistics*. New York: McGraw-Hill, 1950.

MOURA, M. das C.; ROCHA, S. P. V da; DROGUETT, E. L. Avaliação bayesiana da eficácia da manutenção via processo de renovação generalizado. *Pesquisa Operacional*, v. 27, n. 3, p. 569-589, 2007.

MOURÃO, P. R. Tempo decorrido desde a última consulta: análise de um modelo estatístico aplicado ao caso das mulheres na Espanha. *Revista da Associação Médica Brasileira*, v. 57, n. 2, p. 164-170, 2011.

MOUSTAFA, M. S. Timeout control scheme for overloaded M/E2/1 queue. *IMA Journal of Mathematical Control & Information*, v. 13, n. 2, p. 151-155, 1996.

MURPHY, J. H.; CUNNINGHAM, W. H. Comparison of alternative measures of group conformity influence on consumer behavior. *Journal of Social Psychology*, v. 107, n. 1, p. 137-138, 1979.

NEWMAN, M. E. J. Power laws, Pareto distributions and Zipf's law. *Contemporary Physics*, v. 46, n. 5, p. 323-351, 2005.

NICHOLSON, M.; BARRY, J. Inferences from spatial surveys about the distribution of patch size of an unobserved species. *The Statistician*, v. 48, n. 3, p. 327-337, 1999.

NOBELPRIZE.ORG. *Werner Heisenberg*: biographical. [S.l.]: Nobel Media AB, c2014. Disponível em: <http://www.nobelprize.org/nobel_prizes/physics/laureates/1932/heisenberg-bio.html>. Acesso em: 21 ago. 2014.

NORMAN, G. Likert scales, levels of measurement and the "laws" of statistics. *Advances in Health Science Education*, v. 15, p. 625-632, 2010.

NOVICK, M. R. The axioms and principal results of classical test theory. *Journal of Mathematical Psychology*, v. 3, n. 1, p. 1-18, 1966.

OCZKOWSKI, E. Hedonic wine price predictions and nonnormal errors. *Agribusiness*, v. 26, n. 4, p. 519-535, 2010.

OECD. *Pisa 2012 Results in Focus*: what 15-year-olds know and what they can do with what they know. Paris: OECD, c2014. Disponível em: <http://www.oecd.org/pisa/keyfindings/pisa-2012-results-overview.pdf>. Acesso em: 24 jan. 2014.

OLIVEIRA, S. S.; KNIJNIK, G. Educação matemática e jogos de linguagem da forma de vida rural do município de Santo Antônio da Patrulha: um estudo sobre o "medir a terra" e suas unidades de medida. *Boletim GEPEM*, v. 59, p. 69-80, 2011.

PAIXÃO, R. B.; BECKER, J. L. Indicadores de impacto de mestrados profissionais: construção e análise à luz da multidimensionalidade. In: ENANPAD, 36., 2012, Rio de Janeiro. *Anais...* Rio de Janeiro: EnANPAD, 2012.

PARETO, V. *Cours d'Économie Politique*. Lausanne: Rouge, 1897.

PARK, S. Y.; BERA, A. K. Maximum entropy autoregressive conditional heteroskedasticity model. *Journal of Econometrics*, v. 150, p. 219-230, 2009.

PASCAL, B. *Traité du triangle arithmétique, avec quelques autres petits traités sur la mesme matière*. Paris: Guillaume Desprez, 1665.

PASQUALI, L. *Psicometria*: teoria dos testes na psicologia e na educação. Petrópolis: Vozes, 2003.

PEARSON, E. S. The choice of statistical tests illustrated on the interpretation of data classed in a 2 × 2 table. *Biometrika*, v. 34, n. 1/2, p. 139-167, 1947.

PEARSON, K. Contributions to the mathematical theory of evolution. *Proceedings of the Royal Society of London*, v. 54, p. 329-333, 1893.

PEARSON, K. Contributions to the mathematical theory of evolution, II: skew variation in homogeneous material. *Philosophical Transactions of the Royal Society of London, A*, v. 186, p. 343-414, 1895.

PEARSON, K. Mathematical contributions to the theory of evolution X: supplement to a memoir on skew variation. *Philosophical Transactions of the Royal Society of London, A*, v. 197, p. 443-459, 1901.

PEARSON, K. Mathematical contributions to the theory of evolution XIII: on the theory of contingency and its relation to association and normal correlation. *Draper's Co. Research Memoirs, Biometric Series*, v. 1, 1904.

PEARSON, K. Mathematical contributions to the theory of evolution XIX: second supplement to a memoir on skew variation. *Philosophical Transactions of the Royal Society of London, A*, v. 216, p. 429-457, 1916.

PEARSON, K. On the criterion that a given system of deviations from the probable in the case of a correlated system of variables is such that it can be reasonably supposed to have arisen from random sampling. *Philosophical Magazine*, v. 50, n. 302, p. 157-175, 1900. Series 5.

PENDERGRAST, M. *Por Deus, pela pátria e pela Coca-Cola*. Rio de Janeiro: Ediouro, 1993.

PEREIRA, M. F. A.; BOIÇA JR., A. L.; BARBOSA, J. C. Distribuição espacial de Bemisia tabaci (Genn.) biótipo B (Hemiptera: Aleyrodidae) em feijoeiro (Phaseolus vulgaris L.). *Neotropical Entomology*, v. 33, n. 4, p. 493-498, 2004.

PEREIRA, M. T. F. *Impacto da tecnologia da informação sobre o processo de trabalho individual*: estudo em um grande banco brasileiro. 2003. Dissertação (Mestrado)– Universidade Federal do Rio Grande do Sul, Porto Alegre, 2003.

PEREIRA, M. T. F.; BECKER, J. L.; LUNARDI, G. L. Relação entre processo de trabalho e processo decisório individuais: uma análise a partir do impacto da tecnologia da informação. *RAC-eletrônica*, v. 1, n. 1, p. 151-166, 2007.

PETROVIC, I. et al. Outage analysis of selection diversity over Rayleigh fading channels with multiple co-channel interferers. *Telecommunication Systems*, v. 52, n. 1, p. 39-50, 2011.

PINKER, S. *Como a mente funciona*. São Paulo: Companhia das Letras, 1999.

PLAISIER, S. B. et al. Rank-rank hypergeometric overlap: identification of statistically significant overlap between gene-expression signatures. *Nucleic Acids Research*, v. 38, n. 17, p. e169, 2010.

POISSON, S. D. *Recherches sur la Probabilité des Jugements en Matière Criminelle et en Matière Civile, Précédées des Règles Générales du Calcul des Probabilités*. Paris: Bachelier, 1837.

POLLARD, R. Collegiate football scores and the negative binomial distribution. *Journal of the American Statistical Association*, v. 68, n. 342, p. 351-352, 1973.

POTTHOFF, R. F.; WHITTINGHILL, Maurice. Testing for homogeneity I: the binomial and multinomial distributions. *Biometrika*, v. 53, n. 1-2, p. 167-182, 1966.

QUIÑONES, D. M. Canales de búsqueda de empleo y duración del desempleo en Colombia. *Perfil de Coyuntura Económica*, v. 16, n. 133-154, 2010.

REICZIGEL, J. Confidence intervals for the binomial parameter: some new considerations. *Statistics in Medicine*, v. 22, p. 611-621, 2003.

RENCHER, A. C. *Methods of multivariate analysis*. 2. ed. New York: John Wiley & Sons, 2002.

REZAKHANIHA, R. et al. Experimental investigation of collagen waviness and orientation in the arterial adventitia using confocal laser scanning microscopy. *Biomechanical and Modeling Mechanobiology*, v. 11, n. 3-4, p. 461-473, 2012.

RIBEIRO, A. J. F.; REIS, E. A.; BARBOSA, J. B. Construção de tábuas de mortalidade de inválidos por meio de modelos estatísticos bayesianos. *Revista Brasileira de Estudos Populacionais*, v. 27, n. 2, p. 317-331, 2010.

RIO GRANDE DO SUL. Secretaria da Segurança Pública. *Serviços e informações*. Porto Alegre: SSP, 2014. Disponível em: <http://www.ssp.rs.gov.br/>. Acesso em: 23 ago. 2014.

RIVALS, I. et al. Enrichment or depletion of a GO category within a class of genes: which test? *Bioinformatics*, v. 23, n. 4, p. 401-407, 2007.

RIZZO, M. L. New goodness-of-fit tests for Pareto distributions. *Astin Bulletin*, v. 39, n. 2, p. 691-715, 2009.

ROBINSON, M. D.; SMYTH, G. K. Small-sample estimation of negative binomial dispersion, with applications to SAGE data. *Biostatistics*, v. 9, n. 2, p. 321-332, 2008.

RODRIGUES, L. P. et al. Transplantation of mononuclear cells from human umbilical cord blood promotes functional recovery after traumatic spinal cord injury in Wistar rats. *Brazilian Journal of Medical and Biological Research*, v. 45, n. 1, p. 49-57, 2012.

ROWNTREE, D. *Probability without tears*. New York: Barnes & Noble, 1984.

RUIZ, R. M. Estruturas urbanas comparadas: Estados Unidos e Brasil. *Estudos Econômicos*, v. 35, n. 4, p. 715-737, 2005.

RYMER, R. Vanishing voices. *National Geographic*, v. 222, n. 1, p. 60-93, jul. 2012.

SANT'ANNA, Â. M. O.; CATEN, C. S. Modelagem da fração de não-conformes em processos industriais. *Pesquisa Operacional*, v. 30, n. 1, p. 53-72, 2010.

SAPIENZA, L. et al. Cavity quantum electrodynamics with Anderson-localized modes. *Science*, v. 327, n. 5971, p. 1352-1355, 2010.

SARABIA, J. M.; PRIETO, F.; TRUEBA, C. Modeling the probabilistic distribution of the impact factor. *Journal of Informetrics*, v. 6, n. 1, p. 66-79, 2012.

SAVAGE, L. J. *The foundations of statistics*. New York: John Wiley & Sons, 1954.

SAWILOWSKI, S. S. Fermat, Schubert, Einstein, and Behrens-Fisher: the probable difference between two means when $\sigma_1^2 \neq \sigma_2^2$. *Journal of Modern Applied Statistical Methods*, v. 1, n. 2, p. 461-472, 2002.

SAYAMA, S.; SEKINE, M. Weibull, Log-Weibull and K-distributed ground clutter modeling analyzed by AIC. *IEEE Transactions on Aerospace and Electronic Systems*, v. 37, n. 3, p. 1108-1113, 2001.

SCOLLNIK, D. P. M. Simulating random variates from Makeham's distribution and from others with exact or nearly log-concave densities. *Transactions of Society of Actuaries*, v. 47, p. 409-454, 1995.

SCORNAVACCA JR., E.; BECKER, J. L.; BARNES, S. J. Developing automated e-survey and control tools: an application in industrial management. *Industrial Management + Data Systems*, v. 104, n. 3, p. 1-15, 2004.

SHAFER, G. The early development of mathematical probability. In: GRATTAN-GUINNESS, I. (Ed.). *Companion encyclopedia of the history and philosophy of the mathematical sciences*. Londres: Routledge, 1993. p. 1293-1302.

SHANNON, C. A mathematical theory of communication. *Bell Systems Technical Journal*, v. 27, p. 379-423, 1948.

SHAPIRO, S. S.; WILK, M. B. An analysis of variance test for Normality (complete samples). *Biometrika*, v. 52, n. 3-4, p. 591-611, 1965.

SHOUKRI, M. M.; MIAN, I. U. H.; TRACY, D. S. Sampling properties of estimators of the log-logistic distribution with application to Canadian precipitation data. *Canadian Journal of Statistics*, v. 16, n. 3, p. 223-236, 1988.

SIEGEL, S.; CASTELLAN JR., N. J. *Estatística não paramétrica para ciências do comportamento*. 2. ed. Porto Alegre: Bookman; Artmed, 2006.

SILVA, B. B. et al. Desempenho de modelo climático aplicado à precipitação pluvial do Estado de Pernambuco. *Revista Brasileira de Engenharia Agrícola e Ambiental*, v. 14, n. 4, p. 387-395, 2010.

SILVA, H. N. de; LAI, C. D.; BALL, R. D. Fitting SB distributions to fruit sizes with implications for prediction methods. *Journal of Agricultural, Biological, and Environmental Statistics*, v. 2, n. 3, p. 333-346, 1997.

SILVA, J. C. et al. Análise de distribuição de chuva para Santa Maria, RS. *Revista Brasileira de Engenharia Agrícola e Ambiental*, v. 11, n. 1, p. 67-72, 2007.

SILVA, M. C.; CHACON, M. J. M.; SANTOS, J. O que é contabilometria? *Revista Pensar Contábil*, v. 27, p. 40-43, fev./abr. 2005.

SILVESTRIN, R. B. *O teste de motricidade sobre grade como ferramenta de triagem no modelo de parkinsonismo induzido por 6-hidroxidopamina em ratos*. Dissertação (Mestrado)–Universidade Federal do Rio Grande do Sul, Porto Alegre, 2008.

SINGH, B.; SHARMA, K. K.; KUMAR, A. Analyzing the dynamic system model with discrete failure time distribution. *Statistical Methods & Applications*, v. 18, p. 521-542, 2009.

SINKEVICH, O. A. et al. The corona discharge in nuclear excited plasma as a way of obtaining ordered dust particle structures. *High Temperature*, v. 50, n. 1, p. 1-14, 2012.

SMIRNOV, N. V. Table for estimating the goodness of fit of empirical distributions. *Annals of Mathematical Statistics*, v. 19, n. 2, p. 279-281, 1948.

SPEARMAN, C. E. General intelligence, objectively determined and measured. *American Journal of Psychology*, v. 15, p. 201-293, 1904.

STEVENS, S. S. On the theory of scales of measurement. *Science*, v. 103, n. 2684, p. 677-680, June 1946.

STIGLER, S. M. Simon Newcomb, Percy Daniell, and the history of robust estimation 1885-1920. *Journal of the American Statistical Association*, v. 68, n. 344, p. 872-879, 1973.

STUDENT. The probable error of a mean. *Biometrika*, v. 6, p. 1-25, 1908.

TAJES, C. Estranhezas. *Zero Hora*, Porto Alegre, 2 dez. 2012. Caderno Donna ZH, p. 26-27.

TARONE, R. E. Testing the goodness of fit of the binomial distribution. *Biometrika*, v. 66, n. 3, p. 585-590, 1979.

TAYLOR, W. L. Correcting the average rank correlation coefficient for ties in rankings. *Journal of the American Statistical Association*, v. 59, n. 307, p. 872-876, 1964.

THE NATIONAL ARCHIVES. *Image library*: tally sticks. Surrey: The National Archives, c2012. Disponível em: <http://www.nationalarchives.gov.uk/images/museum/enlarge/6.jpg>. Acesso em: 13 set. 2012.

THE NEW YORK TIMES. *The emerald forest (1985)*. New York: The New York Times, c2014. Disponível em: <http://http://www.nytimes.com/movies/movie/15687/The-Emerald-Forest/overview>. Acesso em: 7 set. 2011.

THORNE, S. An exploratory investigation of the theorized levels of consumer fanaticism. *Qualitative Market Research*, v. 14, n. 2, p. 160-173, 2011.

TONG, L-I.; CHEN, K. S.; CHEN, H. T. Statistical testing for assessing the performance of lifetime index of electronic components with exponential distribution. *International Journal of Quality & Reliability Management*, v. 19, n. 7, p. 812-824, 2002.

TÓTH, T. Role of the hypergeometric distribution in the transmission of excitation through sympathetic ganglia. *Bulletin of Mathematical Biology*, v. 43, n. 5, p. 611-618, 2006.

TOURANGEAU, R.; SMITH, T. W. Asking sensitive questions: the impact of data collection mode, question format, and question context. *Public Opinion Quarterly*, v. 60, n. 2, p. 275-304, 1996.

TRAJTENBERG, M.; YITZHAKI, S. The diffusion of innovations: methodological reappraisal.

Journal of Business & Economic Statistics, v. 7, n. 1, p. 35-47, 1989.

TRANSPARENCY INTERNATIONAL. *Corruption Perceptions Index 2013*. Berlin: Transparency International, 2013. Disponível em: <http://www.transparency.org/cpi2013/results#myAnchor1>. Acesso em: 24 jan. 2014.

TRAUB, R. E. Classical test theory in historical perspective. *Educational Measurement*, v. 16, n. 4, p. 8-14, Dec. 1997.

TUKEY, J. W. *Exploratory data analysis*. Reading: Addison-Wesley, 1977.

TUKEY, J. W. The future of data analysis. *Annals of Mathematical Statistics*, v. 33, p. 1-67, 1962.

TURNBAUGH, P. J. et al. A core gut microbiome in obese and lean twins. *Nature*, v. 457, p. 480-485, Jan. 2009.

VASSILAKIS, E.; BESSERIS, G. The use of SPC tools for a preliminary assessment of an aero engines' maintenance process and prioritisation of aero engines' faults. *Journal of Quality in Maintenance Engineering*, v. 16, n. 1, p. 5-22, 2010.

VERHAGEN, B. Th. Isotope hydrology and its impact in the developing world. *Journal of Radioanalytical and Nuclear Chemistry*, v. 257, n. 1, p. 17-26, 2003.

VERHOEF, C. Quantitative IT portfolio management. *Science of Computer Programming*, v. 45, n. 1, p. 1-96, 2002.

VON WINTERFELDT, D.; EDWARDS, W. *Decision analysis and behavioral research*. Cambridge: Cambridge University, 1986.

WANG, Q.; KARLSSON, A. Performance enhancement of a decoy-state quantum key distribution using a conditionally prepared down-conversion source in the Poisson distribution. *Physical Review A*, v. 76, n. 1, p. 014309-014313, 2007.

WEIBULL, W. A statistical distribution function of wide applicability. *ASME Journal of Applied Mechanics*, v. 18, n. 3, p. 293-297, 1951.

WEISZFLOG, W. *Michaelis*: moderno dicionário da língua portuguesa. Rio de Janeiro: Melhoramentos, 2007.

WELCH, B. L. The generalisation of student's problems when several different population variances are involved. *Biometrika*, v. 34, n. 1/2, p. 28-35, 1947.

WELCH, B. L. The significance of the difference between two means when the population variances are unequal. *Biometrika*, v. 29, n. 3/4, p. 350-362, 1938.

WELLS, H. G. *The invisible man*. Londres: C. Arthur Pearson, 1897.

WIKIPEDIA. *History of sundials*. [S.l.]: Wikipedia, 2014a. Disponível em: <http://en.wikipedia.org/wiki/History_of_sundials>. Acesso em: 29 ago. 2014.

WIKIPEDIA. *Pearson product-moment correlation coefficient*. [S.l.]: Wikipedia, 2014b. Disponível em: <http://en.wikipedia.org/wiki/Pearson_product-moment_correlation_coefficient>. Acesso em: 29 ago. 2014.

WILCOXON, F. Individual comparisons by ranking methods. *Biometrics Bulletin*, v. 1, n. 6, p. 80-83, 1945.

WILLMOT, G. E.; LIN, X. Sheldon. Risk modelling with the mixed Erlang distribution. *Applied Stochastic Models in Business and Industry*, v. 27, n. 1, p. 2-16, 2011.

WOODWARDS, R. S. Measurement and calculation. *Science*, v. 15, n. 390, p. 961-971, June 1902.

WORLD BANK. *World development indicators*. Washington: The World Bank, 2011. Disponível em: <http://data.worldbank.org/>. Acesso em: 23 out. 2011.

WORLD HEALTH ORGANIZATION. *HIV/AIDS epidemiological surveillance report for the WHO African Region*: 2007 update. Geneva: WHO, 2008.

WU, S-J. Estimations of the parameters of the Weibull distribution with progressively censored data. *Journal of the Japan Statistical Society*, v. 32, n. 2, p. 155-163, 2002.

XIE, M.; GOH, T. N. The use of probability limits for process control based on geometric distribution. *International Journal of Quality & Reliability Management*, v. 14, n. 1, p. 64-73, 1997.

XU, W.; ALAIN, B.; SANKOFF, D. Poisson adjacency distributions in genome comparison: multichromosomal, circular, signed and unsigned cases. *Bioinformatics*, v. 24, p. 146-152, 2008.

YACCINO, M.; MAYNARD, J. Reducing the number of tests for attribute inspection systems. *Assembly Automation*, v. 15, n. 4, p. 14-15, 1995.

YARI, G-H.; BORZADARAN, G. R. Mohtashami. Entropy for Pareto-types and its order statistics distributions. *Communications in Information and Systems*, v. 10, n. 3, p. 193-202, 2010.

YATES, F. Contingency table involving small numbers and the χ^2 test. *Supplement to the Journal of the Royal Statistical Society*, v. 1, n. 2, p. 217-235, 1934.

YIN, Z-Y. et al. Logcauchy, logsech and lognormal distributions of species abundances in forest communities. *Ecological Modelling*, v. 184, n. 2-4, p. 329-340, 2005.

YU, G.-H.; HUANG, C.-C. A distribution free plotting position. *Stochastic Environmental Research and Risk Assessment*, v. 15, p. 462-476, 2001.

YULE, G. U. On the application of the χ^2 method to association and contingency tables, with experimental illustrations. *Journal of the Royal Statistical Society*, v. 85, n. 1, p. 95-104, 1922.

ZABELL, S. L. On student's 1908 article "The probable error of a mean". *Journal of the American Statistical Association*, v. 102, n. 481, p. 1-7, 2008.

ZHANG, B. Estimating a population variance with known mean. *International Statistical Review*, v. 64, n. 2, p. 215-229, 1996.

ZHOU, S.; MILTON, D. A.; FRY, G. C. Integrated risk analysis for rare marine species impacted by fishing: sustainability assessment and population trend modeling. *ICES Journal of Marine Science*, v. 69, n. 2, p. 271-280, 2012.

Leituras sugeridas

ABDI, H. The Kendall rank correlation coefficient. In: SALKIND, Neil (Ed.). *Encyclopedia of measurement and statistics*. Thousand Oaks: Sage, 2007.

ANDERSON, D. R.; SWEENEY, D. J.; WILLIAMS, T. A. *Quantitative methods for business*. 2. ed. St. Paul: West, 1983.

BERKSON, J. Application of the logistic function to bioassay. *Journal of the American Statistical Association*, v. 37, p. 357-365, 1944.

BLACK, K. *Business statistics for contemporary decision making*. 4. ed. Hoboken: John Wiley & Sons, 2006.

BROCKMEYER, E.; HALSTRØM, H. L.; JENSEN, A. *The life and works of A. K. Erlang*. Copenhagen: Academy of Technical Sciences, 1948.

BUFFA, E. S.; SARIN, R. K. *Modern production/operations management*. 8. ed. New York: John Wiley & Sons, 1987.

DALKEY, N. C.; HELMER, O. *An experimental application of the Delphi method to the use of experts*. Santa Monica: The Rand Corporation, 1962. (Rand Memorandum RM-727/1-Abridged).

DALKEY, N. C.; HELMER, O. *The use of experts for the estimation of bombing requirements*: a project Delphi experiment. Santa Monica: The Rand Corporation, 1951. (Rand Memorandum RM-727-PR).

JOHNSON, N. L.; KOTZ, S.; BALAKRISHNAN, N. *Continuous univariate distributions*. 2. ed. New York: Wiley, 1995. v. 2

KLEINROCK, L. *Queueing systems*: v. 1 theory. New York: John Wiley & Sons, 1975.

KLINE, T. J. B. *Psychological testing*: a practical approach to design and evaluation. Londres: Sage, 2005.

KOSOW, H.; GABNER, Robert. *Methods of future and scenario analysis*: overview, assessment, and selection criteria. Bonn: Deutsches Institut für Entwicklungspolitik Studies 39, 2008.

KRISHNAIAH, P. R.; HAGIS JR., P.; STEINBERG, L. A note on the bivariate Chi distribution. *SIAM Review*, v. 5, n. 2, p. 140-144, 1963.

LINSTONE, H. A.; TUROFF, M. (Ed.). *The Delphi method*: techniques and applications. Reading: Addison-Wesley, 1975.

LOMBARDO, M. M.; EICHINGER, R. W. *Leadership architect norms and validity report*. Minneapolis: Lominger Limited, 2003.

LORR, M.; HEISER, R. Marion Webster Richardson (1896-1965). *Psychometrika*, v. 30, n. 3, p. 235-237, 1965.

MAKRIDAKIS, S.; WHEELWRIGHT, S. C.; MCGEE, Victor E. *Forecasting*: methods and applications. 2. ed. New York: John Wiley & Sons, 1983.

MALLOWS, C. Tukey's paper after 40 Years. *Technometrics*, v. 48, n. 3, p. 319-325, 2006.

MCKELVIE, S. J. The wonderlic personnel test: reliability and validity in an academic setting. *Psychological Reports*, v. 65, p. 161-162, 1989.

MEYER JR., H. W.; BRANNON, R. M. A model for statistical variation of fracture properties in a continuum mechanics code. *International Journal of Impact Engineering*, v. 42, p. 48-58, 2012.

MICHELL, J. Normal science, pathological science, and psychometrics. *Theory and Psychology*, v. 10, n. 5, p. 639-667, 2000.

PETERSON, R. A. "A meta-analysis of Cronbach's coefficient alpha". *Journal of Consumer Research*, v. 21, p. 381-391, Sept. 1994.

THURSTONE, L. L. The calibration of test items. *American Psychologist*, v. 2, p. 103-104, 1947.

TOUBIA, O. Idea generation, creativity, and incentives. *Marketing Science*, v. 25, n. 5, p. 411-425, 2006.

Índice

A

Acelerador de partículas, 22-23
AHP, 247
Aleatorização, 39, 41, 44
Algoritmo, 3
    da regra de três, 13
    de blocos para cima e para baixo, 122
    de cálculo, 312-316
Amostra, 1, 5-6, 9, 30, 38-45, 129, 290
    aleatória, 238, 296, 298, 300-302
    grátis, 38-39
    não viciada, 308-319, 326-329, 334, 340-342, 347, 359-361, 374, 378-381, 425
    Partição da, 84
    Perfil da, 81-82
    representativa, 39-43, 119, 290, 292, 301, 373, 392, 399, 414, 418
Amostragem
    aleatória, 300-302
    Custo de, 43, 376
    de variável distribuída Normalmente, 302-311, 327-337
    de variável não Normal, 337-371
    emparelhada, 387, 389, 411-412
    Erros de, 39, 290
    independente, 394, 418
    Processo de, 39-40, 238-239, 290, 300-301, 313, 315
    Protocolo de, 40-42, 301, 309, 312
    sem reposição, 239, 345
    Teoria de, 300-302
    Validade da, 39
Amplitude, 55, 71
Amplitude interquartílica, 72
Análise de variância, 263, 391-398, 424-425
    Estrutura de dados, 391
    Soma de quadrados de erros, 393
    Soma de quadrados dentro dos grupos, 392
    Soma de quadrados entre os grupos, 392
    Soma de quadrados total, 392
Análise SWOT, 227
    Ameaças, 227
    Análise externa, 227
    Análise interna, 227
    Oportunidades, 227
    Pontos fortes, 227
    Pontos fracos, 227
Antecedentes, 141-142, 156-157
Anuidades vitalícias, 141
Aschenwall, 4-5
Ausência de memória, 233
Axioma
    da existência, 152
    da normalização, 152
    de continuidade, 153
    de σ-aditividade, 152

B

Bayes, 141
    Teorema de, 141-142, 153, 156-157
Becquerel, 135
Bernoulli, 140
    Distribuição de, 193-194, 227-229, 231, 240, 271, 337-340, 347, 350, 377
    Experimento de, 233-234
Boltzmann, 282
    Constante de, 282
    Distribuição de Maxwell-, 282

C

Cardano, 139
Cauchy, 96
    Desigualdade de, 96, 190
    Distribuição de, 184, 265, 268-270, 275, 278, 370-371
Celsius, 11
    Escala, 11-12, 19
        Relação com a escala Fahrenheit, 61
CERN, 22-23
Chevalier de Méré, 137, 163
Codificação
    de não resposta, 48-50
    Erros de, 74-75
Coeficiente
    alfa de Cronbach, 33-34
    angular, 101, 419
    de assimetria, 69, 212
    de correlação linear de Pearson, 98-100, 102, 107, 109-111, 114-115, 202-205, 456, 458
    de correlação ordinal de Kendal, 113, 119-120, 454, 456, 458
    de correlação ordinal de Spearman, 113-115, 119-120, 122, 399, 454-456, 458
    de determinação, 110
    de estabilidade, 31

de variação, 65-66
linear, 101, 419
Combinações de m itens tomados n a n, 32
Comparação longitudinal, 44
Consequentes, 141, 156
Constante de Euler-Mascheroni, 285
Convergência
  de distribuições, 337-338
  Velocidade de, 345
Coordenadas, 87, 111, 176, 366
Correlação
  Coeficiente de Kendall, 113, 119-120, 454, 456, 458
  Coeficiente de Pearson, ,98-100, 102, 107, 109-111, 114-115, 202-205, 456, 458
  Coeficiente de Spearman, 113-115, 119-120, 122, 399, 454-456, 458
Cramér, 184
  Teorema de, 184
Cronbach, 33
  Coeficiente alfa de, 33-34
Cultura, 1-3, 36-38, 42-43
Curva Normal, 141, 287

D

Dados
  Análise de, 5-6, 21, 23, 36, 62, 101, 290
  bivariados, 373
  Codificação de, 9-11
  contextualizados, 36
  Descrição de,
    Análise bivariada, 78-127
    Análise monovariada, 47-75
  e informação, 35-37, 43, 78, 373
  Filtragem de, 74
  Matriz de, 6-7, 9-10, 14, 17, 44-45, 59, 61, 87, 103
  multivariados, 7, 78
  Padronização de, 66
  Planilha de, 6-7
  primários, 36
  Testes de aderência a distribuições teóricas, 358
    Teste de Anderson-Darling, 366
    Teste de Cramér-von Mises, 366
    Teste de Filliben, 366-371
    Teste de Jarque-Bera, 366
    Teste de Kolmogorov-Smirnov, 361, 366, 370, 397
    Teste de Lilliefors, 363-365
    Teste de Shapiro-Wilk, 366
    Teste qui-quadrado para uma amostra, 358-361
  Transformação de, 20, 66, 436
  Translação de, 60
  Variabilidade de, 7-21
    Métrica
      De Razão, 15-19
      Intervalar, 11-15
      Logarítmica, 19-20

Não métrica
  Categórica, 8-10
  Nominal, 8-10
  Ordinal, 10-11
De Moivre, 141
De Morgan, 145
  Leis de, 151
Demônio de Laplace, 134, 143
Dependência
  linear, 96, 103, 418
    exata, 102
    Grau de, 98
  não linear, 98
Desvio
  absoluto médio, 384, 395
  em relação à média, 62
  padrão, 64
  de médias amostrais, 303
Diagrama de dispersão, 87-93
Distribuição
  amostral, 300
    de médias, 302
    de $\hat{\mu}_X$, 430
    dos estimadores de mínimos quadrados, 419
  assimétrica, 57
  bimodal, 449
  de frequências, 47-58, 80
  simétrica, 91
Distribuições de probabilidades
  Contínuas
    Distribuição Arco-seno Padrão, 250
    Distribuição Beta, 248
    Distribuição Beta Generalizada, 250
    Distribuição de Blurr, tipo XII, 285
    Distribuição de Cauchy, 184, 268-270, 275, 278, 370-371
    Distribuição de Cauchy-Lorentz, 268
    Distribuição de Cauchy Padronizada, 265
    Distribuição de Erlang, 254-255, 257-258
    Distribuição de Fisk, 273
    Distribuição de Gompertz, 285-287, 370
    Distribuição de Gompertz-Makeham, 286
    Distribuição de Kolmogorov, 362
    Distribuição de Laplace, 270-272, 275, 278, 370
    Distribuição de Lomax, 285
    Distribuição de Lorentz, 268
    Distribuição de Maxwell, 262, 280-282
    Distribuição de Maxwell-Boltzmann, 282
    Distribuição de Rayleigh, 257, 262, 278-280
    Distribuição de Weibull, 255-257, 274, 278, 280, 370
    Distribuição Exponencial, 251
    Distribuição Exponencial Dupla, 270
    Distribuição F de Fisher-Snedecor, 263
    Distribuição Gama, 257
    Distribuição Gama Generalizada, 287
    Distribuição Inversa Beta, 287
    Distribuição Inversa Gama, 287
    Distribuição Inversa Gaussiana, 287

Distribuição Inversa Qui-quadrado, 287
Distribuição Logística Assimétrica, 287
Distribuição Logística Generalizada, 287
Distribuição Loglogística, 273
Distribuição Lognormal, 266
Distribuição Metadenormal, 262
Distribuição Normal, 195, 242
Distribuição Normal Generalizada, 287
Distribuição Normal Padrão, 172
Distribuição Qui, 261
Distribuição Qui-quadrado, 259
Distribuição Secante Hiperbólica, 272
Distribuição Uniforme Contínua, 244
Distribuição Uniforme Padrão, 245
Distribuição Triangular, 246
Distribuição t de Student, 265
Distribuição de Pareto, 282-285, 357
    Tipo I, 284
    Tipo II, 285
    Tipo III, 285
    Tipo IV, 284
Discretas
    Distribuição Binomial, 229
    Distribuição Binomial Negativa, 234
    Distribuição de Bernoulli, 193-194, 227-229, 231, 240, 271, 337-340, 347, 350, 377
    Distribuição de Pascal, 234
    Distribuição de Poisson, 186-187, 192-193, 236-238
    Distribuição de Pólya, 234
    Distribuição Geométrica, 231
    Distribuição Hipergeométrica, 238
    Distribuição Inversa Hipergeométrica, 287
    Distribuição Uniforme Discreta, 240
Leptocúrticas, 216
Platicúrticas, 216
Dominância estocástica, 399

E

Edgeworth, 265
Eixos
    cartesianos, 87
    coordenados, 87, 90, 102, 176, 184, 366
Equivalência
    Classes de, 10
    entre intervalos de confiança e testes de hipóteses, 326
    Relação de, 10, 145-146
Erlang, 135
    Distribuição de, 254-255, 257-258
Erro
    de amostragem, 290
    de codificação, 74-75
    de estimativa, 313
    de instrumentação, 24, 29, 75
    de mensuração, 24-25, 28-29, 104, 142-143, 173
    do modelo, 110-111
    Função, 313

    Função de, 244
    Média de quadrados de, 425
    não diretamente observado, 419
    padrão, 427
    Primeira lei de, 270
    residual, 425
    Risco de, 315-316
    quadrado médio, 313
    Segunda lei de, 270
    Soma dos quadrados de, 110, 393
    Teoria de, 25, 142
    tipo I, 319-326
    tipo II, 319-322
    Variância de, 29-30, 419
    Vetor de, 102, 422
Escalas de mensuração
    Celsius, 11-12
    Fahrenheit, 13, 61
    Hierarquia entre, 20-21
    Inversão de, 61
    métricas
        De razão, 15-19
        Intervalar, 11-15
        Likert, 14-15
        Logarítmica, 19-20
        Richter, 20
    Mudança de, 61
    Não métricas
        Categórica, 8-10
        Nominal, 8-10
        Ordinal, 10-11
    Transformação linear de, 61
Estado da natureza, 319
Estatística, 4-6
    amostral, 290, 311
    bayesiana, 142
    de ordem, 366
    descritiva, 5, 47-75, 78-127
    inferencial, 5, 38-39, 129, 290-371, 373-458
    matemática, 5, 38, 129
Estatísticas de ordem
    Amplitude, 71
    Decis, 72, 211
    Máximo, 71
    Mediana, 71
    Mínimo, 70
    Percentis, 72, 211
    Quantil, 211
    Quartis, 71-72, 211
Estimação de parâmetros do modelo de regressão linear, 419
Estimador
    consistente, 315
    de parâmetros populacionais, 311
    enviesado, 295, 315
    não enviesado, 314-315
    pontual, 312
    Viés do, 314
Estimativa, 312

Expectativa de ganho, 137, 139
Experimento de Bernoulli, 233-234
Eventos
  aleatórios, 133, 164
  Álgebra de, 145
  Campo de, 151-152
  certos, 133, 146-147, 152-153, 155, 176, 187, 240
  complementares, 148
  Decomposição de, 149
  elementares, 149
  estocásticos, 133
  Família de, 151-152
  Grupo completo de, 149
  impossíveis, 133, 146=147, 149, 152-153, 155, 165
  independentes, 141, 157-159, 167
  mutuamente exclusivos, 149
  Operações entre
    Diferença entre, 148
    Produto de, 147
    Propriedades das
      Absorção, 151
      Associatividade, 150
      Comutatividade, 150
      Distributividade, 150
      Idempotência, 150-151
      Leis de de Morgan, 151
      Modularidade, 151
      Neutralidade da dupla complementação, 151
    Soma de, 148
  randômicos, 134
  Relações entre
    Equivalência, 146
    Ordem parcial, 146
  σ-álgebra de, 152-153, 164, 175

F
Fahrenheit, 13
  Escala, 13
    Relação com a escala Celsius, 61
Falso
  negativo, 319
  positivo, 319
Fatorial de n, 32
Fermat, 136
Fisher, 263
  Teste exato de, 376-378, 458
Frequências
  cruzadas, 80
  marginais, 80
  relativas, 80, 131, 140, 361-362
    acumuladas, 364, 409
Função
  beta, 248
  beta incompleta, 248
  beta incompleta regularizada, 248
  coseno hiperbólico, 272
  de distribuição acumulada, 164
  de distribuição acumulada condicional, 175
  de distribuição acumulada n-dimensional, 176
  de erro, 244
  de risco, 175
  de sobrevivência, 174-175
  densidade de probabilidades, 172
  densidade de probabilidades do vetor aleatório, 179
  $E_n(x)$
  erro, 313
  escada, 166, 362
  exponencial, 20
  fatorial, 32
  gama, 207
  gama incompleta inferior, 258
  ímpar, 206
  indicadora, 362
  logarítmica, 20
  mensurável relativamente a P, 164
  monotônica, 114, 121
  não decrescente, 168
  par, 206
  piso, 230
  quadrática, 63
  real, 105, 169, 172, 190, 287, 313, 317
  secante hiperbólica, 272
  $\text{sech}^2(x)$
  simétrica, 63, 172, 206
  teto, 230

G
Galilei, 139
Galton, 100
Gauss, 24
  Curva de, 24, 141, 173
Gaussiana, 173
  Inversa, 287
  Subgaussiana, 216
  Supergaussiana, 216
Gompertz, 285
  Distribuição de, 285-287, 370
Gosset, 265
Gráfico
  caixa, 72-73
  cartesiano, 366
  de barras, 47-54, 70
  de dispersão, 87-93
  de ogivas, 300
  pizza, 47-54
  Q-Q, 366
    Posições de plotagem, 367
  XY, 87
Graunt, 141
Graus de liberdade, 378

Índice **483**

Grupo
   de controle, 40-42, 407-408
   experimental, 40-43, 407-408

H

Heisenberg, 144
   Princípio da incerteza de, 144
Histograma, 54-58, 70, 84-87, 90-92, 127, 360, 448
Homoscedasticidade, 391
Huygens, 137

I

Impacto da Tecnologia da informação, 7, 14-15, 23, 33, 386-387, 389-390, 398
Indução matemática, 115, 138, 143, 155, 184
Inferência
   estatística, 5, 38-39, 129, 290-292, 300-302, 309, 311, 319, 326, 373, 417, 454
   Processo de, 142, 292, 311, 326, 351, 435
   Qualidade da, 39, 290
   sobre $E(X)$, 337, 350
   sobre μ, 302, 350
   sobre σ, 331, 334, 353
Ínfimo de um conjunto de números reais, 362
Informação, 35-38, 43, 62, 64, 78, 132, 373
   adicional, 155
   completa, 319
   Custo marginal da, 43
   Entropia da, 171, 229, 242
   Teoria da, 171
Integral de Poisson, 192
Intersubjetividade, 37, 42
Intervalos de confiança, 311
   ilimitados, 316
   Limite inferior, 315
   Limite superior, 315
   Nível de confiança, 316
   Risco de erro, 316
   para desvios-padrão
      de uma distribuição Normal
         μ conhecido, 334, 336
         μ desconhecido, 331, 336
   para médias
      de uma distribuição Normal
         desvio-padrão conhecido, 306, 336
         desvio-padrão desconhecido, 327, 336
      com grandes amostras, 337
         variância conhecida, 341
         variância desconhecida, 344
   para o modelo de regressão, 431
   para os parâmetros do modelo de regressão, 423
   para proporções (populações infinitas), 347
      solução degenerada, 348
   para variâncias (grandes amostras), 353
   Relação com testes de hipóteses, 326-327

J

Juran, 284

K

Kelvin, 19
   Unidade, 18-19
Kendall, 119
   Coeficiente de correlação ordinal de, 113, 119-120, 454, 456, 458
   Tau de, 119-120
Kolmogorov, 144
   Distribuição de, 362
Kruskal, 414
Kuder, 33

L

Lagrange, 142
Laplace, 143
   Demônio de, 134, 143
   Distribuição de, 270-272, 275, 278, 370
   Teorema de De Moivre-, 337
Lei
   de Bradford, 284
   de de Morgan, 151
   de distribuição, 169
   de mortalidade, 285
   de regressão à média, 101
   de Zipf, 284
   dos grandes números, 140-141
Likert, 14
   Escalas, 7, 14-15, 33, 75
Lindeberg, 338
Linnaeus, 12
Lorentz, 268
   Distribuição de, 268
   Distribuição de Cauchy-, 268
Lüroth, 265

M

Mann, 399
Matriz, 6-7, 44-45, 78
   chapéu. 107, 421-422
   coluna, 45, 59, 61, 82, 420, 437, 439-440
   de dados, 6-7, 9-10, 14, 17, 44-45, 59, 61, 87, 103
   de correlação, 205
   de correspondência, 80-84, 127, 178, 373
   de covariância, 196, 200-201, 205, 420, 435
   de *design*, 106
   de momentos, 208-209
   de perfis de linhas, 82
   de variância e covariância, 196, 200-201, 205, 420, 435
   Determinante da, 107

diagonal, 82-83
Elementos da, 44
hessiana, 105
idempotente, 107, 422, 436
Inversão de, 82
linha, 45, 82, 438
Multiplicação por uma constante, 60
positiva semidefinida, 200-201, 208-209
Produto de, 81-82
quadrada, 196-197, 200, 205, 438, 440
simétrica, 107, 196, 201, 205, 208, 440
singular, 108
Soma de, 60, 62
Traço da, 422
transposta, 82
Maxwell, 280
Distribuição de, 262, 280-282
Média, 59-74
Distribuição amostral da, 302
Lei de regressão à, 101
Grande, 384, 392
Propriedade fundamental da, 296
truncada, 353-354
Medidas descritivas
Amplitude, 71
Amplitude interquartílica, 72
Coeficiente de assimetria, 69
Coeficiente de correlação ordinal de Kendall, 113, 119-120, 454, 456, 458
Coeficiente de correlação ordinal de Spearman, 113-115, 119-120, 122, 399, 454-456, 458
Coeficiente de correlação linear de Pearson, 98-100, 102, 107, 109-111, 114-115, 202-205, 456, 458
Coeficiente de variação, 65-66
Covariância, 93-98, 196-202
Decis, 72, 211
Desvio absoluto médio, 384, 395
Desvio-padrão, 64
Máximo, 71
Média, 59-74
Média truncada, 353-354
Mediana, 71
Mínimo, 70
Moda, 54, 59
Momentos centrais, 69
Percentis, 72, 211
Quantil, 211
Quartis, 71-72, 211
Semiamplitude interquartílica, 269
Variância, 62-64
Mensuração
Abordagens de
Teoria clássica de testes, 24
Teoria de resposta ao item, 24
Análise fatorial, 24

Escalonamento multidimensional, 24
Modelagem de equações estruturais, 24
Instrumentos de, 21
Fidedignidade dos, 24, 29-30
Estimativas da
Coeficiente alfa de Cronbach, 33-34
Coeficiente de estabilidade, 31
Consistência interna, 33
Fidedignidade longitudinal, 31
Teste das duas metades, 32
Teste-reteste, 31
Testes paralelos, 32
Precisão dos, 23
Validade dos, 23, 34-35
Processo de, 22
Teoria de erros de, 24-29
Unidimensionalidade, 32
Metro, 18-19
Moda, 54, 212
Modelo
aditivo de múltiplas causas independentes, 243
causal determinista, 133-134
estocástico, 134, 164
informacional, 144
mental, 36-38
multiplicativo de múltiplas causas independentes, 267
Moeda honesta, 132, 134, 177, 234
Momentos
absolutos, 206
centrais, 69, 206
em torno da origem, 205
Matriz de, 208-209
Ordem entre, 209
Propriedades dos, 207
Relação entre, 208

N

Nível de confiança, 307, 316
No show, 160
Números
aleatórios, 351
decimais, 68
e sua representação, 16
fracionários, 15
imaginários, 15
inteiros, 4, 15
Invenção dos, 1-2
irracionais, 4, 18, 130
Lei dos grandes, 140-141
naturais, 15
racionais, 18
reais, 15, 164
relativos, 15
transcendentais, 15
zero, 15

O

Operador linear, 62
Ordem
  correlação de
    Kendall, 113, 119-120, 454, 456, 458
    Spearman, 113-115, 119-120, 122, 399, 454-456, 458
  estatísticas de
    Amplitude, 71
    Decis, 72, 211
    Máximo, 71
    Mediana, 71
    Mínimo, 70
    Percentis, 72, 211
    Quantil, 211
    Quartis, 71-72, 211
  Redução de, 176
  Relação de, 11, 146-147
Outliers, 73
  Decisão sobre, 75
  Identificação de, 74-75, 442, 446-448, 452, 454
Overbooking, 159

P

Padronização
  de dados, 66
  de resíduos, 436-442
  de variáveis, 195
Procedimento deixe um de fora, 437
Pareto, 282
  Distribuição de, 282-285, 357
    Tipo I, 284
    Tipo II, 285
    Tipo III, 285
    Tipo IV, 284
  Princípio de, 53, 283-284
Pascal, 136
  Distribuição de, 234
  Triângulo de, 137
Pearson, Karl, 78
  Coeficiente de correlação linear de, 98-100, 102, 107, 109-111, 114-115, 456, 458
Pearson, Egon Sharpe, 377
  Correção de, 377
Percentis, 72, 211
PERT, 247, 250
Pitágoras, 3, 18
Planejamento estratégico, 227
Poisson, 145
  Distribuição de, 186-187, 192-193, 236-238
  Integral de, 192
  Processo de, 251
População, 1-5, 29, 38-44, 101, 129, 238-239, 290-319, 326-329, 336-367, 373, 380-390, 399, 411-426, 454
  finita, 238-239, 345
  infinita, 347-348
  Parâmetros da, 290, 311
  Partição da, 380, 390-392, 398, 413
Postos, 114
  Correção para empates, 116, 120, 126
  Soma de, 415
Prevalências, 156
Princípio
  da incerteza de Heisenberg, 144
  de Pareto, 53, 283-284
Probabilidade
  associada à estatística de teste, 343
  a *posteriori*, 157
  a *priori*, 157
  Cálculo de, 137, 301, 305, 308
  como grau de crença, 145
  como medida de incerteza, 140, 142
  condicional, 155-156, 175, 233
  da diferença entre eventos, 155
  de erro ao aceitar H_0, 322
  de erro ao rejeitar H_0, 318
  de rejeitar corretamente H_0, 322
  de erro tipo I, 320, 324, 326, 353, 377, 390, 414
  de erro tipo II, 320, 322, 390, 414
  de eventos independentes, 157
  de sobrevida, 175
  de uma soma de eventos, 154
  de um evento decomposto por outro, 154
  de um intervalo de confiança, 306-307, 315-316
  direta, 141
  Distribuição conjunta de, 177
  Distribuição de, 164, 171, 211, 227, 232, 234, 240, 301, 317, 376, 400, 412, 415
  do evento certo, 152
  do evento complementar, 153, 159, 167
  do evento impossível, 153
  do produto de eventos, 155
  Estimativa de, 131-135, 141, 156, 158-160, 167-168, 177
    Frequência relativa, 131, 140
    Informações disponíveis, 37, 131, 144-145, 312
    Julgamentos pessoais, 132-133
    Pressupostos teóricos, 6, 131, 168, 243
    Simetria, 131, 139, 241
  Função densidade de, 172, 179, 212, 442
  inversa, 141-142
  Medida de, 153, 156, 164, 175
  subjetiva, 132, 145
  Teoria da, 129-160, 173, 290, 337-338
    Axiomas, 152-153, 158
  total, 156, 188
Problema da repartição de apostas, 136-138
Processo
  cognitivo, 36-37
  de contagem, 1-3, 15-18
  de estimativa, 313
  de inferência estatística, 311

de modelagem, 140
de Poisson, 251
decisório, 36-37, 43, 309, 312, 315
   sob incerteza, 132, 320
   sob risco, 37, 132
dedutivo, 311
gerencial, 36-37
indutivo, 311

R

Rayleigh, 278
   Distribuição de, 257, 262, 278-280
Razão entre chances, 139, 156
Regressão linear, 100
   Análise de variância, 424
   Coeficiente
      angular, 101, 419
      de determinação, 110
      linear, 101, 419
   Critério de mínimos quadrados, 104-106
   Intervalos de confiança
      para $E(Y|X)$, 431
      para o modelo, 431
      para os parâmetros, 423
      para Y dado X, 103, 433
   Equação de, 101
   Erros
      não observados, 418-419
         variância dos, 419
   Estimativa
      dos coeficientes, 102-109
      dos parâmetros, 419-421
      pontual para Y dado X, 433
   Previsões para a variável dependente, 433
   Resíduos
      Análise de, 441-454
      brutos, 435-436
      Dependência entre os, 436
      Distribuição dos, 436, 441
      Matriz de covariância dos, 435
      observados, 421
      padronizados, 436-437
      studentizados
         internamente, 436
         externamente, 437-438
         Relação entre resíduos, 438-441
   Soma de quadrados
      da regressão, 110
      dos erros, 110
      total, 110
   Suposições teóricas, 418-419
   Termo
      de erro, 102
      independente, 101
   Testes de hipóteses
      sobre o coeficiente de correlação linear, 426
      sobre o modelo, 423-425
      sobre os parâmetros, 426-427

Variáveis
   dependente, 101
   independentes, 101
Regressão monotônica, 121-126
Relação
   antissimétrica, 11, 146
   de equivalência, 10, 15, 145-146
   de ordem, 11, 70, 146-147
   reflexiva, 10-11, 146
   simétrica, 10, 146
   transitiva, 10-11, 146
Rentabilidade diária, 88
Restrição de monotonicidade, 121
Richardson, 33
Richter, 20
   Escala, 19-20
Robustez, 14, 75, 121, 351, 353, 355, 384, 395, 414

S

Savage, 132
Semiamplitude interquartílica, 269
Significância, 318
Simulação, 27-28, 30-31, 33-34, 186, 192, 345-346, 351-352, 355-356, 432
Sistema
   cartesiano, 87, 102, 366
      Eixos coordenados, 87, 90, 102, 176, 184, 366
      Quadrantes, 90
   internacional de unidades, 18
Séries temporais, 112-113
Smirnov, 361
   Teste de Kolmogorov-, 361, 366, 370, 397
Snedecor, 263
   Distribuição F de Fisher-, 263
Spearman, 114
   Coeficiente de correlação por postos de, 113-115, 119-120, 122, 399, 454-456, 458
Subamostra, 80, 84, 86, 126-127, 231, 378, 380, 386, 397-398
Subjetividade, 23, 36-38, 42, 54, 66, 91, 132-133, 145, 153, 158-159, 168
Subpopulações, 357-358, 380-383, 386, 390-392, 394, 397-399, 413-414
Supremo de um conjunto de números reais, 362

T

Tally sticks, 17
Tau de Kendall, 119-120
Tau-b, 120
Teorema
   da transformada inversa, 245
   de Bayes, 141-142, 153, 156-157
   de Cramér, 184
   de de Moivre-Laplace, 337
   do limite central, 141, 337, 339-342, 345, 347, 350, 359, 374, 384

Teoria
　da medida, 144
　quântica, 135
Teste
　cego, 371
　de Anderson-Darling, 366
　de Cramér-von Mises, 366
　de Filliben, 366-371
　de hipótese
　　sobre a média
　　　de distribuições Normais
　　　　desvio-padrão conhecido, 307, 337
　　　　desvio-padrão desconhecido, 330, 337
　　　com grandes amostras
　　　　variância conhecida, 341
　　　　variância desconhecida, 347
　　sobre a variância (grandes amostras), 356
　　sobre o desvio-padrão de distribuições Normais
　　　μ conhecido, 335, 337
　　　μ desconhecido, 333, 337
　　sobre proporções (populações infinitas), 34
　de Jarque-Bera, 366
　de Kolmogorov-Smirnov, 361, 366, 370, 397
　de Kruskal-Wallis, 413-416, 458
　　Aproximação para grandes amostras, 415
　　Atenção para pequenas amostras, 415
　　Correção para empates, 415
　　Estatística H, 414
　de Levene, 384, 395
　de Lilliefors, 363-365
　de Mann-Whitney-Wilcoxon, 399
　de Shapiro-Wilk, 366
　de qualidade destrutivo, 43
　de Welch-Aspin, 383
　dos sinais, 411-413
　exato de Fisher, 376-378, 458
　qui-quadrado para uma amostra, 358-361
　qui-quadrado para mais de uma amostra, 373-377
　　Atenção para pequenas amostras, 376
　　Correção de Pearson, 377
　　Correção de Yates, 376
　t de Student, 330, 382
　U de Mann-Whitney, 398-411
　　Aproximação para grandes amostras, 406
　　Correção para empates, 406
　　Estatística U, 400
　　FDA de U, 400-403
　　Valores críticos, 403-405
　z, 381
Testes
　de aderência a (ajustamento de) distribuições teóricas, 358
　　Teste de Anderson-Darling, 366
　　Teste de Cramér-von Mises, 366
　　Teste de Filliben, 366-371
　　Teste de Jarque-Bera, 366
　　Teste de Kolmogorov-Smirnov, 361, 366, 370, 397
　　Teste de Lilliefors, 363-365

　　Teste de Shapiro-Wilk, 366
　　Teste qui-quadrado para uma amostra, 358-361
　　　Atenção a pequenas amostras, 359
　　　Frequências esperadas e observadas, 359
　de diferença entre grupos
　　Dois grupos (amostras independentes)
　　　Teste de igualdade entre distribuições, 398-411
　　　　Aproximação para grandes amostras, 406
　　　　Correção para empates, 406
　　　　Estatística U, 400
　　　　FDA de U, 400-403
　　　　Valores críticos, 403-405
　　　Teste de igualdade de variâncias (grandes amostras), 384
　　　Testes de igualdade entre médias
　　　　Distribuições Normais
　　　　　Desvio-padrão comum
　　　　　　conhecido, 381
　　　　　　desconhecido, 382
　　　　　Desvios-padrão distintos e conhecidos, 381
　　　　　Desvios-padrão distintos e desconhecidos, 383
　　　　Distribuições não Normais (grandes amostras), 384
　　Dois grupos (amostras emparelhadas)
　　　Teste de igualdade entre medianas, 411-413
　　　Testes de igualdade entre médias, 387
　　Mais de dois grupos (amostras independentes), 390
　　　Teste de igualdade entre distribuições, 413-417
　　　　Aproximação para grandes amostras, 415
　　　　Atenção para pequenas amostras, 415
　　　　Correção para empates, 415
　　　　Estatística U, 414
　　　Testes de igualdade entre médias
　　　　Distribuições Normais
　　　　　Desvio-padrão comum e desconhecido, 391-394
　　　　Distribuições não Normais (grandes amostras)
　　　　　Desvio-padrão comum e desconhecido, 395
　　　　Testes de igualdade de variâncias (grandes amostras), 395
　de hipóteses, 307, 311, 316
　　Decisão estatística, 318
　　Estatística de teste, 311, 316
　　Hipótese alternativa, 309-310
　　　Bilateral, 310, 324
　　　Unilateral, 316, 323
　　Hipótese nula, 309-310, 316
　　Erro
　　　tipo I, 319-326
　　　tipo II, 319-322
　　Nível de significância, 318
　　de combinações de testes, 390

Poder, 322
   Relação com intervalos de confiança, 326-327
   Região
      de aceitação, 319
      de rejeição, 319
   Valor p, 317, 323-324
   Valores críticos, 318
   de independência entre duas variáveis
      Teste exato de Fisher, 376-378, 458
      Teste qui-quadrado, 373
         Atenção para pequenas amostras, 376
         Correção de Pearson, 377
         Correção de Yates, 376
   não paramétricos, 357-358
Triângulo de Pascal, 137
Tukey, 73

V

Valor esperado, 29, 137, 184-186, 205
   condicional, 188
   da variável dependente, 418
   das médias amostrais, 303
   Propriedades do, 188-190, 207, 211, 269
Variabilidade, 7-21
   conjunta, 78, 84, 87, 126-127, 373, 380, 398
      Diagrama de dispersão, 87-93
      Matriz de correspondência, 80-84, 127, 178, 373
      Medidas de
         Coeficiente de correlação de Kendall, 113, 119-120, 454, 456, 458
         Coeficiente de correlação de Spearman, 113-115, 119-120, 122, 399, 454-456, 458
         Coeficiente de correlação linear de Pearson, 98-100, 102, 107, 109-111, 114-115, 202-205, 456, 458
         Covariância, 93-98, 196-202
      Relação
         direta, 95, 98, 203
         inversa, 95, 98, 203, 429
         linear, 97, 203-204, 418, 424
         não linear, 98, 121, 204
      Tabela de contingência, 78-80, 373
   de estatísticas amostrais, 290-298
      Efeito do tamanho da amostra, 298
   entre amostras, 292
   explicada, 101, 110-111
   Medidas de
      Amplitude, 71
      Amplitude inter-quartílica, 72
      Coeficiente de variação, 65-66
      Desvios em torno da média, 62
      Desvio-padrão, 64
      Semiamplitude interquartílica, 269
      Variância, 62-64, 190-195
   métrica
      Escala de razão, 15-19
      Escala intervalar, 11-15
      Escala logarítmica, 19-20

   não métrica
      Escala nominal, 8-10
      Escala categórica, 8-10
      Escala ordinal, 10-11
Variância, 62-64, 190-194
   Análise de, 263, 391-398, 424-425
   de uma soma de variáveis, 200
   dos erros, 419
   dos resíduos, 436
   Estimador de mínima, 315
   Estimativa não enviesada da, 329, 377
   Fórmula alternativa para a, 64
   Intervalo de confiança para a, 353
   Teste de diferença entre, 383, 395
Variável aleatória, 164
   contínua, 172
   discreta, 169
   Função densidade de probabilidades, 172
      Propriedades da, 172
   Função distribuição acumulada, 164
      Propriedades da, 168
   Lei de distribuição, 169
Variáveis iid, 302, 340, 347, 366, 418
Vetor
   0_n, 102
   1_n, 61
   aleatório, 175
   coluna, 44
   de dados, 60
   de erros, 102, 422
   de resíduos, 422
   incumbente, 124
   transposto, 82
Viés
   Ausência de, 26, 41, 228, 300-302, 314-315, 317, 345
   da não resposta, 41-42
   de escolha, 40
   de leitura, 25
   de um estimador, 314
   do politicamente correto, 23
   Fontes de, 41
   utilitário, 13
Violação de monotonicidade, 124

W

Wallis, 414
   Teste de Kruskal-, 413-416, 458
Weibull, distribuição de, 255-257, 274, 278, 280, 370
Wilcoxon, Teste de Mann-Whitney-, 399
Winsorização, 75

Y

Yates, 376
   Correção de, 376-377

Z

Zara, 139